畅销精品系列

石油和化工行业“十四五”规划教材

普通高等教育一流本科专业建设成果教材

普通高等教育“十一五”国家级规划教材

APPLIED
BIOCHEMISTRY

应用生物化学

第三版

周勉 叶江 李素霞 主编

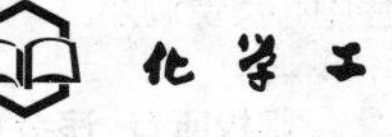

化学工业出版社

·北 京·

内容简介

本书根据近几年工科专业理论课学时数逐渐缩减的特点，并结合生物化学与分子生物学发展的需要来编写。本书的特点是内容少而精、基础和前沿相结合，辅以相关科研实例，注重培养学生分析问题与解决问题的能力；强调生物化学原理在各个领域，尤其是在工业与医药业中的应用。

全书从整体角度，描述生命系统的特征，构筑起生物化学的基本框架，进而讨论了生物体的分子组成、生物分子在生物体中的化学变化以及这些变化与各种生命现象的关系。全书共分 14 章，详细、系统地讲述了生命与水、糖类化合物、脂类化合物、蛋白质、核酸、酶化学、生物氧化、糖代谢、脂类的代谢、蛋白质的分解代谢、核苷酸的代谢、核酸的生物合成、蛋白质的生物合成、代谢调节综述等内容，每章列有学习目标、概念检查，附有习题与答案，并有与课程教学配套的电子教案。

本书可作为高等院校生物工程、生物技术、食品工程以及其他化学、化工类专业的教材，也可供从事生物化学科研工作的人员参考。

图书在版编目（CIP）数据

应用生物化学/周勉，叶江，李素霞主编. —3版. —北京：化学工业出版社，2022.6（2024.1重印）

普通高等教育“十一五”国家级规划教材

ISBN 978-7-122-41086-3

Ⅰ.①应… Ⅱ.①周… ②叶… ③李… Ⅲ.①应用生物化学-高等学校-教材 Ⅳ.①Q599

中国版本图书馆CIP数据核字（2022）第051641号

责任编辑：赵玉清　李建丽
责任校对：田睿涵　　　　装帧设计：李子姮

出版发行：化学工业出版社
（北京市东城区青年湖南街13号 邮政编码100011）
印　　装：大厂聚鑫印刷有限责任公司
880mm×1230mm 1/16　印张23½　字数622千字
2024年1月北京第3版第3次印刷

购书咨询：010－64518888　　售后服务：010－64518899
网　　址：http://www.cip.com.cn
凡购买本书，如有缺损质量问题，本社销售中心负责调换。

定　　价：69.00元

第三版前言

光阴荏苒，距离《应用生物化学》第二版出版发行已经有10年多的时间。《应用生物化学》自出版以来已累计重印9次，共印刷22000册，入选普通高等教育“十一五”国家级规划教材。除了华东理工大学外，还被十余所高等院校选作本科教材，由此编者感到由衷的欣慰。

随着生命科学领域的快速发展，第二版教材中的一些知识概念、研究进展等内容亟待更新。近年来数字多媒体技术在教材编写中的应用也越来越广泛，我们也与时俱进，书中配套二维码数字资源内容，对前一版教材中的单色插图进行了更新优化，增加了科研实例和每一章节对应的思维导图，为进一步帮助学生对所学知识的理解与运用，作为新形态课程教材，本书还提供了彩图、概念检查与习题解答、配套电子课件等数字资源，正版验证后（一书一码）即可获得（操作提示见封底）。

华东理工大学生物工程学院生物工程、生物技术、食品科学与工程、生物科学四个专业分别于2019年、2020年、2020年、2021年入选国家级一流本科专业建设点，本教材作为一流本科专业建设成果教材，再版的过程中我们继续保持工科院校特色，在前一版的基础上主要进行了以下几个方面的修订：

① 知识内容的更新与梳理。依据相关领域的研究进展对知识内容进行更新和补充，纠正错误的或过时的内容。例如传统上酶分为6类，但是2018年国际生物化学与分子生物学联盟新增第七大类酶——易位酶。我们也对全书的内容体系进行了再次梳理，使其逻辑性更强。

② 保持工科特色，增加科研实例。第三版教材中针对每一章节的具体内容增加了科研实例板块，例如在“蛋白质”章节加入荧光蛋白的研究实例，在“酶化学”章节加入关于酶制剂的介绍等。

③ 增加内容丰富度，提升阅读体验。第三版教材提高了插图质量，在每一章节的开头、内部和结尾分别增加了学习目标、概念检查和思维导图模块。每章后附加习题与答案、章节课件资源。这些内容分类放置于纸质版教材和配套的数字资源中。

第三版教材是在上一版的基础上编写而成，由华东理工大学的周勉副教授、叶江副教授和李素霞副教授共同担任主编。全书共分十四章，其中第一、第七章由肖婧凡编写；第二、第八章由叶江、李鹏飞编写；第三、第九章由刘玥伶编写；第四章由全舒编写；第五章由李春秀编写；第六章由李素霞编写；第十、第十一章由刘敏编写；第十二、第十三章由周勉编写；十四章由辛秀娟编写。全书的统稿和校对由欧伶完成。同时感谢华东理工大学 2021 级硕士研究生葛辰宇、张嘉禛，博士后何为参与本书校对工作；感谢 2018 级硕士研究生苗君，2019 级硕士研究生郭姣姣、曹玮，2020 级硕士研究生姜雨汐、罗岚、吴琼、杨秉义，2018 级本科生蒋杰、卢超宇、贾月月、范诗音参与制作插图；感谢 2014 级博士研究生薛子孝参与科研案例撰写工作。感谢所有选择《应用生物化学》作为教材的老师和学生，希望再版后可以获得你们一如既往的支持。感谢化学工业出版社对本教材再版工作的信任与支持。

编　者

2022 年 1 月于上海

第三章　脂类化合物　043

第四章　蛋白质　075

第五章　核酸　117

第六章　酶化学　153

第十一章　核苷酸的代谢 281

第十二章　核酸的生物合成 301

第十三章　蛋白质的生物合成 325

第一章　生命与水

学习目标

通过本章的学习，你需要掌握以下内容：

- 了解生命的基本特征，学会区分生命体与非生命体。
- 掌握原核细胞和真核细胞的特点和区别。
- 描述水对于生命体的重要性。
- 掌握什么是 pH 值，以及 pH 值的计算方法。
- 能够列举出生物化学中常用的缓冲溶液。

第一节　什么是生命

生物化学是关于生命的化学。现代自然科学研究证明，生命的起源是通过化学途径实现的。生命的进化与化学的进化同步，由无机物形成小分子有机物，由小分子有机物形成生物大分子，又由这些具有自组装能力的生物大分子，进一步形成了生命的基本结构单位——细胞。这中间经历了多种多样的化学变化，在一系列量变和质变过程中，生命诞生了。

生命的种类繁多、形态各异，我们可以明确判断生物体的“生”和“死”，而要对生命下一个科学的、严格的定义，却十分困难。但我们可以通过认识生命的一些基本特征来理解生命。

一、化学成分的同一性

从元素成分看，迄今为止，在生物体中发现的元素有 60 多种。其中有 27 种是细胞中所具有的，也是生物体所必需的。在 27 种元素中有 6 种，即 C、H、O、N、P 和 S 对生命起着特别重要的作用，大部分有机物是由这 6 种元素构成的。Ca、K、Na、Mg 和 Cl 等 5 种元素在生物体内虽然较少，但也是必需的。此外 Mn、Fe、Co、Cu、Zn、Se、I、Cr、Si、V、F、B、Mo、Sn、Ni 和 Br 等 16 种微量元素也是生命不可缺少的。

从分子成分来看，构成地球上所有生命的各种生物大分子，如糖类、脂类、蛋白质和核酸等都是相同或相似的，而组成生物大分子的各种单体分子的种类，如各种单糖、氨基酸、核苷酸、脂肪酸以及它们的衍生物则基本上都是相同的。

表 1-1 是人和一种植物苜蓿的组成元素。从中可看出动物、植物都主要由 11 种元素组成。植物比动物的氧含量高，而氮、硫的含量少，这是由于植物体的细胞壁及细胞内贮藏的糖及其相关物质较多所致；此外动物体内钠较多，而植物体内钾较多。

表 1-1　生物体中元素的平均组成

元素	成人 /%	苜蓿 /%	元素	成人 /%	苜蓿 /%
碳	48.43	45.37	磷	1.58	0.28
氧	23.70	41.04	钠	0.65	0.16
氮	12.85	3.30	钾	0.55	0.91
氢	6.60	5.54	氯	0.45	0.28
钙	3.45	2.31	镁	0.10	0.33
硫	1.60	0.44	总计	99.96	99.96

二、生命具严谨有序的结构

生命与非生命相比具有无可比拟的、高度复杂且严谨有序的物质结构。生命的基本结构单位是细胞，细胞以复杂有序的物质结构来表现生命的形态和功能。

不管生命系统多么严密复杂，其构成结构的基本元素都是非生命自然界中普遍存在的，它们以游离态或化合态（无机化合物或有机化合物）的形式，构成了具有生命的生物体。这些成分单独存在时并不具有生命，只有建立了有序的结构，形成细胞，才能表现出生命的特征。细胞是生物体最基本的结构单位和功能单位，生命过程必然首先表现在细胞里，细胞的形成是生命起源的关键。生命的存在表现在生物体各种组分的有序活动，当生命死亡时，这些有序活动随即停止。

三、生命能自我繁殖

生物能通过繁殖产生出新的一代，繁殖使不能长存的生物得以延续。每个生物物种都能把种的特征代代相传，生物具有遗传性，即生物可以生产出新的个体，而子代与母代总是基本一致。“种瓜得瓜，种豆得豆”，细菌通过分裂产生更多的细菌；树木开花结籽，种子又可落地生根发芽；鱼会产卵，卵再孵化出小鱼。

生殖主要有无性生殖和有性生殖两种。无性生殖不涉及性别，没有受精过程，如细胞的分裂。有性生殖是由两个性细胞融合为一，成为合子或受精卵，再发育成新一代个体的生殖方式。与无性生殖相比，有性生殖的后代遗传性状是父母双方遗传性状的组合；而无性生殖产生的后代的遗传性状与其亲代几乎完全相同。

四、生命的繁殖存在遗传和变异

在繁殖过程中，生物体把自己的特性传递给后代，叫“遗传”；同时也会产生与自己不同的后代，叫

“变异”。通过遗传把生物体适应环境的特性保留下去，同时通过变异产生新的特性以应付环境的变化或适应新的环境。

遗传和变异过程把世界上所有的生物联系起来，一端是过去，追溯同一个源头，我们有着共同的祖先；另一端是未来，将不断产生分支，在不同条件下沿着不同的方向延伸。每一个分支点都是由变异或地理隔离（生殖隔离）引起的。

生物体能不断地繁殖下一代，使生命得以延续。生物的遗传是由基因决定的，生物的某些性状会发生变异；没有可遗传的变异，生物就不可能进化。

五、生命会生长发育

生物依靠从外界向体内吸收养分而生长。生物吸收的养分在化学成分上常常与自身不同，它用化学方法把这些养分转化为自身的一部分。比如，牛吃进去的是草，挤出来的是牛奶；幼苗吸收肥料、水分、二氧化碳，在阳光作用下生长为参天大树。发育是一个主要由遗传决定的相对稳定的过程，在环境保持相对稳定的条件下，生物的发育总是按一定的尺寸、模式和程序进行的。大多数动物的受精卵脱离母体后，与亲代相似，可直接发育成成体，但有许多动物，如昆虫，受精卵不直接发育为成虫，而是要经过变态过程，再发育成为成虫。

六、生命需新陈代谢

新陈代谢是生命现象最基本的特征之一。生物体是个开放系统，它们不断地从环境中摄入高焓低熵的营养物质，最后转化为低焓高熵的废物排出体外。此过程中放出的自由能使细胞充满活性，让生命具有高度组织性。将生物体看做是一个开放的系统能很好地理解生命仍遵循热力学定律：生物体很大程度上可以通过增加环境的无序性来维持自身的有序性。生物体通过它所吸收的营养物质的无序化（指物质被分解破碎）来维持自身的有序性。

新陈代谢是生物体内化学组成的自我更新过程，包括同化作用和异化作用。同化作用（合成代谢）即从外界摄取物质和能量，将它们转化为自身的物质并贮存可利用的能量；异化作用（分解代谢）即分解生命物质将能量释放出来，供生命活动需要。新陈代谢是严谨有序的，是由一连串反应网络构成的，如果反应网络中某一部分被阻断则整个过程就被打乱，生命将会受到威胁，严重时会导致生命的终结。

七、生命有应激反应

生物体能接受外界刺激，并有能力对其周围的环境变化做出主动的、合乎自己目的的反应，使自己趋利避害（如图 1-1）。细菌遇到不利的环境变化如温度过高、过低或水分或养分缺乏时，就会处于休眠状态以保存生命，待环境变得有利时再恢复生机。苍蝇被腐肉吸引，植物茎尖向光成长，都是应激的表现。动物的神经系统和感觉器官则是应激性高度发展的产物，具有更高级的应激性，如青蛙被放入热水中会迅速跳起。

应激性不仅通过神经系统，还通过激素分泌和免疫系统等发挥作用。激素又称化学信使，是特定细

胞合成的能使生物体发生一定反应的有机分子，它们在极低的浓度就能引起很强的反应。免疫则能识别自身和外来物，消灭外来物，并产生记忆，当它被再次侵入时，能迅速消灭外来物；并且还具有只对被记忆的病原免疫的特异性。

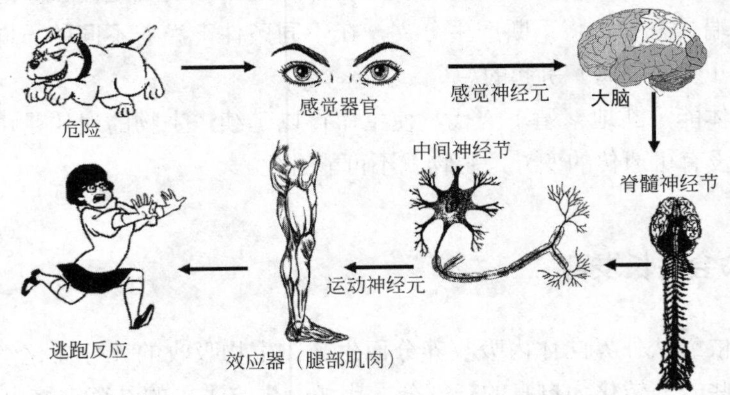

图 1-1　生命体的应激反应示意图

八、生命存在进化

生物表现出明确的不断演变和进化的趋势，地球上的生命从原始的单细胞生物开始，经过了多细胞生物形成、各生物物种辐射产生，以及高等智能生物人类出现等重要的发展阶段后，形成了今天庞大的生物体系。Woese 提出的进化树模型（图 1-2）反映了不同物种之间的异化（每一个分支表明它们来源于同一个祖先）。三类群系统也反映出动物、植物和真菌只是生命形式中的一小部分。

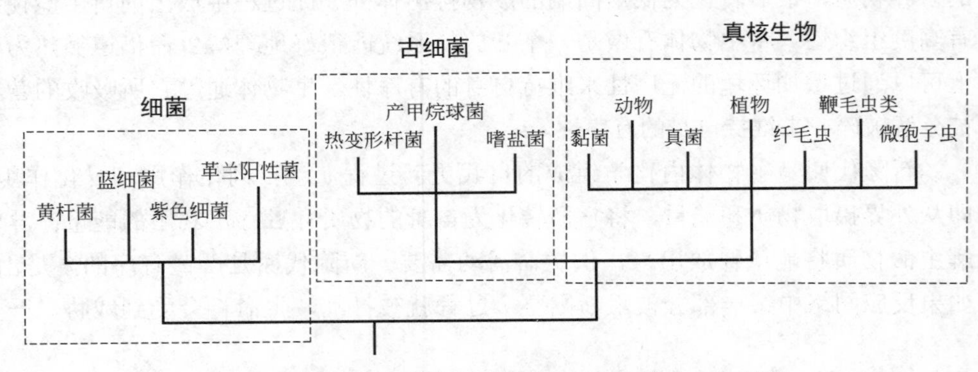

图 1-2　Woese 的进化树模型显示生物体的三个类群

图 1-2 中分支表明起源于同一祖先但进化方向不同的生物体。与细菌一样，古细菌也是原核生物，但与真核生物有更多的相似性。

概念检查 1.1

○ 生命的基本特征有哪些？

第二节　生物分子与细胞

一、生物分子

1953 年，生命起源的化学进化论得到美国学者米勒（Stanley Miller）的证实。他用甲烷、氨、氢气和水汽混合为与地球原始大气成分基本相似的气体，装入预先已抽成真空的玻璃器皿中，连续施行火花放电，以模拟地球原始大气层的闪电。经过约一周的化学反应，在实验中形成了若干种几十亿年前就在地球上出现的氨基酸，还有多种在生物化学上也很重要的化合物（如表 1-2）。

表 1-2　对 CH_4、NH_3、H_2O 和 H_2 的混合物火花放电得到的产物

化合物	产率 /%	化合物	产率 /%	化合物	产率 /%
甲酸	4.0	乙酸	0.51	*N*- 甲基丙氨酸	0.07
甘氨酸	2.1	亚氨基二乙酸	0.37	谷氨酸	0.051
乙醇酸	1.9	*α*- 氨基 -n- 丁酸	0.34	*N*- 甲基脲	0.051
丙氨酸	1.7	*α*- 羟基丁酸	0.34	脲	0.034
乳酸	1.6	丁二酸	0.27	天冬氨酸	0.024
β- 丙氨酸	0.76	肌氨酸	0.25	*α*- 氨基异丁酸	0.007
丙酸	0.66	亚氨基乙基丙酸	0.13		

通过米勒实验，可推测所有有机生物分子最初都来源于环境中简单的低分子前体，这些前体通过一系列化学变化转变成作为结构单位的生物分子，即分子量较大的有机化合物。然后，这些作为结构单位的生物分子通过共价键彼此连接成细胞的生物大分子。例如氨基酸是蛋白质的结构单位，核苷酸是核酸的结构单位，单糖是多糖的结构单位，脂肪酸是绝大多数脂质的结构单位。生物大分子与其组成单体的关系类似团队与个人，每一个单体的存在对于生物大分子的功能行使都是不可或缺的。不同种类的大分子彼此结合成超分子集合体，例如核糖体是核酸与蛋白质形成的复合物。最后，不同的超分子集合体进一步组装成细胞器，如细胞核、线粒体及叶绿体等。这种生物分子与细胞的组织结构层次可以用图 1-3 表示。按图 1-3 所排列的层次可看出生物体内生物分子的复杂性是逐步增加的。

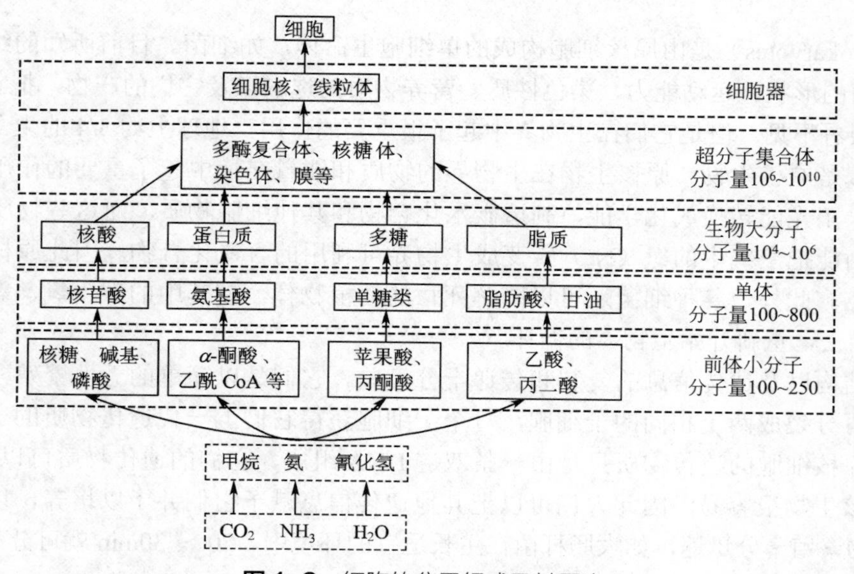

图 1-3　细胞的分子组成及其层次

表 1-3 列出了大肠杆菌中几类主要生物分子的相对含量。水是大肠杆菌及所有细胞中含量最多的简单化合物，蛋白质是细胞中含量最多的大分子，占细胞干重的 50% 以上，大肠杆菌细胞可含有 3000 种以上不同种类的蛋白质分子。大肠杆菌中含量第二多的大分子是核酸，其次是糖类和脂质。所有活细胞中几类主要生物分子的含量与大肠杆菌的比例大致相同。

表 1-3　大肠杆菌的生物分子组成

组分	质量分数 /%	分子种类
水	70	1
蛋白质	15	> 3000
脱氧核糖核酸	1	1
核糖核酸	6	3000
多糖	3	5
脂质	2	20
结构单位及中间代谢产物	2	500
无机离子	1	20

二、原核细胞和真核细胞

生物的种类很多，形态结构千变万化，但是生物体结构的基本单位都是一样的，均由细胞构成（病毒除外）。原核细胞（prokaryotic cell）是进化过程中最初的生命体。在非洲和澳大利亚 30 多亿年前的古地层中已经发现有原核细胞的化石。真核细胞（eukaryotic cell）于原核细胞出现之后约 10 亿年出现。它比原核细胞大得多，也复杂得多。在原核细胞中，遗传物质很不规则地存在于核体（nuclear body）或类核（nucleoid）之中，核体和类核外部没有膜。而真核细胞具有高度发展并相当复杂的细胞核，它被两层膜包围。

（一）原核细胞

原核生物（prokaryotes）是由原核细胞构成的单细胞生命体，如细菌。目前所知的细菌有 3000 多种。人们根据这些细菌的形状、运动能力、染色性质、营养物质的选取以及它们的产物，把它们分为 20 多类。原核生物虽然肉眼看不见，但是它们在生物界中起了很重要的作用。地球上约 3/4 的生命物质由微生物组成，而其中大多数是原核生物。原核生物在生物界的物质和能量交换中起了重要的作用。具有光合作用的原核生物可把太阳光能转换成化学能，制造碳水化合物和其他细胞物质，而这些物质又成为其他生物的食物。有些细菌能把空气中的氮（N_2）转变成生物界可利用的含氮化合物。因此原核生物可视为生物界食物链的起始点。此外，各种细菌还可以降解死亡的动植物体，使其中的碳、氢、氧、氮等元素回到空气、土壤和水中去，重新开始生物界的循环。

原核细胞的结构以及遗传信息的复制和传递十分简单。它们是以简单的无性繁殖方式再生，即先生长成两倍体积，再分裂成两个相同的子细胞，每个子细胞获得它们上一代遗传物质的一个拷贝（copy），即一个复制品。原核细胞的遗传物质只是由一条双链 DNA 组成，它们的遗传物质可以很容易地被诱变，而且培养这些原核生物很容易。因此人们可以把其他遗传信息赋予它们并予以培养，以达到科研和生产的目的。原核生物繁殖十分迅速，如大肠杆菌在生长适宜的环境中，20 ～ 30min 就可分裂一次。基于这些原因，原核细胞对于生物化学和分子生物学的研究有特别重要的意义。

大肠杆菌是被人们研究和了解得最多的一种原核生物（图 1-4），它寄生在人和许多高等动物的肠道里。大肠杆菌呈杆状，长约 2μm，直径不到 1μm。它的外部是一层起保护作用的细胞壁（cell wall），在细胞壁内是一层细胞膜，也称为质膜。细胞膜内包裹着细胞质以及基因组，基因组由一条环状的双链 DNA 组成，也称为染色体 DNA。由于核外无核膜，故也将其称为核质区或拟核。除了染色体 DNA 外，大肠杆菌和大多数细菌的细胞质中还含有称为质粒的小型环状 DNA。质粒在当今遗传工程研究中起到十分重要的作用，这些将在有关章节中讲述。

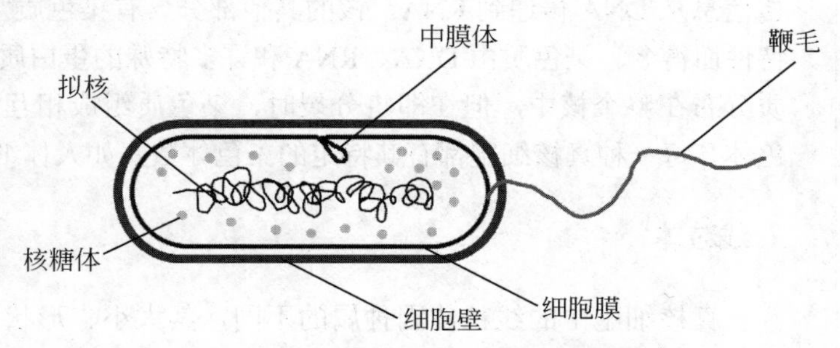

图 1-4 大肠杆菌细胞构造模式图

大肠杆菌细胞壁外被一层黏液质，上有短而细的菌毛（pili），有些种系的大肠杆菌还有一根或数根能运动的鞭毛（flagellum）。细菌的鞭毛是一种细而硬的弯曲的毛，直径约为 10 ～ 20nm。

细胞膜是一种流动的膜，是由膜脂组成的很薄的双分子层，中间还镶有蛋白质。细胞膜具有选择渗透性，膜中还有具输送能力的蛋白质，它们把营养物质输入细胞，并把废物排出细胞。在大多数细菌的细胞膜中还含有十分重要的载电子蛋白质，它们能把营养物质氧化时产生的能量转变成腺苷三磷酸（adenosine triphosphate，ATP）的化学能，供细胞在需要时使用。

在大肠杆菌细胞质的组成中有许多小的颗粒，核糖体（核糖核蛋白体）就是其中的一种。核糖体由核酸和许多蛋白质组成，是细胞中蛋白质合成的场所。它们工作时常在指导蛋白质合成的信使核糖核酸（messenger-ribonucleic acid，mRNA）上面形成多个核糖体的串，称为多聚核糖体（polyribosomes 或 polysomes）。

可以看到，最简单的细菌内各部分都有明确的分工。细胞壁是保护细胞的第一道防线；细胞膜起到往细胞内输送营养物质、往细胞外排出废物以及产生 ATP 等含有可被生命体利用的化学能物质的功能；细胞质是酶催化作用以及合成许多细胞化合物的场所；核质区参与贮存和传递遗传信息。原核细胞是最小、最简单的细胞，但有些原核细菌已经能做出一些相当复杂的行为，如趋化现象。

（二）真核细胞

典型的真核细胞比原核细胞大得多而且复杂得多，如高等动物的肝细胞直径约有 20 ～ 30μm。有些真核细胞，如未受精的爬行纲及鸟纲动物的卵是十分巨大的，但其中大部分是为幼雏孵化而贮存的营养物质。有些人类的运动神经细胞轴突可长达 1m。真核细胞区别于原核细胞的最主要特征是它们具有被双层膜所包裹的、有固定形状、结构复杂的细胞核。真核细胞也经历无性分裂，但这是复杂得多的有丝分裂（mitosis）过程。真核细胞区别于原核细胞的另一个特点是真核细胞具有被内部膜所包裹的细胞器，如线粒体（mitochondrion）、内质网（endoplasmic reticulum，ER）和高尔基体（Golgi apparatus）等（图 1-5），它们具有代谢以及进行其他细胞生命活动的功能。动物、植物和真菌都是真核细胞构成的生物，简称真核生物。有许多真核生物是单细胞生命体，如各种原生生物、硅藻、酵母和霉菌等。目前地球上有几百万种真核生物，而原核生物只有数万种。真核细胞内部的各种细胞器的构造及功能如下：

1. 细胞核

真核细胞的核中包含了几乎所有的细胞 DNA。在所有动物和植物细胞中，细胞核都被中间有一层狭窄空间的双层膜所包裹。两层膜上有许多核膜孔，通过这些小孔，各种物质可以在核与细胞质之间穿过。核的内部是核仁（nucleoli），因富含核糖核酸（ribonucleic acid，RNA），所以染色较深。核仁是 RNA 生物合成的场所，这也是蛋白质按基因信息合成的第一个阶段——遗传信息从 DNA 传递到 RNA。核的其他部分含有染色质（chromatin），因其染色特性而得名。染色质由 DNA、RNA 和许多特殊的蛋白质组成。在分裂前，染色质分布在整个核中，但在即将分裂时，染色质组成相互分离的小颗粒，称为染色体。每一种真核细胞都有其特定的染色体数，如人体细胞的染色体数是 46 个。

2. 线粒体

真核细胞中的线粒体因种属的不同，其大小、形状及在细胞中的数目和位置不同。线粒体有两层膜，它的外膜平展，内膜呈褶皱状，褶皱向里突起的部分称为嵴（cristae），内外膜之间的空间称为膜间空隙。在内膜内部充满了凝胶状的基质（matrix）。线粒体是产生细胞能量的场所，它们含有许多酶，协同完成细胞中有机营养物质同氧分子的氧化过程，产生二氧化碳和水。营养物质在细胞氧化过程中产生大量的能量，它们转化成 ATP 中的高能磷酸键，为细胞的各种生命活动提供能量。线粒体中还含有少量的 DNA、RNA 和核糖体，线粒体 DNA 编码合成内膜的某些特殊的蛋白质。

3. 内质网

在所有真核细胞里都含有一种十分复杂的膜通道，称为内质网。内质网有两种类型：粗糙的和平滑的。粗糙内质网膜上散布着核糖体，蛋白质在结合内质网的核糖体上合成之后，可通过膜进入液泡的空间，有些暂时贮存在细胞内，有些则最后输送到细胞外；光面内质网则在代谢和解毒上有重要作用。

4. 高尔基体

高尔基体大多数是一群由平滑的单层膜包裹的小泡，有聚集、浓缩和贮存蛋白质的作用。大的高尔基体能接受内质网中的某些细胞产物，把它们包裹入分泌小泡中。高尔基体在外层质膜上找到一定部位，并融合在其中。这种融合可以使高尔基体向外开口，把内含物释放到细胞外，这种过程称为胞吐作用（exocytosis）。

5. 溶酶体

溶酶体是细胞中由膜包裹的球状小泡，内含许多不同的酶，能水解消化细胞中不再需要的蛋白质、多糖和脂。因为这些酶对细胞的其他部分有损害，所以它们被隔离在溶酶体中。蛋白质和其他物质能选择性地进入溶酶体，水解为氨基酸等小分子化合物，然后重新释放回细胞质中。

6. 叶绿体

叶绿体存在于藻类和绿色植物的细胞中，是光合作用的场所。

7. 微管和微丝

微管是由微管蛋白构成的长纤维，它们起细胞的骨架作用，可维持细胞的形状。纤毛、鞭毛和纺锤体中均有微管存在，主要起到运动作用。微丝是细胞中细长的蛋白质纤维，可通过收缩作用使细胞质组分有方向性地运动，还能与微管组成细胞骨架，并与质膜内表面的蛋白质结合影响质膜的流动。

8. 胞浆（胞液）

胞浆是蛋白质、核酸、糖类及其他代谢物组成的胶体溶液。许多代谢反应如糖酵解、氨基酸活化和脂肪酸合成均在胞浆中进行。

9. 细胞膜

细胞膜是含大量脂类、蛋白质的双分子层结构，使细胞成型，有通透、屏蔽等作用。核膜、线粒体膜等结构与功能，和细胞膜相似。植物细胞还含有细胞壁，具有保护细胞、使细胞形状具有刚性的作用。

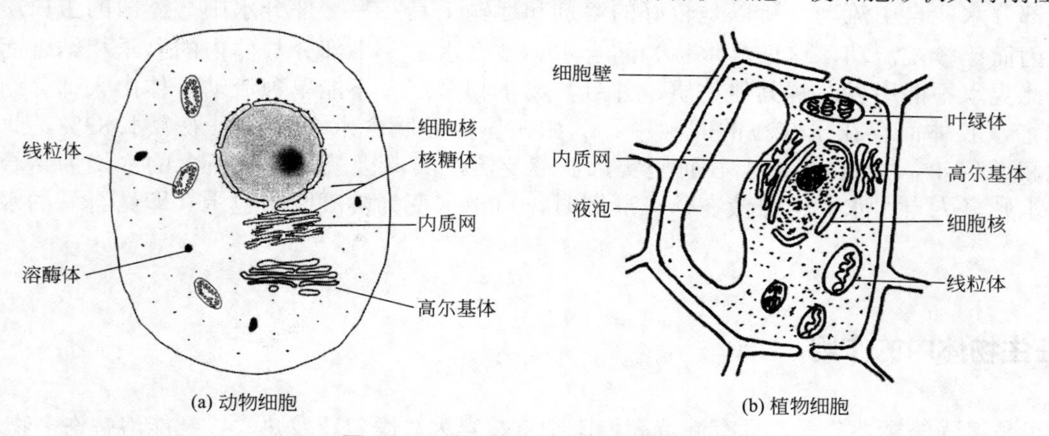

图 1–5　动、植物细胞构造模式图

概念检查 1.2

○ 原核细胞具有线粒体吗？

第三节　水是生命之源

水是我们最熟悉不过的物质，最初的生命因为有水而诞生；海洋里的生命利用水和其他条件获得能

量并维持生长和繁殖。任何生物化学的研究都必须包括对水的研究。使生物分子处于水环境中，能够更好地研究生物分子及其进行的反应。

一、水的特性

水是极性分子，既是氢键的受体，又是氢键的供体。水分子的极性和形成氢键的能力使其具有高度反应性。水有较高的介电常数（约 80F/m），因此是众多反应物的优良溶剂，对物质的运输、生命化学反应的进行、正常的新陈代谢具有重要意义。

水在生物化学中的中心地位，除了含量绝对丰富外，还有以下原因：①几乎所有的生物分子都根据它们对周围水的物理性质和化学性质的反应，决定它们的形状（从而也决定了它们的功能）。②水参与许多维持生命的化学反应。水的离子成分 H^+ 和 OH^- 通常是真正的反应物。事实上，生物分子的许多功能团的反应性依赖于周围介质中 H^+ 和 OH^- 的相对浓度。③水的氧化产生分子氧（O_2），这是光合作用的基本反应。光合作用是一个将太阳能转化为可利用的化学能的过程。生物体利用这种化学能最终导致 O_2 还原为水。

二、水在生物体中的存在形式

水在生物体中的存在形式有自由水和结合水两种。在生物体内只有一部分的水是以自由水的形式存在，这部分水能自由流动，所以是较好的溶剂和运输工具；另一部分水则与体内的蛋白质、黏多糖相结合，因而比较难流动，这部分水称为结合水。结合水中一小部分与体内的离子相结合而成为离子化的水，此类水不能用以溶解其他物质，并且与离子相牵连，不能单独流动。体内大部分结合水则是用以膨润亲水胶体而存在于胶粒的间隙中。例如在体内心肌含水 79%，血液含水 83%，此两种组织的含水量相差仅 4%，而在形态上心肌坚实，血液泛流，其原因就是心肌所含的水均为结合水，而血液所含的水则多为自由水，但血液在体外凝固时，自由水变为被凝胶所包围（即结合）的水而不能自由流动。

三、水在生物体内的作用

水分子是很强的极性分子，具有沸点高、比摩尔热容大、摩尔蒸发热大以及能溶解许多物质的特性，这些特性对于维持生物体的正常生理活动有着重要意义。因为水分子极性大，使溶解于其中的许多物质解离成离子，这样有利于体内化学反应的进行。水还直接参加水解、氧化还原反应。由于水溶液的流动性大，水在体内还起着运输物质的作用，将吸收的营养物质运输到各组织并将各组织中产生的废物运输到排泄器官排出体外。水的摩尔比热容大，1mol 水从 15℃升至 16℃时需要 18cal[❶] 热量，比同量其他液体所需的热量要多，因而水能吸收较多的热量而本身温度升高不多。水的摩尔蒸发热较大，1mol 水在 37℃时完全蒸发需要吸热 10.3kcal，所以蒸发少量的汗就能散发大量的热。再加上水的流动性大，能随血液迅速分布全身，因此水对于维持机体温度的稳定起很大作用。此外，水分还起润滑作用。最后，对植物来说，水分能保持植物的固有形态。植物的液泡里含有大量水分，用以维持细胞的紧张度，从而使植物枝叶挺立，便于接受阳光和交换气体，这样才能保证良好的生长发育。

❶　1cal=4.1868J，余同。

四、水的化学性质

水不仅仅是细胞内外环境的波动成分，而且，其物理性质决定了其他物质的溶解度，化学性质也决定了溶液中其他分子的行为。从水中电离出的 H^+ 和 OH^-，是生化反应的基础。生物分子如蛋白质和核酸，都含有大量的作为酸或碱的功能基团，例如羧基和氨基基团。这些分子影响水介质的 pH，而它们本身的结构和活性反过来又受周围 pH 的影响。显然，存在于水环境中的生物分子需要有一个相对稳定的 pH 环境，才能完成特定的生物功能。

（一）缓冲溶液

缓冲溶液是一种能在加入酸或碱时抵抗 pH 值改变的溶液，这种溶液用于很多需要准确控制 pH 值的生物化学实验中。

（二）生物化学中常用的缓冲溶液

实验室中常用的一些缓冲溶液见表 1-4 所列，它们和其他大多数缓冲液的有效范围大约是 $pK_a \pm 1$pH 单位。

表 1-4　用于生物化学研究的缓冲液

酸或碱	pK_{a_1}	pK_{a_2}	pK_{a_3}
磷酸	2.1	7.2	12.3
柠檬酸	3.1	4.8	5.4
碳酸	6.4	10.3	
甘氨酰甘氨酸	3.1	8.1	
醋酸	4.8		
巴比妥酸	3.4		
Tris	8.3		

在很多生物化学实验中，常要维持 pH 值在 6 ～ 8 之间，但只有少数缓冲溶液在这个范围有效。特定实验所需的缓冲溶液必须仔细地选择，因为有时影响实验结果的常常是特殊离子的作用而不是 pH 值。如：硼酸盐会与许多化合物（如蔗糖）形成复盐；柠檬酸盐容易与钙结合，所以在有钙离子的情况下不能使用。

磷酸盐在有些实验中是酶的抑制剂，甚至是一个代谢物。重金属易以磷酸盐的形式从溶液中沉淀出来，而且当磷酸盐 pH 在 7.5 以上时，磷酸盐的缓冲能力很小。

Tris 在有些系统中也起抑制剂的作用。其主要缺点是温度效应，即 pH 值会随温度发生变化。它在 pH7.5 以下缓冲能力很差。

（三）pH 值与生命

多数细胞仅能在很窄的 pH 值范围内进行活动，而且需要有缓冲体系来抵抗在代谢过程中出现的 pH 值变化。生物体液都具有高度缓冲性。健康个体的血液被严格控制在 pH7.4。因为磷酸根和碳酸根离子的 pK_a 处于这一范围内，所以它们成为大多数生物体液的重要缓冲剂。另外，蛋白质、核酸和脂类等生物分子，及大量有机小分子因含多个酸 - 碱基团，在生理 pH 范围内也是有效的缓冲成分。

在生物体中的三种主要缓冲体系是蛋白质、碳酸氢盐和磷酸盐（见表 1-5），每种缓冲体系所占的分量在各类细胞和器官中是不同的。

表 1-5 生物体的主要缓冲体系

系统	解离反应	pK_a
蛋白质	$HPr \rightleftharpoons H^+ + Pr^-$	7.4
碳酸氢盐	$H_2CO_3 \rightleftharpoons H^+ + HCO_3^-$	6.1
磷酸盐	$H_2PO_4^- \rightleftharpoons H^+ + HPO_4^{2-}$	7.2

哺乳动物血浆里最重要的缓冲体系是碳酸氢盐缓冲体系，其他缓冲剂，包括蛋白质和有机酸，在血液中的浓度要低得多。

$$H_2CO_3 \rightleftharpoons H^+ + HCO_3^-$$

由 Henderson-Hasselbach 方程可知：

$$pH = pK_a + \lg\frac{[HCO_3^-]}{[H_2CO_3]}$$

血浆的 pH 值取决于碳酸氢盐与碳酸的比例，而不是它们的绝对浓度。任何使 pH 值改变的趋势都可以被缓冲，并通过调节这个比例而得到校正。如代谢中形成大量的酸与碳酸氢盐形成难解离的碳酸，可有效除掉游离的氢离子。碳酸中的 CO_2 又能通过肺部排除，从而稳定血浆的 pH 值。肾脏通过调节尿中酸或碱的排泄，也在保持体液的酸碱平衡中起重要作用，所以人尿的 pH 值的正常变化范围是 4.8 ～ 7.5。

细胞外液通常是弱碱性的，pH 值为 7.4，而许多动物胞液的平均 pH 值约为 6.8，在 37℃时是中性的。几乎可以肯定，细胞器的 pH 值不是 6.8，而且大多数细胞膜表面的 pH 值要低于 6.8，这是由于带负电荷的细胞表面吸收 H^+ 的缘故。

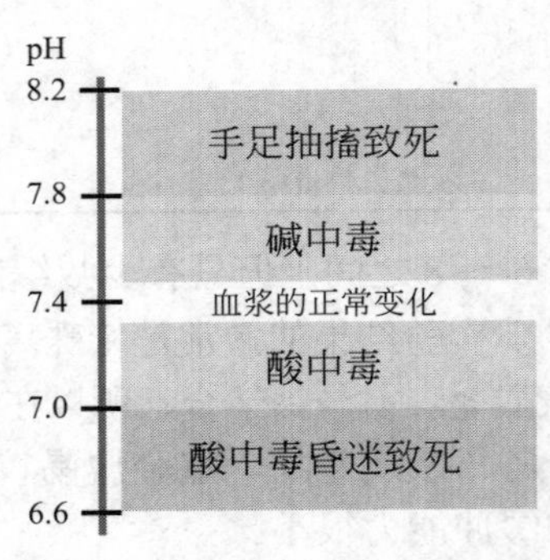

图 1-6 人血浆 pH 值变化的范围

人的血液能清楚地说明 pH 值调控的重要性。血液的 pH 值必须保持在一个很窄的范围内，人才能存活，健康人血浆 pH 值的变化范围就更窄了（见图 1-6）。

植物胞浆的平均 pH 值和动物是一样的，但大多数陆地植物的细胞呈酸性，细菌内的 pH 值也在 7 左右，但许多细菌在 pH6 或 pH9 时都生长得很好。多数对人致病的有机体生长最快的 pH 值是 7.2 ～ 7.6。

显然，较简单的生命形式能在 pH 值范围较宽的外环境中存活，但是其细胞内部的 pH 值并不随之有任何改变。

习题

1. 生物体中的必需元素有哪些？哪些是结构元素？哪些是微量元素？
2. 水在生物体中的形式及作用是什么？
3. 简述原核细胞和真核细胞在结构上的异同。

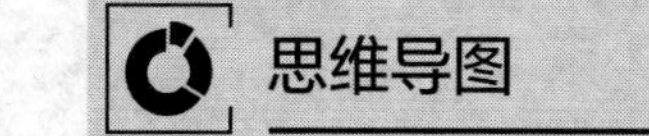

思维导图

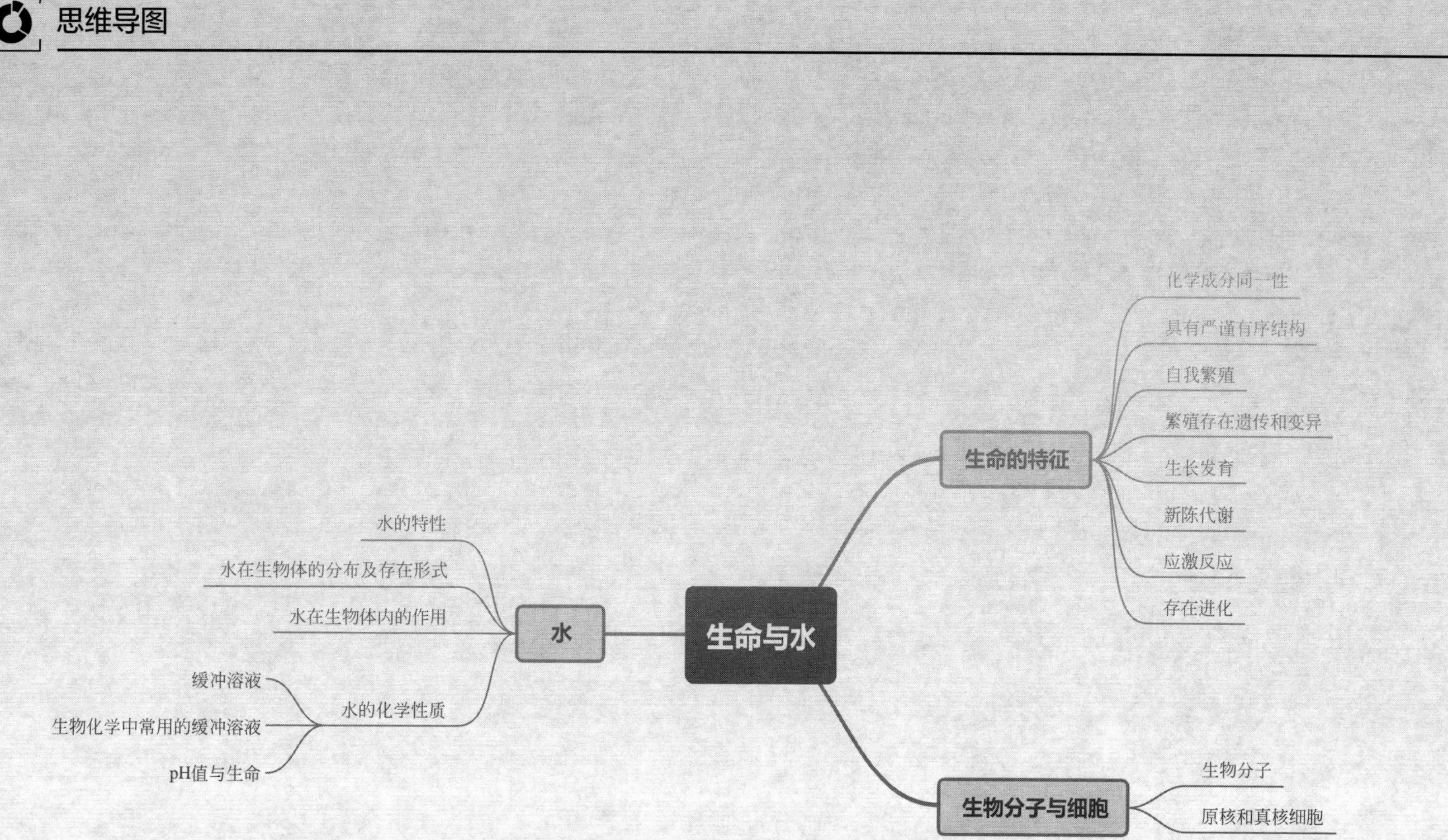
生命与水
生命的特征
化学成分同一性
具有严谨有序结构
自我繁殖
繁殖存在遗传和变异
生长发育
新陈代谢
应激反应
存在进化
生物分子与细胞
生物分子
原核和真核细胞
水
水的特性
水在生物体的分布及存在形式
水在生物体内的作用
水的化学性质
缓冲溶液
生物化学中常用的缓冲溶液
pH值与生命

第二章 糖类化合物

学习目标

通过本章学习，你需要掌握以下内容：

- 了解糖类化合物的重要生理功能。
- 掌握糖类化合物的概念和分类。
- 理解单糖的构型与构象，能够判断以葡萄糖为例的 D/L 两种构型、链式和环状结构，掌握差向异构体、异头物的概念。
- 理解单糖旋光性、比旋光度、变旋现象、还原性、氧化性、异构化以及由羟基产生的各种反应等理化性质。
- 掌握典型寡糖的化学组成和结构特点，理解糖苷键的形成和类型。
- 了解多糖的分类，掌握典型多糖如淀粉、糖原、纤维素等的组成和结构。
- 理解淀粉水解与碘显色反应的关系，淀粉与糊精的关系。
- 了解结合糖、糖胺聚糖、蛋白聚糖、糖蛋白的概念和特点。

糖类化合物是生物界最重要的有机化合物之一，广泛分布于动物、植物和微生物中。植物体中含糖量最为丰富，约占其干重的 85% ～ 90%。微生物中的糖类化合物占菌体干重的 10% ～ 30%。在人和动物体中，糖类化合物含量较少，占人和动物体干重的 2% 以下。

糖类化合物在生物体中的功能主要如下：

① 为生物体提供维持生命活动所必需的能量，如肌肉收缩消耗的能量来自糖的分解。

② 作为生物体的结构组分，如植物细胞壁中的纤维素、细菌细胞壁的肽聚糖、节肢动物外骨骼壳多糖、动物软骨中的蛋白聚糖。

③ 作为碳源，为生物体合成其他化合物如蛋白质、核酸和脂质等提供原料。

④ 某些糖类化合物如糖蛋白、糖脂等复合糖，在体内具有特殊生理功能，包括作为信息分子，是人的血型、细胞和许多微生物分型的分子基础。分布于细胞表面的糖复合物作为受体、细胞标记、抗原决定簇等，参与细胞黏着、细胞识别、免疫活性等多种生理活动。

糖类化合物主要由碳、氢、氧三种元素构成，最初用 $C_n(H_2O)_n$ 通式来表示，统称为“碳水化合物”。

随着研究的深入，发现将糖类化合物称为碳水化合物并不恰当，现在认为，糖类化合物是多羟基醛或多羟基酮及其缩聚物和某些衍生物的总称。根据化合物能否水解，以及水解产物组成情况，可将糖类化合物进行如下分类：

（1）单糖（monosaccharide）　仅含一个多羟基醛或多羟基酮单位，不能再水解的糖类，如葡萄糖、果糖、半乳糖、核糖。

（2）寡糖（低聚糖）（oligosaccharide）　由 2 ～ 10 个相同或不同的单糖分子缩合而成，水解时可获得相应数目和种类的单糖分子，如麦芽糖、蔗糖、乳糖。

（3）多糖（polysaccharide）　含 10 个以上单糖结构的缩合物，如淀粉、糖原、纤维素。

（4）糖的衍生物（衍生糖）　糖的还原产物、氧化产物、氨基取代物以及糖苷化合物等，如葡萄糖酸、半乳糖胺、皂角苷。

（5）糖复合物（糖缀合物，glycoconjugate）　糖与非糖物质共价结合而成的复合物，如蛋白聚糖、糖蛋白、糖脂等。

第一节　单糖

一、单糖的分子结构

单糖含有一个羰基和多个羟基。根据其所含碳原子数目分为丙糖、丁糖、戊糖、己糖等，又称为三碳糖、四碳糖……根据其羰基的特点又分为醛糖（aldose）和酮糖（ketose），可用通式表示：

$$\begin{array}{c} \mathrm{H{-}C{=}O} \\ | \\ \mathrm{(CHOH)}_n \\ | \\ \mathrm{H{-}C{-}OH} \\ | \\ \mathrm{H} \end{array} \qquad\qquad \begin{array}{c} \mathrm{H} \\ | \\ \mathrm{H{-}C{-}OH} \\ | \\ \mathrm{C{=}O} \\ | \\ \mathrm{(CHOH)}_n \\ | \\ \mathrm{H{-}C{-}OH} \\ | \\ \mathrm{H} \end{array}$$

醛糖　　　　酮糖

单糖的种类很多，以戊糖和己糖最为重要，其中葡萄糖（glucose，Glc）是自然界分布最广且最为重要的一种单糖。单糖的结构与性质虽各有差异，但相同之处也不少。现以葡萄糖为代表，阐述单糖的分子结构。

（一）单糖的构型

构型是指一个分子由不对称碳原子上各原子或原子团特定的空间排列而形成的特定立体化学结构，构型的转变需要通过共价键的断裂和再生。分子的构型通常以甘油醛为参照物，分别用互为镜像的对映体——D 型和 L 型表示（图 2-1）。单糖则由分子中离羰基最远的不对称碳原子上的羟基方向决定，其上羟基在 Fischer 投影式右侧的为 D- 型，在左侧的为 L- 型。如葡萄糖和果糖的构型，是以不对称碳原子 C5 上的羟基相对于甘油醛不对称碳原子 C2 上的羟基的空间排布而确定。

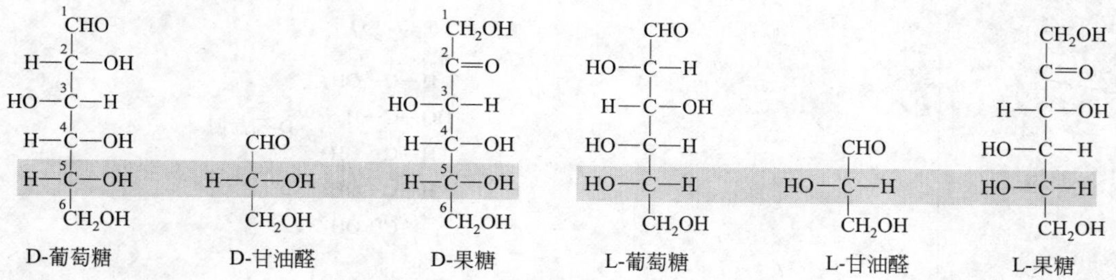

图 2-1 单糖的 D/L 构型

除了二羟基丙酮，所有单糖都含有一个或多个不对称碳原子，在甘油醛分子基础上，每增加一个不对称碳原子，都会产生两种立体异构体，因此含有 n 个不对称碳原子的单糖，就有 2^n 个立体异构体。自然界天然存在的单糖大多是 D 型的。

两种单糖只有一个不对称碳原子构型不同的一对非对映异构体，互称为差向异构体（epimer）。如图 2-2，就 C2 而言，D- 葡萄糖和 D- 甘露糖（mannose，Man）是差向异构体；而就 C4 来说，D- 葡萄糖和 D-半乳糖（galactose，Gal）是差向异构体。

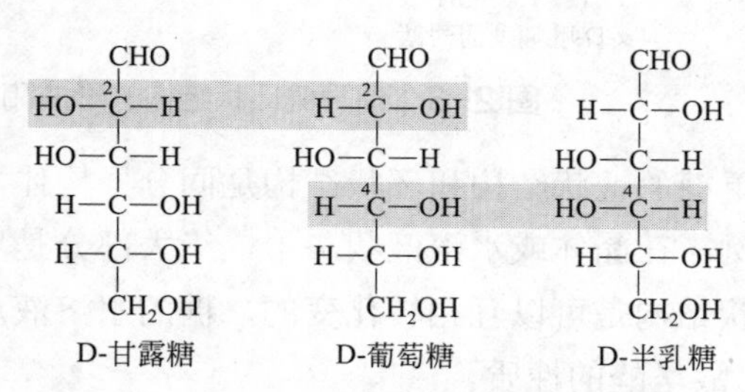

图 2-2 差向异构体

（二）单糖的环状结构

1893 年 E. Fischer（费歇尔）提出了葡萄糖分子环状结构学说，直链状单糖分子上的醛基与分子内的羟基形成半缩醛时，分子成为环状结构，同时 C1 便成为不对称碳原子，半缩醛羟基可有两种不同的排列方式，由此产生了 α 型和 β 型两种异构体。这两种异构体并不是对映体，只是在第一位碳上的羟基方向不同，所以称为异头物，C1 则称为异头碳（图 2-3）。

葡萄糖醛基既可与 C4—OH 结合形成五元环，也可与 C5—OH 结合形成六元环，因此，葡萄糖有呋喃型糖和吡喃型糖之分。因为六元环比五元环热力学更稳定，所以天然葡萄糖分子主要以吡喃型结构存在。果糖属于酮糖，同样也可以通过 C2 位酮基与 C5 或 C6 位羟基反应形成具有五元或六元环状结构的半缩酮。

在 Fischer 投影式中，过长的氧桥是不合理的。1926 年 Haworth（哈沃斯）提出了透视式表示糖的环状结构。对于 D- 葡萄糖，在吡喃型结构中碳的序数按顺时针方向表示，羟基位置在平面上部的，相当于直链式的左侧位置，在平面下部的羟基相当于在直链式的右侧位置。当直链形葡萄糖 C5 上的羟基与 C1 醛基连成 1—5 型氧桥，形成环状结构时，为了使 C5 上的羟基与 C1 醛基接近，将 C5 旋转 109° 28′，所以 6 位羟甲基处于环的上部。Haworth 透视式中，α、β 型是根据半缩醛 / 酮羟基与 C6 原子位于氧环平面的相对位置确定的，两者位于两侧的为 α 型，位于同侧的为 β 型，如图 2-3 所示。

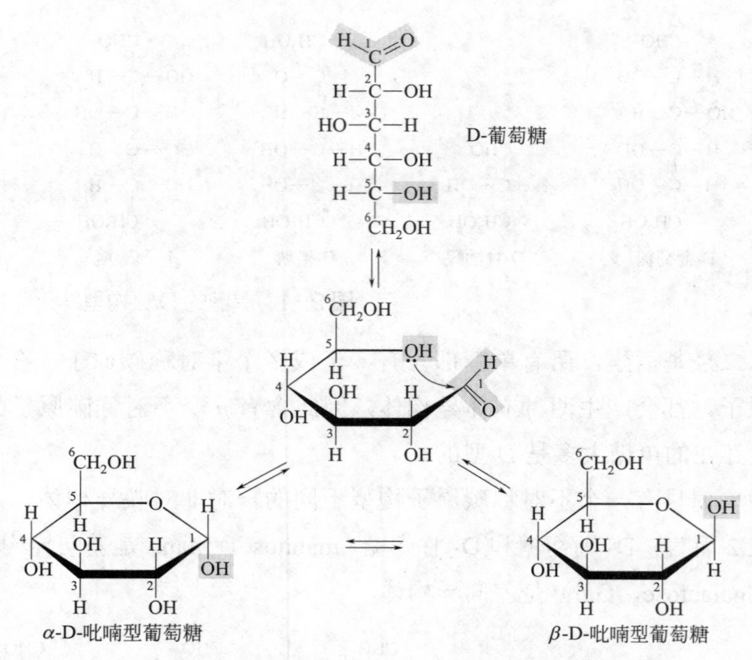

图 2-3 葡萄糖环状结构的形成和 Haworth 透视式

单糖的链状结构和环状结构是同分异构体，而环状结构较为重要。以葡萄糖为例，在晶体或水溶液状态下，绝大部分是环状结构；在水溶液中链状结构和环状结构是可以互相转化变的，糖的水溶液总含有少量的自由醛基（链状结构），故呈醛的性质。

（三）单糖的构象

构象是指一个分子中，不改变共价键结构，仅由 C—C 单键旋转而产生原子或基团特定的空间排布。一种构象改变为另一种构象时，不要求其共价键的断裂和重新形成。以葡萄糖为例，葡萄糖的吡喃环并不是一个真正的平面，会有船式和椅式两种构象，其中椅式构象使扭张强度降到最低因而较稳定。在 α-D- 吡喃葡萄糖与 β-D- 吡喃葡萄糖椅式构象中（图 2-4），醇羟基和羟甲基这些相对大的基团均为平伏方向而不是直立的（一般平伏键比直立键要稳定一些），其中 β-D- 吡喃葡萄糖因其半缩醛羟基为平伏键，较 α-D- 吡喃葡萄糖更加稳定一些，所以在溶液中，β 型异构体占优势，约为 64%，α 型约为 36%。

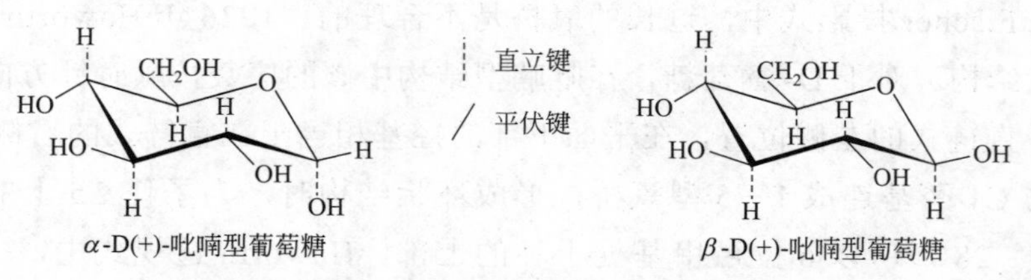

图 2-4 葡萄糖分子的椅式构象

二、单糖的理化性质

（一）物理性质

1. 溶解度

单糖分子含有多个羟基，易溶于水，不溶于乙醚、丙酮等有机溶剂。

2. 甜度

各种糖的甜度不同，常以蔗糖为标准（100%）进行比较（表 2-1）。

表 2-1　各种糖的甜度

糖	甜度 /%	糖	甜度 /%
蔗糖	100	鼠李糖	32.5
果糖	173.3	麦芽糖	32.5
转化糖	130	半乳糖	32.1
葡萄糖	74.3	棉籽糖	22.6
木糖	40	乳糖	16.1

3. 旋光性

具有不对称碳原子的化合物溶液能使偏振光平面旋转，即具有旋光性。能使偏振光平面发生顺时针方向偏转，称为右旋，用 d 或（+）表示；发生逆时针方向偏转，称为左旋，用 l 或（–）表示。单糖分子（除二羟基丙酮外）都有不对称碳原子，因此其溶液都有旋光性。在一定条件下，测定一定浓度糖溶液的旋光度，可以计算其比旋光度（specific rotation，也称旋光率）。旋光性是鉴定糖的一个重要指标，每种糖都有特征性的比旋光度（表 2-2）。

$$[\alpha]_{\mathrm{D}}^{t}=\frac{\alpha\times100}{l\times c}$$

式中　$[\alpha]_{\mathrm{D}}^{t}$——比旋光度；

D——钠光波长为 589nm；

t——指定温度，一般用 20℃；

α——测得的旋光度；

l——旋光管的长度，dm；

c——糖液浓度，以 100mL 溶液中溶质的质量（g）表示。

表 2-2　各种糖的比旋光度

单糖	$[\alpha]_{\mathrm{D}}^{20}$	寡糖、多糖	$[\alpha]_{\mathrm{D}}^{20}$
D- 阿拉伯糖	–105°	麦芽糖	+130.4°
L- 阿拉伯糖	+104.5°	蔗糖	+66.5°
D- 木糖	+18.8°	转化糖	–19.8°
D- 葡萄糖	+52.5°	糊精	+195°
D- 果糖	–92.4°	乳糖	+55.5°
D- 半乳糖	+80.2°	淀粉	≥ 196°
D- 甘露糖	+14.2°	糖原	+196° ～ +197°

4. 变旋现象

具有旋光性的糖溶液经放置后，它的比旋光度会发生变化，这种现象称为变旋现象。变旋的原因是糖从一种结构的 α 型变为 β 型或反之。变旋现象是可逆的，当互变达到平衡时，比旋光度不再变化。以 D- 葡萄糖为例，在变旋过程中，开链式结构是 α 型和 β 型互变异构的中间体（图 2-5），其比旋光度为 +52.5°，实际上是三种结构式动态平衡混合液的比旋光度。

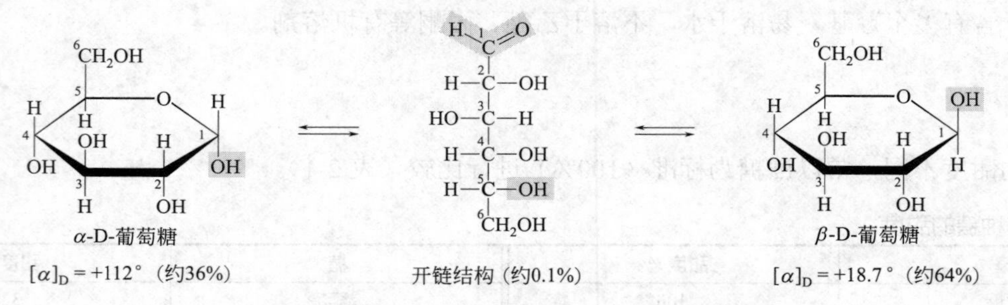

图 2-5　葡萄糖的变旋现象

（二）重要的化学性质

单糖因含有羟基、醛基或酮基，可以和许多试剂相互作用，单糖的一些重要的化学性质列于表 2-3。

表 2-3　单糖重要的化学性质

化学性质		反应	用途
由醛 / 酮基产生	还原性	还原金属离子，糖氧化成糖酸	一些弱氧化剂能使其氧化，用于定性或定量检测
	氧化性	醛 / 酮基可被还原，生成糖醇	一些重要的化工、医药原料，如山梨醇、甘露醇可由此生成
	成脎	与苯肼作用生成糖脎	可用于鉴别单糖
	异构化	醛糖和酮糖在稀碱中可相互转化	是单糖转化的基础
由羟基产生	成酯	生成磷酸糖酯、硫酸糖酯	磷酸糖酯是糖代谢的中间物
	成苷	半缩醛 / 酮羟基与其他带有羟基或氨基的化合物反应，脱水生成糖苷	是生成聚糖的基础，有些糖苷为药物
	脱水	与浓 HCl 加热，戊糖生成糠醛、己糖生成羟甲基糠醛	可用于鉴别醛糖和酮糖，生产化工产品
	氨基化	C2、C3 上羟基可被—NH_2 取代生成氨基糖	氨基糖为糖蛋白的组分
	脱氧	经脱氧酶作用生成脱氧糖	脱氧核糖为脱氧核糖核酸的组成成分

1. 氧化反应

单糖的醛基具有还原性，环状结构的半缩醛羟基同样具有还原性。由于在碱性条件下，醛基和酮基可通过烯醇化相互转化（图 2-6），中间产物烯二醇具有还原性，能还原金属离子，如 Cu^{2+}、Hg^{2+}、Ag^{+} 等，其本身则被氧化成为相应的糖酸，因此酮糖有还原性而普通酮类无还原性。糖类在碱性溶液中的还原性常被用作还原糖定性与定量分析的依据，如斐林试剂（Fehling Reagent）、本尼迪克特试剂（Benedict Reagent）都是含 Cu^{2+} 的碱性溶液。

CH_2OH
$C{=}O$
$(CHOH)_n$
CH_2OH
酮糖

烯醇化 / 碱

H　OH
C
C—OH
$(CHOH)_n$
CH_2OH
烯二醇

烯醇化 / 碱

CHO
HC—OH
$(CHOH)_n$
CH_2OH
醛糖

$2\ Cu(OH)_2 \xleftarrow{-2\ Na_2SO_4} 4\ NaOH + 2\ CuSO_4$

H_2O

$2\ CuOH \longrightarrow Cu_2O$（红色沉淀）$+ H_2O$

COOH
CHOH
$(CHOH)_n$
CH_2OH
糖酸
＋ 其他产物

图 2-6　醛糖和酮糖的还原性

醛糖可以三种不同的形式进行氧化，生成不同的糖酸，以葡萄糖为例，氧化形式见图 2-7。

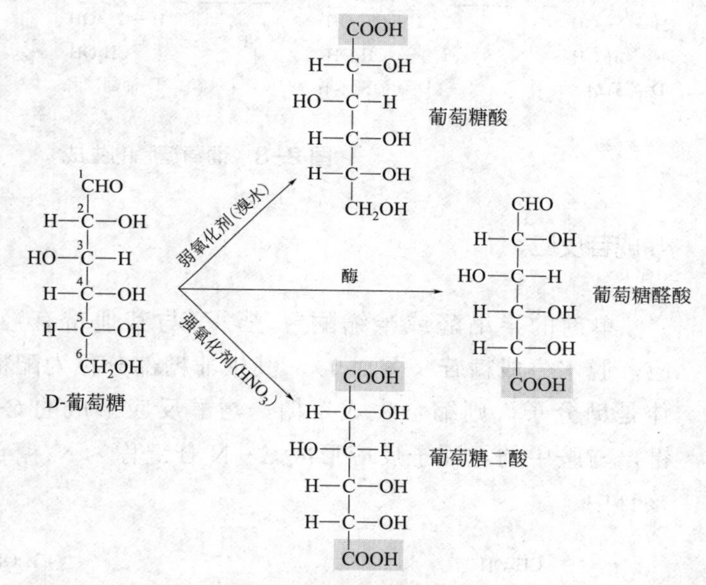

图 2-7　葡萄糖的氧化形式

2. 还原反应

单糖有游离的羰基，易被还原成多羟基醇。醛糖被还原成糖醇，如 D- 葡萄糖被还原成 D- 葡萄糖醇（D- 山梨醇）；D- 甘露糖被还原成 D- 甘露醇。酮糖被还原成两种同分异构的糖醇，如 D- 果糖被还原成 D- 山梨醇和 D- 甘露醇。

概念检查 2.1

○ 当 D- 甘油醛被还原为甘油，为什么不再有 D/L 异构体?

3. 成脎反应

苯肼是单糖的定性试剂，单糖游离羰基能与 3 分子苯肼作用生成糖脎（图 2-8）。糖脎为黄色结晶，微溶于水，各种糖的糖脎都有特异的晶形和熔点，因此，常用糖脎的生成来鉴定各种不同的糖。

在单糖的成脎反应中，D- 葡萄糖、D- 甘露糖和 D- 果糖生成的糖脎是相同的，因为这 3 种单糖彼此间的区别仅第 1 位、第 2 位两个碳原子的构型不同，这两个碳原子与苯肼结合后，结晶成糖脎。

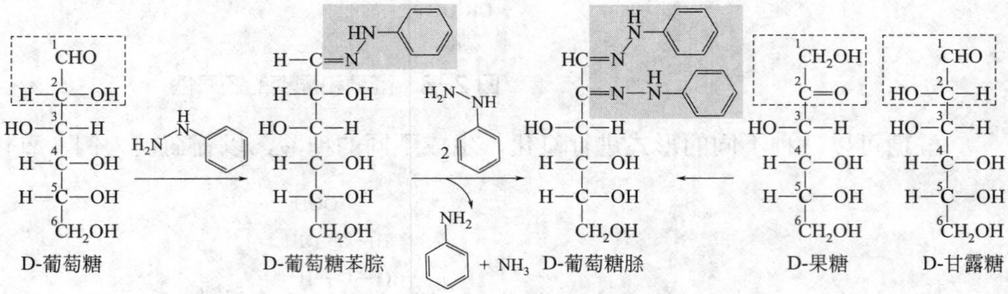

图 2-8　葡萄糖脎的生成

4. 成苷反应

单糖的半缩醛或半缩酮羟基，可与其他带有羟基或氨基的化合物反应，脱水生成糖苷（图 2-9），其中非糖部分称为配糖体或配基，如果配糖体是糖分子，则缩合生成聚糖。与醇反应形成的 C—O 苷键称为 O- 糖苷键，与胺中的氮原子反应形成 C—N 苷键称为 N- 糖苷键，存在于糖蛋白和核苷中。

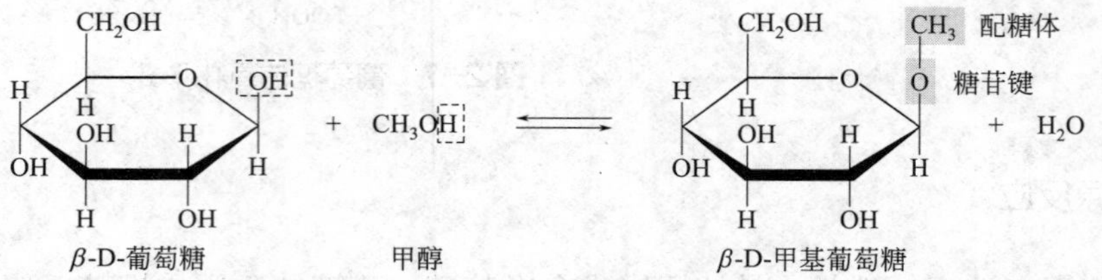

图 2-9　成苷反应

5. 成酯作用

单糖的所有醇羟基及半缩醛羟基都可与酸、酸酐、酰卤反应生成酯。生物体内最常见的糖酯是磷酸酯，它们是糖代谢的中间产物，如 6- 磷酸葡萄糖、1,6- 二磷酸果糖、5- 磷酸核糖等（图 2-10）。

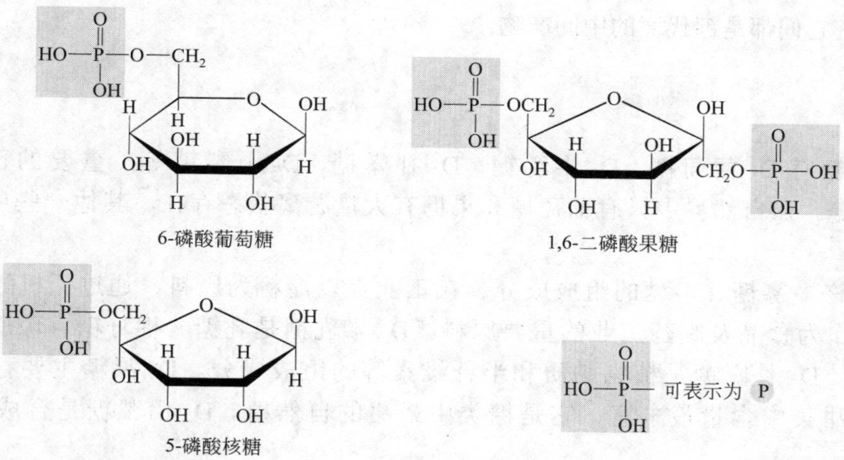

HO—P(=O)(OH)—O—CH₂ ... 6-磷酸葡萄糖

1,6-二磷酸果糖

5-磷酸核糖

HO—P(=O)(OH)— 可表示为 Ⓟ

图 2-10 常见的糖磷酸酯

6. 呈色反应

单糖的呈色反应可用于糖的定性鉴定以及区分醛糖和酮糖，常用的呈色反应有以下三种。

① Molish 反应（*α*- 萘酚反应）：糖在浓硫酸或浓盐酸的作用下脱水形成糠醛及其衍生物，再与 *α*- 萘酚作用形成紫红色复合物，在糖液和浓硫酸的液面间形成紫环。Molish 反应是鉴定糖类最常用的呈色反应。*α*- 萘酚也可用麝香草酚或其他的苯酚化合物代替，麝香草酚溶液比较稳定，其灵敏度与 *α*- 萘酚一样。

② Seliwanoff 反应（间苯二酚反应）：糖与浓酸作用后再与间苯二酚反应，若是酮糖就显鲜红色，若是醛糖就显淡红色，根据此反应可鉴别酮糖和醛糖。

③ 间苯三酚反应：戊糖与间苯三酚 / 浓盐酸反应生成朱红色物质，其他单糖与间苯三酚 / 浓盐酸生成黄色物质；此外，戊糖还可以和甲基间苯二酚即地衣酚 / 浓盐酸反应，生成蓝绿色物质。利用这两个反应可以区分戊糖和其他单糖。

三、重要的单糖及单糖衍生物

（一）重要的单糖

1. 丙糖

常见的丙糖有 D- 甘油醛和二羟基丙酮，它们的磷酸酯是糖代谢的重要中间产物。

2. 丁糖

常见的有 D- 赤藓糖和 D- 赤藓酮糖，它们的磷酸酯亦是糖代谢的重要中间产物。

3. 戊糖

自然界存在的戊醛糖主要有 D- 核糖、D-2- 脱氧核糖等，都是核酸的组成成分。戊酮糖主要有 D- 核酮糖、D- 木酮糖，它们都是糖代谢的中间产物。

4. 己糖

重要的己醛糖有 D- 葡萄糖、D- 半乳糖、D- 甘露糖、D- 山梨糖等，重要的己酮糖有 D- 果糖（fructose，Fru）等。在自然界中只有葡萄糖和果糖有大量游离状态存在，其他一些单糖主要存在于双糖或多糖中。

D- 葡萄糖是许多寡糖、多糖的组成成分。在工业上以淀粉为原料，通过无机酸或酶水解的方法制得葡萄糖，可作为食品及制药工业的重要原料。D- 半乳糖是乳糖、棉籽糖、琼脂、黏多糖和半纤维素的组成成分。D- 甘露糖是植物黏质和半纤维素等的组成成分。D- 果糖主要存在于水果果实和蜂蜜中，甘蔗和甜菜中含量最丰富，它是糖类中最甜的自然糖。D- 山梨糖是合成维生素 C 的重要中间产物。

（二）单糖的重要衍生物

1. 糖酸

不同的氧化剂可将糖氧化成不同的糖酸类衍生物。糖酸是一种比较强的有机酸，常以内酯形式存在，如葡萄糖酸 -δ- 内酯。

葡萄糖酸能与钙、铁等离子形成可溶性盐类，易被吸收。葡萄糖酸钙可作为药物，用于消除过敏、补充钙质；葡萄糖酸内酯可作为大豆蛋白凝聚剂用于制豆腐。

葡萄糖醛酸是人体内一种重要的解毒剂，它可通过糖苷键与各种羟基化合物如苯酚、固醇类结合，增加它们在水中的溶解度，从而易于排出体外。此外，某些己糖醛酸是各种糖胺聚糖的组成成分。

2. 脱氧糖

脱氧糖是单糖的某个羟基或羟甲基脱去氧后形成的衍生物。如图 2-11，β-2- 脱氧 -D- 核糖，是组成脱氧核糖核酸的组成成分；L- 鼠李糖（6- 脱氧 -L- 甘露糖）是植物细胞壁的成分；L- 岩藻糖（6- 脱氧 -L- 半乳糖）是藻类糖蛋白的成分，人血型物质组分中也含有岩藻糖。

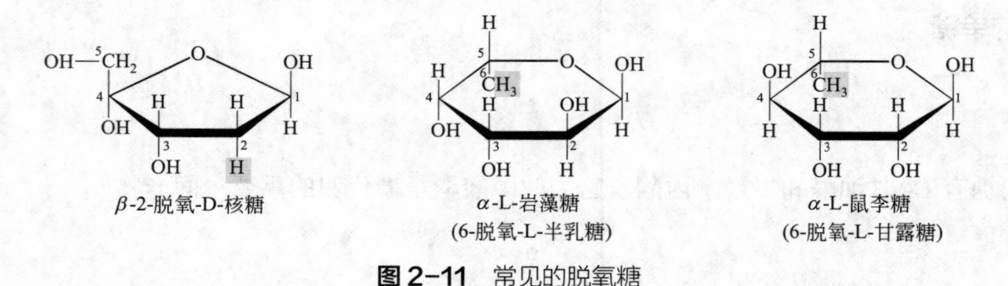

图 2-11　常见的脱氧糖

3. 氨基糖

单糖的一个羟基（多数在 C2 位）被氨基取代，得到氨基糖或糖胺。如图 2-12，常见的氨基糖有 D- 氨基葡萄糖（葡萄糖胺）和 D- 氨基半乳糖（半乳糖胺），它们经常以 *N*- 乙酰衍生物的形式广泛分布在动植物中，主要是组成黏多糖和糖蛋白的成分。

酸性氨基糖是氨基糖的衍生物，例如胞壁酸由氨基葡萄糖的3位羟基与乳酸的羟基失水成醚键相连而成，它以*N*-乙酰胞壁酸（NAM）形式存在于细菌细胞壁的肽聚糖中。

神经氨酸（3-脱氧-5-氨基九碳糖酸）也是酸性氨基酸，自然界中以*N*-乙酰神经氨酸（NAN）形式存在，又名唾液酸（sialic acid），普遍分布在细菌及动物组织中。例如，唾液黏蛋白和血型物质的多糖部分中都含有唾液酸。

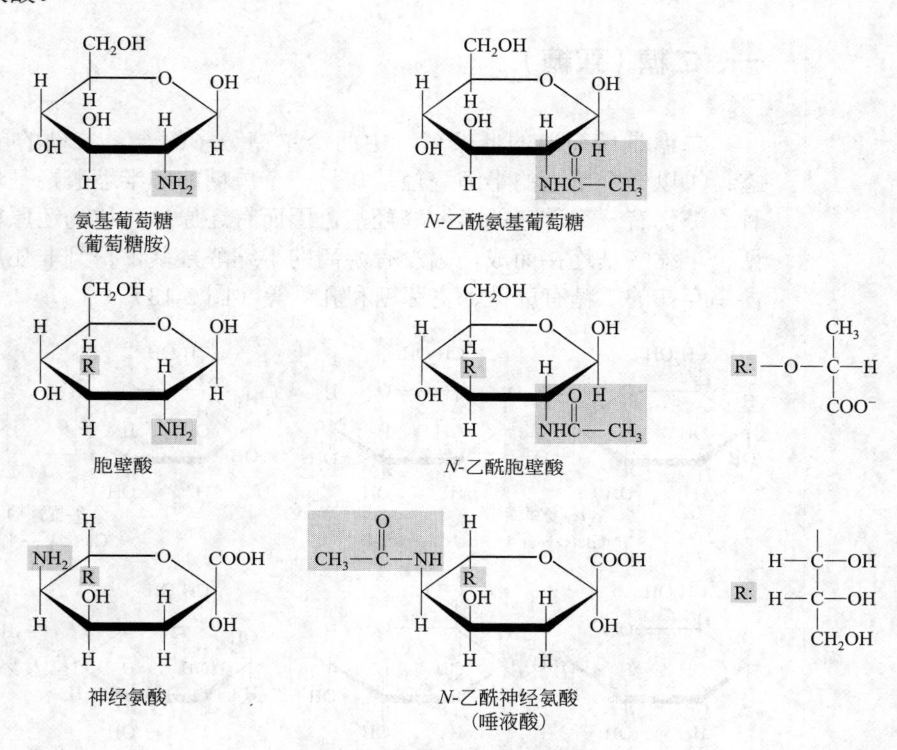

图2-12　常见的氨基糖

4. 糖醇

糖醇是糖的还原产物，有直链和环状两种形式的糖醇，它们是有机体的代谢产物，同时也是食品、化工和医药的重要原料。常见的有甘露醇和山梨醇，大都存在于植物中，可作为药物或药用辅料。肌醇是环糖醇，具有许多生理功能，如临床上将其与复合维生素B一起作用，可以阻止或降低过量脂肪在肝脏沉积，具有抗脂肪肝作用；肌醇还是植酸、磷酸肌醇酯等化合物的前体。

5. 糖苷

糖苷是糖在自然界存在的一种重要形式，几乎各类生物都有，但以植物界分布最为广泛。天然糖苷中的配糖基有醇类、醛类、酚类、固醇类和嘌呤等。许多糖苷有毒性，但微量糖苷可作为药物。重要的糖苷有能引起溶血的皂角苷、有止咳作用的苦杏仁苷、有强心剂作用的洋地黄苷、能引起葡萄糖随尿排出的根皮苷以及具有抗疲劳、抗感染等功能的人参皂苷等。因此，糖苷物质在医药工业中占据十分突出的位置。

第二节 寡糖

寡糖，又称低聚糖，是2～10个单糖缩合形成的聚合物。寡糖可从多糖水解得到。自然界中重要的寡糖有二糖（双糖）和三糖等。研究寡糖结构涉及三个共性的问题：①单糖的种类；②糖苷键的类型；③糖苷键的连接位置。

一、二糖（双糖）

二糖是最简单的低聚糖，由两个单糖分子缩合。二糖的单糖基有两种状态：①以一个单糖的半缩醛羟基与另一个单糖的非半缩醛羟基形成糖苷键，这种二糖仍有一个游离的半缩醛羟基，因而有还原性，称为还原糖；②糖苷键由两个半缩醛基连接而成，因没有游离的半缩醛羟基，得到非还原糖。自然界中游离存在的二糖有蔗糖、麦芽糖和乳糖等（图2-13）。

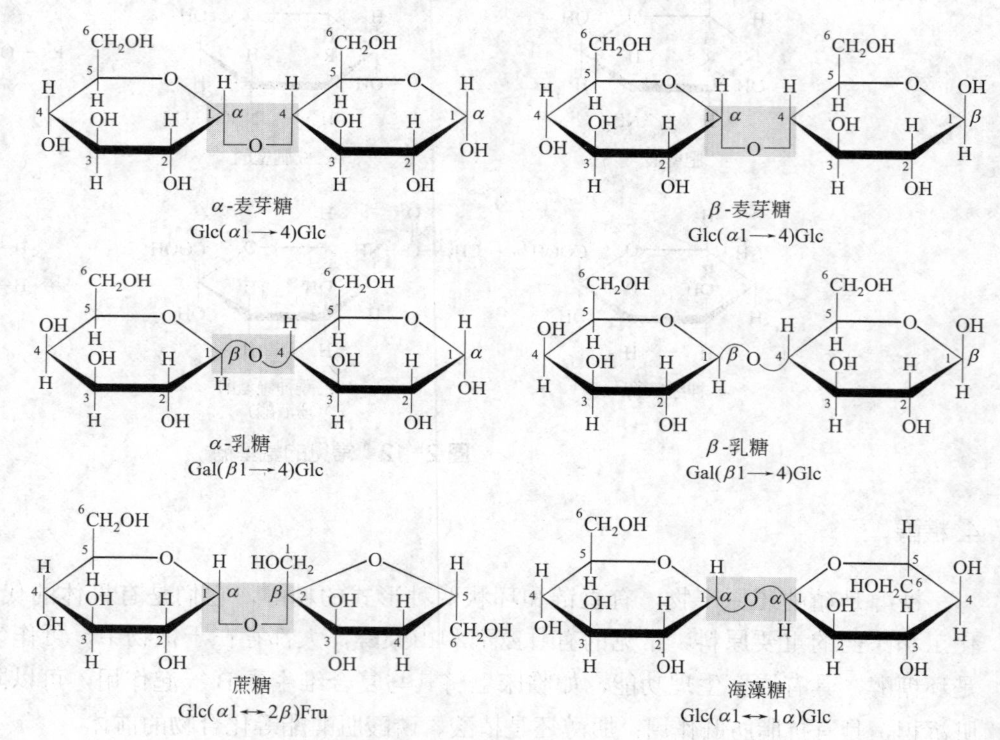

图2-13 常见二糖的组成与结构

（一）蔗糖

蔗糖（sucrose，Suc）由一分子α-D-葡萄糖和一分子β-D-果糖通过α,β-1,2-糖苷键相连而成（图2-13），缩写为Glc(α1↔2β)Fru，所以蔗糖分子中没有半缩醛羟基，为非还原糖。蔗糖为右旋糖，$[\alpha]_D^{20}$ =+66.5°，蔗糖水解生成等量葡萄糖和果糖的混合物称为转化糖，果糖$[\alpha]_D^{20}$为−92.4°，葡萄糖$[\alpha]_D^{20}$为+52.5°，所以水解液呈左旋性。

蔗糖是植物组织中最丰富的二糖，主要从甘蔗和甜菜中提取。蔗糖甜度高，为商品糖，是人类需要量最大的寡糖。

（二）麦芽糖

麦芽糖（maltose, Mal）是由两分子 D- 葡萄糖通过 α-1,4- 糖苷键相连而成（图 2-13）。麦芽糖分子中存在半缩醛羟基，为还原糖，其 $[\alpha]_D^{20}$ 为 +136°，易被酵母发酵。麦芽糖的构型由游离的半缩醛羟基决定，有 α 和 β 两种，通常的晶体麦芽糖为 β 型。麦芽糖大量存在于发芽的种子中，特别是麦芽中。工业上，通过酶促水解淀粉大量生产麦芽糖，俗称饴糖。

若两分子 α-D- 葡萄糖通过 α-1,6- 糖苷键缩合则生成异麦芽糖，它广泛存在于支链淀粉和糖原中。

（三）乳糖

乳糖（lactose，Lac）由一分子 β-D- 半乳糖和一分子 D- 葡萄糖以 β-1,4- 糖苷键缩合而成（图 2-13），缩写为 Gal(β1 → 4)Glc。乳糖为还原糖，其 $[\alpha]_D^{20}$ 为 +55.4°，不易溶于水，酵母不能发酵乳糖。乳糖存在于人与动物乳汁中，牛奶中含 4% ～ 5%，人乳中约含 5% ～ 8%。乳糖也有 α 、β 两型，奶中的乳糖为它们的混合物，一般晶型乳糖为 α 型。

（四）海藻糖

海藻糖（trehalose）通常是由两分子葡萄糖通过 α-1,1- 糖苷键连接的非还原性二糖，广泛分布于动物、植物和微生物中。当生物处于逆境时，细胞浆内海藻糖含量增加，是一种典型的应激代谢产物。

概念检查 2.2

○ 请比较蔗糖、乳糖、麦芽糖和海藻糖的化学组成和结构特点，并分析它们的还原性。

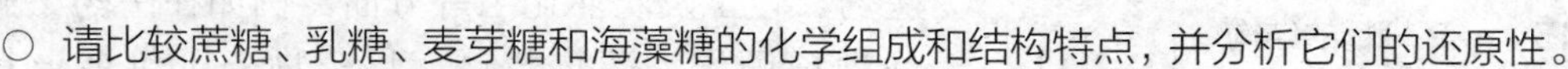

二、三糖

三糖也分还原性三糖和非还原性三糖，常见的三糖有棉籽糖、龙胆三糖和松三糖等。棉籽糖与人类关系最密切，常见于很多植物中，如棉籽、甜菜。棉籽糖由葡萄糖、果糖和半乳糖各一分子组成，是在蔗糖的葡萄糖侧以 α-1,6- 糖苷键结合一个半乳糖而成（图 2-14），为非还原糖，又称蜜三糖。

图 2-14 棉籽糖的组成

棉籽糖可被蔗糖酶和 α- 半乳糖苷酶水解。在蔗糖酶作用下由棉籽糖中分解出果糖和蜜二糖，在 α- 半乳糖苷酶作用下，分解出半乳糖和蔗糖。人体本身不具有合成 α-D- 半乳糖苷酶的能力，因此人体不能直接分解吸收利用这种低聚糖，但是肠道细菌中含有这种酶，因此棉籽糖可作为肠道中双歧杆菌、嗜酸乳酸杆菌等有益菌的营养源和有效增殖因子，属于功能低聚糖。

三、环糊精

环糊精是直链淀粉在芽孢杆菌产生的环糊精葡萄糖基转移酶作用下生成的一系列环状低聚糖的总称，通常含有 6 ～ 12 个 D- 吡喃葡萄糖残基，以 α-1,4- 糖苷键连接而成，其中研究得较多并且具有重要实际意义的是含有 6 个、7 个和 8 个葡萄糖残基的分子，分别称为 α- 环糊精、β- 环糊精、γ- 环糊精。环糊精分子中无游离的半缩醛羟基，是一种非还原糖。α-环糊精分子结构特点是C6 上的羟基均在大环的一侧，而 C2、C3 上的羟基在另一侧（图 2-15）。当多个环状分子彼此叠加成圆筒形多聚体时，圆筒外壁排列着葡萄糖残基的羟甲基，呈亲水性；圆筒内壁由疏水的 C—H 和氧环组成，具疏水性。

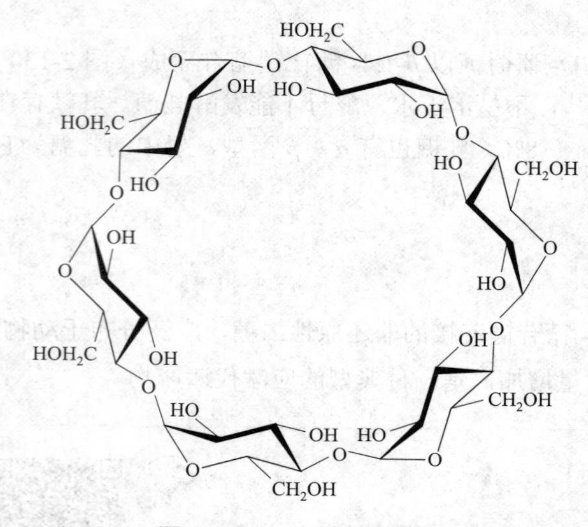

图 2-15 α- 环糊精的结构

由于环糊精具有疏水空腔的特殊结构，在水溶液里形状和大小适合的疏水性物质能够包含在环糊精形成的空穴里。环糊精常作为稳定剂、乳化剂、增溶剂、抗氧化剂、抗光解剂等，广泛用于食品、医药、轻工及农业化工等方面。例如在医药工业上，环糊精可作为药物载体，将药物分子包裹于其中，类似微型胶囊。

四、寡糖的功能和应用

寡糖的功能不断地被发现，其应用也日益广泛。由于寡糖类物质具有防病抗病及有益健康等生理功效，被称为功能性食品。寡糖除了具有低热量、稳定性高及安全无毒等理化特性外，还具有重要的生理活性。寡糖能够改善消化道菌群和肠道内环境，促进消化道有益细菌（如双歧杆菌）的生长，抑制有害微生物的繁殖，提高机体抵抗力。寡糖可作为一种免疫原，刺激机体产生免疫应答，一些寡糖还可以直接活化巨噬细胞、自然杀伤细胞（NK 细胞）、B 淋巴细胞、T 淋巴细胞，消除体内有毒有害因子，增强机体免疫功能。

寡糖在植物生长发育过程中起着重要的调节功能。如一些植物细胞壁中的多糖可降解为有生物活性的寡糖，称为寡糖素，是一类新的植物调节分子，已知有葡七糖、寡聚半乳糖醛酸和寡聚木糖等。寡糖素在植物体内作为信号分子调节植物生长、发育和在环境中的生存能力，它们可以分别专一地诱导植物基因表达、合成和分泌多种不同性质的防御分子，在不同层次上起到抗病和防病作用，也能影响体外培养的植物组织的分化和形态发生。又如壳聚糖代谢途径中形成的一些寡糖能调节植物生长，增加禾谷类作物的分蘖力，调节根、茎、叶和花的生长发育，影响生殖器官的大小和多少，同时增加作物的免疫力，最终达到增产的目的。

第三节　多糖

多糖是由多个单糖单位通过糖苷键连接而成的多聚体，天然的糖类绝大部分以多糖形式存在。多糖的分子量很大，在水中不能形成真溶液，呈胶态溶液，无甜味，也无还原性，在酶或酸的作用下，可部分水解或完全水解，多糖有旋光性，但无变旋现象。

根据多糖分子组成特点，多糖可分为两类：由相同的单糖基组成的称为同多糖（均一多糖，homopolysaccharides），如淀粉、糖原、纤维素等；由不相同的单糖基组成的称为杂多糖（不均一多糖，heteropolysaccharides），如琼脂、糖胺聚糖等。

一、同多糖

（一）淀粉

淀粉（amylum）主要存在于植物的种子、块根、块茎和果实中。天然淀粉有两种结构，即直链淀粉与支链淀粉。

直链淀粉约占总淀粉量的 20% ～ 30%，是由 250 ～ 300 个 α-D- 葡萄糖通过 α-1,4- 糖苷键连接而成的直链型多聚体，每个直链淀粉含一个还原端和一个非还原端。支链淀粉是许多淀粉的主要成分，主链类似于直链淀粉，而通过 α-1,6- 糖苷键形成分支侧链，每隔 8 ～ 9 个葡萄糖残基就有一个分支，侧链一般含 20 ～ 30 个以 α-1,4- 糖苷键相连接的葡萄糖残基，每个支链淀粉含一个还原端和多个非还原端（图 2-16A）。

直链淀粉不溶于冷水，而溶于 60 ～ 80℃热水中，其在溶液中通常卷曲成空心螺旋，每个螺旋圈包含 6 个 α-D- 吡喃葡萄糖残基，螺旋圈的直径为 1.3nm，螺距为 0.8nm（图 2-16B）。支链淀粉不溶于水，其分子量要比直链淀粉大得多，支链淀粉分子中各分支也都卷曲成螺旋。

直链淀粉与支链淀粉都与碘作用而显色，直链淀粉遇碘呈蓝色，支链淀粉遇碘则呈紫红色。研究表明，多糖链的螺旋构象是碘显色反应的必要条件。当碘分子进入螺旋圈内时，糖的游离羟基成为电子供体，碘分子成为电子受体，形成淀粉 - 碘络合物，呈现颜色。碘显色反应的颜色与葡萄糖链的长度有关：当链长小于 6 个葡萄糖基时，不能形成螺旋圈，因而不能显色。当平均长度为 20 个葡萄糖基时呈红色，大于 60 个葡萄糖基时呈蓝色。支链淀粉分子量虽大，但分支单位的长度只有 20 ～ 30 个葡萄糖基，故与碘反应呈紫红色。

淀粉可用酸或酶进行逐步水解，生成各种糊精和麦芽糖等系列中间产物。各种糊精与碘作用可产生不同的颜色，分别称之为紫色糊精、红色糊精和无色糊精等。

淀粉的水解过程如下：

直链淀粉 → 紫色糊精 → 红色糊精 → 无色糊精 → 麦芽糖 → 葡萄糖

↑

支链淀粉（紫红色）

A. 淀粉的组成

非还原端 还原端

直链淀粉

非还原端 非还原端 还原端

支链淀粉

B. 淀粉的螺旋结构

图 2-16 淀粉的组成与结构

根据淀粉水解的程度不同，工业上利用淀粉水解可以生产不同的产品。

1. 糊精

在淀粉水解过程中产生的多糖链片段，统称为糊精（dextrin）。糊精具有旋光性、黏性、还原性，能溶于水，不溶于乙醇。

2. 淀粉糖浆

淀粉糖浆是淀粉不完全水解的产物，为无色、透明、黏稠的液体，贮存性好，无结晶析出。糖浆的糖分组成有葡萄糖、低聚糖、糊精等，各种糖分组成的比例因水解的程度和生产工艺不同而异。得到的多种淀粉糖浆具有不同的物理化学性质和用途。

3. 麦芽糖浆

麦芽糖浆也称为饴糖，其主要糖分是麦芽糖，呈浅黄色，甜味温和还具有特有的风味。工业上是利用 β - 淀粉酶水解淀粉来制得。

4. 葡萄糖

葡萄糖是淀粉水解的最终产物。工业上通过酸水解淀粉得到葡萄糖溶液，再经结晶分离得到结晶葡萄糖。也可以采用酶法水解淀粉，其糖化液含 95% ～ 99%（干物质计）的葡萄糖，由于它们纯度高、甜味正，可省去结晶工序，直接喷雾成颗粒产品。

5. 改性淀粉

将天然淀粉经化学处理或酶处理，使淀粉原有的物理性质发生一定改变，如水溶性、黏度、色泽、味道、流动性等。这种处理后的淀粉称为改性淀粉，可适应各种使用需要。

（二）糖原

糖原（glycogen）是动物体内重要的贮存多糖，相当于植物体中的淀粉，所以被称为“动物淀粉”。糖原的结构和支链淀粉相似，分子中 α-D- 葡萄糖残基通过 α-1,4- 糖苷键相互连接，支链分支点也是 α-1,6- 糖苷键（图 2-17）。相比支链淀粉，糖原的分支更多，平均每隔 3 个葡萄糖残基就有一个支链，且支链比较短，每个支链平均长度相当于 12 ～ 18 个葡萄糖残基。

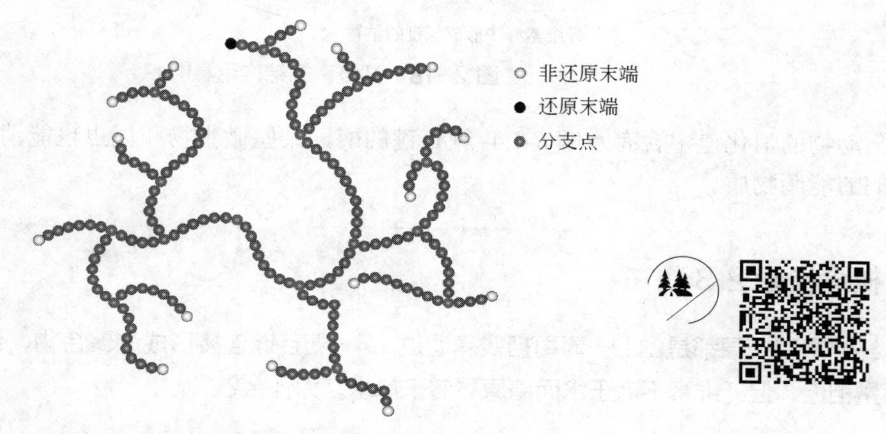

图 2-17　糖原结构示意图

糖原不溶于冷水，易溶于热的碱溶液，并在加入乙醇后析出，它与碘作用通常呈棕红色。糖原是人体内贮存糖类化合物的主要形式，在维持人体能量平衡方面起着十分重要的作用。肝脏中的糖原浓度比肌肉中要高些，但是肌糖原总量比肝糖原多。糖原在细胞的胞液中以颗粒状存在，直径约为 10 ～ 40nm，较植物中淀粉颗粒小得多。

（三）纤维素

纤维素（cellulose）是自然界中分布最广、含量最多的一种多糖。纤维素是天然植物纤维的主要成分，例如，棉花纤维中纯纤维素占 97% ～ 99%，木材纤维中占 41% ～ 43%；纤维素也是植物细胞壁的主要结构组分。

纤维素是由 β-D- 葡萄糖以 β-1,4- 糖苷键连接而成的直链状分子（图 2-18），不形成螺旋构象，没有分支结构，易形成晶体。纤维素分子间由氢键和非共价键连接构成许多微纤丝，这些微纤丝的排列是平行有序的，有一定的规律性。纤维素为无色、无味的白色丝状物，不溶于水、稀酸、稀碱和有机溶剂。

人体消化道内不分泌分解纤维素所需要的酶类，所以纤维素在人体内不能被消化吸收，也不能提供能量。然而，随着营养学和相关科学的深入发展，人们逐渐发现了食物中的纤维素，即膳食纤维具有相当重要的生理作用，如能促进肠道蠕动，利于粪便排出，还可减少胆固醇的吸收，有降低血清胆固醇的作用等。因此膳食纤维被营养学界补充认定为第七类营养素。

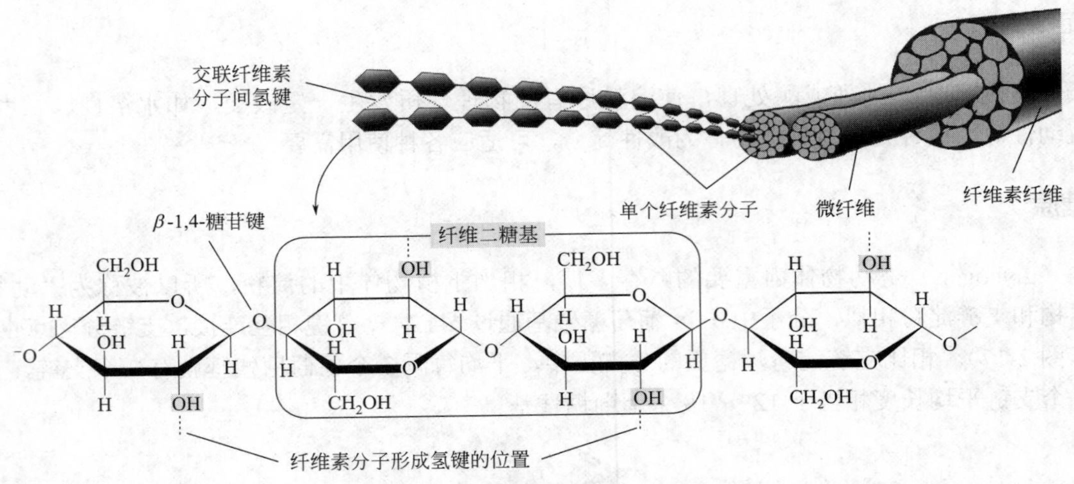

图 2-18 纤维素的结构示意图

反刍动物的消化道中含有水解 β-1,4- 糖苷键的酶，某些微生物和昆虫也能消化纤维素，因此纤维素可作为它们的能源物质。

概念检查 2.3

○ 纤维素和糖原都是由 D- 葡萄糖残基通过 1,4- 糖苷键连接形成的聚合物，且分子量相近，但纤维素不溶于水而糖原易溶于热水，为什么？

（四）壳多糖

壳多糖（chitin）又称为甲壳素、甲壳质、几丁质，是许多低等动物，特别是节肢动物外壳的重要成分，也存在于真菌、藻类的细胞壁中，分布十分广泛。壳多糖是一种 *N*- 乙酰葡萄糖胺通过 β-1,4- 糖苷键连接起来的直链多糖（图 2-19）。壳多糖不溶于水、稀酸、稀碱和一般有机溶剂中，可溶于浓无机酸，但同时发生支链降解，即脱去分子中的乙酰基转变为壳聚糖。

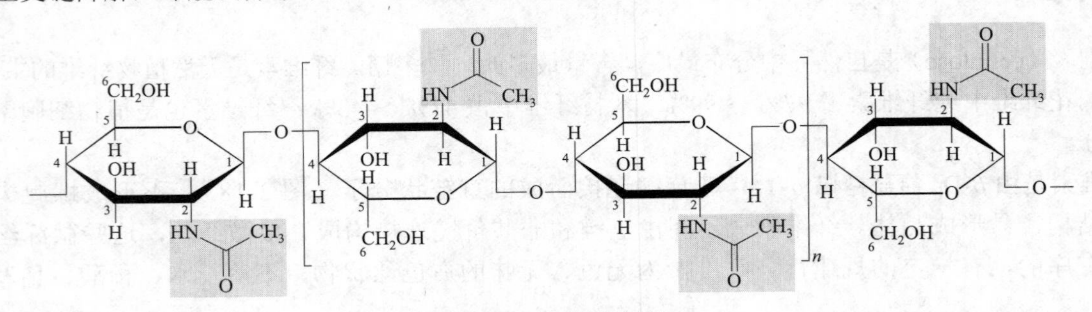

图 2-19 壳多糖的结构

二、杂多糖

杂多糖水解后的产物不只是一种单糖，而是几种单糖或单糖的衍生物。

（一）果胶质

果胶质（pectin）是直线型高聚体，以 α-1,4- 糖苷键连接的 D- 半乳糖醛酸为基本结构，糖醛酸基上羧基可能不同程度甲酯化，以及部分或全部形成盐型。果胶质除含多聚半乳糖醛酸外，还含少量糖类，如 L- 阿拉伯糖、D- 半乳糖、L- 鼠李糖、D- 木糖、D- 葡萄糖等。果胶质广泛分布于植物界，是植物细胞壁的组分之一，在水果如苹果、橘皮、胡萝卜等中含量较多。人的消化道中不产生果胶酶，因此不能消化果胶质。

（二）半纤维素

植物细胞壁中存在半纤维素（hemicellulose），与木质素、纤维素混合在一起，通过非共价键作用，以增强细胞壁的强度，半纤维素并不是纤维素的衍生物，它们是以 β-1,4- 糖苷键相连接的多聚己糖或多聚戊糖。大多数半纤维素是异质多糖，由 2 ～ 4 种不同糖基组成，多聚己糖主要有多聚甘露糖和多聚半乳糖，多聚戊糖比较普遍的是多聚木糖和多聚阿拉伯糖。

（三）琼脂

琼脂（agar）是琼脂糖（agarose）和琼脂胶（agaropectin）两种多糖的混合物，来源于海藻，不溶于冷水，溶于热水，其胶凝性很好，1% ～ 2% 水溶液在 35 ～ 50℃就可形成凝胶。琼脂糖由 D- 半乳糖和 3,6- 脱水 -L- 半乳糖通过 β-1,4- 糖苷键组成二糖单位，二糖单位间主要靠 α-1,3- 糖苷键连接，含有少量的硫酸酯（图 2-20）。

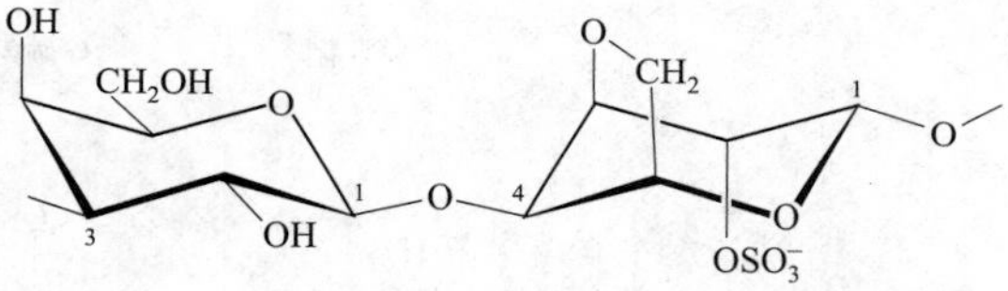

D-Gal(β1→4)3,6-脱水-L-Gal

图 2-20 琼脂糖的分子结构

一般微生物不产琼脂水解酶类，因而琼脂被广泛用作微生物培养基的固体支持物，还被用作生物固定化技术的包埋材料。琼脂在食品工业中应用很广，其微量元素达 30 多种，是公认无毒的低热食品，可作为一种有用的食用纤维添加剂。分离除去琼脂胶的纯琼脂糖是生化分离分析中常用的凝胶材料。

（四）糖胺聚糖

糖胺聚糖（glycosaminoglycan）曾称黏多糖，是一类含氮的杂多糖，以己糖胺和己糖醛酸组成的二糖单位为基本结构单位，糖残基上的羟基常常发生硫酸酯化，使糖胺聚糖带上高度负电荷，这对糖胺聚糖的生理功能有重要意义。糖胺聚糖都是多聚阴离子化合物，广泛存在于动植物组织中，是结缔组织间质和细胞间质的特有成分，是组织细胞的天然黏合剂。

糖胺聚糖按其组成不同，通常大致分为五种：透明质酸、硫酸软骨素、硫酸皮肤素、硫酸角质素和肝素，图 2-21 和图 2-22 展示了它们的二糖单位。

透明质酸

葡萄糖醛酸　乙酰葡萄糖胺

(β1→3)　(β1→4)

硫酸软骨素

葡萄糖醛酸　4-硫酸乙酰半乳糖胺

(β1→3)　(β1→4)

硫酸角质素

半乳糖　6-硫酸乙酰葡萄糖胺

(β1→4)　(β1→3)

硫酸皮肤素

艾杜糖醛酸　4-硫酸乙酰半乳糖胺

(β1→3)　(β1→4)

图 2-21　四种糖胺聚糖的组成

1. 透明质酸

透明质酸（hyaluronic acid）广泛存在于高等动物的关节液、软骨、结缔组织、皮肤、脐带、眼球玻璃体及鸡冠等组织和某些微生物的细胞壁中，主要起润滑黏合、保护等作用，并能防止病原体微生物侵入组织。

透明质酸由 D- 葡萄糖醛酸通过 β-1,3- 糖苷键与 *N*- 乙酰 -D- 葡萄糖胺缩合成二糖单位，再通过 β-1,4- 糖苷键将许多个二糖单位连接成无分支的直链，在体内常与蛋白质结合，构成一种蛋白多糖。透明质酸的制备除利用鸡冠等动物组织提取外还可利用微生物发酵生产。

2. 硫酸软骨素

硫酸软骨素（chondroitin sulfate）是广泛存在于软骨及结缔组织中的氨基多糖，在临床上能较好地降低高血脂患者血清胆固醇、甘油三酯，可减少冠心病患者发病率和死亡率。硫酸软骨素的基本结构与透明质酸结构相似，仅其重复二糖单位中的*N*- 乙酰 -D- 葡萄糖胺被*N*- 乙酰 -D- 半乳糖胺取代。硫酸软骨素的*N*- 乙酰半乳糖氨基的 4 位或 6 位羟基被硫酸基团取代，由于硫酸酯的位置不同可分为软骨素 -4- 硫酸（硫酸软骨素 A）和软骨素 -6- 硫酸（硫酸软骨素 C）两类。

3. 硫酸皮肤素

硫酸皮肤素（dermatan sulfate）被认为与硫酸软骨素密切相关，曾被命名为"硫酸软骨素 B"。硫酸皮肤素中主要是 L- 艾杜糖醛酸与*N*- 乙酰半乳糖胺以 α-1,3- 糖苷键相连的二糖重复单位，其中仍存在少量的葡萄糖醛酸，硫酸基团位于半乳糖胺的 C4 位。二糖重复单位之间由 β-1,4- 糖苷键连接。

4. 硫酸角质素

硫酸角质素（keratan sulfate）有两种不同的类型。一种广泛存在于角膜，称为硫酸角质素Ⅰ，是角膜蛋白聚糖唯一的多糖成分。另一种存在于若干骨架组织（软骨、骨、髓核），称为硫酸角质素Ⅱ，总是与硫酸软骨素一起存在于骨骼蛋白聚糖中。硫酸角质素Ⅰ和Ⅱ的主要差异在于它们与蛋白质的连接。

硫酸角质素是由 D- 半乳糖和*N*- 乙酰葡萄糖胺以 β-1,4- 糖苷键构成二糖重复单位，重复单位之间以 β-1,3- 糖苷键相连。硫酸基团位于葡萄糖胺的 C6 位，在某些半乳糖基上也含有硫酸基团。两种类型的硫酸角质素均不含有糖醛酸，而含有唾液酸、岩藻糖和甘露糖等。

5. 肝素

肝素（heparin）在动物体内分布很广，以肝脏中含量最多，肺、血管壁、肠黏膜等都含有肝素。肝素是动物体内天然的抗凝血物质，可以抑制凝血酶原转变为凝血酶，对于维持血液在血管内流通起着重要作用。临床上主要用于防止血栓的形成，在输血中用作抗凝剂。

肝素在体内以与蛋白质结合的形式存在，其化学结构远比其他糖胺聚糖复杂。肝素分子由葡萄糖胺和糖醛酸以 α-1,4- 糖苷键连接组成的基本二糖单位组成（图 2-22），其中糖醛酸以 L- 艾杜糖醛酸为主，占 70% ～ 90%，其余为 D- 葡萄糖醛酸。大多数葡萄糖胺的氨基是硫酸化的，这是肝素和硫酸乙酰肝素独有的结构，少数葡萄糖胺的氨基乙酰化；在葡萄糖胺的 C6 位，或许有的在 C3 位（罕见）硫酸化；在艾杜糖醛酸上多数 C2 位硫酸化。L- 艾杜糖醛酸与葡萄糖胺之比，通常随着硫酸基团含量的增加而增加。

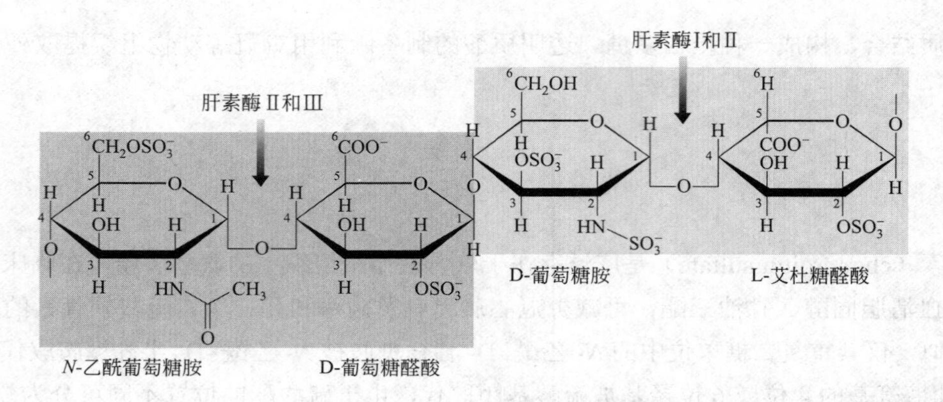

图 2-22　肝素的部分结构示意图

三、多糖的应用

随着多糖结构和功能不断被认识，多糖物质的应用也得到了广泛重视。合理有效利用自然界丰富的糖类资源是解决人类目前面临资源危机的有效途径之一。

纤维素含量约占全部碳水化合物的一半以上，但利用率很低，其经酶水解、微生物降解、代谢等手段可以变废为宝，既为人类解决生存所需的粮食、化工原料和能源危机，也可以解决环境污染等问题。

壳多糖资源丰富、结构独特，其应用研究涉及工业、农业、医药、食品、轻工、印染、金属提取与回收、有机物回收与水处理、废物处理与环境保护等众多行业和领域，如用作黏结剂、药剂用密封胶囊、人造皮肤、植物杀菌剂、食品添加剂等。

食物纤维是以多糖为主体的高分子化合物的总称，分为非水溶性食物纤维和水溶性食物纤维两大类，它与人类健康关系极为密切，特别表现在对胃肠道功能的影响。

还有一些具有特殊生理功能的多糖，目前主要从天然动植物中提取得到，如人参多糖、香菇多糖等对防治肿瘤及增强免疫功能有重要作用；如类肝素具有降血脂的作用；又如菊蒿（一种分布较广的菊科植物）中的水溶性多糖有明显的抗溃疡作用。

第四节　糖复合物

糖复合物是指糖与非糖物质的结合物，也称糖缀合物，常见的非糖物质有蛋白质及脂质，分别形成糖蛋白、蛋白聚糖、糖脂和脂多糖等。本节主要简述糖蛋白和蛋白聚糖。

一、糖蛋白

糖蛋白是一种含有寡糖链的蛋白质，广泛存在于动植物和某些微生物中。生物体内大多数蛋白质是糖蛋白，以溶解状态或与细胞膜结合状态存在于细胞和细胞外液中。人体内许多重要的生物活性物质，如免疫球蛋白、某些激素、酶、干扰素、补体、凝血因子、凝集素、毒素、膜表面某些抗原、细胞标记、受体和转运蛋白等大多是糖蛋白。糖蛋白在生物体内具有广泛和重要的生物功能，寡糖链结构储存足够的识别信息，是糖蛋白发挥功能的决定性因素，包括细胞黏着、生长、分化、识别等；糖蛋白还与很多疾病如感染、肿瘤、心血管病、肝病、肾病、糖尿病以及某些糖蛋白遗传性疾病等的发生、发展有关。因此，糖蛋白研究也是当今的一项热门课题。

糖蛋白由糖链、糖肽键和多肽三部分组成。

糖链是由单糖或其衍生物组成，主要有葡萄糖、半乳糖、甘露糖、*N*-乙酰葡萄糖胺、*N*-乙酰半乳糖胺、岩藻糖、唾液酸、阿拉伯糖和木糖等，一般不含糖醛酸。糖基数一般在 1 ～ 15 个左右，糖链可以是直链或分支链。不同糖蛋白的糖链数目不等，如卵白蛋白含有一条寡糖链，而羊颌下腺黏蛋白含有近 800 条的寡糖链。多肽链上糖链的分布亦不均，如膜糖蛋白的糖链全部分布在暴露于膜外侧面的肽链上。

糖肽键是指糖链和肽链的连接键。糖蛋白中蛋白质和糖以共价键结合，糖链和肽链的连接方式，主要可分为两大类：一类是 β 构型的 *N*-乙酰葡萄糖胺（GlcNAc）与天冬酰胺的酰胺基形成的糖苷键，称为 *N*-糖苷键；另一类主要是由一个 α 构型的 *N*-乙酰半乳糖胺（GalNAc）与丝氨酸或苏氨酸的羟基形成的 *O*-糖苷键（图 2-23）。

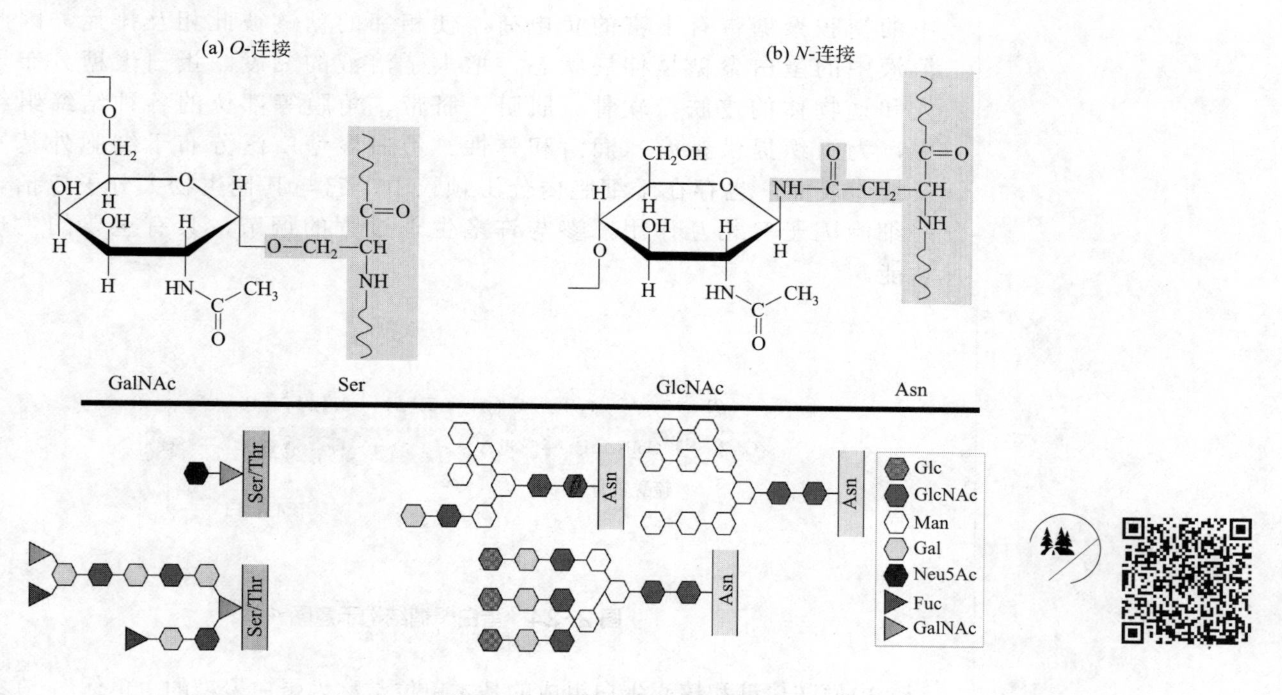

图 2-23　两种主要类型的糖肽键

阐明一个寡糖链结构，不仅要弄清它的组成、糖的顺序，还必须弄清每个糖苷键的性质，包括 α 或 β 构型、糖基的位置（如己糖 1 → 2，1 → 3，1 → 4 或 1 → 6 连接）等。糖链不仅有直链形式，还可以有分支结构，因此，糖链结构比蛋白质和核酸的结构复杂得多。

糖的种类及连接方式高度多样性，表明糖链可能蕴含大量信息。糖蛋白的糖基在糖蛋白的理化性质中起重要作用，糖可通过改变蛋白质的疏水性、电荷、溶解度、黏度、质量和大小，来改变蛋白质的理化性质。如黏液蛋白的黏稠性，可能与其分子所含的唾液酸有关；糖蛋白，特别是含糖丰富的，在体外抗蛋白水解作用的能力比非糖基化蛋白大。糖基还发挥重要的生物学功能，如人的血型物质具有糖结构的决定簇；肿瘤细胞特有的抗原决定簇主要也是糖；糖链可以作为识别信号，如作为激素等信息分子的受体；糖链参与细胞黏附，作为细菌、病毒等病原体的受体等。

二、蛋白聚糖

蛋白聚糖是一类非常复杂的大分子，由核心蛋白，共价连接不同种类、不同数目以及不同长短的糖胺聚糖链而成（图 2-24）。由于核心蛋白分子大小和结构的不同，糖链的种类、数量、长度及硫酸化的部位和程度等的差异，蛋白聚糖分子不仅组成复杂，而且结构多样。蛋白聚糖分子中的糖胺聚糖带有丰富的负电荷，使相邻的糖链彼此相互排斥，因此溶液中的蛋白聚糖呈伸展状态，增大了溶液的黏度。蛋白聚糖分布于人和动物体的皮肤、软骨、肌腱、脐带、角膜等部位的各种结缔组织中，为组织提供黏度、润滑和弹性。蛋白聚糖广泛分布于细胞外基质及细胞表面，也存在于细胞内分泌颗粒中，它与其他生物大分子包括一些细胞因子等相互作用，参与许多生理过程的调节，具有重要的生理功能。

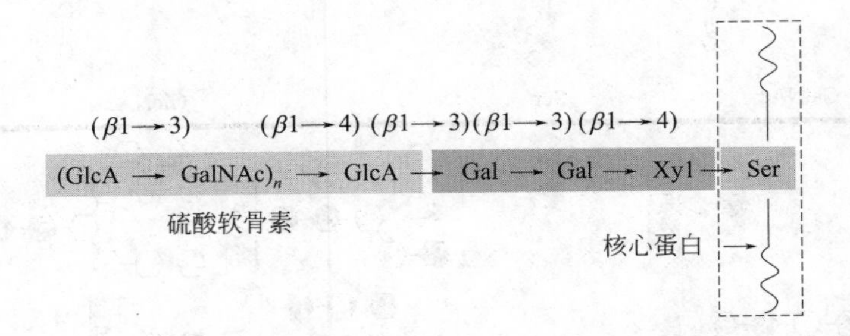

图 2-24 蛋白聚糖结构示意图

由糖胺聚糖和核心蛋白组成的基本单位常称为蛋白聚糖的“单体”。在软骨的胞间基质中，大多数蛋白聚糖以高分子量的聚合体形式存在。聚合体的组分是蛋白聚糖单体、连接蛋白和透明质酸。透明质酸构成一条丝状主链，蛋白聚糖单位则通过非共价作用以一定的间隔有规则地连接在丝状主链的两侧，如图 2-25 所示。

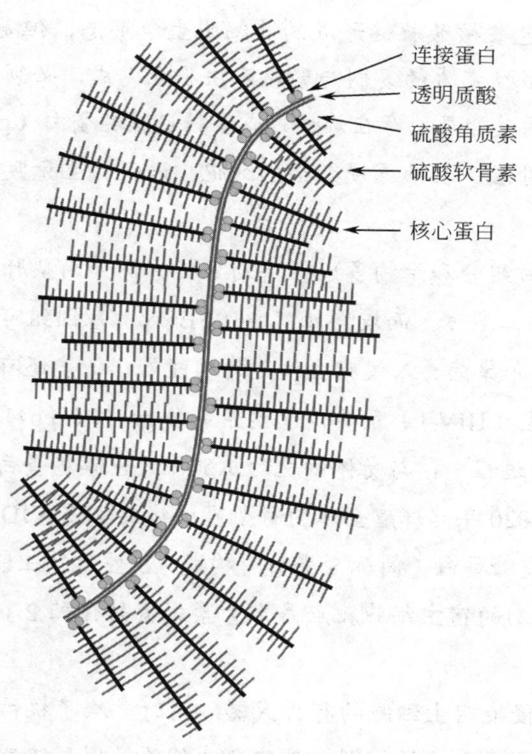

图 2-25　软骨蛋白聚糖聚合体示意图

习题

1. 糖的 D/L- 型是如何规定的？试写出 D- 葡萄糖的开链结构和环状结构。
2. 举例说明什么是差向异构体？什么是异头物？
3. 什么是旋光性？什么是旋光率？刚制备的 α-D- 半乳糖溶液（1g/mL，在 10cm 小室中）的旋光度为 +150.7°，放置一段时间后，溶液的旋光度逐渐降低，最后达到平衡值 +80.2°，而刚制备的 β-D- 半乳糖溶液（1g/mL）旋光度只有 +52.8°，但逐渐增加，过一段时间后，亦变为 +80.2°。请解释此现象。
4. 试述淀粉水解与碘显色反应的关系。
5. 糖蛋白的寡糖链和肽链的连接方式有哪几种？简述这些寡糖链的生物学功能。

科研实例

病毒的有力武器——包膜糖蛋白

病毒包膜糖蛋白是位于病毒表面的重要结构，在帮助病毒侵染宿主细胞、复制与释放以及逃脱宿主免疫清除中起着重要的作用，同时也是许多抗病毒药物设计的重要靶点。

病毒颗粒是由蛋白质外壳包裹核酸长链形成的非细胞生命形态，但是也存在一些例外，如朊病毒、拟病毒等仅由蛋白质或核酸构成。病毒的复制与繁殖无法独立完成，必须依赖宿主细胞的转录、翻译和转运系统。在病毒蛋白质外壳的最外层，存在着一种或多种包膜糖蛋白（glycoprotein）。包膜糖蛋白由病毒自身的基因编码，装配到最外层，在病毒侵染宿主细胞、逃脱宿主免疫系统的“追杀”中起着重要的作用。

许多著名病毒的包膜糖蛋白组分和结构多已经得到解析。例如丙型肝炎病毒（HCV）的包膜糖蛋白是由E1、E2糖蛋白构成的异源二聚体。而埃博拉病毒（EBOV）基因组可编码多种形式的糖蛋白，其中囊膜糖蛋白GP1和GP2除具有介导病毒入侵宿主细胞的功能外，似乎还有直接的致细胞病变效应。导致艾滋病的人类免疫缺陷病毒1型（HIV-1）表面，包膜糖蛋白gp120、gp41组成的多聚体功能单位。在感染宿主细胞——$CD4^+$ T细胞的过程中，与受体细胞的识别导致包膜糖蛋白构象的变化，从而介导了病毒颗粒与宿主细胞融合的过程。2020年起肆虐全球的新型冠状病毒（COVID-19）在结构的最外层拥有一个个突起的“皇冠”结构，由刺突糖蛋白（简称S蛋白）构成。S蛋白以三聚体形态存在，每一个单体中约有1300多个氨基酸。S蛋白识别的宿主细胞靶点是血管紧张素转化酶2（ACE2），在肺、心脏、肾脏和肠道中广泛存在。

包膜糖蛋白是病毒识别与侵染宿主细胞的有力武器。同时，除了机械性的保护作用，包膜糖蛋白的高度变异性促使病毒逃离宿主免疫系统的识别。最典型的例子是甲型流感病毒，非常容易发生变异，导致每一种流感疫苗基本只对当季的病毒有效。而甲型流感病毒的变异来自于两种包膜糖蛋白——血凝素（H）和神经氨酸酶（N）的突变，由此产生许多流行性病毒亚型如：H1N1、H5N1、H7N1、H7N2、H9N2和H10N8等。

然而事物总是具有两面性，作为一把双刃剑，病毒的包膜糖蛋白也成为了许多抗病毒药物的作用靶点。格瑞弗森（Griffithsin，GRFT）蛋白是从红藻*Griffithsia* sp.中提取的凝集素。该凝集素通过直接结合病毒囊膜蛋白上的糖链，抑制其与宿主细胞受体结合，从而使病毒失活。格瑞弗森目前已在Ⅰ期临床试验中进行了测试，作为预防HIV的凝胶或灌肠剂。

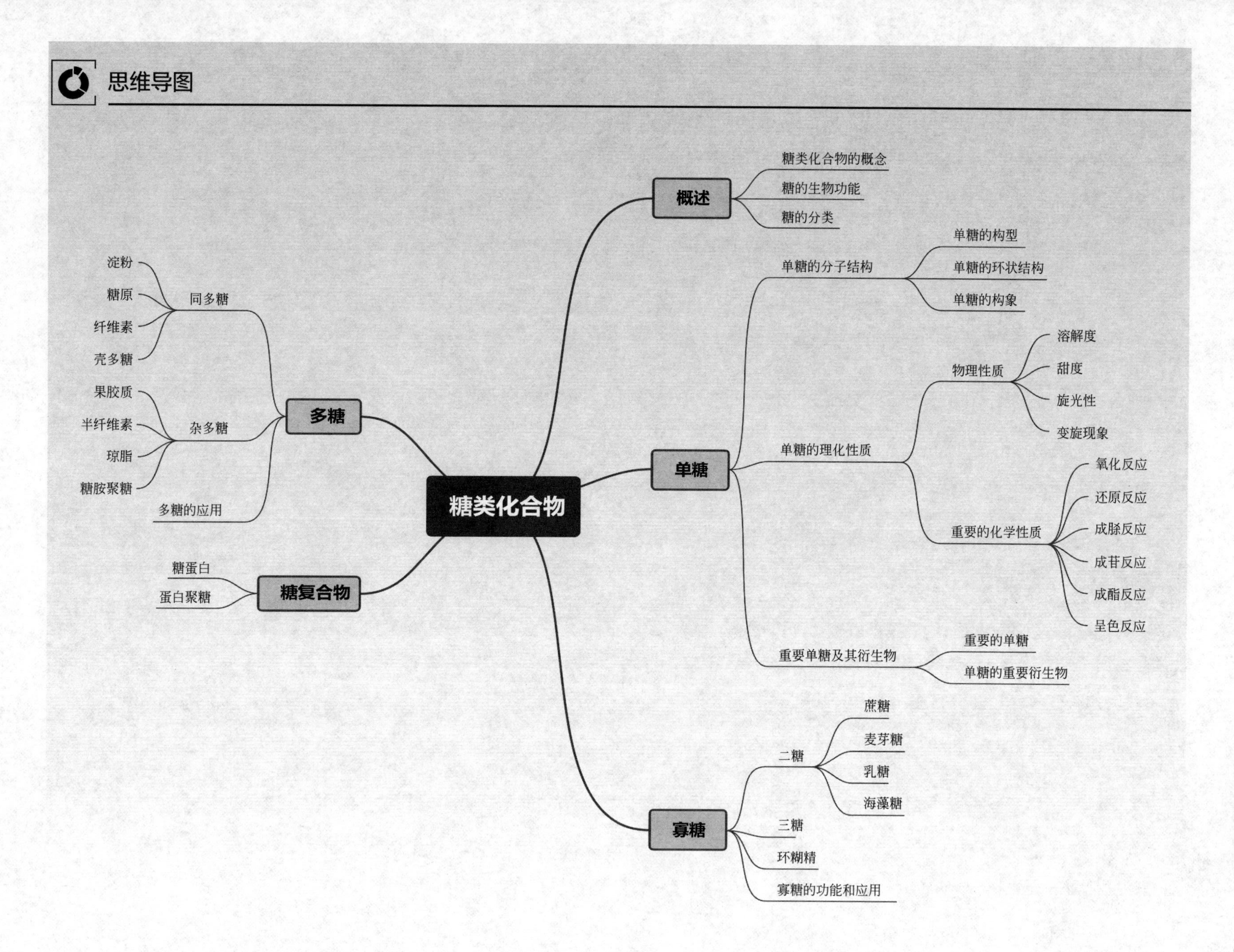
思维导图
糖类化合物
概述
糖类化合物的概念
糖的生物功能
糖的分类
单糖
单糖的分子结构
单糖的构型
单糖的环状结构
单糖的构象
单糖的理化性质
物理性质
溶解度
甜度
旋光性
变旋现象
重要的化学性质
氧化反应
还原反应
成脎反应
成苷反应
成酯反应
呈色反应
重要单糖及其衍生物
重要的单糖
单糖的重要衍生物
寡糖
二糖
蔗糖
麦芽糖
乳糖
海藻糖
三糖
环糊精
寡糖的功能和应用
多糖
同多糖
淀粉
糖原
纤维素
壳多糖
杂多糖
果胶质
半纤维素
琼脂
糖胺聚糖
多糖的应用
糖复合物
糖蛋白
蛋白聚糖

第三章 脂类化合物

○○ —— ○○ ○ ○○ ——

学习目标

通过本章的学习，需要掌握以下内容：

○ 掌握脂类化合物的概念、共性、分类及功能。

○ 掌握脂肪酸、甘油以及三脂酰甘油的结构和性质。

○ 掌握甘油三酯的化学性质：皂化与皂化值、酸败与酸值、卤化与碘值、乙酰化与乙酰化值。

○ 熟悉甘油磷脂和鞘磷脂的结构通式和性质。

○ 了解前列腺素和蜡类、萜类和固醇类的基本结构和生物学功能。

○ 熟悉糖脂和脂蛋白的结构特点、分类及其功能。

○ 熟悉生物膜的结构和功能。

○ 掌握生物膜的流动镶嵌模型的要点。

○ 比较物质的几种跨膜运输方式：载体蛋白、饱和动力学、转运方向和能量消耗。

脂类化合物也称脂质，是生物体内一类重要的有机化合物，在化学成分和结构上有很大的差异，但它们有一个共同的物理性质，就是不溶于水或微溶于水，但能溶解于非极性有机溶剂（如苯、乙醚、氯仿、丙酮、酒精等），即脂溶性，因而统称为脂类。

脂类广泛分布于一切生物体中，具有重要的生物学功能。脂类物质（主要是油脂），是机体代谢所需燃料的贮存形式和运输形式。脂类是机体良好的能源，每克脂肪的潜能比等量蛋白质和糖多一倍以上。磷脂、少量糖脂和胆固醇是生物膜的重要结构组分。生物膜的许多重要特性，如流动性、通透性、高电阻性均与脂类有密切关系。在机体表皮下的脂类有防止机械损伤和热量散发等保护作用。作为细胞膜组分的脂类与细胞表面识别、种属特异性和组织免疫等生物功能相关。某些维生素和激素也是脂类物质，油脂是脂溶性维生素的溶剂，有利于这些维生素的吸收。部分脂质还具有信号分子的作用，如定位在质膜上的磷脂化合物磷脂酰肌醇、磷脂酰乙醇胺等，是调节细胞生长发育、抗逆反应的信号转导分子。

脂类化合物没有统一规定的分类方法，通常根据化学结构和分子组成特点，分为以下五类。

① 单纯脂类：由脂肪酸和醇类所形成的脂类化合物，如脂酰甘油、蜡等。

② 复合脂类：分子中除醇类、脂肪酸外，还含有其他化学基团，如磷脂类、糖苷脂等。

③ 异戊二烯系脂类：有若干异戊二烯碳架构成的脂类，如萜类、类固醇类等。

④ 衍生脂类：上述脂类物质衍生的脂质组分，如脂肪酸及其衍生物、水解产物等。

⑤ 结合脂类：脂类与其他化合物结合，如糖脂和脂蛋白等。

第一节 脂酰甘油类

脂酰甘油又可称为酰基甘油酯，即脂肪酸和甘油所形成的酯（图 3-1）。根据脂酰甘油中脂肪酸分子数，可分为单脂酰、二脂酰、三脂酰甘油类。三脂酰甘油（triacylglycerol），又称为甘油三酯或脂肪，是脂类中含量最丰富的一类，也是植物和动物细胞贮脂的主要组分。一般在室温下呈固态的称为脂，呈液态的称为油，有时也统称为油脂、中性脂或脂肪等。在植物体内甘油三酯主要以油的微滴形式存在。动物体内的脂肪主要分布于脂肪组织。单脂酰甘油和二脂酰甘油在自然界中的数量极少。

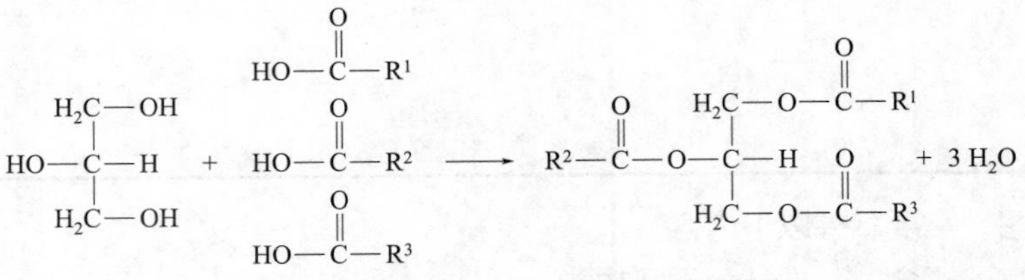

$$H_2C{-}OH,\ HO{-}CH,\ H_2C{-}OH \text{（甘油）} + HO{-}CO{-}R^1,\ HO{-}CO{-}R^2,\ HO{-}CO{-}R^3 \text{（脂肪酸）} \longrightarrow H_2C{-}O{-}CO{-}R^1,\ R^2{-}CO{-}O{-}CH,\ H_2C{-}O{-}CO{-}R^3 \text{（脂酰甘油）} + 3\,H_2O$$

甘油　脂肪酸　脂酰甘油

图 3-1 脂酰甘油的形成过程

一、脂肪酸

脂肪酸（fatty acid）是一类具有长的碳氢链和一个羧基末端的有机化合物的总称。自然界中的脂肪酸主要以酯或酰胺形式存在于各种脂类中，以游离形式存在的极少。脂肪酸的种类很多，从动物、植物和微生物中分离出的脂肪酸已有 100 多种。即使同一种脂类，其中含有的脂肪酸也是多种多样的。脂肪酸的碳氢链有的是饱和的，如硬脂酸、棕榈酸等；有的是含有一个或多个双键的不饱和酸，如油酸、亚油酸等；也有少数脂肪酸含有炔键、支链、环化基团或含氧基团。不同脂肪酸之间的区别主要在于碳链长度、双键数目、位置及构型，以及其他取代基团的数目和位置。常见的饱和脂肪酸和不饱和脂肪酸分别列于表 3-1 和表 3-2 中。

表 3-1 饱和脂肪酸（$C_nH_{2n}O_2$）

名称	英文名	分子式	熔点 /℃	来源
丁酸（酪酸）	butyric acid	C_3H_7COOH	–7.9	奶油
己酸（羊油酸）	caproic acid	$C_5H_{11}COOH$	–3.4	奶油、羊脂、可可油等
辛酸（羊脂酸）	caprylic acid	$C_7H_{15}COOH$	16.7	奶油、羊脂、可可油等
癸酸（羊蜡酸）	capric acid	$C_9H_{19}COOH$	32	椰子油、奶油
十二酸 *（月桂酸）	lauric acid	$C_{11}H_{23}COOH$	44	鲸蜡、椰子油
十四酸 *（豆蔻酸）	myristic acid	$C_{13}H_{27}COOH$	54	肉豆蔻脂、椰子油
十六酸 *（棕榈酸）	palmitic acid	$C_{15}H_{31}COOH$	63	动植物油
十八酸 *（硬脂酸）	stearic acid	$C_{17}H_{35}COOH$	70	动植物油
二十酸 *（花生酸）	arachidic acid	$C_{19}H_{39}COOH$	75	花生油
二十二酸（山嵛酸）	behenic acid	$C_{21}H_{43}COOH$	80	山嵛油、花生油
二十四酸 *	lignoceric acid	$C_{23}H_{47}COOH$	84	花生油
二十六酸（蜡酸）	cerotic acid	$C_{25}H_{51}COOH$	87.7	蜂蜡、羊毛脂
二十八酸（褐煤酸）	montanic acid	$C_{27}H_{55}COOH$	—	蜂蜡

注：* 为最常见的。

表 3-2　不饱和脂肪酸

名称	英文名	结构缩写	熔点 /℃	来源
十八碳一烯酸（油酸）Δ^{9}	oleic acid	18 ： 1Δ^{9} 或 18 ： 1(9)	13.4	动植物油脂（橄榄油、猪油含量较高）
十八碳二烯酸（亚油酸）① $\Delta^{9,12}$	linoleic acid	18 ： 2$\Delta^{9,12}$ 或 18 ： 2(9, 12)	–5	棉籽油、亚麻仁油
十八碳三烯酸（α- 亚麻酸）① $\Delta^{9,12,15}$	α-linolenic acid (ALA)	18 ： 3$\Delta^{9,12,15}$ 或 18 ： 3(9, 12, 15)	–11	亚麻仁油
二十碳四烯酸（花生四烯酸）$\Delta^{5,8,11,14}$	arachidonic acid	20 ： 4$\Delta^{5,8,11,14}$ 或 20 ： 4(5, 8, 11, 14)	–49	磷脂酰胆碱、磷脂酰乙醇胺
二十碳五烯酸 $\Delta^{5,8,11,14,17}$	eicosapen taenoic acid (EPA)	20 ： 5$\Delta^{5,8,11,14,17}$ 或 20 ： 5(5, 8, 11, 14, 17)	–54	鱼油
二十二碳六烯酸 $\Delta^{4,7,10,13,16,19}$	docosahexe-noic acid (DHA)	22 ： 6$\Delta^{4,7,10,13,16,19}$ 或 22 ： 6(4, 7, 10, 13, 16, 19)	–44	鱼油

① 是动物的必需脂肪酸。亚油酸和 α- 亚麻酸有降低血清胆固醇含量的作用。

习惯上常把一些碳原子数小于 10 的脂肪酸称为低级脂肪酸，其最大特点是熔点偏低，在常温下呈液态；碳原子数高于 10 的称为高级脂肪酸，在常温下为固态。

不饱和脂肪酸分子中含有 1 ～ 6 个不饱和键，通常为液态，不饱和键多数为双键。

脂肪酸在早期是根据它们的原料来源命名的，例如从棕榈油中分离出的脂肪酸称为棕榈酸。脂肪酸的系统命名法是根据构成它的母体碳氢化合物（烃类）的名称来命名，例如含有十八个碳原子的饱和酸称为十八（烷）酸；带有一个双键的十八碳不饱和酸为十八碳单烯酸；带有两个双键的十八碳不饱和酸就称为十八碳二烯酸；以此类推。脂肪酸的碳原子编号系统有三种：Δ 编号系统是从羧基端开始计数；ω 编号系统是从甲基端开始计数；第三种编号系统，用希腊字母编号，以羧基端碳原子起，第 2 个碳原子称为 α 碳原子，第 3、4、5、6 位的碳原子分别称为 β、γ、δ、ε 碳原子……，距离羧基端最远（即甲基端）的甲基碳原子称为 ω 碳原子。

脂肪酸常用简写法表示，其原则是先写出碳原子的数目，再写出双键的数目，最后用符号 Δ 或括号（ ）表示双键的位置。如果有必要标明该脂肪酸分子的顺式与反式结构时，可在标明的双键位置后面注上 *cis*（顺式）或 *trans*（反式）。例如：具有 16 个碳原子的饱和脂肪酸软脂酸可表示为 16 ：0；油酸具有 18 个碳原子，在 9—10 号碳原子之间有一个不饱和双键，可表示为 18 ：1$^{\Delta 9}$ 或 18 ：1（9）；花生四烯酸具有 20 个碳原子，有 4 个不饱和双键，其位置分别在第 5—6 号、第 8—9 号、第 11—12 号、第 14—15 号碳原子之间，可表示为 20 ：4$^{\Delta 5, 8, 11, 14}$ 或 20 ：4（5，8，11，14）。

高等动、植物的脂肪酸有以下共性。

① 一般都是偶数碳原子，奇数碳原子的脂肪酸极少，碳链的长度范围为 C_{12} ～ C_{28}，最常见的是 C_{16} 和 C_{18} 酸，C_{12} 以下的饱和脂肪酸主要存在于哺乳动物的乳脂内。

② 绝大多数不饱和脂肪酸中的双键是顺式构型（*cis*），只有极少数为反式双键（*trans*）。

③ 不饱和脂肪酸双键位置有一定的规律性：含有一个双键的单烯酸双键位置在第 9—10 号碳原子之间，用 Δ9 表示；多烯酸分子中两个双键之间往往有一个亚甲基间隔（—CH═CH—CH_2—CH═CH—），称为非共轭烯酸。只有极少数植物脂肪酸含有共轭双键（—CH═CH—CH═CH—），称为共轭烯酸，多烯酸中的一个双键一般位于第 9—10 号碳原子之间，其他的双键位于 Δ9 和烃链的末端甲基之间。

④ 动物的脂肪酸结构通常很简单，即其脂肪酸是直链的，所含双键可多达 6 个。

⑤ 在高等植物和低温生活的动物中，不饱和脂肪酸的含量高于饱和脂肪酸。

⑥ 脂肪酸及由其衍生的脂质的性质与脂肪酸的链长和不饱和程度有密切关系。脂肪酸分子的碳链越

长，熔点越高；不饱和脂肪酸的熔点比同等链长的饱和脂肪酸的熔点低。

饱和脂肪酸和不饱和脂肪酸具有不同的构象，饱和脂肪酸碳链中的每个单键能自由旋转，故有很大数目的构象形式。完全伸展的形式几乎是一条直链，是饱和脂肪酸最稳定的构象。不饱和脂肪酸由于有不能自由旋转的双键，从而使整个分子呈现一个或多个刚性扭结。顺式构型的双键使脂肪酸碳链产生约30°的扭曲，而反式构型的双键则近似于饱和脂肪酸的伸展形式。顺式脂肪酸在催化剂存在下加热可转变成为反式构型，如油酸转变成为反式油酸（具有较高的熔点）（图 3-2）。

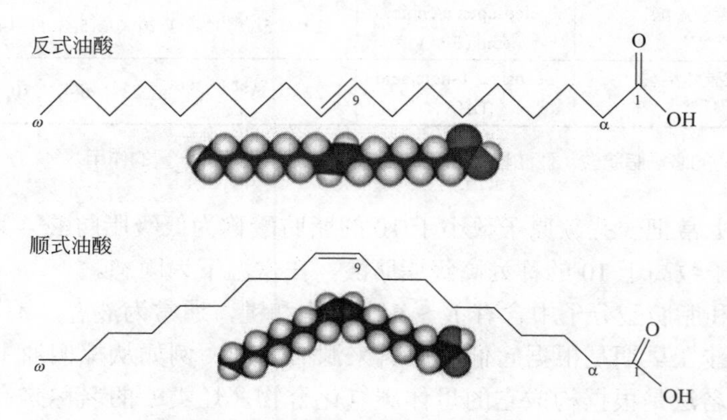

图 3-2 反式脂肪酸和顺式脂肪酸的构象

必需脂肪酸是指一类维持生命活动所必需的、体内不能合成，必须从外界摄取的脂肪酸。人类的必需脂肪酸包括亚油酸和 α- 亚麻酸两种，均为多烯脂肪酸。虽然在人体内 γ- 亚麻酸和花生四烯酸可由亚油酸部分合成，廿碳五烯酸及廿二碳六烯酸能从 α- 亚麻酸转化，但生成量有限，常不能满足机体需要，仍需从食物摄入。必需脂肪酸不仅是多种生物膜的重要组成成分，而且是合成前列腺素类、血栓素和白三烯类等廿碳化合物的前体。

概念检查 3.1

○ 生活在北极的哺乳动物腿部及蹄肉与身体其他部位相比含有更多的不饱和脂肪酸。试解释该现象。

二、甘油

甘油的第二个羟基在 Fischer 投影式中应写在 C2 左侧，位于 C2 之上的碳原子称为 C1，而位于下面的称为 C3，在化合物的母体名称前以字头 S_n 来表明这种定向性依此编排（立体专一编号）。

甘油应表示为：

甘油分子本身不具有不对称碳原子，如果甘油的三个羟基被三种不同的脂肪酸酯化，则甘油分子的中间碳原子就是一个不对称碳原子。

$$\begin{array}{c} CH_2OH \\ | \\ HO—C—H \\ | \\ CH_2OH \end{array} \left.\begin{array}{c} 1 \\ 2 \\ 3 \end{array}\right\}\text{立体专一编号}$$

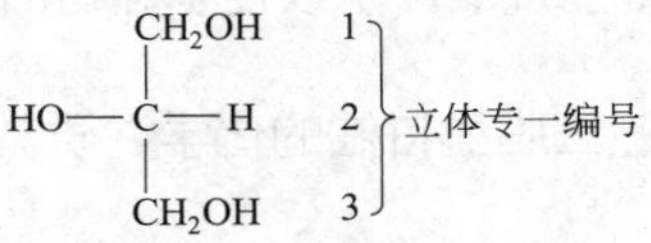

甘油味甜，能和水或乙醇以任何比例互溶，但不溶于乙醚、氯仿及苯中，甘油在脱水剂（如硫酸氢钾、五氧化二磷）存在下加热，会生成带有刺激性臭味的气体丙烯醛，常用这一反应鉴定甘油的存在。

甘油是许多化合物的良好溶剂，广泛用于化妆品和医药工业，由于甘油能保持水分，可作湿润剂，它还大量用于制备硝酸甘油（炸药）。

三、三脂酰甘油

三脂酰甘油（甘油三酯）分子，大多是由两种或三种不同的脂肪酸组成，称为混合甘油酯；若由同一种脂肪酸组成的三脂酰甘油则称为简单甘油酯。

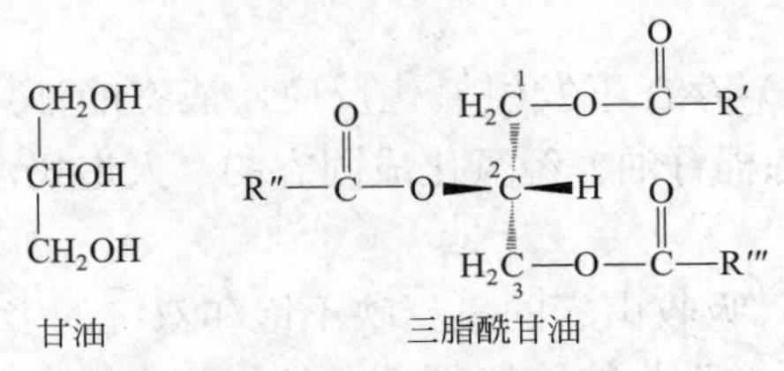

图 3-3　甘油和三脂酰甘油

天然油脂大多数是混合甘油酯。甘油的三个羟基被三种不同的脂肪酸酯化。这种甘油分子的中间碳原子就是一个不对称碳原子（图 3-3），其甘油三酯就可能有两种不同的构型（L 和 D 构型）。天然甘油三酯都是 L 构型的。

有些甘油酯上的碳氢链不是以酯键而是以醚键连接在甘油分子上。如鲛肝醇、鲨肝醇和鲨油醇是从长链醇类（C_{16}，C_{18} 或 C_{18} 不饱和醇）衍生的甘油单醚（图 3-4）。

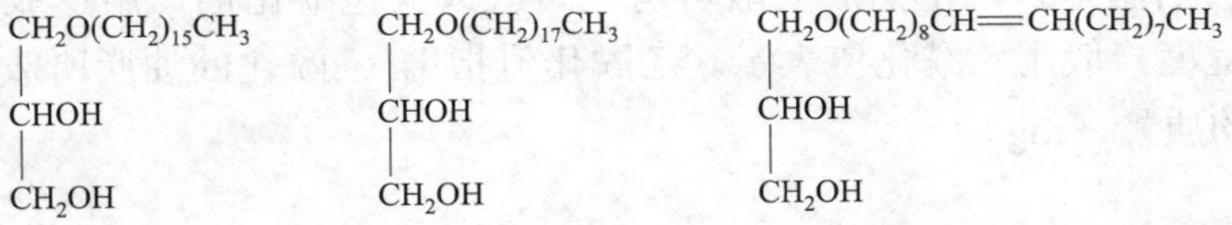

$$\begin{array}{l} CH_2O(CH_2)_{15}CH_3 \\ | \\ CHOH \\ | \\ CH_2OH \end{array} \qquad \begin{array}{l} CH_2O(CH_2)_{17}CH_3 \\ | \\ CHOH \\ | \\ CH_2OH \end{array} \qquad \begin{array}{l} CH_2O(CH_2)_8CH{=}CH(CH_2)_7CH_3 \\ | \\ CHOH \\ | \\ CH_2OH \end{array}$$

鲛肝醇　　鲨肝醇　　鲨油醇

图 3-4　三种常见的甘油单醚的分子结构

这些存在于自然界的甘油醚经酯化生成烷基醚酰基甘油。它们常常混合在一起，存在于鱼类肝脏油脂内，也属于酰基甘油酯（图 3-5）。

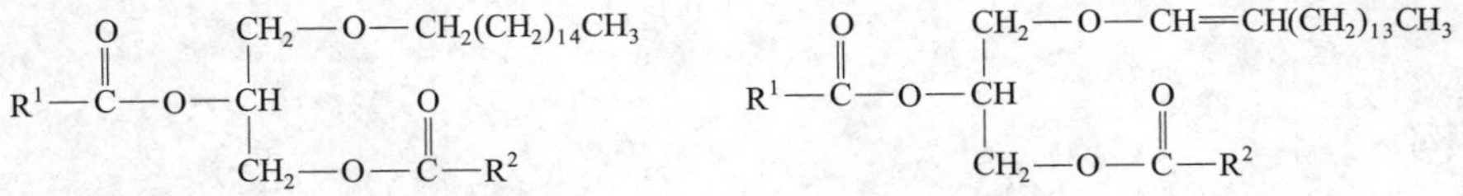

$$\begin{array}{l} \qquad\qquad\quad CH_2—O—CH_2(CH_2)_{14}CH_3 \\ R^1—\overset{O}{\overset{\|}{C}}—O—CH \\ \qquad\qquad\quad CH_2—O—\overset{O}{\overset{\|}{C}}—R^2 \end{array} \qquad \begin{array}{l} \qquad\qquad\quad CH_2—O—CH{=}CH(CH_2)_{13}CH_3 \\ R^1—\overset{O}{\overset{\|}{C}}—O—CH \\ \qquad\qquad\quad CH_2—O—\overset{O}{\overset{\|}{C}}—R^2 \end{array}$$

烷基醚二脂酰甘油　　*α*、*β*-烯基醚二脂酰甘油

图 3-5　两种烷基醚酰基甘油的分子结构

1. 三脂酰甘油的物理性质

油脂不溶于水，能溶于乙醚、氯仿、苯、石油醚等溶剂中。油脂的熔点与脂肪酸组成有关，组分中不饱和脂肪酸和低分子脂肪酸比例高则熔点低；通常含碳链愈长、饱和度愈高，则熔点愈高。脂肪酸的沸点随链长而增加，饱和度不同但碳链相同的脂肪酸沸点相近。因为油脂是甘油酯的混合物并存在同质

多晶现象，所以没有确切的熔点和沸点。

2. 三脂酰甘油的化学性质

（1）水解与皂化　油脂在酸、碱或酶的作用下水解为脂肪酸及甘油。油脂在碱性溶液中水解的产物不是游离脂肪酸，而是脂肪酸的盐类，习惯上称为肥皂，因此把油脂在碱性溶液中的水解称为皂化作用。

皂化值是指皂化 1g 油脂所需氢氧化钾的质量（mg）。皂化值可反映油脂的分子量，油脂的皂化值与分子量成反比。皂化值还可以用来检验油脂的质量高低，不纯油脂的皂化值往往偏低，这是由于油脂中含有某些不能被皂化的杂质。

（2）氧化与酸败　油脂久置于空气中会自发进行氧化作用，发生酸臭和口味变苦的现象，称为酸败作用。原因是油脂水解放出游离的脂肪酸，低分子的脂肪酸（如丁酸、己酸等）含有特殊的臭味，不饱和脂肪酸被空气中的氧所氧化，生成过氧化物，过氧化物继续分解产生低级脂肪酸、醛和酮，产生令人难闻的臭味。酸败的程度一般用酸值来表示，即中和 1g 油脂中的游离脂肪酸所消耗的氢氧化钾的质量（mg）。油脂的酸值越大，则酸败的程度就越高。

（3）加成作用　油脂中的不饱和脂肪酸可在催化剂（如镍等）存在下发生氢化反应，液态的油可用氢化的方法转变为固态的脂。食品工业上广泛利用植物油（如精炼棉籽油）经氢化成固态的“人造奶油”。氢化可防止酸败作用。

油脂中不饱和双键可以与卤素发生加成反应，称为卤化作用。吸收卤素的量反映不饱和双键的多少，通常用碘值来表示脂肪酸的不饱和程度。碘值定义为 100g 油脂所能吸收的碘的质量（g）。碘值越大，说明油脂中所含的不饱和脂肪酸越多，不饱和程度越大。

（4）乙酰化作用　油脂中含羟基的脂肪酸可与乙酸酐或其他酰化剂作用形成相应的酯，称为乙酰化作用。油脂的羟基化程度一般用乙酰化值表示。乙酰化值指 1g 乙酰化的油脂所放出的乙酸用氢氧化钾中和时，所需氢氧化钾的质量（mg）。

第二节　磷脂类

磷脂是分子中含磷酸的复合脂，包括含甘油的甘油磷脂和含鞘氨醇的鞘磷脂两大类，它们是生物膜的重要成分。

一、磷脂的结构

（一）甘油磷脂类

甘油磷脂均有一个 S_n- 甘油 -3- 磷酸主链，甘油 C1 位和 C2 位上羟基通常被脂肪酸所酰化。在某些情形下，C1 位的取代基是烷基醚或烯基醚。根据分子中取代基和甘油的结合形式可分为酯型甘油磷脂和少量的醚型甘油磷脂。在自然界，酯型甘油磷脂种类很多，均可看成是磷脂酸的衍生物（图 3-6）。一般的磷脂是指磷脂酸与另一个羟基化物所形成的磷脂酰化物。

式中的 R^1 通常是饱和烃基，R^2 是不饱和烃基，X 是氨基醇、肌醇等。

甘油磷脂中 C2 为不对称碳原子，天然存在的甘油磷脂都属 L- 构型。

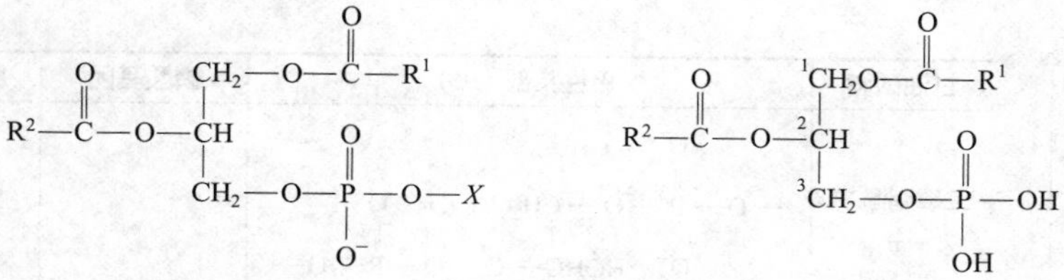

$R^2-\overset{O}{\overset{\|}{C}}-O-CH(CH_2-O-\overset{O}{\overset{\|}{C}}-R^1)-CH_2-O-\overset{O}{\overset{\|}{P}}(O^-)-O-X$

酯型甘油磷脂

$R^2-\overset{O}{\overset{\|}{C}}-O-{}^2CH({}^1CH_2O-\overset{O}{\overset{\|}{C}}-R^1)-{}^3CH_2-O-\overset{O}{\overset{\|}{P}}(OH)-OH$

磷脂酸

图 3-6　酯型甘油磷脂与磷脂酸的分子结构

甘油磷脂按照磷酸基上的取代基（*X*）进行分类。每一类甘油磷脂又根据它所含的脂肪酸的不同分为若干种。如人红细胞具有 21 种不同分子形式的磷脂酰胆碱，其 C1 位和 C2 位上分别或同时有不同的脂肪酸取代基。虽然磷脂常常是指单一的物质（如磷脂酰胆碱），但实际上是指具有相同头部基团（如胆碱）但又有许多不同脂肪酸取代基的复杂磷脂混合物。不同类型的甘油磷脂的分子大小、形状和极性头部基团的电荷等都不相同（见表 3-3）。

表 3-3　各种甘油磷脂极性头部和电荷量

甘油磷脂	极性头部（*X*）	磷酸基团	肌醇等基团	净电荷
磷脂酰肌醇（肌醇磷脂）	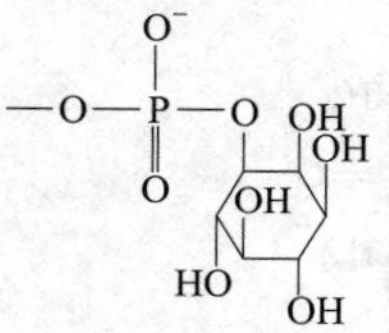 $-O-\overset{O^-}{P}(=O)-O-$肌醇（OH, OH, OH, HO, OH）	−1	0	−1
磷脂酰甘油	$-O-\overset{O}{\overset{\|}{P}}(O^-)-O-CH_2-CHOH-CH_2OH$	−1	0	−1
磷脂酰糖类	$-O-\overset{O}{\overset{\|}{P}}(O^-)-O-$糖	−1	0	−1
磷脂酰胆碱（卵磷脂）	$-O-\overset{O}{\overset{\|}{P}}(O^-)-O-CH_2CH_2\overset{+}{N}(CH_3)_3$	−1	+1	0
磷脂酰乙醇胺（脑磷脂）	$-O-\overset{O}{\overset{\|}{P}}(O^-)-O-CH_2CH_2\overset{+}{N}H_3$	−1	+1	0
磷脂酰丝氨酸	$-O-\overset{O}{\overset{\|}{P}}(O^-)-O-CH_2CH(^+NH_3)-COO^-$	−1	+1，−1	−1
3′-*O*-赖氨酰磷脂酰甘油	$-O-\overset{O}{\overset{\|}{P}}(O^-)-O-CH_2-CHOH-CH_2-O-C(=O)-CH(^+NH_3)-(CH_2)_3-CH_2-H_3N^+$	−1	+2	+1

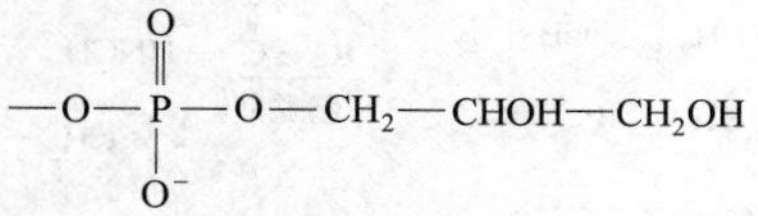

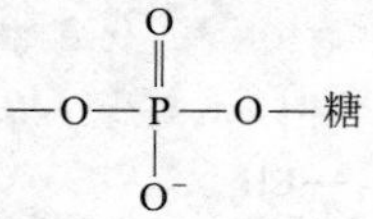

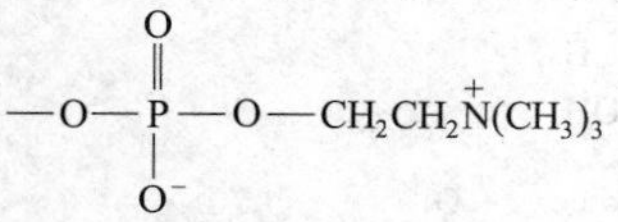

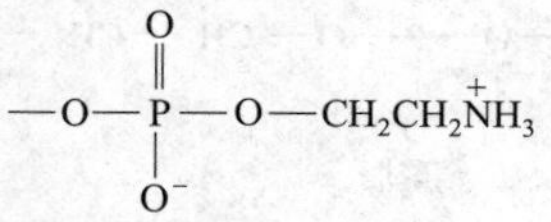

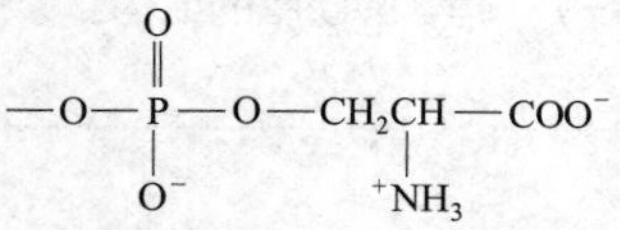

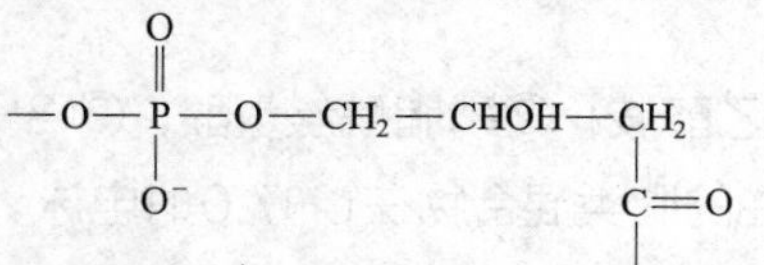

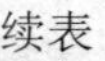
续表

甘油磷脂	极性头部（X）	磷酸基团	肌醇等基团	净电荷
二磷脂酰甘油（心磷脂）	$—O—\overset{O}{\overset{\Vert}{P}}(O^-)—O—CH_2—\overset{|}{HOHC}—\underset{H_2}{C}—O—\overset{O}{\overset{\Vert}{P}}(O^-)—O—$	–2	0	–2

（二）鞘磷脂类

鞘磷脂是由鞘氨醇、脂肪酸、磷酸和胆碱或乙醇胺组成的脂质。它同甘油磷脂的组分差异主要是醇基，甘油磷脂是甘油醇，而鞘磷脂则是鞘氨醇。另外，脂肪酸是与鞘氨醇的氨基相连，形成脂酰鞘氨醇。由于氨基脂酰化后是一个酰胺，因此脂酰鞘氨醇也称神经酰胺。鞘磷脂是以神经酰胺为母体，由神经酰胺的羟基与磷酰胆碱或磷酰乙醇胺所组成的磷酸二酯（图 3-7）。

鞘氨醇：$CH_2—OH$ / $H_2N—CH$ / $CH—OH$ / HC = CH / $(CH_2)_{12}$ / CH_3

神经酰胺：$HO—CH_2$ / $HC—NH$ / $HO—CH$ / HC = CH / $(CH_2)_{12}$ / CH_3；$NH—C=O$ / $(CH_2)_7$ / HC = CH / $(CH_2)_{12}$ / CH_3

鞘氨醇磷脂通式：$(CH_2)_{12}—CH_3$ / $HC=CH$ / $CHOH$ / $R—\overset{O}{\overset{\Vert}{C}}—HNCH$（R—C：脂酰基）/ $CH_2—O—\overset{O}{\overset{\Vert}{P}}(O^-)—O—X$

鞘磷脂：$(CH_2)_{12}—CH_3$ / $HC=CH$ / $CHOH$ / $R—\overset{O}{\overset{\Vert}{C}}—HNCH$（R—C：脂酰基）/ $CH_2—O—\overset{O}{\overset{\Vert}{P}}(O^-)—O—CH_2—CH_2—\overset{+}{N}(CH_3)_3$

图 3-7　鞘氨醇磷脂的结构

概念检查 3.2

○ 一个含有：①磷脂酰乙醇胺；②磷脂酰丝氨酸；③ 3′-*O*-赖氨酰磷脂酰甘油的脂类混合物在pH7.0时电泳。指出这些化合物的移动方向（向阳极、向阴极或停在原处）。

二、磷脂的性质

（一）磷脂是亲水性脂分子或极性脂类

甘油磷脂两条长的脂酰烃链具有疏水性质，称为非极性尾部，而磷酰化部分则是强亲水基，称为极性头部。鞘磷脂结构上与甘油磷脂相似，二条长的碳氢链（鞘氨醇R基和脂肪酸R基）构成亲脂性的非极性尾部，磷酰胆碱或磷酰乙醇胺构成亲水性的极性头部（图3-8）。

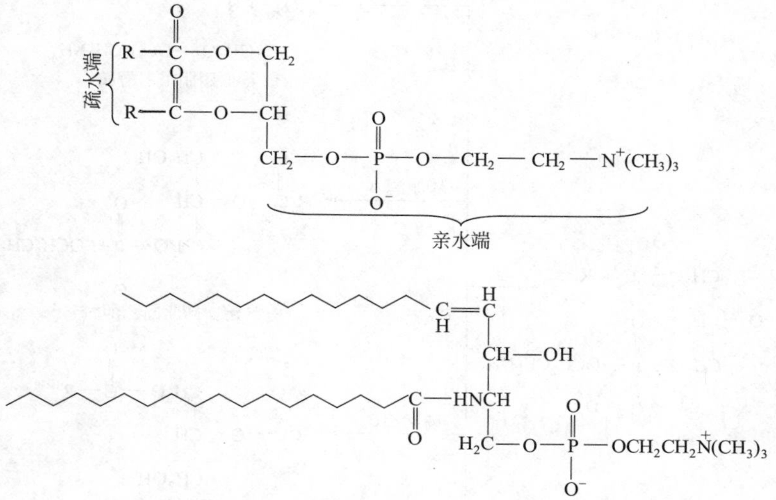

疏水端

亲水端

图3-8 甘油磷脂（上）和鞘磷脂（下）的分子结构

脂溶性的磷脂在水中扩散成胶体，具有乳化性质。磷脂类在水中的溶解度实质上是它们的头部、尾部与水分别作用的总和。对其头部而言，电离基团或偶极离子越多，其亲水性越大。对非极性区，烃链越短，不饱和程度越高，其疏水性就越低；反之，不饱和程度越小，其烃链的尾部越长，疏水性越大，则在水中的溶解度越小。磷脂分子在水溶液中的溶解度是很有限的。

当磷脂加入水中后，由于疏水部分的表面积较大，只有极少的分子以单体形式游离存在。这些磷脂分子倾向于在水、空气界面形成单分子层。极性部分与水接触，烃尾部伸向空气一侧。如果加入较多量的磷脂分子，使水、空气界面达到饱和，磷脂分子就以微团和双层形式存在，这两种形式都使磷脂分子的极性头部与水相接触，并通过疏水作用力和范德华引力的作用使烃链尽可能靠近，将水从其邻近部位排除。实际上磷脂双层结构在水溶液中是以微囊形式存在，它比平面脂双层形式的优越性在于使疏水烃链部分完全不与水相接触。大多数天然磷脂分子倾向于形成双层微囊，因为这样更有利于分子的堆积（图3-9）。

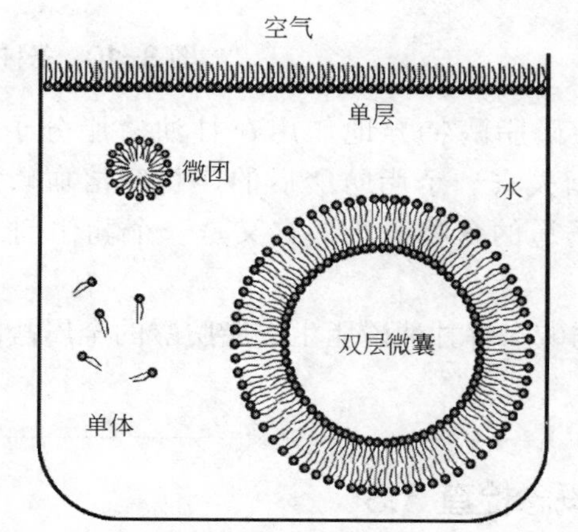

图3-9 磷脂分子在水溶液中存在的几种结构形式

（二）水解作用

用各种磷脂酶水解甘油磷脂，对研究各类磷脂的化学组成、各成分连接的位置，进而阐明磷脂的化学结构起重要作用。

磷脂酶水解磷脂的各个键的情况如图 3-10 所示。

磷脂酶 A_2 → （溶血磷脂酰乙醇胺）

磷脂酶 A_1 → （溶血磷脂酰乙醇胺）

磷脂酶 C → （二酯酰甘油）

磷脂酶 D → （磷脂酸）

图 3-10　各种磷脂酶水解甘油磷脂的产物

各种磷脂酶特异地作用在甘油磷脂分子的某个酯键，所以用不同的酶水解可以得到不同的产物。磷脂失去一个脂肪酸后的产物叫溶血磷脂，溶血磷脂是一个表面活性剂，能够使红细胞溶解。对进入肠道的食物脂质，它又是一个乳化剂。当蛇毒中的磷脂酶进入体内，可产生溶血磷脂，导致溶血。

用弱碱水解甘油磷脂生成脂肪酸的金属盐，剩余部分不被水解。若用强碱水解则生成脂肪酸、甘油磷酸等。

概念检查 3.3

○ 1- 软脂酰 - 2- 硬脂酰 - 3 月桂酰甘油与磷脂酸的混合物在苯中与等体积的水振荡，让两相分开后，哪种脂质在水相中的浓度高？试阐述原因。

三、几种重要的甘油磷脂

1. 磷脂酰胆碱

磷脂酰胆碱（phosphatidylcholine，PC）又称卵磷脂，是一种在动植物中分布最广的磷脂，在动物的脑、精液、肾上腺中含量较多，以禽卵黄中的含量最为丰富，达干物质总重的 8% ～ 10%。磷脂酰胆碱的分子结构与甘油三酯的不同之处在于一个脂酰基被磷酰胆碱所取代（图 3-11）。自然界存在的磷脂酰胆碱为 L-α- 磷脂酰胆碱。磷脂酰胆碱 β- 碳位上接的脂肪酸通常为油酸、亚油酸、亚麻酸和花生四烯酸等不饱和脂肪酸。磷脂酰胆碱有控制动物体代谢，防止脂肪肝形成的作用。

2. 磷脂酰乙醇胺

磷脂酰乙醇胺（phosphatidylethanolamine，PE）又称脑磷脂，从动物脑组织和神经组织中分离得到，以动物脑组织中的含量最多，约占脑干物质总重的 4% ～ 6%。磷脂酰乙醇胺与血液凝固有关，可能是凝血酶致活酶的辅基。磷脂酰乙醇胺水解后可得到甘油、脂肪酸、磷酸和胆胺（乙醇胺）。磷脂酰乙醇胺的结构与磷脂酰胆碱相似，只是以氨基醇代替了胆碱（图 3-12）。

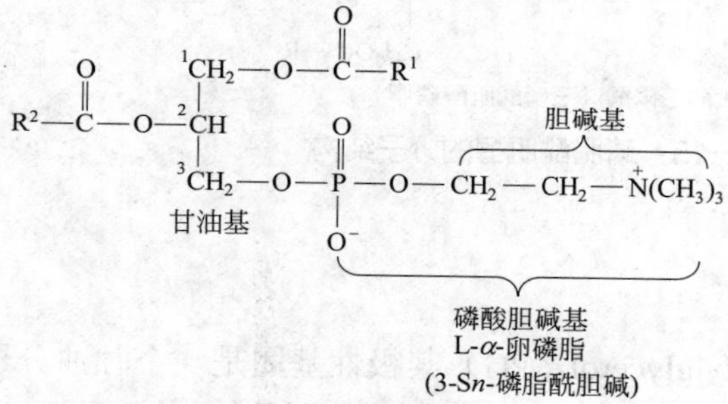

甘油基　胆碱基　磷酸胆碱基

L-α-卵磷脂

(3-Sn-磷脂酰胆碱)

图 3-11　磷脂酰胆碱的分子结构

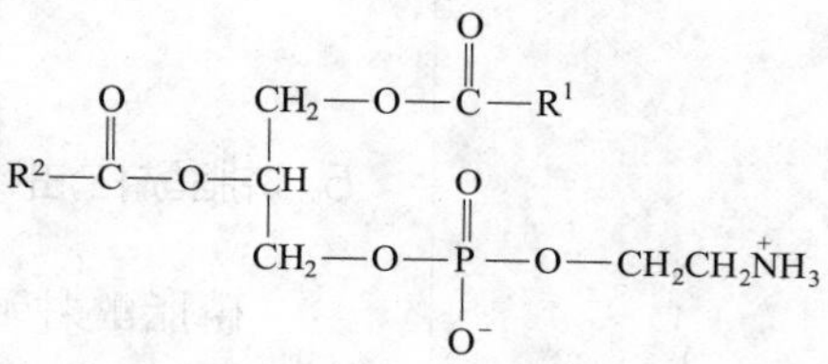

图 3-12　磷脂酰乙醇胺的分子结构

3. 磷脂酰丝氨酸

磷脂酰丝氨酸（phosphatidylserine，PS）是动物脑组织和红细胞中的重要类脂之一，是磷脂酸与丝氨酸形成的磷脂，结构与前两种甘油醇磷脂相似（图 3-13）。它与磷脂酰胆碱、磷脂酰乙醇胺间可以互相转化（图 3-14）。

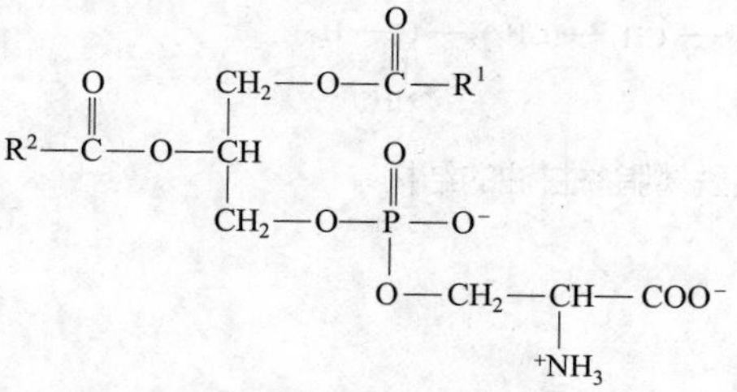

图 3-13　磷脂酰丝氨酸的分子结构

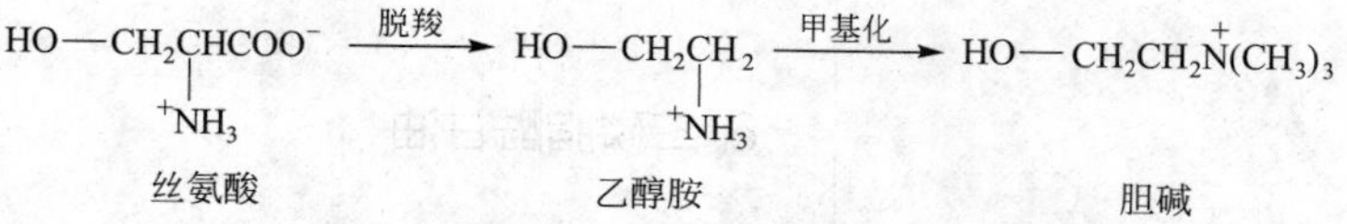

$$HO-CH_2CH(\overset{+}{N}H_3)COO^- \xrightarrow{\text{脱羧}} HO-CH_2CH_2\overset{+}{N}H_3 \xrightarrow{\text{甲基化}} HO-CH_2CH_2\overset{+}{N}(CH_3)_3$$

丝氨酸　乙醇胺　胆碱

图 3-14　丝氨酸与乙醇胺、胆碱结构之间的相互转化

4. 磷脂酰肌醇

磷脂酰肌醇（phosphatidylinositol，PI）又称肌醇磷脂，是磷脂酸与肌醇构成的磷脂，存在于多种动植

物组织中，常与磷脂酰胆碱混合在一起。磷脂酰肌醇的极性基部有一个六碳环状糖醇（即肌醇），除一磷酸肌醇磷脂外，还发现有 1,4- 二磷酸肌醇磷脂和 1,4,5- 三磷酸肌醇磷脂（图 3-15）。

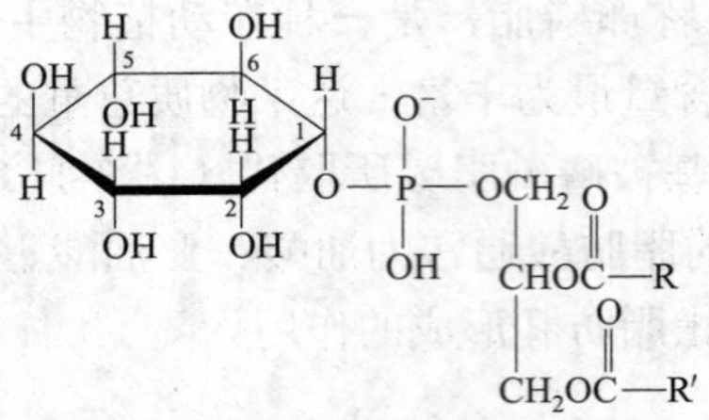

磷脂酰肌醇一磷酸（肌醇磷脂） 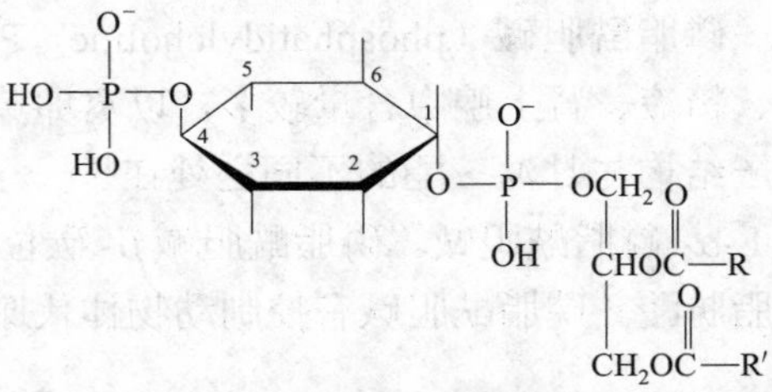　　磷脂酰肌醇磷酸（二磷酸肌醇磷脂）

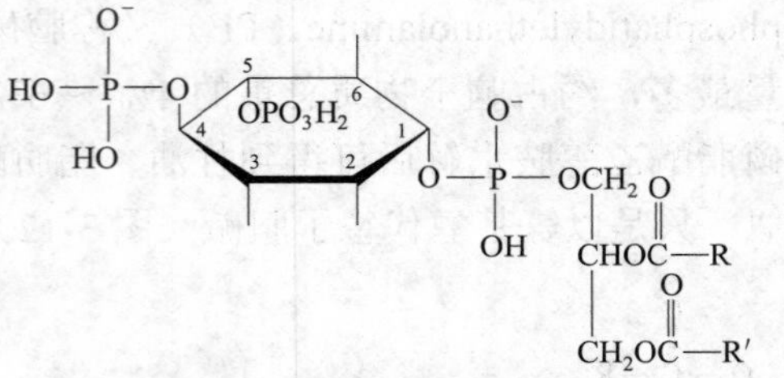

磷脂酰肌醇三磷酸（三磷酸肌醇磷脂）

图 3-15　磷脂酰肌醇的分子结构

5. 磷脂酰甘油

磷脂酰甘油（phosphatidylglycerol，PG）其极性基团是一个甘油分子。细菌的细胞膜中常含有磷脂酰甘油的氨基酸衍生物（特别是 L- 赖氨酸）。赖氨酸与甘油的第三个羟基以酯键相连，称为 3′-*O*- 赖氨酰磷脂酰甘油（图 3-16）。

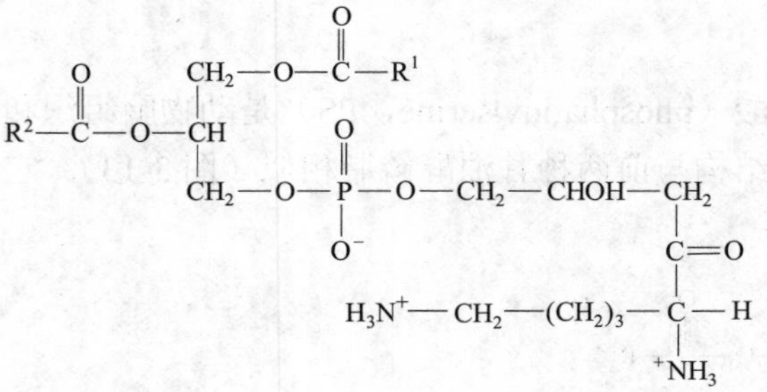

图 3-16　3′-*O*- 赖氨酰磷脂酰甘油的结构

6. 二磷脂酰甘油

二磷脂酰甘油（cardiolipin，CL）又称心磷脂，因其首先从心肌中提取出，故取名心磷脂。这类磷脂含有两个磷脂酸分子，分子中没有含氮组分（图 3-17）。它存在于细菌细胞膜和真核细胞线粒体内膜中。心磷脂有利于膜蛋白与细胞色素 c 的连接，是脂质中特有的具抗原性的脂类。

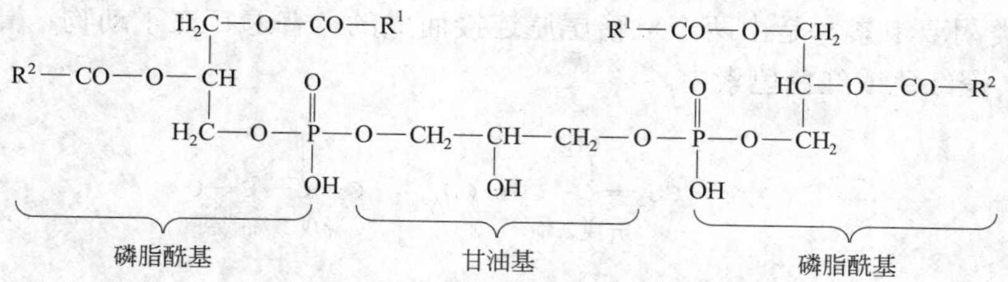

磷脂酰基　甘油基　磷脂酰基

图 3-17　心磷脂的结构

7. 缩醛磷脂

缩醛磷脂为醚型甘油磷脂，C1 位上是一个脂烯醚基团（图 3-18）。它存在于细胞膜上，在大脑、心脏和其他具有电活动的组织中含量丰富。中枢神经系统中缩醛磷脂除参与神经细胞膜的构成外，还作为细胞内信息的传递体。

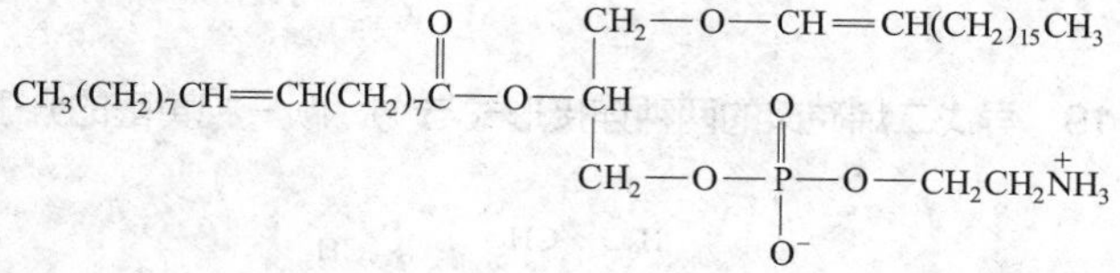

图 3-18　缩醛磷脂的分子结构

第三节　萜类和类固醇类

萜和类固醇与前述的各类脂质不同，一般不含脂肪酸，属不可皂化脂质。

一、萜类

萜类化合物属于简单脂类，不含脂肪酸，是异戊二烯的衍生物。它们的碳架结构可以用异戊二烯来划分，有两个以上异戊二烯构成的化合物称为萜类。

萜类有的是线状，有的是环状，有的二者兼有。相连的异戊二烯有的是头尾相连，也有的是尾尾相连。多数直链萜类的双键都是反式，但也有些萜，如 11- 顺 - 视黄醛的第 11 位上的双键为顺式（图 3-19）。

根据萜类化合物所含异戊二烯的数目，可将其分为单萜、倍半萜、二萜、三萜、四萜和多萜数种（图 3-20）。单萜是由两个异戊二烯单位构成的十碳烯萜。高等植物的香精油是单萜的主要来源。绝大多数单萜是由两个异戊二烯单位头尾连接组成的。无环的链状单萜能转变成各种环状化合物。倍半萜具有三个异戊二烯单位的碳架，除无环化合物法呢醇和橙花叔醇类化合物外，倍半萜的大多数成员是单环、二环和三环化合物。二萜由四个异戊二烯单位聚合形成，存在于香精油的高沸点组分内和含油树脂的蒸馏残渣内（如松香）等。除无环双萜（如叶绿醇）和单环结构化合物外，双萜还具有很复杂的环化结构。许多双萜具有多样的生理活性，例如赤霉素对高等植物的生长和发育起重要的调节作用。天然的三萜以游离或醚、酯和糖苷的形式广泛存在于自然界。最重要的直链三萜是鲨烯，它是两个倍半萜尾尾连接而成的。四萜主要是类胡萝卜素，是由两个双萜尾尾连接而成的。普遍存在于动物、高等植物、真菌、藻类和细菌中的黄色、橙红色或红色色素中。

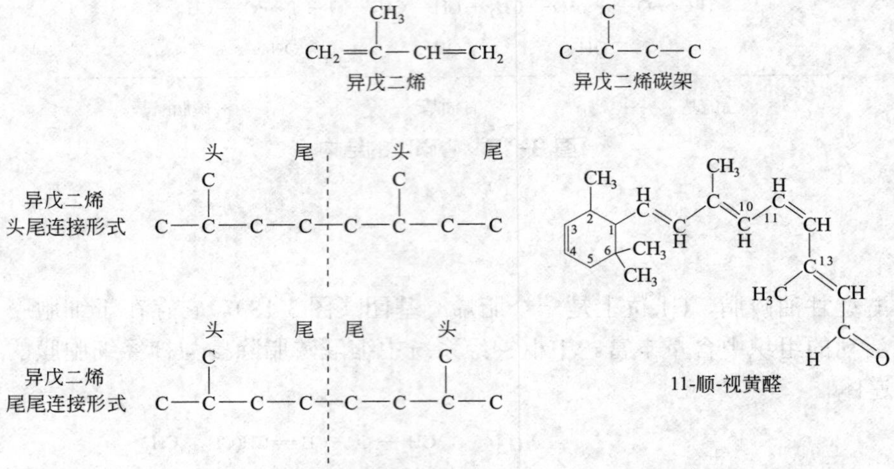

异戊二烯　异戊二烯碳架

异戊二烯头尾连接形式　异戊二烯尾尾连接形式　11-顺-视黄醛

图 3-19　异戊二烯碳架的两种连接形式与 11- 顺 - 视黄醛的分子结构

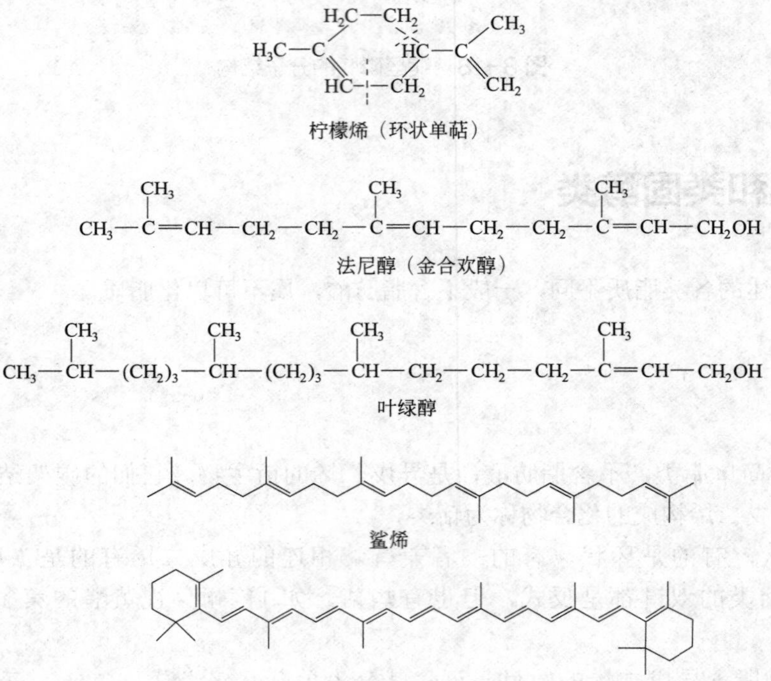

柠檬烯（环状单萜）

法尼醇（金合欢醇）

叶绿醇

鲨烯

β-胡萝卜素

图 3-20　单萜、倍半萜、双萜、三萜和四萜的分子结构举例

二、类固醇类

类固醇化合物不含脂肪酸，其基本骨架结构是环戊烷多氢菲，它是由三个六元环和一个五元环组合而成，四个环分别以 A、B、C、D 表示（图 3-21）。

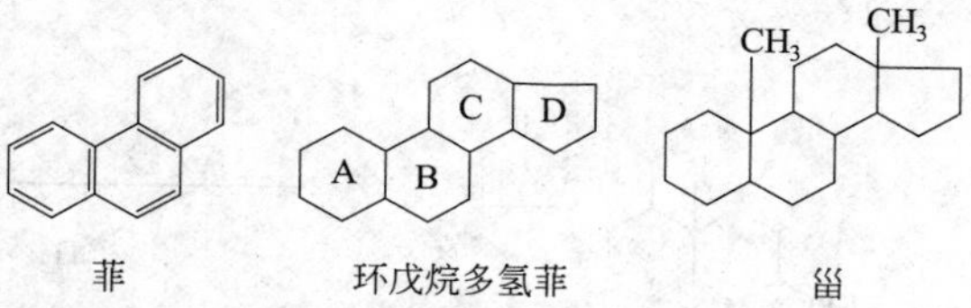

菲　环戊烷多氢菲　甾

图 3-21 环戊烷多氢菲的骨架结构

因为含有醇类，所以命名为固醇。一般都含有三个侧链，在 C10 位和 C13 位置上通常是甲基，称为角甲基。带有角甲基的环戊烷多氢菲称“甾”，因此固醇也称为甾醇。在 C17 位置上有一烃链。根据甾核上羟基的变化，它又可分为固醇和固醇衍生物。

（一）固醇

根据固醇的不同来源，可将其分为动物固醇、植物固醇和真菌固醇。所有固醇都具有相似的理化性质，都不溶于水而易溶于亲脂溶剂和脂肪中。各种固醇的差别，首先在于 C17 上的侧链不同，其次在于四环基架的双键数目不等。最常见的固醇是胆固醇，也称胆甾醇，为动物固醇类的重要代表。固醇的典型结构一般以胆甾烷醇为代表（图 3-22）。

胆甾烷醇在第 5、6 位碳上脱氢后的化合物是胆固醇，所以又称二氢胆固醇。胆固醇主要在肝脏中合成，是生物膜脂质中的一个成分，在血浆、胆汁和蛋黄内，尤其在脑组织、肾上腺内胆固醇含量特别丰富。

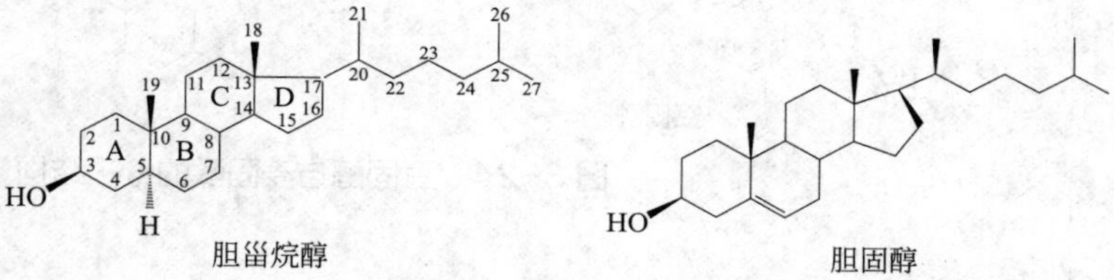

胆甾烷醇　胆固醇

图 3-22 胆甾烷醇与胆固醇的分子结构

胆固醇分子的一端有一极性头部为羟基，因而亲水，分子的另一端为具有烃链及固醇的环状结构而疏水，因此固醇与磷脂类化合物相似，也属两性分子。胆固醇存在于许多动物细胞的质膜和血浆脂蛋白中，是动物组织中其他类固醇的前体。胆固醇可与不同的脂肪酸形成各种胆固醇脂。

胆固醇在氯仿溶液中与乙酸酐及浓硫酸作用产生蓝绿色，可作为固醇类的定性试验。胆固醇与毛地黄皂苷容易结合生成沉淀，利用这一特性可以测定溶液中胆固醇的含量。

人体除可自身合成胆固醇外，尚可从膳食中获取。胆固醇是生理必需的，但过多时又会引起某些疾病。血清胆固醇含量过高是引起动脉硬化及心肌梗死的一种危险因素。

胆固醇在第 7、8 位碳上脱氢后的化合物是 7- 脱氢胆固醇，存在于人类和动物组织内，其在皮肤内经太阳光照射可转变成维生素 D_3。在酵母和麦角菌中，含有麦角固醇。它的 B 环上有两个双键，第 17 位碳上侧链是九个碳的烯基，麦角固醇经紫外照射能转化为维生素 D_2（图 3-23）。

固醇类也存在于植物中，是植物细胞的重要组分，不能为动物吸收利用。以豆固醇、麦固醇含量最多，它们分别存在于大豆、麦芽中（图 3-24）。植物固醇能抑制胆固醇的吸收，从而降低血清胆固醇水平，它还能减少胆固醇在血液中的积蓄。

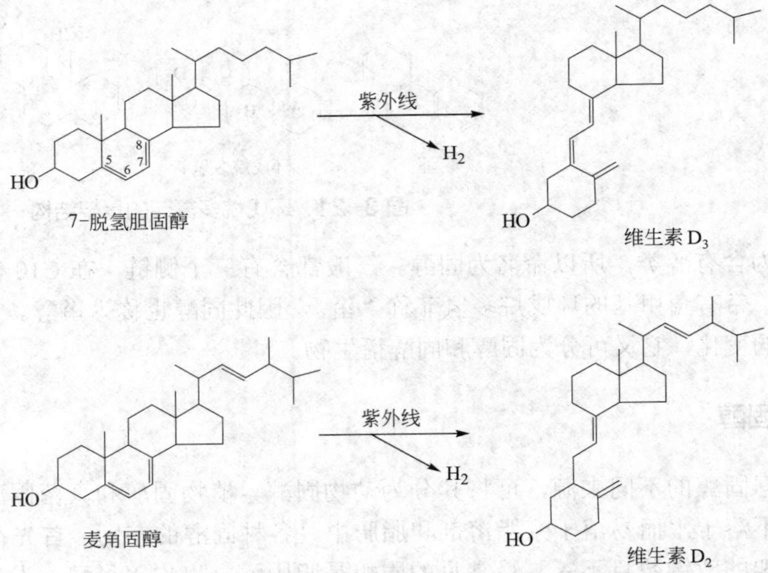

7-脱氢胆固醇 紫外线 H_2 维生素 D_3

麦角固醇 紫外线 H_2 维生素 D_2

图 3-23 维生素 D_3 与维生素 D_2 的产生过程

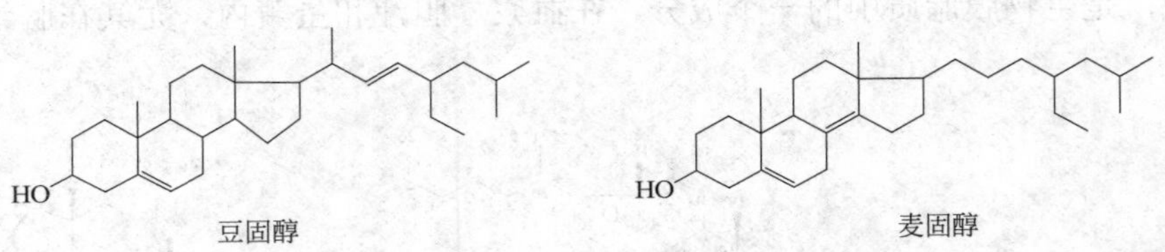

豆固醇 麦固醇

图 3-24 豆固醇与麦固醇的分子结构

（二）类固醇

人体中许多激素和胆汁中的胆酸，昆虫的蜕皮激素，植物中的皂素和强心糖苷配基等，这些生理功能各不相同的化合物，都有环戊烷多氢菲的甾体碳架，这些甾体化合物统称为类固醇。不同的类固醇生理功能不同，含碳数和含氧基团都有所差异（图 3-25）。典型代表是胆汁酸，具有重要的生理意义。胆汁酸在肝中合成，可从胆汁分离得到。人胆汁含有三种不同的胆汁酸。胆酸在第 3、7、12 位碳上各有一羟基，胆酸失去一个羟基，可得到脱氧胆酸（失去 7 位上羟基）和鹅脱氧胆酸（失去 12 位上羟基）。胆汁酸盐是胆酸的衍生物，由胆酸与牛磺酸或甘氨酸结合，分别生成牛磺胆酸和甘氨胆酸。

胆汁酸和胆汁酸盐都是乳化剂，能够把肠道中的脂肪、胆固醇和脂溶性维生素乳化，还能使分解脂肪的脂肪酶活化，因此有促进对脂质类营养物消化和吸收的作用。

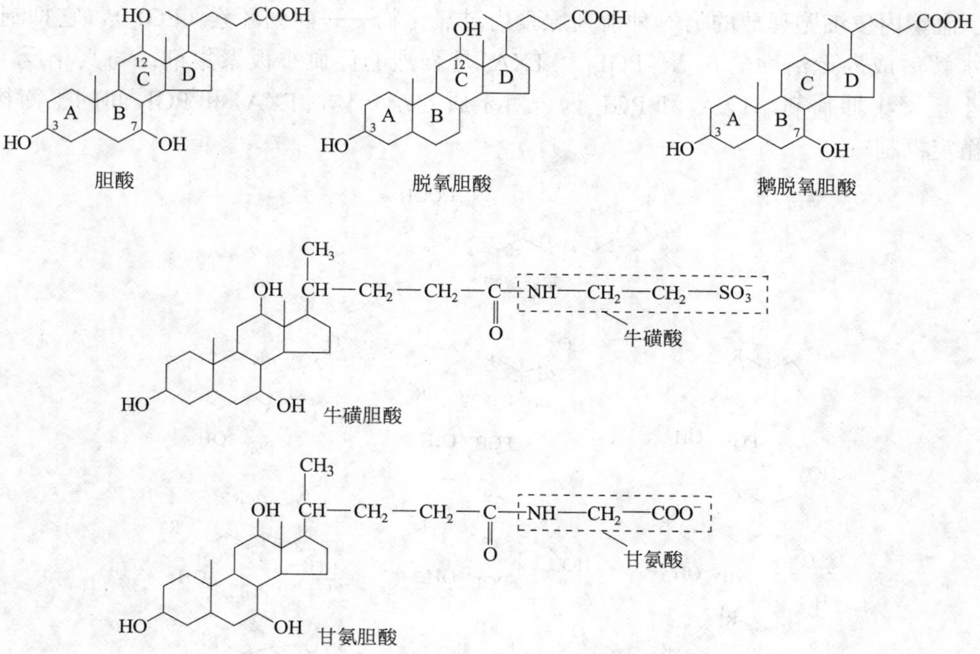

胆酸　脱氧胆酸　鹅脱氧胆酸

牛磺酸　牛磺胆酸

甘氨酸　甘氨胆酸

图 3-25　几种常见的类固醇的分子结构

第四节　前列腺素及蜡类

一、前列腺素

前列腺素最早是在人精液中提取到的，在人的前列腺中也被发现，Bergstrom 等人进一步研究发现该物质不仅存在于前列腺，而且广泛存在于机体多种组织器官中，是一类廿碳不饱和脂肪酸的衍生物，其基本结构为前列烷酸，有着广泛的生物学活性及生理功能（见表 3-4）。在 20 世纪 70 年代中叶，新的化合物（血栓素、白三烯等）的发现使前列腺素的研究发展更快。

表 3-4　一些廿碳化合物的生理活性

廿碳化合物	生理活性
前列腺素	血管扩张作用，平滑肌的松弛作用，抑制血小板的聚集作用，提高环腺苷水平，抑制胃酸分泌，促进胃平滑肌蠕动
血栓素	平滑肌的收缩作用，增强血小板的聚集作用，促进凝血及血栓形成
白三烯	平滑肌的收缩作用，呼吸收缩，促进发炎及过敏反应

前列腺素具有五元环，由 C_{20} 多聚不饱和脂肪酸（前列烷酸）经过生物合成过程形成。各种不同种类的前列腺素的区别在于取代的环戊烷的环结构有所不同，至少有 9 种不同的环戊烷结构，前列腺素的名字简写为 PG，后面跟有字母 A ～ I，例如 PGE、PGF 等。在文献中，几乎看不到这些化合物的系统命名。连接在环戊烷环上的 R^1 和 R^2 基团在不同的前列腺素中有差别（图 3-26）。

1975 年，Hamberg（汉伯格）等发现血小板释放一种诱导血小板聚集、使血管收缩的前列腺素内过氧化物，取名血栓素 A_2（TXA_2），TXA_2 水解后成为无活性的血栓素 B_2（TXB_2）（图 3-27）。1976 年，Vane（范内）等发现了血管内皮细胞释放的另一种前列腺素内过氧化物——前列环素（PGI_2），它抑制血小板聚集、舒张血管，水解后成为无活性的6-酮-$PGF_{1\alpha}$。TXA_2是强烈的促血小板聚集剂；与其相反，PGI_2则是体内最强的血小板聚集抑制剂。TXA_2和PGI_2为一对矛盾的统一体，TXA_2和PGI_2间的平衡构成血管完整性的内环境稳定机制。

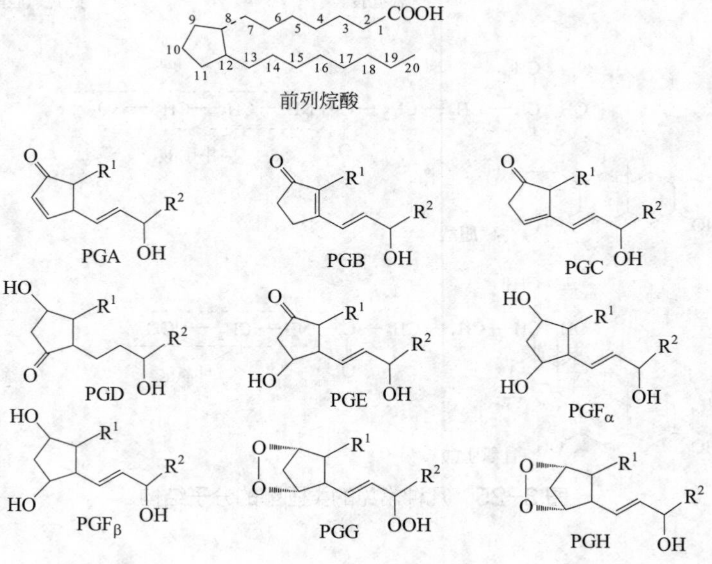

前列烷酸

R^1=—$(CH_2)_4$—COOH　R^2=—$(CH_2)_4$—CH_3

图3-26　前列烷酸和前列腺素的分子结构

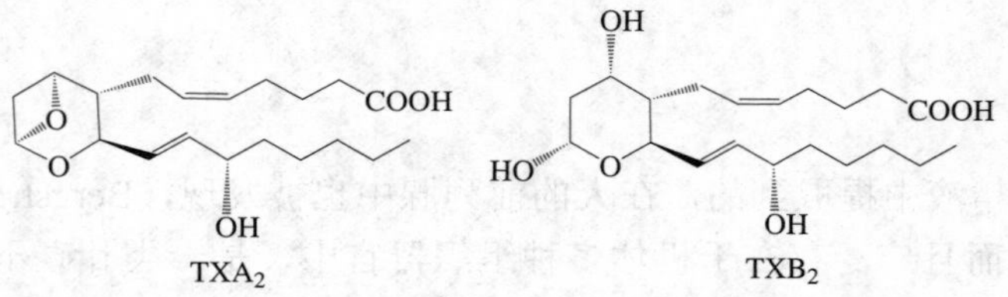

图3-27　血栓素A_2和血栓素B_2的分子结构

1980年，Samuelsson（萨缪尔森）等报告发现了花生四烯酸可不通过内过氧化物中间产物而经脂氧化酶催化生成一系列含三个共轭双键的物质，取名为白三烯（LT）（图3-28）。它由白细胞合成，对变态反应、炎症及抗炎的研究，以及对哮喘及心血管疾病防治等方面的作用，都预示着一个新时代的到来。由于在廿碳烯酸类化合物研究中作出卓越贡献，Bergstrom、Samuelsson和Vane三位科学家分享了1982年诺贝尔医学或生理学奖。

二、蜡

蜡广泛分布在自然界中，主要成分是高级脂肪酸和高级一元醇或固醇所形成的酯。蜡极难溶于水，烃链中不含双键，因此为化学惰性物质，蜡既不被脂肪酶所水解，也不容易皂化。最常见的酸是软脂酸（C_{16}）和二十六酸，最常见的醇是C_{16}、C_{26}和C_{30}，组成蜡的高级脂肪酸和醇都是含偶数碳原子。几种常见的重要蜡，按其来源分为动物蜡和植物蜡两类。动物蜡有蜂蜡、虫蜡、羊毛蜡等。蜂蜡的主要成

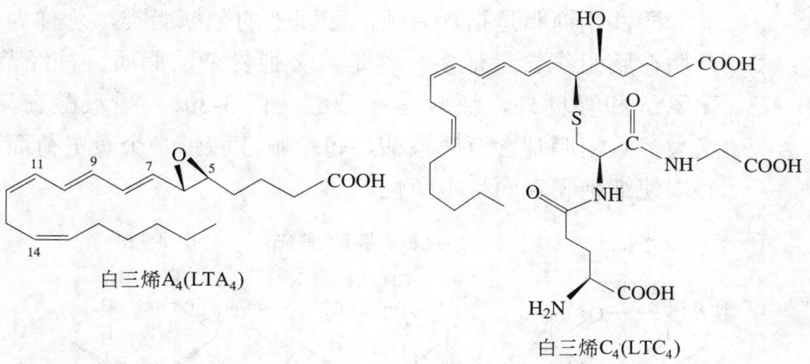

白三烯A_4(LTA_4)

白三烯C_4(LTC_4)

图 3-28 白三烯 A_4 和 C_4 的分子结构

分是软脂酸蜂蜡酯($C_{15}H_{31}COOC_{30}H_{61}$),它是由工蜂腹部的蜂腺分泌出来的;虫蜡($C_{25}H_{51}COOC_{26}H_{53}$)是白蜡虫分泌的产物，所以又叫白蜡，可用作涂料、润滑剂和其他化工原料；羊毛蜡是由硬脂酸、软脂酸或油酸与胆固醇形成的酯，存在于羊毛中，可用作药品和化妆品的底料。植物蜡有巴西棕榈蜡($C_{25}H_{51}COOC_{30}H_{61}$)，存在于巴西棕榈叶中，可用作高级抛光剂。昆虫和植物果实、幼枝、叶的表面等通常有一薄层的蜡存在，主要功能是防止水浸蚀与蒸发以及防止微生物的侵害和外伤。蜡还可以用来制蜡纸、软膏、润滑油等。

第五节 结合脂类

一、糖脂

糖脂是指含一个或多个糖基的脂类，糖和脂质以共价键结合。根据与脂肪酸酯化的醇（鞘氨醇或甘油）的不同，糖脂可分为鞘糖脂类和甘油糖脂类。鞘糖脂类主要是动物细胞膜的结构和功能物质，而甘油糖脂类则是植物和微生物的重要结构成分。

鞘糖脂是 *N*- 脂酰鞘氨醇的糖苷，由脂肪酸、鞘氨醇和糖三部分组成。鞘糖脂与鞘磷脂相似，也是亲水亲脂两性分子，具有亲脂性的两条脂链长尾和亲水性的糖基极性头部。鞘糖脂可按所含糖基的种类分为中性鞘糖脂类（仅含中性糖基）和酸性鞘糖脂类（含有 *N*- 乙酰神经氨酸，即唾液酸）。

中性鞘糖脂含有一个或多个中性糖基作为极性头，它的极性头不带电荷，如脑苷脂。最简单的脑苷脂是在神经酰胺的伯羟基上，以 β - 糖苷键连接一个半乳糖或葡萄糖（图 3-29)。由于所含糖基、脂酰基的脂肪酸组分和鞘氨醇不同而有不同的中性鞘糖脂。脑苷脂中的半乳糖残基 3- 羟基与硫酸形成的酯，称为硫苷脂或脑硫脂，其主要存在于动物体内，尤其是神经组织髓鞘的重要成分。

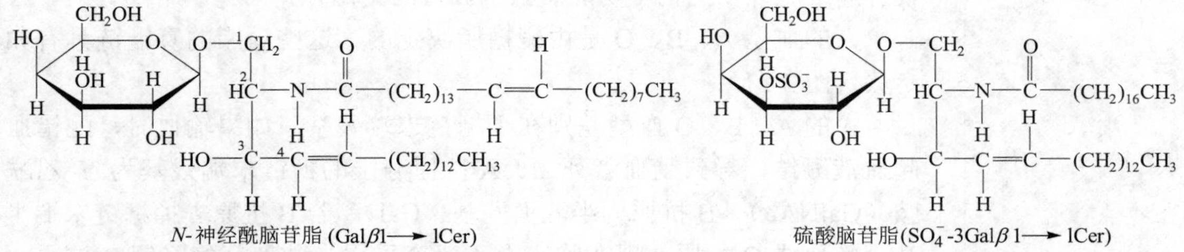

N- 神经酰脑苷脂 (Galβ1⟶ 1Cer)

硫酸脑苷脂(SO_4^--3Galβ1⟶ 1Cer)

图 3-29 脑苷脂及其脑硫脂的分子结构

酸性鞘糖脂是指含有唾液酸残基的鞘糖脂类，总称为神经节苷脂。神经节苷脂在脑组织含量最多，这是一类很复杂的脂质。神经节苷脂除含有脂肪酸、鞘氨醇和寡糖外，还含有唾液酸（图 3-30）。唾液酸在生理 pH 下带负电荷，绝大多数糖脂都含有唾液酸，每个唾液酸带一个负电荷而且分布在寡糖链的远心端使细胞膜表面呈电负性。

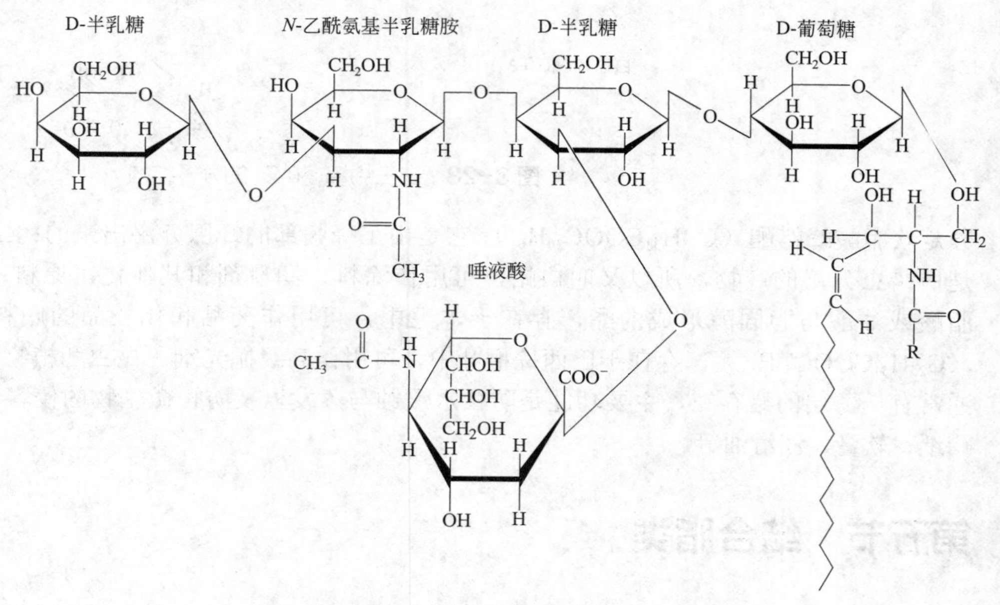

图 3-30　神经节苷脂的分子结构

糖脂虽然是细胞膜中的少量组成成分，但与许多重要的生理功能有关，例如神经节苷脂在神经末梢中的含量特别丰富，并参与乙酰胆碱和其他神经递质的受体组成，可能在神经传导中起重要作用。有的神经节苷脂已被发现能专一地和病毒受体结合，例如，流感病毒的特异受体和神经节苷脂中的某一个唾液酸结合，因而能和细胞膜黏着。细胞表面的鞘糖脂，可与其他细胞表面相互识别，是细胞相互作用和分化的重要基础。许多膜表面抗原是鞘糖脂，鞘糖脂抗原的特异性决定簇可以是糖链的一个糖基、部分糖基或整个糖链。神经节苷脂还是免疫反应的介体，调节体内的免疫反应过程。糖脂和糖脂间的糖链互补作用也可能导致细胞间的黏着。

各种细胞癌变，都会使膜表面糖脂发生改变。肿瘤细胞膜糖脂的变化，可能是细胞发育和分化进程受阻的结果。肿瘤细胞具有与正常细胞不同的糖脂，使肿瘤细胞许多生物学功能发生了显著的变化。

人的血型 A、B、O 是由鞘糖脂决定的。这些糖脂的寡糖链具有如下的决定簇（图 3-31）：

人的 A、B、O 血型差别在于糖链末端残基。如果输血时，配错血型可引起血液凝结，导致受血者死亡。A 抗原分子的糖链末端残基为 *N*- 乙酰半乳糖胺（GalNAc），B 抗原为半乳糖残基（Gal）。若 B 抗原去掉糖链末端半乳糖残基则转化成 O 抗原。现在临床上正研究采用半乳糖苷酶降解 B 抗原，从而增加 O 抗原血液来源。

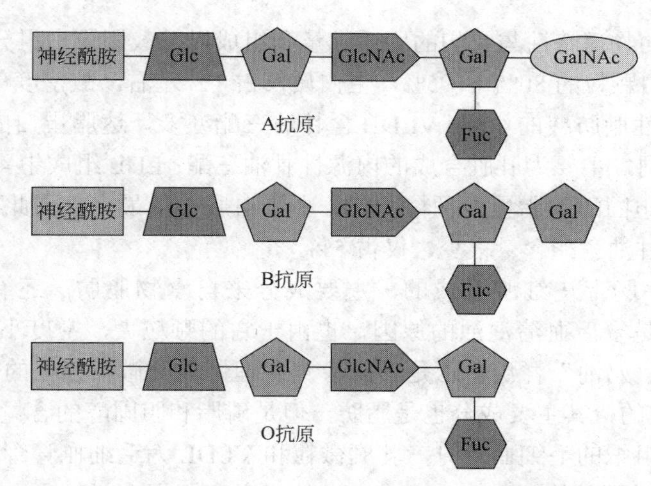

图 3-31　人的 A、B、O 血型抗原的糖链末端残基的组成

Glc：葡萄糖残基；Gal：半乳糖残基；Fuc：岩藻糖残基；GlcNAc：*N*- 乙酰葡萄糖胺；GalNAc：*N*- 乙酰半乳糖胺

二、脂蛋白

脂蛋白是由脂质和蛋白质组成的复合物，脂蛋白内的脂质与蛋白质之间没有共价键结合，基本上是通过脂质的非极性部分与蛋白质组分之间的疏水相互作用结合在一起。几乎所有的脂蛋白都具有运输或载体功能，蛋白质与脂质结合可将脂质从它们的吸收部位和合成部位运送到贮存部位或其他相关部位发挥作用。在脂蛋白研究领域中，血浆脂蛋白的研究是最活跃的。因为血浆脂蛋白在生物体中脂质运输方面起主要作用，与脂类代谢相关的疾病（如心血管疾病）有密切联系；血浆脂蛋白又是研究脂质与蛋白质相互作用的理想材料。

各种脂蛋白所含脂类及蛋白质的数量不同，因而密度也各不相同。血浆脂蛋白在一定密度的盐溶液中进行超速离心时，可被分离为四类：乳糜微粒（chylomicron，CM）、极低密度脂蛋白（very low density lipoprotein，VLDL）、低密度脂蛋白（low density lipoprotein，LDL）、高密度脂蛋白（high density lipoprotein，HDL）。除上述四类脂蛋白外，还有密度介于 VLDL 和 LDL 之间的中间密度脂蛋白（IDL），它是 VLDL 在血浆中的降解产物。

根据不同脂蛋白所带电荷和颗粒大小上的差别，经电泳方法可将血浆脂蛋白分为四个区带，位于原点不移动的乳糜微粒、前 *β*- 脂蛋白、*β*- 脂蛋白和 *α*- 脂蛋白。根据迁移率，HDL 与 *α*- 球蛋白共迁移，故称 *α*- 脂蛋白；LDL 与 *β*- 球蛋白共迁移，故称 *β* - 脂蛋白；VLDL 迁移在 *β* - 脂蛋白前，称为前 *β* - 脂蛋白。血浆超速离心脂蛋白密度类型和血浆电泳脂蛋白迁移率类型间存在着某种一致性（图 3-32）。

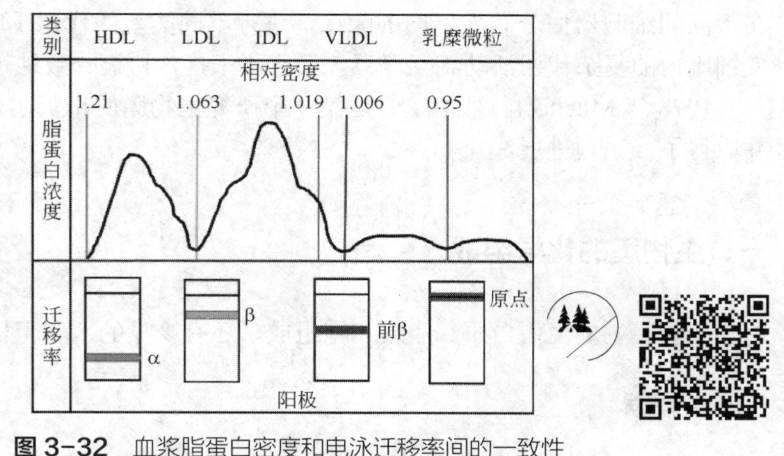

图 3-32　血浆脂蛋白密度和电泳迁移率间的一致性

上图表明血浆超速离心脂蛋白纹影图像，下图表明血浆纸电泳主要血浆脂蛋白迁移率类型

血浆脂蛋白中含有的蛋白质组分称

为载脂蛋白。血浆脂蛋白的物理特性与它们的脂质含量和组成以及载脂蛋白组分的性质有密切关系。CM含甘油三酯最多，达脂蛋白颗粒的80%～95%，蛋白质仅占1%左右，故密度最小，血浆静置即会漂浮，具有为肝外组织提供外源性脂肪酸的作用；VLDL含甘油三酯亦多，达脂蛋白的50%～70%，但其甘油三酯与乳糜微粒的来源不同，主要为肝脏合成的内源性甘油三酯；LDL组成中45%～50%是胆固醇及胆固醇酯，因此是一类运送胆固醇的脂蛋白颗粒；HDL中蛋白质含量最多，因此密度最高，磷脂占其组成的25%，胆固醇占20%，甘油三酯含量很少，仅占5%。

乳糜微粒（CM）是小肠上皮细胞合成的，主要成分来自食物脂肪，还有少量蛋白质。它的颗粒大，使光散射呈乳浊状，是餐后血清混浊的原因，也由于它的颗粒大、密度小，当放置在4℃冰箱过夜时，其上浮，形成乳白色“奶油”样层，这是临床检查病理性乳糜微粒存在的简易方法。极低密度脂蛋白（VLDL）是肝细胞合成的，其主要成分也是脂肪，但是磷脂和胆固醇的含量比乳糜微粒多。当血液流经脂肪组织、肝和肌肉等组织的毛细血管时，乳糜微粒和VLDL为毛细血管管壁脂蛋白脂酶所水解，所以在正常人空腹血浆中几乎不易检查出CM和VLDL。低密度脂蛋白（LDL）是由VLDL转变而成，它是空腹血浆中主要的脂蛋白，其脂肪含量较少，但磷脂和胆固醇的含量则相对较高，它的主要功能是运输胆固醇。血浆中LDL高者易患动脉粥样硬化。高密度脂蛋白（HDL）主要在肝内形成，作用是将肝外组织细胞表面的胆固醇摄入并酯化再转运到肝内。HDL能清除肝外组织的胆固醇从而抑制胆固醇的堆积，一般认为HDL有防止动脉粥样硬化的作用。

第六节　生物膜的结构与功能

细胞中的多种膜结构，包括质膜和各种细胞器膜，统称为生物膜。生物膜是细胞的重要组分，具有独特的结构与功能。膜结构可占真核细胞干重的70%～80%，细胞的膜系统处于动态变化过程中，各自担负着独特的功能，各种膜之间都有着内在的密切联系。

生物膜呈薄片结构，厚度为6～8 nm。质膜一般被称为细胞膜，是把细胞质与外界环境隔开的一层半透膜，细胞膜在细胞的生命活动中担负着许多重要的生理功能，如细胞与环境间的物质交换、能量转换、信息传递、代谢调节、细胞识别、细胞免疫、细胞对药物的反应、分泌作用等都与细胞膜的结构紧密联系。

真核细胞的内膜系统形成的各种细胞器，将细胞的内环境分隔成各个互相联系又相对独立的区间。在不同的细胞器内分布着不同的酶系，进行不同类型的代谢反应，从而实现了细胞结构和功能的区域化，使细胞内的复杂代谢活动相互联系，又互不干扰，协调一致地进行。

1978年Mitchecl（米切尔）是第一个研究生物膜的诺贝尔奖得主。近年来，生物膜的研究飞速发展，并取得了一系列进展。

一、生物膜的化学组成

生物膜主要由蛋白质、脂质和糖组成，还有少量的水和无机盐。

（一）膜脂

组成生物膜的脂类物质主要为磷脂、糖脂和胆固醇，其中磷脂含量最高，分布最广。

磷脂有甘油磷脂和鞘氨醇磷脂，其分子特点为两性分子，具有亲水性的极性头部（如磷酰胆碱、磷酰乙醇胺等）和由两条脂肪链构成的亲脂性的非极性尾部。磷脂分子在膜结构中所表现的结构形态取决于分子特点，磷脂分子的两性性质，对于生物膜的形成、膜脂与膜蛋白的结合及生物膜的许多功能起重要作用。磷脂分子中脂酰基烃链的长短和不饱和程度与生物膜的流动性直接相关。

糖脂是含糖的脂类，组成生物膜的糖脂主要为甘油醇糖脂和鞘氨醇糖脂。植物和细菌细胞膜中的糖脂主要是甘油醇糖脂，动物细胞膜中主要是鞘氨醇糖脂。糖脂分子也含有亲水基团（如糖基）和疏水基团（鞘氨醇 R 基和脂肪酸 R 基），对膜的形成也起重要作用，如神经节苷脂的神经酰胺部分插在膜脂质双层中，成为膜脂组成成分，所含唾液酸在生理 pH 值下带负电荷而且分布在寡糖链的远心端，使细胞膜表面呈电负性。

在动物细胞中，一些真核细胞（如红细胞、髓鞘神经细胞）的质膜中含有相当量的胆固醇，可能起着调节生物膜中脂质物理状态的作用。胆固醇不存在于原核细胞膜内，在高等植物中也极少。

（二）膜蛋白

膜蛋白是膜功能的主要体现者。根据膜蛋白在膜上的位置及与膜的结合程度可分为外周蛋白、内在蛋白（整合蛋白）和脂锚定蛋白。

1. 外周蛋白

这类蛋白占膜蛋白的 20% ～ 30%，通过离子键、氢键等非共价键与膜脂极性头部相结合，它不伸入脂双层之中，位于膜脂双层的表面（图 3-33 中⑤、⑥）。一般用比较温和的方法，如改变溶液的离子强度或 pH 值、加入金属螯合剂等就能使外周蛋白从膜上溶解下来。红细胞膜的纤维状蛋白、髓鞘的碱性蛋白、线粒体膜上的细胞色素 c 等都属于这一类蛋白。

2. 内在蛋白

内在蛋白约占膜蛋白的 70% ～ 80%。它们部分或全部嵌入膜内，有的则跨膜分布，跨膜蛋白大部分有一个或多个跨膜区域，例如血型糖蛋白（单一跨膜区）、细菌视紫红质（七段跨膜区），富含疏水残基，通常以 α- 螺旋构象穿过膜的非极性核心（图 3-33 中①、②），主要通过疏水氨基酸与脂双层疏水尾部的相结合；有时，这些单次或多次跨膜的蛋白还含有共价键结合并插入脂单层的脂肪酸链（图 3-33 中①）。内在蛋白难溶于水，与膜结合牢固，只有采用剧烈的条件，如用去污剂、有机溶剂、变性剂等处理才能将它们从膜上溶解下来。内在蛋白是生物膜功能的主要体现者，如受体、通道、运载体、膜孔和膜酶等都是内在蛋白。

3. 脂锚定蛋白

近年来又发现一种不同于上述两类的膜蛋白，被称为脂锚定蛋白，这类蛋白通过共价键与膜脂连接而被锚定在膜上。虽然这类蛋白的肽链位于膜的外周，但通过改变环境的 pH 值或离子强度并不能将其从膜上去除。与脂的结合有两种方式，一种是蛋白质直接结合于脂双分子层（图 3-33 中③），另一种方式是蛋白并不直接同脂结合，而是通过糖分子间接同脂结合（图 3-33 中④）。通过与糖的连接被锚定在膜脂上的蛋白质，主要是通过短的寡糖链与在脂双层外叶中的糖基磷脂酰肌醇（glycosylphosphatidylinositol，GPI）相连而被锚定在质膜的外侧。脂锚定蛋白与膜脂的连接可以被酶解，在不破坏膜的情况下将蛋白质释放。一些脂锚定蛋白（如 G 蛋白），在信号跨膜传导中扮演着重要的角色。

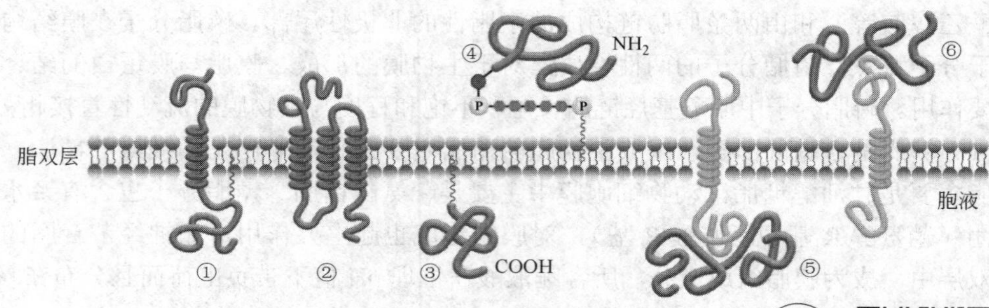

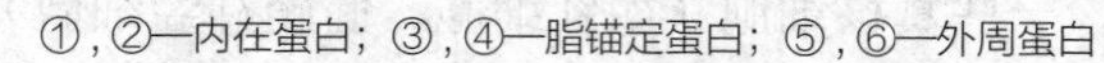
图 3-33　膜蛋白与膜的结合方式
①，②—内在蛋白；③，④—脂锚定蛋白；⑤，⑥—外周蛋白

（三）膜糖

生物膜中含有一定量的糖类，主要以糖蛋白和糖脂的形式存在。生物膜中糖链都分布于非细胞质一侧（图 3-34），分布于细胞外侧的糖链与细胞的抗原结构、受体、细胞免疫、细胞识别以及细胞癌变有密切关系。

与膜蛋白和膜脂结合的糖类，主要有中性糖、氨基糖和唾液酸等。

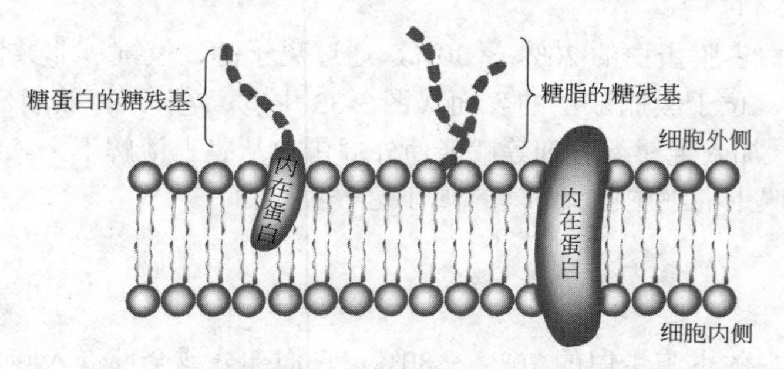

图 3-34　膜糖的连接方式

概念检查 3.4

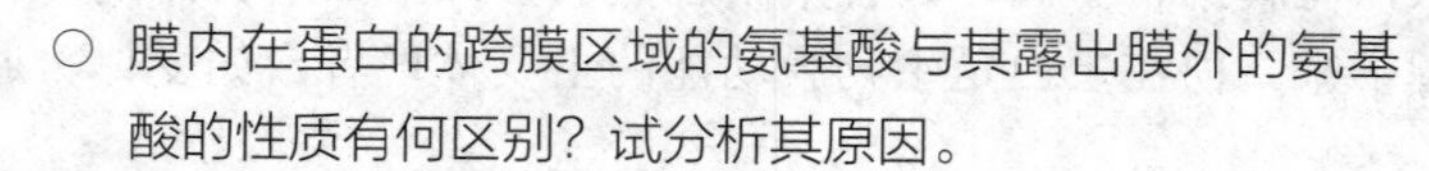

○ 膜内在蛋白的跨膜区域的氨基酸与其露出膜外的氨基酸的性质有何区别？试分析其原因。

二、生物膜的结构

（一）膜蛋白 – 膜脂相互作用

膜蛋白的氨基酸组成中非极性氨基酸残基的数量并不比极性氨基酸多，内在蛋白不溶于水是由于非极性氨基酸的特异分布造成的。在三级结构上，膜内在蛋白处于生物膜内部高度疏水的环境中，并在膜内部分形成 α- 螺旋，α- 螺

旋的外侧集中了大量的疏水侧链基团，暴露于膜的疏水内层；而α-螺旋的内层表面则含有带电的亲水侧链。

膜蛋白的膜外端常有极性氨基酸与脂双层的磷脂极性头部相互作用；膜内段的疏水作用和膜外端的极性作用使内在蛋白被锚定于膜脂上，是脂-蛋白相互作用的基础。

（二）膜结构的不对称性

冰冻蚀刻电子显微术可以使人看到膜的内部情况和它的内外表面。膜结构的不对称性表现在膜蛋白的分布上，在膜上蛋白质的分布并非随机，而是有明显的差异。有的蛋白质对膜的结合一侧紧密，而另一侧则疏松。例如在红细胞膜上仅两种主要的内在蛋白暴露于膜的外表面——乙酰胆碱酯酶和Rh抗原，而其余的内在蛋白和外在蛋白均暴露于膜的胞液面。从功能上看也可说明膜蛋白的不对称性，如Na^+、K^+-ATP酶位于细胞膜的内侧，而作为激素受体的蛋白质则主要位于膜的外侧。

膜脂在生物膜中的分布也是不对称的。其一，双层膜内外两个片层的组成不对称，如人红细胞膜的外侧磷脂酰胆碱占优势，而磷脂酰乙醇胺、磷脂酰丝氨酸和磷脂酰肌醇在膜双层的内侧占优势。其二，脂双层侧向分布的不对称，即在二维平面内，膜组分的分布是不均一的。如细胞膜上存在着一些鞘脂类和胆固醇富集的区域。膜脂的不对称性必然有其相应的功能，例如使膜蛋白镶嵌在适当的部位。

糖类在膜上的分布也是不对称的，无论质膜还是细胞内膜的糖脂和糖蛋白的寡糖链，全部分布在非细胞液的一侧，即细胞膜中的糖残基分布于细胞的外表面，而分布于内膜系统的糖残基则面向膜系的内腔。

膜结构的不对称性导致了膜功能的不对称性和方向性，保证了生命活动的高度有序性。所有已知的生物膜在外部和内部表面上具有不同的组分和不同的酶活性，与其功能及生物学活性有密切关系。

（三）膜脂和膜蛋白的运动

生物膜的流动性包括膜脂与膜蛋白的流动。在生理条件下，磷脂大多呈液晶态而表现出流动特征，而膜蛋白也能在膜的二维流体中做侧向移动。

膜脂分子的运动形式包括分子摆动，围绕自身轴线旋转，脂肪酰链的旋转异构化，侧向扩散和在双层间的翻转运动等（图3-35）。膜组分在膜平面的侧向移动对于膜的生理功能具有重要的意义。翻转运动是很慢的，它对膜流动性贡献不大，对于维持膜脂双分子层的不对称性可能是重要的。

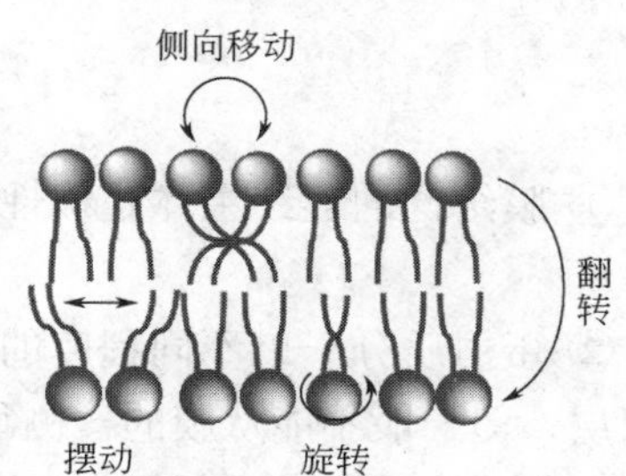

图3-35　膜脂分子的运动形式

膜蛋白在膜中的运动主要有两种形式，沿着与膜平面垂直的轴做旋转运动，和在膜平面做侧向扩散运动。膜蛋白没有跨越脂双层的“翻转”运动，与膜脂相比较，膜蛋白的侧面扩散要慢得多。

存在于细胞膜上的蛋白质，如载体蛋白、受体蛋白及酶蛋白等，往往需要变构效应或侧向移动发挥生物学功能，而膜脂质液晶的流动也是蛋白质变构效应和侧向移动的基础。如腺苷酸环化酶是一种跨膜蛋白，它被激活后可催化细胞内的ATP转变成cAMP。当外源激素与膜上的相应受体结合后，会导致该受体的构象向有利于结合腺苷酸环化酶的形式发生转化。由于膜脂质的流动使结合有激素的受体能侧向移动，一旦它们同腺苷酸环化酶相遇而结合，就会引起腺苷酸环化酶构象的变化并使其活化，继而催化产生cAMP。再由cAMP作为第二信使调节细胞的代谢与分裂。

（四）脂双层的流动性

膜脂与膜蛋白处于不断的运动状态，生理状态下细胞膜处于液晶态。液晶结构既有液体的特征，能流动，又有固体的特征，即保持一定程度的有序结构。维持膜脂质液晶结构的主要作用力是疏水相互作用。膜脂双层的流动性随温度不同而发生变化，生物膜在生理温度下多呈液晶态，当温度下降至某一点时，液晶态转变为晶态（凝胶态）；若温度上升，则晶态又可溶解为液晶态，这种状态的相互转变称相变，引起相变的温度称相变温度。由于各种磷脂的相变温度不同，再加之蛋白质与磷脂的作用，故在一定条件下，有的膜脂质为流动的液晶态，有的则为凝胶态，致使膜中各部分的流动性不尽相同。可以把生物膜视为具有不同流动性的微区相间隔的动态整体结构，而各微区的不同流动特点正是该部位的膜表现正常功能所需要的微环境条件。在一定温度下，相变温度高的膜比相变温度低的膜的流动性小。膜的流动性的另一个决定因素是胆固醇，胆固醇也可以使膜的流动性降低，因为脂肪酰基之间插入了胆固醇，使脂肪酰基在空间内运动受到了制约，所以胆固醇是膜流动性的重要调节剂。在相变温度以上时，胆固醇阻挠分子脂酰链的旋转异构化运动，从而降低膜的流动性；在相变温度以下时，胆固醇的存在又会阻止磷脂脂酰链的有序排列，从而防止向凝胶态的转化，保持了膜的流动性，降低其相变温度。

（五）生物膜结构模型

生物膜的结构有多种模型，其中 1972 年由 S.J. Singer（辛格）和 G.L. Nicolson（尼科尔森）提出的流动镶嵌模型被广泛接受（见图 3-36）。这个模型的主要内容如下。

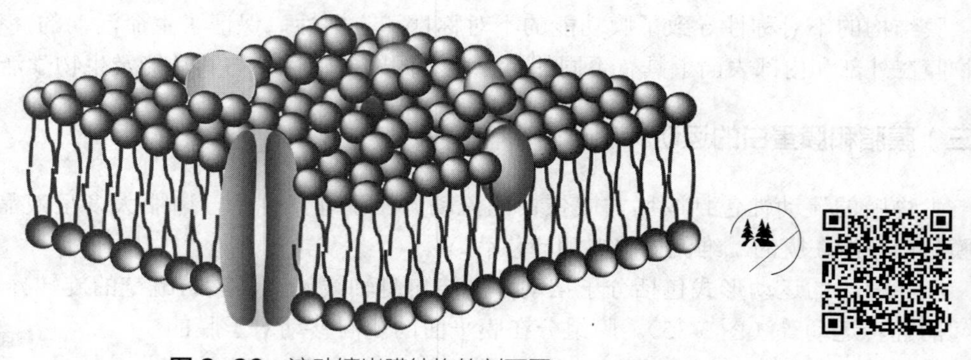

图 3-36 流动镶嵌膜结构的剖面图

① 膜结构的连续主体是极性的脂质双分子层，脂双层中的脂类既是内在蛋白的溶剂，也是物质通道屏障。

② 蛋白质分子以不同程度的镶嵌方式与脂双层结合，膜蛋白可以完全穿过脂双层，也可以部分插入脂双层，但一般不能从膜的一侧翻转到另一侧。

③ 脂双分子层具有流动性，而且是不对称的，膜脂和膜蛋白可以在整个脂双分子层进行平移运动。

流动镶嵌模型强调了生物膜的流动性，能很好地解释生物膜的许多特征和性质，例如能解释膜的高电阻性、选择通透性、膜的组成和功能不对称性等。但是，仍然存在着局限性，如对生物膜的不均匀性并未给予足够的考虑。随着时间的推移人们逐渐认识到生物膜有微区存在。1997 年美国 Simons（西蒙斯）正式提出了一种新的膜结构模型来描述富含糖鞘脂和胆固醇的微区的分布。一些蛋白质可以选择性地包含在这些微区上，参与运输和细胞内信号转导，这就是脂筏（lipid rafts）。脂筏是指膜双层内含有特殊脂质及蛋白质的一种微区，也以糖鞘脂和胆固醇为主。脂筏一般大小为 55 ～ 300nm，是生物膜不被去垢剂所溶解的部分。此外，脂筏还含有很多蛋白质（它们多与信号转导有关，如G蛋白、一些受体、腺苷酸环化酶等），很显然，脂筏与细胞内信息传递功能密切相关。

生物膜应视为由脂质、蛋白质和糖组成的一个不均匀的超分子体系，膜脂以甘油磷脂为主体，并以糖鞘脂和胆固醇为主要成分形成大小不一的微区分散在主体中。无论主体还是微区都含有数量不等的膜蛋白。鉴于脂筏不是静止而是动态的，这就更增加了生物膜结构的复杂性。

三、生物膜的功能

生物膜是多功能的结构，是活细胞不可缺少的复合体。它具有保护细胞、交换物质、转换能量、传递信息、运动和免疫等生理功能。

（一）物质转运

生物膜是有高度选择性的通透屏障。生物膜的传递系统精确地调节细胞与内外环境之间的分子和离子流通，保持了细胞内pH和离子组成的相对稳定，提供产生神经、肌肉兴奋所必需的离子梯度。物质通过细胞膜的过程有被动转运、促进扩散（或易化扩散）、主动转运、基团转位这四种传送方式。

1. 被动转运

溶质和水在内外溶液浓度梯度下可渗透通过生物膜，称为简单扩散或被动转运，即不耗能的跨膜传送。这种传送过程犹如溶质通过透析袋扩散那样，热运动的溶质分子通过细胞膜上含水孔，并不与膜上分子结合或反应，其传送速度取决于膜两侧溶质的浓度差及溶质分子的大小、电荷性质等。

2. 促进扩散

这种扩散的基本原理与简单扩散相似，所不同的是需要蛋白质载体帮助进行扩散。载体蛋白帮助简单扩散的作用有两种情况。一种是生物膜上有一定的蛋白质能自身形成横贯细胞脂质双层的通道，让一定的离子通过从而进入膜的另一边，这种蛋白质称离子载体。某些抗菌肽，如缬氨霉素就是钾离子的载体。离子载体如发生构象上的变化，它提供的离子通道即可增强或减弱，甚至完全封闭。另一种情况是生物膜上的特异载体蛋白在膜外表面上与被转运的代谢物结合，结合后的复合物经扩散、转动、摆动或其他运动向膜内转运。在膜的内表面，由于载体构象的改变，被转运的物质从载体离解出来，留在膜的内侧，如革兰阴性细菌细胞质膜外表面存在许多小分子蛋白质，可以帮助被转运物质如氨基酸、葡萄糖和金属离子等的转移作用。整个过程顺浓度梯度或电化学梯度运动，促进了扩散，缩短了物质在膜两侧浓度达到平衡所需要的时间，其传送速度随膜外被传送物质浓度的增加而增大，最后达到饱和。整个过程并不需要与能量代谢相偶联。

3. 主动转运

细胞主动转运是细胞消耗高能键化合物腺嘌呤核苷三磷酸（ATP）、逆电化学梯度而积累浓缩溶质的过程。主动转运使细胞内某些物质的浓度远远超过细胞外，而另一些物质的浓度远远低于细胞外，从而保证了细胞内代谢的需要。目前已知参与离子主动跨膜转运的有钠钾泵、钙泵和质子泵。事实上，所有

动物细胞的质膜都有钠钾泵（即 Na^+, K^+-ATP 酶），它能逆浓度梯度泵出 Na^+ 并泵进 K^+（每消耗一分子 ATP 可将 3 个 Na^+ 排出胞外，而将 2 个 K^+ 输入胞内）。由钠钾泵维持的 Na^+ 和 K^+ 的梯度不仅与细胞膜的电位密切相关，而且还能控制细胞体积，驱动糖和氨基酸的活性传递。因此，动物细胞需要的能量有三分之一以上是消耗在供给钠钾泵的燃料上。

4. 基团转位

被传送的物质通过在膜上发生化学变化而后进入膜内。也是主动转运的一种。例如膜上 γ - 谷氨酰转肽酶使膜外的氨基酸经膜变成二肽而后进入细胞内。有的细菌中发生的糖的主动转运是与它的磷酸化相偶联的，这属于基团转位，例如葡萄糖在传送入细胞内时转变成葡萄糖 -6- 磷酸。由于细胞膜对糖的磷酸酯是不可通透的，这样就使葡萄糖 -6- 磷酸在细胞内积聚了。

（二）能量转换

生物体内能量转换多数是在生物膜上发生的。神经传导作用是将化学能变为电能的过程；肌肉收缩作用是由化学能变为机械能；视觉作用可把光能变为电能；光合作用是将光能变为化学能；细胞呼吸是将食物分解后在氧化过程中释放的化学能转变为另一种高能键化合物的结果（是体内合成ATP的主要途径）。

（三）信号传递

生物膜上有接受不同信息的专一性受体，这些受体能识别和接受各种特殊信息，并将不同信息分别传递给有关靶细胞，产生相应的效应以调节代谢、控制遗传和其他生理活动。例如神经冲动的传导就是首先通过神经纤维细胞膜释放作为代表神经冲动信息的乙酰胆碱，然后由神经细胞突触膜上的乙酰胆碱受体与乙酰胆碱结合，再经由受体的变构而引起的膜离子透过性的改变等过程，最后引起膜电位的急剧变化，神经冲动才得以往下传导。由于神经冲动能向有关靶细胞传达，神经中枢才能通过激素和酶的作用调节代谢和其他生理机能。已知的跨膜信息传递途径包括环核苷酸酶体系、酪氨酸蛋白激酶及磷脂酰肌醇体系。介导跨膜信息传递的第二信使包括：环腺苷酸（cAMP）、酪氨酸蛋白激酶（TPK）、三磷酸肌醇（IP_3）、甘油二酯（DG）、花生四烯酸和 Ca^{2+} 等。膜脂特别是膜磷脂在跨膜信息传递中起重要作用。

（四）免疫功能

吞噬细胞和淋巴细胞都有免疫功能，它们能区别与自己不同的异种细胞等外来物质，并能将有害细胞或病毒吞噬消灭，或对外来物质（抗原）产生抗体免疫作用。吞噬细胞之所以能起吞噬作用，是因为它的细胞膜对外来物有很强的亲和力，能识别外来物并利用细胞膜的运动性将外来物吞噬。至于细胞的免疫性则是由于细胞膜上有专一性抗原受体，当抗原受体被抗原激活，即引起细胞产生相应的抗体。

（五）运动功能

淋巴细胞的吞噬作用和某些细胞利用质膜内折将外物包裹入细胞的胞饮作用都是靠生物膜的运动来进行的。对于蛋白质、多核苷酸和多糖等大分子物质以及颗粒等，不能通过膜孔道或载体介导进入细胞，而是由质膜运动产生内凹、外凸或变形运动而内吞入胞或外吐出胞。

四、细胞外囊泡

细胞外囊泡（extracellular vesicle, EV）是指从细胞膜上脱落或者由细胞分泌的具有双层膜结构的囊泡结构统称。根据其直径不同，可分为 4 个亚群：外泌体、微囊泡、凋亡小体和癌小体（oncosomes）。外泌体（exosomes）直径约为 30~150nm；微囊泡（microvesicles/ectosomes）直径约为 100~1000nm；凋亡小体（apoptotic body/bleb）是细胞凋亡过程中产生的直径约为 50~5000nm 的囊泡；癌小体是最新在癌细胞中观察到的直径为 1~10μm 的囊泡。细胞外囊泡广泛存在于细胞培养上清液以及各种体液（血液、淋巴液、唾液、尿液、精液、乳汁）中，携带有细胞来源相关的多种蛋白质、脂类、DNA、mRNA、miRNA 等，参与细胞间通讯、细胞迁移、血管新生和免疫调节等过程。在糖尿病、心血管疾病、艾滋病、慢性炎症疾病以及癌症中都发现细胞外囊泡水平的升高，因此它们有望成为这类疾病的诊断标志物。

习题

1. 写出下列简写符号的脂肪酸的结构式：（1）16 ：0；（2）14 ：3 (7, 10, 13)
2. 脂酰甘油有哪些理化性质？其化学分析常用哪些指标？
3. 血浆脂蛋白有哪几种？各有何特性？
4. 甘油磷脂、鞘磷脂在结构上有何特点？萜类化合物和类固醇化合物结构上有何特点？
5. 流动镶嵌模型的要点是什么？

科研实例

外泌体（Exosome）——干细胞的最佳拍档

外泌体可以将脂类、碳水化合物、蛋白质、mRNA、miRNA 和 DNA 等生物分子以囊泡的形式包裹起来，从一个细胞传递到另一个细胞，从而交换遗传信息、重编程宿主细胞，进行细胞间通讯。而外泌体的具体功能取决于其来源的细胞。

1983 年，外泌体首次于绵羊网织红细胞中被发现；1987 年 Johnstone（约翰斯通）将其命名为“exosome”。外泌体刚被发现时，曾被普遍认为是细胞代谢所产生的“排泄物”。但随着研究的深入，James E. Rothman（詹姆斯·E·罗斯曼）发现了细胞内的主要运输系统——囊泡运输的调节机制。囊泡运输的调节机制如同现实生活中的物流系统。物流系统的精髓在于高效精准地转运和投放货物，细胞囊泡的运输调控机制同样如此。首先用泡沫箱打包货物，有膜包被的小型泡状的囊泡包裹住待运输分子，然后运输货物并配送到具体地址（图 3-37）。因囊泡有与细胞中膜结构组成成分相似的膜，因此可以通过膜融合的方式，穿过膜结构到达指定位置并释放。而要实现这一点，膜融合的过程就不能出现半点差错。在数十年探索膜融合的过程中，James E. Rothman 发现了囊泡运输和靶膜融合的机制。通过生物化学的方法，James E. Rothman 鉴定出了相当于哺乳动物囊泡运输所用"交通工具"的两种蛋白复合物，可以使囊泡融合到细胞膜之中。此外，他还解释了囊泡融合是如何实现专一性识别并准确抵达目的地的过程，为人类解开了生命最简单却又最不简单的运动过程之谜。James E. Rothman 因此获得了 2013 年诺贝尔生理学或医学奖。

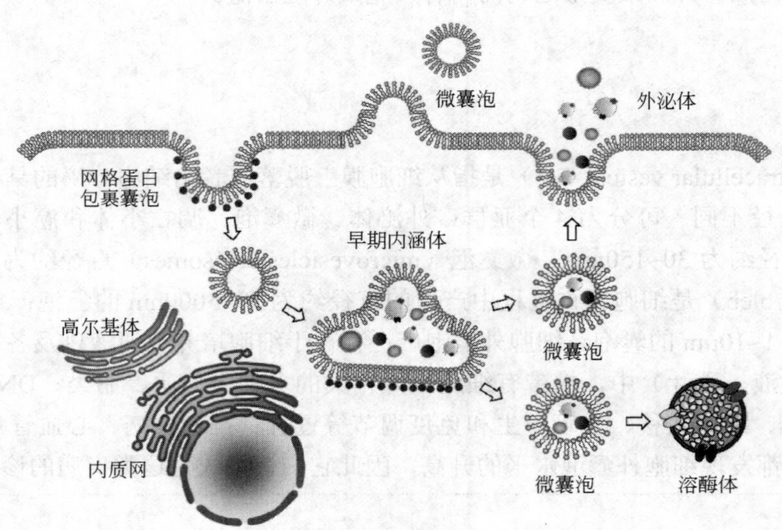

图 3-37　外泌体的生成途径

外泌体可以将脂类、碳水化合物、蛋白质、mRNA、miRNA 和 DNA 等生物分子打包运出干细胞体外，通过"细胞间高速公路"来"快递"到人体各个组织内，从而实现交换遗传信息、重编程宿主细胞，进行细胞间通讯的目的。人体几乎所有类型的细胞在正常及病理状态下均可分泌外泌体，它天然存在于体液中，包括血液、唾液、尿液、脑脊液和乳汁中。而外泌体的功能取决于其来源的细胞类型。近年来，干细胞在抗衰老、再生医学以及多项重大疾病的临床领域的多项潜能得到证实，干细胞成为医学研究的热点。干细胞外泌体，这一具有干细胞功能的细胞分泌物质，同样也受到众多科学家与研究学者的关注，被应用于再生医学和各种疾病的治疗研究之中。

间充质干细胞（MSC）来源的外泌体具有再生医学的新"武器"之称，因其具有抗炎和抗纤维化、抑制氧化应激、增强血管生成等作用，这主要依赖于其中的蛋白质和核酸组分。例如，MSC 外泌体富含糖酵解相关酶，可增加 ATP 的产生，减少组织细胞死亡。MSC 外泌体还含有 VEGF、TGF-β1、IL-6、IL-10 和 HGF 等细胞因子，有利于血管生成和免疫调节。当前研究证明，MSC 外泌体在减少心肌梗死面积、减轻肢体缺血、改善移植物抗宿主病、减少肾损伤、促进肝再生、减轻视网膜损伤以及改善软骨和骨再生等方面具有重要作用。在脐带来源间充质干细胞外泌体的研究报道中，间充质干细胞（MSC）的所有优点均保留了下来，包括低免疫原性治疗因子、强大的组织修复和免疫调节作用。在具有相同功能的同时，脐带间充质干细胞外泌体还拥有更显著的安全性。这使得外泌体成为了干细胞的最佳搭档，它或许能够到达间充质干细胞无法到达的地方。此外，科学家发现间充质干细胞分泌的外泌体有促进伤口愈合的功效。研究表明，间充质干细胞外泌体作为细胞分泌的关键一环，可以通过大部分毛细血管而到达远处损伤部位，并且可以与现有已知活性药物进行组合，增强疗效，促进愈合，因此为皮肤创伤患者提供更安全、有效的方法。2018 年 4 月，美国食品与药品管理局（FDA）批准了 Aegle公司的首个细胞外囊泡新药（IND）申请，以开始用于烧伤患者的临床试验。该公司通过分离纯化间充质干细胞分泌的细胞外囊泡，用以治疗严重的皮肤病，包括烧伤和大疱性表皮松解症。

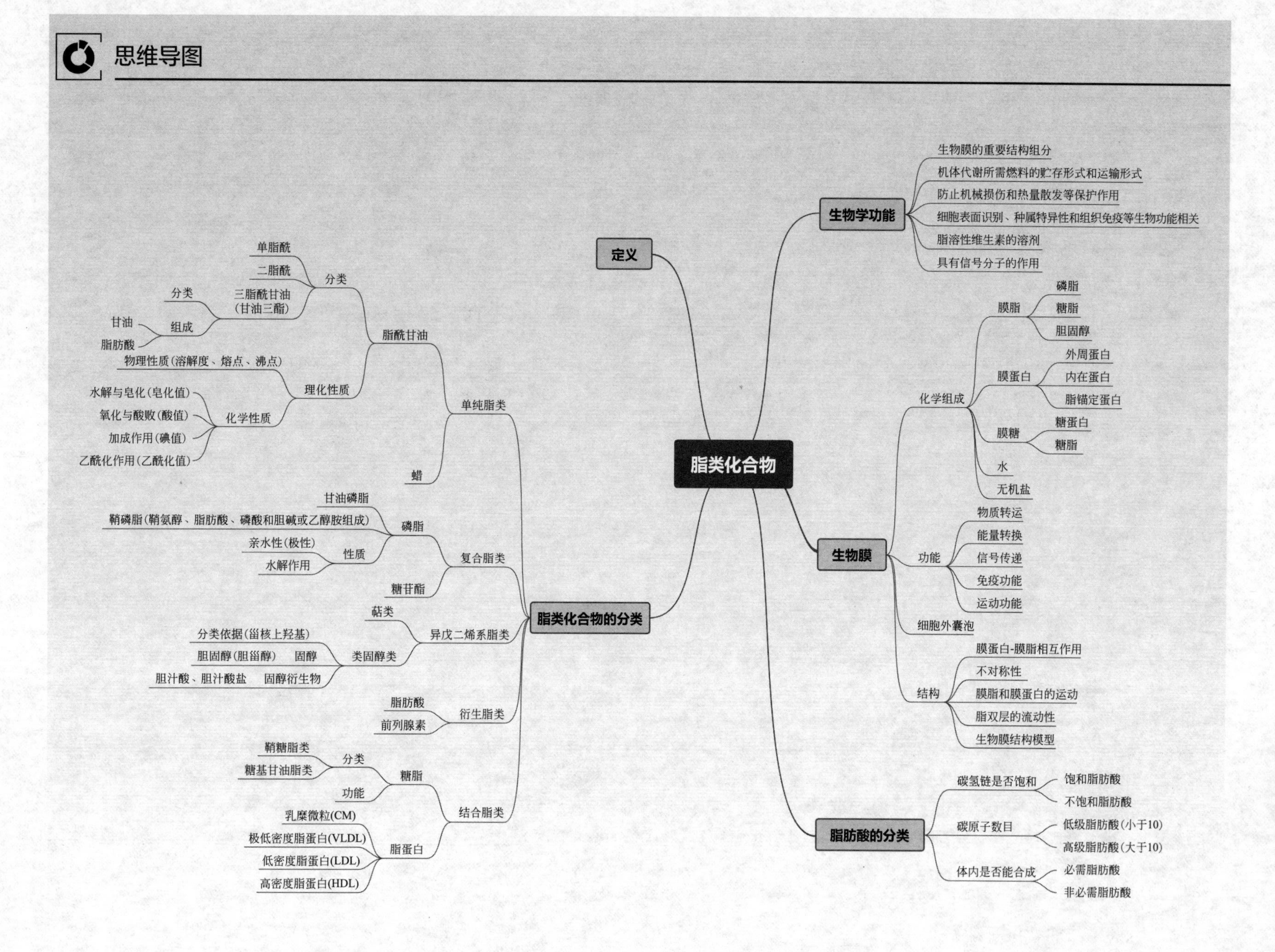
思维导图
脂类化合物
定义
生物学功能
生物膜的重要结构组分
机体代谢所需燃料的贮存形式和运输形式
防止机械损伤和热量散发等保护作用
细胞表面识别、种属特异性和组织免疫等生物功能相关
脂溶性维生素的溶剂
具有信号分子的作用
生物膜
化学组成
膜脂
磷脂
糖脂
胆固醇
膜蛋白
外周蛋白
内在蛋白
脂锚定蛋白
膜糖
糖蛋白
糖脂
水
无机盐
功能
物质转运
能量转换
信号传递
免疫功能
运动功能
细胞外囊泡
结构
膜蛋白-膜脂相互作用
不对称性
膜脂和膜蛋白的运动
脂双层的流动性
生物膜结构模型
脂肪酸的分类
碳氢链是否饱和
饱和脂肪酸
不饱和脂肪酸
碳原子数目
低级脂肪酸（小于10）
高级脂肪酸（大于10）
体内是否能合成
必需脂肪酸
非必需脂肪酸
脂类化合物的分类
单纯脂类
脂酰甘油
分类
单脂酰
二脂酰
三脂酰甘油（甘油三酯）
分类
组成
甘油
脂肪酸
理化性质
物理性质（溶解度、熔点、沸点）
化学性质
水解与皂化（皂化值）
氧化与酸败（酸值）
加成作用（碘值）
乙酰化作用（乙酰化值）
蜡
复合脂类
磷脂
甘油磷脂
鞘磷脂（鞘氨醇、脂肪酸、磷酸和胆碱或乙醇胺组成）
性质
亲水性（极性）
水解作用
糖苷酯
异戊二烯系脂类
萜类
类固醇类
分类依据（甾核上羟基）
固醇
胆固醇（胆甾醇）
固醇衍生物
胆汁酸、胆汁酸盐
衍生脂类
脂肪酸
前列腺素
结合脂类
糖脂
分类
鞘糖脂类
糖基甘油脂类
功能
脂蛋白
乳糜微粒(CM)
极低密度脂蛋白(VLDL)
低密度脂蛋白(LDL)
高密度脂蛋白(HDL)

第四章　蛋白质

学习目标

通过本章的学习，你需要掌握以下内容：

- 理解蛋白质是生命的物质基础，了解蛋白质的主要功能及分类标准。
- 说出组成蛋白质的 20 种常见氨基酸的结构特点及分类。
- 理解氨基酸的手性、酸碱解离、光吸收性等重要理化性质。
- 能够绘制两个氨基酸发生缩合反应形成肽键的结构，理解肽平面、二面角等概念。
- 描述蛋白质分子结构的四个层次及其各自含义。
- 描述蛋白质常见二级结构及其特点。
- 理解蛋白质三级结构中模体、结构域等概念。
- 描述维持蛋白质各级结构的化学键或分子间作用力。
- 了解测定蛋白质二级结构和三级结构的常用方法。
- 掌握蛋白质折叠的一般规律和分子伴侣蛋白的定义、功能。
- 理解蛋白质结构与功能的关系。
- 描述蛋白质常见的理化性质，理解这些性质在蛋白质纯化过程中的应用。
- 能简述蛋白质纯化的基本步骤、掌握纯化的基本方法及原理。
- 了解什么是蛋白质组学及其研究技术。

第一节　蛋白质的功能和分类概述

一、蛋白质的重要作用

蛋白质作为生命现象的物质基础之一，是构成一切细胞和组织结构最重要的组成成分，在生物体内具有重要功能。

（一）酶的催化作用

生物体内构成新陈代谢的各种化学反应，几乎都是在生物催化剂——酶的作用下完成的。绝大多数酶的化学本质是蛋白质，目前发现的酶种类有数千种。

（二）转运和贮存功能

某些蛋白质具有在生物体内运送和贮存物质的功能，如红细胞中运送氧气的血红蛋白、肌肉组织中贮存氧气的肌红蛋白、细胞中贮存铁的铁蛋白等。

（三）运动功能

某些蛋白质赋予细胞以运动能力，例如，肌肉收缩主要由肌球蛋白和肌动蛋白的相对滑动来实现，细菌和古细菌的鞭毛活动依赖于鞭毛蛋白、细胞分裂中染色体的协同移动需要微管蛋白参与。

（四）结构支持作用

高等动物的毛发、肌腱、韧带、软骨和皮肤等结缔组织，昆虫的外表皮，都是以蛋白质作为主要成分的，如胶原蛋白、弹性蛋白、角蛋白等。

（五）免疫作用

机体识别外来入侵抗原后，免疫系统就会产生相应的高度特异性的抗体蛋白（免疫球蛋白），它可以识别和结合外来抗原并消除由其造成的毒害，使人和动物具有防御疾病和抵抗外界病源侵袭的免疫能力。

（六）生物膜功能

生物膜主要由蛋白质、脂质和糖类等物质组成，其主要功能是使细胞区域化，使众多的酶体系处在不同的分隔区，为细胞内各种活动提供场所。细胞内有 1/3~1/2 的蛋白质与生物膜结合或镶嵌在膜内。

（七）接受和传递信息

完成这种功能的蛋白质为受体蛋白，其中一类为跨膜蛋白，另一类为胞内蛋白。它们首先和配基结合，接受信息，通过自身的构象变化，或激活某些酶，或结合某种蛋白质，将信息放大、转换、传递，如视网膜干细胞上的光敏蛋白——视紫质通过复杂信号通路将光能转换为神经信号。

（八）代谢调节功能

在动物体内起代谢调节作用以保证动物正常生理活动的激素，有不少是属于蛋白质或多肽，例如胰岛素是起调节血糖作用的一种蛋白激素。

（九）控制生长和分化

参与细胞生长和分化调节的各种蛋白质，如组蛋白、阻遏蛋白等，通过调节某种基因表达的开与关、表达时间及表达量来保证机体生长、发育和分化的正常进行。

（十）感染和毒性作用

一些侵入动物体后引起各种中毒病状甚至死亡的异体蛋白质，如细菌毒素、蛇毒、病毒蛋白、蝎毒等。

（十一）其他作用

蛋白质在凝血作用、通透作用、营养作用、动物的记忆活动以及生物发光等方面都起着重要作用。

概念检查 4.1

○ 对于具有不同功能的蛋白质，能否分别至少举一个其他的例子说明？

二、蛋白质的分类

由于蛋白质种类繁多、结构复杂、功能多样，分类方法也是多种多样，往往根据蛋白质各方面的特征进行分类，常见的分类方法至少有以下四种。

（一）根据蛋白质的化学组成

蛋白质可分成简单蛋白质和结合蛋白质。

简单蛋白质完全由氨基酸组成不含其他成分，自然界的许多蛋白质都属于此类。结合蛋白质中除含有氨基酸，还含有非氨基酸成分作为结构的一部分，如共价结合的糖基、非共价结合的脂类、共价或非共价结合的辅基或生色团、配位结合的金属离子等。

（二）根据蛋白质的溶解性

对简单蛋白质，根据其溶解性质的差别分为清蛋白（也叫白蛋白）等七类；对结合蛋白质，根据非蛋白成分的性质，可分为核蛋白等七类，见表 4-1。

表 4-1　蛋白质根据组成和溶解性分类

类别		特点及分布	举例
简单蛋白质	清蛋白	溶于水和盐溶液，可被饱和硫酸铵沉淀。广泛分布于生物体中	血清清蛋白、乳清蛋白
	球蛋白	通常不溶于水而溶于稀盐溶液，可被半饱和硫酸铵沉淀。分布普遍	血清球蛋白、肌球蛋白、豆球蛋白等
	谷蛋白	不溶于水、醇及中性盐溶液，易溶于稀酸或稀碱。分布于各种谷物中	米谷蛋白、麦谷蛋白
	醇溶蛋白	不溶于水及无水乙醇，溶于 70% ~ 80% 乙醇中。多存在于植物种子中	玉米醇溶蛋白、麦醇溶蛋白
	精蛋白	溶于水及稀酸，不溶于氨水，是碱性蛋白，含精氨酸多	蛙精蛋白
	组蛋白	溶于水及稀酸，可被稀氨水沉淀，是古菌和真核生物染色体的结构蛋白，是碱性蛋白，含赖氨酸、精氨酸多	小牛胸腺组蛋白
	硬蛋白	不溶于水、盐、稀酸或稀碱溶液。分布于动物体内结缔组织、毛、发、蹄、角、甲壳、蚕丝、腱等部位	角蛋白、胶原蛋白、弹性蛋白、丝心蛋白等

续表

类别		特点及分布	举例
结合蛋白质	核蛋白	与核酸结合，存在于一切细胞中	核糖体、脱氧核糖核蛋白体
	脂蛋白	与脂类结合而成，广泛分布于一切细胞中	卵黄蛋白、血清 β- 脂蛋白、细胞中的许多膜蛋白
	糖蛋白	与糖类结合而成	黏蛋白、γ- 球蛋白、细胞表面的许多膜蛋白等
	磷蛋白	与磷酸根或磷酸根衍生的基团共价结合，磷酸化修饰通常发生在丝氨酸、苏氨酸或酪氨酸残基上。广泛存在于乳、蛋等中	酪蛋白、卵黄蛋白
	血红素蛋白	辅基为血红素	血红蛋白、细胞色素 C
	黄素蛋白	辅基为 FAD 或 FMN	琥珀酸脱氢酶、D- 氨基酸氧化酶等
	金属蛋白	与金属元素直接结合	铁蛋白、乙醇脱氢酶（含锌）、黄嘌呤氧化酶（含钼、铁）

（三）根据蛋白质分子形状、溶解性质以及是否与膜结合

蛋白质可分成球状蛋白质、纤维状蛋白质、膜蛋白三大类。

球状蛋白质近似球形或椭圆形，结构紧密，在水溶液中溶解性好，大多数可溶性蛋白质属于这一类，它们负责生物体的主要功能。纤维状蛋白质，结构伸展，呈纤维状，大多数都不溶于水，如胶原蛋白、弹性蛋白、丝心蛋白等。与膜结合或者镶嵌在膜内的蛋白质统称为膜蛋白，根据与膜的联系方式又可细分为外周蛋白（仅通过极性化学键与膜脂的亲水头部保持接触，可溶于水，整体与球状蛋白相似）、脂锚定蛋白（通过与其共价相连的疏水基团锚定在膜上）以及内在蛋白（通过疏水跨膜片段镶嵌在膜内，结构复杂，功能多样，水溶性差）。

（四）根据蛋白质生物功能

将蛋白质分为活性蛋白质和非活性蛋白质。

活性蛋白质包括生命过程中一切有生理活性的蛋白质或它们的前体，例如酶、酶原、激素蛋白、受体蛋白、膜蛋白等。非活性蛋白质主要包括一大类起保护和支持作用的蛋白质，如胶原蛋白、角蛋白、弹性蛋白和丝心蛋白等。

第二节　氨基酸的结构与性质

一、氨基酸功能概述

1. 作为各种肽及蛋白质的基本组成单位。

2. 作为多种生物活性物质的前体。例如甘氨酸是体内合成磷酸肌酸、血红素等的主要 / 重要成分；丝氨酸在合成嘌呤、胸腺嘧啶、甲硫氨酸和胆碱中供给碳链；酪氨酸为合成甲状腺素和肾上腺素的前体；精氨酸参与鸟氨酸循环，具有促使血氨转变成尿素的作用，它还是神经递质一氧化氮的前体。

3. 用作药物。如 γ- 氨基丁酸是由谷氨酸经谷氨酸脱羧酶作用形成的，当 γ- 氨基丁酸含量降低时，可影响脑细胞代谢而损害其机能活动，γ- 氨基丁酸可用于癫痫、记忆障碍等脑病；谷氨酸与谷氨酰胺用于改善脑出血后产生的记忆障碍；谷氨酰胺和组氨酸用以治疗消化道溃疡；甘氨酸、谷氨酸用以调节胃液酸度；亮氨酸能加速皮肤和骨头创伤的愈合，亦用作降血糖及头晕治疗药。此外，氨基酸作为工业原料可合成多肽药物，如谷胱甘肽、促胃液素、催产素等。

4. 用于食品强化剂、调味剂、着色剂、甜味剂和增味剂，以及用于润肤剂或化妆品原料。

二、氨基酸的结构与分类

生物体内发现的氨基酸有几百种之多，但是参与蛋白质组成氨基酸只有 22 种，其中最早发现的 20 种较为常见，其余两种为硒代半胱氨酸（Sec）、吡咯赖氨酸（Pyl）。这些氨基酸除脯氨酸外，都属于 α- 氨基酸，其通式为：

$$\begin{array}{c} NH_2 \\ | \\ R-\overset{\alpha}{C}-COOH \\ | \\ H \end{array}$$

α- 碳（C_α）结合着一个氨基和一个羧基，此外，还结合着一个 H 原子和一个侧链基团（以 R 表示）。不同的氨基酸，R 基团不同。甘氨酸的 R 基团最小，仅含一个 H 原子。除甘氨酸外，所有氨基酸都具有不对称 α- 碳原子。凡含有不对称碳原子的化合物都具有光学异构现象。α- 氨基酸有两种构型：L 型和 D 型。将 α- 羧基画在顶端，然后与立体化学参考化合物甘油醛比较，α- 氨基位于 C_α 左边的是 L- 氨基酸，位于右边的为 D- 氨基酸。

$$\begin{array}{cc|cc} & \text{镜面} & & \\ \begin{array}{c} CHO \\ | \\ HO-C-H \\ | \\ CH_2OH \\ \text{L-甘油醛} \end{array} & & \begin{array}{c} CHO \\ | \\ H-C-OH \\ | \\ CH_2OH \\ \text{D-甘油醛} \end{array} \end{array} \qquad \begin{array}{cc|cc} & \text{镜面} & & \\ \begin{array}{c} COOH \\ | \\ H_2N-C-H \\ | \\ R \\ \text{L-氨基酸} \end{array} & & \begin{array}{c} COOH \\ | \\ H-C-NH_2 \\ | \\ R \\ \text{D-氨基酸} \end{array} \end{array}$$

蛋白质中的所有氨基酸都是 L 构型。D 型氨基酸一般只存在于某些细菌的细胞壁和肽类抗生素中，如短杆菌肽和放线菌素等。

20 种标准氨基酸的结构与中英文名称见图 4-1。为了书写简便，每一种氨基酸都有三字母和单字母缩写，均在图 4-1 中列出。氨基酸的分类主要是根据 R 基团的性质，但也有一些其他的标准。

（一）根据氨基酸 R 基团极性

可将 20 种常见氨基酸分为疏水性氨基酸（非极性氨基酸）和亲水性氨基酸（极性氨基酸），亲水性氨基酸进一步划分为：不带电荷的极性氨基酸、带正电荷的碱性氨基酸和带负电荷的酸性氨基酸。

非极性氨基酸（9 种）：Gly、Ala、Val、Leu、Ile、Met、Trp 、Phe、Pro。其中 Gly 疏水性相比其他非极性氨基酸要弱。疏水的 R 基团缺乏反应性，所起的作用主要是结构上的。

极性氨基酸（11 种）：带正电荷氨基酸 Lys、Arg、His ；带负电荷氨基酸 Asp 和 Glu ；不带电荷氨基酸 Ser、Thr、Cys、Tyr、Asn、Gln。亲水的氨基酸在侧链上含有各种反应性基团。

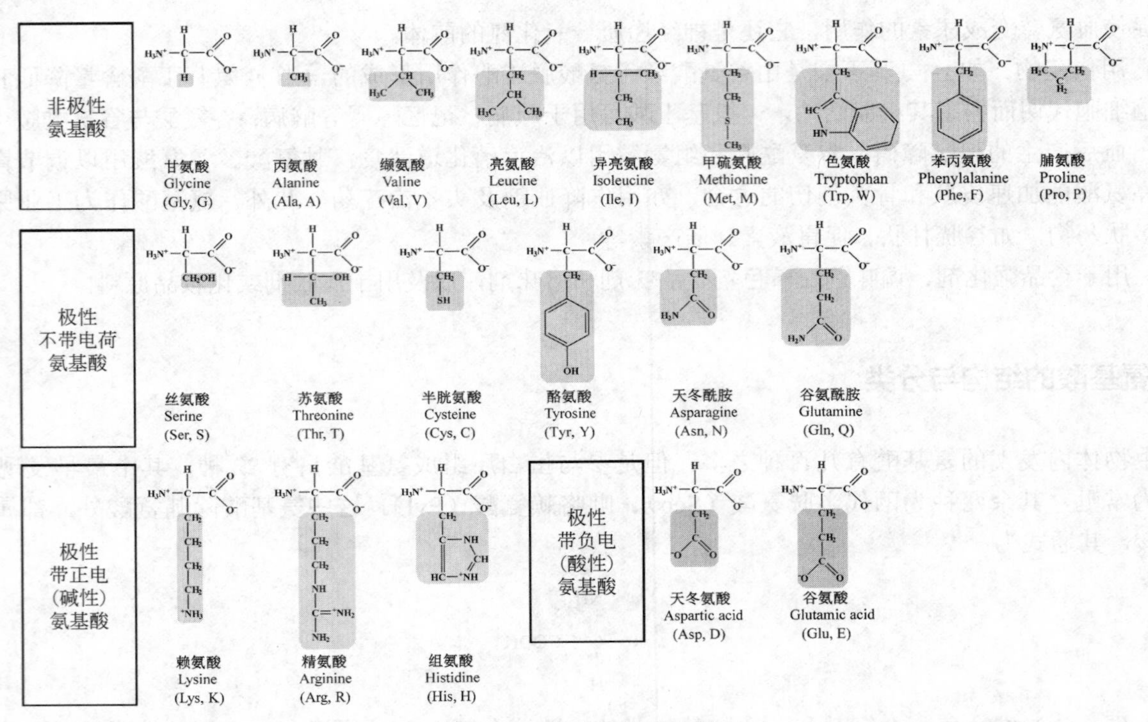

图 4-1　20 种氨基酸分类

（二）根据侧链基团的化学结构

可将氨基酸分为脂肪族氨基酸（Gly, Ala, Val, Leu, Ile, Pro）、羟基类氨基酸（Ser, Thr, Tyr）、酰胺类氨基酸（Asn, Gln）、含硫氨基酸（Met, Cys）、芳香族氨基酸（Phe, Tyr, Trp）和亚氨基酸（Pro）。

氨基酸侧链是决定或影响氨基酸结构和性质的重要因素。碱性氨基酸和酸性氨基酸基本上决定了蛋白质所带的电荷。Glu 和 Asp 的侧链含有羧基，在 pH 4 以上处于解离状态。Lys 和 Arg 带有碱性的侧链基团，在 pH 9 以下处于正电状态。His 的咪唑基 p*K* 值接近于中性，在生理条件下，His 常处于可逆的解离状态，既可作为质子的受体又可作为质子的供体，并且能和 Fe^{2+} 等金属离子形成配位化合物。Ser、Thr 和 Tyr 其侧链羟基能和适当的供体和受体形成氢键，还可以发生磷酸化修饰。Asn 和 Gln 既是 H^+ 的供体，又是 H^+ 的受体。带有巯基侧链的 Cys 反应活性很高，2 分子 Cys 的巯基氧化后可形成一对二硫键。在 3 个带芳香环侧链的氨基酸中，Tyr 和 Trp 的侧链具有形成氢键的能力。Pro 比较特殊，分子中不含 α- 氨基，而是含有亚氨基（—NH—），可以看成是 α- 氨基酸的侧链取代了自身氨基上的一个氢原子而形成的杂环结构。

（三）根据生物体的需要

可将 20 种氨基酸分为必需氨基酸、半必需氨基酸和非必需氨基酸三类。

必需氨基酸：指人体内不能合成，或合成速度不能满足机体需要，必须从膳食中摄入的氨基酸，有 8 种，分别是 Thr、Val、Leu、Ile、Lys、Trp、Phe、Met。

半必需氨基酸：Arg 和 His 虽能在体内合成，但合成量少，尤其在婴儿期，需由外界膳食直接供给，这两种氨基酸称为半必需氨基酸。

非必需氨基酸：其余 10 种氨基酸人体能够自身合成或由其他氨基酸转化而来。

（四）根据是否在蛋白质生物合成时直接进入到肽链之中

可将氨基酸分为蛋白质氨基酸和非蛋白质氨基酸。蛋白质的基本组分是常见的 20 种氨基酸，但并不意味着氨基酸只能用于形成蛋白质。事实上，已知很多种氨基酸能以游离或结合的形式存在于生物界，这些氨基酸统称为非蛋白质氨基酸或非标准氨基酸。它们或是蛋白质氨基酸在翻译后经化学修饰的产物，如胱氨酸、羟赖氨酸、羟脯氨酸、L- 甲状腺素等，或是作为代谢中间物存在，如瓜氨酸、鸟氨酸是尿素循环的中间产物。此外还有些 β- 氨基酸、γ- 氨基酸、δ- 氨基酸和 D- 氨基酸具有特殊的生理功能，如 γ- 氨基丁酸是 L- 谷氨酸脱羧的产物，是动物的神经冲动传递介质。

三、氨基酸的理化性质

α- 氨基酸为无色晶体，不同氨基酸其晶体形状不相同。氨基酸熔点一般在 200 ～ 300℃。氨基酸溶于水，但溶解度各不相同。能溶解于稀酸或稀碱中，但不能溶解于有机溶剂中。

（一）缩合反应

在一定条件下，一个氨基酸的氨基可以和另外一个氨基酸的羧基发生缩合反应，去掉一分子水，以肽键相连成肽。多个氨基酸依次缩合形成肽链。

（二）手性

如前文所述，除甘氨酸外，所有常见氨基酸都具有不对称 α- 碳原子，因此具有手性（chirality）。具有手性的分子会有两种不同的立体结构，呈镜像对应关系，被称为对映异构体（enantiomer）。同种 L- 氨基酸和 D- 氨基酸就是一对对映异构体。L 型氨基酸和 D 型氨基酸除了能使平面偏振光向相反方向转动外，其熔点、溶解度和其他物理性质都是相同的。

（三）酸碱解离性质

实验证明，氨基酸在水溶液中或在晶体状态时主要是以两性离子的形式存在。所谓两性离子是指在同一个氨基酸分子上含有等量的能放出质子的（如—NH_3^+）正离子和能接受质子的（如—COO^-）负离子，由于正负电荷相互中和而呈电中性，这种形式又称为兼性离子或偶极离子（zwitterion）。氨基酸溶于水后，它既可接受质子，也可作为质子的供体，故可作为酸又可作为碱，因此氨基酸是两性电解质。

氨基酸作为酸（质子供体）：

$$R-\underset{H}{\overset{NH_3^{\oplus}}{C}}-COO^{\ominus} \rightleftharpoons R-\underset{H}{\overset{NH_2}{C}}-COO^{\ominus} + H^+$$

氨基酸作为碱（质子受体）：

$$R-\underset{H}{\overset{NH_3^{+}}{C}}-COO^{\ominus} \underset{}{\overset{+H^+}{\rightleftharpoons}} R-\underset{H}{\overset{NH_3^{\oplus}}{C}}-COOH$$

氨基酸的羧基和氨基的解离度与溶液 pH 值有关。调节溶液的 pH 值能使氨基酸表现出各种不同带电形式，可使一个氨基酸带正电，也可以使其带负电或不带电。如果氨基酸净电荷为零，那么，它在电泳系统中就不会向正极或负极移动。在这种状态下，溶液的 pH 值称为该氨基酸的等电点，以 pI 表示。在等电点以上的任何 pH 值，氨基酸带净负电荷，在电场中将向正极移动；在低于等电点的任何 pH 值，氨基酸带有净正电荷，在电场中将向负极移动。在一定 pH 值范围内，氨基酸溶液的 pH 值离等电点愈远，氨基酸携带的净电荷数愈大。

氨基酸除 α- 氨基、α- 羧基可以解离外，部分侧链 R 基团也可以解离。氨基酸的羧基、氨基以及其他可解离基团，都有一个特征 pK 值，按常规，pK 值的编号从最酸的基团解离开始，分别记为 pK_1、pK_2……由于每一氨基酸的酸性和碱性基团数目不同，以及每个基团的 pK 值的差别，使得不同氨基酸有不同的 pI 值。氨基酸的等电点为氨基酸兼性离子两侧的 pK 值相加除以 2。

对中性和酸性氨基酸而言，$\mathrm{pI}=\dfrac{1}{2}\left(\mathrm{p}K_1'+\mathrm{p}K_2'\right)$

对碱性氨基酸而言，$\mathrm{pI}=\dfrac{1}{2}\left(\mathrm{p}K_2'+\mathrm{p}K_3'\right)$

以赖氨酸为例，等电点时 [Lys^0] 是主要形式，[Lys$^+$] 与 [Lys$^-$] 相等，[Lys^{2+}] 的影响极小，因此：

$$\underset{\mathrm{Lys^{2+}}}{\mathrm{H_3^+N{-}CH(COOH){-}[CH_2]_4{-}NH_3^+}} \xrightarrow[2.18]{K_1} \underset{\mathrm{Lys^{+}}}{\mathrm{H_3^+N{-}CH(COO^-){-}[CH_2]_4{-}NH_3^+}} \xrightarrow[8.95]{K_2} \underset{\mathrm{Lys^{0}}}{\mathrm{H_2N{-}CH(COO^-){-}[CH_2]_4{-}NH_3^+}} \xrightarrow[10.53]{K_3} \underset{\mathrm{Lys^{-}}}{\mathrm{H_2N{-}CH(COO^-){-}[CH_2]_4{-}NH_2}}$$

$$\mathrm{pI}=\frac{1}{2}\left(\mathrm{p}K_2'+\mathrm{p}K_3'\right)=\frac{1}{2}(8.95+10.53)=9.74$$

氨基酸的每一功能基团可以被酸碱所滴定，可根据氨基酸的滴定曲线来推算 pK 值，见图 4-2、图 4-3。常见氨基酸的 pK 值和 pI 值见表 4-2。

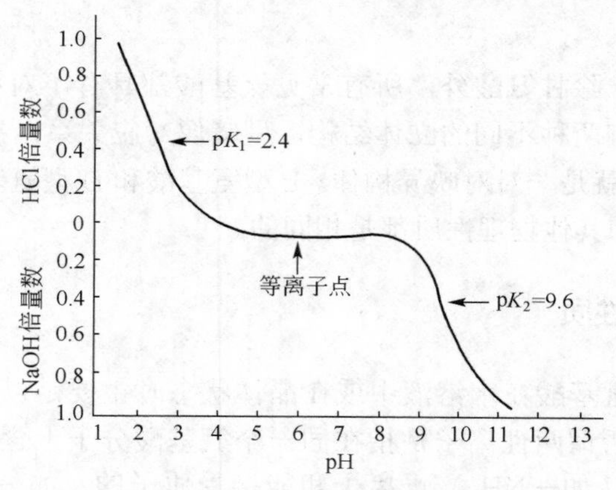

图4-2 甘氨酸的滴定曲线

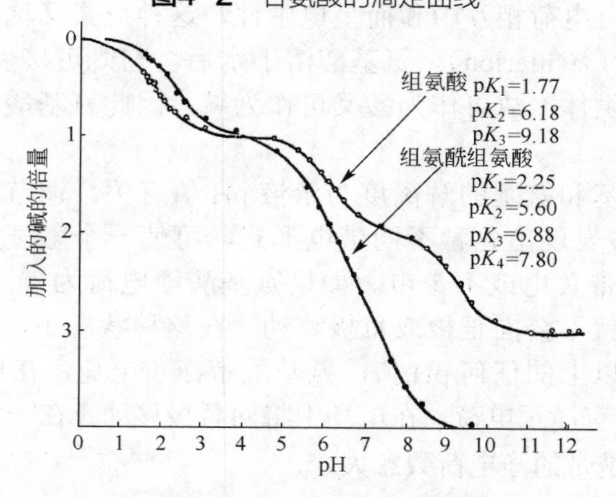

图 4-3 组氨酸和组氨酰组氨酸的滴定曲线

表 4-2　氨基酸的 pK 值和 pI 值

氨基酸	pK_1'	pK_2'	pK_3'	pI
甘氨酸	2.34	9.60		5.97
丙氨酸	2.34	9.69		6.02
缬氨酸	2.32	9.62		5.97
亮氨酸	2.36	9.60		5.98
异亮氨酸	2.36	9.68		6.02
天冬氨酸	2.09	3.86（β-COOH）	9.82	2.97
天冬酰胺	2.02	8.80		5.41
谷氨酸	2.19	4.25（γ-COOH）	9.67	3.22
谷氨酰胺	2.17	9.13		5.65
精氨酸	2.17	9.04	12.48（胍基）	10.76
赖氨酸	2.18	8.95	10.53（ε-NH_3^+）	9.74
半胱氨酸	1.71	8.33（β-SH）	10.78	5.02
甲硫氨酸	2.28	9.21		5.75
丝氨酸	2.21	9.15		5.68
苏氨酸	2.63	10.43		6.53
苯丙氨酸	1.83	9.13		5.48
酪氨酸	2.20	9.11	10.07（酚基）	5.66
组氨酸	1.82	6.00（咪唑基）	9.17	7.59
色氨酸	2.38	9.39		5.89
脯氨酸	1.99	10.60		6.30

（四）氨基酸的光吸收性

参与蛋白质组成的 20 种氨基酸，在可见光区域都没有光吸收，但在远紫外区（<220nm）均有光吸收。在近紫外光区域（220 ～ 300nm），主要是芳香族（Trp、Tyr、Phe）侧链有吸收光的能力（图 4-4）。它们的最大吸收峰（λ_{max}）和摩尔消光系数（ε）分别为：Trp 的 λ_{max} 在 280nm，$\varepsilon_{280}=5.6\times10^3$；Tyr 的 λ_{max} 在 275nm，$\varepsilon_{275}=1.4\times10^3$；Phe 的 λ_{max} 在 259nm，$\varepsilon_{259}=2\times10^2$。

因为芳香族侧链有紫外吸收，所以 280nm 处光吸收值的测定，也是定量蛋白质浓度最常用的方法。紫外吸收性受溶液 pH 值的影响，如酪氨酸上的酚羟基随 pH 值增高而发生解离，最大吸收波长移至 295nm（图 4-5）。

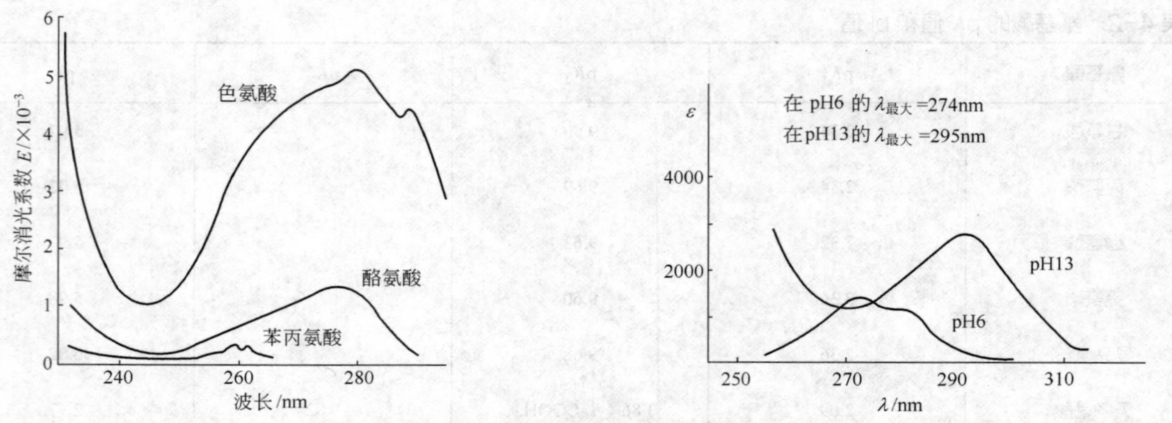

图 4-4　芳香族氨基酸在 pH8 时的紫外吸收光谱　　**图 4-5**　酪氨酸在 pH6 和 pH13 两种溶液中的紫外吸收光谱

（五）氨基酸的化学反应

氨基酸分子的 α- 氨基、α- 羧基及 R 基团，能够分别发生多种化学反应，这里仅介绍与分析测定有关的化学反应。

1. 与茚三酮反应

α- 氨基酸与水合茚三酮试剂共热，可发生反应，生成蓝紫色化合物。

$$2\,\text{茚三酮} + \text{氨基酸} \xrightarrow{\text{吡啶}} \text{蓝紫色物质} + RCHO + CO_2 + 3H_2O$$

茚三酮　　氨基酸　　蓝紫色物质

茚三酮与脯氨酸和羟脯氨酸反应则生成黄色化合物，其结构如下所示。

反应生成的蓝紫色化合物的颜色深浅程度以及 CO_2 生成量，均可作为氨基酸定量分析依据。根据反应所生成的蓝紫色的深浅，在 570nm 可比色测知氨基酸含量。脯氨酸所生成的黄色产物在 440 nm 下定量分析。

2. 与亚硝酸反应

含游离 α- 氨基的氨基酸能与亚硝酸起反应，定量放出氮气，氨基酸被氧化成羟酸。含亚氨基的脯氨酸则不能与亚硝酸反应。

$$H_2N-\underset{R}{\overset{COOH}{C}}-H + \underset{\text{亚硝酸}}{HNO_2} \longrightarrow HO-\underset{R}{\overset{COOH}{C}}-H + N_2\uparrow + H_2O$$

α-氨基酸　　羟酸

反应中所放出的 N_2，一半来自氨基酸分子上的 α- 氨基氮，一半来自亚硝酸的氮，测定 N_2 的体积，即可算出氨基酸的含量。Van Slyke（文斯莱克）氨基氮测定法就是根据此反应原理。

3. 与甲醛反应

氨基酸在溶液中有如下平衡：

$$R-\underset{\displaystyle NH_3^+}{\underset{|}{CH}}-COO^- \xrightarrow{OH^-} R-\underset{\displaystyle NH_2}{\underset{|}{CH}}-COO^- + H_2O$$

通常用 NaOH 直接滴定等当量 NH_3^+ 时，就可测知氨基酸的含量。但 NH_3^+ 是一个弱酸，它完全解离时的 pH 值约在 12 ～ 13，这时用一般的指示剂很难准确判断其终点，因而在一般条件下不能直接用酸碱滴定法来定量氨基酸。在中性 pH 值条件下，甲醛能与 α- 氨基很快反应，使上述平衡向右移动，促使—NH_3^+ 上氢离子释放出来，降低了 NH_3^+ 的 pK 值。这时可用酚酞作指示剂，用标准 NaOH 溶液滴定。每释放出一个 H^+，就相当于有一个氨基氮，根据 NaOH 的消耗量可计算出样品中氨基氮的含量，也就可以计算出氨基酸的含量。这种方法称为甲醛滴定法，不仅用于测定氨基酸含量，也常用来测定蛋白质水解程度。

$$R-\underset{\displaystyle \overset{+}{N}H_3}{\underset{|}{CHCOO^-}} \rightleftharpoons R-\underset{\displaystyle NH_2}{\underset{|}{CHCOO^-}} \xrightarrow{HCHO} R-\underset{\displaystyle NHCH_2OH}{\underset{|}{CHCOO^-}} \xrightarrow{HCHO} R-\underset{\displaystyle N(CH_2OH)_2}{\underset{|}{CHCOO^-}}$$

$$H^+ \xrightarrow{OH^-} \text{中和}$$

4. 与荧光胺反应

氨基酸可与荧光胺反应，产生荧光产物，可用荧光分光光度计测定氨基酸含量。

$$\underset{\text{荧光胺}}{\text{(荧光胺)}} + \underset{\text{氨基酸}}{H_2N-R} \longrightarrow \underset{\text{荧光物质}}{\text{(荧光物质, 含 }R-N\text{, OH, COOH)}} + H_2O$$

第三节　蛋白质的分子结构

一、肽与肽键

一分子氨基酸的 α- 羧基与另一分子氨基酸的 α- 氨基脱水缩合的化合物称为肽（peptide），氨基酸之间通过酰胺键（在蛋白质化学中称为肽键）连接而成。

$$H_2N-\underset{\displaystyle R^1}{\overset{\displaystyle H}{C}}-COOH + H_2N-\underset{\displaystyle R^2}{\overset{\displaystyle H}{C}}-COOH \underset{+H_2O}{\overset{-H_2O}{\rightleftharpoons}} H_2N-\underset{\displaystyle R^1}{\overset{\displaystyle H}{C}}-\underbrace{CO-NH}_{\text{肽键}}-\underset{\displaystyle R^2}{\overset{\displaystyle H}{C}}-COOH$$

1951 年 Pauling 等对肽键的键长与键角进行了精细的 X 射线衍射法测定，得出了相当准确的数据（图 4-6）。

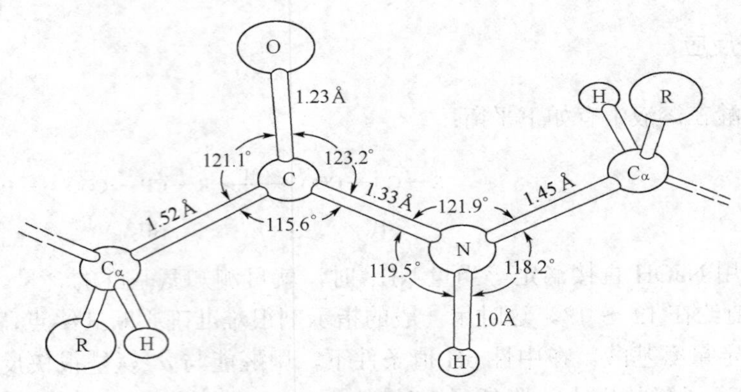

图 4-6 肽键的键长和键角

1Å =0.1nm

肽键的键长大于 C═N 双键，小于 C—N 单键，具有部分双键性质，不能自由转动。肽键的双键性质是酰胺 N 上的孤对电子与相邻羰基（＞C═O）之间发生共振作用造成的。由于肽键不能自由旋转，形成肽键的 4 个原子（C、O、N、H）和与之相连的 2 个 α- 碳原子共处在一个平面内，形成酰胺平面，也叫肽平面（peptide plane）。由于肽键具有双键性质，与肽键相连的 4 个原子有顺反异构关系，除脯氨酸参与形成的肽键可为反式或顺式外，其余的肽平面中羰基氧和酰胺氢均呈反式排布。

肽链的主链是由肽平面组成（见图 4-7），平面之间以 $C_α$ 相隔，而 $C_α$—N 键和 $C_α$—C 键是单键，可以自由旋转，绕 $C_α$—N 键旋转的角度称 $φ$ 角，绕 $C_α$—C 键旋转的角度称 $ψ$ 角。这两个旋转的角度称二面角或构象角。理论上 $φ$ 和 $ψ$ 可以取 –180° ～ +180° 之间的任意一个角度，但由于主链上的原子和侧链基团之间存在空间位阻，因此并不是任意二面角（$φ$、$ψ$）所决定的肽链构象都是立体化学所允许的，如 $φ$=0°，$ψ$=0° 时的构象就不存在。通过二面角的旋转，多肽链可以形成各种各样的折叠方式，肽链中 $φ$ 和 $ψ$ 这一对二面角决定了相邻的两个酰胺平面所有原子在空间上的相对位置，就决定了肽链的构象。

由两个氨基酸组成的肽称为二肽，由三分子氨基酸组成的肽称为三肽，以此类推。一般由 10 个以下氨基酸组成的肽，称为寡肽。由 10 ～ 50 个氨基酸连接而成的肽称为多肽。肽链中的氨基酸由于参与肽键的形成，已经不是原来完整的分子，因此把多肽链中的氨基酸单位称为氨基酸残基（residues）。

一条多肽链通常含有两个游离末端，含有游离 α- 氨基的一端，称为氨基末端（简称 N 端）；另一端是游离的 α- 羧基称羧基末端（简称 C 端）。在中性 pH 条件下，每一端都带有离子电荷。在表示肽链中氨基酸残基的顺序时习惯上将 N 端写在左面、C 端写在右面，并从 N 端起编写氨基酸顺序数字。各氨基酸残基可用三字母或单字母缩写表示。

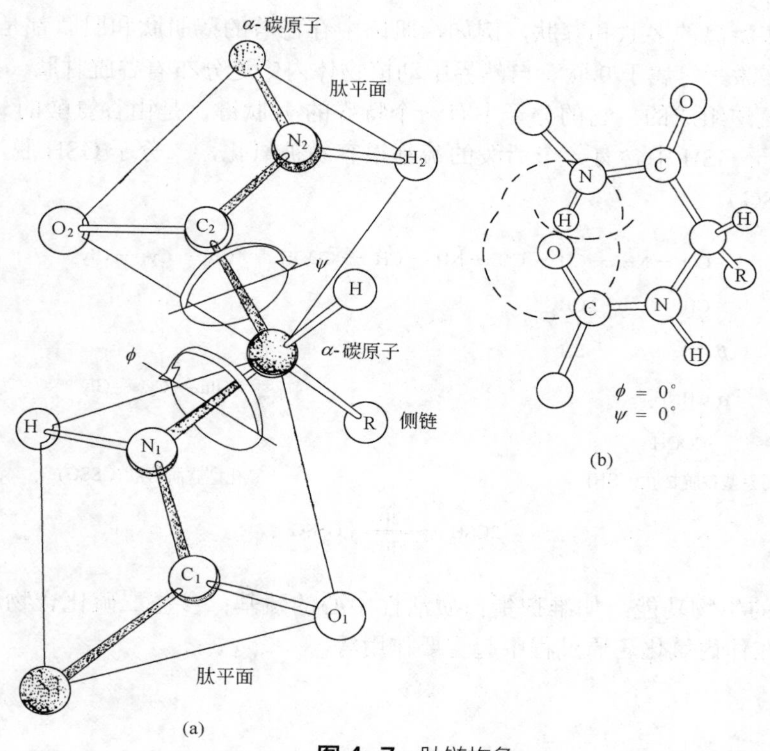

图 4-7 肽链构象

（a）完全伸展的肽链（并示出肽平面）；（b）相当于 ϕ =0°，ψ =0° 时的构象（由于相邻肽平面的 H 原子和 O 原子之间的空间重叠，此构象实际上不允许存在，ϕ 和 ψ 同时旋转 180° 则转变为完全伸展的肽链构象）

多肽化合物的名称，通常按照肽内氨基酸残基的排列顺序，以残基名称（如某某氨酰）从 N 端依次阅读到 C 端，并以 C 端残基全名结束肽的名称。例如下列五肽（AELVH）命名为丙氨酰谷氨酰亮氨酰缬氨酰组氨酸。

H_2N—CH—CONH—CH—CONH—CH—CO—NH—CH—CONH—CH—COOH

CH_3　CH_2–CH_2–COOH　CH_2–CH(CH_3)CH_3　CH(CH_3)CH_3　CH_2–咪唑基

肽有开链肽和环链肽之分。蛋白质的肽链一般为开链，某些抗生素中的肽则为环链，如短杆菌肽 S。在开链肽的 N 端和 C 端，游离 α- 氨基或 α- 羧基也可被别的基团结合（如烷基化、酰化等），或 N 端残基自身环化。例如促甲状腺素释放激素的 N 端残基是谷氨酸，此残基易与自身环化成焦谷氨酰基（谷氨酸的 α- 氨基与自身的 γ- 羧基脱水缩合而成）。

Val[6] Orn[7] Leu[8] DPhe[9] Pro[10] Pro[5] DPhe[4] Leu[3] Orn[2] Val[1]

短杆菌肽S(Orn为鸟氨酸)

促甲状腺素释放激素

生物体内存在着许多游离的多肽和寡肽，例如，肌肉中存在着的鹅肌肽和肌肽都是二肽。很多激素，如催产素、加压素和舒缓激素等属于9肽。自然界中动植物体内广泛分布着谷胱甘肽（简称GSH），是由谷氨酸、半胱氨酸、甘氨酸组成的。它的分子中有一个特殊的γ-肽键，是由谷氨酸的γ-羧基与半胱氨酸的α-氨基缩合而成。由于GSH中含有一个活泼的巯基很容易被氧化，二分子GSH脱氢以二硫键相连成氧化型的谷胱甘肽（GSSG）。

CO—NH—CH—CO—NH—CH_2—COOH
γ CH_2 （连于CO）； CH_2—SH（连于CH）
β CH_2
α $CHNH_2$
COOH

还原型谷胱甘肽(GSH)

γGlu—Cys—Gly
S
S
γGlu—Cys—Gly

氧化型谷胱甘肽(GSSG)

$$2GSH \underset{+2H}{\overset{-2H}{\rightleftharpoons}} GSSG$$

谷胱甘肽具有重要的生物功能，如维护蛋白质活性中心的巯基；参与二硫化合物相互转化；谷胱甘肽还是某些酶的辅酶，在体内氧化还原过程中起重要作用等。

二、蛋白质的结构

蛋白质是由至少51个氨基酸残基构成的肽，每一种蛋白质都有其特有的氨基酸组成和排列顺序。蛋白质分子是由氨基酸首尾相连而成的共价多肽链结构，但是天然的蛋白质分子并不是一条走向随机的松散肽链，每一种都具有自己特定的空间结构。线性的多肽链在空间中折叠成特定的三维结构，这种空间结构通常称为蛋白质的高级结构或分子构象。蛋白质的分子结构具体包括：一级结构、二级结构、三级结构和四级结构（图4-8）。

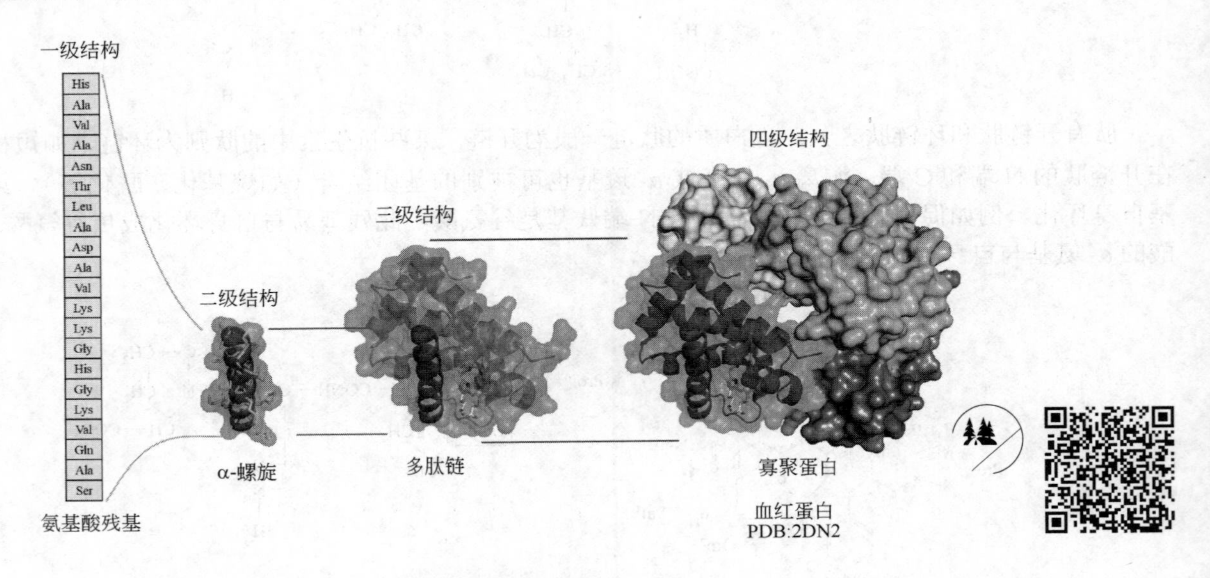

图4-8 蛋白质的结构

（一）蛋白质的一级结构

蛋白质一级结构是指蛋白质多肽链中氨基酸残基的排列顺序，也叫共价结构。如果一种蛋白质含有二硫键，那么二硫键的数目和位置也属于蛋白质一级结构范畴。蛋白质一级结构蕴含了决定其三维结构的所有信息。

由基因的突变或缺失造成蛋白质一级结构的改变，有可能会导致严重疾病。镰刀型血红蛋白贫血症是最早被认识的一种分子病。这种病的患者往往严重贫血，他们的红细胞寿命缩短，数目仅为正常人的一半，而且呈现一种长薄的镰刀状的异常形态。病人的血红蛋白（HbS）与正常人血红蛋白（HbA）相比较，在正常 HbA β 链的 N 端第 6 位氨基酸为谷氨酸，在病人 HbS 中这个位置被缬氨酸所代替。HbA 和 HbS 都是由两条 α 链和两条 β 链组成。它们的两条 α 链完全相同，而两条 β 链中仅 N 端第 6 个氨基酸残基发生了上述变异，这样 HbS 分子表面的负电荷减少，亲水基团成为疏水基团，促使血红蛋白分子不正常聚合，溶解度降低，导致红细胞变形，呈镰刀状，并易于破裂溶血。

HbA　H_2N　Val-His-Leu-Thr-Pro-[Glu]-Glu-Lys　COOH

HbS　H_2N　Val-His-Leu-Thr-Pro-[Val]-Glu-Lys　COOH

β 链　1　2　3　4　5　6　7　8

由同一个祖先进化来的蛋白质称为同源蛋白质。来源于不同物种的同源蛋白具有相似的氨基酸序列，往往也具有相似的结构和功能。同源蛋白间一级结构的比较可以揭示进化关系：来自亲缘关系密切的蛋白质的氨基酸序列非常类似；一级结构的差异越大，反映出蛋白质间的亲缘关系就越远。获取多条同源蛋白序列并进行序列比对，可以根据氨基酸残基之间的差别绘制出进化树。那些在进化中不易改变的、保守的氨基酸残基一般对维持蛋白质结构和功能十分重要。例如，从各种生物的细胞色素 C 的一级结构分析结果可知，细胞色素 C 序列与人细胞色素 C 序列越相似的物质，在进化上也与人更亲缘，见图 4-9。虽然各种生物在亲缘关系上差别很大，但与功能密切有关部分的氨基酸顺序却有共同处，例如人细胞色素 C 中 105 个氨基酸与其他 8 种物种相比，有 53 个氨基酸是保守的，这些氨基酸中有相当一大部分是与细胞色素 C 结合底物相关的（图 4-10）。

物种	不同的氨基酸数量
黑猩猩	0
猴子	4
兔子	9
猪	10
鸽子	12
金枪鱼	21
果蝇	35
酿酒酵母	43

```
人       -------MG--DVEKGKKIFIMKCSQCHTVEKGGKHKTGPNLHGLFGRKTGQAPGYSYTAANKNKGIIWGEDTLMEYLENPKKYIPGTKMIFVGIKKKEERADLIAYLKKATNE
黑猩猩   -------MG--DVEKGKKIFIMKCSQCHTVEKGGKHKTGPNLHGLFGRKTGQAPGYSYTAANKNKGIIWGEDTLMEYLENPKKYIPGTKMIFVGIKKKEERADLIAYLKKATNE
猴子     -------MG--DVEKGKRIFIMKCSQCHTVEKGGKHKTGPNLHGLFGRKTGQASGFTYTEANKNKGIIWGEDTLMEYLENPKKYIPGTKMIFVGIKKKEERADLIAYLKKATNE
兔子     -------MG--DVEKGKKIFVQKCAQCHTVEKGGKHKTGPNLHGLFGRKTGQAVGFSYTDANKNKGITWGEDTLMEYLENPKKYIPGTKMIFAGIKKKDERADLIAYLKKATNE
猪       -------MG--DVEKGKKIFVQKCAQCHTVEKGGKHKTGPNLHGLFGRKTGQAPGFSYTDANKNKGITWGEETLMEYLENPKKYIPGTKMIFAGIKKKGEREDLIAYLKKATNE
鸽子     -------MG--DIEKGKKIFVQKCSQCHTVEKGGKHKTGPNLHGLFGRKTGQAEGFSYTDANKNKGITWGEDTLMEYLENPKKYIPGTKMIFAGIKKKAERADLIAYLKQATAK
金枪鱼   -------MG--DVAKGKKTFVQKCAQCHTVENGGKHKVGPNLWGLFGRKTGQAEGYSYTDANKSKGIVWNENTLMEYLENPKKYIPGTKMIFAGIKKKGERQDLVAYLKSATS-
果蝇     -------MGSGDAENGKKIFVQKCAQCHTYEVGGKHKVGPNLGGVVGRKCGTAAGYKYTDANIKKGVTWTEGNLDEYLKDPKKYIPGTKMVFAGLKKAEERADLIAFLKSNK--
酿酒酵母 --MTEFKAGS--AKKGATLFKTRCLQCHTVEKGGPHKVGPNLHGIFGRHSGQAEGYSYTDANIKKNVLWDENNMSEYLTNPKKYIPGTKMAFGGLKKEKDRNDLITYLKKAC-E
```

图 4-9　各物种细胞色素 C 与人比较不同氨基酸数量与序列比对图

直接测定蛋白质一级结构的一般步骤主要如下：

① 测定多肽链的氨基酸组成，获得各种氨基酸残基之间的相对比例；

② 肽链的末端分析，包括 N 末端和 C 末端，从末端数目上推断蛋白质分子中多肽链的数目；

③ 拆分蛋白质分子的多肽链；

④ 打破二硫键；

⑤ 各肽链的专一性裂解及肽片段的分离；

⑥ 利用 Edman 降解或者质谱方法测定各个肽段的氨基酸顺序；

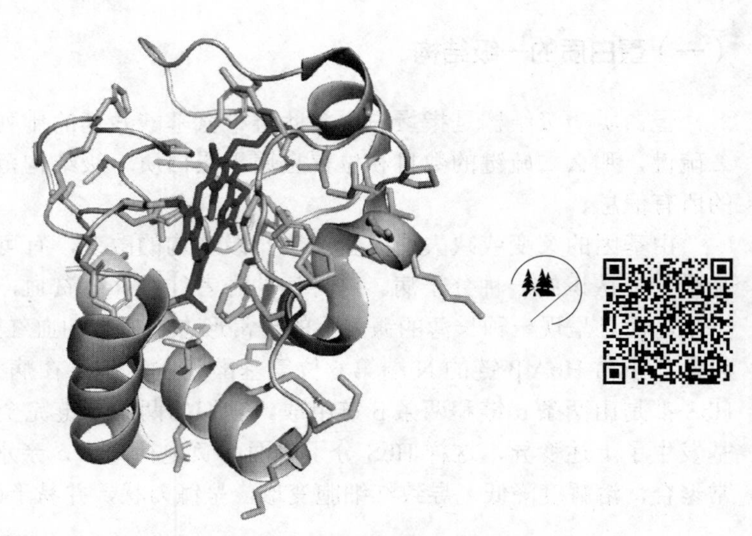

图 4-10　序列比对中保守氨基酸在人细胞色素 C 中的分布

紫色部分为亚铁血红素 C，所有保守侧链以青绿色展示，小麦色为蛋白主体结构

⑦ 选择不同的切点，重复步骤⑤⑥，根据片段重叠法确定肽段在多肽链中的次序；

⑧ 蛋白质分子中二硫键位置的确定。

对蛋白质一级结构进行测定之前，首先要提纯待分析的蛋白质样品，使其纯度至少在 95% 以上。纯化过程中应避免除二硫键之外共价键的破坏。

异硫氰酸苯酯法（Edman 法）原是测定多肽 N 末端的方法，目前是多肽测序的最主要方法。异硫氰酸苯酯（PITC）与多肽或蛋白质的反应原理如下：

$H_2N—CH(R^1)—CO—NH—CH(R^2)—CO—NH—CH(R^3)—CO—NH$---

多肽(氨基酸=*n*)

$C_6H_5—N=C=S$

异硫氰酸苯酯(PITC)

$C_6H_5—NH—C(=S)—NH—CH(R^1)—CO—NH—CH(R^2)—CO—NH—CH(R^3)—CO—NH$---

苯氨基硫甲酰多肽(PTC 肽)

6 mol/L盐酸

$H_2N—CH(R^2)—CO—NH—CH(R^3)—CO—NH$---

多肽（氨基酸 = *n* – 1）

苯乙内酰硫脲氨基酸(PTH氨基酸)

重复下一轮反应

反应生成的 PTH 氨基酸非常稳定，可用各种色谱方法来鉴定。切去一个氨基酸残基的肽链暴露出一个新的α末端氨基，可参加第二轮反应。然后再切去第二个残基，以此循环。这样如果进行 n 轮反应，就能测出 n 个残基的顺序。为避免在多轮循环之后产生错误，在进行 Edman 降解之前，需要利用酶法或者化学方法把较长的肽链进行特异性切割，以产生长度低于 20~30 个氨基酸的肽段。

1953 年 Sanger 测定了含有 51 个氨基酸残基的胰岛素分子的氨基酸序列并阐明了其二硫键的连接方式，这是蛋白质一级结构测定的开端，现在蛋白质氨基酸序列的测定方法，在灵敏度及自动化两方面都有了很大进展。质谱法是研究物质结构的物理化学方法，也成功地用于肽链一级结构的分析。质谱法测定序列的优点是测定速度快，特别适用于小肽的序列测定，所需的样品量极微，对于不适于用 Edman 降解的肽，如环形肽或 N 端封闭肽，均可用质谱法直接测定序列。从 20 世纪 90 年代中期起，质谱法基本已经取代了传统的 Edman 法。

与此同时，核苷酸序列测定技术的进展更加迅速，测定方法的灵敏度及自动化程度更高。因为蛋白质氨基酸序列是由核苷酸序列的三联体密码子决定，蛋白质的氨基酸序列可以更为方便地根据编码这一蛋白质的 mRNA，经反转录得到的 cDNA 序列而推断得到。测定核苷酸序列已成为测定蛋白质一级结构的有效方法。虽然如此，为了检查反转录过程或 DNA 测序时可能发生的错误，有时也需要用独立的测定氨基酸序列的方法进行核对。所以蛋白质测序方法仍是必不可少的。

（二）蛋白质的二级结构

蛋白质的二级结构是指多肽主链骨架有规则的盘曲折叠所形成的构象，不涉及侧链基团的空间排布。二级结构是靠肽链中的氨基（—NH_2）与羰基（>C=O）之间所形成的氢键而得到稳定的。蛋白质二级结构的基本类型有α-螺旋、β-折叠、β-转角和无规卷曲等。

1.α-螺旋

α-螺旋（α-helix）是蛋白质中最常见、最典型、含量最丰富的二级结构元件。

α-螺旋的结构特点如下：

$$\overset{O}{\underset{}{\overset{\|}{—C}}}\left[—NH—C_{\alpha}HR—CO—\right]_{n=3}\overset{H}{\overset{|}{N}}—$$

N端 C端

（1）肽链主链围绕一个虚拟的轴以螺旋的方式盘绕。每一圈包含 3.6 个氨基酸残基，每个氨基酸残基环绕螺旋轴 100°，螺距 0.54 nm，残基高度 0.15 nm。

（2）每一个 φ 角等于 –57°，每一个 ψ 角等于 –47°。

（3）相邻螺旋间形成链内氢键，肽链骨架中第 i 个羰基上的氧原子和第 i+4 个亚氨基上的氢原子之间形成一个氢键。氢键的取向与螺旋轴几乎平行。氢键封闭环本身包含 13 个原子。可以看出，在肽链中近 N 端的前四个亚氨基上的氢原子和其 C 端的最后四个羰基上的氧原子都不参与氢键的形成，这些残基通常需要与水分子或蛋白质内部其他基团形成氢键才能稳定下来。

（4）整个螺旋是一个带有正电荷的 N 端和带负电的 C 端构成的偶极子。

（5）α-碳原子相连的 R 基团侧链位于α-螺旋的外侧，以减少立体障碍。

一条多肽链能否形成α-螺旋以及形成的螺旋体稳定程度是与多肽的氨基酸组成和排列顺序密切相关的，一级结构决定着α-螺旋的形成。R 基团侧链对α-螺旋的形成和稳定有较大影响。如果在多肽链上连续存在带极性基团的氨基酸残基（Asp, Glu 和 Lys 等）则 α- 螺旋构象就不稳定；如果多肽链上相邻的残基具有较大 R 基团或者是 β- 分枝氨基酸（Ile, Val 和 Thr）也会阻碍 α- 螺旋的形成；脯氨酸残基由于其 N 原子位于刚性的吡咯环中，其 C_α—N 单键不能旋转，再加上脯氨酸残基本身没有 N—H 基而不能形成氢键，因此多肽链中只要存在脯氨酸（或羟脯氨酸），α- 螺旋即被中断，并产生一个“结节”；甘氨酸残基由于没有侧链，其 φ 与 ψ 可以任意取值，从而使形成 α- 螺旋所需要的特定二面角的概率就很小，因此它也可以破坏 α- 螺旋。例如，血红蛋白 β- 亚基中第 50 ～ 76 位的肽段形成了 α- 螺旋，但由于第 56 位是甘氨酸，结果这 27 个氨基酸残基构成的肽段不能形成一段连续的螺旋，只能在第 56 位甘氨酸处发生扭曲，形成分别由 7 个和 20 个氨基酸残基构成的 α- 螺旋。

α- 螺旋可以分成左手螺旋和右手螺旋，后者较前者稳定。天然蛋白质分子中存在的 α- 螺旋几乎都是右手螺旋（图 4-11）。

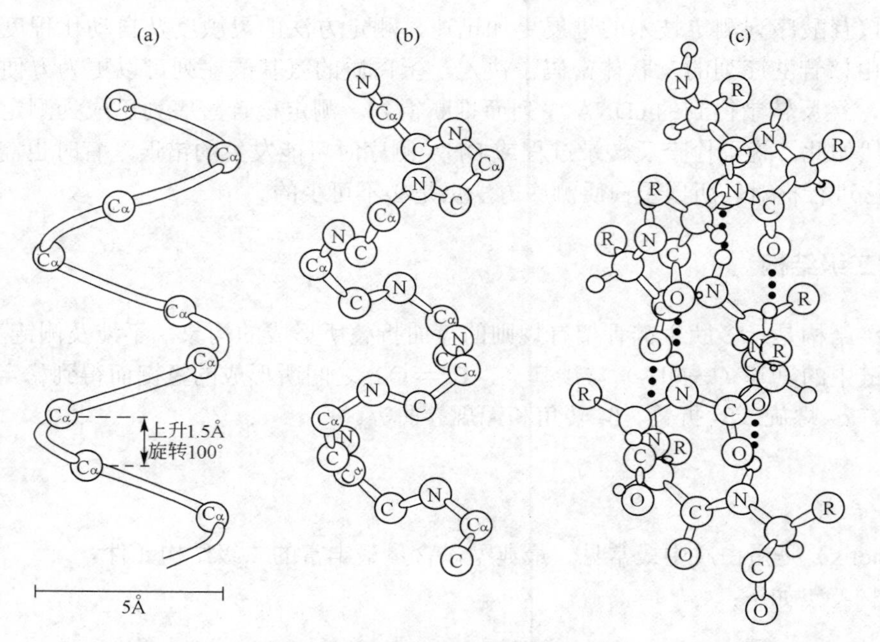

图 4-11　右手型 α- 螺旋结构模型

（a）螺旋线上只示出 α- 碳原子；（b）螺旋线上只示出骨架氮（N）、α- 碳（C_α）和羰基碳（C）；
（c）整个螺旋 NH 和 CO 间的氢键（用三点线…表示）稳定了螺旋结构

2.β- 折叠

由多肽链形成的 β- 折叠（β-sheet）结构是一种较伸展的构象，但并不完全伸展。它由若干条肽链（称之 β 链）或一条肽链的若干肽段平行排列组成，并靠相邻主链骨架之间的氢键维持。其在主链骨架之间形成最多的氢键，并避免相邻侧链间的空间障碍，形成一个折叠的片层结构（图 4-12）。与 α- 碳原子相连的侧链 R 基团分别交替地位于片层的上方和下方，并且均与片层相垂直。β- 折叠片分为平行的和反平行的两种类型。平行 β- 折叠片中所有肽链的 N 末端都在同一端，φ=−119°，ψ=+113°，在纤维轴方向上，重复距离为 0.65 nm，氢键与氢键之间间隔相同，交错倾斜。反平行 β- 折叠中所有肽链的 N 末端，按正反方向排列着，φ= −139°，ψ = +135°，在纤维轴方向上，重复距离为 0.70 nm，氢键与氢键之间间隔有疏有密，彼此平行。从能量上看，反平行 β- 折叠比平行 β- 折叠更稳定。

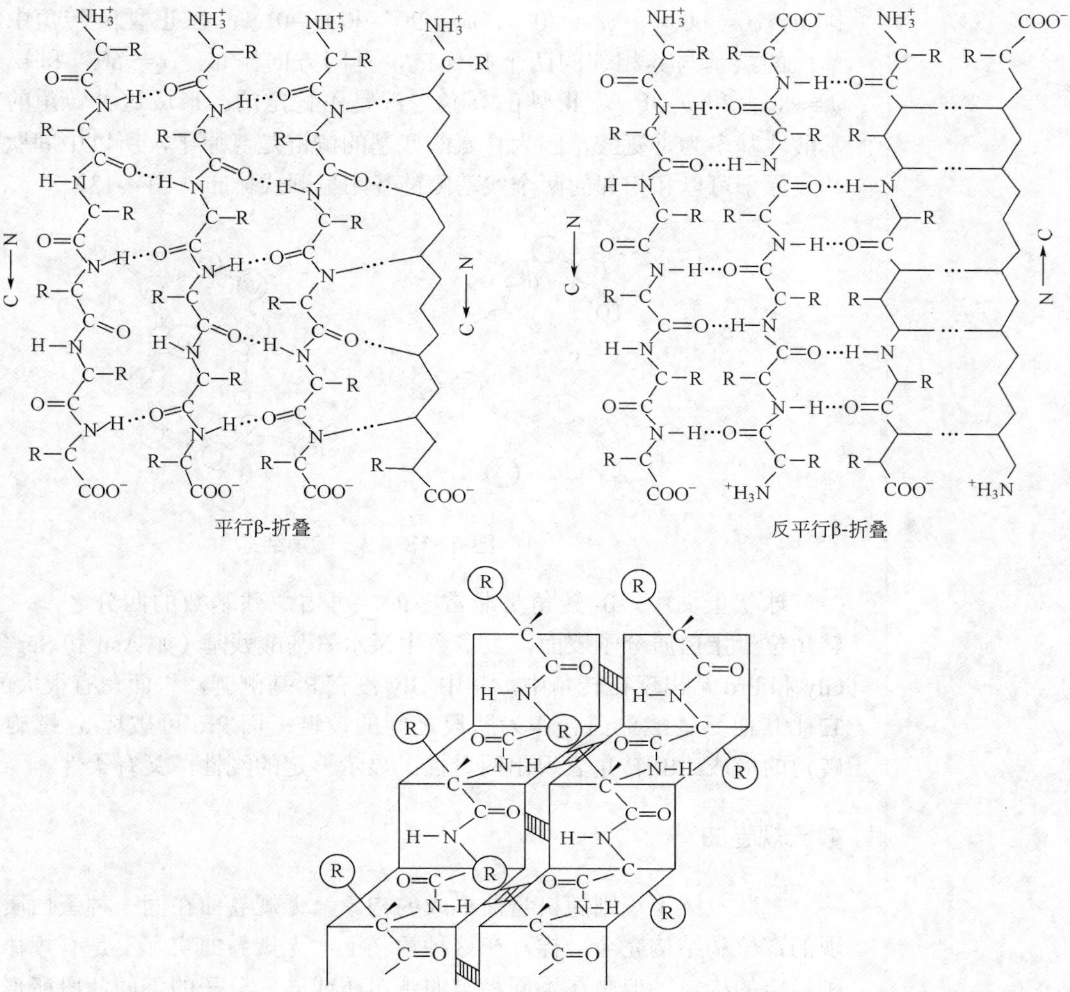

平行β-折叠　　反平行β-折叠

图4-12 β-折叠结构

β-折叠大量存在于丝心蛋白和β-角蛋白中，在一些球状蛋白质分子，如溶菌酶、羧肽酶A、胰岛素等中也有少量β-折叠存在。

β-折叠构象靠相邻肽链主链亚氨基（＞NH）和羰基氧原子（＞C═O）之间形成有规律的氢键维系。能形成β-折叠的氨基酸残基一般不能太大，而且不带同种电荷，这样有利于多肽链的伸展，如甘氨酸、丙氨酸在β-折叠中出现的概率最高。与α-螺旋的形成相似，脯氨酸同样不利于β-折叠，因为它不能参与到β-片层的成片氢键中。

3. 转角

能使多肽链发生180°回折的结构。转角出现的频率在蛋白质的二级结构中居第三位。转角结构通常负责各种二级结构单元之间的连接，它对于确定肽链的走向起着决定性的作用。最常见的是β-转角。

β-转角是出现在多肽链180°回折处的特殊结构。由4个连续的氨基酸残基构成，第一个残基的羰基氧原子（C═O）与第四个残基的亚氨基氢原子（N—H）之间形成一个氢键。β-转角有Ⅰ型和Ⅱ型两种形式。这两种形式的区别在于：在Ⅰ型β-转角中，中间肽单位的羰基与其相邻的两个R侧链，呈反方向

排布，φ_2=−60° 和 ψ_2=−30°，φ_3=−90° 和 ψ_3=0°；在Ⅱ型β-转角中，中间肽单位的羰基与其相邻的两个R侧链，呈同方向排布，φ_2=−60° 和 ψ_2=−120°，φ_3=+80° 和 ψ_3=0°。Ⅱ型β-转角一般是不稳定的。形成这种转角的第2个氨基酸残基多为甘氨酸，因为甘氨酸残基的侧链是氢原子，所以中间肽平面的羰基氧原子可以和相邻的两个残基侧链基团呈顺式排布（图4-13）。

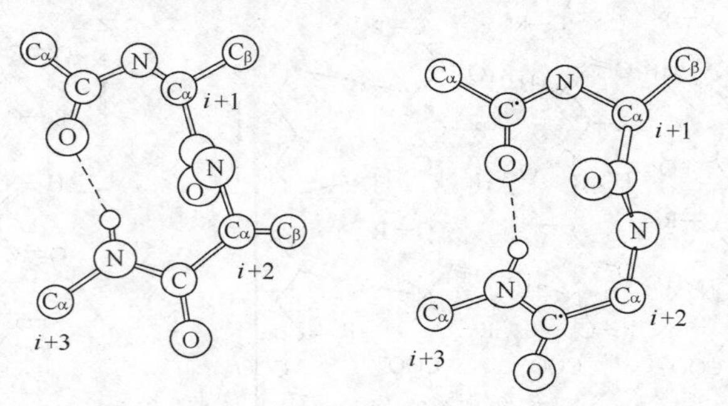

图4-13 β-转角结构

球状蛋白中，β-转角是非常多的，可占总残基数的四分之一，大多数β-转角位于蛋白质分子表面，大多数由亲水氨基酸残基（如Asn和Ser等）组成。Gly和Pro常出现在转角中，其中Gly没有R基侧链，二面角有很大的灵活性，它比其他氨基酸更适合作为肽段之间的铰链；而Pro可破坏α-螺旋结构便于转角的形成。β-转角表现出两重性：显示一定的刚性，又有柔性。

4. 无规卷曲

多肽主链不规则随机盘曲形成的构象。无规卷曲在同一种蛋白质分子中出现的部位和结构完全一样，在这种意义上，无规卷曲实际上是有规律的，是一种稳定的构象。但是在不同种类的蛋白质或同一分子的不同肽段所形成的无规卷曲，彼此间没有固定的格式，从这种意义上讲，无规卷曲的结构规律又是不固定的，多种多样的。球蛋白分子中，往往含有较多的无规卷曲，它使蛋白质肽链从整体上形成球状构象。无规卷曲与生物活性有关，对外界理化因素极为敏感。

每一种二级结构中残基的二面角 φ 和 ψ 都具有一个合理的范围。生物物理学家G. N. Ramachandran等人通过计算来确定多肽链中 φ 和 ψ 立体上允许的值。用 ψ 对 φ 作图，得到的二维图称为拉式图（Ramachandran图）。肽链中大多数氨基酸残基都落在图中的阴影区（许可区），空白处表示不可能存在或非常稀有的构象。一般只有大量连续氨基酸残基具有类似的 φ 和 ψ 值时，才会形成二级结构。拉式图可用来检测蛋白质结构模型中氨基酸残基的二面角是否在合理区域，合格模型超过90%的残基都应该落在允许区域（图4-14）。

蛋白质的二级结构可以用圆二色光谱法测量。氨基酸的 C_α 具有光学活性，蛋白质中二级结构也是不对称的立体结构，也具有光学活性。当平面圆偏振光通过这些光活性基团时，由于光活性中心对左、右圆偏振光的吸收不同，产生了吸收差值，使圆偏振光变成了椭圆偏振光，这种现象被称为蛋白质的圆二色性。通过测量溶液中蛋白质的圆二色性，可以推导蛋白质中各二级结构的比例（图 4-15）。

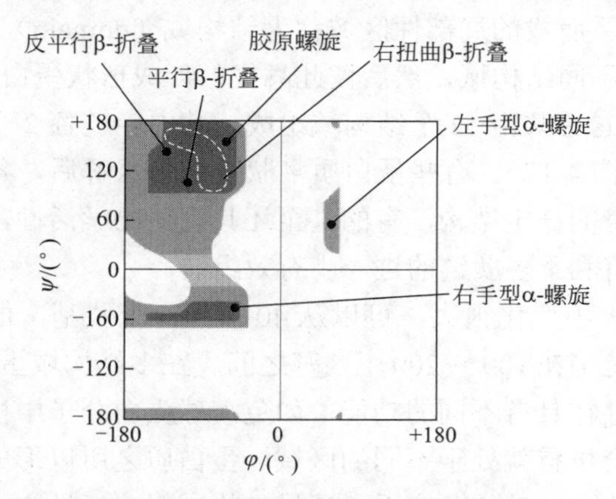

图 4-14　拉氏图显示二级结构中二面角的合理范围

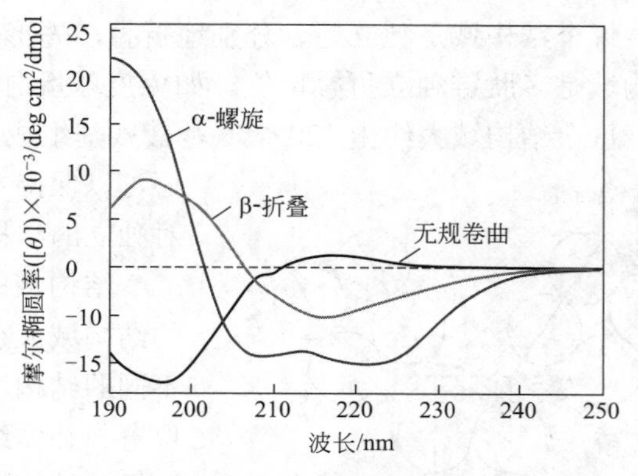

图 4-15　圆二色谱推导蛋白质的二级结构

（三）蛋白质的三级结构

蛋白质的三级结构指构成蛋白质的多肽链在二级结构的基础上，进行范围广泛的盘旋和折叠，形成的包括主、侧链所有原子在内的特定三维空间结构。如果蛋白质有辅因子，其三级结构也要将辅因子包括在内。一种蛋白质全部的三维结构又可以称为它的构象（conformation）。一般而言，蛋白质在天然状态下仅采取一种或几种在能量上最有利的构象。

概念检查 4.2

○ 何谓蛋白质构象？构象与构型的区别何在？

球状蛋白质分子的三级结构是由一条多肽链通过部分 α- 螺旋、β- 折叠、β- 转角、无规卷曲而形成紧密的球状构象。大多数非极性侧链（疏水基团）总是埋藏在分子内部，形成疏水核；而大多数极性侧链（亲水基团），总是暴露在分子表面，形成一些亲水区。在球状蛋白质表面，往往有一内陷的疏水的空穴（裂隙、凹槽），能够容纳一个或两个小分子配体或大分子配体的一部分，它常常是蛋白质活性中心的所在地，例如，肌红蛋白、血红蛋白和细胞色素 C，表面空穴正好容纳一个血红素分子。

蛋白质的三级结构细分又可以包含若干结构部件。模体（motif）又被称为超二级结构，由相邻的二级结构单元组合在一起，彼此相互作用，排列形成规则的、在空间结构上能够辨认的二级结构的聚集体，并充当三级结构的构件。超二级结构有多种类型，主要有三种基本形式：α- 螺旋组合（αα）；β- 折叠组合（βββ）和 α- 螺旋 β- 折叠组合（βαβ）等（图 4-16）。

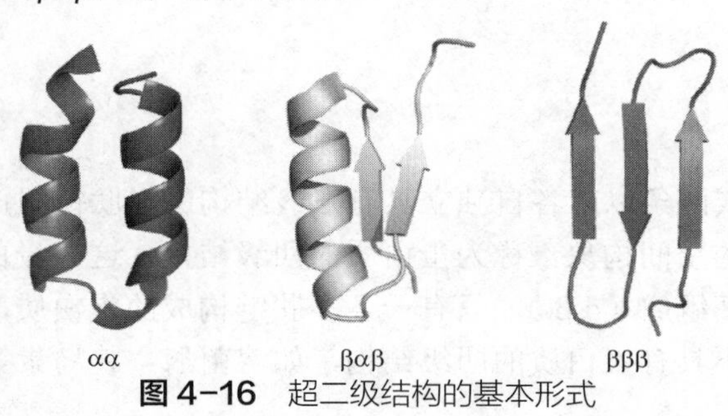

图 4-16　超二级结构的基本形式

分子量较大的蛋白质分子，多肽链上相邻的二级结构单元紧密联系，折叠形成两个或多个在空间上可以明显区分的区域，这种由相邻的二级结构单元联系而成的局部性区域称为结构域（domain）。多肽链折叠时，每个结构域是独立地、分别地折叠，先形成不同结构域，然后彼此靠拢，形成球状蛋白质分子，因此结构域是多肽链独立折叠单位。如免疫球蛋白，它总共由12个结构域组成，其中轻链各2个，重链各4个，每个结构域大约由120个氨基酸残基组成（图4-17）。有些蛋白质多肽链被酶水解后，各结构域还可以保持本身的稳定结构，有的甚至还具有生物学活性，这种相对独立的结构有利于多肽链的进一步有效组装。

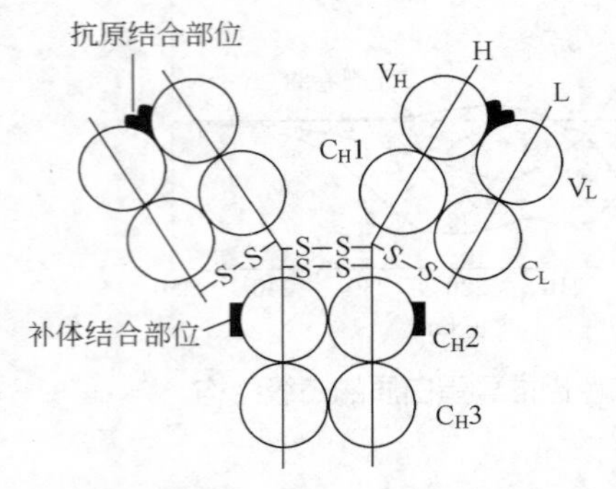

图4-17　IgG的12个结构域

结构域的大小变化很大，可以从40～400个残基，但最常见的结构域大小范围在100～200个残基之间。在多结构域蛋白质中，不同的结构域往往具有不同的功能，如免疫球蛋白分子中抗原结合位置与补体结合位置就处于不同的区域。蛋白质之所以形成结构域这样的结构层次，从功能角度看，通过结构域组建活性中心比较灵活方便。结构域的间隙部位常常是蛋白质的功能部位，而且不同的间隙可以表现不同的功能。许多酶的活性中心都是位于结构域之间的裂隙中，如溶菌酶的两个结构域通过共价键转动调节相互之间的位置，形成一个大的裂隙，酶的活性中心就在这一部位。这样一种结构使酶容易形成一个有特定三维排布的活性中心，又赋予活性中心区足够的柔性，便于对底物施加应力，以利于催化。

蛋白质的三级结构见图4-18，测定蛋白质三级结构主要有三种方法：

1. X射线晶体衍射（X- ray crystallography）

这种方法需要先制备待测蛋白质的晶体，然后将X射线打到晶体上，记录其衍射数据。对衍射结果进行反傅里叶变换等其他数学计算，获得晶体中电子密度图谱，经过一系列复杂分析建立蛋白质结构的分子模型。

2. 核磁共振波谱法（nuclear magnetic resonance spectroscopy, NMR）

根据原子核在磁场下的震动情况来分析蛋白质结构，可直接对水溶液中的蛋白质进行研究，因此获得的三维结构更接近蛋白质在生理条件下的构象。对研究具有高度动态性的蛋白质具备独特的优势。

3. 冷冻电镜（cryo- electron microscopy, cryo- EM）

近几年飞速发展，已成为当今结构生物学的革命性技术。先将蛋白质样品在铜网上迅速冷冻，再从不同角度拍摄冷冻蛋白质样品大量的二维投影图像，最后通过分析计算，重构蛋白质的三维密度图，进而还原成三维结构。

（四）蛋白质的四级结构

有些蛋白质分子由两条或两条以上各自独立具有三级结构的多肽链组成，这些多肽链之间通过次级键相互缔合而形成有序排列的空间构象，称为蛋白质的四级结构，这些蛋白质通常称为寡聚蛋白，如血红蛋白由两两相同的四个亚基组成（$\alpha_2\beta_2$）。只有一条多肽链构成的蛋白质，或由两条以上多肽链通过共价键连接而成的蛋白质，都不具有蛋白质的四级结构，如溶菌酶、胰岛素等。具备四级结构的寡聚蛋白质分子中每个有独立三级结构的多肽链单体称为亚基。亚基是球蛋白分子中的最小单位，蛋白质的四级结构反映了蛋白质分子中各亚基的立体分布，亚基间的相互作用、亚基的数目和类型以及亚基的排列属于四级结构研究的内容，但不涉及亚基本身的构象（图 4-19）。具有四级结构的蛋白质只有当其结构完整、各组成亚基形成聚合体时才有生物活性，若各个亚基分离，则失去其蛋白质的正常生理功能。

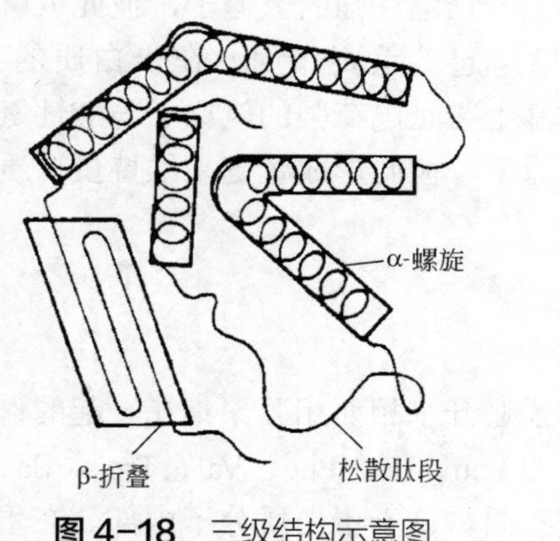

图 4-18　三级结构示意图

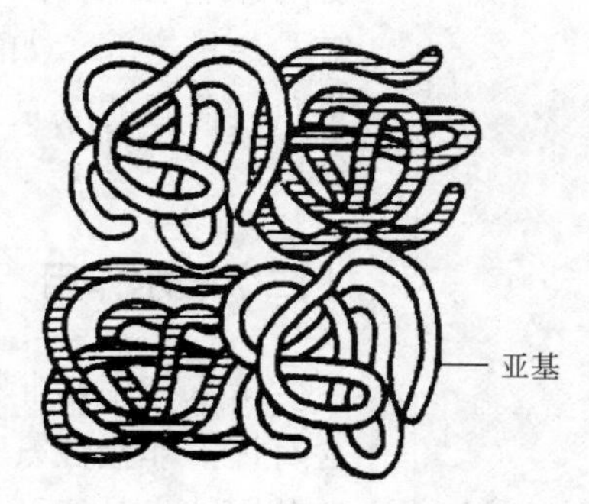

图 4-19　四级结构示意图

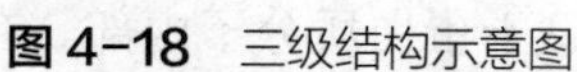

概念检查 4.3

○ 对比结构域和亚基的概念。

三、维持蛋白质分子构象的相互作用力

维持蛋白质分子构象的相互作用力有氢键、疏水作用、范德华力、盐桥和二硫键等，见图 4-20。除二硫键之外，其他均属于非共价相互作用。

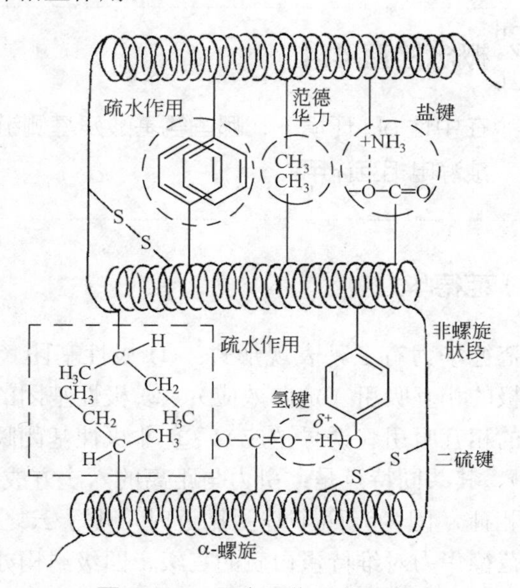

图 4-20　蛋白质作用力示意图

（一）氢键

氢键指一个电负性原子（如N、O、S等）上的氢原子与另一个电负性原子的相互作用。一条多肽链的不同部位或两条多肽链之间，主链骨架的羰基上带负电性强的氧原子与亚氨基上带正电性强的氢原子，彼此吸引形成氢键，此键对维持蛋白质二级结构的稳定起着重要作用。在蛋白质的某些侧链或侧链与主链之间，如酪氨酸的羟基上带正电荷强的氢原子与酸性氨基酸的羧基上带负电荷强的氧原子或羰基氧原子，彼此形成氢键来维持蛋白质的三级、四级结构。

（二）疏水作用

疏水作用指非极性基团为了避开水相而相互聚集在一起的作用力，蛋白质含有许多非极性氨基酸残基，如Leu、Ile、Phe、Val、Trp、Ala、Pro等，它们的共同特点是避开水相，相互黏附，藏于蛋白质分子内部。在蛋白质形成二级结构时，疏水作用不是至关重要的，但是对蛋白质的三级、四级结构形成和稳定列于诸多因素中的首位。

（三）静电作用

带有正负电性的基团间能产生静电作用。组成蛋白质的氨基酸残基中有多种可解离的侧链基团，有带正电荷的基团（如N端的α-NH_3^+和Lys的ε-NH_3^+等），也有带负电荷的基团（如C端的α-COO^-和Asp-β-COO^-等），这些解离后的带电侧链彼此接近可能产生静电作用，习惯上也称之为盐桥。蛋白质中这些可解离基团的电离情况与局部环境的pH有很大关系，也与局部环境的介电性质有关。

概念检查 4.4

○ 在中性pH环境下，哪些氨基酸残基侧链间可相互形成静电相互作用?

（四）范德华力

范德华力有三种表现形式：① 极性基团（如丝氨酸的羟基）之间，偶极与偶极的相互吸引（定向效应）；② 极性基团的偶极与非极性基团的诱导偶极之间的相互吸引（诱导效应）；③ 非极性基团瞬时偶极之间的相互吸引（色散效应）。其共同特点是：引力与距离的六次方成反比；总的趋势是：互相吸引，但不相碰，因为当两个基团靠近时，电子云之间的排斥增大，使二者不能碰撞，范德华力对维持蛋白质的三级、四级结构亦有一定的作用。

（五）二硫键

二硫键可把不同肽链，或同一条肽链的不同部分连接起来，对稳定蛋白质的构象起重要作用。二硫键一旦破坏，蛋白质生物活性就可能丧失。二硫键数目增多，则蛋白质分子抗拒外界因素的能力也加强，即蛋白质稳定性增加。二硫键是蛋白质翻译后加工的结果。

四、蛋白质的折叠

蛋白质折叠指的是蛋白质形成正确三维结构的过程。若能够深入了解蛋白质的折叠机制，将会大大促进对未知蛋白质结构及功能的预测。蛋白质折叠的一般规律为：

① 蛋白质一级结构决定了其三维结构，即蛋白质的氨基酸序列蕴含了其折叠成最终构象所需要的全部信息。这是由美国科学家 Christian B. Anfinsen 在 1954 年通过牛胰核糖核酸酶变复性实验提出的，也被称为 Anfinsen 法则，他也因此获得了 1972 年的诺贝尔化学奖。核糖核酸酶分子含有 1 条多肽链，分子内形成 4 对二硫键。向天然的核糖核酸酶中加入 8 mol/L 尿素和 β- 巯基乙醇，使其二硫键全部断裂，肽链松散，活性全部丧失。用透析的方法去除变性剂尿素和 β- 巯基乙醇后，在空气中的氧参与下，四对二硫键又自然地重新形成，酶的活性几乎全部恢复，而且复原后的产物，其物理化学性质与天然核糖核酸酶的物理化学性质完全相同。这说明松散的肽链又完全恢复了核糖核酸酶的天然构象。变性后的 8 个游离巯基在复性时有 105 种配对选择性，但复性后的核糖核酸酶分子中二硫键的配对方式与天然分子相同（图 4-21）。这说明蛋白质一级结构本身是其高级结构形成的基础和决定性因素，只要环境适宜，它自然会形成其特定的空间结构，即具有正常功能的天然大分子构象。

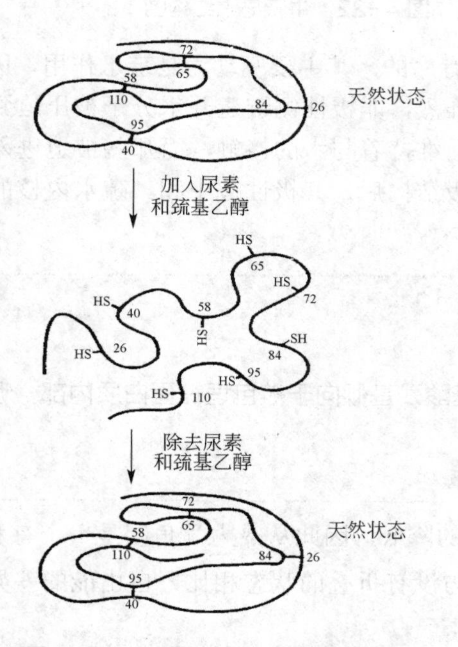

图 4-21　牛胰核糖核酸酶变性和复性

与此同时，我国科学家自 1958 年开始了人工合成结晶牛胰岛素的工作。胰岛素由 A 链和 B 链组成，两条链之间通过 2 对二硫键连接，A 链内部也有 1 对二硫键（图 4-22）。科学家们采取的方案是：先分别合成A链和B链，再把A链、B链通过二硫键连接起来。如何保证位于两条链上的6个巯基之间的正确配对，成为一个瓶颈问题。由于水溶液中两条链可以以不同比例与方式组合，二硫键可能的连接方式将呈现指数级的增长，所以中国科学家面临的问题比Anfinsen的更为复杂。由邹承鲁先生领导的研究小组承担了二硫键重组的关键任务，经过一年多的探索，终于找到一组条件，将二硫键正确重组的概率从一开始的0.7%提升到了10%，为后续人工全合成胰岛素的攻关奠定了坚实的基础。最终，中国科学家人工全合成了具有天然胰岛素全部生物活性的结晶牛胰岛素，1966年由《人民日报》报道后引起了世界轰动。这项工作同样从实践上证明了“蛋白质的一级结构决定其高级结构”。出于保密原则，当时这些结果没有及时发表，导致中国科学家与诺贝尔奖失之交臂，但这一工作无疑是当时处于世界领先水平的。

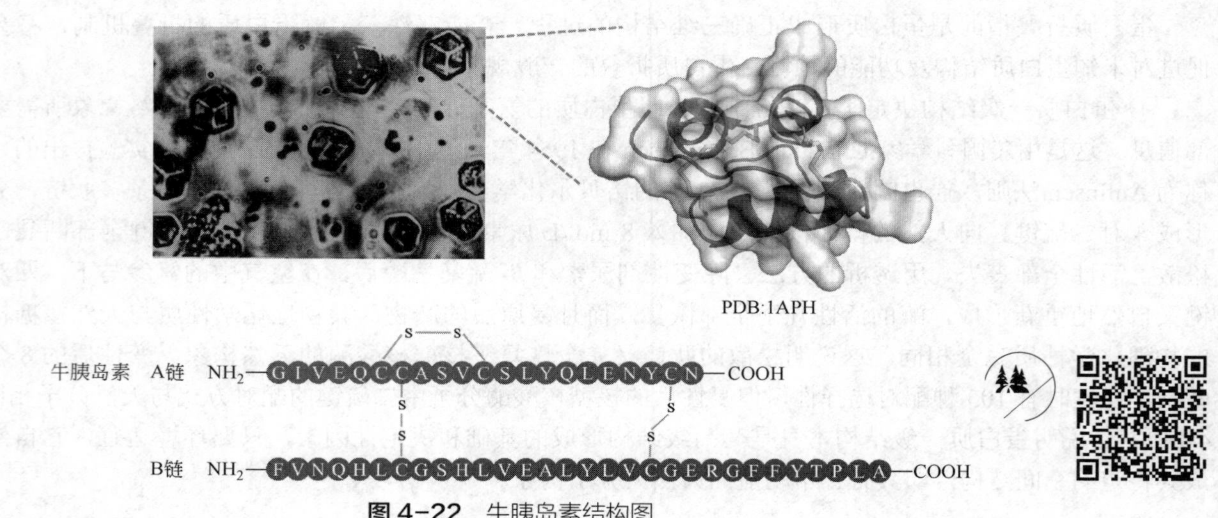

图 4-22 牛胰岛素结构图

② 蛋白质折叠过程是协同和有序的，其主要驱动力是疏水作用，因为水分子彼此之间的相互作用要比水与其他非极性分子的作用更强烈，非极性侧链避开水分子被压迫到蛋白质分子内部，快速被包埋起来。大多数极性侧链在蛋白质表面维持着与水的接触，而那些被迫进入蛋白质内部的极性骨架部分则通过彼此形成氢键、盐桥和形成二级结构后，其极性被中和。疏水内核的形成被认为是蛋白质折叠过程中的关键步骤。

概念检查 4.5

○ 在蛋白质折叠时，哪些氨基酸残基倾向于被包埋在蛋白质内部，哪些更倾向于被暴露在表面与水分子接触？

③ 蛋白质折叠伴随着自由能的降低，因此从热力学角度是一个有利反应。但是由于蛋白质发挥功能需要保持结构灵活性，因此折叠与没有折叠的状态相比，自由能的差异并不很大。这也造成蛋白质经常容易发生错误折叠。

④ 在细胞内大多数蛋白质的折叠需要其他蛋白质的帮助，这类对其他蛋白质的折叠起到辅助作用，但并不作为其他蛋白质结构与功能组件的蛋白质统称为“分子伴侣”。分子伴侣的作用体现在促进新生肽链的正确折叠、帮助蛋白质的转运及组装、防止去折叠或错误折叠蛋白质的异常聚集、将错误折叠的蛋

白质传递给降解系统、对错误折叠的蛋白质进行解折叠等各个方面。分子伴侣对其底物蛋白质的识别和帮助主要基于疏水作用，同时静电作用也参与这个过程。一些分子伴侣功能的发挥需要依赖 ATP 的水解，另一些则不需要。ATP 依赖型的分子伴侣大多属于热休克蛋白（heat shock protein），在细胞受到高温和其他胁迫条件时大量表达，以维持细胞内蛋白质的稳态平衡。近年来科学家们也发现了大量的 ATP 非依赖型分子伴侣，它们的结构相对来说更为简单，发挥功能的机制也更加多样。除了分子伴侣蛋白，蛋白质二硫键氧化还原酶（disulfide oxidoreductase）、二硫键异构酶（disulfide isomerase）、肽酰脯氨酰顺反异构酶（peptidylprolyl cis-trans isomerase）也对蛋白质在体内的正确折叠发挥积极作用。

第四节　蛋白质分子结构与功能的关系

蛋白质是生命的物质基础，机体内各种蛋白质都具有不同的生物学功能。蛋白质的生物功能是蛋白质分子特定的天然构象所表现的性质或具有的属性。蛋白质的功能与其结构是密不可分、互相依存的。

一、肌红蛋白与血红蛋白

肌红蛋白只存在于肌肉细胞中，具有贮氧的功能。肌红蛋白由一条多肽链和一个血红素辅基构成，含 153 个氨基酸残基。在多肽链中，75% ～ 80% 的氨基酸残基缠绕成 α- 螺旋结构（图 4-23）。

血红蛋白主要存在于红细胞，是红细胞运输 O_2 的载体，它由四个多肽亚基组成（图 4-24）。血红蛋白的分子量是 64000，比肌红蛋白大四倍，它是由两条相同的 α 链和两条相同的 β 链组成，每一条肽链都含有一个血红素，血红素中含有一个 Fe^{2+}。

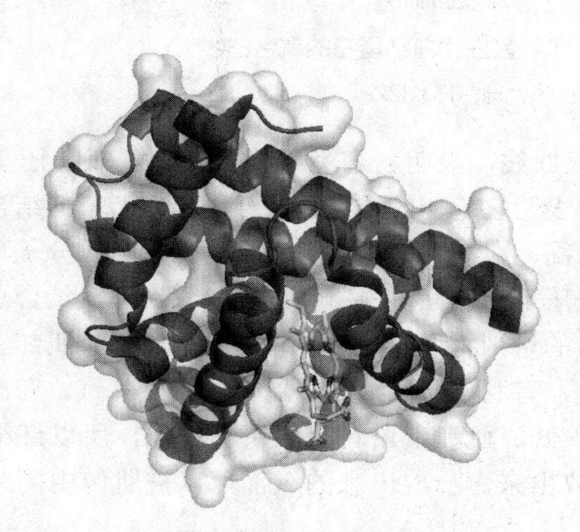

图 4-23　肌红蛋白结构

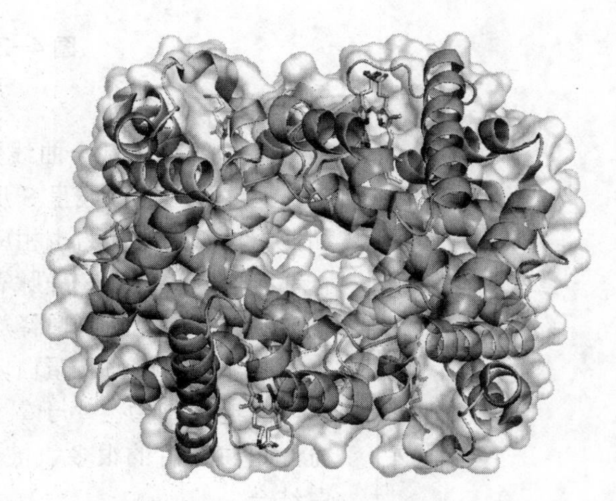

图 4-24　血红蛋白的四级结构

血红蛋白的 α 链、β 链与肌红蛋白，尽管在一级结构上有较大差异，但是它们的二级、三级结构却非常相似，三者的肽链走向基本相同，螺旋与非螺旋结构亦基本类似，特别是血红素周围的构象高度相似（图 4-25）。这是血红蛋白和肌红蛋白在功能上相似的结构基础，以保证对氧的结合能力。

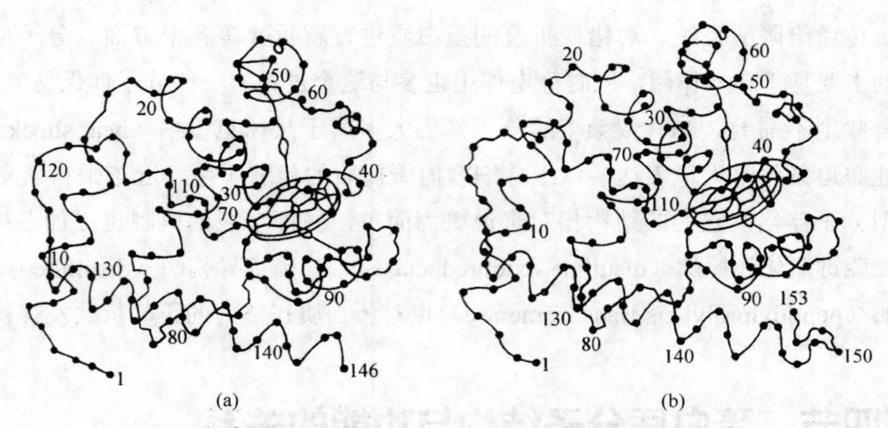

图 4-25　血红蛋白 β 链与肌红蛋白的构象比较

（a）血红蛋白b链；（b）肌红蛋白

虽然肌红蛋白与血红蛋白的二级结构和三级结构极其相似，但后者具有的四级结构导致它们的生理学反应有很大不同。在高氧分压下，肌红蛋白和血红蛋白能结合同样数量的 O_2（以重量计），但在低氧分压下血红蛋白更容易释放氧，这些差异反映在氧合曲线上（图 4-26）。

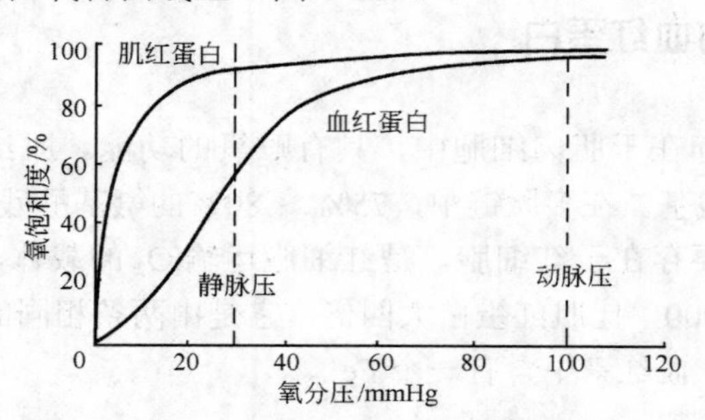

图 4-26　肌红蛋白和血红蛋白的氧合曲线

1mmHg=133.322Pa

肌红蛋白的氧合曲线为双曲线，表明它容易吸收氧，在低氧分压下即饱和。血红蛋白的曲线呈 S 形，表明它起初较难与氧结合，但随着氧的结合量增加，它与氧的亲和力也相应增高。在动脉氧分压下，这两种蛋白质分子与氧结合都接近饱和；而在静脉氧分压下，肌红蛋白所释放的氧只占其氧结合总量的10%左右，而血红蛋白释放氧的量则将近一半。在任何氧分压下，肌红蛋白同氧的亲和力总比血红蛋白要高，有利于肌肉细胞从血液中接受氧气。在肌肉等组织的毛细管中，由于氧分压低，血红蛋白对氧的亲和力低，所以红细胞中血红蛋白载有的很多氧被释放出来，释放出来的氧都可以被肌肉中的肌红蛋白结合。

血红蛋白有 4 个亚基，即有 4 个 O_2 结合部位，在结合 O_2 时，血红蛋白分子的 4 个亚基间产生相互作用（协同效应），S 形氧合曲线表明：血红蛋白分子的一个亚基结合 O_2 后，能促进其他亚基对 O_2 的结合。

像这种蛋白质分子的一个亚基与其效应物结合后发生构象变化，引起相邻亚基的构象变化，使生物活性提高（或降低）的效应，通称为变构效应（或别构效应）。凡具有变构效应的蛋白质称为变构蛋白，血红蛋白就是一个变构蛋白。变构效应提高了血红蛋白运输 O_2 的效率。除了协同效应和别构效应外，血红蛋白四级结构的特征还使它在结合氧气时具有波尔效应（H^+ 和 CO_2 能促进血红蛋白释放氧气），这三种效应都有利于血红蛋白更适合充当氧气的运输者。

二、天然无折叠蛋白

天然无折叠蛋白也被称为“固有无序蛋白”“内在无序蛋白”（intrinsically disordered protein，IDP）。自 20 世纪 90 年代以来，科学家们发现越来越多的蛋白质在生理条件下缺乏特定的三维结构，处于部分无折叠甚至是完全无折叠的状态。然而，这部分蛋白质被发现同样具有重要的功能，从而对“蛋白质结构决定功能”的经典法则提出了挑战。

天然无折叠蛋白根据无序区域的范围可以分为完全无序蛋白（全序列无结构）和部分无序蛋白质（局部含有超过 50 个氨基酸残基的无结构区域），其无序区域的特征是含有较多亲水、带电的氨基酸残基，而普遍缺乏侧链较大的疏水性氨基酸残基，不利于形成疏水内核。天然无折叠蛋白在生物体内是普遍存在的，但在不同的物种中其占比差异明显。在真核生物中，含长无序区域的蛋白质可达到蛋白质组的 30% 以上。

天然无折叠蛋白主要的功能是参与信号转导、细胞周期调控、基因表达调控、蛋白质翻译后修饰、蛋白质复合体自组装的调控等过程，还可充当分子伴侣。其处于无折叠状态的特征使其具备了极大结构柔性，有助于分子识别。很多天然无折叠蛋白跟特定的配体（DNA 或者蛋白质）结合后，能够折叠为更稳定的二级或三级结构，即它们的折叠和结合过程是耦连在一起的，可能涉及到几个残基或者整个结构域。这种结合 - 折叠的过程是天然无折叠蛋白实现其功能复杂性的机制之一。此外，在溶液状态中，虽然整体没有结构，但天然无折叠蛋白往往具有多种不同构象。

第五节　蛋白质的性质和研究方法

一、蛋白质的理化性质

（一）胶体性质

蛋白质的分子量很大，一般在 10000 ～ 1000000 之间，其质点大小在 1 ～ 100 nm 之间，在水中成胶体溶液，具有布朗运动、光散射现象、电泳现象、不能透过半透膜以及具有吸附能力等特征。

蛋白质的水溶液是一种比较稳定的亲水胶体，蛋白质分子表面的亲水基团如—NH_2、—COOH、—OH、—$CONH_2$等，在水溶液中能与水分子起水化作用，使蛋白质分子表面形成一层水化层。蛋白质分子表面上的可解离基团，在适当pH条件下，都带有相同的净电荷，与其周围的反离子构成稳定的双电层。蛋白质溶液具有水化层与双电层两方面的稳定因素，因而能在水溶液中使颗粒相互隔开而不致聚合下沉。反过来考虑，破坏这些因素即可促使蛋白质颗粒相互聚集而沉淀，这就是蛋白质盐析、有机溶剂沉淀法的基本原理。

（二）酸碱性质

蛋白质分子中具有可解离的基团，主要是氨基酸残基侧链 R 基团（如 ε-NH_2、γ-COOH、β-COOH、咪唑基、胍基等）和肽链末端 α- 氨基和 α- 羧基。如果蛋白质是一类结合蛋白，它还有辅基部分所包含的可解离基团。因此蛋白质和氨基酸一样也是两性电解质，在溶液中具有等电点（pI）。在 pH 小于 pI 的溶液中，蛋白质带正电荷；若溶液的 pH 大于 pI，则蛋白质带负电荷。等电点与蛋白质性质有密切的关系，当环境 pH 等于 pI 时，由于蛋白质分子中正负电荷相等，互相吸引，分子间有聚集的趋向，这时蛋白质的溶解度最小，其他性质如黏度、渗透压、电导性等也都最小。

含碱性氨基酸残基较多的蛋白质，其 pI 都偏碱性；含酸性氨基酸残基较多的蛋白质，其 pI 都偏酸性；而酸性和碱性氨基酸的数目相近的蛋白质，其 pI 大多近乎中性。蛋白质的 pI 并不是一个恒定值，它会因溶液中盐的种类和离子强度的影响而发生变化。

（三）紫外吸收性

蛋白质具有紫外吸收现象是由分子中的 Trp、Tyr、Phe 等侧链基团及肽键本身所引起的。大多数蛋白质在 280 nm 波长附近的吸收峰，主要是由于 Trp 和 Tyr 残基对紫外光的吸收。在一定浓度范围内，蛋白质溶液在此波长处的吸光度与其浓度成正比关系，因此利用这一性质可进行蛋白质定量测定。

分子中能够吸收光的基团，称为生色基团。在蛋白质分子中，生色基团的分布不同，其微环境亦不同。当生色基团暴露在分子表面上与溶剂接触时，溶剂的极性对于该基团的吸收峰产生有影响；当生色基团埋藏于分子内部、相当于非极性溶剂的疏水性微环境中时，非极性溶剂对该基团的吸收峰也会产生影响。在蛋白质分子中，生色基团有各种微环境，而微环境的性质是由蛋白质分子构象决定的。构象改变则微环境随之改变；微环境改变则生色基团的紫外吸收光谱亦随之改变。因此，只要测出生色基团紫外吸收光谱的变化，就可以了解微环境的变化，从而推断蛋白质分子在溶液中的构象变化。

肽键在 225 nm 波长附近，也有一特征吸收峰。由于蛋白质 α- 螺旋构象中上下肽键之间的电子相互作用，其与无 α- 螺旋构象的肽键相比对紫外吸收的峰值发生改变，通过紫外吸收变化即可判断蛋白质的二级结构的变化。

（四）变性作用

某些物理或化学因素的作用可以破坏蛋白质分子中的次级键，从而破坏蛋白质的螺旋或折叠状态，使其构象发生变化，引起蛋白质的理化性质改变和生物功能丧失，这种现象称为蛋白质变性。蛋白质变性后，二级、三级或者更高级的结构发生改变或破坏，但通常来说一级结构不会被破坏且共价键不会发生改变。变性蛋白质与天然蛋白质最明显的区别是生物学活性丧失，例如酶失去催化能力、血红蛋白失去运输氧的功能、抗体蛋白失去免疫作用等，此外还表现出各种理化性质的改变。促使蛋白质变性的物理因素有加热、高压、紫外线、X 射线和超声波等；化学因素有强酸、强碱、胍、尿素和去污剂等。蛋白质变性可分为可逆变性和不可逆变性。蛋白质经某种因素作用后发生变性，一旦除去变性因素后可恢复原有的理化性质和生物功能，这种现象称为可逆变性。许多蛋白质变性时破坏严重，则不能再恢复原来的构象和功能，被称为不可逆变性。变性的蛋白质分子恢复其天然构象的过程，称之为复性。蛋白质分子凝聚从溶液中析出的现象称为蛋白质沉淀。蛋白质的变性作用不同于蛋白质的沉淀作用。沉淀的蛋白质不一定变性，但变性的蛋白质一般容易沉淀。

蛋白质的变性在实际应用上具有重要意义，如临床工作中经常用乙醇、加热、紫外线照射等物理和化学方法进行消毒，使细菌或病毒的蛋白质变性而失去其致病性及繁殖能力。又如在实验工作和生产上制备某些天然状态的蛋白质制品（如疫苗、酶制剂）时，在操作过程中既要避免变性因素（如高温、重金属离子和剧烈搅拌等）引起的变性作用，同时也可以利用变性作用去除不需要的杂蛋白，采用加热、蛋白质变性剂，或用表面活性剂变性的方法，都可使杂蛋白变性沉淀，而所需的蛋白质则不受影响，仍留在溶液中。

（五）颜色反应

蛋白质分子中的肽键以及某些氨基酸残基侧链上的特殊基团能与某些试剂起作用产生颜色反应，这些颜色反应可用以确定蛋白质的存在，如双缩脲法，利用蛋白质在碱性溶液中可与 Cu^{2+} 产生紫红色反应对蛋白质进行定性与定量。双缩脲反应是用以测定肽键（—CO—NH—）特性的反应，凡化合物含有两个或两个以上的肽键结构都可呈双缩脲反应，肽键越多反应颜色越深，反应产物在 540 nm 处有最大光吸收。

Folin- 酚法（Lowry 法）灵敏度高，是紫外吸收法的 10 ～ 20 倍、双缩脲法的 100 倍；在 Folin- 酚试剂法中，蛋白质中的肽键首先在碱性条件下与酒石酸钾钠 - 铜盐溶液（试剂 A）起作用生成紫色络合物（类似双缩脲反应）。由于蛋白质中酪氨酸、色氨酸的存在，该络合物在碱性条件下进而与试剂 B（磷钼酸和磷钨酸、硫酸、溴等组成）形成蓝色复合物，其呈色反应颜色深浅与蛋白质含量成正比。

考马斯亮蓝 G-250 法（Bradford 法）利用蛋白质 - 染料结合的原理测定蛋白质浓度，是目前最为方便的蛋白质颜色反应定量方法，且灵敏度很高。考马斯亮蓝 G-250 存在着两种不同的颜色形式，红色和蓝色。考马斯亮蓝 G-250 在酸性游离状态下呈棕红色，最大光吸收在 465 nm，当它与蛋白质结合后变为蓝色，最大光吸收在 595 nm。在一定的蛋白质浓度范围内，蛋白质 - 染料复合物在波长为 595 nm 处的光吸收与蛋白质含量成正比，通过测定 595 nm 处光吸收的增加量可知与其结合的蛋白质的量。考马斯亮蓝 G-250 最易与蛋白质中精氨酸和赖氨酸残基结合。

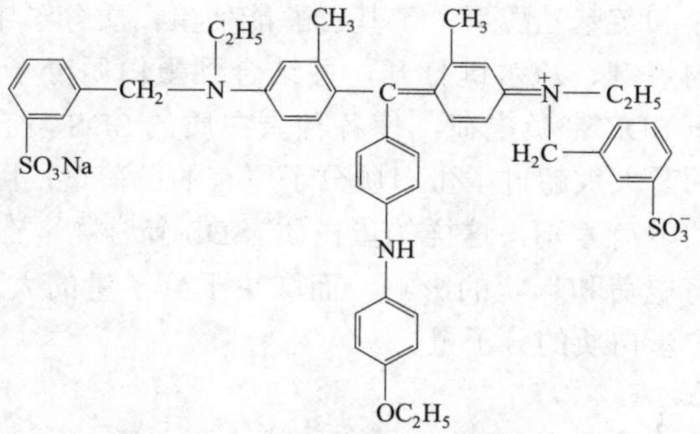

考马斯亮蓝G-250

二、蛋白质研究技术

（一）电泳

带电颗粒在电场中移动的现象称为电泳，蛋白质研究最常见的电泳技术为十二烷基硫酸钠聚丙烯酰胺凝胶电泳（sodium dodecyl sulfate polyacrylamide gel electrophoresis，SDS-PAGE），其装置的简单示意图见图 4-27。

聚丙烯酰胺凝胶是由单体的丙烯酰胺（Acrylamide）和亚甲双丙烯酰胺（N, N'-methylenebisacrylamide）聚合而成。聚丙烯酰胺凝胶电泳可分为连续和不连续两类，前者指整个电泳系统中所用缓冲液、pH 值和凝胶网孔都是相同的，后者是指在电泳系统中采用了两种或两种以上的缓冲液、pH 值和孔径，不连续电泳能使稀的样品在电泳过程中浓缩成层，具有浓缩效应，从而提高分辨能力。

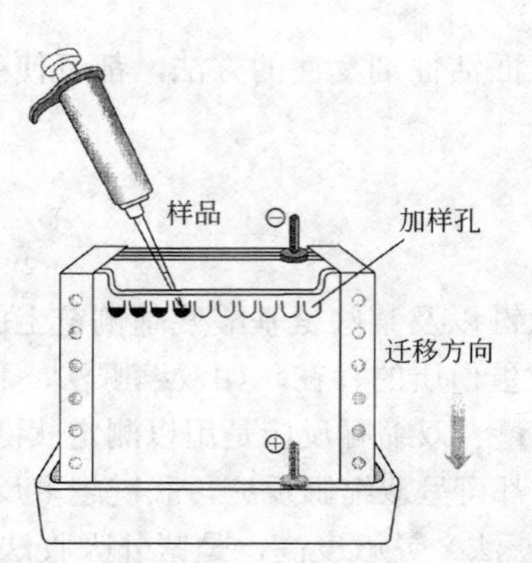

图 4-27 SDS-PAGE 装置示意图

蛋白质进行非变性聚丙烯酰胺凝胶电泳（native PAGE）时，其迁移率取决于分子大小、形状、寡聚状态以及所带净电荷等因素。但是很多情况下都需要首先知道蛋白质的分子量，因此需要利用额外的试剂屏蔽蛋白质所带的净电荷，使蛋白质电泳迁移率只取决于其分子大小。

SDS

SDS 即十二烷基硫酸钠，是一种阴离子表面活性剂，在蛋白质溶液中加入 SDS 和巯基乙醇后，巯基乙醇能使蛋白质分子中的二硫键还原；SDS 能使蛋白质的氢键、疏水键打开，并结合到蛋白质分子上，形成蛋白质 -SDS 复合物。由于 SDS 带负电荷，使各种蛋白质的 SDS 复合物都带上相同密度的负电荷，它的量大大超过了蛋白质分子原有的电荷量，因而掩盖了不同种类蛋白质间原有的电荷差别，这样的蛋白质 -SDS 复合物，在凝胶中的迁移率不再受蛋白质原有电荷和形状的影响，而取决于分子量的大小，因而 SDS- PAGE 可以用于测定蛋白质的分子量。

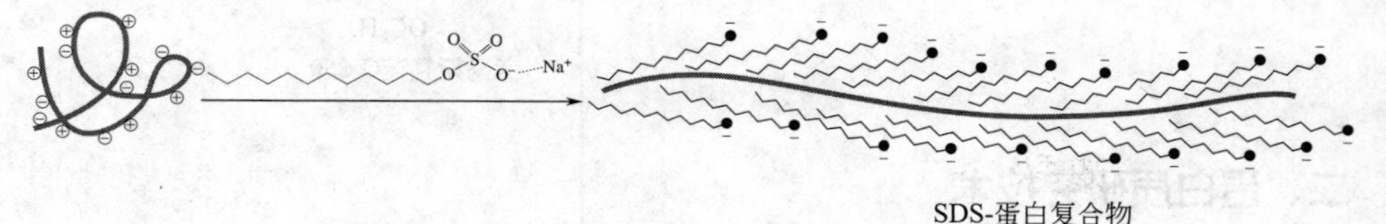

在一定条件下，蛋白质的分子量与电泳迁移率间的关系，可用下式表示：

$$\lg M_r = K - bm_R$$

式中，M_r 为蛋白质分子量；m_R 为相对迁移率；b 是斜率；K 为常数。

$$相对迁移率 m_R = \frac{蛋白质样品的迁移距离}{染料的迁移距离}$$

因此，要测定某个蛋白质的分子量，只需在相同条件下用已知分子量的标准蛋白质和未知蛋白质一起电泳（图 4-28），在标准曲线（图 4-29）上比较未知蛋白质的相对迁移率就可以求出未知蛋白质的分子量了。

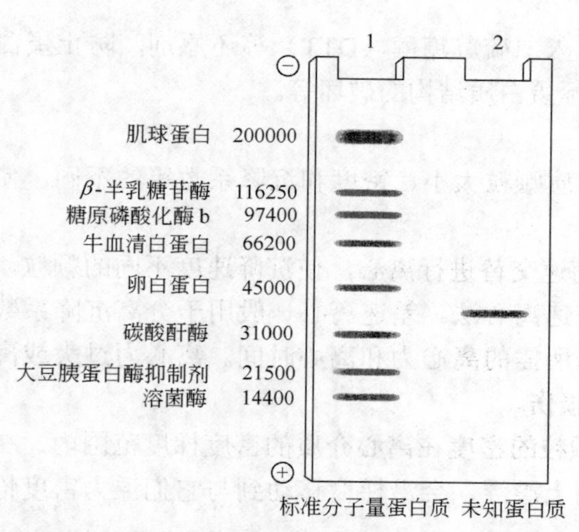

图 4-28　SDS-聚丙烯酰胺凝胶电泳示意图

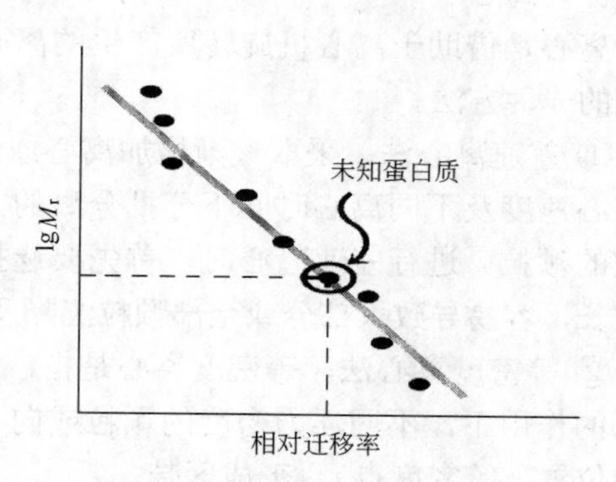

图 4-29　标准曲线

等电点聚焦电泳（isoelectric focusing electrophoresis，IFE）则是在电泳凝胶液中放入两性电解质载体，当通以直流电时，两性电解质会自发形成一个由阳极到阴极逐步增加的 pH 梯度。蛋白质分子具有两性解离及等电点的特征，当蛋白质放进此体系时，蛋白质移动到与其等电点相当的 pH 位置上因失去电荷而停止移动。将等电点不同的蛋白质混合物加入到有 pH 梯度的凝胶介质中，在电场内经过一定时间后，各组分将分别聚焦在各自等电点相应的 pH 位置上，形成分离的蛋白质区带。

将 SDS-PAGE 以及 IFE 这两种技术结合起来可进行双向凝胶电泳（two-dimensional gel electrophoresis，2-DGE）。其原理是第一向进行等电聚焦，根据蛋白质的等电点不同对蛋白质进行初次分离，蛋白质沿 pH 梯度移动至各自的等电点位置，随后再沿垂直方向按照分子量的不同进行分离，即进行 SDS-PAGE，对蛋白质进行再次分离。两向结合便可以得到高分辨率的蛋白质图谱，对于从复杂蛋白质混合物中进行样品的分离鉴定特别有效。双向凝胶电泳的高分辨率特点以及具备微量分析和制备的性能使其成为蛋白质组研究的一种经典方法。

（二）蛋白质分离与纯化

蛋白质的分离与纯化是研究蛋白质化学组成、结构及生物学功能等的基础。天然的蛋白质存在于复杂的混合物体系中，而许多重要的蛋白质在组织细胞内的量极低，因此蛋白质分离纯化的工作既要把所需蛋白质从复杂的体系中提取分离，又要防止其空间构象的改变和生物活性的损失，所以从生物组织中分离纯化蛋白质是一个复杂的过程，需要各种特殊技术和操作方法。一个典型的蛋白质纯化方案包括：①破碎细胞或组织，使其形成匀浆；②离心去除细胞碎片及其他不可溶物质，回收上清液；③沉淀/浓缩；④纯化（主要用色谱法）；⑤测定浓度并评估纯度。

1. 细胞破碎和离心

（1）细胞破碎

分离提纯某一种蛋白质时，首先需要将其从细胞或组织中释放出来，并维持其天然折叠状态不被破坏。常用方法有机械破碎法（借助高速组织捣碎机、高压匀浆装置、研钵等）、超声波法（利用超声波振荡器使细胞膜上所受张力不均而使细胞破碎）、冻融法（细胞内液结冰膨胀而裂解细胞，一般需要反复进行冻融过程）、酶法（用溶菌酶破坏微生物细胞壁）等。在进行细胞破碎时，一般还需要加入蛋白酶抑制剂并在冰上操作，防止蛋白酶对目标蛋白质的降解；加入二硫苏糖醇（DTT）等还原剂，防止蛋白质中巯基的氧化；加入 EDTA 金属螯合剂，防止重金属对目标蛋白质结构的破坏等。

（2）离心

离心是借助于离心机旋转所产生的离心力，根据物质颗粒大小、密度和沉降系数等的不同，使物质分离的一种方法。

① 差速离心法。采取逐渐增加离心速度或低速和高速交替进行离心，使沉降速度不同的颗粒，在不同离心速度及不同离心时间下分批分离的方法，称为差速离心法。差速离心一般用于分离沉降系数相差较大的颗粒。进行差速离心时，首先要选择好颗粒沉降所需的离心力和离心时间。离心力过大或离心时间过长，容易导致大部分或全部颗粒沉降及颗粒被挤压损伤。

② 等密度离心法。等密度离心是指，当需要分离颗粒的密度在离心介质的密度梯度范围内，在离心力场的作用下，不同浮力密度的颗粒或向下沉降，或向上漂浮，会沿梯度移动到与它们浮力密度恰好相等的位置（等密度点），形成区带。

2. 沉淀、浓缩与纯化

蛋白质的各种理化性质和生物学性质是蛋白质分离纯化的依据。

（1）根据蛋白质溶解度不同的分离方法

通过改变蛋白质溶解度将目的蛋白质进行粗分离的常用方法有盐析法、等电点沉淀法、有机溶剂沉淀法等。

① 盐析法

盐析法是指利用不同蛋白质在一定浓度盐溶液中溶解度降低程度不同，从而达到彼此分离的目的。溶液中，高浓度的中性盐与蛋白质分子争夺水分子，减弱了蛋白质的水合程度（失去水化膜），使蛋白质的溶解度降低；盐离子所带电荷部分地中和蛋白质分子上的电荷，使其净电荷为零，也促使蛋白质沉淀。盐析时蛋白质浓度、pH 值、温度等均是影响因素。不同蛋白质盐析时要求的盐浓度不同，因此分离几个混合组成的蛋白质时，需要采用不同的盐浓度分步盐析。盐析时除个别特殊情况外，pH 值常选择在被分离的蛋白质等电点附近。通常蛋白质盐析时对温度要求不太严格，所以盐析操作可在室温下进行。但对于某些对温度敏感的酶，宜维持低温条件，以免活力丧失。

盐析法中加入的中性盐有很多种，其中应用最广的是硫酸铵。蛋白质用盐析法沉淀并利用离心法分离沉淀后，常需脱盐才能进行后续纯化步骤。脱盐方法最常用的是透析法，也可通过分子筛色谱或超滤操作等。

② 等电点沉淀

蛋白质、核苷酸、氨基酸等两性电解质的溶解度，常随它们所带电荷的多少而发生变化。一般来说，当它们所带的净电荷为零时，其分子间的吸引力增加，分子互相吸引聚集，使溶解度降低。因此，调节溶液的 pH 值至溶质的等电点，就可能把该溶质从溶液中沉淀出来，这就是等电点沉淀。等电点沉淀适合于那些溶解度在等电点时较低的两性电解质。在调节等电点时，应该注意有些蛋白质、氨基酸易于同阴离子相结合，以致溶液中加入中性盐后，使它们的等电点偏离。选用等电点沉淀时，应该了解所分离的物质在该 pH 条件下的稳定性。

（2）根据蛋白质分子大小差别的分离方法

① 膜分离

膜分离过程是一种物质被透过或被截留于膜上的过程，它近似于筛分过程，依据滤膜孔径的大小而达到物质分离的目的。

a. 透析　透析是根据溶质分子的大小不同借助半透膜使各种溶质具有不同选择透过性而得以分离的方法。透析时半透膜内侧是原料液，外侧是缓冲液，不可透析的大分子（蛋白质）被截留于膜内，可透析的小分子和离子经扩散作用不断透出膜外，直到两边浓度达到平衡。浓度差是透析分离过程的推动力。

b. 超滤　超滤技术是通过膜表面的微孔结构对物质进行选择性分离，并实现对目标蛋白质进行浓缩的目的。超滤法是利用膜的筛分性质，以压差为传质推动力，使原料液中大于膜孔的大粒子溶质被膜截留，小于膜孔的小分子溶质通过半透膜，从而实现分离的方法。可选择不同孔径的滤膜根据高分子溶质之间或高分子与小分子溶质之间分子量的差别进行分离。当液体混合物在一定压力下流经膜表面时，小分子溶质透过膜（称为超滤液），而大分子物质则被截留，使原液中大分子浓度逐渐提高（称为浓缩液），从而实现大、小分子分离和浓缩的目的。

② 凝胶色谱

凝胶色谱是依据分子大小这一物理性质进行分离纯化的，又称凝胶排阻色谱、分子筛色谱、凝胶过滤等。凝胶色谱的固定相是惰性的具有立体网孔结构、呈珠状颗粒的物质。把样品加到充满着凝胶颗粒的色谱柱中，然后用缓冲液洗脱。当含有不同分子大小组分的样品进入凝胶色谱柱后，各个组分就向固定相的网孔内扩散，组分的扩散程度取决于网孔的大小和组分分子大小。比网孔孔径大的分子不能扩散到网孔内部，完全被排阻在孔外，只能在凝胶颗粒外的空间随流动相向下流动，它们经历的流程短，所以首先流出；而较小的分子则可以完全渗透进入凝胶颗粒内部，经历的流程长，所以最后流出；而分子大小介于二者之间的分子在流动中部分渗透，渗透的程度取决于它们分子的大小，所以它们流出的时间介于二者之间，分子越大的组分越先流出，分子越小的组分越后流出。这样样品经过凝胶色谱后，各个组分便按分子从大到小的顺序依次流出，从而达到了分离的目的（图 4-30）。

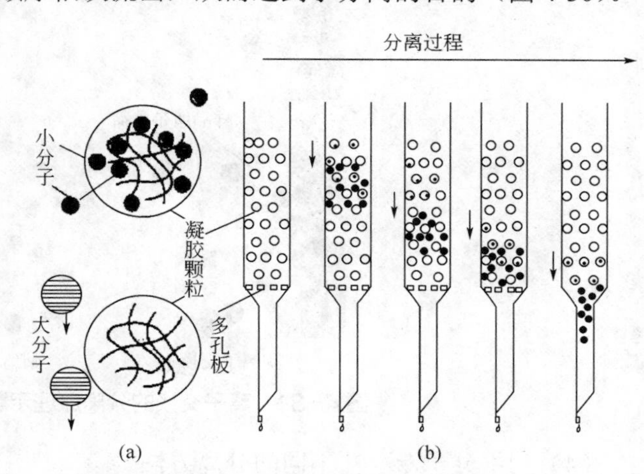

图 4-30　凝胶色谱的分离原理示意图

(a) 表示球形分子和凝胶颗粒网状结构；(b) 分子在排阻色谱柱内的分离过程

在一定条件下，分子量大小不同的蛋白质分子可以通过凝胶色谱分开，被分离的蛋白质的分子量的对数与其洗脱体积呈线性关系：$V_e=-b'\lg M_r+c'$ 其中 b'、c' 为常数，V_e 为洗脱体积，M_r 为相对分子质量。所以可事先将一些已知分子量的标准物质在同一凝胶柱上以相同条件进行洗脱，分别测出 V_e，并根据上述的线性关系绘出标准曲线，然后在相同的条件下测定未知蛋白质的 V_e，通过标准曲线即可求出其分子量。

（3）根据蛋白质带电性质的分离方法

离子交换色谱是依据蛋白质的两性和等电点作为分离依据的。离子交换剂是由一类不溶于水的惰性高分子聚合物基质通过一定的化学反应共价结合上某种电荷基团形成的。离子交换剂可以分为三部分：高分子聚合物基质、电荷基团和平衡离子。

离子交换剂的大分子聚合物基质可以由多种材料制成，以纤维素（cellulose）、葡聚糖（sephadex）、琼脂糖（sepharose）为基质的离子交换剂与水有较强的亲和力，适合于分离蛋白质等大分子物质。

根据与基质共价结合的电荷基团的性质，可以将离子交换剂分为阳离子交换剂和阴离子交换剂。平衡离子是结合于电荷基团上的相反离子，它能与溶液中其他的离子基团发生可逆的交换反应。平衡离子带正电的离子交换剂能与阳离子基团发生交换作用，称为阳离子交换剂；平衡离子带负电的离子交换剂与阴离子基团发生交换作用，称为阴离子交换剂。

各种离子与离子交换剂上的电荷基团的结合是由静电力产生的，是一个可逆的过程。结合的强度与很多因素有关，包括离子交换剂的性质、离子本身的性质、离子强度、pH、温度、溶剂组成等。离子交换色谱就是利用各种离子本身与离子交换剂结合力的差异，并通过改变离子强度、pH 等条件改变各种离子与离子交换剂的结合力而达到分离的目的（图 4-31）。

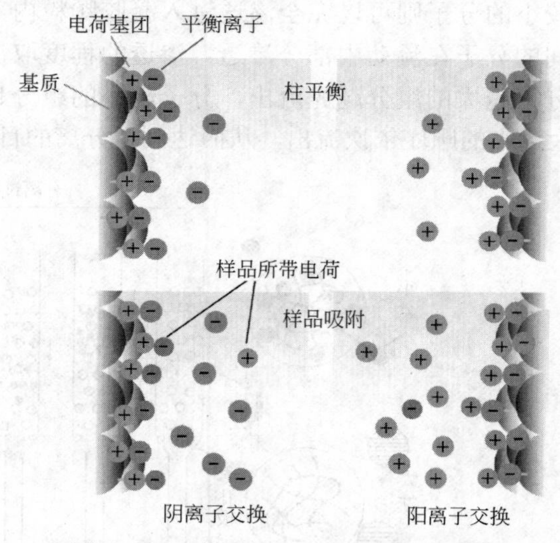

图 4-31 离子交换的分离原理示意图

（4）利用分子专一性不同的分离方法

亲和色谱是利用生物分子间所具有的专一亲和力而设计的色谱技术。利用待分离物质和它的特异性配体间具有特异的亲和力，从而达到分离目的（图 4-32）。亲和色谱具有简便快速、纯化倍数大、活力回收高等优点。对分离纯化某些含量低、稳定性差的生物大分子更显示出它的独特效果。

利用亲和色谱分离某一生物大分子，首先必须寻找能被该分子识别和可逆结合的生物专一性物质（称作配基）；其次要把配基共价结合到色谱介质（称作载体）上，使配基固定化；最后把固定化配基填充在色谱柱内做成亲和柱，利用亲和柱进行色谱。可亲和的一对分子中的一方以共价键形式与不溶性惰性载体相连作为固定相吸附剂，当含有混合组分的样品通过此固定相时，只有和固定相分子有特异亲和力的物质，才能被固定相吸附结合，其他没有亲和力的无关组分就随流动相流出，然后改变流动组成分，将结合的亲和物洗脱下来，可得到与配体有特异结合能力的某一特定的物质。

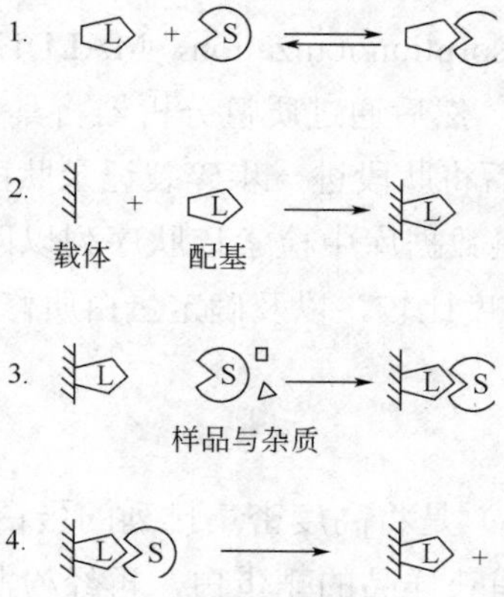

图 4-32　亲和色谱法基本过程

1—一对可逆结合的生物分子；2—载体与配基偶联；3—亲和吸附色谱；4—洗脱样品

（三）蛋白质浓度及纯度鉴定

蛋白质的浓度可以利用前面介绍过的紫外吸收法、考马斯亮蓝 G-250 法（Bradford 法）等进行测定。鉴定蛋白质纯度可以利用 SDS-PAGE，蛋白质纯度越高，电泳上的杂带数量就应该越少；或者利用高效液相色谱（high performance liquid chromatography, HPLC）进行分析，如果一种蛋白质样品在 HPLC 上只表现为单一的峰，可视为纯品；还可以利用质谱法鉴定纯化出来的蛋白质的分子量是否符合预期，或者是进行 N 端或者 C 端测序，来判断纯化后的蛋白质是否发生了降解或修饰。任何蛋白质的纯度鉴定都不能只用一种方法，应该采用两种以上的方法，相互验证，才能肯定蛋白质的纯度。

三、蛋白质组学研究技术

蛋白质组即指定空间中（一个细胞，一种细胞结构，一类细胞器）的全部蛋白质，包含了某一环境条件、某一生命阶段、某一生理或病理状态下，生命体的细胞或组织所表达的蛋白质种类和水平。蛋白质组学的研究包括蛋白质的表达模式及变化规律、翻译后修饰、蛋白质胞内分布及定位、蛋白质与蛋白质相互作用等方面的研究。蛋白质组学研究的技术和手段包括以下几个方面。

（一）蛋白质组的分离技术

分离技术是蛋白质组学研究中的核心，过去常用双向凝胶电泳，通过分子量和带电性质对蛋白质组样品进行分离，之后切胶质谱鉴定，整个过程耗时较长且检测通量低。目前常用色谱技术，可以实现与质谱的自动化联用，不仅让检测变得便捷，还有助于检测低丰度的蛋白质样品。

（二）蛋白质组的鉴定技术

蛋白质组的鉴定技术是蛋白质组学技术的支柱。

1. 质谱技术

质谱技术（mass spectrometry）是目前鉴定蛋白质的多种方法中发展最快、最具潜力的技术，具有高灵敏度、高准确度、自动化等特点，近数年来，其灵敏度更是提高了1000多倍。在蛋白质组学的研究中，首先利用蛋白酶将蛋白质消化成肽段混合物，经过色谱分离进入质谱仪中。质谱仪通过基质辅助激光解吸离子化（matrix assisted laser desorption/ionization，MALDI）或电喷雾电离（electron spray ionization，ESI）等软电离手段将样品离子化，然后通过质量分析器将具有特定质荷比（*m/z*）的肽段离子分离开来，确定该肽段的分子量（MS1）；随后将肽段进一步碎裂记录肽段的碎片分子量（MS2），根据MS1和MS2信息进行肽序列鉴定并在蛋白质组数据库中检索该肽序列以匹配相应蛋白质。更为复杂的质谱分析还能够进行不同样本中同种蛋白质的丰度比较，以及确定蛋白质修饰位点、相互作用位点等信息。

2. 蛋白质芯片技术

蛋白质芯片技术（protein chip）是将高度密集排列的蛋白质分子作为探针点阵固定在固相支持物上，当与待测蛋白质样品反应时，可捕获样品的靶蛋白，再经检测系统对靶蛋白进行定性和定量分析的一种技术。蛋白质芯片的基本原理是将各种蛋白质有序地固定于滴定板、滤膜和载玻片等各种载体上成为检测用的芯片，利用蛋白质分子间的亲和作用，用标记了荧光素的蛋白质或其他成分与芯片结合，经漂洗将未能与芯片上的蛋白质互补结合的成分洗去，再利用荧光扫描仪或激光共聚焦扫描技术，测定芯片上各点的荧光强度，通过荧光强度分析蛋白质与蛋白质之间相互作用的关系，由此达到测定各种蛋白质功能的目的。蛋白质芯片技术具有快速和高通量等特点，它可以对整个基因组水平的上千种蛋白质同时进行分析，是蛋白质组学研究的重要手段之一，已广泛应用于蛋白质表达谱、蛋白质功能、蛋白质相互作用的研究，在临床疾病诊断和新药开发的筛选上也有很大的应用潜力。

习题

1. 丙氨酸具有2个p*K*值，分别为2.34和9.69。丙氨酸可以缩合形成二肽、三肽、甚至是多聚丙氨酸寡肽，其p*K*值如下表所示：

氨基酸或肽	pK_1	pK_2
Ala	2.34	9.69
Ala-Ala	3.12	8.30
Ala-Ala-Ala	3.39	8.03
Ala-$(Ala)_n$-Ala, $n \geqslant 4$	3.42	7.94

① 画出溶液pH7时三聚丙氨酸的结构，指出pK_1和pK_2分别对应的功能团。

② 随着丙氨酸寡肽中丙氨酸残基数目的增加，pK_1值逐渐上升，而pK_2值逐渐下降，这是为什么？

2. 什么是蛋白质的等电点？为什么说在等电点时蛋白质的溶解度最低？某蛋白质等电点为5.0，大小为20 kDa，设计一种分离纯化该蛋白质的方案。

3. 比较肌红蛋白和血红蛋白氧合曲线的差异，并说明这种差异如何反映它们功能的区别？

4. 某生物体内发现了由D型氨基酸构成的蛋白质，且形成螺旋状结构。这种新型蛋白质可能具有哪些特点？

5. 在某些蛋白质的结构中，科学家们发现脯氨酸（Pro）也存在于α-螺旋内，请分析其可能的原因。

科研实例

荧光蛋白，生物学中的彩色革命

绿色荧光蛋白是现代荧光显微技术中最重要的标记物，其分子呈桶状结构，主要由 β - 折叠组成，其发色团由自身氨基酸残基构成。华裔科学家钱永健等人通过基因工程改造，显著拓展了其光谱性质，扩展了其应用。

彩色革命曾在电子娱乐的历史上发生过，即黑白电视换彩色电视，黑白掌上游戏机更新彩色掌上游戏机，都曾让上一年代的年轻人兴奋不已。类似地，这一色彩革命在生物学中也曾发生。若是有读者查阅过一些 20 世纪 90 年代前后的生物学文献不难发现，其内容基本只由黑与白两色组成。这不仅是早些时候印刷或出版的限制，其根本原因是当时的实验方法难以拼凑出一张拿得出手的彩图。纵使化学前辈早已在生物学里渗透多年，其研制出的彩色小分子染料依然无法完成生物学中的彩色革命。这一突破，来自于绿色荧光蛋白（GFP）的鉴定与克隆。初听说的人可能难以想象该蛋白质是从水母中分离得到的，因为生物发光现象在现代生活中并不多见。然而实际在月下抓过萤火虫的，或在海岸边远眺过水母群的科学家很容易深陷其中，想要一探究竟。这是因为生物发光与彩色颜料带来的直观美术感受就像都市的霓虹灯与马路上的红绿灯一般。

在科学精神的驱使下，日本科学家下村修从维多利亚水母中分离出了两种发光物质，分别是水母素与绿色荧光蛋白 GFP。两者都是生物发光蛋白质但机制却不同，水母素是荧光素酶，其发光需要小分子底物腔肠素，而绿色荧光蛋白不需要配体即可自发光。其中水母素的发现于 1962 年发表在杂志 *Journal of Cellular and Comparative Physiology* 上，题为“Extraction, Purification and Properties of Aequorin, a Bioluminescent Protein from the Luminous Hydromedusan, Aequorea”。而绿色荧光蛋白的纯化与表征于 1974 年发表在杂志 *Biochemistry* 上，题为“Mechanism of the luminescent intramolecular reaction of aequorin”。不需要化学小分子即可以发光的蛋白质是划时代的发现，其机制在于 GFP 的 65、66、67 位的丝氨酸、酪氨酸、甘氨酸经过环化、氧化等作用后形成发色团，发色团的结构（对位 - 羟苯亚甲基 - 咪唑烷酮）也是下村修鉴定得到的，于 1979 年发表在杂志 *Febs Letters* 上，题为“Structure of the chromophore of Aequorea green fluorescent protein”。这项工作的完成异常艰辛，历时 19 年，这是因为水母体内的 GFP 含量极低，为攒够原料所需的 100mg 需要几十万只。每年夏天，下村修都组织亲友团前往美国西北海岸的星期五港湾打捞水母。

在实战中，让 GFP 在生物学应用中发光发热的是华裔科学家钱永健。1992 年，GFP 的 cDNA 序列被报道，使得其在模式生物中的研究成为可能。1994 年，钱永健慧眼独具，注意到 GFP 自发光的机制特点，阐述了 GFP 发色团的形成不需要酶或配体，只需要氧气，并利用基因工程开始了 GFP 的改造工作。

为拓展 GFP 的光谱性质，钱永健通过随机突变技术筛选 GFP 突变体，寻找可以发出崭新颜色的突变，该成果于 1994 年发表在杂志 *PNAS* 上，题为“Wavelength mutations and posttranslational autoxidation of green fluorescent protein”。GFP 的光谱性质为其可以在 395nm 或 475nm 下被激发，于 510nm 处发射出最大荧光。多色 GFP 突变体的获取过程大致如下：首先通过易错 PCR 使 GFP 基因发生随机突变，将突变基因克隆到表达载体上并转化到细菌中，将细菌涂布到琼脂平板上培养，即可以得到携带不同 GFP 突变基因的转化子，之后将琼脂平板置于氙灯上观察，即可找出颜色发生改变的 GFP 突变体。

GFP 的热潮也间接导致了硬件革新，例如荧光显微镜的诞生。即使到今日 GFP 依然可能是荧光显微镜中最常用的标记物，基本每台显微镜的光学元件都带有 GFP 的光谱波长。荧光显微镜下的细胞照片也是彩色革命中最具代表性的案例，这些照片上的细胞结构栩栩如生，色彩斑斓，绚丽夺目，看过的人都会留下深刻印象。

钱永健老师在荧光显微镜的活体成像技术上亦有卓越贡献，2002年他在*Science*上发表了题为“Partitioning of Lipid-Modified Monomeric GFPs into Membrane Microdomains of Live Cells”的论文。该论文利用GFP突变体CFP（天蓝色）与YFP（黄色）与膜锚定蛋白的融合体来研究细胞质膜的亚结构。值得注意的是，该方法不仅仅是利用荧光蛋白的发光特性，CFP与YFP之间还会诱导一种独特的光学现象，名为荧光共振能量转移（FRET）。当CFP（低激发波长）与YFP（高激发波长）处于同一体系中且足够接近时，即会发生FRET现象，CFP被激发后其发射光会被YFP吸收（转移现象），最终体系表现出的颜色主要来自YFP的最大发射波长。FRET现象也存在于水母素与GFP之间，白天水母素被激活时水母呈蓝色，而在黑暗中GFP可以吸收水母素的发射光发出绿色。FRET使得生物发光更加变幻多端，神秘难测。

显微镜下的荧光蛋白，产出的一张张照片，一段段视频，让生物学发表的论文迅速色彩斑斓起来，极大地拓展了研究者的视野。然而荧光显微镜并非普通人可以轻易拥有的物件，那么荧光蛋白是否有机会走进大众的视线？这个未来或许将源于深红色荧光蛋白（mKate）的发现。受历史相似性的驱动，俄罗斯科学家丘达科夫从宠物店带走了一只深红色海葵，将发光物质的蛋白质分离并进行突变改造，获得了可用于活体成像的mKate，该工作于2007年发表在杂志*Nature Methods*上，题为“Bright far-red fluorescent protein for whole-body imaging”。mKate与GFP的区别不在于颜色，而是mKate在活体中的穿透性极强，强到其在小动物组织中的发光肉眼隐约可见。有研究者预测深红色荧光蛋白将来会应用于临床治疗。

荧光蛋白已经在生物学中引导了一场革命，那么下一场革命将会如何发生。回顾下村修与丘达科夫的工作，他们似乎都是从大自然中获得灵感。如果将来您成为一位生命科学雏鸟，如果您的研究遇到瓶颈（有时会发生），您是否会考虑去自然中挖掘一些信息，也许是一幅美丽的画面，也许是一个独特的行为。

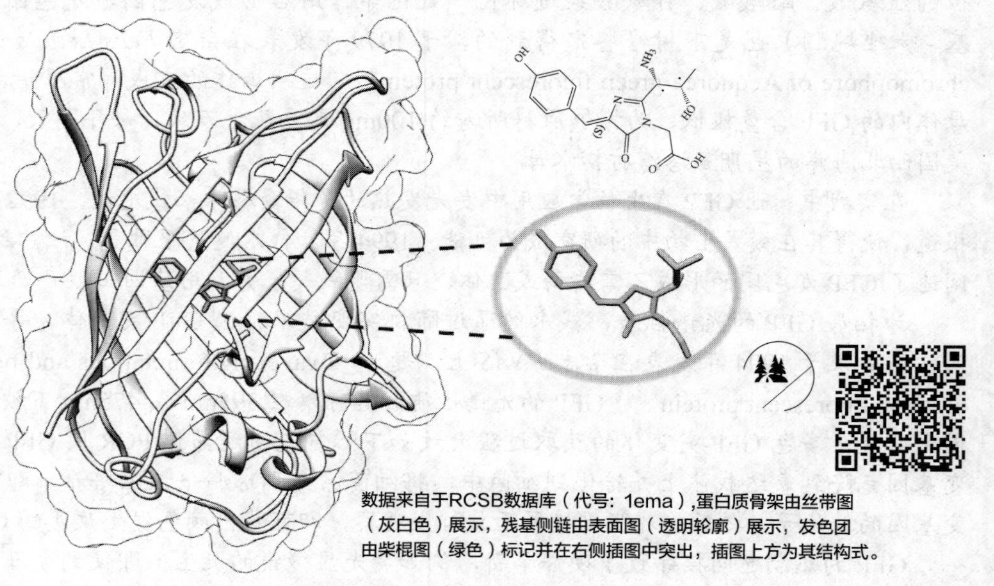

数据来自于RCSB数据库（代号：1ema），蛋白质骨架由丝带图（灰白色）展示，残基侧链由表面图（透明轮廓）展示，发色团由柴棍图（绿色）标记并在右侧插图中突出，插图上方为其结构式。

图4-33　GFP的蛋白质三级结构

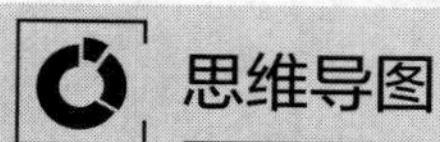

思维导图

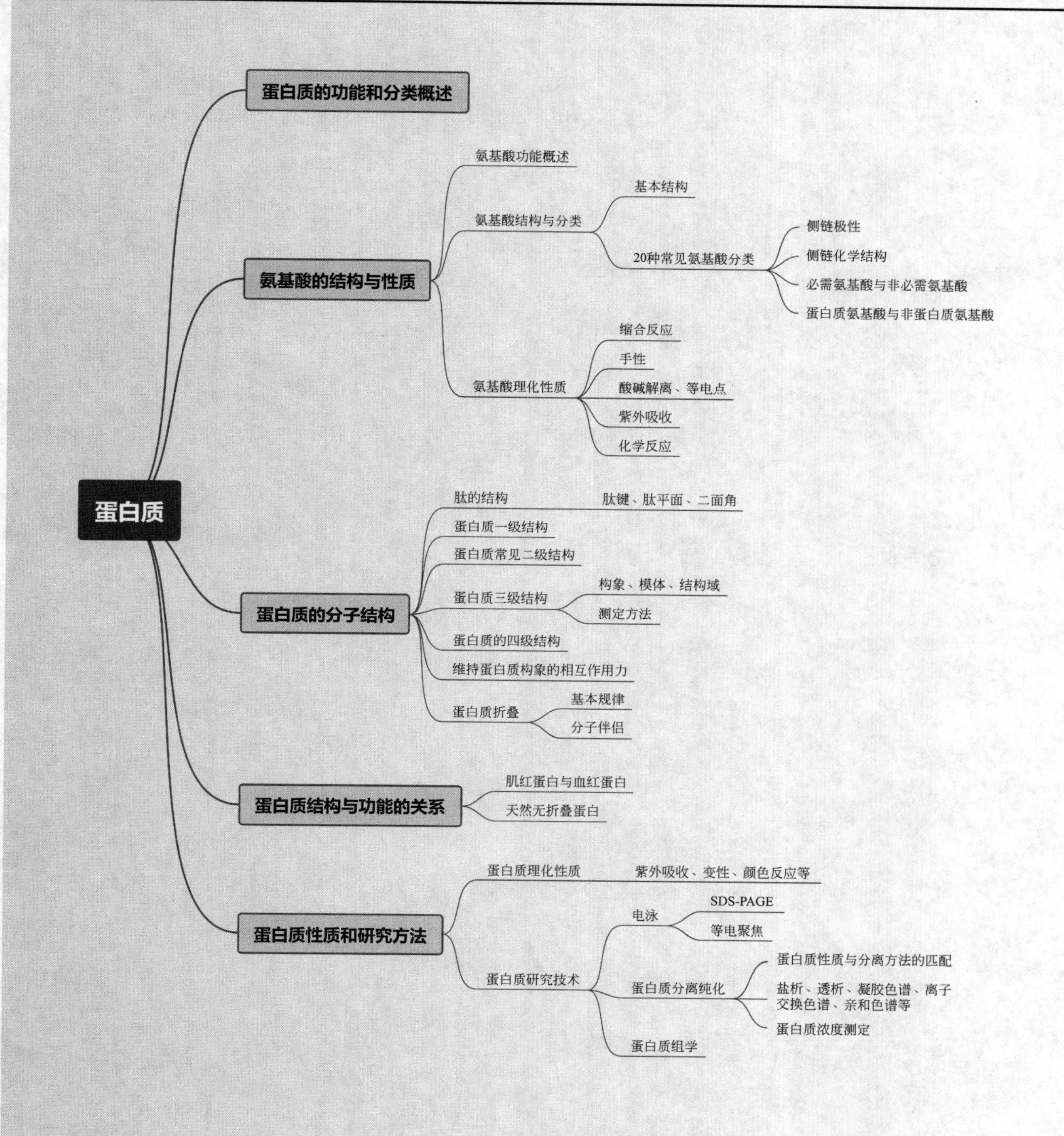
蛋白质
蛋白质的功能和分类概述
氨基酸的结构与性质
氨基酸功能概述
氨基酸结构与分类
基本结构
20种常见氨基酸分类
侧链极性
侧链化学结构
必需氨基酸与非必需氨基酸
蛋白质氨基酸与非蛋白质氨基酸
氨基酸理化性质
缩合反应
手性
酸碱解离、等电点
紫外吸收
化学反应
蛋白质的分子结构
肽的结构
肽键、肽平面、二面角
蛋白质一级结构
蛋白质常见二级结构
蛋白质三级结构
构象、模体、结构域
测定方法
蛋白质的四级结构
维持蛋白质构象的相互作用力
蛋白质折叠
基本规律
分子伴侣
蛋白质结构与功能的关系
肌红蛋白与血红蛋白
天然无折叠蛋白
蛋白质性质和研究方法
蛋白质理化性质
紫外吸收、变性、颜色反应等
蛋白质研究技术
电泳
SDS-PAGE
等电聚焦
蛋白质分离纯化
蛋白质性质与分离方法的匹配
盐析、透析、凝胶色谱、离子交换色谱、亲和色谱等
蛋白质浓度测定
蛋白质组学

第五章 核酸

○○ —— ○○ ○ ○○ ——

学习目标

通过本章的学习，你需要掌握以下内容：

- ○ 掌握核苷酸的基本结构、理化性质和功能。
- ○ 说出两种核酸的组成单体和连接方式。
- ○ 理解 DNA 的一级、二级、三级结构，描述每一级结构的特点。
- ○ 掌握细胞中三种主要 RNA 类型的结构和功能。
- ○ 理解核酸的酸碱性质、紫外吸收性质和沉降性质。
- ○ 简述核酸的变性与复性的概念，理解 T_m 值的定义。
- ○ 了解核酸变性与复性过程中的特征变化以及影响因素。
- ○ 掌握 PCR 技术扩增核酸的原理。
- ○ 掌握 DNA 一代测序（双脱氧法）的过程和原理，比较二代、三代和四代测序技术在方法上的不同和进步之处。
- ○ 了解 RNA 测序的几种常用方法。
- ○ 掌握核酸电泳分离的原理和两种常用凝胶介质。
- ○ 说出几种基本的核酸杂交技术及其原理。
- ○ 理解重组 DNA 技术的基本步骤和目的。
- ○ 了解核酸类物质的应用和制备方法。

核酸（nucleic acid）作为一类生物大分子，具有复杂的结构和功能，是遗传物质的携带者和传递者。核酸的结构与功能是生物化学和分子生物学的重要研究领域。

早在 1868 年，瑞士内科医生 Friedrich Miescher 从伤口的脓细胞核中提取到一种富含磷元素的酸性化合物，将其称为核素（nuclein）。后来他又从鲑鱼精子中分离出类似的物质，并指出它是由一种碱性蛋白质与一种酸性物质组成的，此酸性物质即是现在所知的核酸。1944 年 Oswald Avery 等学者通过肺炎链球菌转化实验证明了脱氧核糖核酸（deoxyribonucleic acid，DNA）是遗传物质的事实。从一种具有致病性的肺炎链球菌中提取的 DNA 可使不具有致病性的肺炎链球菌的遗传性状发生转变，获得致病性。后经研究揭示，致病性肺炎链球菌的 DNA 中具有编码荚膜结构的基因，赋予其抵御宿主免疫系统的能力。8 年后 Alfred Hershey 和 Martha Chas 用放射性同位素 ^{32}P 和 ^{35}S 分别标记 T_2 噬菌体 DNA 和蛋白质外壳，再分别感染大肠杆菌，发现 ^{32}P 标记的 DNA 进入大肠杆菌体内，^{35}S 标记的蛋白质外壳留在了细菌外，进一步肯定了 DNA 的遗传作用。

1953 年 Watson 和 Crick 创立的 DNA 双螺旋结构模型，不仅阐明了 DNA 分子的结构特征，而且提出 DNA 是执行生物遗传功能的分子。在从亲代到子代的 DNA 复制（replication）过程中，遗传信息传递方式具有高度保真性，为遗传学进入分子水平奠定了基础，成为现代分子生物学发展史上最为辉煌的里程碑。后来的研究又发现了在遗传信息传递中起着重要作用的核糖核酸（ribonucleic acid，RNA）。从此，核酸研究的进展日新月异，如今，由核酸研究而产生的分子生物学及其基因工程技术已渗透到医药学、农业、化工等领域的各个学科。随着人类基因组计划（human genome project，HGP）的完成，人类对生命本质的认识进入了一个崭新的时代。

第一节　核酸的种类和生物功能

核酸包括两大类，DNA 和 RNA。每个生物都具有基因组（genome，即生物体全部遗传物质的总和），携带着构成和维持该生物体生命形式所必需的所有生物信息。绝大部分生物体以 DNA 作为遗传物质，某些病毒以 RNA 作为遗传物质。DNA 和 RNA 有某些共同的结构特点，但生物功能不同。基因组中的可转录结构就是基因（gene），而信使 RNA（mRNA）中的核苷酸序列代表的遗传密码（genetic code）决定了蛋白质的氨基酸序列。基因组 DNA 通过复制（replication）将自身完整准确地传递给子代，通过转录（transcription）产生转录组（transcriptome）。广义的转录组是细胞内所有转录产物的集合，包括信使 RNA（mRNA）、核糖体 RNA（rRNA）、转运 RNA（tRNA）和其他非编码 RNA，其中 mRNA 通过翻译（translation）产生蛋白质组（proteome）。这个遗传信息流动的方向称为中心法则（central dogma，图 5-1，实线）。后来的科学研究又发现，在某些病毒和 RNA 干扰过程中，RNA 也可以自我复制，并且还发现在一些病毒蛋白质的合成过程中，RNA 可以在逆转录酶的作用下合成 DNA（图 5-1，虚线）。上述逆转录过程以及 RNA 自我复制过程的发现是对“中心法则”的补充和发展。在真核生物中，这个信息流的传递过程在转录和翻译两个关键环节基础之上还增加了 RNA 加工，蛋白质的加工和折叠等，因此调控更为复杂。

由于基因的核苷酸序列决定了蛋白质的氨基酸序列，同时核酸还可以自我复制传递给子代，因此在每个生物体中，核酸是遗传信息的载体和各种生命活动信息指令的根本来源。

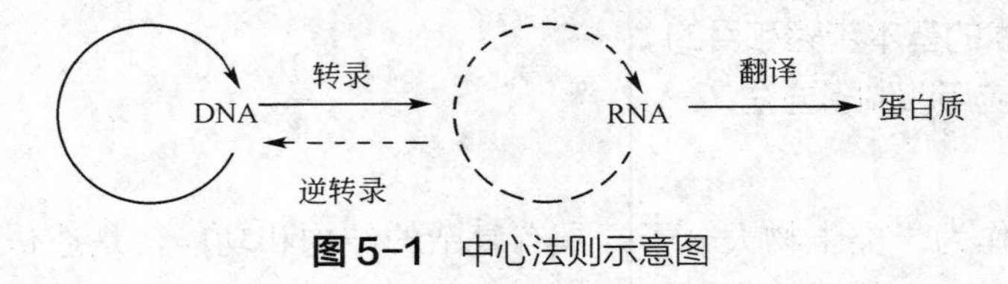

图 5–1　中心法则示意图

第二节　核酸分子的基本元件

一、核苷酸的基本结构

DNA 和 RNA 是由核苷酸（nucleotide）单体构成的线性、无分支的多聚分子。每个核苷酸包含三部分：

碱基、戊糖和磷酸。碱基和戊糖之间通过 *N*- 糖苷键连接组成核苷，核苷的磷酸酯就是核苷酸（图 5-2）。

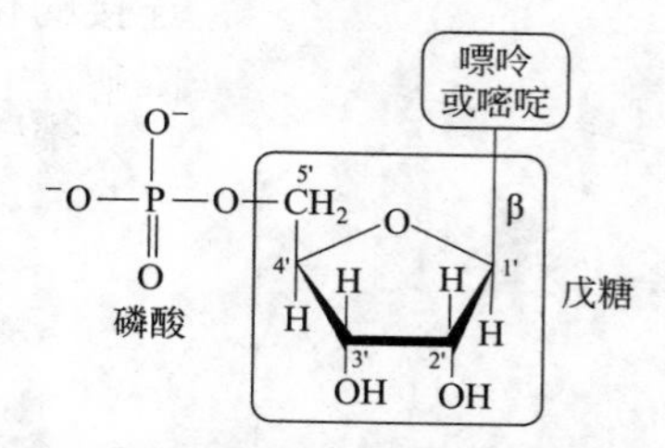

图5-2 核苷酸的结构（图中的戊糖是核糖，2′位的—OH 替换为—H 则是脱氧核糖）

（一）戊糖

核酸中的戊糖有 *β*-D- 核糖（D-ribose）和 *β*-D-2- 脱氧核糖（D-2-deoxyribose）两类，两种戊糖的结构如图 5-2。前者参与构成 RNA，而后者参与构成 DNA。两类核酸的基本化学组成见表 5-1。核苷酸的分类首先取决于戊糖部分是核糖还是脱氧核糖，戊糖确定以后，核苷酸名称就由碱基种类确定。

表 5-1 两类核酸的比较

项目		DNA	RNA
组成	嘌呤碱基（purine bases）	腺嘌呤（adenine, A） 鸟嘌呤（guanine, G）	A G
	嘧啶碱基（pyrimidine bases）	胞嘧啶（cytosine, C） 胸腺嘧啶（thymine, T）	C 尿嘧啶（uracil, U）
	戊糖	D-2- 脱氧核糖	D- 核糖
	酸	磷酸	磷酸
结构		双螺旋结构，碱基互补	单链，部分区域碱基互补形成高级结构
分布		细胞核（染色质部分）、细胞器（叶绿体，线粒体）	细胞核（核仁）、细胞质

为了区别糖环的标号和碱基环的标号，特在糖环标号的右角尖上加“′”如 2′ - 脱氧核糖即表示脱氧的位置在糖的第二位碳原子上。而未带“′”指的是碱基的原子。

β-D- 核糖和 *β*-D-2- 脱氧核糖之间的差别仅在第二位碳原子上有无氧原子。*β*-D- 核糖由于第二位碳原子上未脱氧，因而有两个相邻的顺式羟基，在碱催化下，RNA 分子中的磷酰基可发生转移，生成 2′,3′ - 环状单核苷酸中间产物，并可再进一步水解成 2′ - 核苷酸和 3′ - 核苷酸。因此 RNA 对碱的稳定性不如 DNA。而 *β*-D-2- 脱氧核糖不含有两个相邻的顺式羟基，故不能发生上述反应。

（二）碱基

核酸中的碱基分为两类：嘧啶碱基和嘌呤碱基。嘧啶碱基是母体化合物嘧啶的衍生物，核酸中常见的有胞嘧啶（C），尿嘧啶（U）和胸腺嘧啶（T）；嘌呤碱基是母体化合物嘌呤的衍生物，核酸中常见的有腺嘌呤（A）和鸟嘌呤（G）。常见碱基的结构如图 5-3。C、A、G 是 RNA 和 DNA 两类核酸所共有，而 T 通常只存在于 DNA 中，U 通常只存在于 RNA 中。但有时也有例外，如 tRNA 中也可能存在少量的 T。除以上五种常见碱基外，核酸中还存在各种修饰碱基，如 5- 甲基胞嘧啶、5- 羟甲基胞嘧啶、黄嘌呤、次黄嘌呤等。tRNA 中含有较多修饰碱基。有些修饰碱基含量甚少，称为稀有碱基。

嘌呤和嘧啶具有类似苯环共轭双键系统，因此有强烈吸收紫外光的性质，其最大吸收值在 260nm 左右。各种碱基有各自的吸收曲线，这个曲线依 pH 环境不同而特征性地发生变化。

（三）磷酸

磷酸基团与戊糖分子的 3′—OH 或 5′ —OH 通过酯键连接起来，这也是核苷酸聚合成核酸的基础，

连接的化学键称为3′-5′-磷酸二酯键。磷酸酯键可在核酸酶和酸碱的作用下降解。

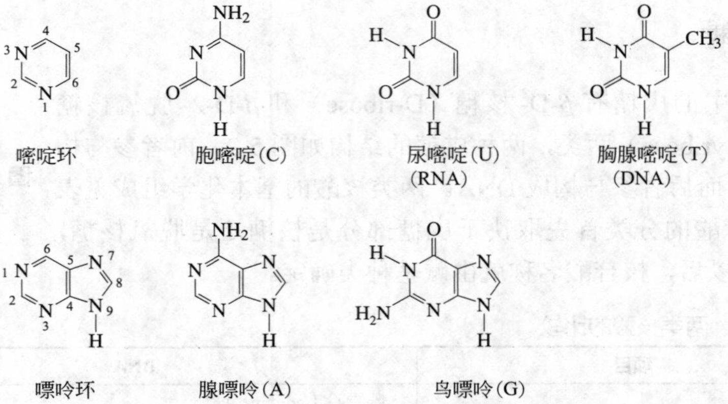

嘧啶环　胞嘧啶(C)　尿嘧啶(U)(RNA)　胸腺嘧啶(T)(DNA)

嘌呤环　腺嘌呤(A)　鸟嘌呤(G)

图5-3　嘧啶环、嘌呤环及常见碱基的化学结构

一般情况下，DNA由4种脱氧核苷酸（dNTP，N代表A、G、C和T）组成，RNA则由4种核苷酸（NTP，N代表A、G、C和U）组成。

概念检查 5.1

○ 核苷酸与脱氧核苷酸的区别在哪里?

二、核苷酸的物理化学性质

（一）一般性状

核苷酸为无色粉末或结晶，易溶于水，不溶于有机溶剂。戊糖具有不对称C原子，所以核苷酸溶液具有旋光性。

（二）紫外吸收

由于碱基具有共轭双键，所以碱基、核苷、核苷酸和核酸均具有强烈紫外吸收特性（波长240~290nm，最大吸收值在260nm附近）。此性质可以来定性或定量测定含碱基的化合物。

（三）核苷酸的互变异构作用

所有的碱基都具有芳香环的结构特征。X衍射分析证明，嘌呤环和嘧啶环均呈平面或接近于平面的结构。碱基的芳香环与环外基团可以发生酮式（keto）-烯醇式（enol）或氨基式-亚氨基式的互变异构。不同的互变异构体形成氢键的能力和方向有明显差别。碱基的互变异构与介质和条件有关，其中影响最大的是 pH 和温度。碱基的互变异构对于核酸的结构和性质有直接影响。而当 DNA 复制时，如果碱基发生互变异构作用，就可能引起突变。

（四）核苷酸的两性解离

核苷酸分子中既含有酸性基团（磷酸基）也含有碱性基团（氨基），因而核苷酸也具有两性性质。由于核苷酸分子中的磷酸是一个中等强度的酸，而碱基（氨基）是一个弱碱，所以核苷酸的等电点比较低。4 种核苷酸的解离常数（pK_a）和等电点（pI）见表 5-2。含氮环亚氨基的解离常数（pK_{a2}）值相差较大，它对核苷酸的等电点值起到决定性作用。

表 5-2 4 种核苷酸的解离常数（pK_a）和等电点（pI）

核苷酸	第一磷酸基 (pK_{a_1})	含氮环的亚氨基 (pK_{a_2})	第二磷酸基 (pK_{a_3})	烯醇式羟基 (pK_{a_4})	等电点 (pI)
AMP	0.9	3.7	6.2	—	2.35
GMP	0.7	2.4	6.1	9.5	1.55
CMP	0.8	4.5	6.3	—	2.65
UMP	1.0	—	6.4	9.5	—

处在等电点时，核苷酸主要以兼性离子存在，总电荷为 0；当溶液 pH 小于 pI 时，核苷酸带正电荷；反之，当溶液的 pH 大于 pI 时，核苷酸带负电荷。尿苷酸的碱基碱性极弱，实际上测不出其含氮环的解离曲线，故不能形成兼性离子。

了解核苷酸的解离性质在核苷酸的制备及分析中有很大的实用价值。应用离子交换柱色谱和电泳等方法分级分离核苷酸及其衍生物，主要是利用它们在一定 pH 条件下具有不同的解离特性。通过调节样品溶液的 pH 值使核苷酸的可解离基团解离，带上正电荷或负电荷，同时减少样品溶液中除核苷酸外的其他离子的强度，这样，当样品溶液加入到色谱柱时，核苷酸就可以与离子交换树脂相结合。洗脱时，可通过改变 pH 值，使吸附于树脂的核苷酸的相应电荷降低，从而与树脂的亲和力降低；或增加洗脱液中竞争性离子的强度，使核苷酸得到分离。

三、细胞中游离的核苷酸及其衍生物

除了作为组成核酸的单体，细胞中还存在一些游离的核苷酸和核苷酸衍生物，它们执行着大量而多样的功能，而与遗传信息的操纵无关。

最广为人知的游离核苷酸就是三磷酸腺苷（adenosine triphosphate, ATP），它含有一个腺嘌呤、一个核糖和一个三磷酸基团，其结构见图 5-4。所有已知的生物体都以 ATP 作为能量的载体。能量主要贮存在 ATP 的两个高能磷酸键中（图中以“~”表示），每个高能键水解时可释放出 7~8 kcal/mol 的能量，而普通磷酸键水解时则只能释放出 2 kcal/mol 的能量。当 ATP 水解为二磷酸腺苷（adenosine diphosphate, ADP）或单磷酸腺苷（adenosine monophosphate, AMP）时，能量就释放出来。ATP 在细胞中为一系列的生命过程提供能量，例如生物合成反应、离子转运和细胞的迁移。光合作用或者代谢燃料（例如糖和脂肪酸）的消耗又可以利用 AMP 和无机磷酸合成 ADP 和 ATP。

GTP、CTP、UTP 等在某些生化反应中也具有传递能量的作用，但远没有 ATP 普遍。此外，UDP 在糖原合成中参与葡萄糖基的转运，而 CDP 参与甘油磷脂的生物合成。

ATP 在受到激素或其他信号分子刺激而活化的腺苷酸环化酶作用下可以形成环腺苷酸（3′,5′-cyclic adenylic acid，cAMP）（图 5-5）。cAMP 能激活蛋白激酶 A（protein kinase A，PKA），使胞内许多蛋白酶发生磷酸化（ATP 提供磷酸基）而活化，例如磷酸化酶、脂酶、糖原合成酶等，从而将激素效应传递到胞内，因此被称为第二信使（second messenger，详见第十四章）。第二信使还包括环鸟苷酸（3′,5′-cyclic guanylic acid, cGMP）、肌醇磷酸、一氧化氮和钙离子等，在细胞内的信号转导途径中处于中心环节，对信号的放大、分化、整合并传递给效应机制起着重要作用。

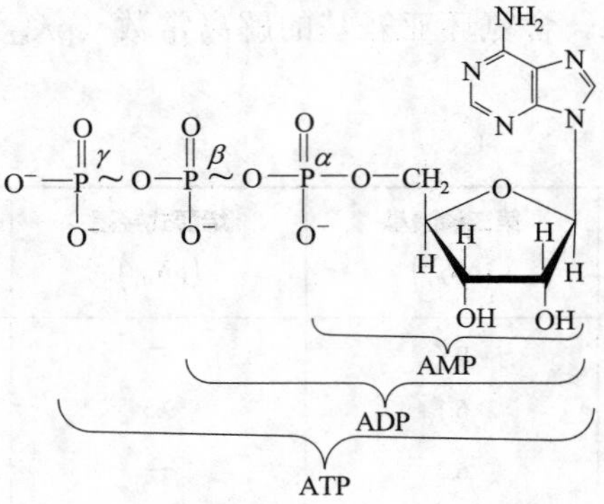

图 5-4 一磷酸腺苷（AMP），二磷酸腺苷（ADP）和三磷酸腺苷（ATP）

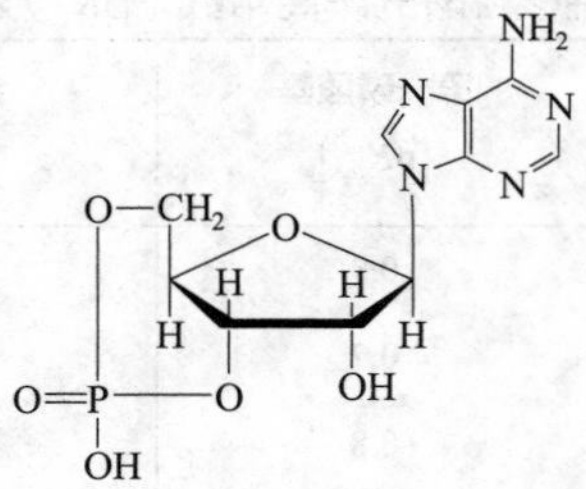

图 5-5 环腺苷酸（cAMP）

黄素腺嘌呤二核苷酸（flavin adenine dinucleotide, FAD）含有腺苷并通过两个磷酸基团与核黄素（riboflavin）相连接（图 5-6）。FAD 的核黄素部分可以被许多种生物合成，但人类不能自身合成，所以人类必须从饮食中获得核黄素（也称维生素 B_2）。FAD 中核黄素部分的杂环系统能被可逆地还原，鉴于此，许多生物体的氧化还原反应都有 FAD 参与。

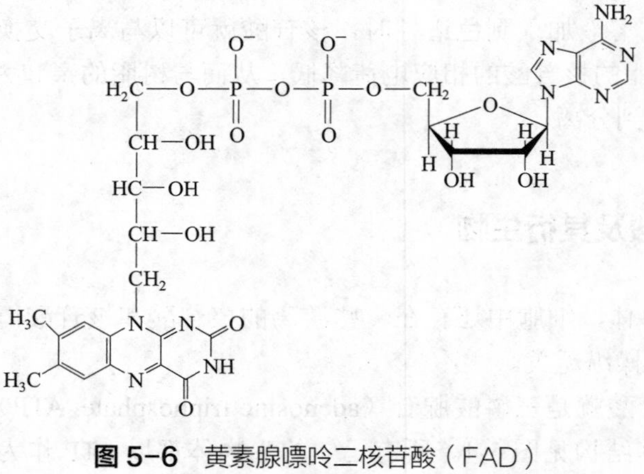

图 5-6 黄素腺嘌呤二核苷酸（FAD）

烟酰胺腺嘌呤二核苷酸（nicotinamide adenine dinucleotide, NAD^+）与 FAD 一样参与多种氧化还原反应。在 NAD^+ 和相关化合物烟酰胺腺嘌呤二核苷酸磷酸（nicotinamide adenine dinucleotide phosphate, $NADP^+$）中，腺苷通过两个磷酸与核糖和烟酰胺（nicotinamide）相连接（图 5-7）。在 $NADP^+$ 中，第三个磷酸基团连在腺苷核糖的 2′ 位置上。NAD^+ 和 $NADP^+$ 的烟酰胺部分都是由维生素烟酸（niacin）衍生而来，是发生可逆还原反应的位点。

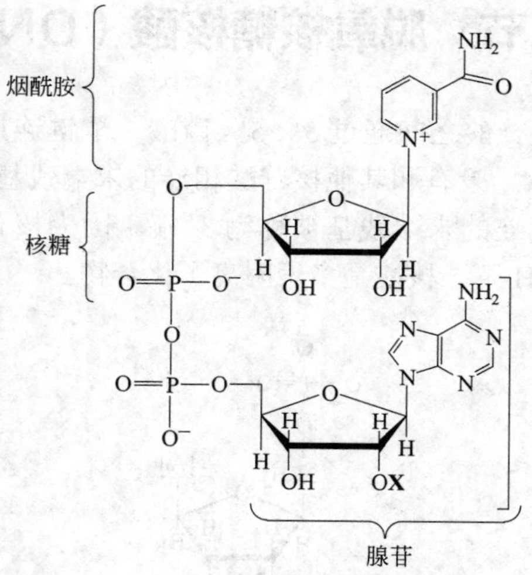

烟酰胺
核糖
腺苷

图 5-7　烟酰胺腺嘌呤二核苷酸（NAD^+）和烟酰胺腺嘌呤二核苷酸磷酸（$NADP^+$）

X＝H 烟酰胺腺嘌呤二核苷酸（NAD^+）

X＝PO_3^{2-} 烟酰胺腺嘌呤二核苷酸磷酸（$NADP^+$）

辅酶 A（CoA，图 5-8）是另一个核苷酸衍生物，虽然不能进行氧化还原作用，但在代谢过程中作为酰基的载体，扮演着重要角色。酰基（通常是乙酰基或脂酰基）与分子中巯基乙胺末端的巯基相连。辅酶 A 来源于泛酸（pantothenic acid，也称维生素 B_3）。

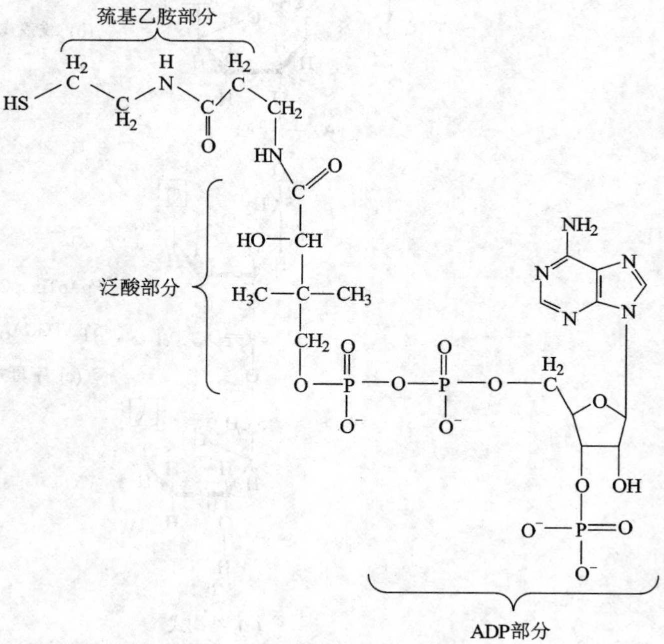

巯基乙胺部分
泛酸部分
ADP部分

图 5-8　辅酶 A 的分子结构

第三节　脱氧核糖核酸（DNA）的结构

核苷酸之间通过 3′, 5′ - 磷酸二酯键连接形成的长链聚合物称为核酸（图 5-9）。C_5' 没有和其他核苷酸相连的末端残基被称为 5′ 端，而 C_3' 没有和其他核苷酸相连的末端残基被称为 3′ 端。因为核苷酸中磷酸基的电离性质，所以在生理 pH 下，核酸是多聚阴离子化合物。

(a) 结构式

A　T　G　C　A

5′ p p p p p OH

(b) 线条式

5′pApTpGpCpA$_{OH}$3′

5′pATGCA$_{OH}$3′

(c) 字母式

图 5-9　核酸分子结构的表示方法

（a）结构式（b）线条式（c）字母式

一、DNA 的碱基组成

不同物种的生物体基因组 DNA 碱基组成变化很大，GC 含量可以作为

DNA 碱基组成种属特异性的指标。在不同的细菌中，GC 含量在 25%～75%之间。亲缘关系近的物种间 DNA 碱基组成差异较小，哺乳动物中 GC 含量在 39%～46%之间。但无论生物体中基因组 DNA 序列如何，其碱基组成始终含有相等数量的腺嘌呤和胸腺嘧啶（A = T）以及相等数量的鸟嘌呤和胞嘧啶（G = C）。这种关系被称为 Chargaff 法则，是由 Erwin Chargaff 于 20 世纪 40 年代末发现的。他设计出了第一个 DNA 组分分析的可靠定量方法。Chargaff 法则的重要性当时并没有很快地被理解，但我们现在知道这个法则的结构本质来源于 DNA 双螺旋性质。

二、DNA 的一级结构

DNA 的一级结构是指核酸分子中核苷酸残基的线性排列顺序，其中蕴涵着控制生物体个体形态、发育、代谢、应激反应等全部可执行和可遗传的信息。

表示一个核酸分子结构的方法由繁至简有结构式、线条式、字母式等许多种（图 5-9）。书写时若未特别注明 5′和 3′端，按一般约定，由左向右书写碱基序列，左侧是 5′端，右侧是 3′端。DNA 分子很大，其大小通常用 bp（碱基对）、kb（千碱基对）或 Mb（百万碱基对）的数目来表示。

20 世纪末，随着基因组测序计划的大规模开展，人们对核酸研究的兴趣进一步向基因组学发展。基因组（genome）是指生物体全部的遗传物质，基因组序列是生物体执行各种生命活动的“源代码”，因此它自然而然地成为当代破译复杂生命现象的出发点。DNA 一级结构所具有的重要意义，使得全基因组核苷酸序列测定成为人类揭示生命奥秘的入门钥匙。当今全基因组 DNA 测序技术发展非常迅速。在全球科学家的共同努力下，迄今已经完成全基因组序列测定的物种达到 1000 种以上，其中包括病毒、大肠杆菌、酿酒酵母、果蝇、线虫、拟南芥、玉米、水稻和人等，60% 以上为细菌。人类的基因组大小约为 3.2×10^9 bp，分布在 24 条染色体上（即 22 条常染色体和 XY 两条性染色体），其中编码蛋白质的外显子序列只占 1.5%左右，基因总数在 2.1 万个左右。而据美国国家生物技术信息中心（National Center for Biotechnology Information, NCBI）的统计数据显示，截至 2021 年 9 月，该网站中传统的 Genbank 数据库中已有 231982592 条序列，累计 940513260726 个碱基。如此巨大的序列信息可以说是生命科学基础研究、医药开发、工农业生物技术的宝藏，而其中蕴含的大部分意义还没有被破译出来。一些模式生物的基因组大小和含有的基因数目见表 5-3。除了少数例外，一般而言，越复杂的生物体包含有越多的 DNA。

表 5-3　一些已经完成测序的生物基因组大小

类别	物种名称	基因组大小 /Mb	大致基因数目 / 个
真核生物	人 *Homo sapiens*	3200	21306[1]
	拟南芥 *Arabidopsis thaliana*	125	25498[2]
	秀丽线虫 *Caenorhabditis elegans*	97	>19000[3]
	黑腹果蝇 *Drosophila melanogaster*	120	13600[4]
	酿酒酵母 *Saccharomyces cerevisiae*	11.8	5904[5]
原核生物	大肠杆菌 *Escherichia coli K12*	4.64	4400[6]
	生殖支原体 *Mycoplasma genitalium*	0.58	500[7]
	铜绿假单胞菌 *Pseudomonas aeruginosa* PA01	6.26	5700[8]
	霍乱弧菌 *Vibrio cholerae* E1 Tor N16961	4.03	4000[9]
古细菌	闪烁古生球菌 *Archaeoglobus fulgidus*	2.18	2436[10]
	詹氏甲烷球菌 *Methanococcus jannaschii*	1.66	1738[11]

三、DNA 的二级结构

(一) DNA 的双螺旋结构

1953 年，James Watson 和 Francis Crick 确定了 DNA 的双螺旋结构，这是现代分子生物学诞生的标志。DNA 的双螺旋模型指出了遗传的分子机制，因此是科学史上最重要的成就之一。

Watson-Crick 的 DNA 结构模型（图 5-10）有如下主要特点。

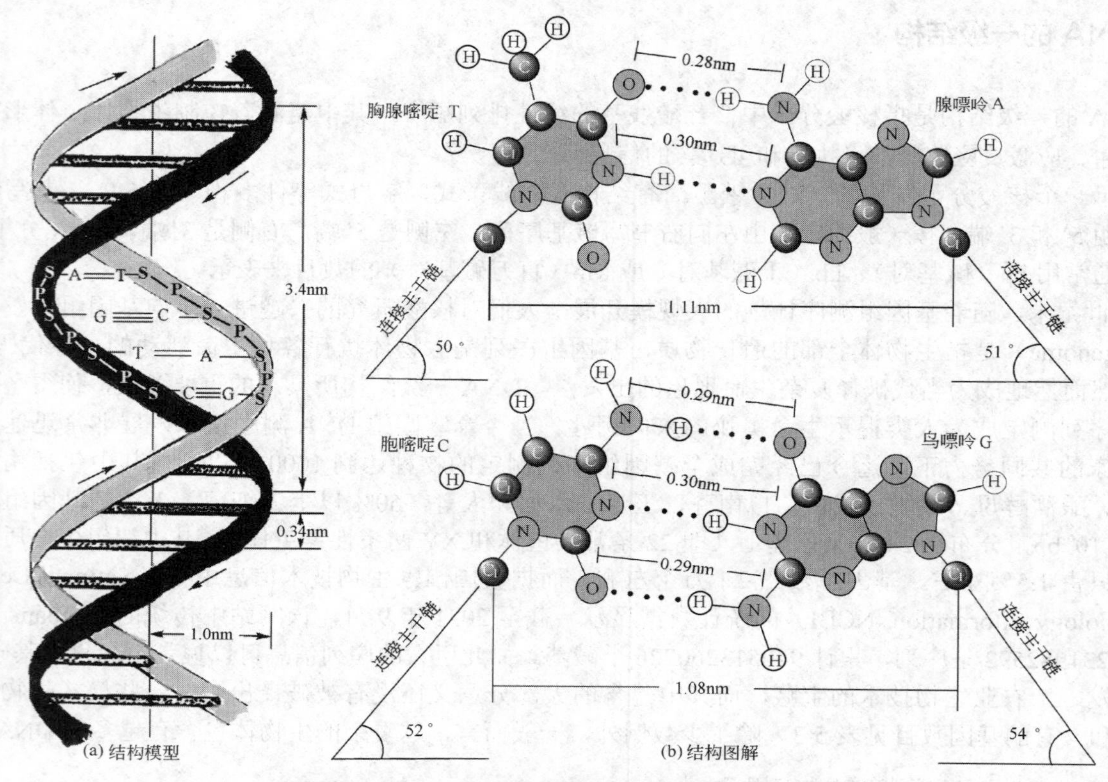

图 5-10 DNA 分子双螺旋的结构模型及其图解

① DNA 分子是由两条反向平行的多核苷酸链围绕着一根共同的轴相互缠绕组成，形成右手双螺旋（double helix），直径 2nm。

② 碱基位于螺旋的内侧，而磷酸糖链构成的骨架位于双螺旋的外侧，这样带负电荷的磷酸基团间的斥力降到最小。上下相邻的碱基平面相互平行，且与中心轴垂直。核糖平面与中心轴平行。后来发现碱基对的两个碱基并非完全处于同一个平面，而是碱基对沿长轴旋转一定角度，从而使碱基对的形状像螺旋桨叶片的样子，称为螺旋桨状扭曲（propeller twisting）。这种结构可提高碱基堆积力，使 DNA 结构更稳定。

③ 双螺旋结构的稳定性由疏水相互作用和众多氢键来维持。组成双螺旋的两条链在碱基序列上是互补的，一条链上的每一个碱基与其互补链上对应的碱基依靠氢键配对。配对规则是 A 与 T 通过两对氢键配对，G 与 C 通过三对氢键配对（所以 GC 之间的连接较为稳定）。这种配对方式称为 Watson-Crick 碱基对。这个结构要点解释了 Chargaff 法则，即在 DNA 分子中嘌呤碱基的总数与嘧啶碱基的总数相等。更重要的是，这一原则是 DNA 分子复制、转录以及反转录等过程的基础，也使人们能够依据已知的多核苷酸

链序列来推知其互补序列。

④ 双螺旋每环绕一周升高 3.4 nm（螺距），两个相邻碱基对之间相距 0.34 nm，相差 36° ，因此每一圈完整的螺旋含有 10 个碱基对（细胞内的 DNA 双螺旋实际上每一圈包含 10.5 对碱基，螺距为 3.5 nm）。

⑤ 双螺旋的表面有两条深浅不同的螺形凹沟：大沟（major groove）和小沟（minor groove），宽度分别为 2.2 nm 和 1.2 nm。每个碱基都会有一部分在此区域“暴露”出来，以便与其他的生物分子相互接触与识别。

DNA 双螺旋结构在生理状态下是很稳定的。维持这种稳定性的主要因素是碱基堆积力（base stacking force)。嘌呤与嘧啶形状扁平，倾向于形成平面平行分子的延续堆积；另外嘌呤和嘧啶呈疏水性，位于双螺旋结构的内侧，大量碱基层层堆积，而两个相邻碱基的平面十分贴近，于是使双螺旋结构内部形成一个强大的疏水作用区，与介质中的水分子隔开；综合这两个因素所形成的碱基堆积力能量非常大。其次，大量存在于 DNA 分子中的其他次级键在维持双螺旋结构的稳定性上也起到一定作用。这些次级键包括：互补碱基对之间的氢键；磷酸基团上的负电荷与介质中的阳离子（如 Na^+、K^+、Mg^{2+}）之间形成的离子键；范德华力等。改变介质条件（如改变 pH 值、加入有机溶剂等），提高环境温度，将影响双螺旋的稳定性，甚至导致 DNA 双螺旋解开而变性。

尽管每个 DNA 分子较长而且相对稳定，但它们也并非完全一成不变。DNA 双螺旋在细胞里能形成缠绕或环状，并且 DNA 除了右手双螺旋还可以有其他不同的螺旋构象。在基因的表达和复制过程中，DNA 两条链可以根据需要发生解旋。

（二）DNA 的多种双螺旋构象类型

DNA 的结构可受环境条件的影响而改变。Watson 和 Crick 所提出的结构模型代表 DNA 钠盐在较高湿度（92%）下制得的纤维的构象，现在被称为 B 型（B form)。由于分子含水量高，而且非常稳定，所以 B 型双螺旋是 DNA 在生理条件下最常见的构象。随着科技的不断进步，人们发现 DNA 分子局部的构象变化与自身特定的碱基序列和周围环境条件，如盐浓度、离子种类、有机溶剂的存在、温度及蛋白质的特异结合等都有关系。这些变化导致 DNA 形成不同类型的分子构象，如同为右手双螺旋的 A 型、C 型、D 型、E 型，和左手双螺旋的 Z 型等，其特征参数各不相同。但是在正常的细胞环境中，能稳定存在的只有 B 型、A 型和 Z 型。表 5-4 列出了它们的主要特征参数。

表 5-4 A 型、B 型和 Z 型双螺旋的特征参数比较

双螺旋构象类型	A 型	B 型	Z 型
外形	粗短	适中	细长
螺旋方向	右手	右手	左手
螺旋直径	2.6 nm	2.0 nm	1.8 nm
碱基轴升	0.26 nm	0.34 nm	0.37 nm
每圈碱基数	11	10.5	12
碱基倾角	20°	6°	7°
糖苷键构象	反式	反式	嘧啶反式，嘌呤顺式
大沟	狭，很深	宽，深度中等	平坦
小沟	很宽，浅	狭，深度中等	较狭，很深
形成条件	双链 DNA（脱水）；DNA/RNA 杂交双链；双链 RNA	双链 DNA（生理条件）	双链 DNA（存在嘌呤 / 嘧啶交替序列区域）

（三）基于 DNA 特殊碱基顺序产生的二级结构

尽管碱基堆积力和氢键很好地稳定了 DNA 双螺旋结构，但 DNA 在其双螺旋纵轴上仍保留有一定的活动度，而不是完全的刚性结构。与蛋白质 α- 螺旋不同，上下相邻的核苷酸残基之间不存在氢键，所以 DNA 可产生一定的弯曲度。某些特定的 DNA 序列甚至可以自发地弯曲。因此除了前面介绍过的 A 型、B 型、Z 型等双螺旋构象外，人们还观察到 DNA 具有其他依赖核苷酸序列的特殊空间结构，如回文序列（palindromic sequence）形成的“发卡（单链）”和“十字架（双链）”结构（图 5-11）、DNA 三股螺旋和四股螺旋等，它们很可能与特异调节蛋白的结合以及 DNA 的远距离相互作用等过程关系密切。

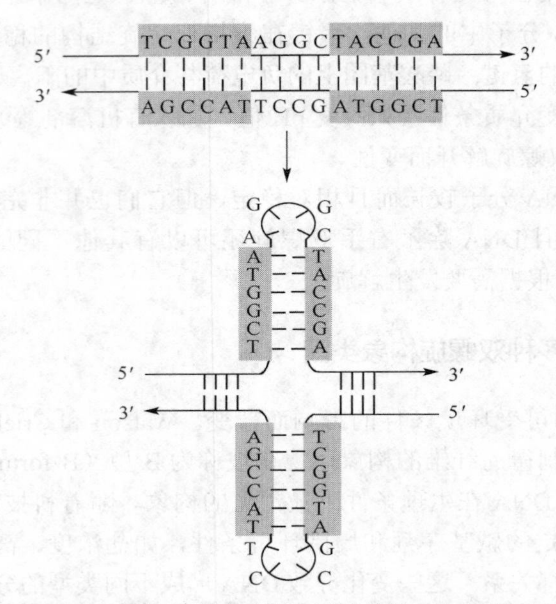

图 5-11　DNA 的回文序列和形成的发卡和十字架结构

概念检查 5.2

○ A 型、B 型和 Z 型双螺旋结构的形成条件分别是什么？

四、DNA 的三级结构

DNA 在双螺旋的二级结构基础上还可以产生三级结构。DNA 的三级结构是指双螺旋 DNA 分子通过扭曲和折叠所形成的特定构象。超螺旋是 DNA 三级结构的一种形式。

当 DNA 双螺旋分子在溶液中以正常的 B 型双螺旋构象存在时，双螺旋处于能量最低的状态，在三级结构上为松弛态。如果使这种松弛的双螺旋分子额外地多转几圈或少转几圈，就会使双螺旋中存在张力。若双螺旋分子末端是开放的，这种张力可以通过链的转动而释放出来，DNA 将恢复松弛的双螺旋；但如果 DNA 分子的两端是固定的，或者是环状分子，这种额外的张力就不能释放掉，DNA 分子本身就会发生进一步的扭曲盘绕，用以抵消张力。这种双螺旋的螺旋扭曲称为超螺旋（supercoiling）。与 DNA 双螺旋的旋转方向相同的扭转称为正超螺旋，反之称为负超螺旋。

一些生物体中的 DNA 是以双链环状形式存在的，如许多细菌染色体 DNA、某些 DNA 病毒、噬菌体 DNA、质粒 DNA；真核生物细胞中的线粒体 DNA、叶绿体 DNA 等亦如此。这种 DNA 双螺旋的共价闭合环状分子（covalently closed circle，cccDNA）进一步螺旋扭曲盘绕，可形成超螺旋结构。真核生物的染色体 DNA 是线性分子，但天然染色体 DNA 都与蛋白质相结合而使双螺旋 DNA 分子两端固定，因此同样可以产生超螺旋结构。另外，很多能嵌入 DNA 相邻碱基之间的试剂，尤其是片状结构的染料分子（如溴化乙锭）也能改变 DNA 的拓扑状态，促进正超螺旋的产生。负超螺旋有利于 DNA 双螺旋的解旋，因此在需要将 DNA 双链解开而进行的复制、重组和转录等过程中具有重要意义。但是随着这些过程中解链的深入，原来的负超螺旋逐渐被消耗，最终被正超螺旋取代。DNA 拓扑异构酶（topoisomerase）负责正超螺旋的清除。

五、染色体 DNA 的包装

细胞中的 DNA 分子量巨大，如果仅以松弛的双螺旋形态存在于细胞中，是无法容纳的。因此细胞中的 DNA 通常与蛋白质结合，以高度有序的组织方式被压缩包装。原核生物细胞较小，基因组也较小，其 DNA 与碱性蛋白结合形成有凸环的拟核结构。真核细胞核内的 DNA 要复杂得多，具有不同层次的组装结构，最终可形成高度浓缩的染色体结构，压缩比可达 10^4。压缩比是指 DNA 分子长度与组装后的特定结构的长度之比。

真核细胞中 DNA 包装的第一步是形成直径约 11 nm 核小体重复单位，由 146 bp 的 DNA 盘绕组蛋白八聚体 1.75 周，组蛋白 H1 在八聚体外结合 20 bp DNA 以稳定核小体结构。相邻核小体之间以平均 60 bp 的连接 DNA 相连，形成“串珠样”结构。第二步，每 6 个核小体盘曲一周，缠绕成直径约 30 nm 的染色质纤维。在细胞分裂过程中，这些染色质纤维又可在非组蛋白的帮助下，进一步折叠排列最后成为可在光学显微镜下见到的致密染色体。

第四节　核糖核酸（RNA）的结构

一、RNA 结构的基本特征

RNA 主要分布在细胞质中，也是由核苷酸通过 3′,5′ - 磷酸二酯键连接成的无分支长链大分子。

RNA 通常是以单链存在，但它可以通过自身回折，在分子内形成局部的双螺旋区。在这些区域，RNA 使用 U 替代 DNA 中的 T，与 A 进行互补配对。不能配对的区域形成突环（loop），被排斥在双螺旋结构之外。RNA 中的双螺旋结构类似 A 型 DNA，每一段双螺旋区至少需要有 4 ～ 6 对碱基才能保持稳定。一般说来，双螺旋区约占 RNA 分子的 50%。

RNA 在分子大小和结构上比 DNA 具有更高的多样性，因此在生物体中的功能也更为丰富。它主要在蛋白质的生物合成中发挥重要作用，某些RNA分子还具有催化能力，近年来还发现许多非编码性的小RNA调节着一些对细胞生长和发育必需的过程。除病毒RNA外，细胞内各种RNA都是以DNA为模板合成的。

二、RNA的主要类型和功能

参与蛋白质合成的RNA主要有三类：转运RNA（transfer RNA, tRNA），核糖体RNA（ribosomal RNA, rRNA）和信使RNA（messenger RNA, mRNA）。原核生物和真核生物的tRNA大小和结构基本相同，但mRNA和rRNA差异较大。真核生物细胞器（叶绿体和线粒体）自身有独立于细胞核的tRNA、rRNA和mRNA。

1.tRNA

tRNA约占细胞总RNA的15%，主要功能是运送氨基酸到核糖体参与多肽合成。20种标准氨基酸中，多数都有超过1种的同工tRNA与之对应。此外tRNA分子还有其他功能，例如作为病毒RNA逆转录合成DNA时的引物，以及校正mRNA的突变等。

2.rRNA

rRNA约占细胞总RNA的80%，是核糖体的主要成分。它不但与蛋白质一起构成了翻译的场所，特定的rRNA还具有肽酰转移酶的功能，可在翻译过程中催化肽键的形成。

3.mRNA

mRNA是蛋白质合成的直接模板，占总RNA的5%左右。原核生物的mRNA往往是多顺反子（polycistronic）结构，由功能相近的基因组成操纵子并作为一个转录单位，因此分子量较大，如大肠杆菌mRNA分子的平均长度为12kb。真核生物的mRNA结构复杂，有5′端帽子、3′多聚A尾巴以及非翻译调控序列，但不形成多顺反子结构，所以分子量小些，平均长度在1～2kb。另外，真核生物的mRNA在后加工过程中常常出现可变剪接，导致一个基因转录产生的mRNA前体可以对应于几个不同的成熟mRNA剪接产物，进而翻译生成不同的蛋白质。

除了这三种主要的RNA类型，在真核细胞中，还有其他许多小RNA与遗传信息的表达密切相关。例如细胞核中小的核RNA分子（small nuclear RNA，snRNA）参与mRNA前体的剪接。细胞质中也有小分子RNA（small cytoplasmic RNA），如7S RNA，在运输新合成的分泌蛋白质方面起作用。

进入21世纪以来，关于新的小RNA的发现及其功能鉴定的研究进展非常迅猛，人们对小RNA在细胞生命活动中的作用有了深刻认识。尤其是小RNA分子独特功能的发现，更是震惊了科学界，并在2001~2003年连续三年被美国《科学》杂志评为年度科学十大突破之一。现今涌现出了一大批小RNA分子，包括snRNA、微小RNA分子（microRNA，miRNA）、和小干扰RNA分子（small interfering RNA，siRNA）等，其功能几乎涉及生命活动的各个层面，从遗传信息的转录、剪接、翻译、调控，再到蛋白质的修饰等，远远超出了早期中心法则所描述的单纯作为遗传信息从DNA到蛋白质的中间媒介角色。这些小RNA分子都小于500个核苷酸，尤其是miRNA和siRNA都只含有21～23个核苷酸。snRNA能够对其他RNA分子进行加工修饰；而miRNA可以结合到目标mRNA的3′端非编码区进而调节目标mRNA

的翻译，在生物体的发育时序调控中发挥重要作用；siRNA 则可以结合到目标 mRNA 上与之序列互补的区域，指导核酶将目标 mRNA 特异性降解掉，是机体防御病毒入侵的重要机制之一。这些小 RNA 的研究进展大大丰富了人们对生物体基因表达调控体系的认识，并为新药研发提供了新的靶点。siRNA 还为人们研究基因功能提供了新的工具。

此外，人们发现有的 RNA 分子具有催化活性，因而被称为核酶（ribozyme）。核酶的作用底物可以是不同的分子，也可以是同一 RNA 分子中的某些部位。其催化活性包括 RNA 内切酶、DNA 内切酶、肽酰转移酶以及 RNA 连接酶、磷酸酶等。前面提到的特定 rRNA 可以催化肽键的形成，就是一个典型的例子，再例如四膜虫 rRNA 前体中的内含子序列可催化其自我剪接（self-splicing）。

三、RNA 的二级结构

RNA 为单链分子，它通过自身回折使得可以彼此配对的碱基相遇，可以形成局部的碱基配对，因此其二级结构可分为螺旋和不同种类的环。

RNA 二级结构对于研究 RNA 结构和功能的关系具有重要意义，因此人们不断探索有效的预测方法。在当前生物信息学的研究领域中，有关 RNA 二级结构的研究已经成为一大热门，RNA 二级结构预测的算法以及相关的软件更是层出不穷。随着测序技术的成熟，通过对双螺旋区域和环结构区域采取不同的保护和降解措施，再对留下的结构进行测序，形成了解析 RNA 二级结构的实验方法。

四、RNA 的三级结构和四级结构

要完全解释 RNA 的结构与功能的关系需要三级结构的知识，一些决定 RNA 三级结构的作用力有：氢键作用力、空间的碱基配对和碱基堆积。

目前 RNA 三级结构的解析还依赖于 RNA 晶体结构的获得，如通过酵母苯丙氨酸 tRNA 晶体的 X 射线衍射图建立的 tRNA 三级结构模型。近年来也发展出许多依据 RNA 二级结构预测三级结构的生物信息学方法。

细胞中许多的 RNA 都与蛋白质形成核蛋白复合物（四级结构）。核蛋白复合物承担着重要的细胞功能，如核糖体（ribosome）、信息体（informosome）、信号识别颗粒（signal recognition particle, SRP）、剪接体（spliceosome）、编辑体（editosome）等。RNA 病毒即是具有感染性的核蛋白复合体。越来越多的发现证明，在核蛋白复合体中，RNA 往往担负着重要的生物学功能。

五、三种主要 RNA 分子的结构与功能

（一）tRNA

tRNA 是运载氨基酸至 mRNA 的连接分子。在特异的氨酰 -tRNA 合成酶的催化下，氨基酸的羧基端通过酯键与 tRNA 链 3′末端的戊糖 3′—OH 连接起来；而 tRNA 上的反密码子与 mRNA 分子上的密码子互补配对，使氨基酸与 mRNA 所携带的遗传信息相对应。

1965 年 Holley 等经过 7 年努力，首次测定了酵母丙氨酸 tRNA 77 个核苷酸的序列（这也是人们首次

完整地测定出核酸序列），同时提出其二级结构模型以及与功能的关系。细胞中 tRNA 种类很多，每一种氨基酸都有其相应的一种或几种 tRNA。

1.tRNA 的一级结构特点

① 分子长度约 70 ～ 90 个核苷酸，是 3 种主要 RNA 类型中最小的。

② tRNA 分子中约 20 多个位置上的核苷酸是保守的。

③ 成熟的 tRNA 分子 5′ 末端被磷酸化，通常为 pG；3′ 末端序列为 CCA，活化的氨基酸就连接于腺苷酸的 3′羟基上。

④ tRNA 分子含多种稀有碱基或修饰碱基，在所有 RNA 分子中修饰程度最高。tRNA 中的碱基修饰增加了其结构多样性，对于其功能的多样性具有重要意义。

2.tRNA 的二级结构

在 tRNA 中，约有半数碱基可经自身回折，形成局部双螺旋“茎”样结构，其间是单链形成的“环”。绝大多数 tRNA 经过这样的折叠形成由 4 个茎和 4 个环组成的特征性“三叶草形”（cloverleaf structure）二级结构 [图 5-12（a）]。该结构的主要特征如下。

① tRNA 的三叶草形结构由氨基酸臂、二氢尿嘧啶环、反密码子环、可变环和 TΨC 环五部分组成。因为双螺旋区比例较高，所以这个二级结构非常稳定。

② 氨基酸臂：由 7 个碱基对组成，富含 GC，其 3′ 端为 CCA—OH 结构，用来连接活化的氨基酸。

③ 二氢尿嘧啶环（也称 DHU 环或 D 环）：由 8 ～ 12 个核苷酸组成，其中含有两个二氢尿嘧啶。

④ 反密码子环：由 7 个核苷酸组成，环中央的三个碱基是与三联体密码相对应的反密码子，反密码子中常出现次黄嘌呤（I）核苷酸。

⑤ 可变环：此环核苷酸数目不确定，75% 的 tRNA 仅有 3 ～ 5 个核苷酸，而有的 tRNA 中长达 13 ～ 21 个核苷酸，可以作为 tRNA 分类的重要指标。

⑥ 假尿嘧啶核苷 - 胸腺嘧啶核糖核苷环（TΨC 环）：由 7 个核苷酸组成，其中含有保守的 TΨC 序列。

3.tRNA 的三级结构

RNA 的三级结构是指二级结构单元间的相互作用及二级结构单元的空间定位取向。根据酵母苯丙氨酸 tRNA 晶体的 X 射线衍射图显示，tRNA 在二级结构的基础上进一步折叠成倒“L”形的三级结构 [图 5-12（b）]。

4. 校正 tRNA

分离突变的 tRNA，可有效分析 tRNA 与密码子之间的相互作用，以确定

tRNA 分子上不同部分对密码子 - 反密码子识别的影响。研究从病毒颗粒分离出的几种突变 tRNA 时发现，它们可使病毒克服编码蛋白质的基因发生无义或错义突变所带来的不利影响，使携带正常氨基酸的 tRNA 仍能识别突变后的密码子，蛋白质的功能也可基本保持正常。这种以编码 tRNA 基因的突变来补偿密码子上的突变，从而恢复或部分恢复密码子“原意”的 tRNA 就叫校正 tRNA（suppressor tRNA）。校正突变发生于 tRNA 的反密码子处。

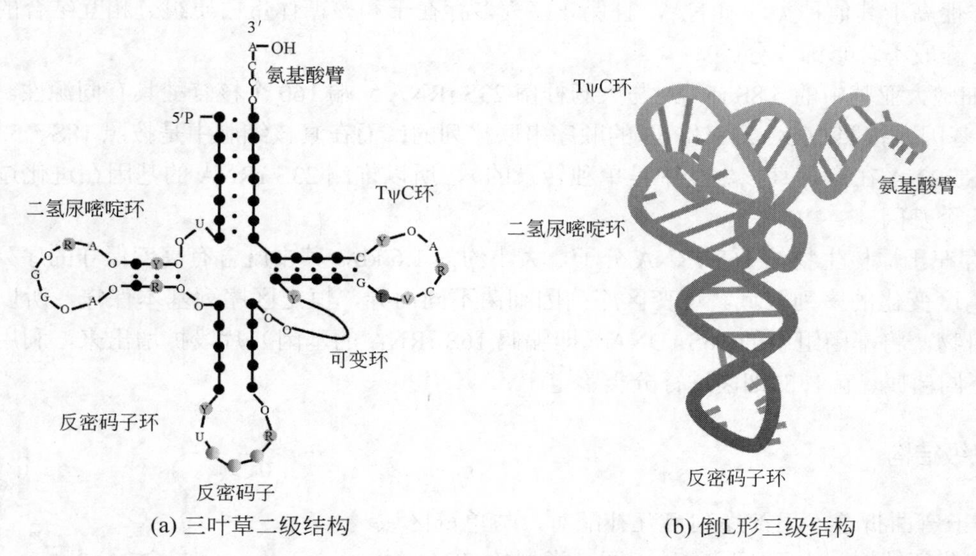

(a) 三叶草二级结构　　(b) 倒L形三级结构

图 5-12 tRNA 的二级和三级结构

（二）rRNA

rRNA 在代谢上较为稳定，碱基修饰成分少。因为核糖体在细胞内数量众多，所以 rRNA 是细胞中含量最多的 RNA，约占 RNA 总量的 80% 以上。rRNA 单独存在时不执行功能，它与多种蛋白质结合成核糖体，作为蛋白质生物合成的“装配机”。实际上，在核糖体中，rRNA 作为主要成分构成了核糖体大小亚基的骨架，决定着整个复合体的结构以及蛋白质组分附着的位置。

rRNA 的分子量较大，结构相当复杂，目前虽已测出不少 rRNA 分子的一级结构，但对其二级、三级结构及其功能的研究还需进一步深入。原核生物和真核生物的核糖体均由大、小两种亚基组成，各亚基所含 rRNA 和蛋白质的种类和数目见表 5-5。每个亚基中含有不同分子量的 rRNA，其分子种类用其沉降系数 *S* 来表示（*S* 为大分子物质在超速离心沉降中的一个物理学单位 Svedbergs，可间接反应分子量的大小）。20 世纪 90 年代初，H.F. Noller 等证明大肠杆菌的 23S rRNA 是一种核酶，能够催化肽键的形成，而蛋白质只是维持 rRNA 构象，起辅助的作用。

表 5-5 原核细胞和真核细胞核糖体的结构组成

核糖体种类	亚基		rRNA（大致核苷酸数）	蛋白质分子数目
原核细胞（以大肠杆菌为例）	70S	30S	16S（1600 bp）	21
		50S	5S（120 bp）	34
			23S（2900 bp）	
真核细胞（以哺乳类动物细胞为例）	80S	40S	18S（1900 bp）	34
		60S	5S（120 bp）	50
			28S（4800 bp）+5.8S（160 bp）	

1.rRNA 的一级结构特点

① rRNA 中修饰碱基的含量比 tRNA 少得多，但其显著特点之一就是甲基化核苷的存在，有时还可出现在相当保守的区域内。

② 5S rRNA 为真核和原核细胞共有，含 120 个核苷酸。比较不同生物中大亚基的 5S rRNA 发现，其进化上的保守性高于其他种类的 rRNA，且保守序列多存在于和核糖体蛋白质组分相互结合的区域内。另外，5S rRNA 一般不含修饰成分。

③ 真核细胞大亚基中的 5.8S rRNA 与大肠杆菌 23S rRNA 5′端 160 个核苷酸具有同源性。在原核细胞中，rRNA 的基因是按照 16S、23S 和 5S 的顺序串联排列的；而在真核细胞中是按照 18S、5.8S 和 28S 的顺序排列（5S rRNA 在高等真核生物中是单独转录的），所以推测 23S rRNA 的基因在进化过程中演变为 5.8S 和 28S 两个基因。

④ 普遍存在于原核生物的 16S rRNA 分子，大小约为 1.6 kb，其中既含有高度保守的序列区域，又有中度保守和高度变化的序列区域。可变区序列因细菌不同而异，恒定区序列基本保守，所以可利用恒定区序列设计引物，将基因组中的 16S rDNA（即编码 16S rRNA 的基因）片段扩增出来，利用可变区序列的差异来对不同菌属、菌种的细菌进行分类鉴定。

2.rRNA 的二级结构

rRNA 分子弯曲折叠，局部序列可互补配对，与单链区域一起形成各种茎环结构。由于不同物种中同一类型的 rRNA 往往呈现类似的二级结构。图 5-13 展示了大肠杆菌 16S rRNA 和 5S rRNA 的二级结构。

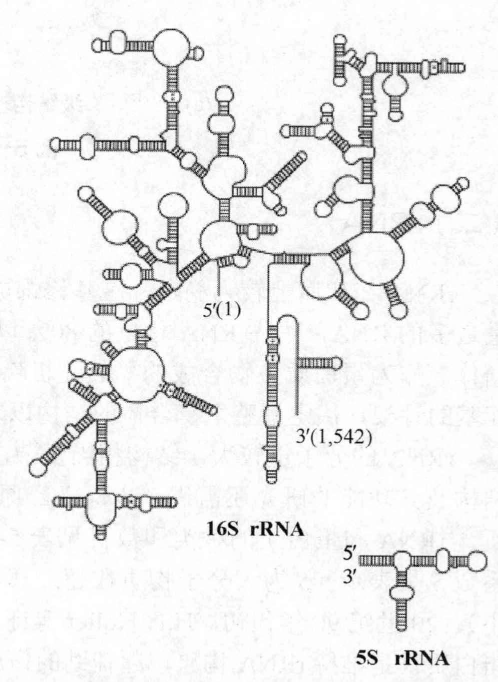

图 5-13 大肠杆菌 16S rRNA 和 5S rRNA 的二级结构

（三）mRNA

mRNA 是传递基因信息的信使，包含在 DNA 中的遗传信息必须通过 mRNA 才能体现为具有特定结构的蛋白质。细胞中 mRNA 的含量并不多，仅占 RNA 总量的 5%。其稳定性在原核与真核细胞中也有很大差别，例如大肠杆菌乳糖操纵子 mRNA 的半衰期约为 2.0 ～ 2.5min，而真核生物的一些细胞中 mRNA 半衰期可以达到 1.5h 至数十小时。

1.mRNA 的一级结构特点

（1）原核生物和真核生物 mRNA 的结构比较（图 5-14）

原核生物的 mRNA 是多顺反子结构，含有多个开放阅读框（open reading frame, ORF）。ORF 指的是 mRNA 上从起始密码子开始到终止密码子结束的一段核苷酸序列，在翻译过程中形成一条多肽链。真核生物的 mRNA 是单顺反子结构，只有一个 ORF。

在 mRNA 的两端还具有非编码序列（untranslated region, UTR），虽然不直接编码氨基酸，但是也参与到核糖体识别等重要过程。非翻译区的长短随不同的 mRNA 而异。在原核生物 mRNA 起始密码子 AUG 上游约 10 核苷酸处，有一段富含嘌呤核苷酸的序列，称为 Shine-Dalgarno 序列，简称 SD 序列。这段序列是核糖体小亚基 16S rRNA 结合的部位，因此是翻译起始所必需的。

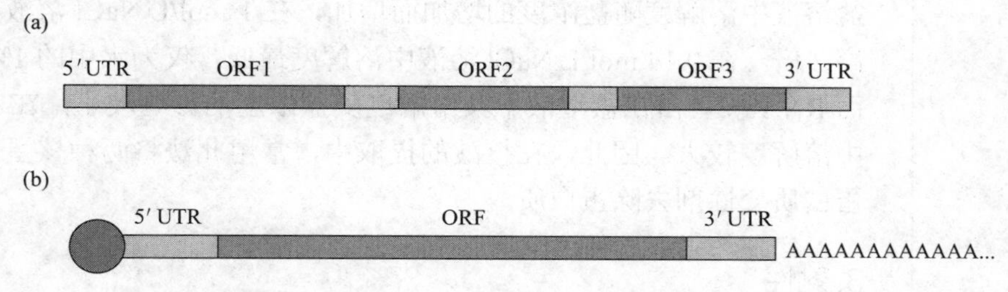

图 5-14 mRNA 的多顺反子（a）和单顺反子（b）结构

（2）真核生物 mRNA 的末端结构

绝大多数真核细胞 mRNA 3′端有一段长约 20 ～ 250 的多聚腺苷酸尾巴。此外，真核细胞 mRNA 的 5′端具有特殊的帽子结构，它由甲基化鸟苷酸经焦磷酸与 mRNA 的 5′末端核苷酸相连，形成 5′,5′- 三磷酸连接。关于多聚 A 尾和帽子结构的形成过程和功能，将在第 12 章详细介绍。

2.mRNA 的高级结构

mRNA 的高级结构与序列相关，在核糖体上翻译时必须解开，高级结构的紧密性也影响着翻译效率。

概念检查 5.3

○ tRNA 的二级结构和三级结构分别是什么？

第五节 核酸的物理化学性质

核酸的性质是与其组成及结构密切相关的。核酸的结构特点是分子大，有一些可解离的基团，具有共轭双键等。这些特点决定了核酸及其组分核苷酸性质的基础。

一、核酸的一般性质

1. 性状

RNA 及其组分核苷酸、核苷、嘌呤碱、嘧啶碱的纯品都呈白色的粉末或结晶；DNA 则为疏松的石棉一样的纤维状固体。除肌苷酸、鸟苷酸具有鲜味外，核酸和核苷酸大都呈酸味。

2. 溶解性

RNA 和 DNA 都是极性的化合物，一般说来，这些化合物都微溶于水，不溶于乙醇、乙醚、氯仿等有机溶剂。它们的钠盐则易溶于水。DNA 和 RNA 在生物细胞内都与蛋白质结合成核蛋白，DNA 核蛋白

与 RNA 核蛋白的溶解度受溶液盐浓度的影响而不同。DNA 核蛋白在低浓度的盐溶液中溶解度随盐浓度的增加而增加，在 1 mol/L NaCl 溶液中溶解度比纯水高 2 倍，在 0.14 mol/L NaCl 溶液中溶解度最低，仅为水中的 1%，几乎不溶解；而 RNA 核蛋白在盐溶液中其溶解度受盐浓度的影响较小，在 0.14 mol/L NaCl 中溶解度较大。因此，在核酸的提取中，常用此法将两种核蛋白分开，然后用蛋白质变性剂去除蛋白质。

3. 黏性

大多数 DNA 为线形分子，分子极不对称，其长度可以达到几个厘米，而分子的直径只有 2 nm。因此 DNA 溶液的黏度极高。RNA 溶液的黏度要小得多。核酸变性后，黏度下降。

二、核酸的酸碱性质

DNA 分子因为含有碱基和磷酸基，因此是两性电解质，但核酸中磷酸基的酸性大于碱基的碱性，其等电点偏酸性。DNA 的 pI 约为 4 ～ 5，RNA 的 pI 约为 2.0 ～ 2.5，因此在 pH7 ～ 8 的溶液中电泳时带负电，从负极泳向正极。

因为 DNA 构成单体核苷酸中磷酸基的一个羟基用来形成了酯键，而碱基上的功能基团（如—NH_2，—NH—CO—）用来形成了氢键，所以 DNA 分子的解离能力远比核苷酸小。在 DNA 分子变性之后，由于碱基功能基团游离出来，其 pK_a 值比较接近于核苷酸的相应数值。这一性质常被用来研究 DNA 的变性作用，根据 pK_a 值改变的情况，可以推算其变性与复性的程度。

三、核酸的紫外吸收特性

嘌呤碱与嘧啶碱具有共轭双键，使碱基、核苷、核苷酸和核酸在 240 ～ 290nm 紫外波段有一强烈的吸收峰，最大吸收值在 260nm 附近。不同核苷酸有不同的吸收特性。遵照 Lambert-Beer 定律，可从紫外光吸收值的变化来测定核酸物质的含量。

当入射光的波长一定时，某种物质的摩尔消光系数是一个常数，摩尔消光系数越大，则比色分析的灵敏度越高。摩尔消光系数的定义是单位光程长度（1cm）和单位摩尔浓度（1mol/L）时的消光值（即光密度，或称为光吸收，OD 值）。因为核酸制品的纯度不易控制，所以用核酸的摩尔消光系数直接表示核酸的特性或定量不是很适用，一般采用 ε（P）来表示，ε（P）即为每升含有 1 mol 核酸磷的溶液在 260 nm 波长处的消光值。核酸的摩尔消光系数不是一个常数，而是依赖于材料的前处理、溶液的 pH 和离子强度。它们的经典数值（pH = 7.0）如下：

$$\text{DNA 的 } \varepsilon(P)=6000 \sim 8000$$

$$\text{RNA 的 } \varepsilon(\text{P}) = 7000 \sim 10000$$

小牛胸腺 DNA 钠盐溶液（pH = 7.0）的 ε(P)= 6600，DNA 的含磷量为 9.2％，含 1μg/mL DNA 钠盐溶液的光密度为 0.020。RNA 溶液（pH = 7.0）的 ε(P) =7700~7800，RNA 的含磷量为 9.5%，含 1μg/mL RNA 溶液的光密度为 0.022~0.024。因此，测定未知浓度的 DNA（RNA）溶液在 260 nm 的光密度，即可根据下式计算测出其中核酸的含量。

$$\text{RNA 浓度}(\mu\text{g}/\text{mL}) = \frac{\text{OG}_{260}}{0.024 \times L} \times \text{稀释倍数}$$

$$\text{DNA 浓度}(\mu\text{g}/\text{mL}) = \frac{\text{OG}_{260}}{0.020 \times L} \times \text{稀释倍数}$$

式中，OD_{260} 为 260 nm 波长处光密度读数；L 为比色杯的厚度，cm；0.024 为每毫升溶液内含 1 μg RNA 的光密度；0.020 为每毫升溶液内含 1 μg DNA 钠盐时的光密度。

蛋白质由于含有芳香氨基酸，因此也能吸收紫外线。通常蛋白质的吸收高峰在 280 nm 波长处，在 260 nm 处的吸收值仅为核酸的十分之一或更低，故核酸样品中蛋白质含量较低时对核酸的紫外测定影响不大。纯 RNA 260 nm 与 280 nm 吸收的比值应达到 2.0；纯 DNA 260 nm 与 280 nm 吸收的比值应大于 1.8。当样品中蛋白质含量较高时比值即下降。

四、核酸的沉降特性与浮力密度

许多细胞器和生物大分子在普通离心力场中不易沉降，必须在每分钟 2 万转以上的超速离心力场中才会沉降。不同大小、不同构象（线形、开环、超螺旋结构）的核酸，蛋白质及其他杂质，在超离心机的强大引力场中，沉降速率产生明显差异，所以可以用超离心法纯化核酸或将不同构象的核酸进行分离，也可以测定核酸的分子量和沉降系数（sedimentation coefficient，代表沉降速度）或浮力密度（buoyant density）。根据离心介质是否有密度梯度，可以分为两类：沉降速度超离心和沉降平衡超离心。沉降速度超离心中，核酸的沉降速度与分子量、离心场强度成正比，与形状伸展度、介质的黏度成反比。沉降平衡超离心又称密度梯度离心，图 5-15 显示密度梯度离心分离 DNA、RNA 和蛋白质的流程。由于这 3 种大分子具有不同的浮力密度，在氯化铯密度梯度溶液中，经过一定时间离心后，它们将处于不同的密度区域。RNA 密度最高所以位于离心管底；而蛋白质最轻，将位于上方；DNA 则处于它们之间的某一位置。

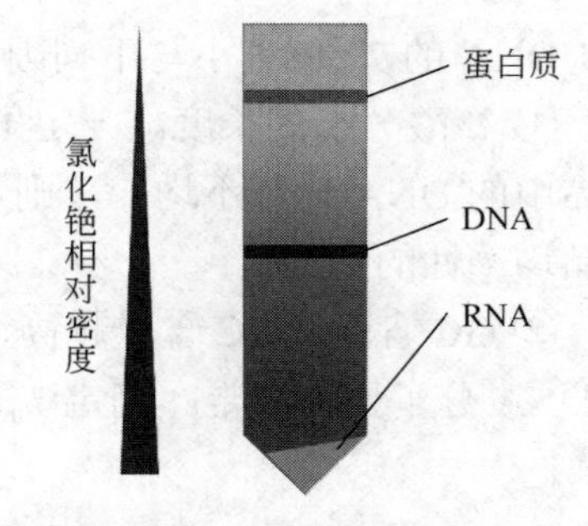

图 5-15　氯化铯密度梯度离心

五、核酸的变性、复性

DNA 双螺旋结构模型，不仅与其生物功能有密切关系，还能解释 DNA 的重要特性——变性与复性，这对于深入了解 DNA 分子结构与功能的关系有重要意义。

（一）变性

变性（denaturation）作用是核酸的重要性质。DNA 分子中的双螺旋结构解链为无规则线性结构的现象，称为变性。变性的本质是维持双螺旋稳定性的氢键断裂，碱基间的堆积力遭到破坏，但不涉及共价键的断裂和一级结构的改变。多核苷酸骨架上共价键（3′, 5′- 磷酸二酯键）的断裂称核酸的降解。

凡能破坏双螺旋稳定性的因素，如加热、极端的pH，有机试剂甲醇、乙醇、尿素及甲酰胺等，均可引起核酸分子变性。由温度升高而引起的变性称热变性（图 5-16）。由酸碱度改变引起的变性称酸碱变性。尿素和甲醛常分别用于聚丙烯酰胺凝胶电泳和琼脂糖凝胶电泳中核酸的变性。

变性 DNA 具有以下特征：

① 溶液黏度降低。DNA 双螺旋是紧密的刚性结构，变性后转化成柔软而松散的无规则单股线性结构，因此黏度明显下降。

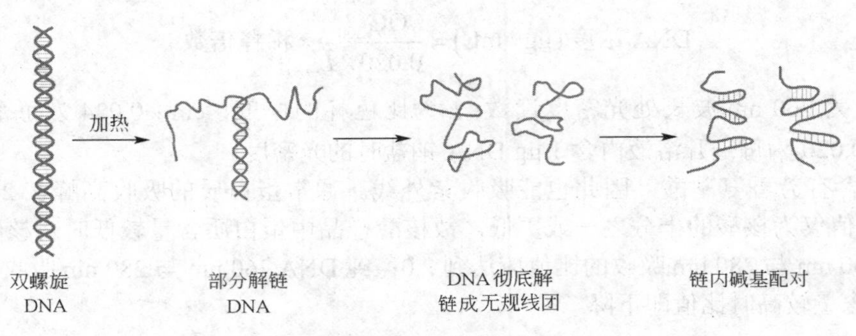

图 5-16　DNA 的热变性过程

② 旋光性发生变化。变性后整个 DNA 分子的对称性及分子构型改变，使 DNA 溶液的旋光性发生变化。

③ 紫外吸收增强。DNA 变性后其紫外吸收明显增强，称增色效应。DNA 变性后暴露出藏于双螺旋内部的碱基共轭双键，因而分子在 260 nm 处的紫外光吸收将增强，利用这一关系作图，可以方便地跟踪 DNA 变性的程度。

DNA 变性的特点是爆发式的，变性作用发生在一个很窄的温度范围内，有一个相变的过程。通常把加热变性使 DNA 的双螺旋结构失去一半时的温度称为该 DNA 的熔点或熔解温度（melting temperature），用 T_m 表示。

DNA 的 T_m 值大小与下列因素有关：

① 核酸分子的长度。一定条件下，T_m 值大小与核酸分子的长度有关，核酸分子越长，T_m 值越大。若样品中的 DNA 分子不均一，则熔解的过程发生在一个较宽的温度范围之内，因此 T_m 值可作为衡量 DNA 样品均一性的标准。

② GC 含量。GC 含量越高，T_m 值越高，这是因为 GC 碱基对之间有 3 个氢键，所以含 GC 碱基对多的 DNA 分子更为稳定。测定 T_m 值，可以推算出 DNA 的碱基的百分组成。其经验公式为：

$$\text{GC 含量}/\% = (T_m - 69.3) \times 2.44$$

③ 介质中的离子强度。一般来说离子强度较低的介质中，DNA 的熔解温度较低，而且熔解温度的范围较宽。而在较高的离子强度时，DNA 的 T_m 值较高，而且熔解过程发生在一个较小的温度范围之内。所以 DNA 制品应保存在较高浓度的缓冲液或溶液中，常在 1 mol/L NaCl 中保存。

RNA 分子中有局部的双螺旋区，所以 RNA 也可发生变性，但 T_m 值较低，变性曲线也不那么陡。

（二）复性

变性 DNA 在适当条件下，又可使两条彼此分开的链重新互补配对成为双螺旋结构，此过程称复性

(renaturation)。DNA 复性后许多物化性质又得到恢复，生物活性也可以得到部分恢复。将热变性的 DNA 缓慢冷却时，可以复性，此过程称为退火（annealing)。复性过程基本上符合二级反应动力学。用不同来源的 DNA 进行退火，可得到杂交分子。也可以由 DNA 链与互补 RNA 链得到杂交分子。杂交分子的稳定性依赖于序列之间的互补程度。随着核酸复性，会发生减色效应（hypochromic effect)，即紫外线吸收降低的现象。

影响 DNA 复性的因素如下：

① 温度和时间。一般认为比 T_m 低 25℃左右的温度是复性的最佳条件，越远离此温度，复性速度就越慢。复性时温度下降必须是一缓慢过程，若在超过 T_m 的温度下迅速冷却至低温（如 4 ℃以下），复性几乎是不可能的，核酸实验中经常以此方式保持 DNA 的变性（单链）状态。这说明降温时间太短以及温差大均不利于复性。

② DNA 浓度。溶液中 DNA 分子越多，相互碰撞结合的机会越大，越有利于复性。

③ DNA 顺序的复杂性。简单顺序的 DNA 分子，如多聚（A）和多聚（U）这两种单链序列复性时，互补碱基的配对较易实现；而顺序复杂的序列要实现互补，则困难得多。

DNA 的变性和复性原理，现已在医学和生命科学上得到广泛应用，如核酸杂交与探针技术、聚合酶链反应（polymerase chain reaction，PCR）技术等。

第五章

概念检查 5.4

○ DNA 的 T_m 值与哪些因素有关?

六、核酸的水解

核酸的水解反应对于分子生物学实验操作和核酸类物质的制备是重要的。

(一) 酸水解

DNA 和 RNA 的 C—N 糖苷键和磷酸酯键都能被稀酸水解，但糖苷键比磷酸酯键更易被酸水解。嘌呤碱的糖苷键比嘧啶碱的糖苷键对酸更不稳定。对酸最不稳定的是嘌呤与脱氧核糖之间的糖苷键。

(二) 碱水解

RNA 的磷酸酯键易被稀碱水解，这是因为 RNA 的核糖上有 2′-OH 基团，在碱作用下形成磷酸三酯；磷酸三酯极不稳定，随即水解产生核苷 2′, 3′- 环磷酸酯。该环磷酸酯继续水解产生 2′- 核苷酸和 3′- 核苷酸，DNA 的脱氧核糖无 2′-OH 基团，不能形成碱水解的中间产物，故对碱有一定抗性。

(三) 酶水解

能水解核酸的酶称为核酸酶（nuclease)。所有的细胞都含有不同的核酸酶。从分类的角度看，核酸酶属于磷酸二酯酶（phosphodiesterase)，因为核酸酶催化的反应都是使磷酸二酯键被水解。而各种非特

异的糖苷酶，或对碱基特异的*N*-糖苷酶可水解核酸中的糖苷键。核酸酶可以根据底物专一性、酶切作用方式和对磷酸二酯键的断裂方式进行不同的分类。

（1）按底物专一性分类

作用于核糖核酸的称为核糖核酸酶（ribonuclease, RNase），如核糖核酸酶A（RNase A）。作用于脱氧核糖核酸的称为脱氧核糖核酸酶（deoxyribonuclease, DNase）。有些酶专一性差，它们既作用于DNA，又能作用于RNA，这类酶称为非专一性核酸酶，如核酸酶SI（nuclease SI）。有的核酸酶只对单链核酸（包括单链RNA和单链DNA）起作用；有些核酸酶只对双链核酸起作用。有的核酸酶不具有碱基特异性；而有的能专一性识别特定的核苷酸序列，并在该序列内的固定位置上切割双链，称为限制性内切酶，是重组DNA技术中最常用的工具酶之一。

（2）按对底物作用的方式分类

可分成核酸内切酶（endonuclease）与核酸外切酶（exonuclease）。前者作用的部位是多核苷酸链的内部；后者是从核苷酸链的一端依次水解产生单核苷酸。核酸外切酶作用具有方向性，有的是3′→5′外切，有的是5′→3′外切。

（3）按磷酸二酯键断裂的方式分类

可分成两类，一种是在3′-OH与磷酸基之间断裂，其产物是5′-磷酸核苷酸或寡核苷酸，称为a型；另一种是在5′-OH与磷酸基之间断裂，其产物为3′-磷酸核苷酸或寡核苷酸，称为b型。

第六节　核酸研究技术

核酸研究是生物化学和分子生物学领域发展最为迅速的板块，新的技术日新月异，本节重点介绍生物化学领域中关于核酸研究最基本和最重要的技术方法。

一、核酸扩增技术

由Michael Smit和Kary Mullis在20世纪80年代中期发明的PCR技术是一种体外扩增特异性DNA片段的技术。由于操作简便，能在短时间内使皮克（pg）级水平起始DNA混合物中的目的基因扩增$10^{6\sim7}$倍，因此一经问世就被迅速普及，成为最重要的生物学实验室常规技术之一。两位发明者也因此荣获了1993年的诺贝尔化学奖。

经典的PCR由高温变性（denaturation）模板、引物与模板退火（annealing）、引物沿模板延伸（extension）三步反应组成一个循环，通过多次循环反应，使目的DNA得以迅速扩增。其主要步骤是：将待扩增的模板DNA置高温下（通常为93~94℃）使其变性解成单链；人工合成的两个寡核苷酸引物在其合适的复性温度下分别与目的基因两侧的两条单链互补结合，两个引物在模板上结合的位置决定了扩增片段的长短；耐热的 DNA 聚合酶（*Taq* 酶）在 72℃将 dNTP 从引物的 3′端开始掺入，以目的基因为模板从 5′→3′方向延伸，合成 DNA 的新互补链（图 5-17）。由于 PCR 反应具有灵敏度高、特异性强、操作简便等优点，广泛应用于分子生物学研究中的许多领域，如分子克隆、基因诊断、肿瘤机制研究及法医等。

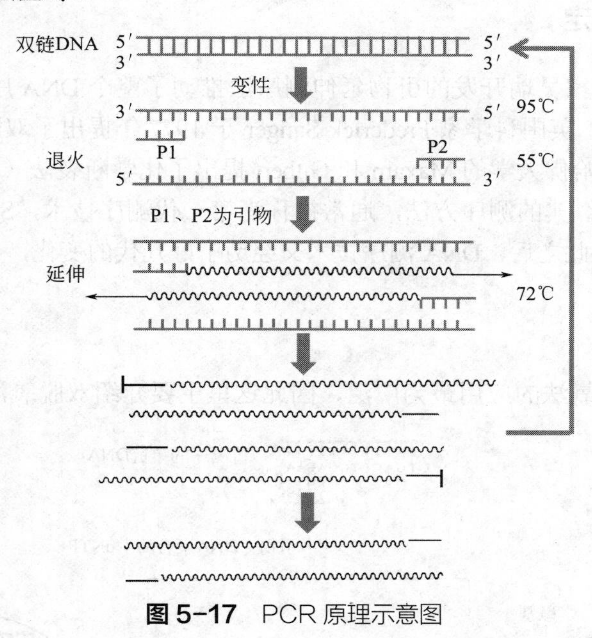

图 5-17 PCR 原理示意图

随着生物化学研究技术的进步，在经典 PCR 的基础上又衍生出许多变异的 PCR 类型，以满足不同的实验需求。实时荧光定量 PCR（quantitative real-time PCR，qPCR）是在普通 PCR 基础上建立的可以利用荧光对 DNA 模板进行定量分析的技术。qPCR 技术将 DNA 的量与荧光强度偶联起来，从原理来看主要分两类：一类使用非序列特异性的荧光染料（如 SYBR Green）嵌入双链 DNA，DNA 量越高，荧光强度越大；另一类使用荧光标记探针，探针上同时含有荧光基团和淬灭基团，随着 PCR 扩增的进行探针上的荧光基团被切下，与猝灭基团分离，从而可以被检测到。数字 PCR（digital PCR, dPCR）是一种可以绝对定量核酸分子的技术。将样本中的 DNA 以一定浓度打散形成微滴，每个微滴最多只能包含 1 个 DNA 模版。微滴中还含有 PCR 所需的酶、底物和缓冲体系，以及荧光染料。只有含 DNA 模板的微滴在扩增结束后才显示荧光信号，对这些微滴进行定量，就可以知道原始的 DNA 模版的数量。

二、核酸测序技术

DNA 的一级结构决定了基因的功能，欲想解释基因的生物学含义，首先必须知道其 DNA 序列。因此 DNA 序列分析是核酸研究技术中的一项重要内容。快速、准确地测定出一种核酸分子的一级结构具有十分重要的意义。例如在医学上，可以帮助医务工作者迅速确定出流行病暴发或遭遇生物恐怖袭击时的病原体，以拯救许多宝贵的生命；在生物医药领域，与遗传性疾病相关基因的测序为疾病预防和治疗靶点的确定做出了重大的贡献。

确定核酸的一级结构要比测定蛋白质的一级结构困难得多，其主要原因是缺乏特异性识别切割四种脱氧核苷酸的专一酶。同时，大多数核酸所含的核苷酸数目要比多肽链上的氨基酸数目多得多，这就进一步增加了测序的难度。使核酸序列测定发生革命性变化的因素主要有两个：一是 DNA 限制性内切酶的发现，可以将一个长的核酸分子定点切割成若干可操作的片段，测序后得以拼接；二是聚丙烯酰胺凝胶电泳技术的发展，使人们能够将大小仅相差 1 个核苷酸的核酸分子分开。

（一）DNA 一级结构的测定

1968 年华裔分子生物学家吴瑞开发的引物延伸测序法推动了整个 DNA 序列分析技术的发展，是一个重要的里程碑。在此基础上，英国科学家 Frederick Sanger 于 1977 年提出了双脱氧法（dideoxy method）；几乎与 Sanger 同时，来自美国哈佛大学的 Maxam 和 Gilbert 提出了化学断裂法（chemical cleavage method）。双脱氧法和化学断裂法是两种经典的测序方法，通常被称为第一代测序技术，Sanger 与 Gilbert 因此同时获得了 1980 年诺贝尔化学奖。自此之后，DNA 测序技术又经历了好几代的变化，目前已经发展到第四代。

1. 第一代测序技术

第一代测序技术中双脱氧法的应用最为广泛，因此这里主要介绍双脱氧法（图 5-18）。

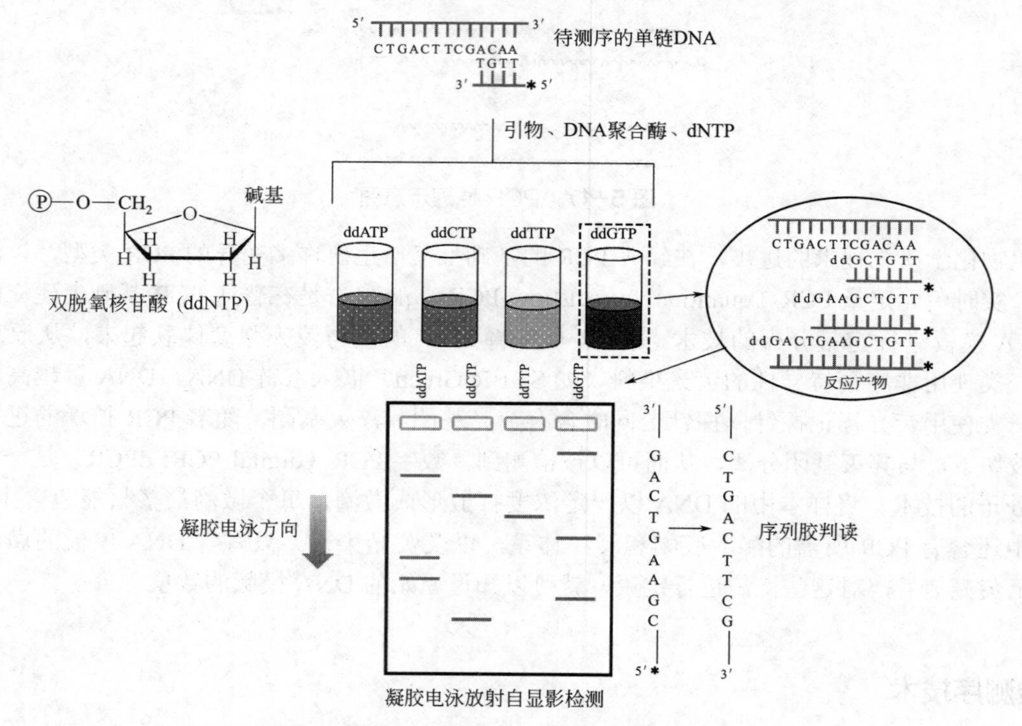

图 5-18　双脱氧法 DNA 测序原理示意图

双脱氧法也称末端终止法、酶法、Sanger 测序法。双脱氧法以引物延伸测序法为基础，测序反应需要提供一段与待测序列匹配的互补引物并进行互补链的合成延伸。待测序列作为模板，DNA 聚合酶依据碱基配对的原则将对应的 dNTP 添加到互补链的 3′末端，使 DNA 链延伸。如果体系中加入了 2′,3′-双脱氧核苷三磷酸（ddNTP），当它们掺入正在合成的新链 DNA 后，由于其缺少脱氧核糖的 3′位羟基，因而不能与后续 dNTP 形成磷酸二酯键，新链合成即终止。具体测序工作中，平行进行四组反应，每组反应均使用相同的模板、相同的引物以及四种 dNTP；并在四组反应中各加入适量的四种之一的 ddNTP，使其随机地被掺入新生 DNA 链中，使链合成终止，产生相应的四组具有不同长度的新生链片段。这四组

DNA 片段再经过聚丙烯酰胺凝胶电泳按链的长短分离开，由于引物是带有放射性同位素标记的，新生链条带可以经过放射自显影显示。从最小片段往最大片段的顺序可以直接读出新生链序列，从而推断出模板链即待测 DNA 链序列。

传统的双脱氧测序法每次需要建立 4 组反应，相对烦琐。随着荧光标记和自动检测技术的发展，基于双脱氧法的 DNA 序列自动分析已经替代了传统方法。使用不同的荧光标记 4 种 ddNTP，可以将双脱氧法中的 4 组反应合并为 1 组，并通过长毛细玻璃管的聚丙烯酰胺凝胶高压电泳分离不同大小的新生链片段。使用激光从毛细管末端开始自下而上照射，检测各条带的荧光类型，自动生成新合成的互补链序列以及最初的模板链序列。基于双脱氧法的 DNA 序列自动分析目前广泛应用于分子克隆和转基因菌株构建过程中的测序反应。

2. 第二代测序技术

第二代 DNA 测序技术又称下一代测序技术（Next-generation sequencing, NGS) 或高通量测序技术（high － throughout sequencing，HTS)，典型特征是大规模、低成本、快速。目前第二代 DNA 测序技术依托的平台主要有 Roche 454（GS FLX Titanium System)、Illumina/Solexa Genome Analyzer 和 SOLiD/Applied Biosystems。这里主要介绍前两种测序系统。

Roche 454 系统的测序原理如图 5-19，该系统需要将 DNA 打断成几百个碱基长的单链片段，两端添加适配序列。接着每一个片段被固定在小珠子上，通过乳滴 PCR 进行扩增，使得每一个珠子上带有百万拷贝的 DNA。然后将珠子放到含有上百万微孔的光纤平板上，每一个微孔刚好可以放入一个小珠子。与双脱氧法相似，焦磷酸测序也以引物延伸法为基础。每个微孔中除了延伸反应所需的引物和底物，还含有 DNA 聚合酶、ATP 硫酸化酶、荧光素酶和双磷酸酶。在每一轮测序反应中，4 种 dNTP 依次释放进入微孔，若该 dNTP 与模板配对，在 DNA 聚合酶的催化下掺入到新生链的 3′ 端，同时释放出焦磷酸基团（PPi)。ATP 硫酸化酶等其余 3 种酶随即与焦磷酸基团反应，组成级联化学发光反应，最终释放出波长为 560nm 的光信号被高灵敏度的电荷耦合器（CCD）捕获，转化为一个特异的检测峰，峰值的高度与反应中掺入的核苷酸数目成正比。若该 dNTP 与模板不配对，则没有焦磷酸的释放，无法检测到光信号。多余的 dNTP 和 ATP 被双磷酸酶水解，实现荧光的猝灭，以进入下一轮反应，最终获取整条链的序列信息。

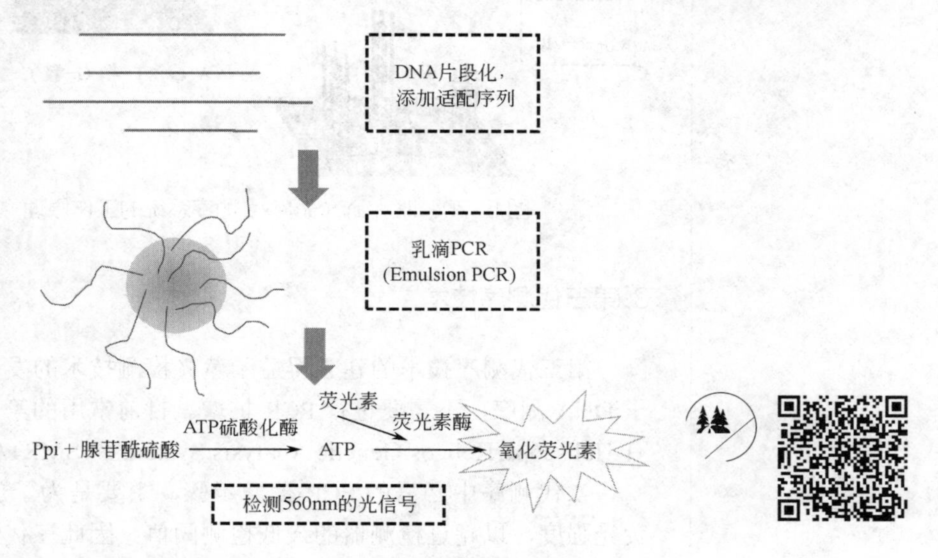

图 5-19　Roche 454 测序系统的工作原理

Illumina/Solexa 测序系统也以引物延伸法为基础，使用“边合成边测序”技术。Illumina/Solexa 测序技术分为建库、簇生成（桥式 PCR)、测序三个步骤。建库步骤与 Roche 454 系统类似，主要是 DNA 样本的打断和接头适配序列和索引序列的添加。接着将构建好的 DNA 文库加载到测序芯片的固相基质表面，固相基质表面同时固定着与两端接头适配序列配对的引物，可以对文库中的每一条 DNA 模板进行 PCR 扩增。这种扩增方式称为桥式 PCR，因为扩增过程中链的一端与固相基质表面连接，另一端发生弯折，与固相基质表面结合的另一种引物发生序列互补配对，成桥拱状。最终每一条单链 DNA 被扩增成约 1000 个位置上高度靠近的拷贝，称为 DNA 簇（DNA cluster），而每个 DNA 簇中包含两种序列上互补配对的 DNA 单链。簇生成反应结束后，通过引物中自带的切割位点去除一种单链，即可开始测序反应。Illumina/Solexa 测序系统不使用双脱氧核苷酸，而是使用携带不同荧光标记并且结合了可逆终止剂的 dNTP。每一轮测序循环，同时添加这 4 种 dNTP，由于可逆终止剂的存在，每条 DNA 序列只能延伸一个配对正确的 dNTP。DNA 簇的模式使得掺入核苷酸的荧光信号得到聚焦和放大，使用激光束激发后光学检测系统可以记录每个簇的荧光颜色，从而获得这一轮循环掺入的碱基种类。一轮测序循环结束后把现有核苷酸携带的终止剂和荧光基团裂解掉，然后开始下一轮循环，获取下一个碱基种类（图 5-20)。

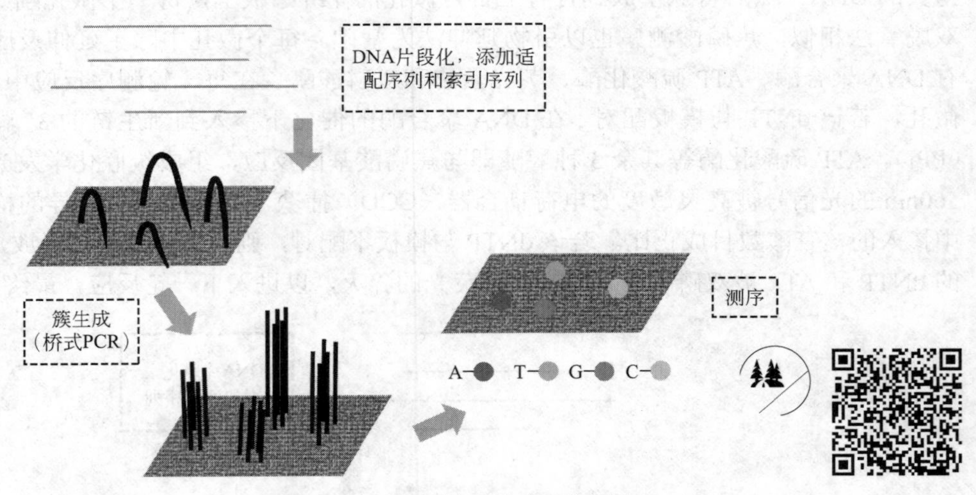

图 5-20　Illumina/Solexa 测序系统的工作原理

3. 第三代测序技术

第三代测序技术的建立得益于荧光检测技术的发展，其核心特征是对单分子 DNA 测序，不需要进行 PCR 扩增。目前常用的第三代测序技术的典型平台有 Heliscope/Helicos Genetic Analysis System 和 SMRT/Biosciences。

二代测序中必需的 PCR 扩增步骤，主要是为了放大链延伸过程中获得的荧光强度，以超过检测器的最低检测阈值。因此三代测序中为了实现单分子荧光信号的检测，主要采用了两种途径：基于显微技术的检测途径和基于纳米技术的检测途径。

前者的典型例子是 HeliScope 的单分子测序技术，它同样沿用了“边合成边测序”的思路。该技术通过 DNA 片段化和片段末端多聚 A 尾巴的添加将待测模板固定到流动室表面。测序过程依赖“虚拟终止子核苷酸”，它具备正常的碱基互补配对功能，同时携带荧光基团标记，并且加入 DNA 链后会终止链的延伸。而在下一轮测序步骤开始之前，3′端“虚拟终止子核苷酸”的荧光基团和终止子结构可以被切割，不再阻止链的延伸。成功加入 DNA 链的单分子 dNTP 携带的荧光信号可以被非常灵敏的图像传感器检测到，被系统记录。

后者的典型例子是 SMRT 单分子实时测序技术，同样沿用了“边合成边测序”的思路。ZMV 孔的使用是该技术的主要革新之处。建库完成后，单分子 DNA 被固定到 ZMV 孔中。ZMV 孔的底部直径只有几十个纳米，激光在小孔处发生衍射，形成荧光信号检测区。分别使用 4 色荧光标记每一种 ddNTP，当某一 dNTP 正确配对进入并且接受 DNA 聚合酶的催化时，会在荧光检测区停留而被检测到。

4. 第四代测序技术

第四代测序技术的核心特征是不再依赖荧光标记，而是利用离子流和纳米孔测序，所以也称为后光测序。由 Oxford Nanopore Technologies 公司开发的纳米孔单分子测序系统，以及 Ion Torrent Systems 公司开发的离子半导体测序系统属于第四代测序技术的代表。

与前三代测序技术不同，纳米孔单分子测序（single-molecule nanopore DNA sequencing）不再沿用“边合成边测序”的思想，而是用核酸外切酶替代 DNA 聚合酶，进行边降解边测序。对于核苷酸类型的检测不再依靠光信号，而是依赖电信号。待测的 DNA 分子在电场作用下以单链形式通过纳米孔，孔道中的核酸外切酶依次剪切掉通过纳米孔道的核苷酸，而不同的 ddNMP 通过纳米孔会对电流强度有不同的影响，据此可以知道核苷酸种类。除了使用脂质双分子和天然蛋白质分子形成纳米孔道，固态纳米孔测序技术使用的是具备纳米孔道的金属或合金。纳米孔技术的主要优点在于快速和能测定长的 DNA 片段。

离子半导体测序（Ion semiconductor sequencing）技术依然沿用了“边合成边测序”的思想，依次加入四种 dNTP 进行链延伸反应，通过检测 dNTP 掺入过程中释放的质子信号来进行测序。这种方法属于直接检测 DNA 的合成，因少了 CCD 扫描和荧光激发等环节，因此测序的速度极快。

纳米孔（nanopore) 技术基于能在单分子水平上操作的显微仪器。DNA 的纳米孔检测器特别细，一个纳米孔一次只允许一条 DNA 单链通过。牛津纳米孔技术系统使用的纳米孔是由蛋白质制备而成的。在毫伏级电压的作用下，DNA 的一条单链通过纳米孔向前泳动。随着单链 DNA 分子通过小孔，检测器记录纳米孔的电流变化。电流的差别取决于每一个碱基以及不同碱基的组合。

（二）RNA 一级结构的测定

1965 年美国 Cornell 大学的 Rober Holley 研究团队首次完成了长度为 75 个核苷酸的酵母丙氨酸 tRNA 全序列测定。早期 RNA 的测序主要采取酶法、化学裂解法和逆转录后测序三种策略。而随着测序技术的发展，转录组测序技术（RNA-seq）已经变得普及。除 mRNA 外，针对小分子 RNA 或特殊蛋白质结合 RNA 的测序技术都应运而生。此外，近年来 RNA 的纳米孔单分子测序技术和单细胞 RNA 测序都得到了发展。

1.cDNA 文库测序

将目标 RNA 富集，经过逆转录反应构建成对应的 cDNA 文库，再通过二代或三代测序技术进行高通量测序，是转录组测序目前常用的方法。例如可以使用多聚 T 的磁珠对 mRNA 进行富集，使用 PEG 8000 或分子筛对小分子 RNA 进行富集，或核酸酶处理获取与核糖体结合而被保护的 RNA 片段。cDNA 文库测序可以展示任一生理状态下目标 RNA 的表达水平，为研究它们的功能和调控机制提供基础。

2.RNA 的纳米孔单分子测序技术

除了逆转录成 cDNA，RNA 的直接测序技术近年来也有了显著突破。在 DNA 的纳米孔单分子测序技术基础上，Oxford Nanopore Technologies 公司于 2018 年报道了基于纳米孔的 RNA 测序技术，并以此完成了酵母转录组测序。与逆转录成 cDNA 的策略相比，RNA 的直接测序技术不需要逆转录和 PCR 扩增，避免了因此带来的偏好和不均一性。并且该方法对较长的 RNA 分子也适用，也可以检测 RNA 上携带修饰的核苷酸。

3. 单细胞 RNA 测序

单细胞 RNA 测序技术的技术难点在于单细胞的分离和文库构建过程中微量 RNA 的放大。PCR 或体外转录都可以被用来扩增放大 cDNA。在最新报道的技术中，每个单细胞与一个 DNA“条码”被同时包裹到同一个微滴中。当所有细胞的 cDNA 混合在一起测序时，该条码将作为每个单细胞的标签。

三、核酸电泳技术

凝胶电泳是核酸分离检测中最常规的方法，它有简单、快速、灵敏、成本低等优点。凝胶电泳对核酸的分离作用主要是依据它们的分子量及分子构型，同时与凝胶的浓度也有密切关系。常用的凝胶电泳有琼脂糖凝胶电泳和聚丙烯酰胺凝胶电泳。

（一）琼脂糖凝胶电泳

琼脂糖凝胶电泳常用于分析 DNA 和 RNA。用于分析 RNA 时，常加入甲醛等变性剂。由于核酸分子携带大量负电荷，总是从负极向正极泳动，泳动速度与分子量成反比。电泳完毕后，将凝胶在荧光染料溴化乙锭（Ethidium bromide, EB）的水溶液中染色（0.5μg / mL）。EB 为扁平状分子，易插入 DNA 的碱基对之间，DNA 与 EB 结合后，经紫外线照射可发射出红 - 橙色可见荧光。此法十分灵敏，0.1 μg DNA 即可用此法检出，荧光强度与 DNA 含量成正比。图 5-21 展示了 λDNA 经限制性内切酶 *Hin*d Ⅲ 切割后电泳条带。由于溴化乙锭的强诱变性和致癌致畸风险，目前已逐渐被许多新型无毒或低毒性的核酸染料替代。

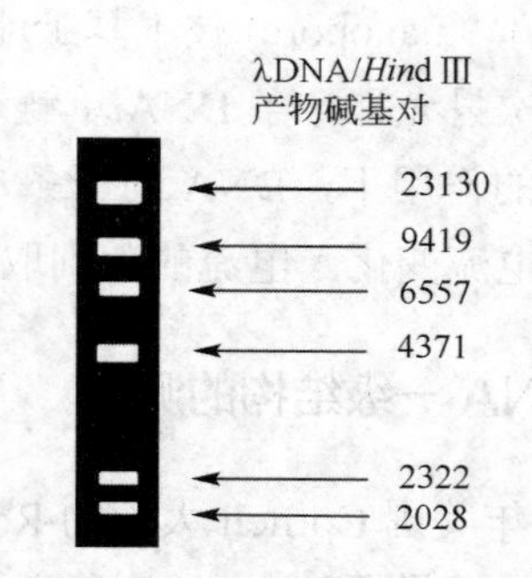

图 5-21　λDNA 经限制性内切酶 *Hin*d Ⅲ 切割后的琼脂糖凝胶电泳图

（二）聚丙烯酰胺凝胶电泳

聚丙烯酰胺凝胶的孔径比琼脂糖凝胶小，因此常用来分离小分子量的核酸片段，或用于有高分离精度要求的实验。之前提到的 Sanger 测序中分离不同大小的 DNA 片段，用的即是这种电泳方法。

四、核酸杂交技术

（一）Southern 印迹法和 Northern 印迹法

核酸的杂交是基于核酸分子加热后会变性和冷却后会复性的特点而设计，不仅可以定性检测核酸混合物中与探针互补的核酸分子是否存在，还可用来从中钓取互补的目的序列。常用于基因组 DNA、重组质粒和噬菌体的分析。

Southern 印迹法（Southern blot）检测的样品是 DNA，而 Northern 印迹法（Northern blot）检测的样品是 RNA。尼龙膜是目前实验室中应用最广的用作结合核酸的固相支持物。这里以 Northern 印迹法为例（图 5-22），RNA 样品使用琼脂糖凝胶电泳或聚丙烯酰胺凝胶电泳进行分离后，将凝胶上的 RNA 转移到尼龙膜上，通过紫外交联使其牢固结合。然后与放射性同位素标记的 DNA 探针进行杂交，杂交须在较高的盐浓度及适当的温度（一般为 68℃）下进行数小时或十余小时，然后通过洗涤除去未杂交上的标记物。最后将尼龙膜进行放射自显影即可观察到目标条带。目前也有用地高辛或生物素标记探针来替代同位素标记探针的方法，但是灵敏度有所降低。

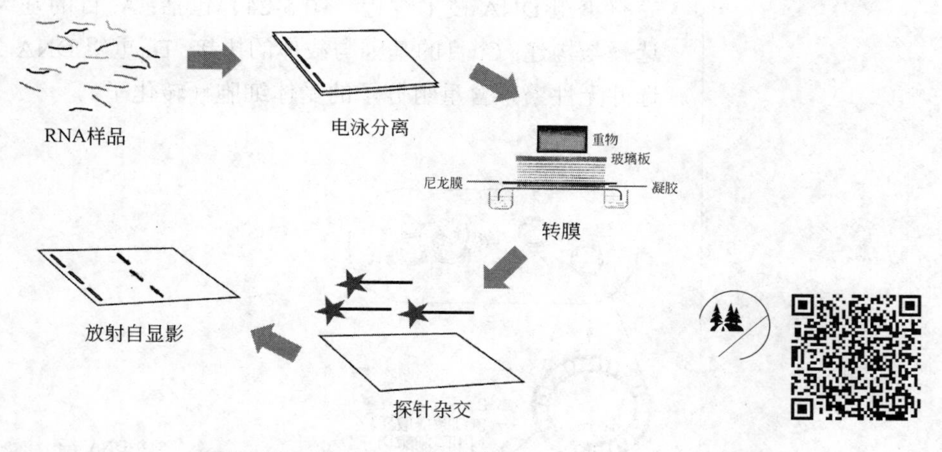

图 5-22 Northern 印迹法

（二）基因芯片技术

基因芯片（genechip）技术是一种基于核酸杂交原理发展起来的高通量核酸检测技术。该技术是将许多特定的 DNA 片段和 cDNA 片段作为探针固定于固相支持物上，通过与荧光标记的样品进行杂交，然后检测杂交信号的强度及分布来定性和定量地分析样品中与探针互补的 DNA 序列。基因芯片在疾病诊断和治疗、新药开发、分子生物学、航空航天、司法鉴定、食品卫生和环境监测等领域有多种应用。其大致过程见图 5-23。

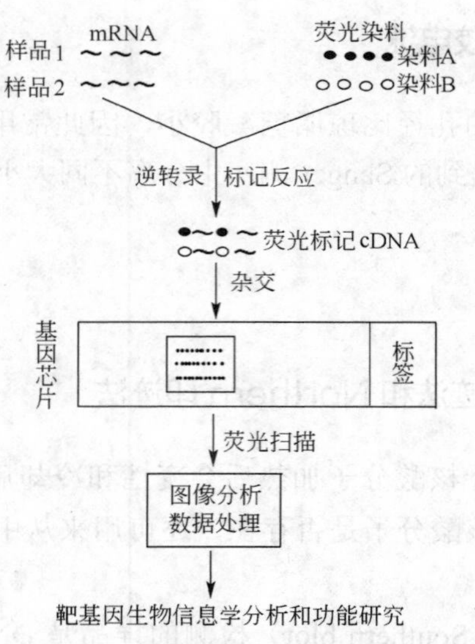

图 5-23　基因芯片工作示意图

五、重组 DNA 技术

重组 DNA 技术指的是将不同来源的 DNA 在体外进行拼接重组，然后导入活细胞，使之稳定表达出新产物或新表型的过程，也叫分子克隆技术。一个完整重组 DNA 技术过程（图 5-24）包括：A. 目的基因的获取；B. 基因载体的选择与构建；C. 目的基因与载体的拼接；D. 重组 DNA 分子导入受体细胞；E. 筛选并无性繁殖含重组分子的受体细胞（转化子）。

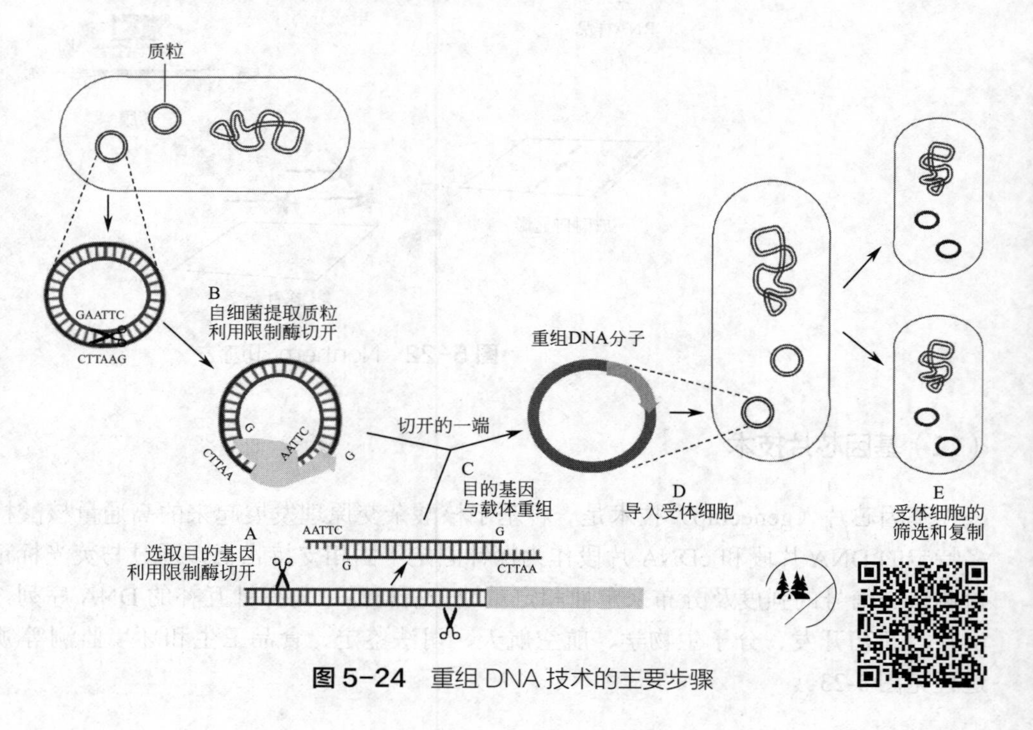

图 5-24　重组 DNA 技术的主要步骤

习题

1. 核酸有哪两大类？它们在组成及细胞内的分布有何不同？
2.RNA 有哪些主要类型？它们的生物功能分别是什么？
3. 稳定 DNA 双螺旋结构的作用力有哪些？
4.DNA 变性的特点是什么？什么是 DNA 的 T_m 值？什么是增色效应？
5. 核酸研究技术有哪些？什么是基因芯片？

科研实例

沃森－克里克“发家”史

DNA 双螺旋是生命科学发展史上的一个重大发现。这项研究的背后有怎样的故事？两名伟大的科学家沃森和克里克又是如何从众多实验证据的支持下解密双螺旋结构的呢？

詹姆斯·杜威·沃森小时候在父亲的感召下对鸟类学抱有极大的兴趣，因此进入芝加哥大学学的是动物学。1946 年，就在沃森憧憬毕业后的工作时，他接触到了一本改变无数科学家职业轨迹的传奇著作——物理学家薛定谔的《生命是什么》。一方面受薛定谔的影响，另一方面受美国遗传学家穆勒（Hermann Joseph Muller）的激励（穆勒独享 1946 年的诺贝尔生理学或医学奖），沃森决定从事遗传学研究。

以穆勒为榜样的沃森，不仅恶补了穆勒在遗传学方面的奠基性工作，并在 1947 年从芝加哥大学毕业后考入穆勒所在的印第安纳大学，打算沿着穆勒的脚步登顶科学巅峰。沃森的研究生导师鲁里亚（Salvador Luria）（于 1969 年分享了诺贝尔生理学或医学奖）看出了沃森独特的眼光和远大的抱负。研究生期间，沃森不但熟悉了经典遗传学理论，而且初步意识到 DNA 的重要性。

1951 年 5 月，在意大利那不勒斯举行的学术会议上，英国晶体学家威尔金斯（Maurice Wilkins）展示了采用 X- 射线晶体衍射技术研究 DNA 结构的最新进展，沃森被这些结果所深深吸引，意识到自己已找到解开 DNA 之谜的钥匙，那就是晶体衍射技术。同年，沃森来到剑桥大学的卡文迪许实验室并加入到 DNA 结构研究行列。卡文迪许实验室曾是物理学研究圣地，诞生过多位诺贝尔奖获得者，在二十世纪五十年代开始转型生物学研究。卡文迪许实验室转型也是有其历史渊源的。时任实验室主任小布拉格（William Lawrence Bragg），在 1915 年因阐明 X- 射线衍射测定晶体结构的原理而分享诺贝尔物理学奖，他当时只有 25 岁，是自然科学领域最年轻的诺奖获奖者。这项技术应用于生物学研究再自然不过，一个生物大分子结构研究中心也因此成立。在这里，沃森遇到了另一位关键人物克里克（Francis Crick）。克里克是一位物理学家，拥有扎实的物理学背景，尽管早期并无太多出彩的工作，但与沃森的相识与合作激发了心底的小宇宙，决定一起揭开 DNA 结构之谜。

当时，DNA 结构研究有几个主要竞争者。美国鲍林（Linus Pauling）和查戈夫（Erwin Chargaff），英国国王学院富兰克林和威尔金斯，前两个单打独斗，后两个如同水火不容，唯独沃森和克里克合作甚欢，上天自然也要眷顾他们这对搭档了。

不过，他们前期的研究可以说是困难重重、步履维艰。尽管沃森与克里克立志解出DNA结构，但起初的进展并不顺利。直到1953年，沃森获得了富兰克林采集到的DNA清晰X-射线衍射图，经解析确定DNA是一种双螺旋分子（维尔金斯曾认为是单螺旋，鲍林曾认为是三螺旋）。接下来沃森基于查戈夫通过实验得出的DNA碱基存在A与T含量相等，G与C含量相等的规律，将碱基与双螺旋结构联系起来。提出了碱基互补配对这一概念，而遗传信息正是通过配对原理实现世代传递。

沃森探索DNA结构受物理学家薛定谔影响，而合作伙伴克里克是物理学出身，由此来看，物理思维对DNA结构问题的解决具有重要影响。按照物理学及物理化学的观点，成对电子最稳定（DNA双链与碱基配对）；根据泡利不相容原理，成对电子方向必须相反（DNA两条链方向相反）；物理学定律大多符合右手定则，而DNA也为右手双螺旋。在这些原理基础上并结合实验数据，沃森和克里克最终提出DNA双螺旋的结构：DNA是一种由两条方向相反的DNA单链构成、内部存在碱基配对（A与T，G与C）的右手（right）双螺旋分子。

至此，DNA结构基本框架搭建完成。1953年，论文在英国《自然》杂志发表，正文篇幅不足一页纸，却开启分子生物学的新时代。不久他们又在《自然》上撰文详细阐述DNA双螺旋结构的意义和应用，即DNA依据碱基配对完成复制，从而解释了生命延续的稳定性之谜。1962年，沃森、克里克和威尔金斯分享了诺贝尔生理学或医学奖。而遗憾的是，女科学家富兰克林却与该奖项有缘无份。她采集的X-射线衍射图为DNA双螺旋结构的解析提供了重要的证据，但她却于1958年因卵巢癌逝世。她患癌症的原因可能与工作中长期接触X射线有关。因此，保持健康的体魄对于科研工作者也十分重要。

DNA双螺旋模型的被誉为二十世纪科学界最大突破之一，沃森也凭借这一贡献当仁不让地成为最伟大的科学家之一。在DNA结构阐明方面，沃森的贡献可能更突出一些，因此一般称为沃森-克里克模型（按照字母排序应该相反）。总之，DNA双螺旋结构将生命科学研究从宏观水平过渡到分子层面，推动了随后半个多世纪生命科学的迅猛发展，时至今日仍是生命科学研究的基础。一定程度上，今天许多生命研究者都在继承着沃森的衣钵。

如果要用一句话概括沃森与DNA结构，那就是：因为对（pair），所以对（right）。

2018年10月18日，90岁高龄的詹姆斯·沃森（James Watson）教授访问了华东理工大学。

思维导图

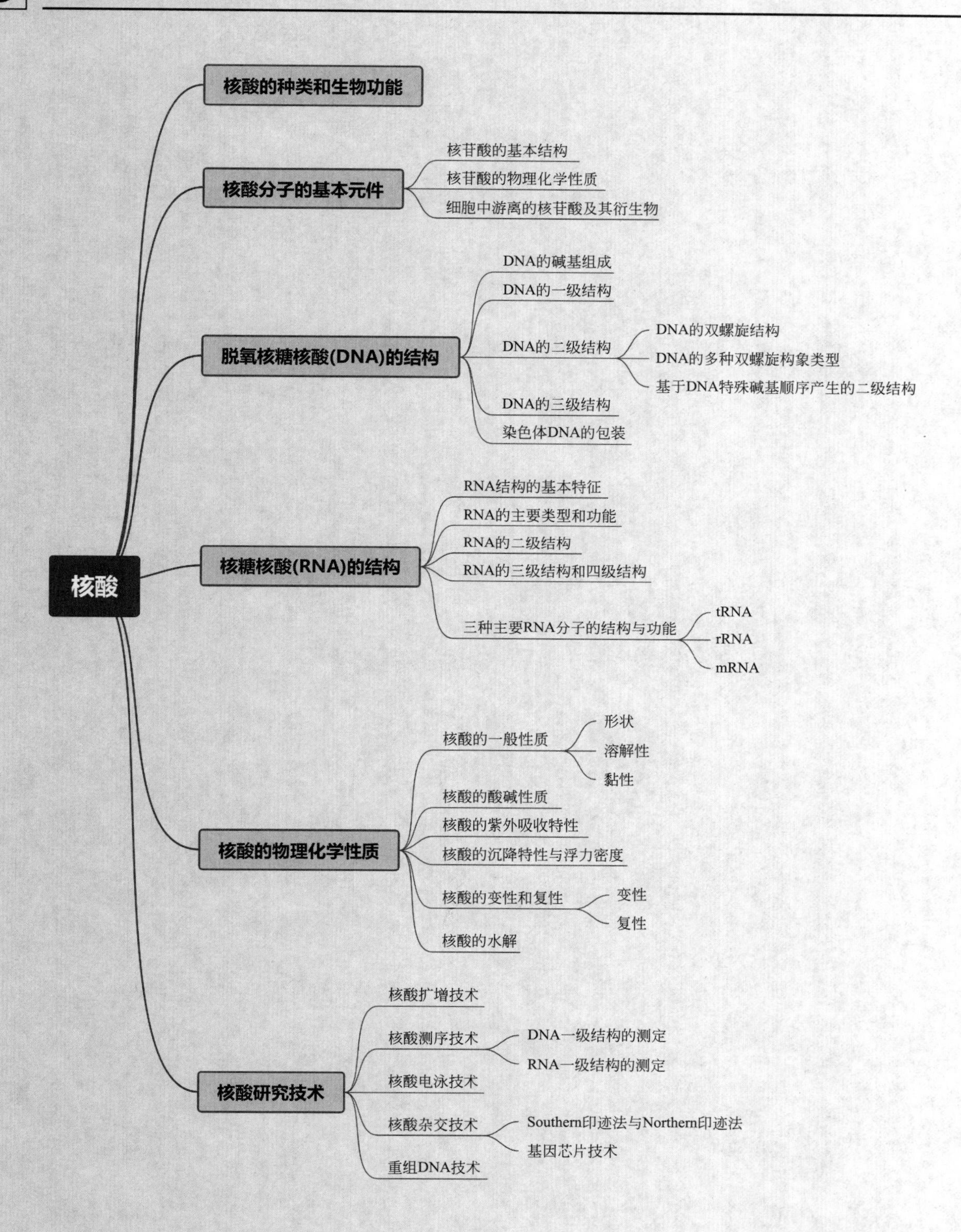
核酸
核酸的种类和生物功能
核酸分子的基本元件
核苷酸的基本结构
核苷酸的物理化学性质
细胞中游离的核苷酸及其衍生物
脱氧核糖核酸(DNA)的结构
DNA的碱基组成
DNA的一级结构
DNA的二级结构
DNA的双螺旋结构
DNA的多种双螺旋构象类型
基于DNA特殊碱基顺序产生的二级结构
DNA的三级结构
染色体DNA的包装
核糖核酸(RNA)的结构
RNA结构的基本特征
RNA的主要类型和功能
RNA的二级结构
RNA的三级结构和四级结构
三种主要RNA分子的结构与功能
tRNA
rRNA
mRNA
核酸的物理化学性质
核酸的一般性质
形状
溶解性
黏性
核酸的酸碱性质
核酸的紫外吸收特性
核酸的沉降特性与浮力密度
核酸的变性和复性
变性
复性
核酸的水解
核酸研究技术
核酸扩增技术
核酸测序技术
DNA一级结构的测定
RNA一级结构的测定
核酸电泳技术
核酸杂交技术
Southern印迹法与Northern印迹法
基因芯片技术
重组DNA技术

第六章　酶化学

学习目标

通过本章的学习，你需要掌握以下内容：

○ 掌握酶的概念、化学本质和催化特性。

○ 了解酶分子的结构，包括酶的活性中心、结合部位、催化部位、调控部位、必需基团、辅酶和辅基等。

○ 掌握米氏动力学方程，理解米氏常数的意义和求法。

○ 掌握影响酶作用的因素。

○ 描述不同种类抑制剂对酶作用的影响。

○ 掌握酶活力、酶活力单位、比活力的定义，以及酶活力测定中需要注意的问题。

○ 能够举例说明酶的作用机制及在药物分子的设计中的应用。

○ 了解酶的多样性。

第一节　概述

一、生物催化剂的发现与发展

生物催化剂（biocatalyst）指由生物体产生的、具有催化活性的一类物质，催化剂参与催化反应，通过降低反应的活化能，增加反应的催化速率，但自身在催化前后并没有发生变化。后来用一个专有名词——酶（enzyme）来表示生物催化剂，其化学本质主要是蛋白质。进一步研究发现某些核酸也具有催化功能，于是有了核酶的概念。

人们对生物催化剂的认识起源于酿酒、造酱、制饴和治病等生产与生活实践。而真正认识到酶的存在和作用，是在 19 世纪西方国家对酿酒发酵过程进行的大量研究。1833 年 Payen（佩恩）和 Persoz（普索兹）从麦芽抽提液中得到一种对热敏感的物质，它可使淀粉水解成可溶性糖，他们称它为淀粉糖化酶，一般认为是他们首先发现了酶。1878年Kuhne（库恩）首次提出enzyme（酶）一词。1897年，Buchner（布克纳）兄弟用细砂研磨酵母细胞，然后压取汁液，并证明此不含细胞的酵母提取液能使糖发酵，说明发酵与细胞的活力无关。1926年美国化学家J.B. Sumner（萨姆纳）首次从刀豆中提纯出脲酶结晶，并提出它由蛋白质组成。但直到Northrop（诺思罗普）和Kunitz（库尼茨）得到了胃蛋白酶、胰蛋白酶、胰凝乳蛋白酶的结晶，并通过实验方法证实酶是一种蛋白质后，酶的蛋白质属性才普遍被人们所接受。1963年牛胰核糖核酸酶A的一级结构被报道，1965年鸡卵清溶菌酶的三维结构被阐明，1969年首次人工化学合成核糖核酸酶获得成功。从1833年佩恩和普索兹发现第一个酶至今，已发现的酶有4000多种。

长期以来，人们认为只有某些蛋白质才具有生物催化剂的功能。但近年来的研究使生物催化剂的概念得到发展。首先是核酶的发现，1982年，Cech（塞克）等发现四膜虫细胞中有一种26S rRNA前体具有自我剪接功能；1984年Altman（阿尔特曼）等发现RNase P的核酸组分具有催化活性，而该酶的蛋白质部分并无催化活性，由此提出了具有催化功能的RNA，即核酶（ribozyme）的概念。到20世纪90年代中期，人们又发现了DNA的催化活性。从两个体外的科学实验中，科学家们得到了一个具有连接酶活性的单链DNA序列和另一个具有磷酸酯酶活性的DNA序列，由此提出脱氧核酶（deoxyribozyme）。这些事实表明具有催化功能的核酸是普遍存在的，核酶的催化活性依赖于核酸的结构，具有很高的底物专一性，与传统酶的催化行为极其相似。

20世纪80年代后期发展了抗体酶，抗体酶是抗体的高度选择性和酶的高效催化能力巧妙结合的产物，所以也称为催化性抗体。用事先设计好的抗原（半抗原）按照一般单克隆抗体制备程序可获得有催化活性的抗体。迄今为止，获得的抗体酶已能成功地催化六种类型的酶促反应和几十种类型的化学反应。这些抗体酶催化反应的专一性相当于或超过一般酶反应的专一性，催化速度有的也可达到酶催化的水平。

人工合成的蛋白质或多肽类的非天然催化剂属人工酶。1977年，达哈（Dhar）等报道，人工合成的序列为Glu-Phe-Ala-Glu-Glu-Ala-Ser-Phe的多肽具有溶菌酶的活力，其活力为天然酶的50%。

生物酶工程是酶学和以重组DNA技术为主的现代分子生物学技术相结合的产物，应用在酶的领域，主要包括三个方面：① 用基因工程技术大量生产酶；② 修饰天然酶基因、产生遗传修饰酶（突变酶）；③ 设计新酶基因，合成自然界不曾有的新酶。随着对酶结构与功能关系认识的深化、计算机技术的发展，可人工设计并合成基因，通过蛋白质工程技术生产出自然界不存在的具有独特性质和重要作用的新酶。

各类生物催化剂尽管在催化功能上都极其相似，但在来源和化学本质方面又各有特点，这极大地丰富了生物催化剂的概念。

二、酶的命名和分类

（一）酶的命名

1. 习惯命名法

（1）根据酶所作用的底物命名

如水解淀粉的酶叫淀粉酶，水解蛋白质的酶叫蛋白酶等。

（2）根据酶所催化反应的性质命名

如转移氨基的叫转氨酶，催化底物氧化脱氢的酶叫脱氢酶等。

（3）有些酶结合上述两方面来命名

如乳酸脱氢酶、谷丙转氨酶等。

（4）在上述命名基础上加上酶的来源或酶的其他特点来命名

如胰蛋白酶、碱性磷酸酯酶等。

习惯命名法比较简单，应用广泛，但缺乏系统性，有时会出现一酶多名或多酶一名的情况。

2. 国际系统命名法

为避免习惯命名的重复，国际酶学委员会（Enzyme Commission，EC）于1961年提出了酶的系统命名法。该命名法规定，每一种酶有一个系统名称（systematic name），其命名原则大致如下。

名称由两部分构成，前面为底物名，如有两个底物则都写上，并用“：”分开；若底物之一是水时，可将水略去不写。后面为所催化的反应名称。例如，ATP ：己糖磷酸基转移酶。

（二）酶的分类

1961年，国际生物化学与分子生物学会确定了酶的分类原则，将所有酶按照催化的反应类型统一分成六大类，即氧化 - 还原酶（EC 1）、转移酶（EC 2）、水解酶（EC 3）、裂合酶（EC 4）、异构酶（EC 5）和连接酶（EC 6），2018年国际生物化学与分子生物学联合会又增加了一种新的酶类——转位酶，也称为易位酶，系统编号为EC 7。

1. 氧化还原酶类

氧化还原酶类（oxido-reductases）催化氧化还原反应：$A—2H+B \rightleftharpoons A+B—2H$

例如乳酸脱氢酶：

$$乳酸 +NAD^+ \rightleftharpoons 丙酮酸 +NADH+H^+$$

这类酶不仅包括脱氢酶、氧化酶，还包括过氧化物酶、加氧酶等。

2. 转移酶类

转移酶类（transferases）催化基团的转移反应：$A–B+C \rightleftharpoons A+B–C$

例如谷丙转氨酶：

$$谷氨酸 + 丙酮酸 \rightleftharpoons \alpha\text{- 酮戊二酸} + 丙氨酸$$

3. 水解酶类

水解酶类（hydrolases）催化水解反应：$A–B+H_2O \rightleftharpoons A–OH+B–H$

例如 ATP 酶：

$$ATP+H_2O \rightleftharpoons ADP+H_3PO_4$$

这类酶可以水解的键有酯键、硫酯键、糖苷键、肽键等。它们包括淀粉酶、酯酶、蛋白酶和核酸酶等。

4. 裂合酶类

$$A\text{–}B \rightleftharpoons A+B$$

裂合酶类（lyases）也称裂解酶类，这类酶催化从底物上移去基团形成双键或其逆反应，包括醛缩酶、水化酶和脱氨酶等。

5. 异构酶类

异构酶类（isomerases）催化各种同分异构体相互转变：

$$A \rightleftharpoons B$$

这类酶包括催化 D、L 互变，α、β 互变等的酶。

6. 合成酶类

合成酶类（ligases）催化利用 ATP 水解与其他分子之间的连接相偶联的反应。

$$A+B+ATP \longrightarrow A\text{–}B+ADP+Pi$$

7. 转位酶

转位酶（translocase）也叫易位酶，其催化的反应类型为：将离子或分子从膜的一侧转移到另一侧。这类酶中的一部分因为能够催化 ATP 水解，所以曾经被归类到 ATP 水解酶（EC 3.6.3），现在则认为催化 ATP 水解并非其主要功能，所以划归到转位酶中。指催化离子或分子穿膜催化与 NTP 水解或氧化还原反应偶联的物质跨膜转运或在膜上的分离，包括：转运离子和一些小分子（如氨基酸和单糖等）的转位。

每个酶都有一个特定编号，前面冠以 EC（enzyme commission，酶学委员会）。编号由四个阿拉伯数字组成，每个数字之间用“.”分开。第一个数字代表酶所属的大类，第二个数字表示大类下的亚类，在各大类下的亚类含义不相同（参阅表 6-1）。第三个数字表示各亚类下的亚亚类，它更精确地表明底物或反应物的性质。第四个数字表示亚亚类下具体的个别酶的顺序号，一般按酶发现时间的先后排列。按此分类法，任何一个酶都可得到一个特定的编号。

表 6-1 酶的国际分类表

1. 氧化还原酶类 （亚类表示底物中发生反应的供体基团的性质） 1.1 作用于供体的 $>CH-OH$ 1.2 作用于供体的醛基或酮基 1.3 作用于供体的 $>CH-\overset{\mid}{C}H-$ 1.4 作用于供体的 $>CH-NH_2$ 1.5 作用于供体的 $>CH-NH-$ 1.6 NADH 或 NADPH 的氧化 1.7 作用于其他含氮化合物供体 1.8 作用于供体的含硫基团	2. 转移酶类 （亚类表示底物中被转移基团的性质） 2.1 转移一碳基团 2.2 转移醛基或酮基 2.3 转移酰基 2.4 转移糖苷基 2.5 转移甲基以外的烃基或酰基 2.6 转移含氮基团 2.7 转移磷酸基 2.8 转移含硫基团
3. 水解酶类 （亚类表示被水解的键的类型） 3.1 水解酯键 3.2 水解糖苷键 3.3 水解醚键 3.4 水解肽键 3.5 水解其他 C—N 键 3.6 水解酸酐键 3.7 水解 C—C 键	4. 裂合酶类 （亚类表示分裂下来的基团与残余分子间键的性质） 4.1 C—C 4.2 C—O 4.3 C—N 4.4 C—S 4.5 C—卤素 4.6 P—O
5. 异构酶类 （亚类表示异构的类型） 5.1 消旋及差向异构酶 5.2 顺反异构酶 5.3 分子内氧化还原酶 5.4 分子内转移酶 5.5 分子内裂合酶	6. 合成酶类 （亚类表示新形成的键的类型） 6.1 形成 C—C 6.2 形成 C—O 6.3 形成 C—N 6.4 形成 C—S
7. 转位酶 7.1 催化氢离子转位 7.2 催化无机阳离子及其螯合物转位 7.3 催化无机阴离子转位 7.4 催化氨基酸和肽转位 7.5 催化糖及其衍生物转位 7.6 催化其他化合物转位	

三、酶的作用特性

酶作为生物催化剂与一般催化剂相比有其共性，如在反应前后，酶本身不发生质、量的变化，但能改变反应速率；不改变反应的平衡点，但能缩短反应时间；可降低反应活化能；只能催化热力学允许的反应等。但酶是由细胞所产生的，与一般催化剂相比有以下特性。

（一）酶是自然界中催化活性最高的一类催化剂

生命体系中发生的化学反应在没有催化剂存在的情况下，许多反应实际上是难以进行的。酶的催化作用可使反应速率提高 10^8 ～ 10^{20} 倍。比普通化学催化剂效能高 10^7 ～ 10^{13} 倍。

（二）酶在活性中心与底物结合

酶的活性中心（active site）也称为酶的活性部位，是指酶分子上与底物结合并与催化作用直接相关的区域。如果一种酶是缀合酶，活性中心还包括与辅因子结合的区域；如果一种酶是多功能酶，就会有多个活性中心。

已知的酶大都是复杂的蛋白质分子。不同的酶除了具有不同的一级结构外，更重要的是具有特殊的空间结构。通过肽链的折叠、螺旋或缠绕形成了多种活性空间——酶的活性中心。按照其功能可以大体分为以下几个部分。

1. 结合部位　酶分子的结合部位在空间形状和氨基酸残基组成上，都有利于与底物形成复合物，起到固定底物，使底物中参加化学变化的反应基团相互接近并定向的作用，结合部位决定了酶的专一性。

2. 催化部位　一般来说，酶的催化部位或者与结合部位重叠，或者非常靠近。催化部位含有多种具有活性侧链的氨基酸残基，如 Ser、His、Asp 和 Cys 等，有的还含有辅因子。其作用是使底物的连接键发生形变或极化，起到将底物激活和降低过渡态活化能作用。催化部位决定了酶的高效性。

通常将酶的结合部位和催化部位总称为活性部位（active site）或活性中心。

3. 调控部位　有些酶分子中存在着一些特殊部位，它虽然不是酶的活性中心，但可以与底物以外的其他分子发生某种程度的结合，从而引起酶分子空间构象的变化，对酶起到激活或抑制的作用。

4. 必需基团　指酶表现催化活性不可缺少的基团，它存在于活性中心之外的某些区域，不与底物直接作用。

（三）酶是具有高度专一性的催化剂

所谓高度专一性是指酶对催化的反应和反应物有严格的选择性。

1. 结构专一性（structure specificity）

（1）绝对专一性。指有些酶对底物的要求非常严格，只作用于一个特定的底物。例如脲酶（urease）只能催化尿素水解，而对尿素的类似物均无作用。

$$\underset{\text{尿素}}{NH_2-\overset{O}{\overset{\|}{C}}-NH_2}+H_2O \xrightarrow{\text{脲酶}} 2NH_3 + CO_2$$

（2）相对专一性。指有些酶的作用对象不是一种底物，而是一类化合物或一类化学键。例如人们所熟知的胰凝乳蛋白酶（chymotrypsin），它能选择性地水解含有芳香侧链的氨基酸残基形成的肽键。

$$\sim NH-\underset{\boxed{\text{Phe/Tyr/Trp}}}{\underset{|}{CH}}-\overset{O}{\overset{\|}{C}}\overset{\text{胰凝乳蛋白酶}}{\downarrow}NH-\underset{R_2}{\underset{|}{CH}}-\overset{O}{\overset{\|}{C}}\sim$$

2. 立体异构专一性（stereospecificity）

当底物具有立体异构体时，酶只能作用于其中的一种，又分为如下两种。

（1）旋光专一性。酶能专一性地与手性底物结合并催化这类底物发生反应。例如许多蛋白酶只能水解由 L- 氨基酸形成的肽键，而不能作用于由 D- 氨基酸形成的肽键。同样，淀粉酶只能选择性地水解 D- 葡萄糖形成的 1，4- 糖苷键，而不能影响 L- 葡萄糖形成的糖苷键。

（2）几何专一性。某些酶只能选择性地催化某种几何异构体底物的反应，而对另一种构型无催化作用。如延胡索酸酶只能催化延胡索酸水合生成苹果酸，但对马来酸则不起作用。

$$\underset{\text{延胡索酸}}{\begin{matrix} H-C-COOH \\ \| \\ HOOC-C-H \end{matrix}} + H_2O \xrightleftharpoons{\text{延胡索酸水合酶}} \underset{\text{苹果酸}}{\begin{matrix} CH_2COOH \\ | \\ HO-CHCOOH \end{matrix}}$$

3. 酶专一性的由来

酶与底物的结合方式可以用来解释酶的专一性问题。

（1）酶与底物形成中间复合物

在酶催化的反应中，第一步是酶与底物形成酶 - 底物中间复合物（enzyme-substrate complex）。当底物分子在酶作用下发生化学变化后，中间复合物再分解成产物和酶。其中 ES 复合物的形成是决定反应速率的关键步骤。

$$E+S \rightleftharpoons ES \rightleftharpoons E+P$$

许多实验事实证明了 ES 复合物的存在。大部分酶和底物的结合有很高的选择性。ES 复合物形成的速率与酶和底物的性质有关。酶和底物的结合力主要有静电引力（即酶分子中带电官能团与底物中带相反电荷的离子或基团之间的相互作用）、氢键和疏水键的相互作用等。

（2）酶与底物的定向效应

酶与底物的定向效应（orientation effects）在酶催化作用中非常重要。普通有机化学反应中常见的分子间随机碰撞方式，难以产生高效率与专一性作用。在酶促反应中，底物分子结合到酶的活性中心，一方面底物在酶活性中心的有效浓度大大增加，有利于提高反应速率；另一方面，由于活性中心的立体构型和相关基团的诱导和定向作用，使底物分子中参与反应的基团相互接近，并被严格定位，使酶促反应具有高效率和专一性的特点。由 X 射线衍射分析证明，溶菌酶和羧肽酶具有这样的机制。

（3）酶与底物反应过渡状态结合

酶与底物过渡状态的结合是决定酶促反应速率的关键因素。因此，一个好的底物并不一定与酶有很好的亲和力，但是，它的过渡状态则必须与酶有很强的结合能力。可以设想，底物的过渡态类似物必然是一种很强的竞争性抑制剂。例如，脯氨酸消旋化酶（proline racemase）催化脯氨酸消旋化反应是通过形成一个平面过渡状态进行的，见图 6-1。

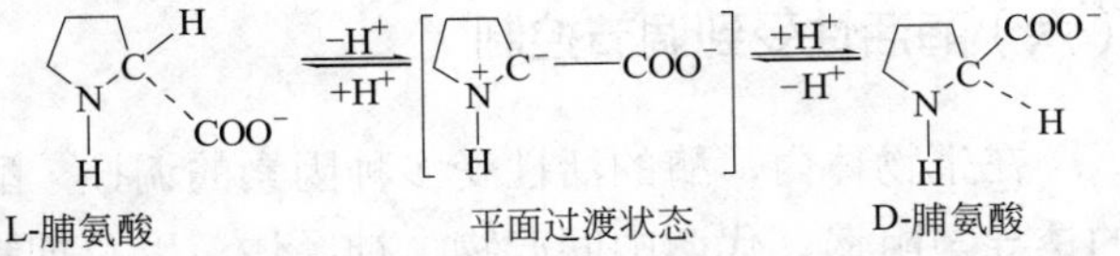

L-脯氨酸 $\underset{+H^+}{\overset{-H^+}{\rightleftharpoons}}$ [平面过渡状态 $C^- - COO^-$] $\underset{-H^+}{\overset{+H^+}{\rightleftharpoons}}$ D-脯氨酸

图 6-1　脯氨酸消旋化反应的平面过渡状态

化学结构上与这种平面过渡态相似的化合物吡咯 -2- 羧酸和 Δ - 吡咯啉 -2- 羧酸（见图 6-2），它们与脯氨酸消旋化酶的亲和力比脯氨酸大 160 倍，因而能强烈抑制酶的活性。

酶与底物过渡状态的结合主要有两种方式：非共价结合方式和共价结合方式。后者又称为共价催化。

酶与底物过渡状态结合的理论，对于认识和研究酶的作用机制，设计高效和高选择性药物具有重要指导意义。

吡咯-2-羧酸 (pyrrole-2-carboxylate)　Δ-吡咯啉-2-羧酸 (Δ-1-pyrroline-2-carboxylate)

图 6-2 吡咯 -2- 羧酸和 Δ- 吡咯啉 -2- 羧酸结构示意图

（4）酶与底物的手性选择结合作用

酶分子活性中心部位，含有多个具有催化活性的手性中心，这些手性中心对底物分子起着诱导和定向的作用，使反应可以按单一的方向进行。“三点附着”假说认为酶与底物的结合处至少有三个点，而且只有一种情况是完全结合的形式。只有这种情况下，不对称催化作用才能实现。如甘油激酶所催化的甘油磷酸化就符合这一假说（图 6-3）。

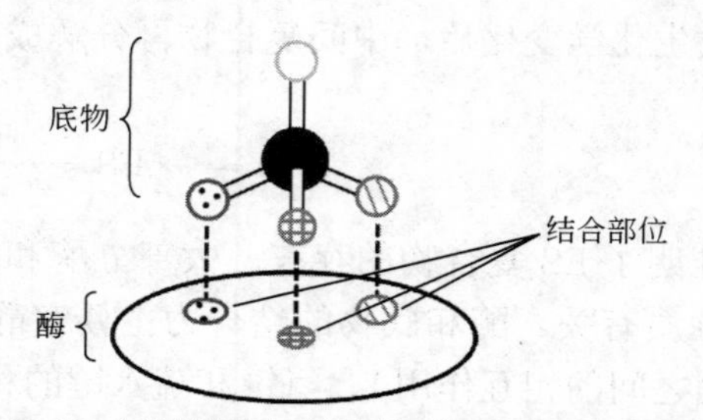

图 6-3 甘油激酶与甘油的“三点附着”示意图

（四）反应条件温和

除了一些生活在极端环境下的微生物体内发生的反应以外，绝大多数酶促反应的条件都十分温和。例如人体内酶促反应的条件是：温度 37℃，压强 1 个大气压，pH 接近 7。

（五）对反应条件敏感，容易失活

酶是由细胞产生的生物大分子，凡能使生物大分子变性的因素，如高温、高压、强酸、强碱、重金属盐等都能使酶失去活性。

（六）酶活性受到调节控制

在生物体内，酶的活性受多种因素的调控，酶的变构与活性修饰、酶合成的诱导与阻遏、代谢中间产物、神经体液以及抑制剂和激活剂等都对生物体内酶的活性产生影响。

（七）许多酶的活性还需要辅因子的存在

从化学组成来看，酶可分为单纯酶和结合酶两类。前者除蛋白质外不含其他物质，后者除蛋白质外还需要结合一些其他小分子化合物或金属离子作为辅因子才能显示出催化能力。所以，全酶包括酶蛋白和辅因子，而辅因子是辅酶、辅基和金属离子的总称。

1. 辅酶和辅基

某些小分子有机化合物与酶蛋白结合在一起并协同实施催化作用，这类分子被称为辅酶或辅基。前者与酶蛋白结合得比较疏松，可通过透析方法除去；后者与酶蛋白结合得比较紧密，不能用透析方法除去。辅酶或辅基参与的酶促反应主要为氧化还原反应或基团转移反应。大多数辅酶（或辅基）的前体是维生素，主要是水溶性 B 族维生素（表 6-2）。

表 6-2　重要的辅酶以及它们的前体维生素

辅酶或辅基	维生素	功能	全酶
NAD^+	维生素 B_3（烟酸和烟酰胺）	氧化还原	脱氢酶
FAD	维生素 B_2（核黄素）	氧化还原	脱氢酶
TPP	维生素 B_1（硫胺素）	基团转移	脱羧酶
FH_4	维生素 B_9（叶酸）	一碳基团转移	合成酶
CoA	维生素 B_5（泛酸）	酰基转移	合成酶
生物素	维生素 B_7（生物素）	CO_2 转移	羧化酶
磷酸吡哆醛	维生素 B_6（吡哆素）	转氨基	转氨酶
钴胺素	维生素 B_{12}	异构化	变位酶

2. 酶分子中的金属离子

将近有三分之一已知酶的活性需要有金属离子的参与。根据金属离子与酶蛋白结合的程度，可分为两类。

（1）金属酶（metalloenzymes）：酶蛋白与金属离子结合紧密。这类酶中的金属离子主要是一些过渡金属离子，这些金属离子通常以配位键的形式与氨基酸残基侧链基团相连，或与酶蛋白中的辅基如血红素的卟啉环相连（表 6-3）。金属酶中的金属离子作为酶的辅助因子，在酶促反应中辅助传递电子、原子或官能团。

表 6-3　酶中金属离子与配位体

金属离子	配位体	酶（举例）
Mn^{2+}	咪唑	丙酮酸脱氢酶
Fe^{2+}/Fe^{3+}	卟啉环、咪唑、含硫配体	血红素、氧化还原酶和过氧化氢酶
Cu^{2+}/Cu^+	咪唑、酰胺	细胞色素氧化酶
Co^{2+}	卟啉环	变位酶
Zn^{2+}	$—NH_2$、咪唑等	碳酸酐酶、醇脱氢酶等
Pb^{2+}	—SH	*d*- 氨基 -*γ*- 酮戊二酸脱水酶
Ni^{2+}	—SH	脲酶

（2）金属激活酶（metal-activated enzymes）：酶从溶液中结合某些金属离子而被激活。这些金属离子主要是碱金属离子或碱土金属离子，如 Na^+、K^+、Mg^{2+}、Ca^{2+} 等。这些离子与酶的结合一般较松散。这类金属离子对酶有一定的选择性。某种金属只对某一种或几种酶有激活作用。

概念检查 6.1

○ 酶都是蛋白质吗？有没有例外，试举例说明。

第二节　酶促反应动力学

酶促反应动力学（enzyme kinetics）是研究酶促反应的速率的影响因素及其变化规律的一门学科，其中酶与底物之间的作用问题是研究酶促反应的核心问题。

一、影响酶促反应的因素

影响酶促反应的因素概括起来不外乎两类：外因和内因。外因是来自外部的因素，内因则是酶和底物本身。

外因包括温度、pH、产物浓度、激活剂和抑制剂等。它们不仅影响体外的酶促反应，也影响体内的酶促反应。任何因素的失常都会引起酶活性的失常，结果导致代谢失常，从而导致生物体生理活动失常。因此，这些因素的正常和协调，对于促进和控制生物体的正常生长发育是极为重要的。

（一）影响酶促反应速率的外因

1. 温度对酶作用的影响

温度对酶促反应速率的影响有两个方面：一方面是在一定范围内当温度升高时，反应速率加快，这与一般化学反应一样；另一方面，由于酶是生物催化剂，随温度升高酶变性失活的机会也增加，超过一定范围，反应速率反而降低。各种酶的变性温度不一，大多在60℃以上变性，少数酶可耐受较高的温度。

在一定范围内，反应速率达到最大时的温度称为酶的最适温度（optimum temperature），见图6-4。各种酶的最适温度是不同的，就整个生物界而言，动物组织的各种酶的最适温度一般在35～40℃；植物和微生物的各种酶的最适温度范围较大，大约在32～60℃之间；少数酶的最适温度在60℃以上，如液化淀粉酶的最适温度是90℃左右。

最适温度不是酶的特征物理常数，因为一种酶具有的最高活力的温度不是一成不变的，会受到酶的纯度、底物、激活剂、抑制剂以及酶促反应时间等因素的影响。因此，对同一种酶来讲，应说明是在什么条件下的最适温度。

掌握温度对酶作用的影响规律，具有一定实践意义。如临床上的低温麻醉就是利用低温能降低酶的活性，减慢细胞的代谢速率，以利于手术治疗。低温保藏菌种和作物种子，也是利用低温降低酶活性，以减慢新陈代谢这一特性。相反，高温杀菌则是利用高温使酶蛋白变性失活，导致细菌死亡的特性。

2. pH 对酶作用的影响

大多数酶的活性受 pH 影响大。在一定 pH 下酶表现最大活力，高于或低于此 pH，活力均降低。酶表现最大活力时的 pH 值称为酶的最适 pH（optimum pH）。pH 对不同酶的活性影响不同（图 6-5）。典型的最适 pH 曲线是钟罩形曲线。

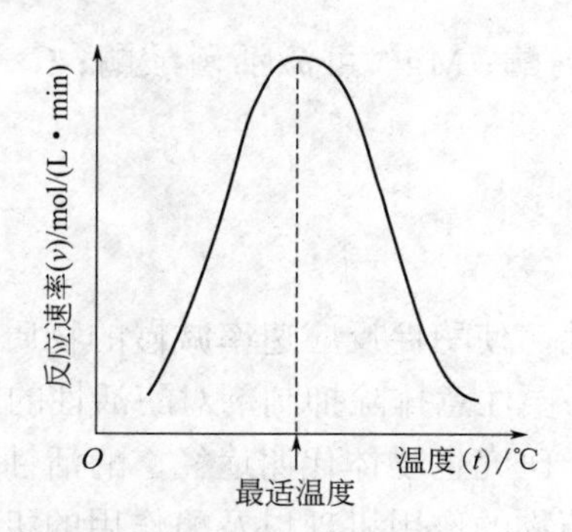

图 6-4　酶促反应的温度效应

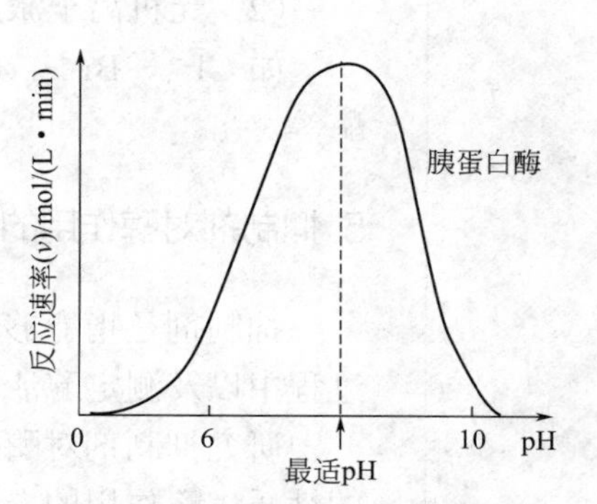

图 6-5　酶活性的 pH 效应

各种酶在一定条件下都有一定的最适 pH，一般在 5 ～ 8 之间。植物和微生物的最适 pH 多在 4.5 ～ 6.5 左右。但也有例外，如胃蛋白酶最适 pH 是 1.5，肝中精氨酸酶的最适 pH 是 9.8。一些酶的最适 pH 见表 6-4。

pH 对酶促反应速率的影响，主要有下列两个原因；一是影响酶和底物的解离；二是影响酶分子的构象。

表 6-4　几种酶的最适 pH 值

酶	底 物	最适 pH
胃蛋白酶	鸡蛋清蛋白	1.5
	血红蛋白	2.2
淀粉酶（唾液）	淀粉	6.8
酸性磷酸酶	3- 磷酸甘油	4.5 ～ 5.0
丙酮酸羧化酶	丙酮酸	4.8
α- 葡萄糖苷酶	α- 甲基葡萄糖苷	5.4
延胡索酸酶	延胡索酸	6.5
过氧化氢酶	H_2O_2	7.6
胰蛋白酶	苯丙酰精氨酰胺	7.7
	苯甲酰精氨酸甲酯	7.0
碱性磷酸酶	3- 磷酸甘油	9.5
精氨酸酶	精氨酸	9.7

3. 离子强度对酶作用的影响

离子强度是溶液中离子浓度的量度，其高低也会影响到酶促反应速率。其中的质子浓度或氢氧根的浓度可通过 pH 影响反应速率；另一方面其中的金属离子（如 Ca^{2+}），甚至非金属离子（Cl^-）作为酶的辅因子或者其他作用机制如与氨基酸残基的结合等也会影响反应速率。

4. 激活剂对酶作用的影响

凡能提高酶的活性，加速酶反应进行的物质都称为激活剂或活化剂（activator）。一般认为，激活剂

的作用主要有以下几个方面。

（1）解除抑制剂的抑制作用

如蛋白质、阿拉伯胶、H_2S 等物质与重金属离子结合，可解除重金属离子对脲酶的抑制作用，使脲酶活性恢复。

（2）无机离子激活许多酶类

如 Cl^-、Br^-、I^-可激活淀粉酶；Mg^{2+} 可激活磷酸酶；Ca^{2+} 可激活凝血酶等。

5. 抑制剂对酶作用的影响

抑制剂是指能够降低酶的活性，使酶促反应速率减慢的物质。在酶的制备过程中以及测定酶活性的过程中，要注意排除抑制剂对酶活性的影响。

研究抑制剂对酶的作用，对于研究生物体代谢途径、酶活性中心功能基团的性质、酶作用的专一性、某些药物的作用机理以及酶作用的机制等方面都具有十分重要的意义。

（二）影响酶促反应的内因

1. 酶浓度对酶促反应速率的影响

在酶催化的反应中，酶先要与底物形成中间复合物，当底物浓度大大超过酶浓度时，反应速率随酶浓度的增加而增加（当温度和 pH 不变时），二者成正比例关系。酶反应的这种性质是酶活力测定的基础之一，在分离纯化时常被应用。例如，要比较两种酶活力的大小，可用同样浓度的底物和相同体积的甲乙两种酶制剂一起保温一定的时间，然后测定产物的量。如果甲产物是 0.2mg，乙产物是 0.6mg，这就说明乙制剂的活力是甲制剂的活力的三倍。

2. 底物浓度对酶促反应速率的影响

在细胞内，许多酶在一定的时间内浓度变化不大，底物浓度的变化却是瞬息万变。因此，酶促动力学研究的核心内容是揭示底物浓度的变化与酶促反应速率之间的关系。但在生物体内，底物浓度远大于酶的浓度，所以，随着底物浓度的增加，所有酶的动力学都具有饱和动力学的性质，即当底物浓度增加到一定值以后，反应速率就不再增加了，即达到了最大反应速率 V_{max}。

二、米氏方程（Michaelis-Menten 方程）

（一）酶与底物之间的作用

早在 20 世纪初人们就发现底物浓度对酶促反应具有特殊的饱和现象，而这种现象在非酶促反应中是不存在的。

当其他条件不变，酶的浓度也固定的情况下，一种酶所催化的化学反应的速率与底物的浓度间有如下规律：在低底物浓度时，反应速率随底物浓度的增加而急剧增加，反应速率与底物浓度成正比，表现为一级反应；当底物浓度较高时，增加底物浓度，反应速率虽随之增加，但增加的程度不再与底物浓度成正比，表现为混合级反应；当底物浓度达到某一定值后，再增加底物浓度，反应速率不再增加并趋于恒定，表现为零级反应，此时为最大反应速率（v_{max}），底物浓度即出现饱和现象。

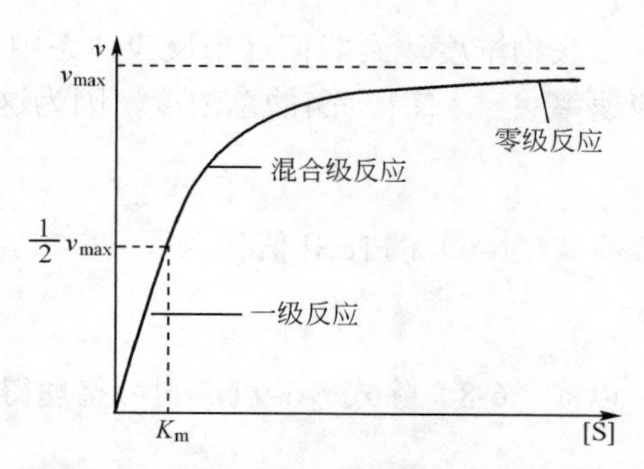

图6-6　酶促反应速率与底物浓度的关系

对于上述变化，如果以酶促反应速率对底物浓度作图，则得到如图6-6所示的双曲线。

为了解释这个现象，并说明酶促反应与底物浓度间量的关系，L. Michaelis 和 M.L. Menten 做了大量的研究，积累了足够的实验数据，从而提出了酶促反应动力学的基本原理，并归纳成一个数学式：

$$v = \frac{v_{max}[S]}{K_m + [S]}$$

此式即为米氏方程。它反映了底物浓度与酶促反应速率间的定量关系。

（二）米氏方程的推导

根据中间产物理论，酶促反应可按下列两步进行：

$$E + S \underset{k_2}{\overset{k_1}{\rightleftharpoons}} ES \underset{k_4}{\overset{k_3}{\rightleftharpoons}} + P \tag{6-1}$$

式中，k_1、k_2、k_3、k_4 表示各反应速率常数。

由于 P+E 形成 ES 的反应速率极小（特别是在反应处于初速度阶段时，产物 P 的量很少），故 k_4 可忽略不计。

根据质量作用定律，由 E+S 形成 ES 的速度为：

$$v = k_1([E]-[ES])[S] \tag{6-2}$$

式（6-2）中 [E] 为酶的总浓度（游离酶与结合酶之和），[ES] 为酶与底物形成的中间复合物的浓度，而 [E]–[ES] 即为游离酶的浓度，[S] 为底物浓度。通常底物浓度比酶浓度过量得多，即 [S]>>[E]，因而在任何时间内，与酶结合的底物的量与底物总量相比可以忽略不计。

同理，ES 复合物的分解速率，即 [ES] 的减少率可用下式表示：

$$-v = k_2[ES] + k_3[ES] \tag{6-3}$$

当处于恒定状态时，ES 复合物的生成速率与分解速率相等，即：

$$k_1([E]-[ES])[S] = k_2[ES] + k_3[ES] \tag{6-4}$$

将式（6-4）移项整理，可得到：

$$\frac{[S]([E]-[ES])}{[ES]} = \frac{k_2 + k_3}{k_1} = K_m \tag{6-5}$$

K_m 称为米氏常数。从式（6-5）中解出 [ES]，即可得到 ES 复合物的稳定态浓度：

$$[ES] = \frac{[E][S]}{K_m + [S]} \tag{6-6}$$

因为酶促反应的初速率与 ES 复合物的浓度成正比，所以可以写成：

$$v = k_3[\mathrm{ES}] \tag{6-7}$$

当底物浓度达到能使这个反应体系中所有的酶都与其结合形成 ES 复合物时，反应速率 v 即达到最大反应速率 $v_{\max}$。[E] 为酶的总浓度，因为这时 [E] 已相当于 [ES]，故式（6-7）可以写成：

$$v_{\max} = k_3[\mathrm{E}] \tag{6-8}$$

将式（6-6）的 [ES] 值代入式（6-7），得：

$$v = \frac{k_3[\mathrm{E}][\mathrm{S}]}{K_\mathrm{m} + [\mathrm{S}]} \tag{6-9}$$

以式（6-8）除式（6-9），则可整理得：

$$v = \frac{v_{\max}[\mathrm{S}]}{K_\mathrm{m} + [\mathrm{S}]} \tag{6-10}$$

这就是米氏方程。如果 K_m 和 $v_{\max}$ 均为已知，便能够确定酶促反应速率与底物浓度之间的定量关系。

（三）米氏常数（K_m）的意义

1.K_m 值的度量

当酶促反应处于 $v = \frac{1}{2}v_{\max}$ 的特殊情况时，则米氏方程变为：

$$\left(K_\mathrm{m} + [\mathrm{S}]\right) \times v_{\max} = 2v_{\max}[\mathrm{S}]$$

$$K_\mathrm{m} + [\mathrm{S}] = 2[\mathrm{S}]$$

$$故\ K_\mathrm{m} = [\mathrm{S}]$$

这就是说：米氏常数 K_m 为反应速度是最大反应速率一半时的底物浓度。因此，K_m 的单位为摩尔浓度（mol/L）。

2.K_m 值的意义

① K_m 值是酶的特征常数，它只与酶的性质有关，而与酶的浓度无关。酶不同，K_m 值也不同。如脲酶为 25mmol/L，苹果酸酶为 0.05mmol/L。各种酶的 K_m 值在 10^{-6} ～ 10^{-2}mol/L 之间。对于一个酶来说，如果其作用底物为多种，则每个底物都有一个特定的 K_m 值。表 6-5 列举了几种酶在不同底物时的 K_m 值。

表 6-5 一些酶的 K_m 值

酶	底物	K_m/（mol/L）
乙酰胆碱酯酶	乙酰胆碱	9.5×10^{-5}
己糖激酶	葡萄糖	1.5×10^{-4}
	果糖	1.5×10^{-3}
过氧化氢酶	H_2O_2	2.5×10^{-2}
胰凝乳蛋白酶	*N*- 乙酰甘氨酸乙酯	4.4×10^{-1}
	N- 乙酰缬氨酸乙酯	8.8×10^{-2}
	N- 乙酰酪氨酸乙酯	6.6×10^{-4}
蔗糖酶	蔗糖	2.8×10^{-2}
	棉籽糖	3.5×10^{-1}

② K_m 值反映酶与底物亲和力的大小。K_m 值愈小，表明酶与底物的亲和力大，酶促反应易于进行。

③ K_m 值作为常数只是对固定的底物、一定的 pH 值、一定的温度条件而言的。用测定 K_m 值的方法来鉴定酶时，必须在指定的实验条件下进行。

3.K_m 值的实际应用

（1）鉴定酶 通过测定 K_m 值，可鉴别不同来源或相同来源但在不同发育阶段、不同生理状态下催化相同反应的酶是否属于同一种酶。

（2）确定酶的最适底物 如果一种酶有几种底物，则对不同底物就有不同的 K_m 值。通常把 K_m 值最小的那个底物称为该酶的最适底物或天然底物。

（3）确定酶活性测定所需的底物浓度 酶活性测定所需的底物浓度以 $10K_m$ 为宜，按 $[S]=10K_m$ 代入米氏方程，结果 $v=91\%v_{max}$，在此底物浓度下酶促反应速率基本与酶浓度成正比关系。

（4）判断反应方向或趋势 催化可逆反应的酶其正逆两向的 K_m 值常常是不同的，测定这些 K_m 值的大小及细胞内正逆两向的底物浓度，可以大致推测该酶催化正逆两向反应的效率。这对了解酶在细胞内的主要催化方向及生理功能具有重要意义。

（四）米氏常数的求法

为了得到准确的 K_m 值，把米氏方程的形式加以改变，使它成为相当于 $y=ax+b$ 的直线方程，然后用图解法求出 K_m 值。

将米氏方程两边取倒数，然后再整理得：

$$\frac{1}{v}=\frac{K_m}{v_{max}}\left(\frac{1}{[S]}\right)+\frac{1}{v_{max}}$$

此式即为 Lineweaver Burk 方程。这是一个线性方程，用 $\frac{1}{v}$ 对 $\frac{1}{[S]}$ 作图即得到一条直线（图 6-7），直线的斜率为 $\frac{K_m}{v_{max}}$，$\frac{1}{v}$ 的截距为 $\frac{1}{v_{max}}$。当 $\frac{1}{v}=0$ 时，$\frac{1}{[S]}$ 的截距为 $-\frac{1}{K_m}$。

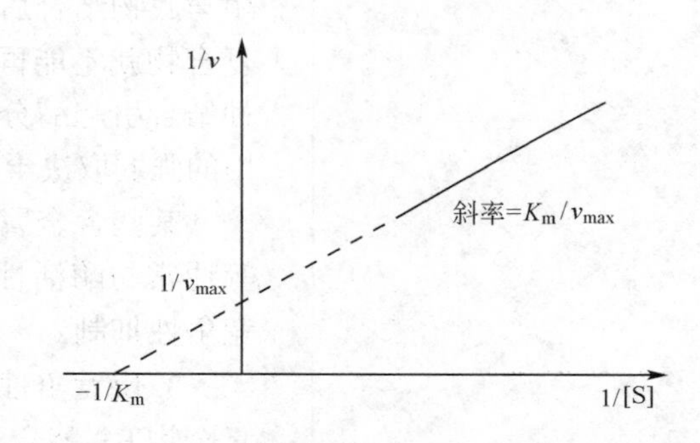

图 6-7 Lineweaver Burk 方程 $\frac{1}{v}$ 对 $\frac{1}{[S]}$ 作图

三、米氏酶抑制剂作用的动力学

酶的抑制剂在细胞中广泛存在，如某些控制代谢反应速率的调节物。酶动力学分析的一个重要用途是研究酶抑制剂的作用。根据抑制剂与酶作用的方式不同，可把抑制作用分为不可逆抑制和可逆抑制两类。

（一）不可逆抑制

不可逆抑制（irreversible inhibition）通常指抑制剂与酶活性中心必需基团以共价键结合，引起酶活性丧失。由于抑制剂同酶分子结合牢固，故不能用透析、超滤、凝胶过滤等物理方法去除。根据不同抑制剂对酶的选择性不同，这类抑制作用又可分为非专一性不可逆抑制与专一性不可逆抑制两类。前者是指一种抑制剂可作用于酶分子上的不同基团或作用于几类不同的酶，属于这一类的有烷化剂，如碘乙酸、2,4- 二硝基氟苯（DNFB）等；酰化剂（如酸酐、磺酰氯）等。后者是指一种抑制剂通常只作用于酶蛋白分子中一种氨基酸侧链基团或仅作用于一类酶，如有机汞（如：对氯汞苯甲酸）可专一地作用于巯基，

二异丙基氟磷酸（DFP）和有机磷农药专一作用于丝氨酸羟基等。

（二）可逆抑制

可逆抑制（reversible inhibition）是指抑制剂与酶蛋白以非共价键结合，具有可逆性，可用透析、超滤、凝胶过滤等方法将抑制剂除去。这类抑制剂与酶分子的结合部位可以是活性中心，也可以是非活性中心。根据抑制剂与酶结合的关系，可逆抑制作用可分为竞争性抑制作用、非竞争性抑制作用和反竞争性抑制。

1. 竞争性抑制（competitive inhibition）　是指抑制剂的化学结构与底物相似，因而与底物竞争性地同酶活性中心结合。当抑制剂与活性中心结合后，底物就不能再与酶活性中心结合。所以这种抑制作用的强弱取决于抑制剂与底物浓度的比例，而不取决于二者的绝对量。竞争性抑制通常可用增大底物浓度来消除。

最典型的竞争性抑制是丙二酸对琥珀酸脱氢酶的抑制作用。丙二酸与琥珀酸结构相似，因而竞争性地争夺琥珀酸脱氢酶的活性中心，产生竞争性抑制。

2. 非竞争性抑制（noncompetitive inhibition）　是指酶可以同时与底物及抑制剂结合，两者没有竞争作用。酶与抑制剂结合后，还可与底物结合。相反，酶与底物结合后，也还可以与抑制剂结合。一旦酶与抑制剂结合后，酶与底物复合物就不能再转化为产物。非竞争性抑制剂通常与酶的非活性中心结合，这种结合引起酶分子构象变化，致使活性中心的催化作用降低。非竞争性抑制作用的强弱取决于抑制剂的绝对浓度，因而不能用增大底物浓度来消除抑制作用。

某些含金属离子（Cu^{2+}、Ag^{+}、Hg^{2+} 等）的化合物、EDTA（乙二胺四乙酸）等通常与酶活性中心以外的—SH 基团反应，改变酶分子的空间构象，引起非竞争性抑制。

3. 反竞争性抑制（anticompetitive inhibition）　是指抑制剂能与酶和底物的复合物 ES 螯合，不再分解，从而降低形成产物的数量。

上述三种抑制类型的动力学方程列于表 6-6。由这些动力学方程所绘制的反应速率曲线和双倒数图见图 6-8，图中 K_{mapp} 是有抑制剂存在时的表观米氏常数，v_{app} 为有抑制剂存在时的最大反应速率。

表 6-6　不同抑制类型的动力学方程

类型	公　式	v_{max}	K_m
无抑制剂	$v=\frac{v_{max}[S]}{K_m+[S]}$	不变	不变
竞争性抑制	$v_i=\frac{v_{max}[S]}{K_m\left(1+\frac{[I]}{K_i}\right)+[S]}$	不变	增大
非竞争性抑制	$v_i=\frac{v_{max}[S]}{\left(1+\frac{[I]}{K_i}\right)(K_m+[S])}$	减小	不变
反竞争性抑制	$v_i=\frac{v_{max}[S]}{K_m+\left(1+\frac{[I]}{K_i}\right)[S]}$	减小	减小

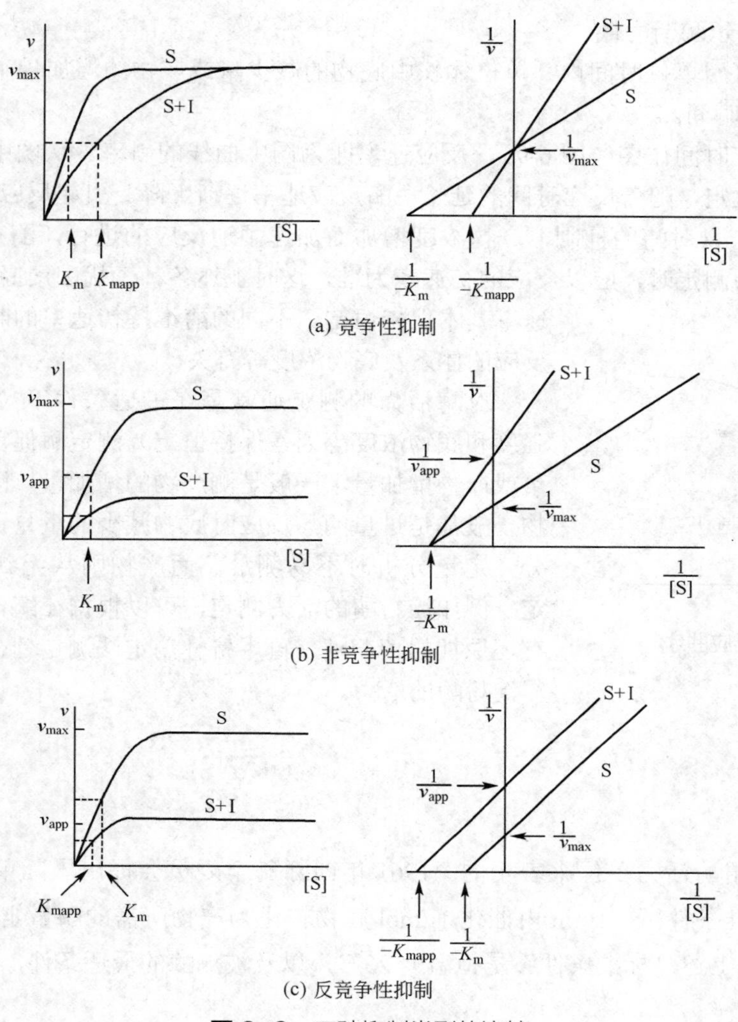

(a) 竞争性抑制

(b) 非竞争性抑制

(c) 反竞争性抑制

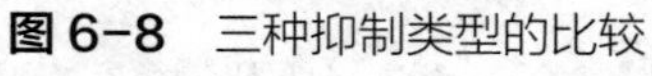
图 6-8　三种抑制类型的比较

概念检查 6.2

○ K_m 值代表什么，有什么意义？

第三节　酶活力测定

一、酶活力及其测定

酶催化一定化学反应的能力称为酶活力（enzyme activity）。酶活力通常以在一定条件下，酶所催化的化学反应的速度来确定。因此，测定酶活力也就是测定酶所催化的化学反应速率。所测反应速率大，表示酶活力高；反应速率小，表示酶活力低。

酶促反应的速度可用单位时间内、单位体积中底物的减少量或产物的增加量来表示。所以反应速率的单位为：浓度 / 单位时间。

将产物浓度对反应时间作图（图 6-9），反应速率即为图中曲线的斜率。从图中可知，反应速率只在最初一段时间内保持恒定，随着反应时间的延长，酶反应速率逐渐下降。引起反应速率下降的原因很多，如底物浓度的降低，产物对酶的抑制，产物浓度增加而加速了逆反应的进行，酶在一定的 pH 下部分失活等。因此，在酶活力测定时，应以反应的初速率为准。这时上述各种干扰因素尚未起作用或影响甚小，速率基本保持恒定。不同的酶维持初速率的时间长短不一，与酶促反应的体系及底物浓度等有关。

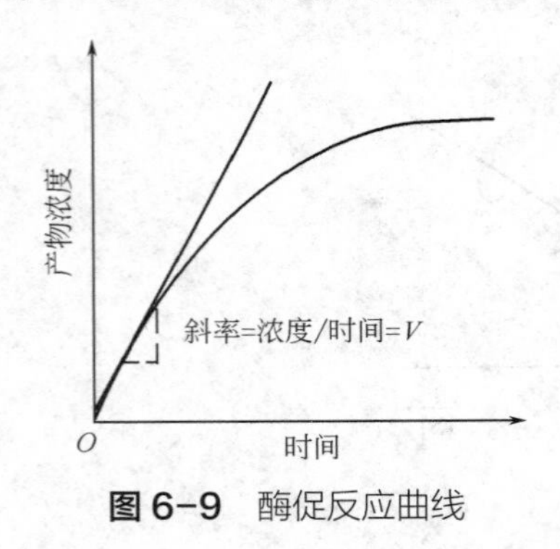

图 6-9　酶促反应曲线

对酶活力的测定通常是在最适条件下（反应温度、pH、离子强度和底物浓度等因素保持恒定）测定酶促反应过程中的底物减少量或产物增加量，一般是测产物的增加量。因为在酶活测定中，底物一般都是过量的，反应时底物减少的量只占总量的一个极小的部分，定量分析时不易测准。而产物则从无到有，比较容易准确测定。例如淀粉酶的活力测定，可以根据在酶作用下淀粉水解生成具有还原性的葡萄糖，再用费林滴定法测定葡萄糖的生成量，即可测得淀粉酶的活力。

二、酶活力单位

酶活力的高低是用酶活力单位来表示的。1961 年国际酶学委员会提出国际单位（international unit，IU）的概念，即在标准条件下，1min 内催化 1μmol 底物转化为产物所需的酶量定义为一个酶活力单位，即 1IU ＝ 1μmol/min。上述“标准条件”是指温度 25℃，以及被测酶的最适条件，特别是最适 pH 及最适底物浓度。

1972 年，国际酶学委员会定义了另外一个酶活力国际单位，即 Katal（Kat）单位。1Kat 单位定义为：在最适条件下，每秒钟可使 1mol 底物转化为产物所需的酶量；Kat 与 IU 的换算关系如下：

$$1\text{Kat}=6\times10^{7}\text{IU}\ ;\ 1\text{IU}=16.67\times10^{-9}\text{Kat}$$

三、酶的比活力

比活力（specific activity）是指每毫克蛋白质所含的酶活力单位数。即：

$$\text{比活力}=\frac{\text{活力单位数}}{\text{蛋白质含量(mg)}}$$

比活力是表示酶制剂纯度的一个指标，在酶学研究和提纯酶时常用到。在纯化酶时，不仅要得到一定量的酶，而且要求得到不含或尽量少含其他杂蛋白的酶制品，在一步步纯化过程中，除了要测定一定体积或一定质量的酶制剂中含有多少活力单位外，往往还需要测定酶制剂的纯度如何，酶制剂的纯度一般都用比活力大小来表示。比活力愈高，表明酶愈纯。

四、酶的转换数

酶的转换数（turnover number）表示酶的催化中心的活性，它是指单位时间（如每秒）内每一催化中心（或活性中心）所能转换的底物分子数，或每摩尔酶活性中心单位时间转换底物的物质的量。米氏方程推导中的 k_3 即为转换数（ES $\rightarrow$ E+P）。当底物浓度过量时，因为 $v_{max}=k_3[E]$，故转换数可用下式计算：

$$转换数=k_3=\frac{v_{max}}{[E]}$$

五、酶活力的测定方法

（一）化学分析法

根据酶的最适温度和最适 pH，从加进底物和酶液后即开始反应，每隔一定时间，分几次取出一定体积反应液，停止酶作用，然后分析底物的消耗量或产物的生成量。此方法是酶活力测定的经典方法，至今仍经常采用。几乎所有的酶都可以根据这一原理设计测定其活力的具体方法。停止酶反应常用使酶失活的方法，如加热、加入强酸强碱或蛋白沉淀剂等。

（二）分光光度法

利用底物和产物光吸收性质不同，在整个反应过程中可连续测定其吸收光谱的变化。此法无需停止反应，便可直接测定反应混合物中底物的减少或产物的增加量。这一类方法最大的优点是迅速、简便、特异性强，并可方便地测得反应进行的过程，特别是对于反应速率较快的酶作用，能够得到准确的结果。

（三）量气法

当酶促反应中底物或产物之一为气体时，可以测量反应系统中气相的体积或压力的改变，从而计算气体释放或吸收的量，根据气体变化和时间的关系，即可求得酶活力。

（四）荧光法

该法要求酶反应的底物或产物有荧光变化。它的优点是灵敏度很高。酶蛋白分子中的 Tyr、Trp、Phe 残基以及一些辅酶、辅基，如 NADH、NADPH、FMN、FAD 等都能发出荧光。

（五）酶偶联分析法

当一个反应的底物和产物都无特征性的标记可被检测时，研究人员可以将它与另一个反应偶联在一起（如下所示），第一个酶的产物为第二个酶的底物，将这两个酶系统放在一起反应。尽管 P_1 无光吸收或荧光变化，但偶联后由于 P_2 有光吸收或荧光变化，经过换算就可以顺利测得 E_1 的活力。

$$S\xrightarrow{E_1}P_1\xrightarrow{E_2}P_2$$

第四节 酶的作用机制与药物分子的设计

酶的结构及其作用机制是设计生物活性分子的基础。研究酶与生物活性物质之间的相互作用及其影响，对开发新的医药和农药等，具有非常重要的意义。引起疾病的因素是多方面的，致病机制也各不相同。只有在对致病因素和机制深入了解和认识的基础上，才有可能进行有目的的药物分子设计。下面通过具体的例子，讨论酶作用机制的研究对于新的药物分子设计的指导意义。

一、磺胺类药物及磺胺增效剂

磺胺类药物主要是对氨基苯磺酰胺的衍生物，它们的发现和应用对细菌感染性疾病开创了化学治疗的新纪元，改变了过去消毒药仅能局部外用的情况，使死亡率很高的脑膜炎、败血症、肺炎等得到了控制。此外，磺胺类药物的发现和发展，开辟了一条从代谢拮抗来寻找新药的途径，对药物化学的发展及新药的研究起了重要的作用。

（一）磺胺类药物的发展

1932 年，人们发现含有磺酰氨基的偶氮染料“百浪多息（Prontosil）”能抑制链球菌及葡萄球菌引起的感染。但百浪多息在体外无抑菌作用，在体内经代谢后，分解为对氨基苯磺酰胺才具有抑菌作用，由此确定了对氨基苯磺酰胺是这类药物显效的基本结构。至 1946 年共合成了约 5500 种磺胺类化合物，并建立了磺胺类药物作用机制的学说。该学说认为磺胺类药物能与细菌生长所必需的对氨基苯甲酸（*p*-aminobenzoic acid，PABA）产生竞争性拮抗，干扰了细菌的正常生长，因此有抑菌作用（见图 6-10）。

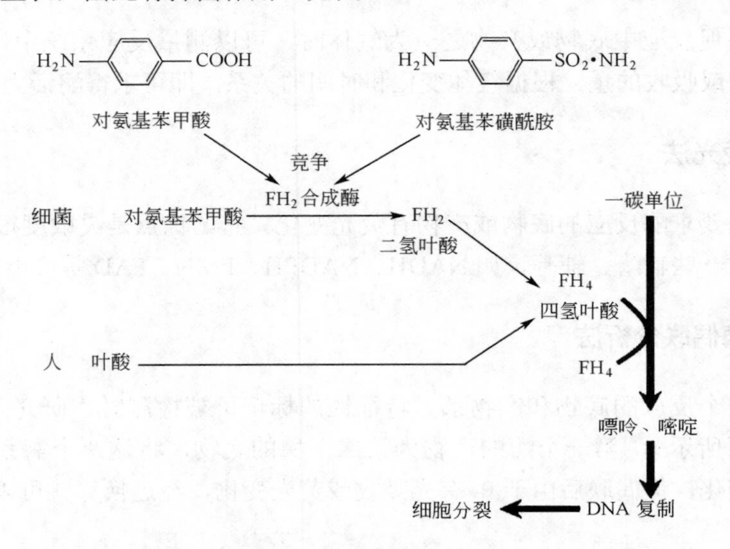

图 6-10 磺胺药的作用机理

图 6-10 中 FH_4 为四氢叶酸，是一碳单位的载体，为微生物 DNA 合成所必需的核苷酸的合成提供一碳单位。1974 年 Bock 等人在大肠杆菌的培养基中加入标记的磺胺药，结果证明磺胺药物确实影响了二氢叶酸的合成。由于人体能从食物中摄取叶酸，而微生物不能从外界环境中获得二氢叶酸，故磺胺类药物对人体没有伤害。凡需自身合成二氢叶酸的微生物，均易受到磺胺类药物的抑制。

（二）抗菌增效剂

在研究抗疟药的过程中，发现甲基苄啶（Trimethoprim，TMP）对革兰阳性菌和革兰阴性菌有广泛而较强的抑制作用。研究发现 TMP 能可逆性地抑制 FH_2 还原酶，阻碍 FH_2 还原为 FH_4，从而妨碍了微生物 DNA、RNA 及蛋白质的合成，抑制其生长繁殖。

磺胺类药物能阻断微生物生长代谢所必需的 FH_2 的合成，而 TMP 又能阻断 FH_2 还原为 FH_4。若磺胺类药物与 TMP 联合应用可产生协同抗菌作用，使细菌体内叶酸代谢受到双重阻断，抗菌作用增强数倍至数十倍。故最初将 TMP 称为磺胺增效剂。后来发现 TMP 与其他抗生素如四环素合用也可增强抗菌作用，故又称其为抗菌增效剂。

抗生素的出现，虽使磺胺类药物在化学治疗中所占地位有所下降，但磺胺类药物仍有其独特的优点，如抗菌谱广、疗效确切、性状稳定、可以口服、使用方便、价格低廉、生产时不消耗粮食、贮存运输方便、临床使用量大等，故在化疗药中仍占有一定的地位。

二、具有抗 *β*- 内酰胺水解酶的青霉素

1928 年，细菌学家弗莱明（Fleming）发现了青霉素。10 年后，在病理学家弗洛里（Florey H）和生物化学家钱恩（Chain）的共同努力下，青霉素成为历史上第一个在临床上具有重要应用价值的广谱抗生素。直至今天，青霉素仍然被广泛使用。

青霉素分子中，含有一个很活泼的 *β*- 内酰胺环（*β*-lactam ring），它与一个噻唑环（thiazolidine ring）相融合（图 6-11）。

青霉素的作用机制是抑制细菌细胞壁的生物合成。现已知道，细菌细胞壁的合成是在转肽酶（transpeptidases）催化下，通过肽聚糖（peptidoglycan）的交联作用进行的（图 6-12）。

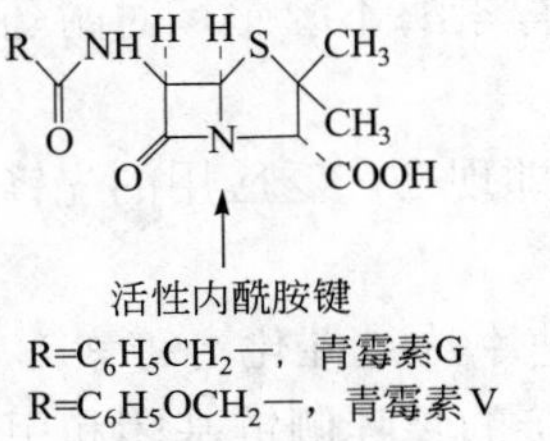

活性内酰胺键

$R=C_6H_5CH_2—$，青霉素G

$R=C_6H_5OCH_2—$，青霉素V

图 6-11　青霉素结构示意图

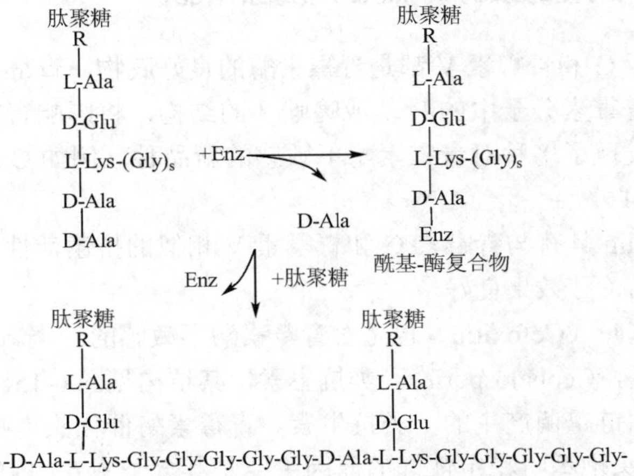

肽聚糖 R — L-Ala — D-Glu — L-Lys-$(Gly)_5$ — D-Ala — D-Ala　+Enz →（− D-Ala）　肽聚糖 R — L-Ala — D-Glu — L-Lys-$(Gly)_5$ — D-Ala — Enz　酰基-酶复合物

+肽聚糖，− Enz

肽聚糖 R — L-Ala — D-Glu　肽聚糖 R — L-Ala — D-Glu

-D-Ala-L-Lys-Gly-Gly-Gly-Gly-Gly-D-Ala-L-Lys-Gly-Gly-Gly-Gly-Gly-

图 6-12　肽聚糖交联示意图

因为青霉素在结构上与转肽酶的天然底物肽聚糖的反应部位相似，所以能与转肽酶活性中心上的丝氨酸残基形成共价键，从而抑制了细胞壁的合成（图 6-13）。从其作用机制看，青霉素是转肽酶的不可逆抑制剂。

应用青霉素菌发酵得到的青霉素，主要成分是青霉素 G，它的抗菌效果好，但是容易被胃酸水解，口服效果差。后来发现在发酵生产青霉素时，加入 *N*-（2- 羟基）苯氧乙酰胺作前体，可得到另一种物质青霉素 V。青霉素 V 能耐胃酸，适于口服。青霉素 G 和青霉素 V 是目前应用最广的两个品种。

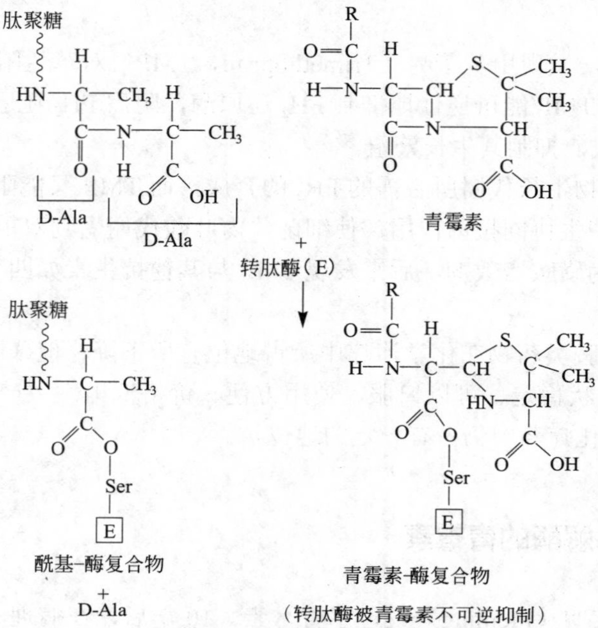

图 6-13 青霉素对转肽酶的抑制作用

青霉素在经过长期使用后，能够诱导生物体（包括细菌等微生物）产生青霉素酶（penicillinase）。青霉素酶能够水解 β - 内酰胺环，从而导致青霉素（G 型和 V 型）失效。

近几十年来，科学家们在详细研究了青霉素与青霉素酶的作用机制基础上，成功地解决了保持青霉素优良抗菌性能的问题。主要有如下两条途径。

（一）研制对青霉素酶不敏感的青霉素新品种

青霉素 G 和青霉素 V 都是青霉素酶的良好底物，青霉素酶能够水解 β- 内酰胺环，从而导致青霉素失效。改变青霉素分子中的 R 基或噻唑环的结构，将影响青霉素分子与青霉素酶的结合。根据这种设计思想，已经发现了多种对青霉素酶不敏感的新品种。例如 Oxacillin 是一种半合成的青霉素类化合物，其结构见图 6-14。

Oxacillin 具有与青霉素 G 和青霉素 V 相似的抗菌活性，但是对青霉素酶不敏感，对耐药性金黄色葡萄球菌感染治疗效果良好。

头孢噻吩（Cefoxitin）也是对青霉素酶不敏感的一类新的抗生素，即现在广泛应用的先锋霉素（或称为头孢菌素，Cephalosporins）类抗生素，其结构见图 6-15。

它是由链霉菌产生的一类抗生素。青霉素酶催化头孢噻吩的水解速率约是催化青霉素 V 的水解速率的 1/150。头孢噻吩稳定性好的原因主要是其分子中 β - 内酰胺环上连接的噻唑侧链基团和甲氧基的空间位阻作用，影响了与青霉素酶的结合。

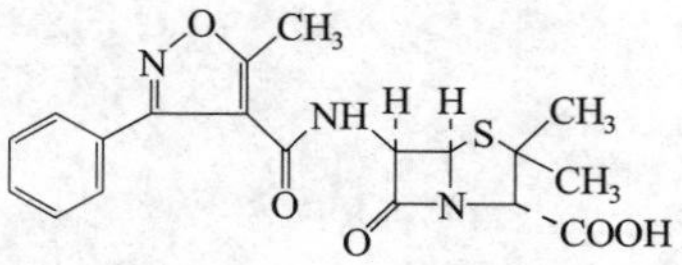

图 6-14 Oxacillin 的结构示意图

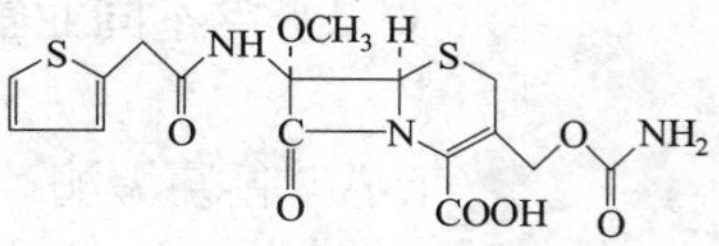

图 6-15 头孢噻吩的结构示意图

（二）研制对青霉素酶具有抑制作用的青霉素产品

20 世纪 70 年代初，从微生物 *Streptomyces clavuligerus* 中分离出一种称为棒酸（clavulanic acid）的化合物（图 6-16）。

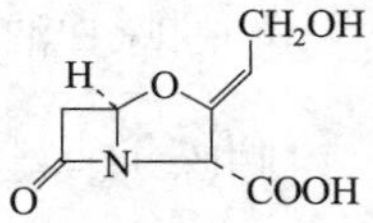

图 6-16 棒酸的结构示意图

棒酸本身并没有显著的抗菌活性，但它对青霉素酶则是一种非常好的不可逆抑制剂。因此，棒酸与对青霉素酶敏感的青霉素可以组合成新的青霉素制剂。现在这种类型的青霉素产品已经被广泛应用。

以棒酸作为模型化合物，近年来，用半合成方法或从微生物中分离出既具有抑制青霉素酶作用，同时又具有良好抗菌活性的新化合物。

第五节 寡聚酶、同工酶和固定化酶

一、寡聚酶

由两个或两个以上，乃至多达数十个亚基组成的酶称为寡聚酶。其分子量从 35000 到几百万，可分为几种不同的类型。

（一）含相同亚基的寡聚酶

糖酵解（糖的无氧分解代谢）中的许多酶都是寡聚酶，各有不同数目的亚基，见表 6-7。

表 6-7 糖酵解中各种酶的亚基数及分子量

糖酵解酶类	亚基数目	亚基分子量	酶分子量
磷酸化酶 a	4	92500	370000
己糖激酶	2	26000	52000
磷酸果糖激酶	4	80000	320000
醛缩酶	4	40000	160000
3- 磷酸甘油醛脱氢酶	4	35000	140000
烯醇化酶	2	44000	88000
乳酸脱氢酶	4	35000	140000
丙酮酸激酶	4	62500	250000

（二）含不同亚基的寡聚酶

1. 双功能寡聚酶

有的寡聚酶所含的亚基结构不同，每种亚基表现不同的功能，因而整个酶分子催化两个相关的反应，这种寡聚酶称为双功能寡聚酶。最典型的例子是大肠杆菌的色氨酸合成酶。

大肠杆菌的色氨酸合成酶含有A和B两种蛋白质，蛋白质A的分子量为29500，含有一个亚基α，蛋白质B含有两个分子量各为45000的亚基ββ。这两种蛋白质各自催化一个化学反应。

$$\text{吲哚甘油磷酸} \rightleftharpoons \text{吲哚} + 3\text{-磷酸甘油醛}$$

$$\text{吲哚} + \text{L-丝氨酸} \longrightarrow \text{L-色氨酸}$$

当两个A蛋白与一个B蛋白结合形成α、α、β、β聚合体时，就构成了完整的色氨酸合成酶（以$\alpha_2\beta_2$表示）。它能将上述两个反应偶联而催化总反应：

$$\text{吲哚甘油磷酸} + \text{L-丝氨酸} \longrightarrow \text{L-色氨酸} + 3\text{-磷酸甘油醛}$$

因此，这个酶只有当它的两种功能性亚基以聚合物形式存在、联合起作用时，才能完成色氨酸的合成。

2. 含有专一性的、非酶蛋白亚基的寡聚酶

这种寡聚酶含有两种亚基，一种有催化作用，另一种没有催化作用。后者为非酶蛋白，它能决定酶促反应的专一性。

例如，哺乳动物中的乳糖合成酶催化乳糖的合成反应：

$$\text{UDP-半乳糖} + \text{葡萄糖} \rightleftharpoons \text{乳糖} + \text{UDP}$$

此酶含有A及B两种蛋白质亚基，A具有催化活性，B为非酶蛋白——*α*-乳清蛋白。A蛋白单独存在时可催化下列反应：

$$\text{UDP-半乳糖} + N\text{-乙酰葡萄糖胺} \rightleftharpoons N\text{-乙酰乳糖胺} + \text{UDP}$$

若在A所催化的上述反应中加入B后，B与A联结，这时UDP-半乳糖与*N*-乙酰葡萄糖胺的反应受到抑制，而与葡萄糖的反应则加强。

有趣的是，蛋白质A广泛地存在于动物的各种组织中，而蛋白质B仅存在于乳腺之中，所以只有在乳腺中才能合成乳糖。

3. 具有底物载体亚基的寡聚酶

在某些寡聚酶中，亚基作为底物载体而起作用。这种寡聚酶可以看作是由具有酶活性的蛋白质部分和作为底物载体的蛋白质部分组成的。

例如，大肠杆菌的乙酰辅酶A羧化酶由三个蛋白质部分组成：两个具有催化活性的蛋白质，生物素羧化酶及转酰基酶，一个具有专一性的生物素羧基载体蛋白亚基（BCCP）。这个载体亚基的分子量为20000，它专一性地运载底

物 CO_2。这三个部分连接起来催化的反应分两步进行：

$$BCCP+CO_2+ATP \rightleftharpoons CO_2 \sim BCCP+ADP+Pi$$

$$CO_2 \sim BCCP+RH \rightleftharpoons BCCP+RCOOH$$

由以上讨论可见，寡聚酶的生物功能是多方面的，虽然迄今对它的生物学意义尚未完全清楚，但寡聚酶在对代谢的调节、决定某些酶的专一性和对代谢底物的有效利用，以及保证代谢中的有序性、高效性等方面具有重要作用。

二、同工酶

它是指催化相同的化学反应而酶蛋白的分子结构、理化性质和免疫学性质不同的一组酶。同工酶存在于同一种属或同一个体的不同组织，或存在于同一细胞的不同亚细胞结构中。同工酶对细胞的生长、发育、遗传及代谢的调节都很重要。其中研究最多且最早的同工酶是在人和动物机体中存在的乳酸脱氢酶（LDH）。

乳酸脱氢酶是四聚体，在多数组织中，由两个遗传位点所决定的两类亚基即肌肉型亚基（A 或 M）和心脏型亚基（B 或 H）所组成，而在精囊和精子中，则是由上述两个位点外的第三个遗传位点决定的 C 亚基组成。六种 LDH 四聚体是：LDH_1（B_4 或 H_4）、LDH_2（AB_3 或 H_3M）、LDH_3（A_2B_2 会 H_2M_2）、LDH_4（A_3B 或 HM_3）、LDH_5（A_4 或 M_4）和 LDHx（C_4）。脊椎动物的心脏主要的同工酶是 LDH_1，而骨骼肌则是 LDH_5。在其他组织中的分布随动物种的不同而异。哺乳动物的肝脏有高水平的 LDH_5，而脑、肾皮质、红细胞则主要是 LDH_1。

基于每种组织 LDH 同工酶谱具有特定的相对百分率，若某一组织发生病变，必将释放其中的 LDH 同工酶到血液中，导致血清酶谱的变化，这些变化常常是特定疾病或该疾病特定阶段的特征。因此，它是临床医学诊断疾病的一种灵敏且可靠的手段。例如心脏、肝脏病变引起血清 LDH 同工酶酶谱的变化规律一般如下。

心脏疾病：LDH_1 及 LDH_2 上升，LDH_3 及 LDH_4 下降。

急性肝炎：LDH_5 明显升高，随病情好转而逐渐恢复正常。

慢性肝炎：一般处于正常范围，部分病例可见 LDH_5 有所升高。

肝硬化：LDH_5、LDH_1 和 LDH_3 均升高。

原发性肝癌：LDH_3、LDH_4、LDH_5 均上升，但 $LDH_5 > LDH_4$

转移性肝癌：LDH_3、LDH_4、LDH_5 均上升，但 $LDH_4 > LDH_5$

人体某些脏器中 LDH 同工酶的相对浓度见表 6-8。

表 6-8　人体某些脏器中 LDH 同工酶的相对浓度

LDH 同工酶	亚基类型	相对浓度（总 LDH 活性的百分比）/%								
		心脏	肝	肾	肺	脾	骨骼肌	红细胞	白细胞	血清
LDH_1	H_4	73	2	43	14	10	0	43	12	27.1
LDH_2	H_3M	24	4	44	34	25	0	44	49	34.7
LDH_3	H_2M_2	3	11	12	35	40	5	12	33	20.9
LDH_4	HM_3	0	27	1	5	20	16	1	6	11.7
LDH_5	M_4	0	56	0	12	5	79	0	0	5.7

三、固定化酶

又叫不溶酶，是由共价连接到水不溶支持物，如琼脂糖、聚丙烯酰胺上而不破坏活性的一类酶，在各种分批间歇式反应、吸附色谱和凝胶过滤中广泛应用。

固定化酶制备的方法很多，或吸附于活性炭、多孔玻璃、离子交换纤维素或离子交换分子筛等固体表面上，或与琼脂糖、葡萄糖凝胶、淀粉或聚丙烯酰胺等固态物共价结合，或使用双功能试剂使酶蛋白分子交联而凝集成固相的网状结构，或将酶包埋在微小的半透膜囊或凝胶格子中。固定化酶在工业、医学和分析分离工作的实际应用中有无限美好的前景。

概念检查 6.3

○ 固定化酶有什么优势？

第六节　酶的应用

一、蛋白酶的应用

蛋白酶是能选择性地水解蛋白质的酶，它可把蛋白质分子内的肽键切断，属肽类水解酶。蛋白质在蛋白酶的催化作用下，迅速水解为胨、肽类，最后成为氨基酸。

蛋白酶广泛存在于动物内脏、植物茎叶果实和微生物中。按酶来源可分为动物蛋白酶、植物蛋白酶和微生物蛋白酶。按蛋白酶作用的最适 pH，可分为酸性蛋白酶、中性蛋白酶和碱性蛋白酶。

蛋白酶种类繁多，商品蛋白酶已不下 100 种。不同来源的蛋白酶在工业上有不同的用途。蛋白酶已广泛应用在皮革、毛纺、丝绸、日化、食品、酿造和医药等许多行业中。

（一）皮革脱毛与软化

原料皮脱毛，以往采用石灰硫化钠法，工序繁、周期长且废水污染严重。蛋白酶脱毛则具有简化生产工序、缩短周期、提高成品质量、降低生产成本、改善劳动条件与环境卫生、变污水为农肥等优点，是目前蛋白酶用量最大的工业。酶法脱毛是由于酶水解了毛根部的毛囊蛋白而使毛松动脱落。

毛皮软化也使用蛋白酶，其作用在于分解皮纤维间质中的可溶性蛋白质，使皮纤维进一步松散软化。

（二）加酶洗涤剂

织物上的汗液、血迹、食迹中相当部分是蛋白质，蛋白质陈化后很难洗除。然而如果洗涤剂中加入蛋白酶则可加速蛋白质的分解而大大提高洗涤效果，延长织物寿命。

（三）生丝脱胶与羊毛染色

生丝必须脱胶，去除外层丝胶才能具有柔软的手感和特有光泽。丝胶是一种蛋白质。过去用碱法高温炼丝进行脱胶，缺点很多，成品手感粗糙、光泽暗淡。使用蛋白酶脱胶则可克服上述缺点，所得产品润滑柔软、光泽鲜艳、牢度增加。

羊毛染色过去在长时间蒸煮下进行，而用蛋白酶处理（去除了羊毛表面鳞垢），使染色温度降低，染色率大为提高。

（四）食品工业

蛋白酶在食品加工中应用广泛，如在肉类加工中可水解结缔组织，嫩化肉类，软化肠衣，提高质量；在面包、糕点加工中可缩短揉面时间，增强面团伸延性；在乳酪制造中可凝固酪素，缩短凝乳时间；在酱品制造中用以处理大豆或豆饼粉，可提高蛋白质利用率或缩短酱油、豆瓣酱发酵时间；在酒类生产中用于啤酒、清酒澄清，防止浑浊等。

（五）酶法治疗

蛋白酶可作为消炎剂，主要用于化痰止咳、消炎退肿、清洁创面，对手术后肠粘连、血栓性静脉炎、慢性支气管炎以及胃溃疡等都有较好的疗效。这是因为蛋白酶能分解变性蛋白质和致炎多肽，从而促进病灶附近组织的修复。

此外还有一些属于蛋白酶的酶制剂，可治疗动脉硬化（弹性蛋白酶）、高血压症（胰血管舒张素）、驱蛔（木瓜蛋白酶）、止血（凝血酶）、治疗痢疾（细菌蛋白酶）及蛇毒伤（胰蛋白酶）等。

由蛋白酶和淀粉酶制成的多酶片，是常用的助消化剂，其作用在于它们能把积食分解成机体能吸收利用的物质。为增强疗效，利用耐酸性膜将酸性下作用的酶同碱性下作用的酶隔开，制成既可在胃中起作用、又可在肠中起作用的复合消化剂，对胃病、食欲不振、恶心、腹泻和便秘等疗效甚佳。

二、淀粉酶的应用

淀粉酶是水解淀粉和糖原酶类的统称，广泛存在于动植物和微生物中，是最早实现工业生产并且是迄今为止用途最广、产量最大的一个酶制剂品种。特别是20世纪60年代以来，由于酶法生产葡萄糖以及用淀粉生产果葡糖浆的大规模工业化，淀粉酶的需要量越来越大，几乎占整个酶制剂总产量的50%以上。

根据水解淀粉方式的不同，主要的淀粉酶可分为四大类。

（一）α-淀粉酶

能迅速地切开α-1,4-糖苷键，使淀粉降解成小分子糊精、麦芽糖，使淀粉黏度减小，因此α-淀粉酶又称液化酶。但α-淀粉酶不能切开支链淀粉分支点的α-1,6-糖苷键，也不能切开α-1,6-糖苷键附近的

α-1,4- 糖苷键，因此，水解产物中除了含葡萄糖、麦芽糖以外，还残留一系列具有 α-1,6- 糖苷键的极限糊精和含多个葡萄糖残基的带 α-1,6- 糖苷键的低聚糖。

α- 淀粉酶主要是利用枯草杆菌、米曲霉等生产，主要用于淀粉糊化和织物退浆等。

（二）β- 淀粉酶

β- 淀粉酶可从淀粉 α-1,4- 糖苷键的非还原性末端顺次切下麦芽糖单位，遇到 α-1,6- 糖苷键的分支点，则停滞不前。因此，当以 β- 淀粉酶分解支链淀粉时，直链部分则生成麦芽糖，而分支点附近及内侧因不能被分解而残留下来，其分解产物为麦芽糖及大分子 β- 极限糊精。

β- 淀粉酶过去主要从大麦、小麦、大豆等高等植物中提取，现在也可从诸如蜡状芽孢杆菌等微生物中制备。β- 淀粉酶主要用于生产麦芽糖。

（三）葡萄糖淀粉酶

葡萄糖淀粉酶（糖化酶）的底物专一性很低，既能切开 α-1,4- 糖苷键，又能切开分支的 α-1,6- 糖苷键，几乎 100% 转变成葡萄糖，俗称糖化酶。曲霉、根霉及红曲霉都能生产糖化酶。它被广泛应用于酿酒、制糖等工业。

（四）异淀粉酶

能够专一性地切开支链淀粉和糖原等分支点的 α-1,6- 糖苷键，从而剪下整个侧支，形成长短不一的直链淀粉。因此，将该酶与其他淀粉酶配合使用时，可使淀粉糖化完全。

三、酯酶的应用

酯酶的作用是催化酯键的断裂或合成反应，最常见的酯酶是脂肪酶，它能将脂肪水解成脂肪酸和甘油，也能在非水或低水介质中催化脂肪的合成反应。脂肪酶在食品加工、食品保藏和轻化工产品加工以及医药上均有重要作用。如食品增香（酶作用后释放出具有香味的短链脂肪酸）、皮毛脱脂、加酶洗涤剂、类可可脂的生产等，都用到脂肪酶。

四、纤维素酶的应用

纤维素酶是降解纤维素生成葡萄糖的一组酶的总称，它不是单种酶，而是起协同作用的多组分酶系。纤维素是由 β- 葡萄糖通过 β-1,4- 糖苷键形成的多糖，是构成植物细胞壁的主要成分。农副产品中纤维素资源极其丰富，开展利用纤维素酶分解纤维素，使之转化为葡萄糖用于酒精发酵等，这就是现在的生物质能源研究的重要课题之一。

习题

1. 什么是生物催化剂？它的化学本质是什么？
2. 影响酶促反应速度的主要因素有哪些？试说明之。
3. 什么是酶的活性中心与必需基团？两者有什么关系？
4. 举例说明酶的竞争性抑制的特点和实际意义。
5. 某酶制剂的比活力为 42 单位 /mg 蛋白，每毫升含 12mg 蛋白质，计算当底物浓度达到饱和时，1mL 反应液中含 10μL 酶制剂时的反应初速度。

科研实例

《中国药典》（2020 版）第四部：3603- 重组胰蛋白酶

2020 版中国药典标准新增加了《重组胰蛋白酶》的标准，分类为特定生物原材料，该标准的主要目的是规范生物制药过程中生物原材料的标准使用。从该标准中，可以看出，作为一个酶，需要控制的质量标准包括：来源、外观、鉴别、活性、比活性、纯度、杂质控制等。

本品为生物制品生产过程中使用的原材料，系由高效表达猪胰蛋白酶基因的重组菌，经发酵、分离和纯化后获得的重组猪胰蛋白酶，含适宜稳定剂，不含防腐剂。分为浓缩的酶溶液和冻干粉两种。

性状　溶液为无色至淡黄色澄清液体。冻干粉为白色或类白色结晶性粉末。

鉴别　取约 2mg 蛋白质，置白色点滴板上，加对甲苯磺酰 -L- 精氨酸甲酯盐酸盐试液 0.2mL，搅匀，即显紫色。

蛋白质含量　采用紫外 - 可见分光光度法（通则 0731 第六法）测定。

以 0.01mol/L HCl，0.02mol/L $CaCl_2$（pH 至 2.0 ± 0.2。）缓冲液为空白对照，将样品用缓冲液溶解或稀释至约 0.5mg/mL，取光程为 1cm 的带盖石英比色杯，照紫外 - 可见分光光度法（通则 0401）在 280nm 的波长处，测定吸光度值。

蛋白浓度按下式计算:

$$蛋白质浓度\ (mg/mL)=\mathrm{d}f\times\frac{A_{280}}{1.36}$$

式中，d f 为供试品稀释倍数；1.36 为 1mg/mL 重组胰蛋白酶在该缓冲液中 280nm 下的消光系数。来自于质量吸收系数 E1% A_{280nm}，即质量百分含量为 1%（1g/100mL，即 10mg/mL）的重组胰蛋白酶在

280nm 下的吸收值为 13.6。

A_{280nm}：为供试品溶液在 280nm 下扣除空白对照后的吸收值。

重组胰蛋白酶活性　照二部“胰蛋白酶”效价测定项检测。

比活性　指每毫克的蛋白质中所含重组胰蛋白酶的活性，应不低于 3800 U/mg 蛋白。

$$比活性 = 活性 /C$$

式中，C 为重组胰蛋白酶的蛋白浓度，mg/mL。

纯度　照高效液相色谱法（通则 0512）测定，面积归一化法计算重组胰蛋白酶纯度，β 胰蛋白酶不低于 70%，α 胰蛋白酶不高于 20%。

色谱条件与系统适用性试验：用十八烷基硅烷键合多孔硅胶填充色谱柱（ODS 柱），柱直径 4.6mm，长 25cm；粒度 3μm，孔径 200Å，柱温：40℃。以 1mL 磷酸（85%）用水定容到 1000mL 为流动相 A 液，以 1mL 磷酸（85%）用乙腈定容到 1000mL 为流动相 B 液，梯度洗脱（梯度相表），流速为 1.0mL/min，检测波长为 280nm。重组胰蛋白酶标准品主峰的保留时间是 12 ～ 17min，α- 胰蛋白酶和 β- 胰蛋白酶的分离度应不小于 1。

供试品溶液的制备：取适量重组胰蛋白酶，用 0.01mol/L HCl，0.02mol/L $CaCl_2$（pH 2.0 ± 0.2）溶液配制成 70 ± 10mg/mL，转移至 HPLC 进样瓶中。

标准品：取 100μL 重组胰蛋白酶标准品溶液，混匀，转移至 HPLC 进样瓶中。

测定法：取标准品溶液和供试品溶液，各 1μL，分别注入液相色谱仪，记录色谱图。面积归一化法计算胰蛋白酶纯度，积分时间为 25min，扣除空白对照。α- 胰蛋白酶如有前肩峰采用垂直积分，β- 胰蛋白酶如有拖尾峰采用切线积分。

梯度表

时间 /min	流动相 A/%	流动相 B/%
0	75	25
25	55	45
30	10	90
34	10	90
35	75	25
45	75	25

微生物限度　依法检查（通则 1105）重组胰蛋白酶，菌落总数不超过 100CFU/mL。

宿主菌蛋白质及宿主菌 DNA 残留

重组猪胰酶的生产工艺应能去除宿主菌蛋白及宿主菌 DNA，去除能力应与其使用目的相符。

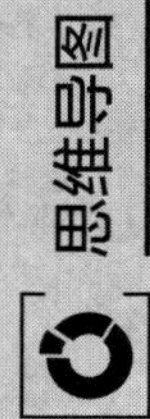

思维导图

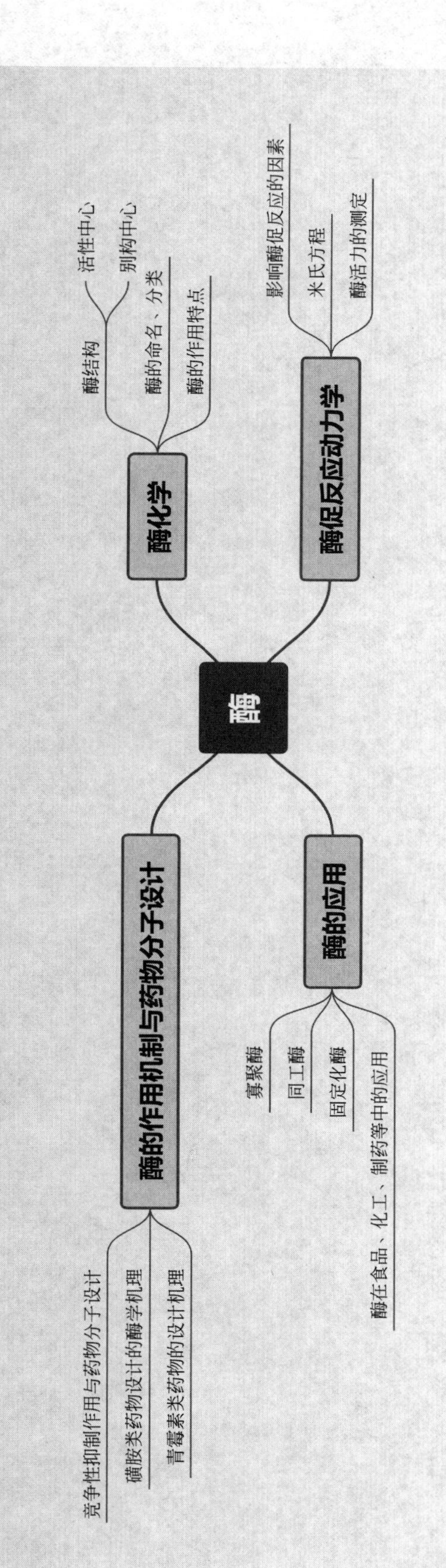
酶
酶化学
酶结构
活性中心
别构中心
酶的命名、分类
酶的作用特点
酶促反应动力学
影响酶促反应的因素
米氏方程
酶活力的测定
酶的作用机制与药物分子设计
竞争性抑制作用与药物分子设计
磺胺类药物设计的酶学机理
青霉素类药物的设计机理
酶的应用
寡聚酶
同工酶
固定化酶
酶在食品、化工、制药等中的应用

第七章　生物氧化

学习目标

通过本章的学习，你需要掌握以下内容：

- 思考学习生物氧化的必要性。
- 掌握生物氧化的概念和特点。
- 理解线粒体呼吸链的组成和电子传递顺序。
- 能举例说出几种高能化合物。
- 简述生物氧化过程中的能量转变过程。
- 列举出几种常见的影响氧化磷酸化的因素。
- 了解常见的非线粒体氧化体系。

生物体内发生的各种氧化反应统称为生物氧化（biological oxidation）。其主要表现为细胞内氧的消耗和二氧化碳的释放，故又称为细胞呼吸。生物氧化主要在线粒体中完成。在整个生物氧化过程中，除了消耗氧和生成二氧化碳外，还要产生水和为机体提供可被利用的能量。

第一节　生物氧化的特点和方式

一、生物氧化的特点

生物氧化与一般的体外氧化的化学本质相同，即它们的最终氧化产物都是 CO_2 和 H_2O，所放出的能量也完全相同，但二者的表现形式和氧化条件有所不同。

（一）生物氧化的能量是逐步释放的

糖、脂、蛋白质等生物分子在生物体内被彻底氧化前，总是先进行分解代谢，在体温条件下、在近乎中性的体液环境中、在酶的催化下，经过一系列连续的化学反应逐步被氧化，并分次放出能量。这样所产生的能量，既不会使体温骤然上升而损坏机体，又可以使放出的能量得到最有效的利用。

（二）生物氧化过程产生的能量贮存在高能化合物中

生物氧化过程产生的能量，一般都先贮存在一些特殊的高能化合物中，以高能磷酸化合物最为常见，主要是ATP。ATP中的能量可以通过水解被释放出来，供给生物体的需能反应。

（三）生物氧化具有严格的细胞内定位

原核生物的生物氧化是在细胞膜上进行的，真核生物的生物氧化是在线粒体中进行的（线粒体内膜上含有呼吸链所有的酶复合体）。

二、生物氧化中二氧化碳的生成方式

生物氧化中所产生的二氧化碳并不是代谢物中的碳原子与氧直接化合产生的。糖类、脂类和蛋白质在体内代谢过程中都产生许多不同的有机酸，有机酸在酶的催化下，经过脱羧作用产生CO_2。根据脱去二氧化碳的羧基在有机酸分子中的位置，可把脱羧作用分为α-脱羧和β-脱羧两种类型。脱羧过程有的伴有氧化作用，称为氧化脱羧；有的没有氧化作用，称为直接脱羧或单纯脱羧。

三、生物氧化过程中水的生成

在生物氧化中，水是代谢物上脱下的氢与生物体吸进的O_2化合生成的。这是一个复杂的过程，代谢物上的氢需要在脱氢酶的作用下才能脱下，吸入的O_2要通过氧化酶的作用才能转化为高活性的氧。在此过程中，还需要有一系列传递体才能把氢传递给氧，生成水（图7-1）。

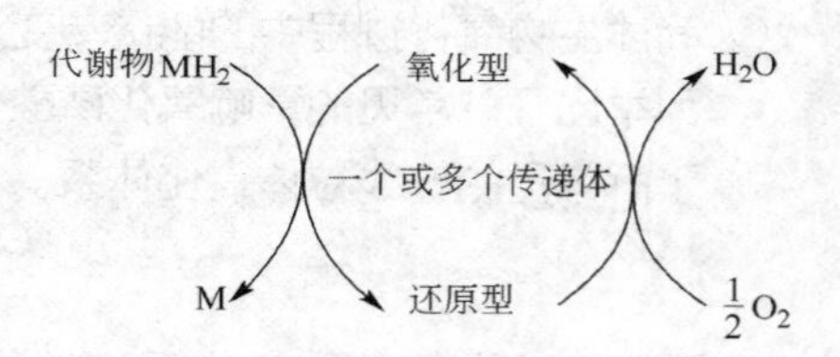

图7-1 生物氧化过程中水的生成

概念检查 7.1

○ 当有机物被氧化时，细胞如何将氧化时产生的能量搜集和贮存起来？

第二节 线粒体生物氧化体系

一、线粒体的结构和功能特点

线粒体被称为能量工厂，具有双层膜结构。外膜光滑，内膜折叠成嵴，伸向基质，内外膜之间为膜间腔（图7-2）。线粒体外膜对大多数小分子物质和离子可通透，内膜则不能自由通透，必须依赖膜上的特殊载体选择性地运载物质在内膜上进出。线粒体基质中含有全部三羧酸循环酶系、脂肪酸 *β*- 氧化酶系以及谷氨酸脱氢酶等与有机酸氧化分解有关的酶。通过这些酶可将丙酮酸、脂肪酸和其他一些 *α*- 酮酸氧化，释放出电子。线粒体内膜上存在着多种酶与辅酶组成的电子传递链，或称呼吸链，使电子传递到 O_2，并与氢离子结合而生成水。内膜上的 ATP 合成酶利用电子传递过程建立的质子梯度合成 ATP，完成线粒体的供能作用。

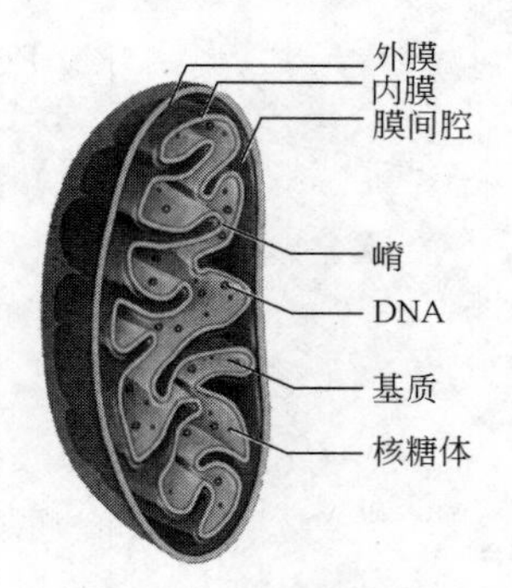

图 7-2　线粒体的结构

二、线粒体呼吸链

线粒体的主要功能是将代谢物脱下的电子通过多种中间传递体的传递，最后传递到末端电子受体氧气形成氧负离子，并与氢离子结合生成水。这个过程包括代谢物的脱氢、氢及电子的传递以及受氢体激活。一系列具有氧化还原特性的酶和辅酶作为氢和电子的传递体按一定顺序排列在线粒体内膜上形成的连锁氧化还原体系称为电子传递链。由于其与细胞摄取氧的呼吸过程有关，通常又称为呼吸链（respiratory chain）。

（一）呼吸链的组分

呼吸链中的所有电子传递体接受电子变为还原型，释放电子变为氧化型。呼吸链的主要组分有：

1. NADH 及 NADH 脱氢酶

NADH 可由糖酵解或三羧酸循环中特定的反应生成，NAD^+ 分子中烟酰胺的氮为五价，能接受电子成为三价氮，而其对侧的碳原子能进行加氢反应。烟酰胺在加氢反应时只能接受 1 个氢原子和 2 个电子，将另一个 H^+ 游离出来，因此将还原型的 NAD^+ 写成 $NADH+H^+$（图 7-3）。上述反应是可逆的。生成的 NADH 扩散到呼吸链入口，在 NADH 脱氢酶的作用下释放出电子和氢离子，变回 NAD^+。

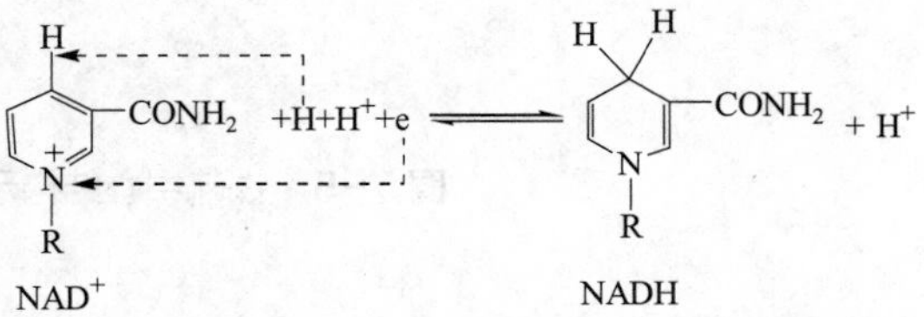

$CONH_2$ $+H+H^++e$ ⇌ $CONH_2$ $+H^+$

NAD^+　　　　NADH

图 7-3　NAD^+ 和 NADH 的结构示意图

2. 黄素及黄素偶联的脱氢酶

这类电子传递体以黄素衍生的 FMN（黄素单核苷酸）或 FAD（见图 5-6）为辅基，催化代谢物氧化过程中脱下的电子和氢传递给 FMN 或 FAD 的异咯嗪环。环上第 1 位和第 5 位氮原子接受 2 个质子和 2 个电子，由氧化型 / 醌型还原为氢醌型 $FMNH_2$ 或 $FADH_2$（图 7-4）。

3. 铁硫蛋白（铁硫中心）

这类电子传递体分子中常含 2 个或 4 个 Fe（称非血红素铁）和 2 个或 4 个对酸不稳定硫，其中一个

Fe 原子能可逆地还原而传递电子。图 7-5 为铁硫中心结构示意图。

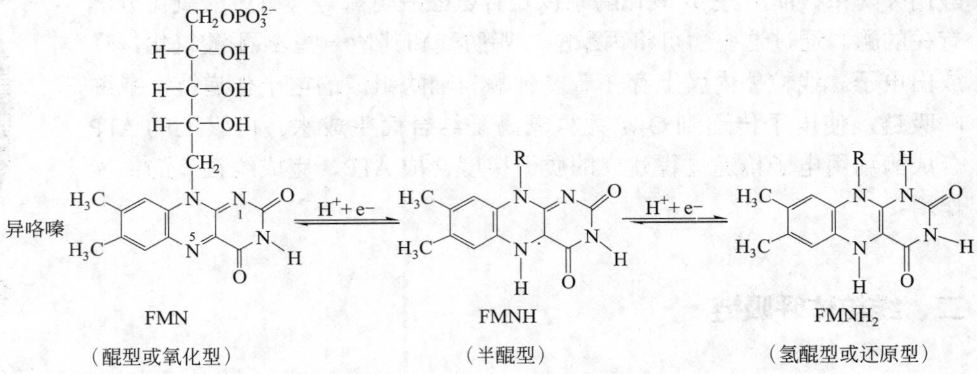

$CH_2OPO_3^{2-}$

H—C—OH

H—C—OH

H—C—OH

CH_2

异咯嗪 H_3C H_3C N 1 5 O H

$H^+ + e^-$ ⇌ R H_3C H_3C N H O

$H^+ + e^-$ ⇌ R H H_3C H_3C N H O

FMN（醌型或氧化型） FMNH（半醌型） $FMNH_2$（氢醌型或还原型）

图 7-4 FMN 和 $FMNH_2$ 的结构示意图

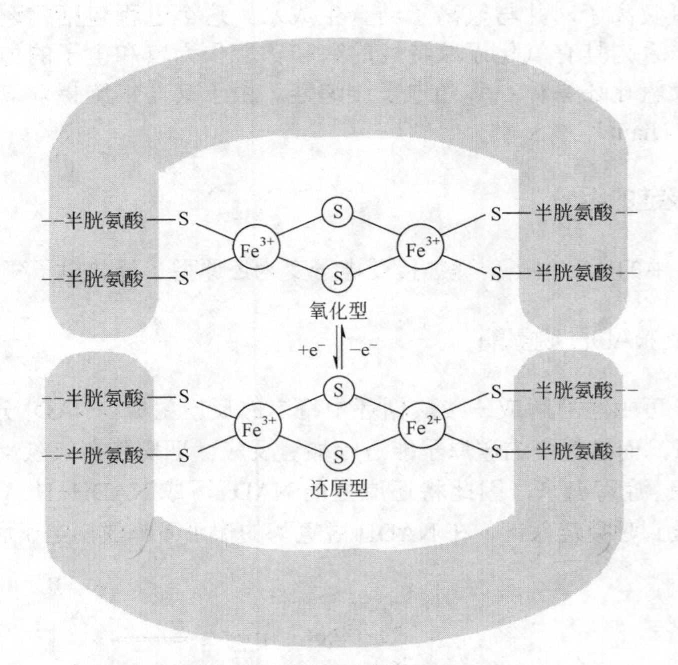

图 7-5 铁硫中心结构示意图

4. 辅酶 Q

辅酶 Q（coenzyme Q，CoQ）也称泛醌（ubiquinone），是含有多个（哺乳动物为 10 个）异戊二烯侧链的脂溶性醌类化合物。因侧链的疏水作用，它能在线粒体内膜中迅速扩散，极易从线粒体内膜中分离出来。泛醌接受1个质子和1个电子还原成半醌型（CoQH•），再接受 1 个电子和 1 个质子还原成二氢泛醌（$CoQH_2$）。该反应可逆（图 7-6）。

5. 细胞色素

细胞色素是一类含有血红素辅基的蛋白质，借助其中铁的价态变化来传递电子。已发现的细胞色素有 30 多种，根据吸收峰波长的不同可分为 a、b、c 三个大类（图 7-7）。

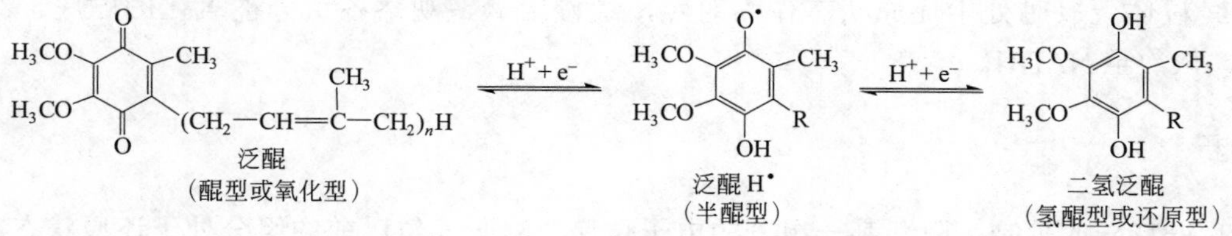

图 7-6　氧化型与还原型 CoQ 示意图

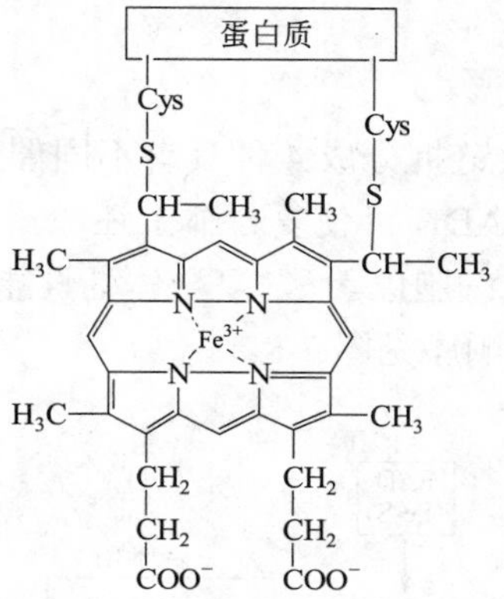

图 7-7　细胞色素 c 结构示意图

6. 氧气

氧气是呼吸链最末端的电子受体。1 分子氧气接受 4 个电子，与 4 个氢离子结合生成 2 分子水。

（二）呼吸链组分的排列顺序

呼吸链成分的排列顺序是由下列实验推断的。

1. 标准氧化还原电位测定

根据呼吸链各组分的标准氧化还原电位由低到高的顺序排列。E_0' 越小越容易失去电子（还原性越强），越处于电子传递链的前列（表 7-1）。

表 7-1　呼吸链中各种氧化还原对的标准氧化还原电位

氧化还原对	E_0'①/V	氧化还原对	E_0'①/V
$2H^+/H_2$	−0.41	Cyt c_1 Fe^{3+}/Fe^{2+}	0.22
$NAD^+/NADH+H^+$	−0.32	Cyt c Fe^{3+}/Fe^{2+}	0.25
$FMN/FMNH_2$	−0.30	Cyt a Fe^{3+}/Fe^{2+}	0.29
$FAD/FADH_2$	−0.06	Cyt a_3 Fe^{3+}/Fe^{2+}	0.55
Cyt b Fe^{3+}/Fe^{2+}	0.04（或 0.10）	$1/2O_2/H_2O$	0.82
$CoQ_{10}/CoQ_{10}H_2$	0.07		

① E_0' 表示在 pH=7.0，25℃，1mol/L 反应物浓度条件下测得的标准氧化还原电位。

2. 利用呼吸链各组分特有的吸收光谱

以离体线粒体无氧时处于还原状态作为对照，缓慢给氧，观察各组分被氧化的顺序。结果氧化从 cyt aa_3 开始，依次至 NADH。

3. 呼吸链阻断

利用呼吸链特异的抑制剂阻断某一组分的电子传递，阻断部位以前的组分处于还原状态，后面的组分处于氧化状态，根据吸收光谱的改变进行检测。

4. 呼吸链的拆分与重组

使用一定的方法，可在体外将呼吸链拆分成 4 种具有不同催化活性的复合物（Ⅰ～Ⅳ）以及游离的 CoQ 和细胞色素 c。通过重组，发现 NADH 可使复合体Ⅰ还原，而不能还原复合体Ⅱ、Ⅲ、Ⅳ；还原型复合体Ⅰ、Ⅱ都能还原 CoQ 而不能还原细胞色素 c，复合体Ⅲ只能还原细胞色素 c，而不能还原复合体Ⅳ。综合上述实验结果，得出呼吸链的排列顺序见图 7-8。

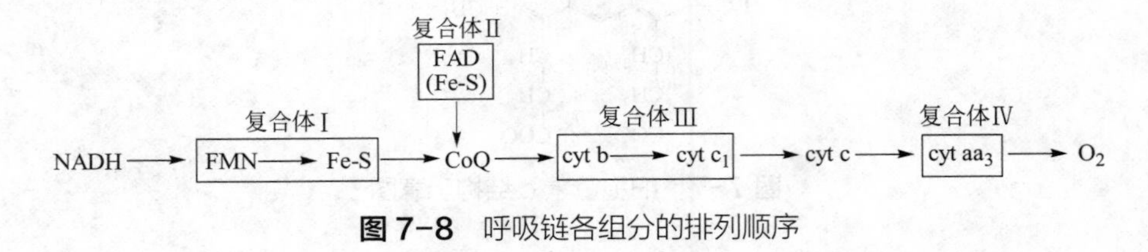

图 7-8 呼吸链各组分的排列顺序

（三）复合体Ⅰ、Ⅱ、Ⅲ和Ⅳ的结构与功能

1. 复合体Ⅰ

复合体Ⅰ又称 NADH-CoQ 氧化还原酶，催化 NADH 的氧化与 CoQ 的还原。复合体Ⅰ中含有黄素单核苷酸（FMN）为辅基的黄素蛋白（flavin protein，FP）和以铁硫簇（iron-sulfur cluster，Fe-S）为辅基的铁硫蛋白（iron-sulfur protein）。复合体Ⅰ是 NADH 呼吸链的入口。1 对电子在流过复合体Ⅰ时，有 4 个质子从线粒体基质泵入膜间隙。

2. 复合体Ⅱ

复合体Ⅱ又称琥珀酸 -CoQ 氧化还原酶，含以黄素腺嘌呤二核苷酸（FAD）为辅基的黄素蛋白、铁硫蛋白和细胞色素 b_{560}。复合体Ⅱ是 $FADH_2$ 呼吸链的入口，催化电子从琥珀酸最终传递给 CoQ。电子流过复合体Ⅱ时没有质子从线粒体基质泵入膜间隙。

3. 复合体Ⅲ

复合体Ⅲ又称 CoQ- 细胞色素 c 氧化还原酶，含两种细胞色素 b、细胞色素 c_1 和铁硫蛋白，作用是将电子由 $CoQH_2$ 传递给细胞色素 c。1 对电子流过复合体Ⅲ时，有 4 个质子从线粒体基质泵入膜间隙。

4. 复合体Ⅳ

复合体Ⅳ又称细胞色素 c 氧化酶，催化电子从细胞色素 c 最终传递给氧气。在人线粒体中复合体Ⅳ含有细胞色素 a 和细胞色素 a_3，结合于同一酶蛋白的不同部位，因较难分开，故统称细胞色素 aa_3。复合体Ⅳ还包含 Cu_A 和 Cu_B 组成的双核中心。双核中心可与氧气部分还原的产物（如超氧阴离子、过氧化基团等）紧密结合直到水分子形成，以防止对细胞造成的氧化损伤。1 对电子流过复合体Ⅳ时，有 2 个质子从线粒体基质泵入膜间隙。

4 种复合体在线粒体内膜上的排列位置见图 7-9。

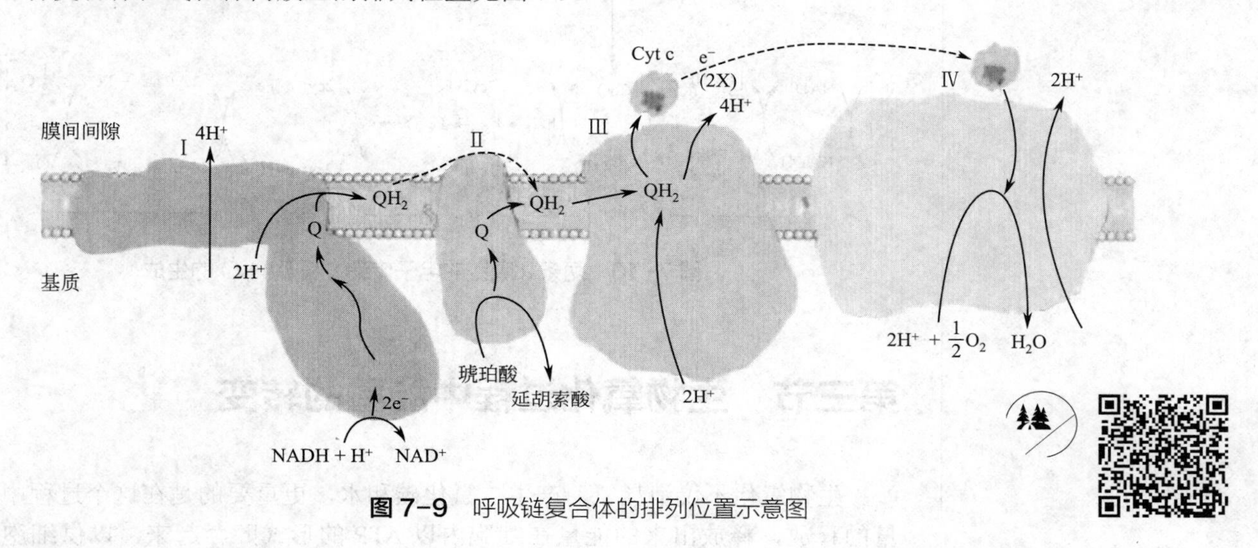

图 7-9　呼吸链复合体的排列位置示意图

第七章

（四）重要的呼吸链

线粒体内有两条重要的氧化呼吸链。

1.NADH 氧化呼吸链

生物氧化中大多数不需氧脱氢酶，如丙酮酸脱氢酶、苹果酸脱氢酶都是以 NAD^+ 为辅酶的，NAD^+ 接受氢和电子生成 $NADH+H^+$。NADH 将电子经复合体Ⅰ（FMN，Fe-S）传给 CoQ 生成 $CoQH_2$。$CoQH_2$ 在内膜扩散至复合体Ⅲ（cyt b，Fe-S，cyt c_1），将电子再传至细胞色素 c。作为可移动电子受体，细胞色素 c 移动至复合体Ⅳ（cyt a，cyt a_3）处，最后电子交给氧气，并与线粒体基质中游离的氢离子结合成 H_2O。1 分子 NADH 可传递两个（一对）电子，生成 1 分子水。

2. 琥珀酸氧化呼吸链（$FADH_2$ 氧化呼吸链）

$FADH_2$ 氧化呼吸链与三羧酸循环中的反应偶联。复合体Ⅱ具有琥珀酸脱氢酶活性，氧化琥珀酸脱下的氢和电子先传递给 FAD 形成 $FADH_2$，再经 Fe-S 传递给 CoQ 形成 $CoQH_2$。$CoQH_2$ 再往下的传递过程与 NADH 氧化呼吸链相同。与 NADH 氧化呼吸链类似，1 分子 $FADH_2$ 可传递两个（一对）电子，生成 1 分子水。

α- 磷酸甘油脱氢酶及脂酰 CoA 脱氢酶催化代谢物脱下的氢和电子也由 FAD 接受生成 $FADH_2$。但是

这里产生的 $FADH_2$ 不通过复合体Ⅱ进入呼吸链，而是被线粒体内膜其他的蛋白质氧化直接将电子传递给 CoQ，再通过复合体Ⅲ和Ⅳ交给氧气。

两条呼吸链的电子传递过程见图 7-10。

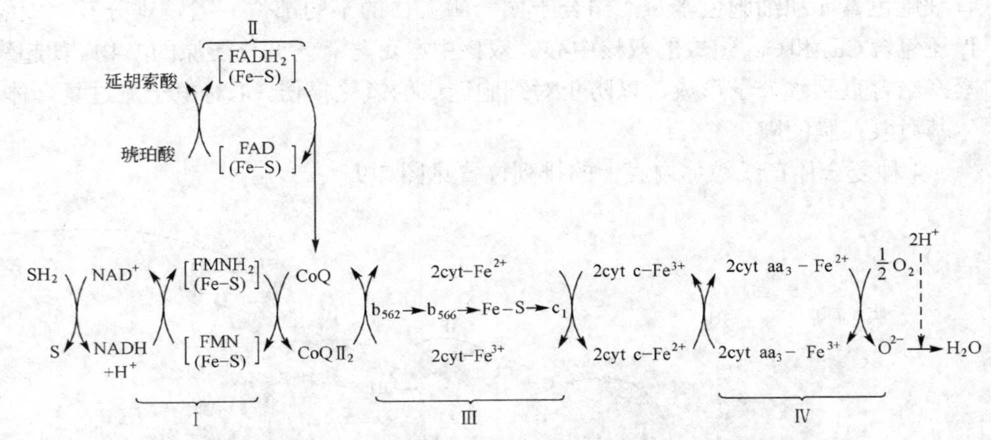

图 7-10　两条呼吸链的电子传递过程及 H_2O 的生成

第三节　生物氧化过程中能量的转变

生物氧化不仅消耗氧，产生二氧化碳和水，更重要的是在这个过程中有能量的释放，释放出来的能量在细胞内以 ATP 的形式贮存起来，以供细胞代谢活动的需要，这就是氧化磷酸化。本节要讨论的就是生物氧化中能量的释放、转移和贮存利用的问题。

一、高能化合物

生物体内进行的化学反应往往是在温和条件下进行的，它们不能直接利用生物反应所释放的热来推动需能的生命过程。这些生命过程，如生物合成、肌肉收缩和主动运输等，需要与氧化反应偶联起来才能获得能量。

放能反应与吸能反应的偶联是通过某一高能化合物或通过某一载体来实现的。氢载体循环和磷酸循环是生物体内放能和吸能反应偶联的两种常见形式（图 7-11）。

生物体内的高能化合物有很多，可将其分为 4 类。

① 磷氧键型高能化合物：包括 1, 3- 二磷酸甘油酸、磷酸烯醇式丙酮酸、NTP、dNTP、NDP、dNDP（N 表示核糖核苷、dN 表示脱氧核糖核苷）等。其中尤以 ATP 分布广、浓度大，是所有生命形式的主要能量载体。

② 氮磷键型高能化合物：如磷酸肌酸、磷酸精氨酸。

③ 硫脂键型高能化合物：如脂酰 ~SCoA。

④ 甲硫键型高能化合物：如 *S*- 腺苷甲硫氨酸（SAM）。

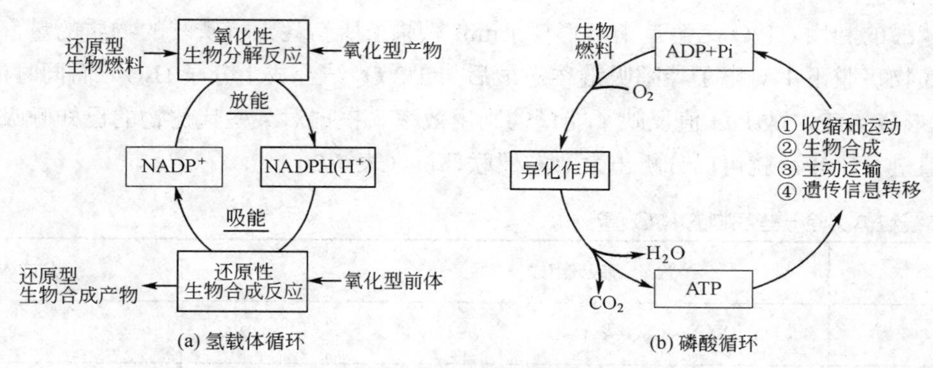

图 7-11　生物体放能与吸能反应的两类常见形式

二、ATP 的生成

ATP 是体内能量的“通用货币”，它由 ADP 磷酸化而来，其磷酸化过程有两种方式，即底物水平磷酸化（substrate phosphorylation）和氧化磷酸化（oxidative phosphorylation）。

（一）底物水平磷酸化

底物由于脱氢、脱水等作用，使分子重排，分子内部能量重新分布而形成的高能磷酸键（或高能硫酯键）直接将能量转移给 ADP（或 GDP）形成 ATP（或 GTP）的过程，称为底物水平磷酸化。例如在糖酵解中 3- 磷酸甘油醛脱氢并磷酸化形成 1,3- 二磷酸甘油酸，后者分子中形成一个高能磷酸基团，再受 3- 磷酸甘油酸激酶的催化将其高能磷酸基团转给 ADP，生成 3- 磷酸甘油酸和 ATP，过程见图 7-12。

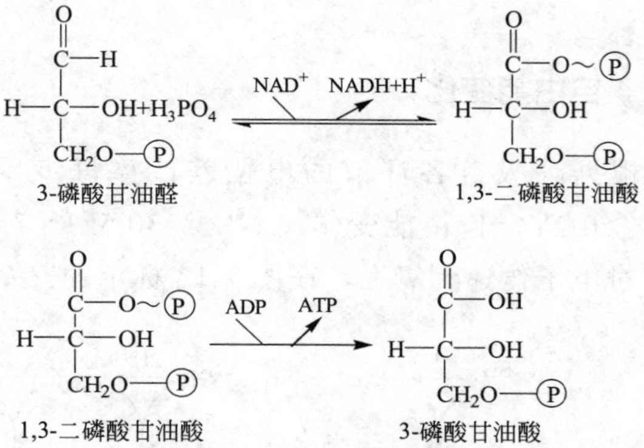

3-磷酸甘油醛 + H_3PO_4 $\rightleftharpoons$（NAD^+ → $NADH+H^+$）1,3-二磷酸甘油酸

1,3-二磷酸甘油酸 →（ADP → ATP）3-磷酸甘油酸

图 7-12　糖酵解中的底物水平磷酸化反应

（二）氧化磷酸化

氧化磷酸化是指伴随着代谢物的脱氢以及氢和电子在呼吸链上传递最后交给氧生成水的氧化途径，所释放的能量使 ADP 磷酸化形成 ATP 的过程。氧化磷酸化过程是在线粒体内膜进行的，在结构完整的线粒体中，氧化与磷酸化这两个过程是紧密偶联在一起的，这是体内合成 ATP 的主要方式。

三、氧化磷酸化的偶联部位

呼吸链的氧化与 ADP 磷酸化为 ATP 的偶联过程可根据下述实验数据大致确定。

（一）P/O 比值

在一个密闭的容器中加入底物、H_3PO_4、ADP、氧饱和的缓冲液及线粒体制剂等一起作用，可以观察到氧的消耗和磷酸的利用。P/O 比值是指每消耗 1 mol 氧原子所消耗无机磷酸的物质的量，也即生成 ATP 的物质的量。底物每脱下 1 对电子经呼吸链传递最后与 1/2 O_2 结合成 1 分子 H_2O，而同时消耗无机磷酸，使 ADP 磷酸化形成 ATP，故 P/O 值反映了能量的利用效率。根据对某些代谢物的已知呼吸链排列顺序及所测得的 P/O 值进行比较，就可以分析出大致的偶联部位（表 7-2）。

表 7-2 离体线粒体实验一些底物的 P/O 值

底物	呼吸链组成	P/O	生成 ATP 数
β-羟丁酸	NAD^+→FMN→CoQ→cyt→O_2	2.4~2.8	2.5
琥珀酸	FAD→CoQ→cyt→O_2	1.7	1.5
细胞色素 c（Fe^{2+}）	cyt aa_3→O_2	0.61~0.68	0.5

从表 7-2 呼吸链和 P/O 值的相互差异比较可以看出：氧化磷酸化在呼吸链的第一个偶联部位在 NADH ⟶ CoQ 之间，第二个偶联部位在 CoQ ⟶细胞色素 c 之间，第三个偶联部位在细胞色素 c ⟶ O_2 之间。

（二）自由能变化

根据呼吸链各环节的电位差计算每步反应所释放的自由能，相邻电子传递体之间电位变化 $\Delta E_0{}'$>0.2V，自由能变化 $\Delta G^{0}{}'$ >30.5kJ（7.3kcal），即可生成 1mol ATP。经过计算，从 NADH 来的一对电子传递到氧上，在图 7-13 标示的三个部位满足生成 ATP 的条件，这与 P/O 值的计算相似。

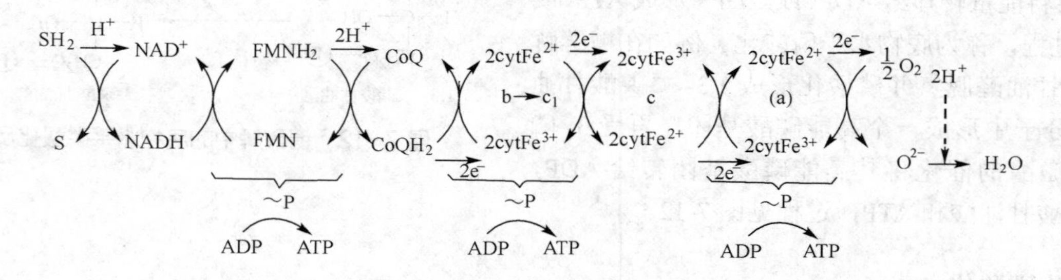

图 7-13 呼吸链中偶联磷酸化部位

四、氧化磷酸化的偶联机制

有 3 种假说曾被用来解释氧化磷酸化偶联机制，只有“化学渗透”学说被证明并已被多数人接受。

该学说由 Peter Mitchell 于 1961 年提出，其基本要点认为氧化和磷酸化之间是通过 H^+的电化学梯度偶联起来的。电子传递过程像一个质子泵，促使基质中的 H^+穿过线粒体内膜，到达内外膜间腔，H^+不能自由通过内膜，从而产生的外大内小的质子跨膜梯度和外正内负的跨膜电位。由此形成的 H^+电化学梯度产生质子驱动力，由化学势能（质子浓度）和电势能（跨膜电位）两部分组成。当质子通过 F_1F_o-ATP 合酶的质子通道回流到基质时，能量释放驱动 ADP 磷酸化合成 ATP，见图 7-14。

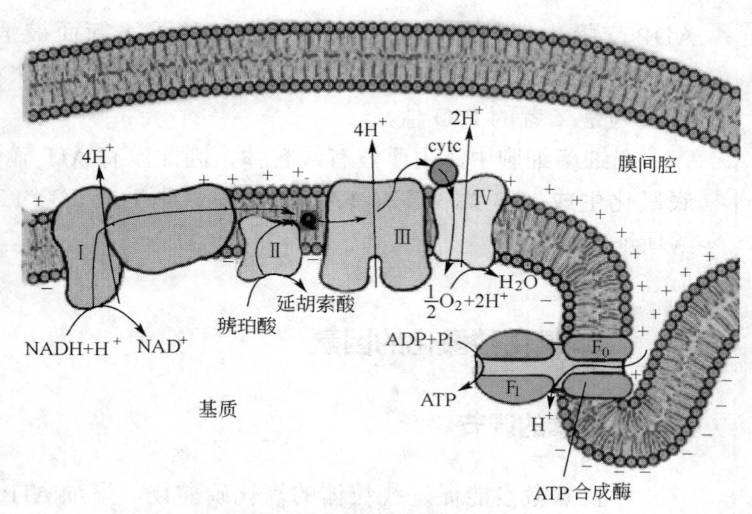

图 7-14 质子梯度与 ATP 合成

F_1F_o-ATP 合酶是镶嵌在线粒体内膜上的膜蛋白复合体。它由两个主要部分 F_1 和 F_o 组成（图 7-15）。F_1 呈球状，面向线粒体基质，亚基组成为 $\alpha_3\beta_3\gamma\delta\varepsilon$，与 ATP 合成相关。$F_o$ 呈柄状，横跨在线粒体内膜上，亚基组成为 $ab_2c_{10\sim14}$，与质子回流相关。其中 c 亚基构成桶状的质子通道。F_o 和 F_1 通过亚基间相互作用连接在一起。那么 F_1F_o-ATP 合酶如何利用质子驱动力来催化 ATP 的合成与释放呢？目前普遍接受的是 Paul Boyer 在 1977 年提出的“结合变构（binding change mechanism）”学说。该学说认为质子从膜间隙回流入基质的过程驱动 c 亚基转动，从而带动 γ 亚基转动。γ 亚基的转动诱导 β 亚基的构象变化，循环催化 ATP 的释放和重新合成。只有在线粒体内膜完整，质子驱动力存在的情况下 F_1F_o-ATP 合酶才可以催化 ATP 的合成，反之则作为 ATP 酶催化 ATP 的水解。F_1 单独存在也可以催化 ATP 的水解。

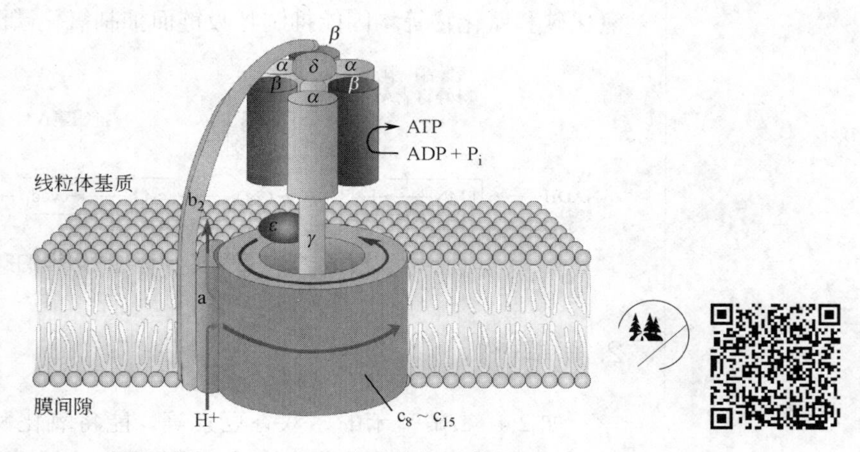

图 7-15 F_1F_o-ATP 合酶结构示意图

那么每 1 对电子经过呼吸链传递和氧化磷酸化，可以生成几分子 ATP 呢？1 对电子经过 NADH 呼吸链可往膜间隙泵 10 个质子（复合体Ⅰ泵 4 个，复合体Ⅲ泵 4 个，复合体Ⅳ泵 2 个），1 对电子经过 $FADH_2$ 呼吸链可往膜间隙泵 6 个质子（复合体Ⅲ泵 4 个，复合体Ⅳ泵 2 个）。在真核生物中，按照每 4 个质子回流产生 1 分子 ATP 计算（3 个质子用于驱动 F_o 亚基的旋转，1 个质子在 ATP 与

ADP 交换出线粒体运输过程中因电荷的不平衡而被消耗），1 对电子经过 NADH 呼吸链和 $FADH_2$ 呼吸链可以分别产生 2.5 个和 1.5 个 ATP，这也被认为是二者的 P/O 值。

在细菌细胞中，由于没有线粒体，因此没有 ATP 输出过程，则 NADH 彻底氧化生成 10/3 约 3ATP，$FADH_2$ 彻底氧化生成 6/3 约 2ATP。这已被相应实验所证实。

五、影响氧化磷酸化的因素

（一）激素的调节

甲状腺激素能促进线粒体的氧化磷酸化，增加 ATP 的形成。一般认为甲状腺激素能活化许多组织细胞膜上的 Na^+，K^+-ATP 酶，从而使 ATP 加速分解为 ADP 和 Pi 。由于 ADP 进入线粒体的数量增加，导致氧化磷酸化的增强。也即高能磷酸化合物周转率增加，代谢物的氧化增多，结果导致机体耗氧量和产热量均增多。故甲状腺功能亢进的病人常出现基础代谢率增高、怕热、易出汗等症状。

（二）抑制剂的作用

1. 呼吸链抑制剂

通过抑制电子传递可抑制氧化磷酸化。如阿米妥、鱼藤酮、抗霉素 A、一氧化碳和氰化物等均因能抑制呼吸链而抑制氧化磷酸化（图 7-16）。

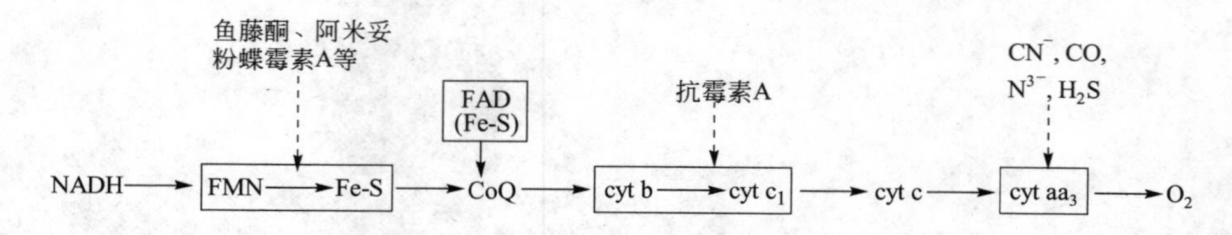

图 7-16 各种抑制剂对呼吸链的抑制作用

2. 解偶联剂

如 2,4- 二硝基苯酚、双香豆素等，能将氧化和磷酸化过程拆离。这些解偶联剂将膜间隙的质子带回基质，质子驱动力转化为热量散发，导致代谢物氧化、呼吸链的电子传递照常进行，但是氧化磷酸化和 ATP 合成受阻。

3. 氧化磷酸化抑制剂

如寡霉素，可与 F_o 结合，阻止 H^+ 从 F_o 的质子通道向 F_1 回流，抑制 ATP

合成。同时由于内膜两侧电化学梯度增加，质子泵功能受影响而抑制电子传递。

4. 离子载体

如缬霉素能与 K^+ 结合，将 K^+ 从内膜外侧带到线粒体基质中去，从而降低内膜外的电化学梯度，也能抑制 ATP 合成。

（三）ATP/ADP 比值的影响

氧化磷酸化主要受细胞对能量需求的调节，ATP 多时，ATP 的生成受抑制；ADP 增加时，ATP 的合成加快。线粒体内膜上有腺苷酸转运载体，可将胞液中的 ADP 转运到线粒体内，与 ATP 交换，使 ATP 输出。胞液中的 Pi 也由载体转运到基质。Ca^{2+} 有促进腺苷酸转运的作用，长链脂酰辅酶 A 则可抑制此种转运。当 ADP 进入线粒体内增多时，ATP/ADP 比值下降，可自由地促进氧化磷酸化，使电子转运加快，ATP 的生成增加。

六、线粒体外 NADH（或 NADPH）的氧化磷酸化

糖、脂、蛋白质等能源物质的彻底氧化是在线粒体内通过呼吸链而生成 ATP。但是，能源物质的全部氧化过程不是都在线粒体内进行的，因为糖、脂、蛋白质等大分子不能通过线粒体膜，它们必须在线粒体外的胞液中进行部分氧化（不完全分解），分解成小分子后再进入线粒体内被彻底氧化。在胞液中氧化时，所产生的 NADH（或 NADPH）也不能直接透过线粒体膜，它们要经过一定的穿梭系统（shuttle system）才能进入线粒体和呼吸链。

（一）异柠檬酸穿梭系统

线粒体外物质脱氢产生的 NADPH 在多数情况下可用于物质的合成代谢，但也可以通过呼吸链产生能量，此时需借助异柠檬酸穿梭作用。异柠檬酸脱氢酶有两种，一种以 NAD^+ 为辅酶，另一种以 $NADP^+$ 为辅酶，前者位于线粒体内，后者位于线粒体外。在胞液中由异柠檬酸脱氢酶催化，使代谢产生的 $NADPH+H^+$ 将氢和电子交给 α- 酮戊二酸而变成异柠檬酸；后者可通过线粒体膜进入线粒体，在线粒体基质内，异柠檬酸脱氢酶（以 NAD^+ 为辅酶）催化异柠檬酸氧化，脱下来的氢和电子由 NAD^+ 接受转变为 $NADH+H^+$，从而进入呼吸链。异柠檬酸脱氢后转变成 α- 酮戊二酸，后者又可透出线粒体进入胞液，从而形成循环（图 7-17）。

（二）磷酸甘油穿梭系统

α- 磷酸甘油脱氢酶有两种，线粒体外的磷酸甘油脱氢酶（以 NAD^+ 为辅酶）和线粒体内的磷酸甘油脱氢酶（以 FAD 为辅基的一种不需氧黄酶）。胞液中代谢产生的 $NADH+H^+$ 可在 α- 磷酸甘油脱氢酶的催化下将氢和电子交给磷酸二羟丙酮，使之转变为 α- 磷酸甘油；后者通过线粒体膜进入线粒体基质，在线粒体内的磷酸甘油脱氢酶（以 FAD 为辅基）催化下，脱氢氧化成磷酸二羟丙酮，再转运出线粒体。脱下的氢和电子由酶的辅基接受而转变成 $FADH_2$，进入呼吸链。由此可见，通过这种穿梭作用，线粒体外 1 分子 NADH 只能产生 1.5 个 ATP，比线粒体内的 NADH 氧化少产生 1 个 ATP（图 7-18）。

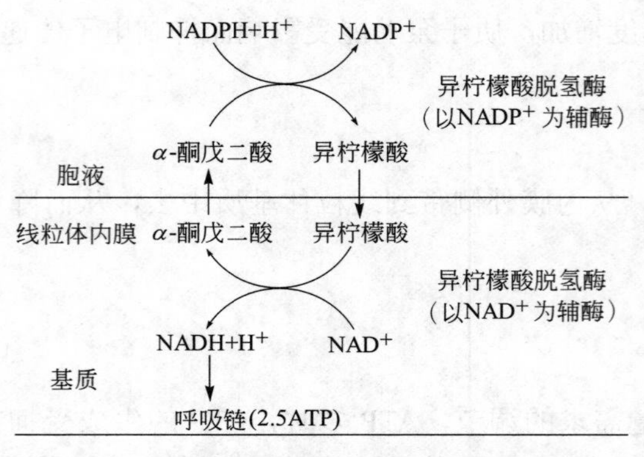

图 7-17 异柠檬酸穿梭系统

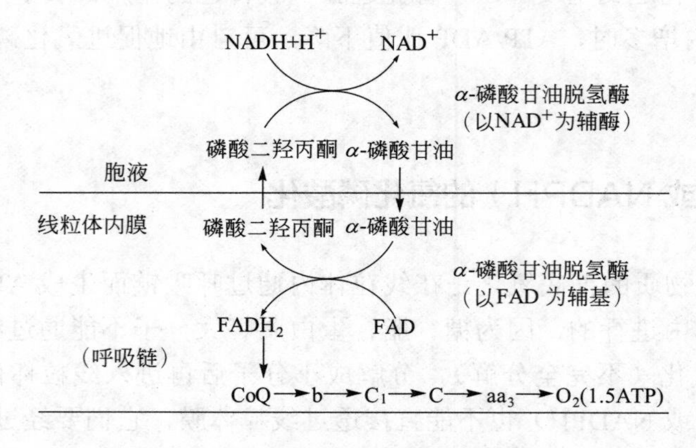

图 7-18 磷酸甘油穿梭系统

（三）苹果酸穿梭系统

线粒体内外都具有苹果酸脱氢酶，而且辅酶相同（NAD^+）。$NADH+H^+$ 在线粒体外的苹果酸脱氢酶催化下，把氢和电子交给草酰乙酸，使草酰乙酸转变为苹果酸；后者通过线粒体膜进入线粒体基质，在线粒体内的苹果酸脱氢酶催化下被氧化成草酰乙酸，被还原的辅酶即 NADH 进入呼吸链，产生 2.5 个 ATP。草酰乙酸不能穿过线粒体膜，而要通过转氨作用转变为天冬氨酸，才能通过线粒体膜转移到胞浆中。苹果酸穿梭的机制见图 7-19。

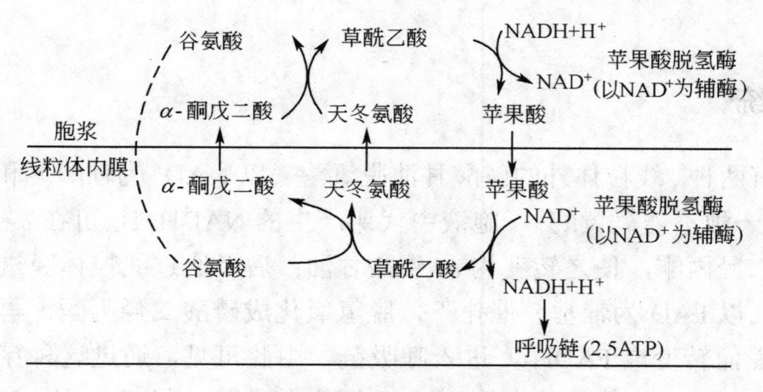

图 7-19 苹果酸穿梭系统

七、高能化合物的贮存和转移利用

从低等的单细胞生物到高等的人类，能量的释放、贮存和利用都以 ATP 为中心，ATP 是生物界普遍的供能物质，体内的分解代谢和合成代谢的偶联都以 ATP 为偶联剂。ATP 分子含有两个高能磷酸键，在体外标准条件下测定，每个高能磷酸键水解时释放约 7.3kcal/mol 能量。体内多数合成反应都以 ATP 为直接能源，但有些合成反应也以其他核苷三磷酸作为能量的直接来源，如 UTP 用于多糖合成、CTP 用于磷脂合成、GTP 用于蛋白质合成等。不过这些三磷酸核苷分子中高能键的合成都来源于 ATP，ATP 是中心的能源物质，但不是能量的贮存物质。

在细胞内如脊椎动物肌肉和神经组织的磷酸肌酸（creatine phosphate）和无脊椎动物的磷酸精氨酸才是真正的能量贮存物质，又称为磷酸原。当机体消耗 ATP 过多致使 ADP 增多时，磷酸肌酸可将其高能键转给 ADP 生成 ATP，以供生理活动之用。催化这一反应的酶是肌酸磷酸激酶（creatine phosphokinase，CPK）。

$$\text{肌酸} + \text{ATP} \rightleftharpoons \text{磷酸肌酸} + \text{ADP}$$

当机体代谢中需要 ATP 提供能量时，ATP 可以多种形式实行能量的转移和释放。

① ATP 末端磷酸基转移给醇型羟基、酰基或氨基，本身变成 ADP。催化这类反应的酶通常称为激酶（kinase）。

② ATP 将其焦磷酸基转移给其他化合物，本身变为 AMP。

③ ATP 将其腺一磷（AMP）转移给其他化合物，本身变为焦磷酸。

④ ATP 将其腺苷转移给其他化合物，本身转变为焦磷酸和磷酸。

现将体内能量的转移、贮存和利用的关系总结如图 7-20。

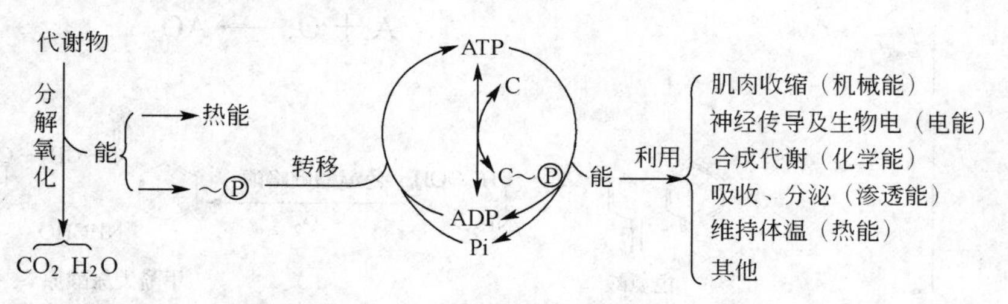

图 7-20 体内能量的转移、贮存和利用

概念检查 7.2

○ 在真核生物的线粒体中，1 分子的 NADH 和 $FADH_2$ 经过电子传递链和氧化磷酸化，分别可以产生多少 ATP？

第四节 非线粒体氧化体系

除线粒体外，细胞的微粒体和过氧化物酶体中也发现有氧分子直接参加的生物氧化体系。它们共同

的特点是耗氧量少，也不伴有ATP的生成。但与体内许多重要的生理活性物质，如类固醇激素、维生素D、胆汁酸等的生物合成以及药物和毒物在体内的生物转化有关。

一、微粒体氧化体系

多种非营养物质大多在微粒体进行氧化，通过氧化增强其水溶性（或极性），以利于进一步随胆汁或尿排出，因此，微粒体氧化成为机体排除废物的重要过程。此作用在肝中最强，肠、肾、肺等也可进行。

（一）加单氧酶

加单氧酶又叫混合功能氧化酶或羟化酶。此类酶是有细胞色素P_{450}和FAD参加的一种氧化酶系，能直接激活氧分子，使一个氧原子加到作用物分子上，另一个氧原子被还原为水。由于氧分子有这种混合的功能，故又称混合功能氧化酶。其反应通式如下：

$$RH + O_2 + NADPH + H^+ \longrightarrow ROH + NADP^+ + H_2O$$

（二）加双氧酶

此类酶催化氧分子直接加到作用物分子上（图7-21）：

$$A + O_2 \longrightarrow AO_2$$

色氨酸 —(色氨酸吡咯酶, O_2)→ 甲酰犬尿酸原

β-胡萝卜素 —(加双氧酶, O_2)→ 2 视黄醛

图7-21　双加氧酶的作用机制

二、过氧化物酶体氧化体系

氧是维持生命必需的物质，但也有毒性，机体长时间在纯氧中呼吸，可致呼吸紊乱，乃至死亡。这与生物氧化过程中大量产生过氧化氢与超氧离子O_2^-等有关。

（一）过氧化氢及超氧离子的生成

在生物氧化过程中，呼吸链末端每分子氧必须接受 4 个电子才能完全还原，生成 $2O^{2-}$，可以与 H^+ 结合生成水。如果电子供给不足，则生成过氧化基团 O_2^{2-} 或超氧离子 O_2^-，前者能与 H^+ 结合形成过氧化氢。细胞内有多种氧化酶可以催化过氧化氢以及超氧离子的生成。

$$O_2 + 4e \longrightarrow 2O^{2-} \xrightarrow{4H^+} 2H_2O$$

$$O_2 + 2e \longrightarrow O_2^{2-} \xrightarrow{2H^+} H_2O_2$$

$$O_2 + e \longrightarrow O_2^-$$

（二）过氧化氢及超氧离子的毒性作用

超氧离子为带有负离子的自由基，反应活泼，与过氧化氢作用可以生成性质更活泼的羟自由基 •OH。它们可使 DNA 氧化、修饰、甚至断裂，使蛋白质巯基氧化而改变其功能或失活，产生过氧化脂质，引起生物膜损伤。

（三）过氧化氢及超氧离子的消除

1. 超氧化物歧化酶（SOD）

广泛存在于细胞各部分，它们均能催化超氧离子的氧化与还原，生成过氧化氢与分子氧。

$$2O_2^- + 2H^+ \longrightarrow H_2O_2 + O_2$$

在此反应过程中，1 分子超氧离子还原生成 H_2O_2，1 分子超氧离子则氧化为 O_2，故名歧化。

2. 过氧化氢酶

大量存在于过氧化物酶体中，以血红素为辅基，是催化过氧化氢分解、消除毒性的重要酶。

$$H_2O_2 + H_2O_2 \longrightarrow 2H_2O + O_2$$

3. 过氧化物酶

体内有多种，催化过氧化氢以氧化各种底物，从而对过氧化氢进行有效的利用。

$$RH_2 + H_2O_2 \longrightarrow R + 2H_2O$$

红细胞等组织中含硒的谷胱甘肽过氧化物酶则能利用还原型谷胱甘肽（GSH）催化破坏过氧化氢或过氧化脂质，具有保护膜脂质及血红蛋白免遭损伤的作用。

$$RCOOH + 2GSH \longrightarrow ROH + GSSG + H_2O$$

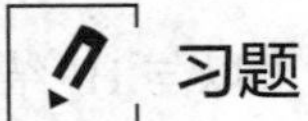

习题

1. 何谓生物氧化？生物氧化有何特点？

2. 常见呼吸链电子传递抑制剂有哪些？它们的作用机制是什么？

3. 给大鼠注射 2, 4- 二硝基苯酚，鼠体温升高，为什么？

科研实例

通过对复合体Ⅰ晶体结构的解析，揭示其作用原理类似于蒸汽机，通过传递电子释放出的能量驱动活塞移动，进而驱动一组相关螺旋移动，改变由它们组成的质子通道，导致3个质子转位。第4个质子则在结构域之间发生位移。

在呼吸链四个复合体中，复合体Ⅰ是最大的，通过它给氧化磷酸化提供了约 40% 的质子驱动力，研究人员对于它的结构和工作原理也更为关注。复合体Ⅰ究竟是如何在传递电子的同时实现质子泵的功能呢？这是一个有趣并且复杂的课题（图 7-22）。

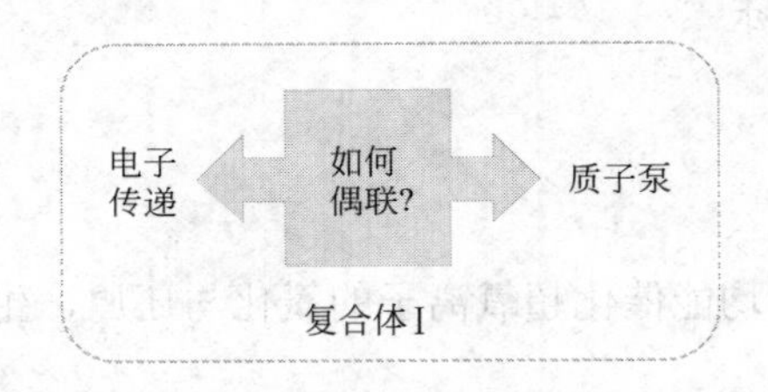

图 7-22 复合体Ⅰ上电子传递如何引发质子泵功能的机制研究

2010 年 *Nature* 上发表了一篇有关复合体Ⅰ结构的研究论文（Architecture of respiratory complex Ⅰ: the “steam engine” of the cell），很好地解释了复合体Ⅰ在传递电子的同时如何产生质子梯度。通过对一种嗜热菌（*Thermus thermophilus*）复合体Ⅰ晶体结构的分析，发现其在传递电子过程中，两个结构域的构象发生了变化，从而驱动一段长 α 螺旋发生活塞式运动，牵动附近 3 段不连续跨膜螺旋倾斜，进而改变由它们组成的质子通道，导致 3 个质子转位。第 4 个质子则在结构域之间发生位移。复合体Ⅰ的作用原理类似于蒸汽机，通过传递电子释放出的能量驱动活塞移动，进而驱动一组相关螺旋移动。此后，更多的真核生物包括酵母和哺乳动物的复合体Ⅰ结构都获得了解析。

2017 年，德国科学家 Luca 等通过大规模经典和量子模拟的方法研究了嗜热菌（*Thermus thermophilus*）复合体Ⅰ，揭示了电子传递与质子转移更详细的偶联机制。建模显示，质子通道存在于 4 个亚基跨膜结构域的对称位置，此处还具有保守的不完整跨膜 α- 螺旋。通道开启后允许水分子流入，同时催化质子泵出。水分子在这里非常重要，质子通道的水化对于保守赖氨酸残基的质子化非常敏感，质子化与去质子化状态分别与通道的开和关相对应。而同时，保守赖氨酸残基的质子化又与电子传递造成的复合体构象变化相关联，从而将电子传递与质子转移偶联起来。

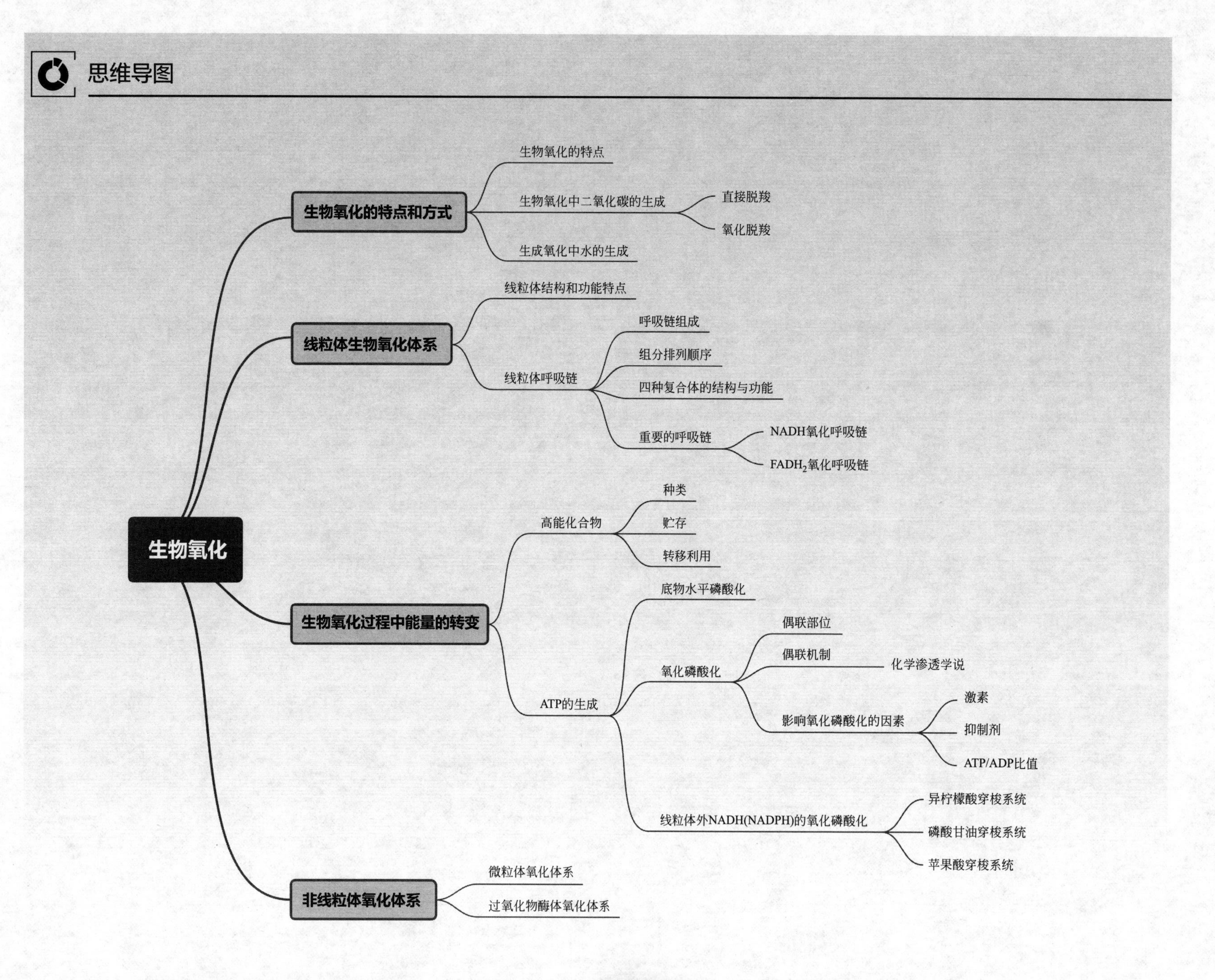
思维导图
生物氧化
生物氧化的特点和方式
生物氧化的特点
生物氧化中二氧化碳的生成
直接脱羧
氧化脱羧
生成氧化中水的生成
线粒体生物氧化体系
线粒体结构和功能特点
线粒体呼吸链
呼吸链组成
组分排列顺序
四种复合体的结构与功能
重要的呼吸链
NADH氧化呼吸链
FADH$_2$氧化呼吸链
生物氧化过程中能量的转变
高能化合物
种类
贮存
转移利用
ATP的生成
底物水平磷酸化
氧化磷酸化
偶联部位
偶联机制
化学渗透学说
影响氧化磷酸化的因素
激素
抑制剂
ATP/ADP比值
线粒体外NADH(NADPH)的氧化磷酸化
异柠檬酸穿梭系统
磷酸甘油穿梭系统
苹果酸穿梭系统
非线粒体氧化体系
微粒体氧化体系
过氧化物酶体氧化体系

第八章　糖代谢

学习目标

通过本章的学习，你需要掌握以下内容：

- 在了解代谢的基本特点和意义的基础上了解糖代谢概况。
- 了解淀粉、寡糖等糖类的降解。
- 掌握糖酵解的概念、场所、反应历程、关键酶、产能情况及意义。
- 理解糖酵解产物丙酮酸和 NADH 的进一步代谢及意义。
- 了解糖的有氧氧化，尤其掌握三羧酸循环的场所、反应历程、关键步骤及产能情况，理解其作为物质代谢的中枢作用。
- 掌握磷酸己糖旁路的反应特点和生物学意义。
- 掌握糖异生作用的概念、场所、原料，通过与糖酵解比较掌握其反应过程和意义。
- 比较糖原的分解和糖原的合成，了解糖原合成的基本过程。
- 了解光合作用的概念、光反应和暗反应的特点和意义。
- 理解利用代谢途径进行化工产品的生产，掌握三羧酸循环的回补反应。

第一节　概述

一、代谢总论

（一）新陈代谢是生命的基本特征

新陈代谢是生命最基本的特征，包括物质代谢和能量代谢两方面，其基本类型可分为同化作用和异化作用两种。物质代谢的重要意义在于：①代谢为生物体提供维持各种生命活动所需的能量，特别是物质氧化的放能过程，即提供能源；②代谢用以维持生物体的正常结构与组成，满足不断更新的需求，特别是各种生物大分子的需能合成过程，即提供碳源和氮源。

（二）异养生物和自养生物

根据同化作用的方式不同，可把生物体分为自养生物和异养生物两大类。

① 人、动物和某些微生物属于异养生物，它们都需要从环境中摄取有机物质作为能源和碳源。

② 绿色植物和某些含叶绿素的微生物属于自养生物，它们利用 CO_2 作为碳源，以光为能源，称为光能自养生物。另有一些微生物，不含叶绿素，不能利用光能，而是通过氧化无机物获得能量，以 CO_2 为碳源，称为化能自养生物。

二、糖代谢概述

糖类是自然界分布最广泛的有机物质，是生物体内重要成分之一，作为生物体重要的能源和碳源。糖代谢可分为分解代谢和合成代谢两个方面，生物体内的糖代谢基本过程类似。

① 糖的分解代谢是指糖类物质分解成小分子物质的过程，糖在生物体内经过一系列的分解反应后释放出大量的能量，供机体生命活动之用。同时在分解过程中形成的某些中间产物又可作为合成脂类、蛋白质、核酸等生物大分子物质的原料。糖的分解代谢可分为无氧代谢和有氧代谢。常见的分解代谢有糖酵解、三羧酸循环、磷酸己糖旁路、乙醛酸循环等。

② 糖的合成代谢是指生物体将某些小分子非糖物质转化为糖或将单糖合成低聚糖及多糖的过程，需要供给能量。通常包括光合作用、糖异生、糖原合成等。

第二节　糖类的消化、吸收、运输和贮存

一、糖类的消化

糖类中的多糖和低聚糖，由于分子大、不能透过细胞膜，所以生物体在利用多糖作为碳源和能源时，需要将多糖分子在细胞外降解成单糖或双糖，即所谓消化，这样才能被细胞吸收，进入代谢途径。不同生物体分泌的多糖降解酶类不同，因此，利用多糖的能力也不同。

人及动物直接从食物摄取糖类供机体利用，食物中的糖类包括淀粉、少量双糖以及纤维素。

（一）淀粉的降解

淀粉通过淀粉酶、脱支酶和麦芽糖酶的共同作用水解为葡萄糖。淀粉酶又有 α- 淀粉酶和 β - 淀粉酶之分。前者为内切酶，可水解直链和支链淀粉的 α-1,4- 糖苷键；后者为外切酶，只能从非还原端水解 α-1,4- 糖苷键，逐个释放麦芽糖单位。脱支酶可以水解支链淀粉中的 α-1,6- 糖苷键。人的唾液中含有 α- 淀粉酶，可以催化淀粉水解成麦芽糖，但食物在口腔中停留的时间太短，淀粉酶不能充分发挥作用；而胃液中没有水解淀粉的酶，所以淀粉的消化主要在小肠中进行。胰腺分泌的 α- 淀粉酶催化淀粉水解成麦芽糖等寡糖，再由麦芽糖酶等多种酶进一步催化完全水解成葡萄糖，其过程见图 8-1。

（二）双糖的水解——膜消化

食物中的双糖如蔗糖、麦芽糖和乳糖，在肠黏膜细胞内的蔗糖酶、麦芽糖酶和乳糖酶的作用下，分

别被水解，产生各种单糖。值得一提的是，植物体中蔗糖还会在蔗糖合酶的催化下生成糖核苷酸（UDPG和ADPG），作为葡萄糖的活化形式，可为淀粉的合成提供葡萄糖基。

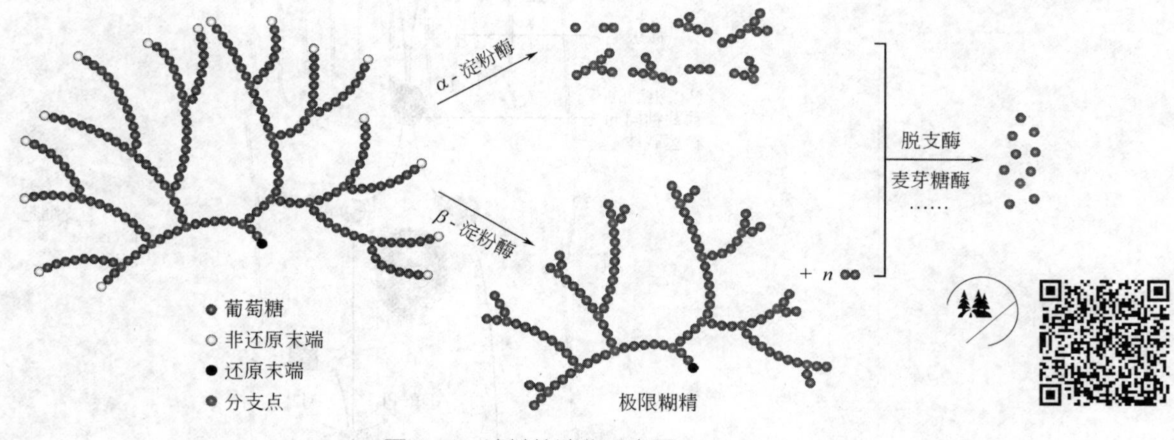

图 8-1 淀粉的消化示意图

（三）纤维素的水解

人体的消化液中没有水解纤维素的酶类，所以纤维素不能被机体利用，随粪便排出。但食物中的纤维素已证明与人类健康密切相关，它对调节胃肠的消化、吸收、排泄、降低胆固醇、减缓糖类的吸收速度起着重要作用，是预防多种慢性疾病的重要物质。

在反刍动物胃肠道内，微生物和寄生虫分泌的纤维素酶可以将纤维素分解产生葡萄糖和各种低级酸如乙酸、丙酸、乳酸、丁酸等，可被动物机体吸收利用。

二、糖类的吸收

消化生成的单糖主要在小肠上部吸收。单糖均可被吸收，但其吸收速度和吸收方式有所不同。

（一）主动转运

在肠黏膜细胞表面微绒毛上存在有特异的载体蛋白，Na^+ 与葡萄糖（或半乳糖）分别结合在载体蛋白的不同部位，引起载体蛋白的构象变化，把葡萄糖和 Na^+ 同时转运到黏膜细胞内，葡萄糖再通过细胞膜上载体进入血中，Na^+ 靠消耗 ATP 的钠泵（即 Na^+/K^+ ATP 酶）转运出细胞，故此种吸收方式是耗能过程（见图 8-2）。肠黏膜细胞和肾小管通过主动转运过程吸收葡萄糖。葡萄糖吸收速率较恒定，约为 1g/（h·kg 体重），餐后血中葡萄糖含量在 30 ～ 60min 即可达到高峰。

（二）易化扩散

肠腔内单糖浓度高时，可以通过扩散来吸收，约占总吸收量的一半以上。单糖也与细胞膜上专一的载体蛋白结合，但载体蛋白运转的方向总是从糖浓度高处向低处，因此不需耗能。人红细胞、肌肉和脂肪组织对葡萄糖的吸收以易化扩散方式进行。果糖的吸收也是易化扩散方式。

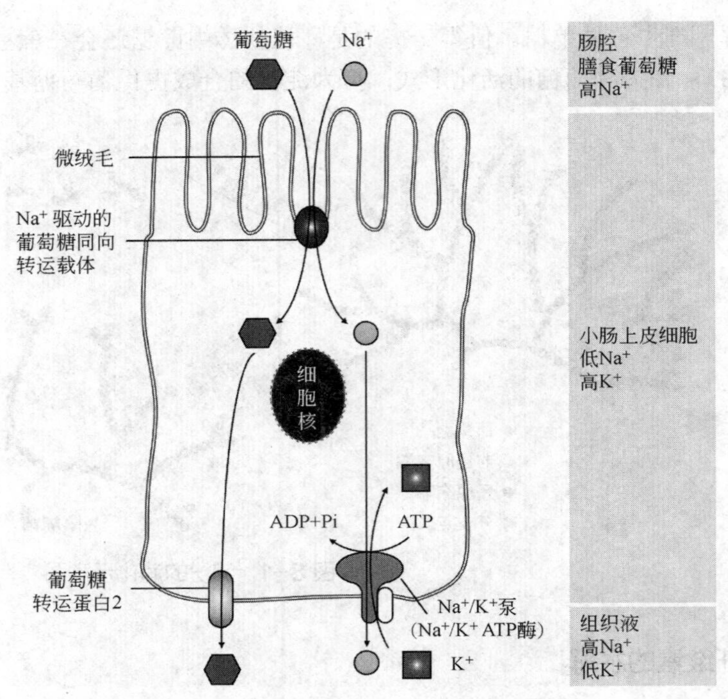

图 8-2 小肠中葡萄糖吸收示意图

三、糖类的运输和血糖

（一）运输和贮存

消化道吸收入血的各种单糖，经门静脉进入肝脏，肝脏内的半乳糖、果糖、甘露糖等在酶的催化下，可通过磷酸化、异构化和其他反应分别将各种单糖转化成葡萄糖。当血液经肝静脉进入体循环时，仅有葡萄糖被运输到各器官和组织中利用。

运送到肝脏和肌肉等组织中的葡萄糖，经酶催化合成糖原贮存。进食后肝糖原可达其质量的 5%，肌糖原可达到 1%。但人体内糖原的贮存仍是有限的，一般不超过 500g 左右。过多的糖还可在脂肪组织转化成脂肪贮存起来。

（二）血糖

葡萄糖是糖在体内的运输形式，血液中的葡萄糖称为血糖（blood sugar）。全身各器官和组织都需从血液中获得葡萄糖，特别是脑和红细胞等细胞中很少有糖原贮存，必须随时供应血糖，所以血糖必须保持一定的水平。正常人清晨空腹的血糖浓度为 3.9 ～ 6.1mmol/L，在一天 24h 内有所波动，进食后上升，0.5 ～ 1h 达到高峰，但会迅速下降，2h 可恢复正常，保持动态平衡。正常人血糖能维持在一个相对稳定的水平，这是由于其来源和去路能够保持基本相等的动态平衡（见图 8-3）。当血糖浓度高于 9mmol/L 时，肾小球滤过的葡萄糖在肾小管不能全部被吸收，则随尿排出，形成糖尿，此血糖值称为肾糖阈。

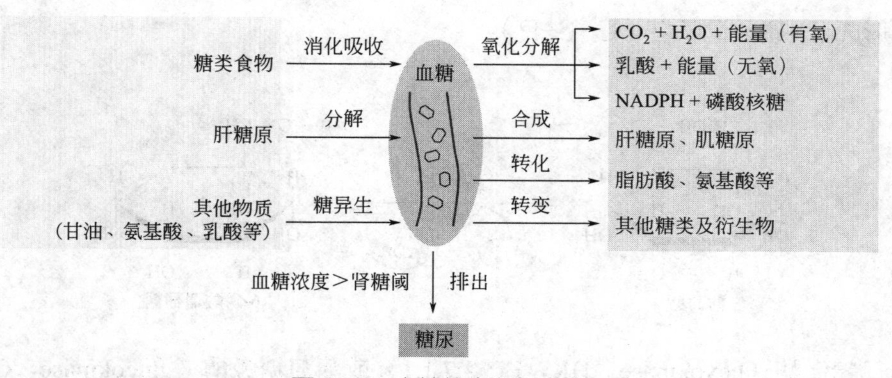

图 8-3 血糖的来源与去路

第三节 糖的分解代谢

一、糖酵解途径

糖酵解（glycolysis）是指细胞在细胞质中，没有氧气参与下，把葡萄糖转变为丙酮酸，同时产生 NADH 和 ATP 的一系列反应，又称 EMP 途径，是葡萄糖分解代谢的第一个环节，也是动物、植物、微生物细胞中普遍存在的葡萄糖分解代谢的重要途径。

（一）糖酵解途径的反应历程

从葡萄糖开始，糖酵解途径全过程共有 10 步，可分为两个阶段（图 8-4）：前 5 步是准备阶段，葡萄糖分解为三碳糖，消耗 2 分子 ATP；后 5 步是放能阶段，三碳糖转化为丙酮酸，共产生 4 分子 ATP。这两个阶段又被形象地称为“投资”和“收获”阶段，只有前期有所投入（2 分子 ATP），后期才能有所收获（4 分子 ATP）。总过程需 10 种酶，都在细胞质中，多数需要 Mg^{2+}。酵解过程中所有的中间物都是磷酸化的，可防止从细胞膜漏出保存能量，并有利于与酶结合。现分别叙述如下。

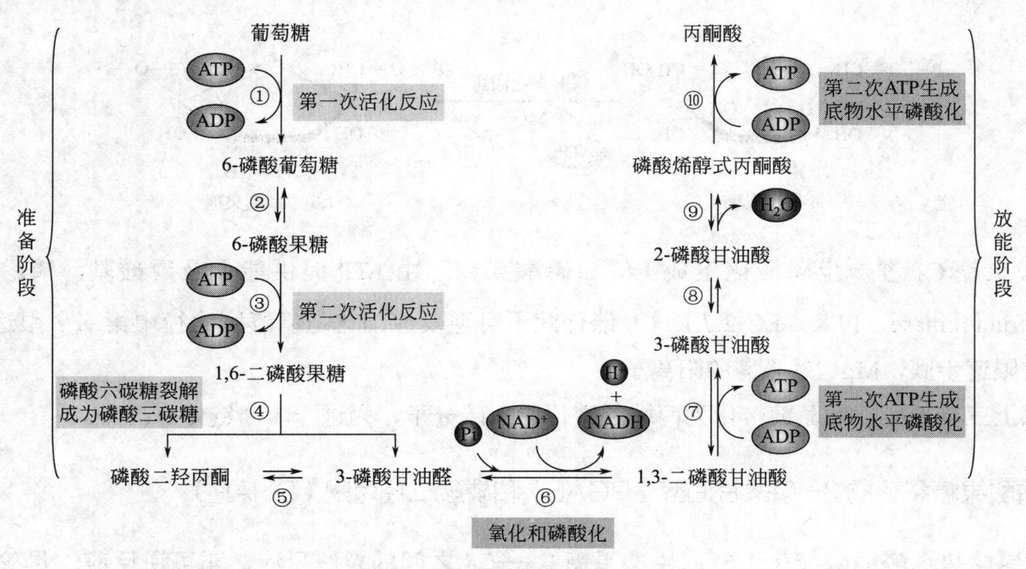

图 8-4 糖酵解的反应历程

1. 葡萄糖磷酸化形成 6- 磷酸葡萄糖（G-6-P）

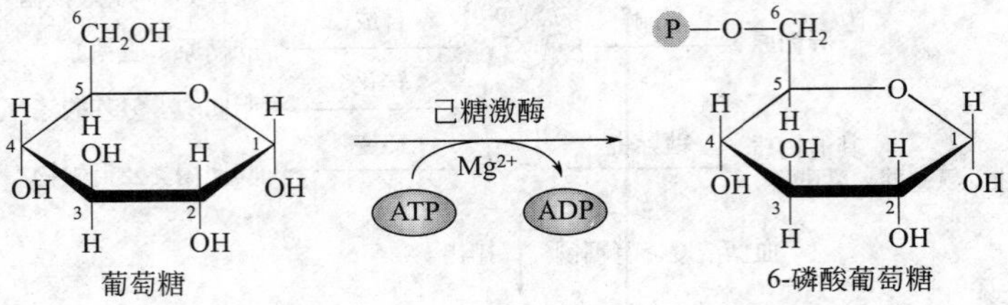

葡萄糖　己糖激酶　Mg^{2+}　ATP　ADP　6-磷酸葡萄糖

这是一个由己糖激酶（hexokinase，HK，EC 2.7.1.1）或葡萄糖激酶（glucokinase，GK）催化的不可逆反应，是糖酵解途径中的限速步骤之一。反应由 ATP 提供能量，同时通过 ATP 的水解将 γ - 磷酸基团转到葡萄糖上，Mg^{2+} 是必需的阳离子。磷酸化的葡萄糖不会发生外渗，且使葡萄糖成为含磷酸基团的活化形式，有利于进一步代谢。

2.6- 磷酸葡萄糖转化成 6- 磷酸果糖（F-6-P）

6-磷酸葡萄糖　磷酸己糖异构酶　6-磷酸果糖

这是由磷酸己糖异构酶催化的同分异构化反应，属可逆反应。反应平衡趋向于逆反应，但因为下一步反应以及后面的某些反应是不可逆的，因此整个反应向着正反应方向进行。

3.1,6- 二磷酸果糖（F-1，6- 2P）的生成

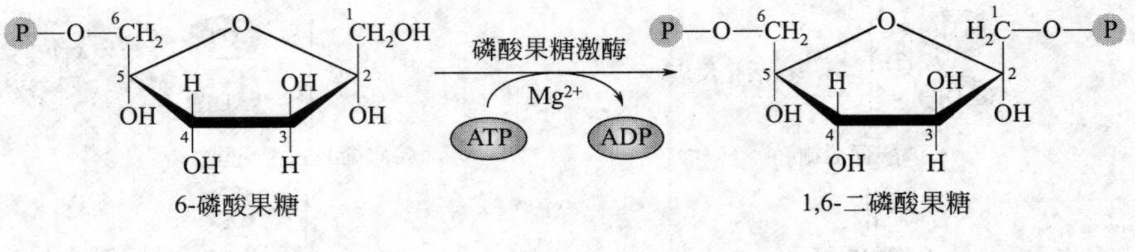

6-磷酸果糖　磷酸果糖激酶　Mg^{2+}　ATP　ADP　1,6-二磷酸果糖

6- 磷酸果糖 C1 进一步磷酸化生成 1,6- 二磷酸果糖，由 ATP 提供能量及磷酸基，磷酸果糖激酶（6-phosphofructokinase，PFK，EC 2.7.1.11）催化此不可逆反应，这是糖酵解途径中第二个限速步骤，也是最关键的限速步骤，Mg^{2+} 是必需的阳离子。

经过以上三步反应，葡萄糖转化为两端磷酸化的六碳分子，为进一步断链做好准备。

4.1,6- 二磷酸果糖裂解成 3- 磷酸甘油醛（PGAL）和磷酸二羟丙酮（DHAP）

1,6- 二磷酸果糖醛缩酶催化 1,6- 二磷酸果糖 C3—C4 之间的裂解反应，属可逆反应。尽管平衡有利

于逆反应方向，但在正常的生理条件下，由于 3- 磷酸甘油醛不断被转化，从而驱动反应向裂解方向进行。

1,6-二磷酸果糖

醛缩酶

磷酸二羟丙酮

磷酸丙糖异构酶

3-磷酸甘油醛

5. 磷酸二羟丙酮与 3- 磷酸甘油醛的异构化

磷酸二羟丙酮与 3- 磷酸甘油醛的同分异构反应由磷酸丙糖异构酶催化，属可逆反应。反应平衡时趋向于逆反应，但由于 3- 磷酸甘油醛的迅速消耗，反应仍能向正方向进行。

6.3- 磷酸甘油醛氧化成 1,3- 二磷酸甘油酸

磷酸甘油醛脱氢酶

3-磷酸甘油醛

NAD^+　NADH + H^+

Pi　酶—SH

1,3-二磷酸甘油酸

这是由磷酸甘油醛脱氢酶（glyceraldehyde-3-phosphate dehydrogenase，GAPDH）催化的可逆脱氢反应，脱下的氢则由 NAD^+ 接受，生成 $NADH+H^+$；该反应也是磷酸化反应，由无机磷酸提供磷酸基团，将反应放出的能量贮存到产物 1,3- 二磷酸甘油酸分子内，它属于高能磷酸化合物。磷酸甘油醛脱氢酶是巯基酶，所以碘乙酸是其不可逆抑制剂。

7.1,3- 二磷酸甘油酸将高能磷酸基团转移给 ADP 形成 3- 磷酸甘油酸和 ATP

磷酸甘油酸激酶

Mg^{2+}

ADP　ATP

1,3-二磷酸甘油酸　3-磷酸甘油酸

这是由磷酸甘油酸激酶催化的可逆反应，Mg^{2+} 是必需的阳离子。1,3- 二磷酸甘油酸的高能磷酸基团转移给 ADP 生成 ATP，这是糖酵解途径中第一次底物水平磷酸化。

8.3- 磷酸甘油酸变位生成 2- 磷酸甘油酸

$$\text{3-磷酸甘油酸} \underset{Mg^{2+}}{\overset{\text{磷酸甘油酸变位酶}}{\rightleftharpoons}} \text{2-磷酸甘油酸}$$

这是由磷酸甘油酸变位酶催化的可逆反应，Mg^{2+} 是必需的阳离子。

9.2- 磷酸甘油酸脱水生成磷酸烯醇式丙酮酸（phosphoenolpyruvate，PEP）

$$\text{2-磷酸甘油酸} \underset{Mg^{2+}\text{或}Mn^{2+}}{\overset{\text{烯醇化酶}}{\rightleftharpoons}} \text{磷酸烯醇式丙酮酸} + H_2O$$

这是由烯醇化酶催化的可逆反应，Mg^{2+} 或 Mn^{2+} 是必需的阳离子。该反应其实是分子内的氧化还原反应，脱水的同时分子内能量重新分布，使能量相对集中，生成含高能磷酸键的磷酸烯醇式丙酮酸。氟化物能与 Mg^{2+} 络合而抑制烯醇化酶的活性。

10. 磷酸烯醇式丙酮酸将高能磷酸基团转移给 ADP 形成 ATP 和丙酮酸

$$\text{磷酸烯醇式丙酮酸} + ADP \xrightarrow[Mg^{2+}\text{或}K^{+}]{\text{丙酮酸激酶}} \text{丙酮酸} + ATP$$

这是由丙酮酸激酶催化的不可逆反应，是糖酵解途径中第三个限速步骤，K^{+}、Mg^{2+} 或 Mn^{2+} 是必需的阳离子。该反应是糖酵解途径中第二次底物水平磷酸化，磷酸烯醇式丙酮酸的高能磷酸基团转移给 ADP 生成 ATP。

从葡萄糖到丙酮酸的糖酵解途径的总反应式为：

$$\text{葡萄糖}(C_6H_{12}O_6)+2NAD^{+}+2ADP+2Pi \longrightarrow 2\text{丙酮酸}(CH_3COCOOH)+2H_2O+2NADH+2H^{+}+2ATP$$

（二）糖酵解产物的去路

从葡萄糖到丙酮酸的糖酵解途径在不同生物体和不同细胞中都是极其相似的，然而糖酵解生成的丙酮酸和 $NADH+H^{+}$ 继续转化的途径各不相同，它们的去路取决于代谢所处的条件和发生在什么样的生物体中，最关键的因素是氧的可得性。

1. 无氧条件下

（1）生成乳酸——乳酸发酵

高等生物的某些组织（如人的肌肉）、一些细菌（如乳酸菌）在无氧或供氧不足时，丙酮酸在乳酸脱氢酶的催化下，能利用糖酵解途径中生成的 NADH +H^+ 作为供氢体，还原生成乳酸（图 8-5A）。而氧化型 NAD^+ 的再生保证了供氧不足情况下，利用糖酵解提供能量。L- 乳酸是重要的食品酸味剂和化工原料，一般采用淀粉质原料，利用该途径生产。

概念检查 8.1

○ 无氧条件下丙酮酸还原成乳酸的意义是什么？1 分子葡萄糖生成乳酸能产生几分子的 ATP？

（2）生成乙醇——乙醇发酵

酵母和有些微生物以及植物细胞，在无氧条件下，丙酮酸能继续转化成乙醇（图 8-5B）。丙酮酸首先在丙酮酸脱羧酶的催化下，脱羧放出 CO_2 变成乙醛，接着在乙醇脱氢酶的催化下，以糖酵解途径中生成的 NADH +H^+ 为供氢体，乙醛作为受氢体还原生成乙醇。酿酒、乙醇制造或用鲜酵母发馒头、面包时，都是利用乙醇发酵途径。

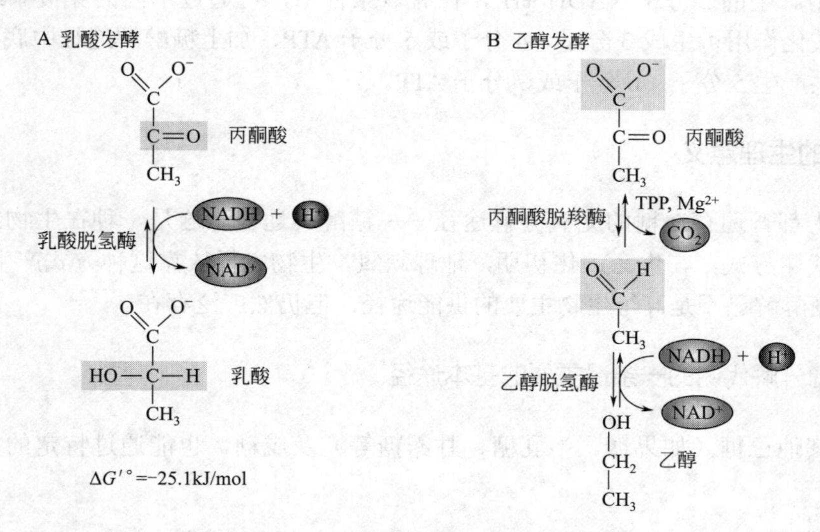

图 8-5 无氧条件下丙酮酸和 NADH+H^+ 的去路

2. 有氧条件下

（1）NADH+H^+ 的去路

原核细胞中，NADH+H^+ 会通过位于细胞膜上的 NADH 呼吸链进行电子传递，氧是受氢体，最终生成 H_2O 和 ATP。真核细胞中，由于 NADH+H^+ 不能透过线粒体内膜，因此需要借助穿梭系统（如磷酸甘油穿梭系统、苹果酸 - 天冬氨酸穿梭系统）进入线粒体（见“生物氧化”一章），参与电子传递，而自身被重新氧化。

（2）丙酮酸的去路——进入三羧酸循环

在有氧条件下丙酮酸进入线粒体生成乙酰～SCoA，参加三羧酸循环，最后氧化成 CO_2 和 H_2O。这是丙酮酸继续转化的主要途径。

（三）糖酵解途径的能量结算

1. 无氧条件下

根据实验，乙醇发酵时 1 分子葡萄糖分解转化成 2 分子乙醇的过程中，其标准自由能变化是－56kcal。而在糖酵解过程中净生成 2 分子 ATP，即形成 2mol 高能磷酸键所需能量是 2×7.3=14.6kcal，因此葡萄糖乙醇发酵的能量转化率为26%。而在乳酸发酵时，1分子葡萄糖分解转化成2分子乳酸的过程中，其标准自由能变化是 -47kcal，因此葡萄糖乳酸发酵的能量转化率为 31%。

在乙醇发酵和乳酸发酵中放出的其余能量以热能的形式释放，这种热能虽不能直接参与细胞内的需能反应，但可以维持体温，使体内的反应速度加快，促进新陈代谢。但必要时需要采取降温措施，人或动物在剧烈运动后会大量出汗，也是同样道理。

2. 有氧条件下

在糖酵解途径中产生的 2 分子 NADH $+H^+$，在有氧条件下，可通过不同的穿梭系统进入线粒体参与呼吸链，经氧化磷酸化作用可生成 3 分子、4 分子或 5 分子 ATP，加上糖酵解途径中底物水平磷酸化净生成的 2 分子 ATP，共产生 5 分子、6 分子或 7 分子 ATP。

（四）糖酵解途径的生理意义

从低等生物到人都普遍存在糖的无氧分解途径——糖酵解途径，这是一种在生物进化中被保留下来的古老且有意义的代谢方式。在生命进化初期，地球缺氧，生物主要依靠这种方式产生能量，维持生命。经过漫长的进化，糖酵解已不是高等生物主要的供能途径，但仍然广泛存在。

1. 糖酵解途径是单糖分解代谢的一条最重要的基本途径

不仅葡萄糖，其他己糖（如果糖、半乳糖、甘露糖等）及戊糖，也能通过特定的方式进入糖酵解途径（图 8-6）。

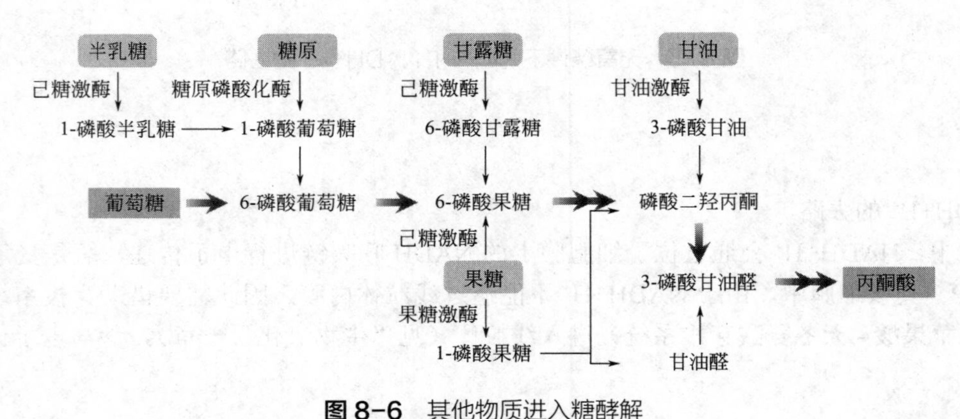

图 8-6　其他物质进入糖酵解

2. 糖酵解途径能使机体或组织有效地适应缺氧条件

糖酵解在有氧或无氧条件下都能进行，尤其细胞在缺氧条件下，通过糖酵解途径可以获得有限的能量维持生命活动。尽管其能量的转化利用效率很低，但能快速地释放能量，是生物对不良环境的一种重要的适应能力。

糖酵解途径对骨骼肌的剧烈运动尤为重要。运动员为了适应激烈的比赛，必须加强无氧代谢的能力，因此高原训练也成为提高运动水平的一种手段。一方面可通过测定训练后血液里乳酸的含量，来掌握训练的强度；另一方面要及时处理剧烈运动后产生的大量乳酸，否则可能引起酸中毒，由此可见运动后的恢复手段对提高运动成绩也相当重要。

3. 糖酵解途径是某些组织或细胞的主要获能方式

成熟的红细胞没有线粒体，不能进行糖的有氧分解，几乎完全通过糖酵解途径获得能量。神经、白细胞、骨髓、皮肤、睾丸、视网膜即使不缺氧也常靠糖酵解途径提供部分能量。肿瘤细胞也有很强的糖酵解作用，为其增殖提供能量。

4. 糖酵解途径是葡萄糖完全氧化分解成 CO_2 和 H_2O 的必要准备阶段

葡萄糖经糖酵解途径分解为 2 分子丙酮酸，在有氧条件下可通过三羧酸循环完全分解。

二、三羧酸循环

糖的有氧分解是指葡萄糖在有氧条件下彻底氧化分解生成 CO_2 和 H_2O，并释放大量能量的过程。因此，这里所说的糖的有氧氧化也称之为酵解途径偶联三羧酸循环的有氧分解，包括三个过程：第一是从葡萄糖到丙酮酸，这一过程与酵解途径相同，在胞液中进行；第二是丙酮酸的氧化脱羧，即乙酰～ SCoA 的生成过程，发生在线粒体基质中；第三是三羧酸循环（tricarboxylic acid cycle，简写为 TCA 循环），即最终氧化过程，同样也在线粒体基质中进行。

（一）丙酮酸的氧化脱羧

丙酮酸氧化脱羧生成乙酰～ SCoA 的反应如下：

$$\text{丙酮酸} + \text{CoA-SH} + \text{NAD}^+ \longrightarrow \text{乙酰} \sim \text{SCoA} + CO_2 + \text{NADH} + H^+$$

在真核细胞中，糖酵解生成的丙酮酸通过线粒体内膜上的丙酮酸载体转运到线粒体内，基质中的丙酮酸脱氢酶系催化丙酮酸氧化脱羧生成乙酰～ SCoA（见图 8-7）。

丙酮酸脱氢酶系包含三种酶：丙酮酸脱氢酶（pyruvate dehydrogenase，E_1）、二氢硫辛酸乙酰转移酶（dihydrolipoyl transacetylase，E_2）和二氢硫辛酸脱氢酶（dihydrolipoyl dehydrogenase，E_3），还有六种辅助因子：焦磷酸硫胺素（TPP）、硫辛酸、FAD、NAD^+、CoA-SH 和 Mg^{2+}。丙酮酸脱氢酶系催化的反应是一个循环过程，其中丙酮酸氧化释放的能量贮藏在乙酰～ SCoA 的高能硫酯键中，硫辛酸与二氢硫辛酸的相互转化辅助丙酮酸的脱氢。丙酮酸氧化脱羧反应是连接糖酵解和三羧酸循环的中心环节，是不可逆的关键步骤。

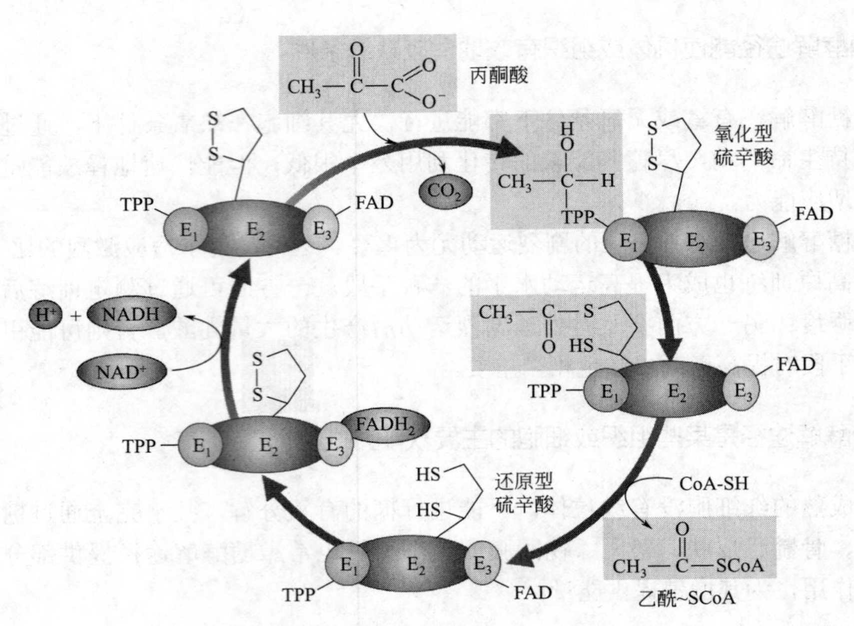

图 8-7 丙酮酸脱氢酶系催化的反应

(二)三羧酸循环的发现

克雷布斯(H. Krebs)通过总结大量的实验结果,认为糖的有氧氧化过程不是直线型而是以环状方式进行。他的主要实验依据如下:

① Krebs 首先证实六碳三羧酸(柠檬酸、顺乌头酸、异柠檬酸)和 *α*- 酮戊二酸,以及四碳二羧酸(琥珀酸、延胡索酸、苹果酸、草酰乙酸)都能强烈刺激肌肉中丙酮酸的氧化和氧的消耗,说明这些化合物都是丙酮酸氧化途径中的中间产物。

② Krebs 还发现在肌肉糜悬浮液中加入丙二酸,有抑制丙酮酸氧化的作用,而且在肌肉糜悬浮液中有琥珀酸的积累。由此说明丙二酸是琥珀酸脱氢酶的竞争性抑制剂。

③ 在被丙二酸抑制的肌肉糜悬浮液中直接加入六碳三羧酸或 *α*- 酮戊二酸等有机酸,同样有琥珀酸的积累,说明在丙酮酸氧化途径中,上述物质都可转化成琥珀酸。

④ 在被丙二酸抑制的肌肉糜悬浮液中直接加入琥珀酸脱氢酶催化反应的产物,如延胡索酸、苹果酸、草酰乙酸等有机酸,也可以引起琥珀酸的积累。说明另有一条途径氧化生成琥珀酸,因此 Krebs 提出了环状氧化的概念。

1937 年他提出了三羧酸循环学说,为此获得了 1953 年诺贝尔奖,而三羧酸循环又被称为柠檬酸循环或 Krebs 循环。

(三)三羧酸循环的反应历程

三羧酸循环从乙酰～ CoA 开始,全过程共有 8 步反应,都在细胞线粒体基质中进行,见图 8-8。三羧酸循环可分为三个阶段:第一阶段为乙酰～ CoA 和草酰乙酸缩合生成六碳三羧酸（柠檬酸）；第二阶段为连续两步氧化、脱羧生成四碳二羧酸（琥珀酸）；第三阶段为草酰乙酸的再生。现分别进行叙述。

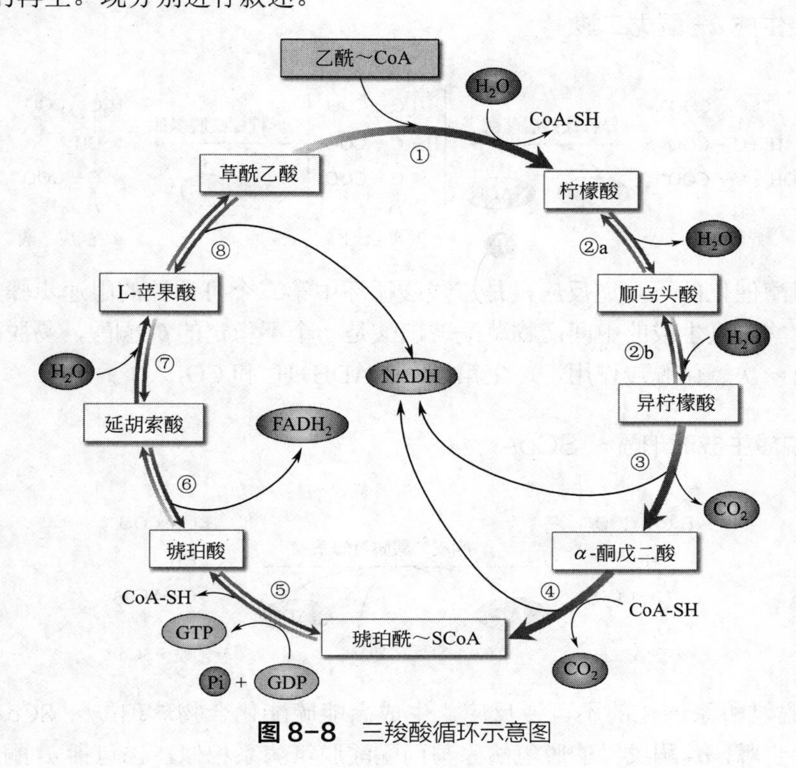

图 8-8 三羧酸循环示意图

1. 乙酰～CoA 和草酰乙酸缩合形成柠檬酸

$$\underset{\text{乙酰\sim SCoA}}{H_3C-\overset{O}{\overset{\|}{C}}-SCoA} + \underset{\text{草酰乙酸}}{\begin{matrix} O=C-COO^- \\ | \\ H_2C-COO^- \end{matrix}} \xrightarrow{\text{柠檬酸合酶}} \underset{\text{柠檬酰\sim CoA}}{\left[\begin{matrix} H_2C-\overset{O}{\overset{\|}{C}}-SCoA \\ | \\ OH-C-COO^- \\ | \\ H_2C-COO^- \end{matrix}\right]} \xrightarrow[H_2O \quad CoA\text{-}SH]{\text{柠檬酸合酶}} \underset{\text{柠檬酸}}{\begin{matrix} H_2C-COO^- \\ | \\ OH-C-COO^- \\ | \\ H_2C-COO^- \end{matrix}}$$

由柠檬酸合成酶催化一个二碳分子与一个四碳分子的缩合反应，柠檬酰～ CoA 是其中间产物，经水解反应生成柠檬酸，属不可逆反应，是三羧酸循环中第一个可调控的限速步骤。

2. 柠檬酸异构化生成异柠檬酸

$$\underset{\text{柠檬酸}}{\begin{matrix} H_2C-COO^- \\ | \\ OH-C-COO^- \\ | \\ H_2C-COO^- \end{matrix}} \underset{\text{顺乌头酸酶}}{\overset{H_2O}{\rightleftharpoons}} \underset{\text{顺乌头酸}}{\left[\begin{matrix} H_2C-COO^- \\ | \\ C-COO^- \\ \| \\ C-COO^- \\ | \\ H \end{matrix}\right]} \underset{\text{顺乌头酸酶}}{\overset{H_2O}{\rightleftharpoons}} \underset{\text{异柠檬酸}}{\begin{matrix} H_2C-COO^- \\ | \\ H-C-COO^- \\ | \\ OH-C-COO^- \\ | \\ H \end{matrix}}$$

由顺乌头酸酶催化的分子异构化反应，属可逆反应。柠檬酸先脱水，生成中间产物顺乌头酸，然后再加水，生成异柠檬酸，Fe^{2+} 是必需的阳离子。

3. 异柠檬酸氧化脱羧生成 α- 酮戊二酸

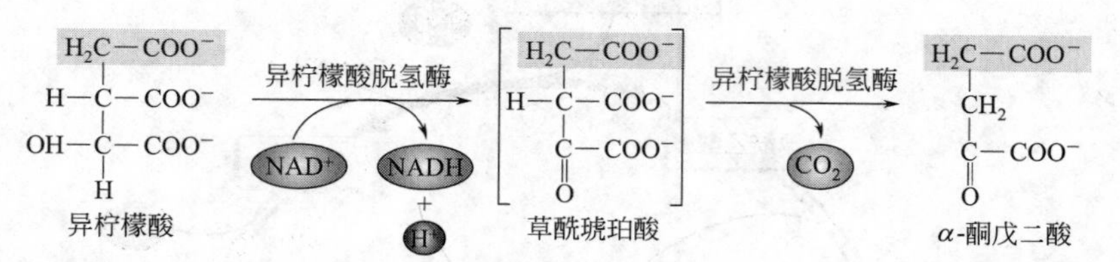

由异柠檬酸脱氢酶催化的不可逆反应，是三羧酸循环中第二个可调控的限速步骤，Mg^{2+} 或 Mn^{2+} 是必需的阳离子。异柠檬酸脱氢生成的中间产物草酰琥珀酸是一个不稳定的 β- 酮酸，易脱羧形成 α- 酮戊二酸。这是三羧酸循环中第一次氧化脱羧作用，产生第一个 $NADH+H^+$ 和 CO_2。

4. α- 酮戊二酸氧化脱羧生成琥珀酰～ SCoA

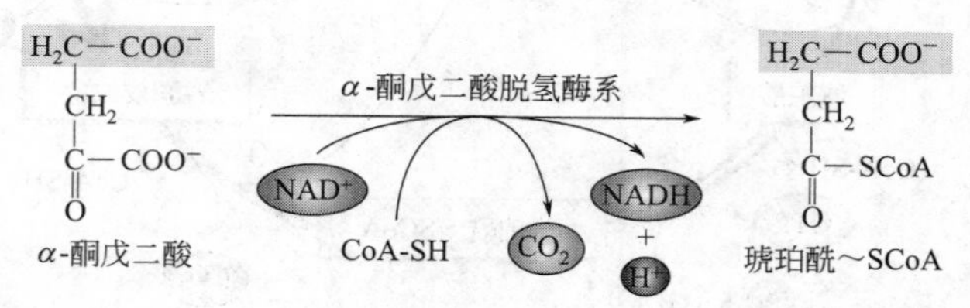

由 α- 酮戊二酸脱氢酶系催化的不可逆反应，生成高能硫酯化合物琥珀酰～ SCoA，是三羧酸循环中第三个可调控的限速步骤。α- 酮戊二酸脱氢酶系与丙酮酸脱氢酶系相似，也包括 α- 酮戊二酸脱氢酶（E_1）、二氢硫辛酸乙酰转移酶（E_2）和二氢硫辛酸脱氢酶（E_3）三种酶，以及焦磷酸硫胺素（TPP）、硫辛酸、FAD、NAD^+、CoA-SH 和 Mg^{2+} 六种辅助因子。这是三羧酸循环中进行的第二次氧化脱羧，产生第二个 $NADH+H^+$ 和 CO_2。

5. 琥珀酰～ SCoA 转化成琥珀酸并产生 GTP 或 ATP

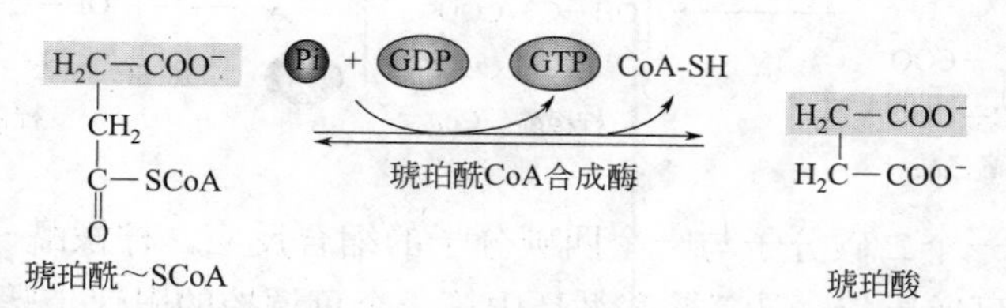

由琥珀酰～ SCoA 合成酶催化的可逆反应，琥珀酰～ SCoA 的高能硫酯键水解，生成琥珀酸，而放出的能量直接偶合 GTP 或 ATP 的合成，这是三羧酸循环中唯一一个底物水平磷酸化反应。

6. 琥珀酸脱氢生成延胡索酸

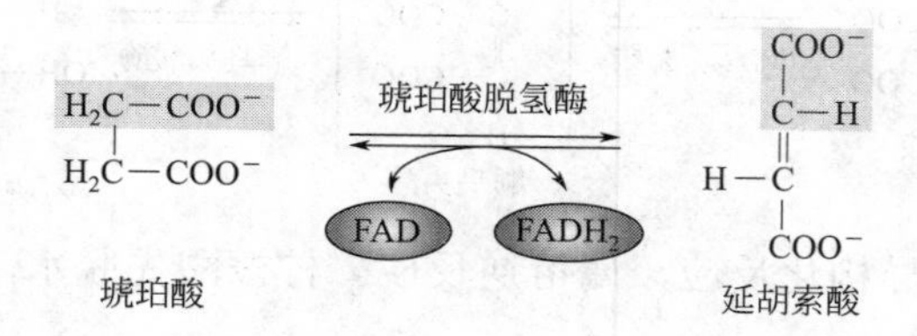

由琥珀酸脱氢酶催化的可逆反应，是三羧酸循环中第三次氧化还原反应。FAD 作为琥珀酸脱氢酶的辅基被还原成 $FADH_2$。琥珀酸脱氢酶是呼吸链复合物Ⅱ的组成部分，其催化具有立体专一性，脱下的 2 个氢原子来自反位，形成的不饱和化合物总是反式双键的反丁烯二酸——延胡索酸，绝不会是顺式的顺丁烯二酸——马来酸。丙二酸是琥珀酸的结构类似物，因此是该酶的竞争性抑制剂。

概念检查 8.2

○ 丙二酸对三羧酸循环有什么作用？为什么？

7. 延胡索酸水化形成苹果酸

COO^-—CH=CH—COO^-（延胡索酸）+ H_2O ⇌（延胡索酸酶）^-OOC—CH(OH)—CH_2—COO^-（L-苹果酸）

由延胡索酸酶催化的可逆加成反应，延胡索酸酶也具有立体专一性，实验证明 H^+ 和 OH^- 被反向添加到双键上，因此只形成 L- 苹果酸。

8. 苹果酸脱氢生成草酰乙酸

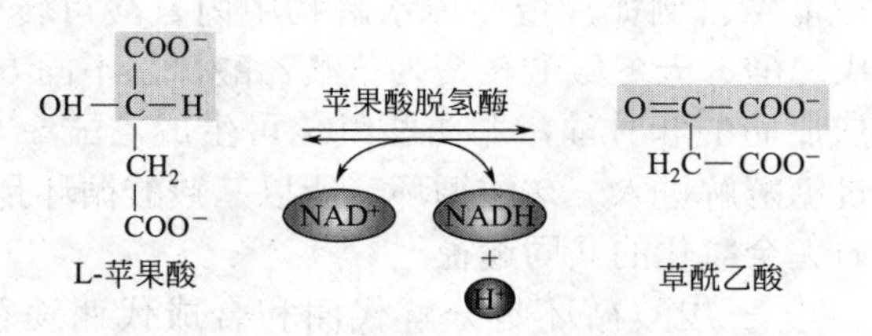

由苹果酸脱氢酶催化的可逆反应，这是三羧酸循环中第四次氧化还原反应，NAD^+ 作为受氢体被还原成 NADH ＋ H^+，草酰乙酸完成再生。

由此，三羧酸循环总反应式为：

$$\text{乙酰CoA}(CH_3CO\sim SCoA)+2H_2O+3NAD^++FAD+GDP+Pi \longrightarrow 2CO_2+3NADH+3H^++FADH_2+CoA\text{-}SH+GTP$$

（四）葡萄糖有氧氧化的能量结算

葡萄糖完全氧化为 CO_2 经历了糖酵解途径、丙酮酸氧化脱羧和三羧酸循环，其中共生成 $10NADH+10H^+$、$2FADH_2$、2ATP 和 2GTP。我们已经知道，线粒体内 1 分子 NADH ＋ H^+经过电子传递及氧化磷酸化作用可产生 2.5 个 ATP，1 分子 $FADH_2$ 可产生 1.5 个 ATP。考虑到葡萄糖完全氧化过程中有 2 分子 NADH ＋ H^+来自酵解途径（存在于胞液），因此 1 分子葡萄糖完全氧化碳源的变化及 ATP 合成数如下：

$$\text{碳源：葡萄糖}\rightarrow 2\text{丙酮酸}\rightarrow 2\text{乙酰}\sim CoA + 2CO_2 \rightarrow 6CO_2$$

底物水平磷酸化：4 个 ATP

$2NADH+2H^+$ 氧化：3、4 或 5 个 ATP（存在于胞液，需经穿梭系统进入线粒体）

$8NADH+8H^+$ 氧化：20 个 ATP（存在于线粒体）

$2FADH_2$ 氧化：3 个 ATP

总计：30、31 或 32 个 ATP

每摩尔葡萄糖完全氧化的标准自由能变化是－686kcal，形成 32mol 高能磷酸键所需能量是 32×7.3=233.6kcal，所以葡萄糖完全氧化的能量转化率为 34%，而其余 66% 的能量以热能的形式释放，有维持体温和微生物环境温度的作用。因此，当进行微生物深层好氧发酵时需要有降温设施，否则在生长旺盛期大量散热，会使发酵液温度猛升，导致发酵失败。

（五）糖有氧分解的生理意义

葡萄糖经糖酵解 - 三羧酸循环途径氧化分解的生理意义主要是为生物体供能和为其他生物分子的合成提供前体物质。

① 糖的有氧代谢是生物机体获得能量的主要途径。1 分子葡萄糖经有氧氧化和氧化磷酸化，可获得 30 ～ 32 个 ATP，而在无氧条件下只能获得 2 个 ATP，两者相差 15 ～ 16 倍。因此这是生物体内最主要、最有效的获能途径，在长期的生物进化中得以保留下来。

② 三羧酸循环是有机物质完全氧化的共同途径。凡是能转化为三羧酸循环途径中间产物的物质都可以参与三羧酸循环，最终被氧化成 CO_2 和 H_2O，并释放能量。例如，蛋白质水解物中丙氨酸可转化为丙酮酸、谷氨酸转化为 α-酮戊二酸、天冬氨酸转变为草酰乙酸，以不同方式进入三羧酸循环。脂肪可水解成脂肪酸和甘油，脂肪酸氧化可生成乙酰～ CoA 进入三羧酸循环；甘油可通过糖酵解进入三羧酸循环。所以三羧酸循环是糖、脂肪、蛋白质等各类有机物质完全氧化的共同途径。

③ 三羧酸循环是分解代谢和合成代谢途径的枢纽。三羧酸循环的中间产物在体内可以转化或合成其他物质，即为许多生物合成代谢途径提供前体物质。例如，从食物中摄取的糖经消化和有氧氧化生成重要的中间产物乙酰～ CoA，有相当一部分可转化成脂肪。琥珀酰～ SCoA 是合成卟啉环的原料，而卟啉环是血红素、叶绿素、细胞色素等重要活性物质的前体。如前所述，三羧酸循环的中间产物是许多氨基酸的碳骨架。因此，三羧酸循环是兼具分解代谢和合成代谢的两用代谢途径，通过它使各大物质代谢相互沟通、协调统一，成为糖、脂肪及蛋白质三大物质转化的中心枢纽。

④ 三羧酸循环产生的 CO_2，一部分排出体外，其余部分则供机体生物合成需要，例如用于脂肪酸的合成，在植物体内用于光合作用等。

三、磷酸己糖旁路

糖酵解及糖的有氧氧化是糖在体内主要但不是仅有的分解途径。加入糖酵解抑制剂（如碘乙酸或氟化物），虽然糖的无氧代谢与有氧代谢被阻断，但葡萄糖照常可被分解，说明细胞内还存在糖的其他分解途径，其中磷酸己糖旁路（hexosemonophosphate shunt，HMS）又称磷酸戊糖途径（phosphopentose pathway，PPP）是较为重要的一种，动物体中约有 30% 的葡萄糖通过此途径分解。

1. 反应历程

大多数生物的磷酸己糖旁路发生在细胞质中，由 6- 磷酸葡萄糖起始，在 C1 上脱氢脱羧产生 NADPH 和磷酸戊糖，接着通过磷酸戊糖相互转变生成三碳、四碳、六碳、七碳糖等的磷酸酯。全过程无 ATP 生成，可以分为不可逆的氧化阶段和可逆的非氧化阶段，见图 8-9。

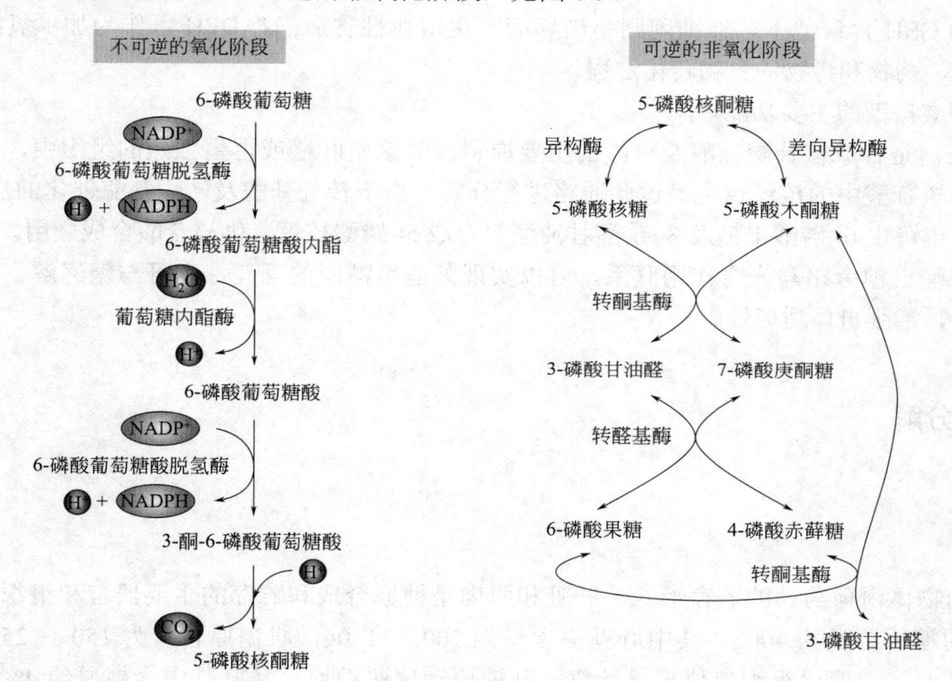

图 8-9　磷酸己糖旁路

（1）第一阶段：6- 磷酸葡萄糖的氧化（氧化阶段）

6- 磷酸葡萄糖在 6- 磷酸葡萄糖脱氢酶和 6- 磷酸葡萄糖酸脱氢酶的催化下两次脱氢、一次脱羧生成 5- 磷酸核酮糖，$NADP^+$ 作为受氢体被还原为 $NADPH+H^+$。

（2）第二阶段：糖的相互转变（非氧化阶段）

5- 磷酸核酮糖分别在磷酸戊糖异构酶和磷酸戊糖差向异构酶催化下，进行了两个同分异构体之间的互变。继而以上述 3 种戊糖作为底物，在转醛基酶和转酮基酶（以 TPP 为辅基）作用下，发生了各种糖磷酸酯之间的互变，最终生成的 3- 磷酸甘油醛及 6- 磷酸果糖，既可进入糖酵解途径进一步代谢，也可再次进入磷酸己糖旁路。

通常磷酸己糖旁路中 6- 磷酸葡萄糖脱氢反应是限速步骤，因此 6- 磷酸葡萄糖脱氢酶是其关键酶，$NADP^+$ 作为受氢体调节此酶活性。从 6- 磷酸葡萄糖生成 5- 磷酸戊糖，要脱去 1 分子 CO_2，可生成 2 分子 $NADPH+H^+$，因此磷酸戊糖之间的互变要 3 分子磷酸戊糖，则需要 3 分子 6- 磷酸葡萄糖参与反应，最后可重新生成 2 分子磷酸果糖和 1 分子磷酸丙糖。如果从 6 分子 6- 磷酸葡萄糖开始，经此通路，则生成 6 分子 CO_2、12 分子 $NADPH+H^+$ 和 5 分子磷酸果糖，实际结果是分解了 1 分子 6- 磷酸葡萄糖。其总反应式可表示为：

$$G\text{-}6\text{-}P+12\ NADP^{+}+7H_2O \longrightarrow 6CO_2+12NADPH+12H^{+}+Pi$$

2. 生理意义

磷酸己糖旁路的主要意义是产生 NADPH 和磷酸戊糖。

（1）NADPH 的主要功能

NADPH 作为供氢体，参与某些合成反应，例如脂肪酸、胆固醇和类固醇化合物的生物合成，都需要大量的 NADPH；NADPH 是谷胱甘肽还原酶的辅酶，对维持还原型谷胱甘肽（GSH）的正常含量有很重要的作用，如 GSH 含量低下，红细胞则易破坏而产生溶血性贫血；NADPH 可作为加单氧酶体系的供氢体，参与激素、药物和毒物的生物转化过程。

（2）5- 磷酸核糖的主要功能

5- 磷酸核糖是合成核苷酸辅酶及核酸的主要原料，故繁殖旺盛或再生强烈的组织中，磷酸己糖旁路活跃。同时，核苷酸中的核糖也可经过此通路进行分解。由于转醛基酶及转酮基酶催化的反应是可逆的，在无氧条件下也可由 6- 磷酸果糖及 3- 磷酸甘油醛等合成 5- 磷酸核糖，供核苷酸合成之用。

除此，磷酸己糖旁路与光合作用联系，可以实现某些单糖间的互变，也可与糖酵解、三羧酸循环相互补充和配合，增强机体适应性。

四、糖原的分解

1. 分布与数量

糖原是动物体内葡萄糖的贮存形式，肝脏和肌肉是糖原合成和贮存的主要器官和组织。一个成年男子体内贮存的糖原总量约 400g，其中肝糖原含量为 100 ～ 150g，肌糖原含量为 150 ～ 250g。虽然肌糖原总量比肝糖原多，但以组织单位重量计算，肝糖原远比肌糖原高（肝脏中含糖原约 4%，肌肉中约为 0.7%）。因此肝脏是贮存糖原最重要的器官。

人在高糖膳食后，肝糖原增加到 6%，而肌糖原贮存量要看肌肉训练程度，最高可以达到 1%。人处于饥饿 16h 后，肝糖原几乎完全耗尽。而肌糖原在剧烈运动后明显消耗，但不会耗尽。

2. 糖原的作用

贮存于不同组织中的糖原，生理功能也不尽相同。肝糖原大部分用于降解转化成葡萄糖以维持血糖水平，而肌糖原的功能在于肌肉本身糖酵解时提供 6- 磷酸葡萄糖，通过氧化供应能量。

3. 糖原的分解

糖原的结构类似于支链淀粉，其上带有大量分支和非还原端。糖原的降解有糖原磷酸化酶、糖原脱支酶和磷酸葡萄糖变位酶三种酶参与，主要是由糖原磷酸化酶催化糖原非还原末端 α-1,4- 糖苷键的磷酸解，以磷酸吡哆醛作为辅酶，反应产物为 1- 磷酸葡萄糖，此反应在胞内进行，这与淀粉在小肠中的消化不同，反应不消耗能量。糖原磷酸化酶连续作用于糖原的非还原末端直到距分支点 4 个葡萄糖残基处停止。然后在脱支酶催化下，糖原分支上的 3 个葡萄糖残基转移到主链的非还原末端，支链上剩下的最后一个葡萄糖残基（由 α-1,6- 糖苷键连接）在脱支酶的作用下水解，释放 1 分子游离的葡萄糖，见图 8-10。

生成的 1- 磷酸葡萄糖可在磷酸葡萄糖变位酶作用下转变为 6- 磷酸葡萄糖，进入糖酵解途径、磷酸己糖旁路进一步分解代谢，也可以作为糖原合成的前体。在肝脏中，6- 磷酸葡萄糖可在 6- 磷酸葡萄糖酶的作用下转变为葡萄糖而释放入血，直接补充血糖，再由血液运输到全身各组织，提供葡萄糖作为能源。而肌肉中缺乏 6- 磷酸葡萄糖酶，因此肌糖原不能转变为葡萄糖，仅为肌肉活动提供能量。

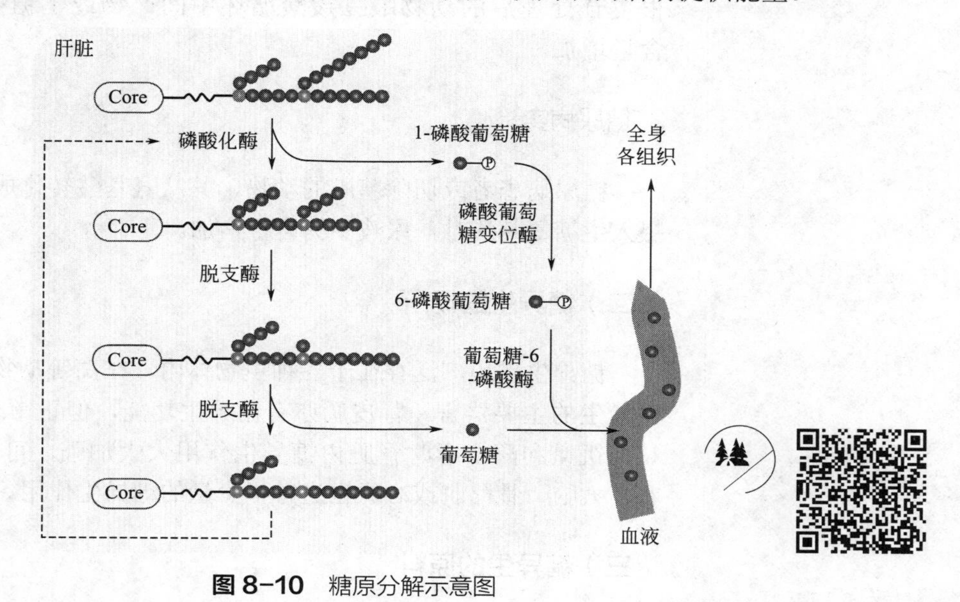

图 8-10　糖原分解示意图

概念检查 8.3

○ 为什么肝糖原分解能直接补充血糖，而肌糖原不能？

第四节　糖的合成代谢

糖的合成代谢包括动物体内由非糖物质转化成糖的糖异生作用（gluconeogenesis）、糖原的合成（glycogenesis）以及植物体内通过光合作用（photosynthesis）合成糖。

一、糖异生作用

（一）糖异生作用存在的证据

1. 禁食实验

用整体动物实验，禁食 24h，大鼠肝中糖原由 7% 下降到 1%，再喂乳糖、丙酮酸或三羧酸循环中间

产物时，可使动物的肝糖原增加。

2. 根皮苷实验

根皮苷是一种从梨树茎皮提取的有毒糖苷，它可以抑制肾小管重新吸收葡萄糖回到血液中。这样，血液中的葡萄糖就不断地由尿液排出。当给根皮苷处理后的动物喂三羧酸循环中间产物或生糖氨基酸时，尿液中的糖含量增加。

3. 糖尿病实验

糖尿病患者或切除胰脏的动物，其从氨基酸转化成糖的过程十分活跃。当摄入生糖氨基酸时，尿液中糖含量增加。

（二）糖异生的场所

糖异生作用广泛存在于各种生物体内。在高等动物的生理情况下，肝脏是糖异生的主要器官。肾皮质亦有糖异生功能，但正常时仅为肝脏的十分之一。长期饥饿和酸中毒时肾脏内糖异生作用大大加强，可占全身糖异生的 40% 左右。大脑、骨骼肌或心肌也进行极少量的糖异生作用。

（三）糖异生的原料

糖异生作用中合成葡萄糖的非糖前体主要是乳酸、甘油、三羧酸循环的中间产物和氨基酸等（图 8-11）。

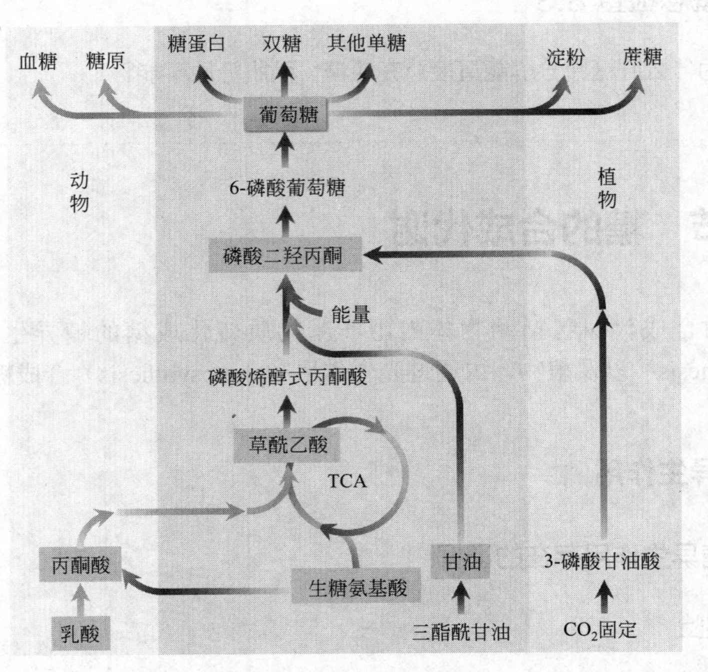

图 8-11 糖异生的原料

1. 乳酸

肌肉剧烈运动，糖酵解反应加速，因缺氧条件乳酸产生增多。这时肌肉中的乳酸经血液运输到肝脏，在乳酸脱氢酶的催化下氧化成丙酮酸进入糖异生途径。

2. 甘油

甘油来自于体内贮存的脂肪即甘油三酯的水解，甘油在甘油激酶的催化下生成磷酸甘油，再经磷酸甘油脱氢酶作用转变为磷酸二羟丙酮后进入糖异生途径。

3. 三羧酸循环的中间产物

三羧酸循环的中间产物都可以转化成草酰乙酸，后者在磷酸烯醇式丙酮酸羧激酶催化下转变为磷酸烯醇式丙酮酸，然后进入糖异生途径。

4. 氨基酸

氨基酸来自于食物蛋白质的降解及机体内蛋白质的分解代谢。一些氨基酸能够转化为丙酮酸或三羧酸循环的中间产物（详见“蛋白质的分解代谢”一章），从而进入糖异生途径。

5. 丙酸代谢

反刍动物糖异生作用十分旺盛，利用胃中的细菌分解纤维素成为乙酸、丙酸、丁酸等，而丙酸经丙酸硫激酶催化生成丙酰～SCoA，奇数碳脂肪酸经 β- 氧化最后也能产生丙酰～SCoA；丙酰～SCoA 可转化为三羧酸循环的中间产物琥珀酰～SCoA，进一步转化后参与糖异生途径。

（四）糖异生的过程

糖酵解作用是葡萄糖转化为丙酮酸的过程，糖异生作用是由丙酮酸转化为葡萄糖的过程，形式上似乎是糖酵解的逆向过程，但糖异生并不是糖酵解途径的简单逆转。这是因为糖酵解过程的 10 步反应中，有 3 步反应是不可逆的，即由己糖激酶、磷酸果糖激酶和丙酮酸激酶催化的反应。为了实现这些逆过程，需要借助另外四种酶催化的四个反应，而且为了克服不可逆反应中的能量障碍，还需要 ATP 供给能量，见图 8-12。而其余 7 步反应都是共同的可逆反应。

1. 丙酮酸生成磷酸烯醇式丙酮酸——丙酮酸羧化支路

① 丙酮酸生成草酰乙酸

反应由丙酮酸羧化酶催化，生物素为辅酶，CO_2 提供羧基，需要 ATP 和二价阳离子，如 Mg^{2+}。人及哺乳动物的丙酮酸羧化酶存在于肝脏或肾脏的线粒体中，所以胞液中的丙酮酸需要经线粒体内膜上的载体系统进入线粒体后才能进行羧化反应。草酰乙酸既是糖异生的中间产物，又是三羧酸循环的中间产物，所以丙酮酸羧化酶联系着三羧酸循环和糖异生作用。

② 草酰乙酸还原成苹果酸

该反应由线粒体中的苹果酸脱氢酶催化，NADH 为供氢体。草酰乙酸本身不能透过线粒体内膜，所以必须转变成苹果酸，通过二羧酸转运系统，才能转移到胞液中。

③ 苹果酸再氧化成草酰乙酸

在胞液中苹果酸又被胞液中的苹果酸脱氢酶氧化成草酰乙酸。

④ 草酰乙酸转化成磷酸烯醇式丙酮酸

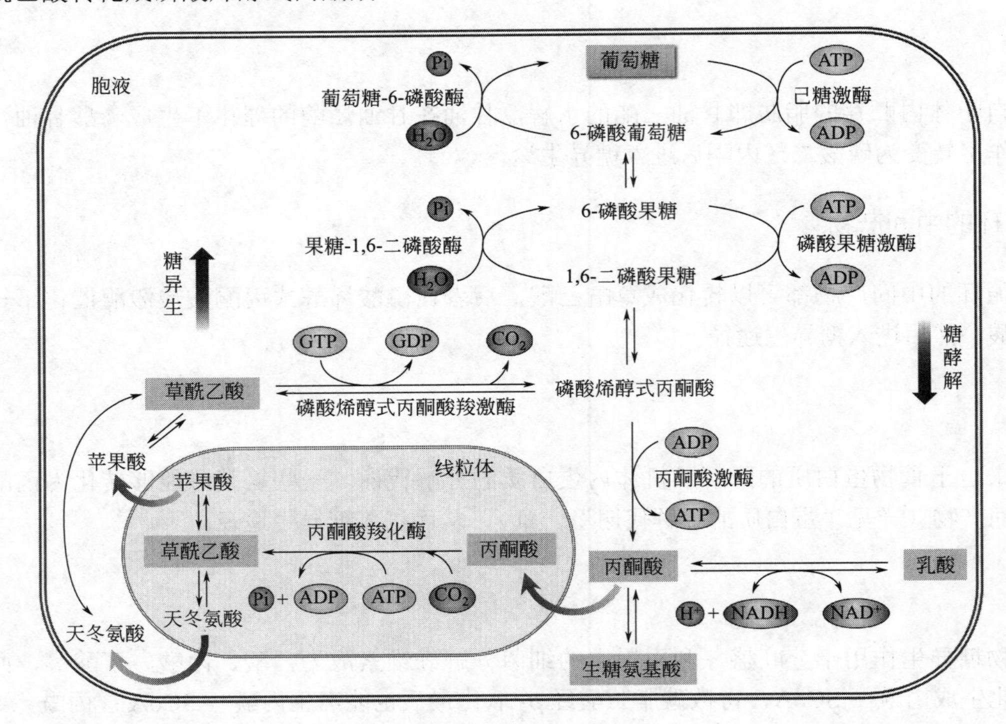

图 8-12 糖异生作用

反应是由磷酸烯醇式丙酮酸羧激酶催化的脱羧反应，GTP 提供磷酰基，脱下的羧基即来源于丙酮酸羧化酶催化固定的 CO_2。

经过以上两步反应，丙酮酸转化为磷酸烯醇式丙酮酸，与糖酵解反应相比，糖异生过程多消耗了 1 个 GTP 的高能磷酸键，使这一转化在热力学上变得可能。

2.1,6- 二磷酸果糖转化成 6- 磷酸果糖

该反应由果糖 -1,6- 二磷酸酶催化 1,6- 二磷酸果糖 C1 位的磷脂键水解，生成 6- 磷酸果糖。

3.6- 磷酸葡萄糖转化成葡萄糖

由葡萄糖 -6- 磷酸酶催化 6- 磷酸葡萄糖的磷脂键水解生成葡萄糖。

糖异生的总反应式为：

$$2\text{丙酮酸} + 4ATP + 2GTP + 2NADH + 2H^+ + 6H_2O \longrightarrow \text{葡萄糖} + 2NAD^+ + 4ADP + 2GDP + 6Pi$$

从丙酮酸形成葡萄糖共消耗 6 个高能磷酸键，因为从丙酮酸到草酰乙酸消耗 1 个 ATP；从草酰乙酸到磷酸烯醇式丙酮酸消耗 1 个 GTP；从 3- 磷酸甘油酸到 1,3- 二磷酸甘油酸消耗 1 个 ATP。因此由 2 分子丙酮酸合成 1 分子葡萄糖共消耗 6 个高能磷酸键。

（五）糖异生的生理意义

① 在体内糖来源不足时，利用非糖物质转变成糖，以维持血糖浓度的相对恒定。即使禁食数周，血糖浓度仍可以保持在 4mmol/L 左右。血糖浓度相对恒定对维持主要依赖葡萄糖供能的组织细胞，如大脑和红细胞的正常功能具有重要意义。

② 糖异生作用有利于乳酸的利用。肌肉中生成的乳酸在肝脏中转变成葡萄糖后，再进入血液运输到肌肉中去，既可以为肌肉收缩提供能量，也可以肌糖原的形式贮存，这样构成一个循环，称为乳酸循环或 Cori 循环（见图 8-13）。通过乳酸循环，对乳酸的再利用、肝糖原的更新、补充肌糖原及防止因乳酸过多发生酸中毒等方面都有重要意义。

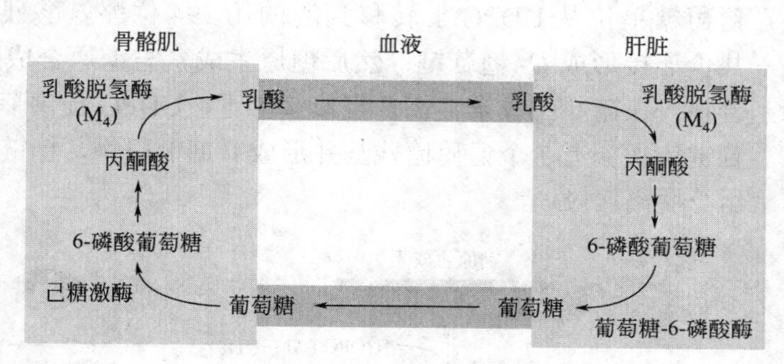

图 8-13　Cori 循环

③ 糖异生有利于体内氨基酸的分解和脂肪氧化分解供能。实验证明进食蛋白质后，肝糖原含量增加，禁食晚期或糖尿病患者由于其组织蛋白质分解，糖异生作用增强，因而氨基酸成糖可能是氨基酸代谢的主要途径。脂肪分解产生的甘油也是糖异生的原料，因此有利于脂肪的代谢。

二、糖原的合成

在体外使糖原分解的磷酸化酶可以催化逆反应来合成糖原，但是体内糖原合成却另有途径。1957 年 Luis Leloir（勒路瓦）指出，糖原合成不是糖原降解途径的逆转，其糖基供体是二磷酸尿苷葡萄糖（UDPG）而不是 1- 磷酸葡萄糖。合成和分解采用不同途径更容易满足代谢调节和反应所需要能量的要求。

葡萄糖在肝脏、肌肉等组织中可以合成糖原，合成过程如图 8-14，具体分述如下。

1. 葡萄糖磷酸化生成 6- 磷酸葡萄糖

由葡萄糖激酶催化的不可逆反应，需要 Mg^{2+} 并由 ATP 提供磷酰基和能量。

2.6- 磷酸葡萄糖转变为 1- 磷酸葡萄糖

由磷酸葡萄糖变位酶催化的可逆反应。

3. 二磷酸尿苷葡萄糖（UDPG）的生成

在 UDPG 焦磷酸化酶催化下 1- 磷酸葡萄糖形成活化态的 UDPG，为糖原合成提供葡萄糖基。反应是可逆的，合成糖苷键所需的能量，直接由 UTP 供应，UTP 的再生则需要由 ATP 提供高能磷酸键。由于生

成的焦磷酸极易被焦磷酸酶水解成无机磷酸，使反应向UDPG生成方向进行。在植物中二磷酸腺苷葡萄糖（ADPG）和二磷酸鸟苷葡萄糖（GDPG）分别是合成淀粉和纤维素的前体。

4. 糖原的合成

（1）引物的合成

糖原合成需要引物，即分子量较小的寡糖链。引物由糖原生成素（glycogenin）合成。糖原生成素实际是酪氨酸葡萄糖苷转移酶，它催化第一个葡萄糖单位从UDPG上转移到酶的第194位酪氨酸残基（Tyr^{194}）的羟基上，共价连接形成*O*-糖苷键；然后糖原生成素与糖原合成酶等量聚合成紧密的复合物，在糖原生成素存在及直接接触下，UDPG提供葡萄糖残基，以*α*-1,4-糖苷键依次加上7个葡萄糖残基并形成寡糖链引物，糖链延伸直至复合物的两个组分脱离接触。

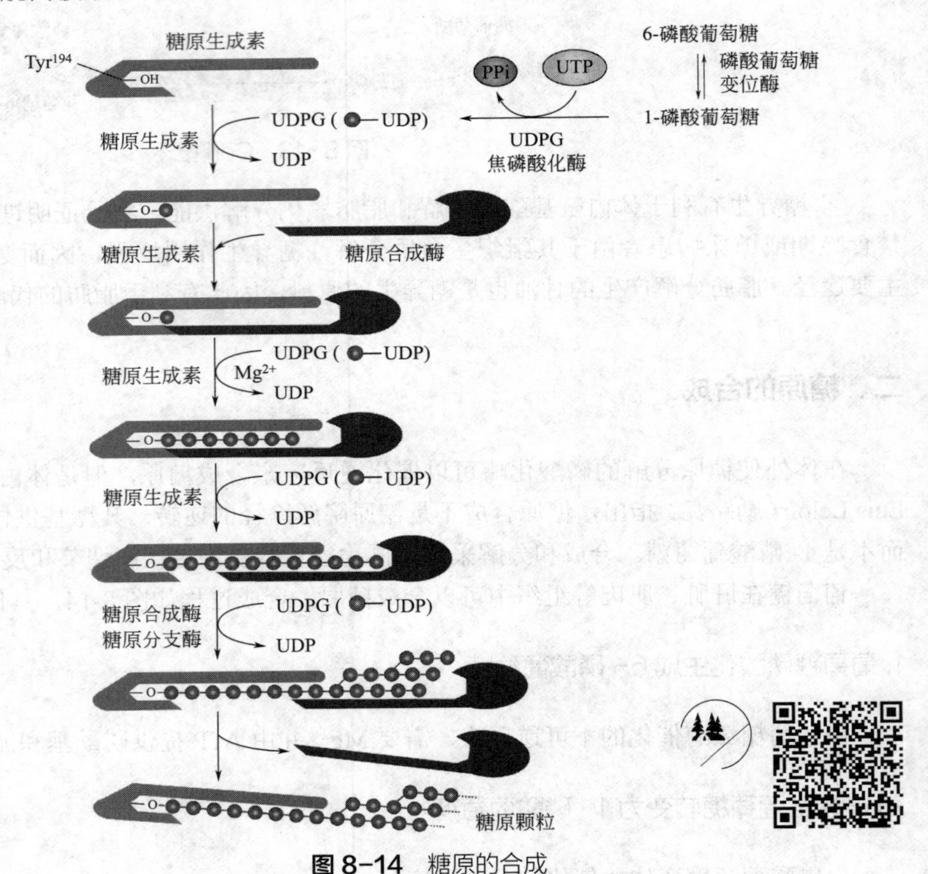

图8-14 糖原的合成

（2）糖原分支的合成

糖原合成酶催化糖链延伸，在延伸至超过11个葡萄糖残基后，糖原分支酶将糖原非还原末端的6～7个葡萄糖残基组成的片段，转移到同一糖链或相邻糖链的葡萄糖残基C6的羟基上形成*α*-1,6-糖苷键。分支酶的生物功能是使糖原生成更多的分支非还原末端，可增加糖原分解或合成的速率，而且分支使糖原的溶解度加大，有利于贮存。合成结束，糖原合成酶从糖原颗粒上解离，而糖原生成素一直保留在糖原颗粒内，并与糖原的还原末端共价连接。

概念检查 8.4

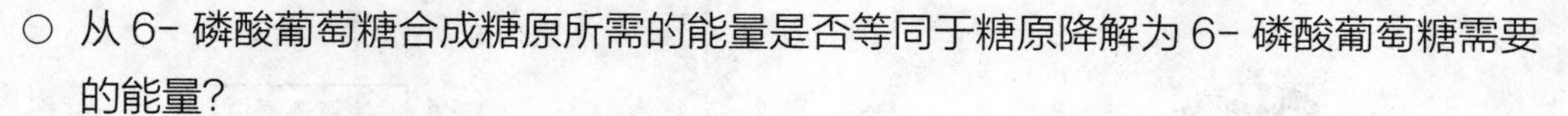

○ 从 6- 磷酸葡萄糖合成糖原所需的能量是否等同于糖原降解为 6- 磷酸葡萄糖需要的能量?

三、光合作用

光合作用是绿色植物（包括藻类）或光合细菌，通过它们的光合色素，利用太阳光能，同化二氧化碳和水，生成糖类等有机化合物，同时释放氧气的过程。但也有一些光合细菌具有多种多样的色素，称作细菌叶绿素或菌绿素，它们不氧化水生成氧气，而以其他物质（如硫化氢、硫或氢气）作为电子供体。总之，光合作用是捕获光能（太阳能）并将其转变为化学能的过程，包括在光照条件下进行的光反应过程和不需要光的纯酶促过程（即暗反应）两个阶段（图 8-15），它是地球上最大规模的由二氧化碳和水等无机物质制造碳水化合物、蛋白质、脂肪等有机物质的过程，也是大气中氧的来源。

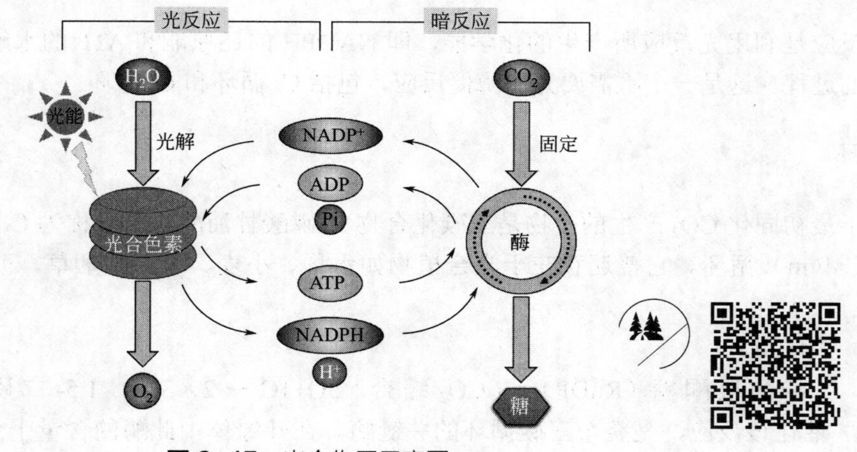

图 8-15　光合作用示意图

（一）光反应

光反应是在光驱动下才能进行的光物理和光化学反应，需光合色素（植物叶绿体中主要有叶绿素和类胡萝卜素）作媒介，将光能吸收、传递并转化为化学能，它受光强度、光能水平的影响。光反应包括水的光氧化反应和光合磷酸化，其本质就是利用光能合成 ATP，还原 $NADP^+$，并释放氧气。

光反应由叶绿体的两个光系统（光系统Ⅰ和光系统Ⅱ）来完成。首先光系统Ⅱ被光能激发，导致水的光解，从水中抽出电子，产生 O_2 和质子梯度。电子通过光合链传递至光系统Ⅰ，并最终使电子逆电势梯度流向 $NADP^+$ 产生 NADPH。类似于线粒体中的电子传递和氧化磷酸化，叶绿体中存在光合磷酸化，它是指在光电子传递过程中产生的质子梯度推动了 ADP 的磷酸化生成 ATP。光合链的电子传递及光合磷酸化见图 8-16。

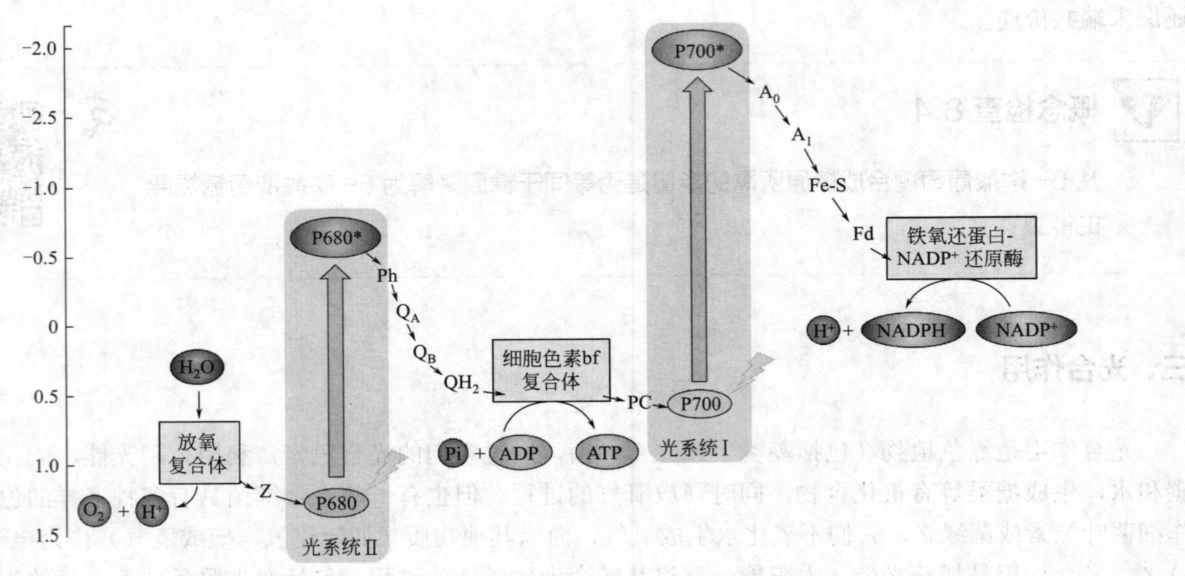

图 8-16　光合链的电子传递及光合磷酸化示意图

（二）暗反应

暗反应是利用光反应所产生的化学能，即 NADPH 的还原能和 ATP 的水解能，促进 CO_2 的固定并还原为糖的过程。这是一个不需要光的酶促反应，包括 C_3 循环和 C_4 循环。

1.C_3 循环

由于最初同化 CO_2 产生的产物是三碳化合物 3- 磷酸甘油酸，所以称为 C_3 循环（见图 8-17），又称卡尔文（Calvin）循环。它普遍存在于光合植物如水稻、小麦、大豆、烟草、菠菜等中。C_3 循环包括以下阶段。

（1）羧化期

1,5- 二磷酸核酮糖（RuDP）与 CO_2 缩合（5C+1C → 2×3C）。1,5- 二磷酸核酮糖羧化酶（缩写 Rubisco）催化该反应，是整个三碳循环的关键酶。在叶绿体中此酶的含量十分丰富，大约占总蛋白质量的 60%，可能是自然界含量最丰富的酶。

（2）还原期

3- 磷酸甘油酸还原成丙糖（3C → 3C）。首先，3- 磷酸甘油酸磷酸化生成 1,3- 二磷酸甘油酸，ATP 提供磷酸基团；其次还原剂 NADPH 还原 1,3- 二磷酸甘油酸为 3- 磷酸甘油醛。其中 ATP 和 NADPH 都是光反应的产物，所以还原阶段是光反应与暗反应的连接点。

（3）再生期

为不断进行 CO_2 固定反应，须通过复杂序列反应（它涉及三～七碳糖磷酸酯）以再生 1,5- 二磷酸核酮糖。

（4）产物合成期

光合作用终末产物主要是糖和多糖，但已证明光合作用固定 CO_2 过程中也合成了油脂、氨基酸等其他物质。

光合作用中由 CO_2 到己糖的总方程式为：

$$6CO_2+18ATP+12NADPH+12H^++11H_2O \longrightarrow 6\text{-磷酸果糖}+18ADP+12NADP^++17Pi$$

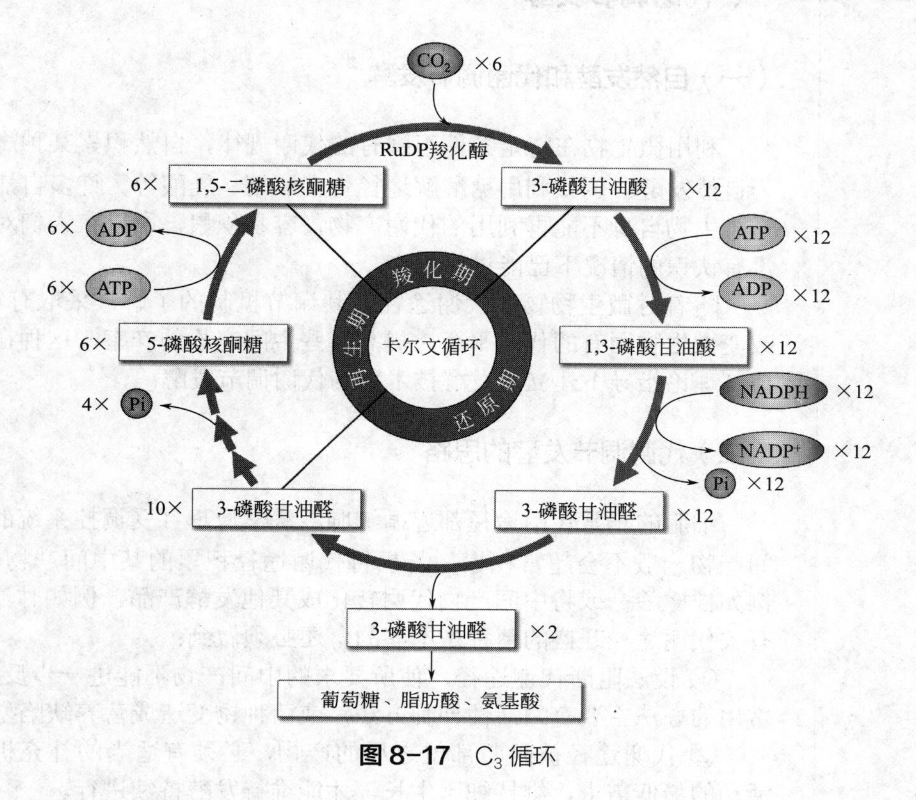

图 8-17　C_3 循环

2.C_4 循环

由于这种光合作用最初产物是四碳二羧酸，所以称为 C_4 循环（见图 8-18）。它主要包括甘蔗、玉米、高粱等热带植物或高产作物。C_4 循环只起固定大气中 CO_2 的作用，然后转入叶内释放，使内环境中具有较高的 CO_2 浓度，以利于 C_3 循环进行。所以，在 C_4 循环植物中，既存在 C_4 循环又存在 C_3 循环。

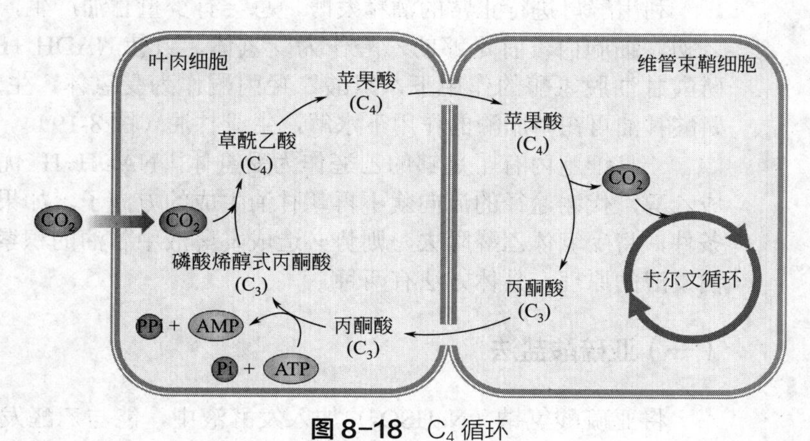

图 8-18　C_4 循环

第五节　利用代谢调节生产发酵产品

一、代谢调节发酵

（一）自然发酵和代谢调节发酵

利用微生物在特定条件下固有的代谢规律，自然积累某种产品的发酵，称为自然发酵。例如利用糖酵解途径生产酒精、乳酸等。许多自然发酵的产品都是微生物自身不能再利用的代谢产物，容易积累，所以在人们对代谢途径完全没有认识的情况下已能进行生产。

随着对微生物物质代谢途径及其调节机制的了解，采取有针对性的措施，改变微生物固有的代谢平衡，提高某些中间产物的产率，这种在代谢途径调节控制理论指导下建立的发酵技术称为代谢调节发酵。

（二）代谢调节发酵的思路

细胞的正常代谢途径都遵循细胞经济学原理并受调控系统的精确调控，中间产物一般不会超常积累。若想将代谢途径积累的某中间产物作为发酵产品，例如柠檬酸；或将中间产物代谢转化成其他发酵产品，例如甘油，仅仅选育出有关代谢途径旺盛的菌种是不够的，还必须做到：

① 设法阻断代谢途径，使所要求的中间产物不能进一步反应，实现积累。常用的办法主要有酶活性抑制方法，或菌种诱变造成营养缺陷型。

② 代谢途径被阻断部位之后的产物，必须有适当的补充机制，满足代谢活动的最低需求，维持细胞生长，才能维持发酵持续进行。

二、甘油发酵原理

甘油是炸药硝酸甘油的原料，过去都是从脂肪分解得到。在第一次世界大战时期，由于脂肪的缺乏，生物化学家提出利用酵母细胞发酵生产甘油。

利用酵母进行正常的酒精发酵，总会有少量甘油产生，这是因为酒精发酵之初，细胞内没有足够的乙醛作为受氢体，致使 $NADH + H^+$ 浓度升高，在 α-磷酸甘油脱氢酶的作用下，磷酸二羟丙酮作为受氢体，生成 α-磷酸甘油，α-磷酸甘油再在磷脂酶的作用下水解，生成甘油（图 8-19）。

一旦细胞内有了足够的乙醛作为受氢体，$NADH+H^+$ 优先用于乙醛还原生成乙醇，代谢途径的流向就不再朝甘油生成的方向了。如果能够人工控制发酵条件，将受氢体乙醛除去，则势必造成发酵液中甘油的积累。这就是酵母菌甘油发酵的原理，具体方法有两种。

（一）亚硫酸盐法

将亚硫酸氢钠（$NaHSO_3$）加入发酵液中，能与乙醛发生加成反应，生成难溶的结晶状产物，使乙醛不能再作为受氢体，迫使 $NADH+H^+$ 用于磷酸二羟丙酮的还原，生成甘油。用加成反应方法进行甘油发酵时，必须控制亚硫酸盐的量，适当保留一部分酒精发酵，使酵母获得一些能量，维持生长和发酵。

（二）碱法甘油发酵

将酵母酒精发酵的发酵液 pH 值调至碱性，保持在 pH7.6 以上，则 2 分子乙醛之间发生歧化反应，1 分子被还原成乙醇，1 分子被氧化成乙酸。乙醛失去了作为受氢体的作用，$NADH+H^+$ 只好用于还原磷酸二羟丙酮，并生成甘油。用碱法甘油发酵时，只能用大量的酵母细胞在非生长情况下进行甘油发酵。

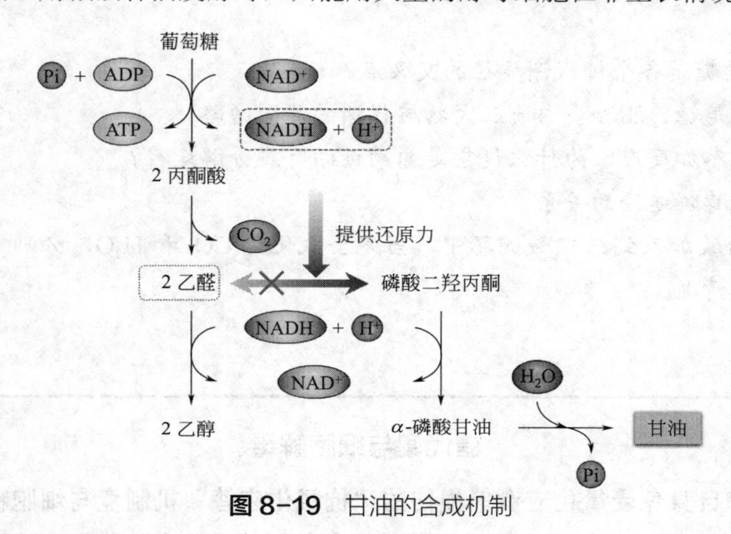

图 8-19 甘油的合成机制

三、柠檬酸发酵原理

柠檬酸是三羧酸循环的第一个中间产物，正常运转的三羧酸循环不会有大量的柠檬酸积累。要利用微生物的三羧酸循环代谢途径积累柠檬酸，必须做到以下内容（图 8-20）。

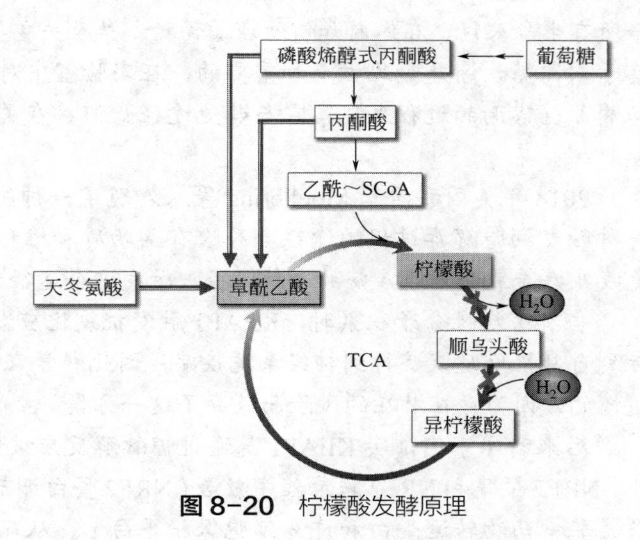

图 8-20 柠檬酸发酵原理

（一）阻断顺乌头酸酶催化的反应

① 可以使用针对顺乌头酸酶的抑制剂。因为该酶是含铁的非血红素蛋白，有铁硫中心（Fe_4S_4）作为辅基，催化底物脱水、加水反应，因此在菌体生长增殖到足够菌数时，适量加入亚铁氰化钾，使之与铁硫中心的 Fe^{2+} 生成络合物，则顺乌头酸酶的活力缺失或大大降低，从而实现柠檬酸的积累。

② 通过诱变造成生产菌种顺乌头酸酶缺失或活力很低，同样可以积累柠檬酸。

（二）强化草酰乙酸回补途径

草酰乙酸是合成柠檬酸的前体，顺乌头酸酶催化的反应被阻断后，草酰乙酸无法由三羧酸循环本身产生。即使乙酰～SCoA能源源不断产生，也无法合成柠檬酸。所以为了解决草酰乙酸的来源，必须选育回补途径旺盛的菌种，通常有三条回补途径：①丙酮酸羧化支路实现丙酮酸的转化；②磷酸烯醇式丙酮酸羧激酶催化磷酸烯醇式丙酮酸的羧化；③谷草转氨酶催化天冬氨酸的转氨作用。目前柠檬酸发酵生产菌种都是黑曲霉，具有很强的丙酮酸羧化支路，可以利用丙酮酸固定CO_2生成草酰乙酸。

习题

1. 为什么说6-磷酸葡萄糖是各个糖代谢途径的交叉点？
2. 为什么说三羧酸循环是糖、脂和蛋白质三大物质代谢的共同通路？
3. 三羧酸循环中并无氧参加反应，为什么说它是葡萄糖的有氧分解途径？
4. 简述糖异生作用与糖酵解途径的关系。
5. 如果将柠檬酸和琥珀酸加入到三羧酸循环中，当完全氧化为CO_2和H_2O，分别需要经过多少次循环？请简述代谢过程和产能情况。

科研实例

糖代谢与细胞解毒

研究发现细胞防御自身免受氧化应激等损伤的“抗氧化应答”机制竟与细胞糖代谢有着千丝万缕的联系。糖代谢通过修饰KEAP1蛋白开启解毒机制，探索其相关性将为一些疾病的治疗指明新的方向。

当我们摄入食物时，我们的机体会降解食物产生葡萄糖，以便细胞从中获取能量。因此对地球上几乎所有生命来说，在体内如何处理葡萄糖都是至关重要的，这也在糖尿病等许多疾病中起着重要的作用。鉴于葡萄糖代谢是如此古老和重要的，在实验室中对它进行操作也就变得非常困难，人们不能仅关闭参与葡萄糖代谢的过程来观察它与其他途径如何存在关联，这是因为关闭意味着细胞死亡，研究也就无从谈起。

2018年美国科学家Moellering等人发现了一种能激活抗氧化应答的小分子，当细胞中发生差错时，一种触发细胞解毒过程的途径会移除有毒物质和堆积物。这是治疗诸如慢性肾脏疾病、神经变性和自身免疫疾病等氧化应激疾病的全新途径，触发这个途径的一种关键分子就是KEAP1蛋白。

当有害活性分子积累时，KEAP1触发抗氧化应激反应以清除它们。活性分子与许多疾病相关，从癌症到自身性免疫疾病再到神经系统疾病，因此科学家们试图寻找靶向KEAP1控制细胞应激反应的方法，遗憾的是因为存在潜在的风险而放弃了这一方案。

后来科学家们证实KEAP1是通过糖酵解反应被修饰的，这种翻译后修饰导致KEAP1蛋白发生二聚化、NRF2聚集和NRF2转录程序激活（NRF2蛋白调节涉及细胞稳态的约250个基因，包括抗氧化剂蛋白、解毒酶、药物转运蛋白和许多细胞保护蛋白），从而开始启动解毒机制。此项研究证实了细胞通过葡萄糖代谢触发排毒机制来保护自己免受损伤，但是细胞中存在太多的代谢分子，可能超出了细胞解毒机制的清除能力。

这一发现可能为一些疾病的治疗指明了新的方向。有些制药公司对如何让KEAP1激活和失活非常感兴趣，这是因为它是许多疾病的关键。之前靶向KEAP1的尝试在临床试验中遇到了挑战；这种对葡萄糖代谢如何与细胞解毒途径直接关联在一起的新理解可能会提出一种新的方法来实现同样的效果。

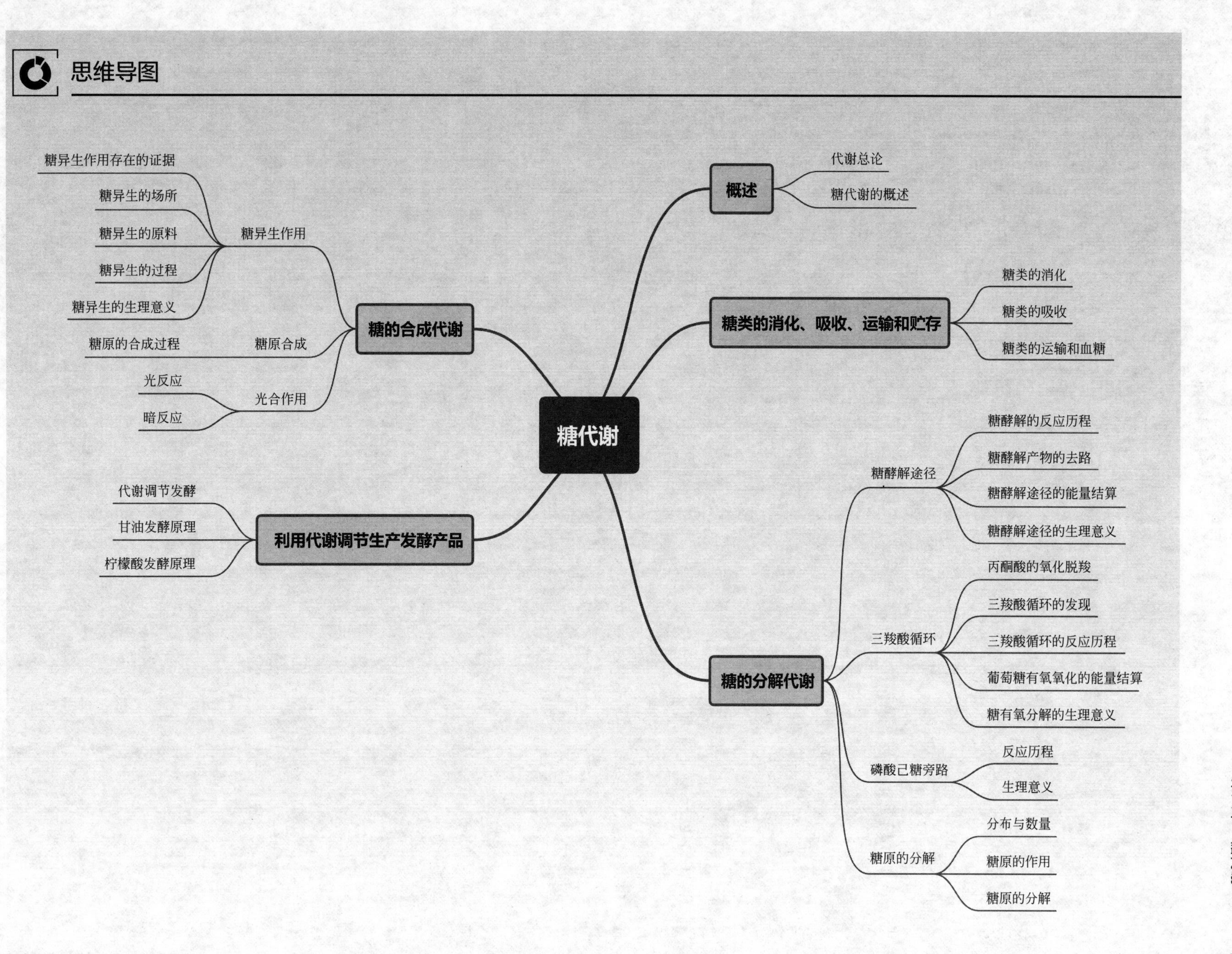
思维导图
糖代谢
概述
代谢总论
糖代谢的概述
糖类的消化、吸收、运输和贮存
糖类的消化
糖类的吸收
糖类的运输和血糖
糖的分解代谢
糖酵解途径
糖酵解的反应历程
糖酵解产物的去路
糖酵解途径的能量结算
糖酵解途径的生理意义
三羧酸循环
丙酮酸的氧化脱羧
三羧酸循环的发现
三羧酸循环的反应历程
葡萄糖有氧氧化的能量结算
糖有氧分解的生理意义
磷酸己糖旁路
反应历程
生理意义
糖原的分解
分布与数量
糖原的作用
糖原的分解
糖的合成代谢
糖异生作用
糖异生作用存在的证据
糖异生的场所
糖异生的原料
糖异生的过程
糖异生的生理意义
糖原合成
糖原的合成过程
光合作用
光反应
暗反应
利用代谢调节生产发酵产品
代谢调节发酵
甘油发酵原理
柠檬酸发酵原理

第九章　脂类的代谢

学习目标

- ○ 了解脂类化合物的消化、吸收、转运和贮存，掌握五种血浆脂蛋白的名称与功能。
- ○ 熟悉甘油的转化、脂肪的水解以及四种水解甘油磷脂的磷脂酶。
- ○ 掌握饱和偶数脂肪酸的 β－氧化的概念、部位、反应历程、产物代谢去向、能量计算及生理意义。
- ○ 掌握奇数脂肪酸 β－氧化的产物及能量计算。
- ○ 熟悉不饱和脂肪酸的 β－氧化过程中的顺反异构酶、差向异构酶及能量的计算。
- ○ 掌握酮体的定义、生理学意义及其在体内累积的并发症。
- ○ 熟悉脂肪酸的合成过程：碳源和氢源、脂肪酸合成酶系、酰基载体蛋白、柠檬酸－丙酮酸穿梭系统等。
- ○ 比较脂肪酸的从头合成途径和 β－氧化过程的主要区别。
- ○ 了解脂肪酸碳链延长的两种途径：线粒体和内质网延长体系。
- ○ 了解胆固醇的合成前体、所需原料、发生部位、限速酶。

第一节　概述

一、脂肪是生物体能量贮存的主要形式

脂肪的热值与蛋白质和糖类化合物相比是最高的。1g 脂肪、蛋白质和糖在体内彻底氧化所产生的热量分别为 9.3kcal、5.6kcal 和 4.1kcal。此外，蛋白质和糖类化合物是极性分子，它们以高度水合的形式贮存，1g 干燥糖原要结合约 2g 的 H_2O。而脂肪是非极性分子，以高度还原和近乎无水的形式贮存，所以实际上 1g 脂肪所贮存的能量为 1g 水合糖原的 6 倍多。由于经济合理，在生命的进化过程中选择了脂肪为主要能量贮存形式。体重为 70kg 的成年人体内贮存的能量中脂肪约为 100000kcal，蛋白质为 25000kcal，糖原为 600kcal，葡萄糖为 40kcal。由此可见脂肪是体内能量最主要的贮存形式。如果用碳水化合物代替脂肪来贮存同样多的能量，那么人的体重就会重许多。

二、脂肪是生物体处于特定环境时的主要能量来源

脂肪贮存的能量可以被及时动员而释放到各组织被利用。一个人在空腹时，机体所需能量的50%以上由脂肪氧化供给，若绝食1～3天，85%的能量来自于脂肪。初生婴儿含有富含线粒体的褐色脂肪组织（较白色脂肪组织更易分解供能），可加强脂肪的分解产热，以维持体温。冬眠动物或候鸟迁徙时，褐色脂肪组织更是主要的能量来源。褐色脂肪组织的产热机制与线粒体内膜的解偶联蛋白相关。植物脂肪集中于果实和种子内，作为发芽时的能源。如芝麻、油菜籽、大豆、花生、胡桃、橄榄、葵花籽、油桐籽、蓖麻籽等种子中，脂肪可占总重量的25%～45%，这些也是食用油的主要来源。

三、类脂是构成机体的组织结构成分

类脂又被称为结构脂质，如磷脂是组成生物膜的主要成分。许多类脂及其衍生物有重要的生理作用，如胆固醇可转化为固醇类激素、维生素D及胆汁酸等；磷酸肌醇是细胞中一类最主要的第二信使；前列腺素有各种生理效应；而糖脂与细胞的识别和免疫有着密切关系。

第二节 脂类的消化、吸收、运输和贮存

一、脂类的消化

（一）脂类消化的部位

食物中的脂类在口腔和胃中不被消化，因为唾液中没有水解脂类的酶，而胃液中虽然含有少量的脂肪酶，但胃液的极酸环境（pH为1～2）不适合脂肪酶发挥作用。当胃的酸性食物运至十二指肠时，刺激肠促胰液肽的分泌，引起胰脏分泌HCO_3^-至小肠，产生近乎中性的环境，此时有利于脂肪酶发挥作用。

（二）胆汁酸盐的乳化作用

胆汁酸盐在肝脏中合成，在胆囊中贮存浓缩，然后释放进入小肠。它是高效的表面活性剂，能将食物的大脂肪颗粒乳化成细小颗粒，从而增加了与脂肪酶接触的表面积，促进脂类分解和小肠吸收。

（三）酶的水解作用

胰腺能分泌脂肪酶原至小肠，在小肠中脂肪酶原被活化后与被胆汁酸盐乳化的脂肪微粒接触，将脂类转变为甘油一酯、甘油二酯、甘油、脂肪酸和胆固醇等。植物也有类似的脂肪水解作用，如油料作物的种子发芽时，脂肪酶活力增加，促进脂肪水解，以此提供能量。有些含有脂肪酶的微生物也可以利用脂肪，因此在培养基中需含有一定配比的植物油，如假丝酵母、圆酵母等能产生较多的脂肪酶，工业上已经利用它们作为制造脂肪酶制剂的原料。

二、脂类的吸收

（一）吸收方式

脂类消化产物被胆汁酸盐进一步乳化成体积更小的混合微团，其极性更大，易于穿过小肠黏膜细胞表面的水屏障，被肠黏膜上皮细胞所吸收。小肠既能吸收完全水解的脂肪，也能吸收部分水解或未经水解的脂肪微粒。

（二）吸收后的去向

在小肠黏膜细胞内被吸收的产物可以重新酯化，形成甘油三酯，并与磷脂、胆固醇以及载脂蛋白混合成乳糜微粒，后者通过淋巴系统进入血液循环。也有部分完全水解产物可以直接经门静脉进入肝脏。

三、脂类的运输

（一）运输渠道

不论是从肠道吸收的食物脂类，还是由肝脏合成的或脂肪组织动员出来的贮存脂类，都必须通过血液循环才能运输到其他组织。

（二）运输方式

脂类物质是疏水的，在血液中不能运输，必须先以非共价键与蛋白质组成亲水的血浆脂蛋白。血浆脂蛋白的种类有乳糜微粒（CM）、极低密度脂蛋白（VLDL）、中间密度脂蛋白（IDL）、低密度脂蛋白（LDL）和高密度脂蛋白（HDL）等形式，其组成、合成部位及功能见表 9-1。由表可知，HDL 能将肝外组织衰老与死亡细胞膜上的胆固醇经血液逆向运回肝脏，后转变成胆汁酸盐等排泄，一般认为它有防止动脉粥样硬化的作用。

表 9-1　血浆脂蛋白的组成（%）、合成部位及功能

分类	CM	VLDL	IDL	LDL	HDL
蛋白质	1 ~ 2	10	18	25	50
脂肪	84 ~ 85	50	30	5	3
胆固醇酯	4	14	22	40	17
胆固醇	2	8	8	9	3
磷脂	8	18	22	21	27
合成部位	小肠黏膜	肝细胞	血浆、肝	肝、小肠	肝细胞
功能	转运外源甘油三酯	转运内源甘油三酯	转运内源胆固醇	转运内源胆固醇酯	逆向转运胆固醇

四、脂肪的贮存

（一）贮存的部位

贮存脂肪的组织主要为皮下组织、腹腔大网膜、肠系膜和肌间结缔组织等。

（二）脂肪的动用

贮存在脂肪组织的脂肪也经常更新，当机体内能量供应不足（如在较长时间饥饿时），或对能量有特殊需求时（如处于应激状态时），脂肪经过脂肪酶的作用分解成脂肪酸和甘油，游离脂肪酸与血清清蛋白结合，通过血流转移到肝、肌肉等组织进行氧化，放出能量，这个过程称为脂肪的动用，见图 9-1。

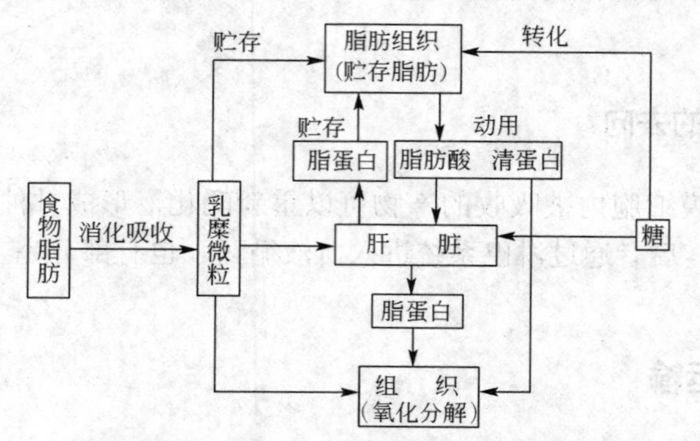

图 9-1　脂肪的消化吸收、贮存和动用

第三节　脂肪的分解代谢

一、甘油的代谢

（一）甘油代谢的部位

经过脂肪动员产生的甘油，不能被脂肪细胞利用，因为脂肪细胞缺乏甘油激酶。甘油必须由血液循环运送到肝脏继续进行代谢。

（二）甘油代谢途径

1. 磷酸化

甘油在 ATP 存在下，经甘油磷酸激酶催化，生成 *α*- 磷酸甘油。

2. 氧化

α- 磷酸甘油进入线粒体，在磷酸甘油脱氢酶的催化下，被氧化成磷酸二羟丙酮。脱下的氢将 FAD 还原成 $FADH_2$。

3. 进入糖代谢

磷酸二羟丙酮再进入胞液，加入糖酵解途径，被继续氧化，直至最后被氧化成 CO_2 和 H_2O，同时放出能量（图 9-2）。磷酸二羟丙酮也可以加入糖异生途径，被还原成葡萄糖，最后合成糖原。

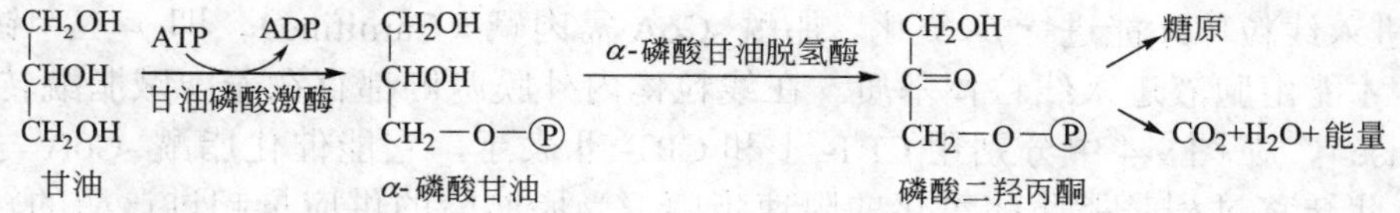

$$\begin{array}{l} CH_2OH \\ | \\ CHOH \\ | \\ CH_2OH \end{array} \xrightarrow[\text{甘油磷酸激酶}]{ATP \quad ADP} \begin{array}{l} CH_2OH \\ | \\ CHOH \\ | \\ CH_2-O-Ⓟ \end{array} \xrightarrow{\alpha\text{-磷酸甘油脱氢酶}} \begin{array}{l} CH_2OH \\ | \\ C=O \\ | \\ CH_2-O-Ⓟ \end{array} \begin{array}{l} \nearrow \text{糖原} \\ \searrow CO_2+H_2O+\text{能量} \end{array}$$

甘油　　α- 磷酸甘油　　磷酸二羟丙酮

图 9-2　甘油的代谢途径

二、脂肪酸的分解代谢

脂肪酸在脂肪中占有绝对的地位，脂肪贮存的能量主要通过脂肪酸分解代谢释放出来。所以脂肪的分解主要是指脂肪酸的氧化分解。脂肪酸主要是通过 β- 氧化作用完成分解。

（一）脂肪酸的 β- 氧化作用的发现

β- 氧化作用是德国化学家 Knoop（克努普）在 1904 年根据动物实验提出的一个学说。克努普制备了一系列的 ω- 苯（基）脂（肪）酸，即脂肪酸甲基（$—CH_3$）上的一个氢原子被苯基取代形成苯脂酸，再将它们饲喂动物，鉴定尿液中含苯基的化合物，可以推测脂肪酸在体内的分解途径。用苯甲酸和苯乙酸饲喂狗，苯甲酸和苯乙酸对动物有毒害作用，在肝脏中分别与甘氨酸反应产生马尿酸（苯甲尿酸）和苯乙尿酸排出体外，这种作用称为解毒作用。将带有苯基的偶数和奇数碳脂肪酸饲喂狗，然后分析尿中含苯环的化合物。发现凡吃了偶数碳 ω- 苯脂酸的狗，尿中的含苯环化合物为苯乙尿酸；凡吃了奇数碳 ω- 苯脂酸的狗，尿中的含苯环化合物为马尿酸。为此克努普提出了脂肪酸 β- 氧化学说，即脂肪酸在体内氧化时，总是在羧基端的 α- 碳原子和 β- 碳原子之间的化学键发生断裂，β- 碳原子氧化成羧基，反应结果生成一个二碳单位即乙酰 -CoA 和一个比原来脂肪酸少两个碳原子的脂肪酸。反应产生的脂肪酸仍可以继续进行 β- 氧化，一直到整个脂肪酸碳链都氧化分解完为止。

当时还没有同位素示踪技术，用 ω- 苯脂酸来研究脂肪酸代谢，可以算是应用示踪技术的雏形。后来经过 Schoen-heimer（熊 - 海默）利用同位素标记脂肪酸的实验证明，脂肪酸 β- 氧化学说是完全正确的。

（二）饱和偶数脂肪酸 β- 氧化作用

1. 脂肪酸活化

脂肪酸 β- 氧化分解前首先要经过活化，使化学性质稳定的脂肪酸转变成活泼的脂酰 -CoA。该反应由脂酰 -CoA 合成酶催化，ATP 为反应提供能量，生成的焦磷酸可迅速被焦磷酸酶水解为 2 分子无机磷酸，使反应不可逆，见图 9-3。所以一分子脂肪酸活化实际上消耗了两个高能磷酸键。根据脂酰 -CoA 合成酶种类的不同，有的位于线粒体外膜，有的位于线粒体内膜。活化的脂肪酸不仅含高能硫酯键，且水溶性强，因此提高了代谢活性。

$$RCOOH + ATP + HSCoA \xrightarrow[Mg^{2+}]{\text{脂酰-CoA合成酶}} RCO \sim SCoA + AMP + PPi$$

图 9-3　脂肪酸合成脂酰 -CoA 的示意图

2. 脂酰 - CoA 进入线粒体

虽然脂肪酸活化是在胞液中进行的，但催化脂肪酸 β- 氧化的酶系存在于线粒体基质内，故活化的脂

酰 -CoA 必须先进入线粒体才能进行 *β*- 氧化。脂酰 -CoA 需肉碱（Carnitine），即 *γ*- 三甲铵 -*β*- 羟基丁酸，作为载体转运，才能由胞液进入线粒体基质。在线粒体内外膜两侧都存在着肉碱脂酰转移酶（carnitine palmitoyltransferase），在图 9-4 中分别用 CPT- Ⅰ和 CPT- Ⅱ表示，它能催化脂酰 -CoA 与肉毒碱之间的酰基转移过程，此转移过程是脂肪酸氧化的限速步骤。当脂肪酸的供应量超过该酶的转运能力时，脂酰 -CoA 进入内质网合成脂肪而至积累。脂肪酸活化与脂酰 -CoA 透过线粒体膜的过程见图 9-4。

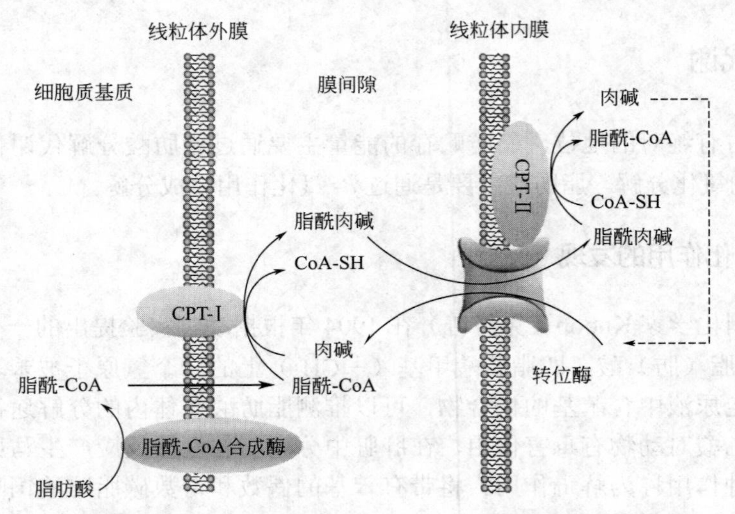

图 9-4 脂肪酸的活化与脂酰 -CoA 透过线粒体膜的过程

3.*β*- 氧化反应过程

脂酰 -CoA 进入线粒体后，在基质中进行 *β*- 氧化作用，包括 4 个循环反应。因为从碳碳单键脱氢生成双键到水化生成羟基、再脱氢生成羰基这两个氧化过程都在 *β*- 碳原子上发生，故称为 *β*- 氧化作用，见图 9-5。

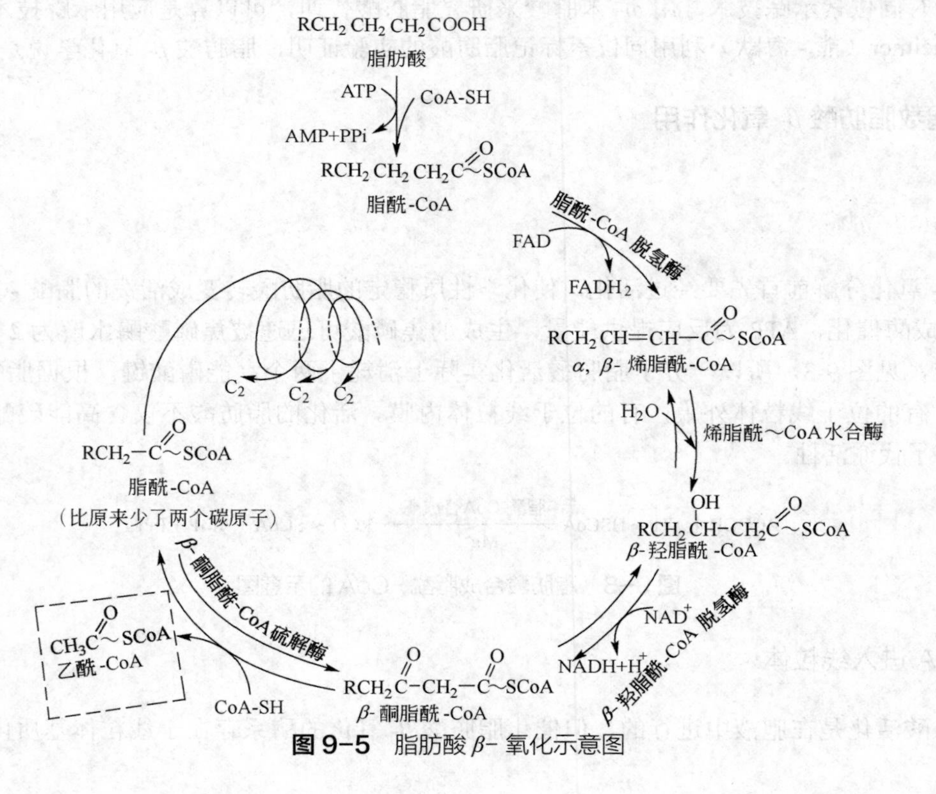

图 9-5 脂肪酸 *β*- 氧化示意图

（1）脱氢反应 脂酰 -CoA 在以 FAD 为辅基的脂酰 -CoA 脱氢酶催化下，在脂酰基的 α, β- 碳上各脱去 1 个氢原子，生成反式 α, β- 烯脂酰 -CoA。

（2）水化反应 反式 α, β- 烯脂酰 -CoA 在烯脂酰 -CoA 水化酶催化下，在双键处加入 1 分子水，其中在 α- 碳位加氢，在 β- 碳位加羟基，生成 L(+)-β- 羟脂酰 -CoA。

（3）再脱氢反应 L(+)-β- 羟脂酰 -CoA 在以 NAD^+为辅酶的 β- 羟脂酰 -CoA 脱氢酶的催化下，β- 碳脱去 2 个氢原子，生成 β- 酮脂酰 -CoA。

（4）硫解反应 β- 酮脂酰 -CoA 在 β- 酮脂酰 -CoA 硫解酶的催化下，加上 1 分子 CoA-SH，使碳链断裂，生成乙酰 -CoA 和少了 2 个碳原子的脂酰 -CoA。

尽管 β- 氧化中的四个步骤都是可逆反应，但最后一步硫解反应是个高度放能的反应，使整个反应平衡偏向于裂解方向，所以脂肪酸氧化得以继续进行。反应生成的少 2 个碳原子的脂酰 -CoA 进入第二轮 β- 氧化反应，如此往复直到脂酰基骨架只剩两个或三个碳原子为止，同时也产生 $FADH_2$ 和 NADH。

4. 乙酰 - CoA 的彻底氧化

脂肪酸 β- 氧化产生乙酰 -CoA，与来自糖代谢中丙酮酸氧化脱羧生成的乙酰 -CoA 一样，可以进入三羧酸循环，最终被彻底氧化生成 CO_2，同时产生 GTP、NADH 和 $FADH_2$。

5. 氧化磷酸化

在 β- 氧化生成乙酰 -CoA 过程中产生的 $FADH_2$ 和 NADH，与三羧酸循环中乙酰基氧化产生的 NADH 和 $FADH_2$ 一样，都能经氧化呼吸链将电子最终传递给氧气，并与磷酸化过程偶联产生 ATP。

（三）脂肪酸 β- 氧化作用的生理意义

（1）β- 氧化作用能为机体提供大量的能量

假设脂肪酸的碳原子数为 n，每一次 β- 氧化产生的 $FADH_2$ 和 NADH，经氧化磷酸化可产生 4 分子 ATP。若为偶数碳脂肪酸，则进行 $\frac{n}{2}-1$ 次 β- 氧化，一共产生 $4\left(\frac{n}{2}-1\right)$ 分子 ATP。β- 氧化作用产生的 $\frac{n}{2}$ 分子乙酰 -CoA 进入三羧酸循环和氧化磷酸化，共产生 $5n$ 分子 ATP。脂肪酸活化时消耗 2 个高能磷酸键相当于消耗了 2 分子 ATP，因此产生的 ATP 总量为：$4\left(\frac{n}{2}-1\right)+5n-2$。按此式，每分子硬脂酸（18C）可产生 120 分子 ATP。

每摩尔硬脂酸完全氧化的标准自由能变化是 –2651 kcal。而形成 120 mol 高能磷酸键所需能量是 120×7.3=876 kcal。因此硬脂酸完全氧化的能量转化率为 33%。脂肪酸的能量转化率与葡萄糖的差不多。其余 67% 的能量以热能释放。

尽管脂肪酸的能量转化率与葡萄糖的差不多，但脂肪酸氧化产生的能量按摩尔计算比糖和蛋白质氧化产生的能量多得多（因为脂肪酸含氢多而含氧少，在氧化时需要的氧比糖多）。通常脂肪供能占有一定比例，按中国人普通膳食的供能量约占总能量的 7%，而人体所需的能量主要由糖氧化供给，约占总能量的 70% 以上。但在禁食空腹时，脂肪氧化分解增强，其供能量占总能量的 50% 以上。

（2）β- 氧化作用能提供乙酰 -CoA 作为合成脂肪酸、糖和某些氨基酸的原料。

（3）β- 氧化作用产生大量的水可提供陆生动物对水的需要。

（四）不饱和脂肪酸的 β- 氧化作用

存在于动植物体内的绝大多数脂肪酸是不饱和脂肪酸，具有一个或多个双键。它们同样能在线粒体中正常开始 β- 氧化，但是当顺式双键进入 β 位后反应暂停，需要由另外的酶参加以继续 β- 氧化步骤。由于双键的存在，脱氢步骤也相应地减少。

1. 顺反异构酶

当双键处于奇数位时，按照饱和脂肪酸同样的方式活化并转入线粒体内，不饱和脂肪酸经 β- 氧化几次后的产物是 $\Delta^{3,4}$ 顺烯脂酰 -CoA，它不能被烯脂酰 -CoA 水化酶作用，因为 C3 和 C4 原子之间的双键制止了 C2 和 C3 原子之间双键的形成。需要另外的 Δ^{3} 顺 - Δ^{2} 反烯脂酰 -CoA 异构酶作用，催化 $\Delta^{3,4}$- 顺烯脂酰 -CoA 转化成 $\Delta^{2,3}$- 反烯脂酰 -CoA，这样在改变双键位置的同时又改变了双键的构型（图 9-6）。然后继续进行 β- 氧化反应。

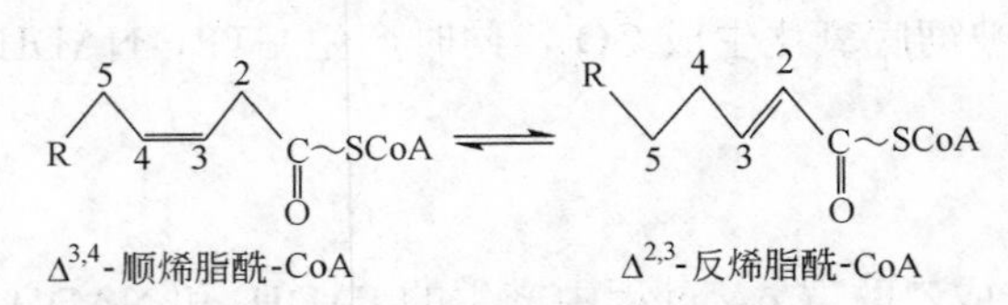

图 9-6 奇数位顺式双键的转换

2. 差向异构酶

当双键处于偶数位时，不饱和脂肪酸经 β- 氧化几次后的产物是 $\Delta^{2,3}$ 顺烯脂酰 -CoA，它双键的位置和 β- 氧化正常的底物一致，但构型相反，因此它也能在烯脂酰 -CoA 水化酶的催化下水化，不过生成的是 D（−）-β- 羟脂酰 -CoA。这个产物不能被 β- 羟脂酰 -CoA 脱氢酶所催化，因为它要求的底物是 L 型异构体。这时需要另外的 β- 羟脂酰 -CoA 差向异构酶的作用，催化 D（−）-β- 羟脂酰 -CoA 转变为 L（+）-β- 羟脂酰 -CoA，成为 β- 氧化正常的底物，使之能继续进行 β- 氧化反应。

3. 脱氢步骤及产生的 ATP 数目减少

不饱和脂肪酸 β- 氧化中，有一个双键就少一次脂酰 -CoA 脱氢酶催化的脱氢反应，即少生成一个 $FADH_2$，因此不饱和脂肪酸 β- 氧化比相同碳原子数的饱和脂肪酸产生的 ATP 数要少，有 m 个双键，就少产生 $1.5m$ 个 ATP。

（五）奇数链脂肪酸的 β- 氧化

自然界中大多数脂肪酸为偶数碳，但植物、海洋生物和石油酵母等体内有一些奇数碳原子的脂肪酸。这些奇数碳脂肪酸也可以经 β- 氧化途径进行代谢。奇数碳原子（C_{2n+1}）脂肪酸经过 β- 氧化作用可产生 n-1 个乙酰 -CoA 和一个丙

酰 -CoA。

反刍动物的瘤胃内糖类发酵可产生大量丙酸，丙酸经丙酸硫激酶催化生成丙酰 -CoA，而奇数脂肪酸经 β- 氧化最后也能产生丙酰 -CoA。因此这种代谢方式也称为丙酸分解代谢。

丙酰 -CoA 在丙酰 -CoA 羧化酶催化下，与 ATP 和 CO_2 反应生成甲基丙二酰 -CoA，再在甲基丙二酰 -CoA 变位酶催化下，分子内重排而转变为琥珀酰 -CoA。琥珀酰 -CoA 可进入三羧酸循环而彻底氧化。

（六）脂肪酸的其他氧化形式

脂肪酸 β- 氧化作用在生物界是普遍存在的，虽然这种代谢方式是基本的、主要的途径，但不是唯一的。除 β- 氧化外，还有其他氧化方式如 α- 氧化、ω- 氧化等。

1. 脂肪酸的 α– 氧化

α- 氧化是指每次从脂肪酸羧基端氧化失去一个碳原子（即羧基碳），而脂肪酸的 α- 碳原子氧化成新的羧基。α- 氧化途径是在植物种子、叶子线粒体内首先观察到的，但在哺乳动物组织特别是脑组织内也存在此途径。其作用可能用于处理那些过长脂肪酸和支链脂肪酸。

2. 脂肪酸的 ω– 氧化

ω- 氧化是指离脂肪酸羧基最远端的甲基（ω- 碳原子）先氧化成羟基，然后进一步氧化成羧基，使之成为 α，ω- 二羧酸。二羧酸在两端继续进行 β- 氧化，最终产生的琥珀酸即可进入三羧酸循环。ω- 氧化主要作用底物是 8 ～ 12 个碳的脂肪酸，它不是脂肪酸代谢的主要方式。可能是在生物体遇到 β- 氧化无法进行，如 β- 碳原子上有取代基团，或人体进食大量脂肪时，β- 氧化一时对付不了时就采用 ω- 氧化途径。

此外，从油浸土壤中分离出许多需氧细菌及某些海面浮游微生物具有 ω- 氧化途径，能将烃类和脂肪酸迅速降解成水溶性产物。这些微生物对清除海洋中石油污染具有重大意义，因此，ω- 氧化的研究日益受到重视。

三、酮体的代谢

（一）酮体的生成

1. 酮体的定义

脂肪酸在心肌、骨骼肌等组织中能彻底氧化，生成二氧化碳和水，但在肝脏中的氧化不很完全，经常生成乙酰乙酸、D-β- 羟丁酸及丙酮等中间代谢产物，统称为酮体。其中以 β- 羟丁酸最多，约占总量的 70%，乙酰乙酸约占 30%，丙酮含量极微。

2. 酮体的生成

如果脂肪酸和糖类降解平衡时，生成的乙酰 -CoA 可以进入三羧酸循环。可是当脂肪酸降解过量或在饥饿或患糖尿病的状况下，草酰乙酸被大量用于合成葡萄糖时，细胞内缺乏足够的草酰乙酸将所有的乙酰 -CoA 载入三羧酸循环，于是乙酰 -CoA 便进入另一条途径生成酮体。

3. 酮体的生成过程

（1）乙酰乙酸　由两分子乙酰 -CoA 缩合成乙酰乙酰 -CoA，再与一分子乙酰 -CoA 缩合生成 β- 羟 -β- 甲基戊二酸单酰 -CoA（HMG-CoA），然后在 α、β 碳间断裂生成乙酰乙酸和乙酰 -CoA。

（2）D-β- 羟丁酸　在线粒体内膜上 β- 羟丁酸脱氢酶催化下，乙酰乙酸被 NADH 还原成 D-β- 羟丁酸。

（3）丙酮　乙酰乙酸也可脱羧生成丙酮。

酮体的生成过程见图 9-7。

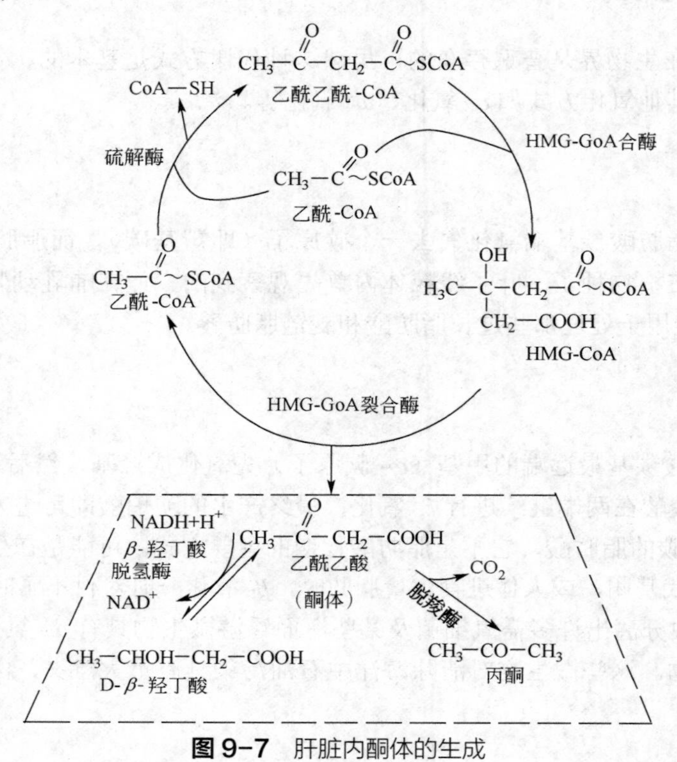

图 9-7　肝脏内酮体的生成

（二）酮体的利用

肝脏细胞的线粒体中含有生成酮体的酶体系，故肝脏是生成酮体的器官，但缺乏氧化酮体的酶，因此不能利用酮体。肝脏产生的酮体必须经血液被运输到肝外组织进一步氧化分解，肝外组织（如心肌、骨骼肌、肾、肾上腺、脑组织等）有活性很强的利用酮体的酶，所以可利用酮体供能。

（1）D-β- 羟丁酸的氧化　在线粒体内 D-β- 羟丁酸被氧化生成乙酰乙酸，按乙酰乙酸的途径进行氧化。

（2）乙酰乙酸的氧化　乙酰乙酸被转化为乙酰乙酰 -CoA，然后裂解成两分子的乙酰 CoA，进入三羧酸循环被彻底氧化。

（3）丙酮的代谢　丙酮可以随尿排出。丙酮易挥发，如果血液中浓度过高时，丙酮还可以经肺直接呼出。

（三）酮体生成的生理意义

1. 酮体是脂肪酸加工的“半成品”

肝脏有合成酮体的酶类但没有利用酮体的酶类。肝脏把长链的脂肪酸分解成分子量小、水溶性较强、便于运输的“半成品”。酮体在运输过程中不必和血浆蛋白结合，能直接透过毛细血管壁和血脑屏障，有利于肝外组织的利用。

2. 酮体是肝脏向肝外组织提供能源的另一种形式

一般情况下，在正常人或动物体内，糖代谢居能量代谢的主导地位。但是，脂类代谢和糖代谢是密切相关并相互平衡的，机体对某一种代谢燃料的利用速率也常随不同的生理状态而变化。例如，当体内糖类供应充足时，大脑首先以葡萄糖作为燃料。但是在特定情况如长期饥饿或糖尿病时，体内糖类供应不足，大脑组织能利用血液中的酮体作为供能的代谢燃料。在心肌和肾上腺皮质中则利用酮体先于葡萄糖作燃料分子。

在动物体内，乙酰 -CoA 只能进入三羧酸循环或转化为酮体，不能转化成草酰乙酸或丙酮酸，因此它不能再通过糖异生作用转化为葡萄糖。即动物体内的脂肪酸不能转化为葡萄糖。

3. 酮体是肝脏中脂肪酸代谢的正常代谢产物

正常情况下，血液中酮体含量很少。但当机体缺糖或糖不能利用（如禁食、应激及糖尿病）时，因能量不足，需要大量动用脂肪，分解产生的酮体增多，如果超过肝外组织的利用能力，则导致血液中酮体升高，当高过肾脏回收能力时，则尿中出现酮体，称为酮症。由于乙酰乙酸和 D-β- 羟丁酸是酸性很强的物质，如果在体内堆积过多会引起代谢性酸中毒。丙酮多时，丙酮即随病人呼吸排出，可察觉有烂苹果气味。

概念检查 9.1

○ 乙酰 CoA 可以进入哪些代谢途径？

第四节 脂肪酸及脂类的合成代谢

生物体所需的脂肪酸有两种来源：一靠外源，动物和微生物可直接利用油脂分解产生的脂肪酸作为生物合成所需要的原料；二靠自身合成，一般生物都能利用糖类或者更简单的含碳物作为碳源，合成自身所需的脂肪酸。例如，油类作物以 CO_2 作为碳源，微生物以糖类或乙酸作为碳源，动物也能以糖类或氨基酸作为碳源。

一、脂肪酸的合成代谢

（一）脂肪酸的合成部位

肝脏、脂肪和乳腺等多种组织的细胞液中都含有合成脂肪酸的酶系。肝脏是人体合成脂肪酸的主要部位，其合成能力是脂肪组织的 8 ～ 9 倍。而脂肪组织是脂肪贮存的场所，除了本身从糖合成脂肪酸外，

主要是摄取食物消化吸收和肝脏合成的脂肪。

（二）脂肪酸合成不是脂肪酸 β- 氧化的逆过程

自从 1904 年克努普发现脂肪酸 β- 氧化途径，继而证实，在一定条件下，β- 氧化各反应可逆，给人们以错觉，即脂肪酸的合成是脂肪酸 β- 氧化的逆过程。直到 1957 年人们分离到两个有关的酶系统后，才确定脂肪酸合成并非是 β- 氧化的逆转。

脂肪酸 β- 氧化是在线粒体中进行的，而大量脂肪酸合成主要在胞液中进行，需要 CO_2 和柠檬酸参加。除反应场所不同外，两者的催化反应酶系统、酰基载体、中间产物、供氢体等也各不相同，故脂肪酸的合成不是 β- 氧化的逆反应。

（三）脂肪酸合成的碳源

1. 合成脂肪酸的前体

鉴于大多数脂肪酸含有偶数碳原子（4 ～ 20 个 C），早就有人提出脂肪酸是由高度活泼的二碳化合物缩合而成的假设，用含同位素乙酸（$CD_3^{13}COOH$）喂大鼠，发现大鼠肝脏脂肪酸分子含有这两种同位素，D 出现在甲基及碳链中，而 ^{13}C 则出现于碳链的间位碳（$CD_3^{13}CH_2—CD_2—^{13}COOH$）。这说明从乙酸可以合成脂肪酸。经过进一步的研究，阐明了脂肪酸合成的前体为乙酰 -CoA。

2. 乙酰 - CoA 的来源

乙酰 -CoA 是脂肪酸合成的主要原料，凡是能生成乙酰 -CoA 的物质都可以作为脂肪酸合成的原料。它们主要来自三个方面：脂肪酸 β- 氧化的产物、葡萄糖代谢中丙酮酸氧化脱羧产物和生酮氨基酸代谢产物。

3. 乙酰 - CoA 的转运

非光合的真核生物几乎所有用于脂肪酸合成的乙酰 -CoA 都是在线粒体基质内生成，而脂肪酸合成是在胞液中进行的，乙酰 -CoA 不易透过线粒体内膜进入胞液，故必须通过相应的柠檬酸穿梭机制才能使乙酰 -CoA 转运出线粒体（见图 9-8）。

4. 乙酰 - CoA 羧化成丙二酰 - CoA

$$CH_3CO\sim SCoA+HCO_3^-+H^++ATP \longrightarrow HOOCCH_2CO\sim SCoA+ADP+Pi$$

这是由乙酰 -CoA 羧化酶催化的不可逆反应，该酶是脂肪酸合成的限速酶。在反应中所用的碳原子是来自比二氧化碳活泼的碳酸氢盐，形成的羧基是丙二酰 -CoA 的远端羧基，即游离羧基。乙酰 -CoA 羧化酶的辅基为生物素。生物素在细胞内的浓度会影响脂肪酸的合成，进而影响甘油磷脂的生物合成，乃至生物膜的组建。因此，在新型发酵中，可以通过控制培养基中生物素的含量改变膜透性，提高发酵产品产量。

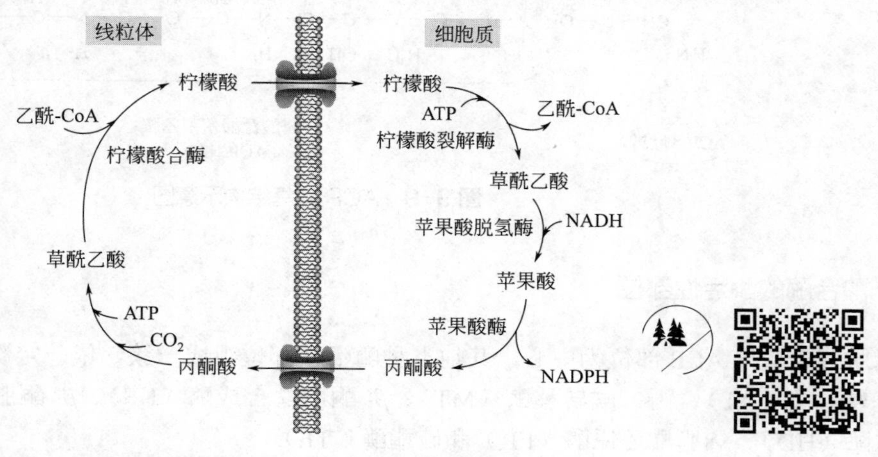

图 9-8　乙酰 -CoA 的转运机理

（四）脂肪酸合成的还原剂

与 *β*- 氧化相反，脂肪酸合成包含大量的还原反应，而 NADPH 是重要的还原剂。它有两个主要来源，视细胞类型而异。

在肝脏细胞和哺乳动物的乳腺中，脂肪酸合成所需的 NADPH 主要来自磷酸戊糖途径。在脂肪细胞中，主要来自苹果酸酶催化反应产生的 NADPH。

$$苹果酸 + NADP^{+} \longrightarrow 丙酮酸 + CO_2 + NADPH + H^{+}$$

这些 NADPH 都在胞液中产生，为脂肪酸合成提供了强的还原环境。

（五）脂肪酸的合成系统

1. 脂肪酸合酶

参与脂肪酸合成的酶称为脂肪酸合酶，它包括 7 种不同功能的酶和酰基载体蛋白（acyl carrier protein，ACP）。动物细胞和真菌的脂肪酸合酶是由单个基因编码的多功能酶，一条多肽链上存在八个功能区（结构域）；细菌、古菌和植物的脂肪酸合酶以多酶复合体形式存在，不同的酶活性由不同的蛋白质承担。

2. 酰基载体蛋白（ACP）

脂肪酸合成时，乙酰 -CoA 的乙酰基与丙二酰 -CoA 的丙二酰基首先由 ACP 负责运载。ACP 的辅基为 4- 磷酸泛酰巯基乙胺，其结构见图 9-9，其游离末端的巯基称中心巯基，它能与脂肪酸合成过程的中间产物脂酰基结合，并转运它们。

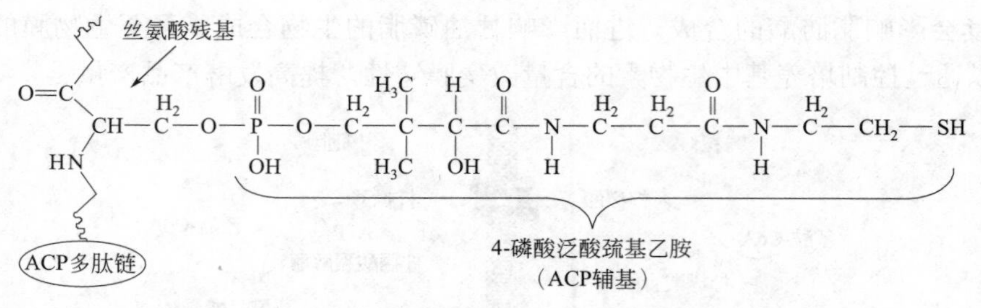

图 9-9　ACP 辅基结构示意图

3. 脂肪酸合酶的酶活性部位

脂肪酸合酶以 ACP 部位为中心，其他七种酶活性部位组成一簇，依一定次序发挥作用，它们分别是脂酰基转移酶（AT）、丙二酰转移酶（MT）、*β*- 酮脂酰合成酶（KS）、*β*- 酮脂酰还原酶（KR）、*β*- 羟脂酰脱水酶（HD）、烯脂酰还原酶（ER）和硫酯酶（TE）。

脂肪酸合酶中心的 ACP 辅基 4- 磷酸泛酰巯基乙胺，就像是长长的手臂，可以将脂酰基从一个酶活性中心转运到下一个酶活性中心，以利于各个酶活性部位进行催化反应，见图 9-10。

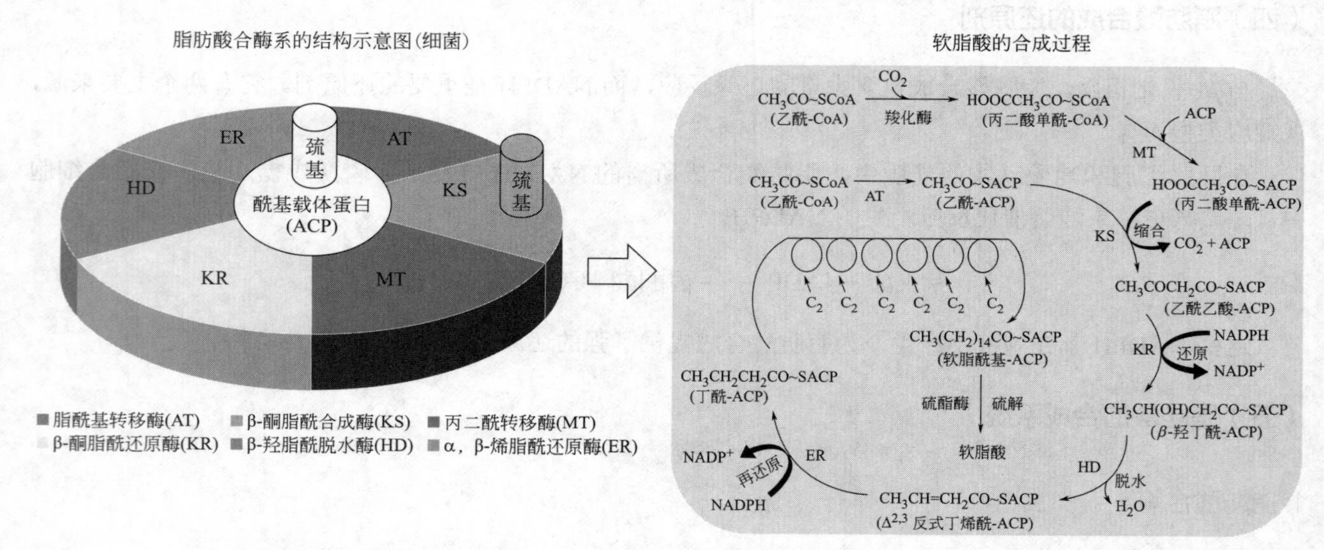

图 9-10　脂肪酸合成酶系的结构示意图（左）及软脂酸的合成过程（右）

（六）饱和脂肪酸合成途径

1. 引发反应

$$CH_3CO\sim SCoA + HSACP \longrightarrow CH_3CO\text{-}SACP + HS\text{-}CoA$$

$$CH_3CO\sim SACP + 合酶\text{-}SH \longrightarrow HS\text{-}ACP + CH_3CO\sim S合酶$$

乙酰 -CoA 在脂酰基转移酶的催化下，与 ACP 的巯基结合，形成乙酰 -ACP，然后这个乙酰基被迅速

转移到 β- 酮脂酰合成酶的巯基上，生成乙酰基 - 合酶。

2. 活化的“二碳单位”的装载

$$HOOCCH_2CO{\sim}SCoA + HSACP \longrightarrow HOOCCH_2CO{\sim}SACP + HSCoA$$

丙二酸单酰 -CoA 在丙二酰转移酶的催化下，与 ACP 形成丙二酸单酰 -ACP。

3. 缩合反应

$$CH_3CO{\sim}S\text{合酶} + HOOCCH_2CO{\sim}SACP \longrightarrow CH_3CO—CH_2CO{\sim}SACP + CO_2 + \text{合酶-SH}$$

该反应由 β- 酮脂酰合成酶催化。合酶巯基上结合的乙酰基转移到丙二酸单酰 -ACP 中丙二酸单酰基的第二个碳原子上，形成乙酰乙酰 -ACP。同时使丙二酸单酰基上的自由羧基脱羧产生 CO_2。

4. 第一次还原反应

$$CH_3CO—CH_2CO{\sim}SACP + NADPH + H^+ \longrightarrow CH_3CHOH—CH_2CO{\sim}SACP + NADP^+$$

在 β- 酮脂酰还原酶的催化下，乙酰乙酰 -ACP 被 NADPH 还原，形成 β- 羟丁酰 -ACP。值得注意的是，加氢后形成的产物 β- 羟丁酰 -ACP 是 D 型异构体，而脂肪酸氧化分解时形成的是 L 型产物。

5. 脱水反应

$$CH_3CHOH—CH_2CO{\sim}SACP \longrightarrow CH_3CH{=\!=}CHCO{\sim}SACP\text{（反式）} + H_2O$$

该反应由 β- 羟脂酰脱水酶催化，D-β- 羟丁酰 -ACP 脱水，形成反式 -α，β 或 $\Delta^{2,3}$ 反式丁烯酰 -ACP。

6. 第二次还原反应

$$CH_3CH{=\!=}CHCO{\sim}SACP\text{（反式）} + NADPH + H^+ \longrightarrow CH_3CH_2CH_2CO{\sim}SACP + NADP^+$$

在 α，β- 烯脂酰还原酶的催化下，当 $\Delta^{2,3}$ 反式丁烯酰 -ACP 由 NADPH 还原为丁酰 -ACP。值得注意的是，这个反应与线粒体内脂肪酸氧化反应的不同在于，前者消耗 NADPH，而后者产生 $FADH_2$。

7. 转移反应

丁酰 -ACP 在脂酰基转移酶催化下，丁酰基被转移到 β- 酮脂酰合成酶的巯基上，生成丁酰基 - 合酶。而随后游离的 ACP 再一次在脂酰基转移酶的催化下，接受另一分子丙二酸单酰 -CoA 生成丙二酸单酰 -ACP。

8. 循环反应

重复上述的缩合、还原、脱水、再还原和转移反应。每完成一个循环，碳链即延长两个碳原子。

9. 软脂酸的释放

① 当合成的产物为软脂酰基 -ACP 时，在硫酯酶的催化下，形成游离的软脂酸。软脂酸合成过程见图 9-10。

② 脂酰基也可以直接从 ACP 转移到 CoA 上形成软脂酰 -CoA，从而参与甘油三酯或甘油磷脂的合成。

软脂酸合成的总反应式：

8乙酰～SCoA+7ATP+H_2O+14NADPH$^+$+14H$^+$ ⟶ 软脂酸+8HS-CoA+7ADP+7Pi+14NADP$^+$

（七）奇数碳原子的脂肪酸的合成

奇数碳原子的脂肪酸可以通过偶数碳脂肪酸的 α- 氧化转变而来。此外，也可以直接被合成。合成的机制类似偶数碳脂肪酸，只是第一步连接到 β- 酮酰 -ACP 合酶上的是丙酰基而不是乙酰基。

（八）脂肪酸的分解和合成代谢的主要区别

表 9-2 是脂肪酸的分解和合成代谢的主要区别。

表 9-2 脂肪酸的分解和合成代谢的主要区别

特征	β- 氧化分解	从头合成途径
代谢部位	线粒体	细胞液（细胞质）
活性载体	HS-CoA	HS-ACP
酶类	分散分布的四种酶	脂肪酸合酶
电子供体或受体	FAD、NAD$^+$	NADPH
对 CO_2 和柠檬酸的需求	无	必需
二碳片段的加入与裂解方式	乙酰 -CoA	乙酰 -ACP、丙二酸单酰 -ACP
原料转运方式	肉碱穿梭系统	柠檬酸转运系统
中间产物	脂酰 -CoA	脂酰 -ACP
羟脂酰化合物的中间构型	L 型	D 型
循环过程	脱氢、水化、再脱氢、硫解	缩合、还原、脱水、再还原
能量变化	产生 26ATP(7$FADH_2$+7NADH-2ATP)	消耗 7ATP 和 14NADPH
产物	8 乙酰 -CoA	软脂酸（16C）

以上的区别使得软脂酸的合成和氧化分解过程可以同时在细胞内独立进行。

（九）饱和脂肪酸碳链延长途径

动物体脂肪酸合成体系的主要产物是软脂酸。而生物体内脂肪酸碳链长短不一，各占一定比例。因此，以软脂酸为前体，根据机体的需要将其缩短或延长。在延长前，软脂酸要转化形成软脂酰 -CoA。

1. 线粒体延长体系

线粒体延长体系的酶能将乙酰 -CoA 的乙酰基掺入到软脂酰 -CoA，反应基本上是 β- 氧化的逆反应。但催化烯脂酰 -CoA 转变为饱和脂肪酸时，烯脂酰 -CoA 还原酶以 NADPH 为辅酶。线粒体延长体系也可以延长不饱和脂肪酸的碳链。

2. 光面内质网延长体系

内质网延长体系可以延长 16C 脂肪酸（包括不饱和脂肪酸）的碳链。这个体系以丙二酸单酰 -CoA 为延长脂肪酸碳链的碳源，而不是乙酰 -CoA。该酶系以 NADPH 为辅酶，中间过程均与脂肪酸合成酶系催化的反应相似，只是不用 ACP 为载体，而由 CoA 代替。

（十）不饱和脂肪酸合成

在人和多数动物体内，只能合成一个双键的不饱和脂肪酸（Δ^9），例如硬脂酸脱氢即成油酸。植物和某些微生物可以合成（Δ^{12}）双键脂肪酸，例如从油酸合成亚麻酸（$\Delta^{9,12,15}$ 十八碳三烯酸）。某些微生物、酵母菌、霉菌都能合成含 2、3、4 个甚至更多双键的不饱和脂肪酸。

1. 不饱和脂肪酸合成的方式

（1）氧化脱氢途径　这个途径一般在脂肪酸的第 9、10 位碳上脱氢。例如，在特殊的单加氧酶（存在于微粒体内，肝脏和脂肪组织含量较多）催化下，软脂酸和硬脂酸去饱和后形成相应的棕榈油酸和油酸。

$$\text{软脂酰}\sim\text{SCoA} + \text{NADPH} + \text{H}^+ + \text{O}_2 \longrightarrow \text{棕榈油酰}\sim\text{SCoA} + \text{NADP}^+ + 2\text{H}_2\text{O}$$

$$\text{硬脂酰}\sim\text{SCoA} + \text{NADPH} + \text{H}^+ + \text{O}_2 \longrightarrow \text{油酰}\sim\text{SCoA} + \text{NADP}^+ + 2\text{H}_2\text{O}$$

一个氧分子可接受两对电子，一对来自底物软脂酰 -CoA 或硬脂酰 -CoA，另一对来自 NADPH，生成两分子水。

（2）β- 氧化脱水途径　这一途径的前体可能是 10C 脂肪酸。首先把饱和脂肪酸 β- 位碳原子氧化成一个羟基，形成羟酸，然后在 α 位、β 位碳原子间脱水，形成双键，最后再经碳链延长作用即可得到油酸。

含 2 个、3 个或 4 个双键的高级脂肪酸也能用类似的方式合成。

（3）去饱和途径　由脂酰 -CoA 去饱和酶催化完成。

2. 多烯脂肪酸

① 除了厌氧细菌以外，所有生物都含有多烯脂肪酸，在高等动植物中含量丰富。根据哺乳动物多烯脂肪酸的前体和双键的数目，分为四大类，即棕榈油酸（ω7 族）、油酸（ω9 族）、亚油酸（ω6 族）、亚麻酸（ω3 族）。哺乳动物的其他多烯脂肪酸全部是由这四个前体延长或去饱和而形成的。

② 哺乳动物由于缺乏在脂肪酸的第 9 位碳原子以外位置引入不饱和双键的去饱和酶，所以自身不能合成亚油酸和亚麻酸，必须由植物获得，因此称为必需脂肪酸。

③ 必需脂肪酸广泛存在于食物中，如玉米、花生、芝麻、向日葵籽、棉籽油中均含量丰富。花生四烯酸是含量最丰富的多烯脂肪酸。

机体摄入的天然不饱和脂肪酸，一般不再被加氢形成饱和脂肪酸。但不饱和脂肪酸可被饱和脂肪酸氧化体系全部氧化分解。大部分生物体内，在低温环境下，脂肪酸去饱和作用的酶浓度增加，可促进饱和脂肪酸变为不饱和脂肪酸。这是因为不饱和脂肪酸的熔点低于饱和脂肪酸，所以增加不饱和脂肪酸浓度有利于细胞膜的流动性，这是一种对保持细胞总脂熔点低于环境温度的适应性。

二、脂类的合成代谢

（一）甘油三酯的合成

1. 合成的部位

肝脏和脂肪组织是合成甘油三酯最活跃的组织。小肠黏膜在吸收脂类后，也能合成大量的甘油三酯，高等植物也能大量合成甘油三酯，而微生物含甘油三酯很少。

2. 合成的前体

甘油三酯的合成不能直接以游离的甘油和脂肪酸反应生成，因为甘油和脂肪酸反应活性低。高等动、植物合成甘油三酯的主要原料是 L-α- 磷酸甘油和脂酰 -CoA，通过磷酸甘油转酰基酶催化逐步缩合而成。

3.L- α- 磷酸甘油的来源

（1）糖代谢生成　糖分解代谢和糖异生过程中产生的磷酸二羟丙酮，在 α- 磷酸甘油脱氢酶催化作用下，还原为 L-α- 磷酸甘油（3- 磷酸甘油）。

$$\text{磷酸二羟丙酮} + NADH + H^+ \longrightarrow \text{L-}\alpha\text{- 磷酸甘油} + NAD^+$$

脂肪组织和肌肉中主要以这种方式生成 L-α- 磷酸甘油。

（2）甘油的再利用　肝外组织（包括脂肪组织和肌肉组织等）脂肪分解产生的甘油，由于甘油激酶的活性很低，不能被再利用，通常随血液运输到甘油激酶活性很高的肝、肾等组织中，在甘油激酶的催化下，甘油与 ATP 作用生成 L-α- 磷酸甘油。

$$\text{甘油} + ATP \longrightarrow \text{L-}\alpha\text{-磷酸甘油} + ADP + Pi$$

4. 脂酰 - CoA 的来源

（1）脂肪酸合成系统　脂肪酸合成时可以直接以脂酰 -CoA 形式释放到细胞液中，用于甘油三酯的合成。

（2）脂肪酸的再利用　游离的脂肪酸在脂酰 -CoA 合成酶催化下，合成脂酰 -CoA。

$$RCOOH + HS\text{-}CoA + ATP \longrightarrow RCO{\sim}SCoA + AMP + PPi$$

5. 甘油三酯的合成

（1）合成溶血磷脂酸

L-α- 磷酸甘油与脂酰～ SCoA 在甘油磷酸脂酰转移酶的催化下，生成单脂酰甘油磷酸，又称为溶血磷脂酸。

$$\text{L-}\alpha\text{- 磷酸甘油} + R^1CO \sim SCoA \longrightarrow \text{单脂酰甘油磷酸} + HS\text{-}CoA$$

（2）合成磷脂酸

溶血磷脂酸在甘油磷酸脂酰转移酶的催化下，再与另一分子脂酰～ SCoA 结合，生成磷脂酸。在磷脂酸中的 C1 上结合的脂肪酸多为饱和脂肪酸，而 C2 上结合的脂肪酸多为不饱和脂肪酸。细胞内磷脂酸含量极微，但它是合成甘油三酯和磷脂的重要前体。

（3）磷脂酸水解

磷脂酸在磷脂酸磷酸酶催化下，水解去掉磷酸，生成 1,2- 甘油二酯。

（4）甘油三酯的合成

1,2- 甘油二酯在甘油二酯转酰基酶的催化下，与第三个脂酰～ SCoA 作用，生成甘油三酯。

甘油三酯的合成见图 9-11。

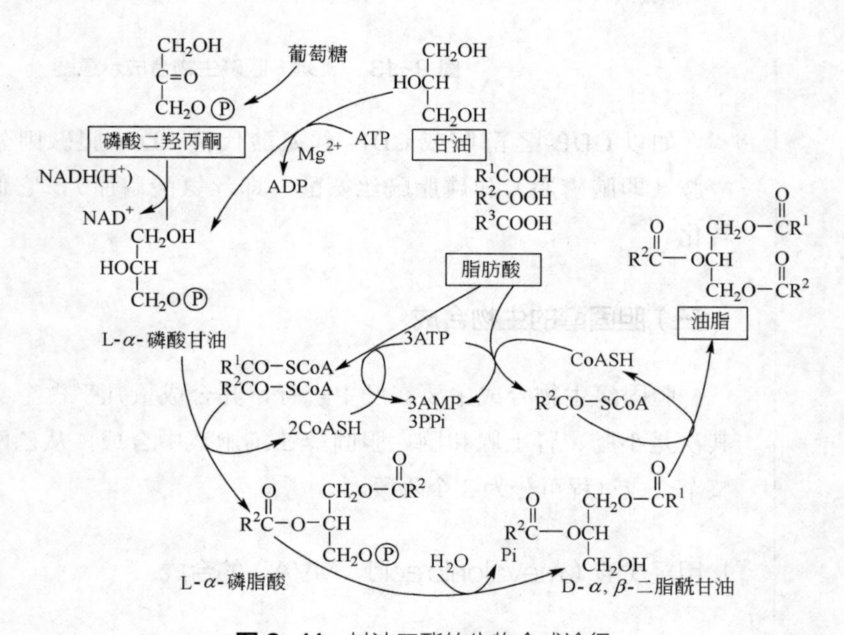

图 9-11 甘油三酯的生物合成途径

概念检查 9.2

○ 试从糖代谢和脂代谢的角度说明为什么摄入糖量过多容易长胖？

（二）甘油磷脂的合成

甘油磷脂生物合成与甘油三酯生物合成有某些类似之处，即都要形成磷脂酸，继而脱磷酸生成二脂酰甘油。其不同点见图 9-12。

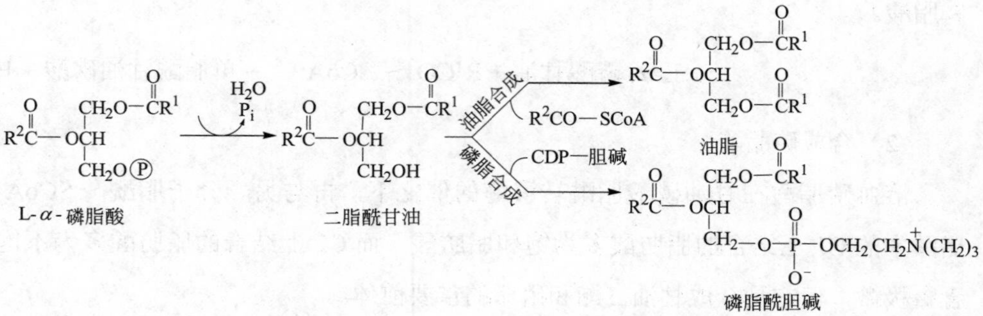

$$\underset{\text{L-}\alpha\text{-磷脂酸}}{R^2CO-OCH(CH_2O-COR^1)(CH_2O\text{Ⓟ})} \xrightarrow[]{H_2O \quad P_i} \underset{\text{二脂酰甘油}}{R^2CO-OCH(CH_2O-COR^1)(CH_2OH)}$$

$$\text{二脂酰甘油} \xrightarrow[\text{油脂合成}]{R^2CO-SCoA} \underset{\text{油脂}}{R^2CO-OCH(CH_2O-COR^1)(CH_2O-COR^1)}$$

$$\text{二脂酰甘油} \xrightarrow[\text{磷脂合成}]{\text{CDP—胆碱}} \underset{\text{磷脂酰胆碱}}{R^2CO-OCH(CH_2O-COR^1)CH_2-O-P(=O)(O^-)-OCH_2CH_2\overset{+}{N}(CH_2)_3}$$

图 9-12 甘油磷脂与甘油三酯生物合成的比较

CDP- 胆碱由胆碱经过两步转化得到。其转化过程见图 9-13。

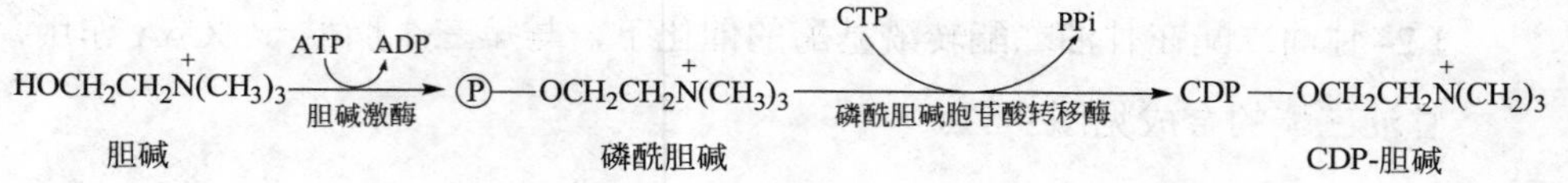

$$\underset{\text{胆碱}}{HOCH_2CH_2\overset{+}{N}(CH_3)_3} \xrightarrow[\text{胆碱激酶}]{ATP \quad ADP} \underset{\text{磷酰胆碱}}{\text{Ⓟ}-OCH_2CH_2\overset{+}{N}(CH_3)_3} \xrightarrow[\text{磷酰胆碱胞苷酸转移酶}]{CTP \quad PPi} \underset{\text{CDP-胆碱}}{CDP-OCH_2CH_2\overset{+}{N}(CH_2)_3}$$

图 9-13 CDP- 胆碱生物合成示意图

如以 CDP- 乙醇胺或 CDP- 丝氨酸代替 CDP- 胆碱则分别形成磷脂酰乙醇胺（即脑磷脂）和磷脂酰丝氨酸（即丝氨酸磷脂），它们亦可按一定程序转化。

（三）胆固醇的生物合成

胆固醇生物合成主要在肝中进行，其合成量几乎占全身合成量 3/4 以上。其次是小肠、肾上腺和脑。胆固醇在细胞液中合成，从乙酰 -CoA 缩合开始，整个合成过程可分为 3 个阶段。

1. 甲羟戊酸（mevalonic acid，MVA）的合成

图 9-14 为 MVA 合成示意图，在胞液中 3 分子乙酰 -CoA 经乙酰乙酰 -CoA 硫解酶和 β- 羟基 -β- 甲戊二酰 -CoA 合成酶催化，缩合生成 β- 羟基 -β- 甲戊二酰 -CoA（HMG-CoA），再经 HMG-CoA 还原酶催化，由 NADPH 还原为甲羟戊酸（MVA）。HMG-CoA 是胆固醇和酮体合成的重要中间物，但 HMG-CoA 还原酶仅存在于内质网，是胆固醇合成的限速酶。

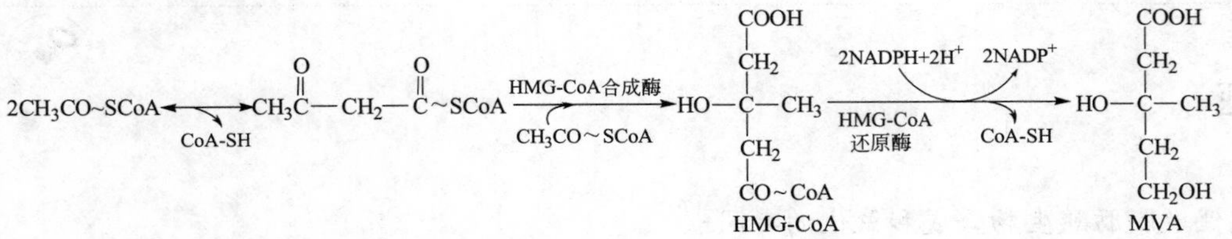

图 9-14　MVA 合成示意图

2. 甲羟戊酸转变成鲨烯

MVA 首先在 ATP 供能条件下，脱羧活化生成异戊烯焦磷酸酯（isopentenyl pyrophosphate，IPP）和二甲基丙烯焦磷酸酯（3, 3-dimethylallyl pyrophosphate，DPP）。这两个中间物再进一步缩合生成 30C 的鲨烯（squalene），见图 9-15。

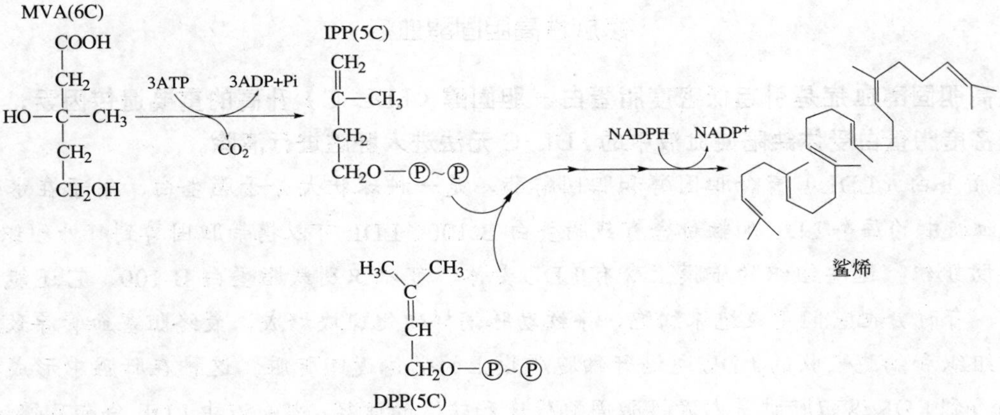

图 9-15　鲨烯合成示意图

3. 从鲨烯合成胆固醇

从鲨烯合成胆固醇主要通过内质网上的鲨烯环氧酶等多种酶的催化，进行羟化、环化、脱甲基、还原等反应，最后生成胆固醇，反应过程中要消耗氧和 NADPH（见图 9-16）。

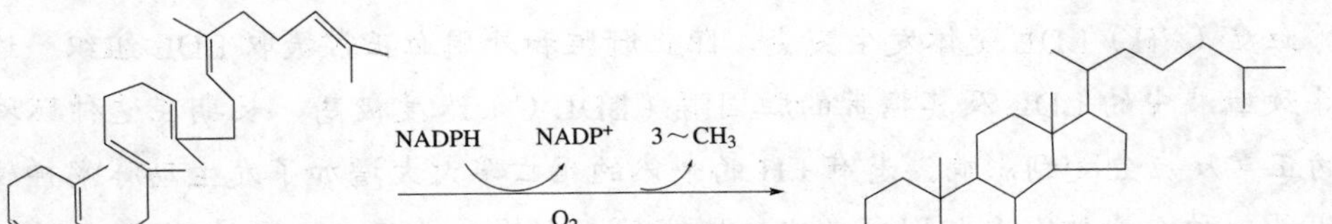

图 9-16　由鲨烯合成胆固醇示意图

习题

1. 详细比较偶数脂肪酸生物合成和氧化的异同点。
2. 相同碳原子的饱和脂肪酸和不饱和脂肪酸完全氧化，哪个放出的能量多？相同碳原子的糖（如葡萄糖）和饱和脂肪酸（如正己酸）完全氧化，哪个放出的能量多？为什么？
3. 软脂酸完全氧化可以净产生多少个 ATP 分子？写明计算依据。
4. 试从脂代谢紊乱角度分析酮症的发病原因。
5. 从营养学的角度看，为什么糖摄入量不足的因纽特人，吃含奇数碳原子脂肪酸的脂肪比含偶数碳原子脂肪酸的脂肪好？

科研实例

家族性高胆固醇血症

家族性高胆固醇血症是引起低密度脂蛋白－胆固醇（LDL-C）升高的重要遗传因素，其主要原因是肝脏上低密度脂蛋白受体缺陷使血液中的 LDL-C 无法进入肝脏进行清除。

低密度脂蛋白（LDL）富含胆固醇和胆固醇酯，是一种球状大分子脂蛋白，用于在水性的血浆中转运脂质。血液中的每个 LDL 颗粒都含有载脂蛋白 B-100。LDL 可以携带胆固醇到肝外组织，如肌肉、肾上腺和脂肪组织。这些组织的质膜上含有 LDL 受体，可以识别载脂蛋白 B-100。它还能向巨噬细胞输送胆固醇，有时会把它们变成泡沫细胞，导致动脉粥样硬化斑块形成，最终阻塞血管导致组织缺血。不能被外周组织和细胞吸收的 LDL 通过肝细胞质膜上的受体返回肝脏。这种在肝脏中形成极低密度脂蛋白（VLDL）到 LDL 返回肝脏是内源性胆固醇代谢和转运的途径。当血液中 LDL 含有足够的胆固醇时，通过降低细胞内胆固醇的合成速率可以防止细胞内胆固醇的过度积累。具体的调控机制如下：在细胞中，LDL-C 是在高尔基体上合成并运输到细胞质膜上，用于结合含有载体蛋白 B-100 的 LDL 颗粒。一旦两者结合启动内吞作用，LDL 与其受体形成内体，后与含有酶的溶酶体融合，使胆固醇酯水解释放出胆固醇和脂肪酸进入细胞质基质，同时载体蛋白 B-100 被降解成氨基酸，也释放到细胞质基质中。虽然载体蛋白 B-100 也存在于 VLDL 上，但是它的受体结合区域不适合结合 LDL。而 VLDL 转化成 LDL 就是载体蛋白 B-100 受体结合区域的暴露过程。这种胆固醇在血液中运输的途径及其通过把组织介导受体内吞作用的机制是有 Michael S. Brown 和 Joseph L. Goldstein 这两位科学家阐明的。他们发现遗传病家族性高胆固醇血症（FH）LDL 受体发生突变，阻止肝脏和外周血正常摄取 LDL 组织。这种低密度脂蛋白摄取缺陷导致血液中的 LDL 及其携带的胆固醇（LDL-C）浓度极高，长期在这种环境下，动脉对血管舒张刺激的正常反应会受到影响。患有 FH 的个体的死亡率大大增加了发生动脉粥样硬化的可能性，动脉粥样硬化是一种血管被富含胆固醇的斑块堵塞的心血管系统疾病。通过 LDL-C 的研究，不仅可以理解胆固醇代谢的途径，也掌握了家族性高胆固醇血症的机制，同时启发了降胆固醇相关药物的研制。1985 年，Michael S. Brown 和 Joseph L. Goldstein 因低密度脂蛋白受体的研究工作获得诺贝尔医学或生理奖。

思维导图

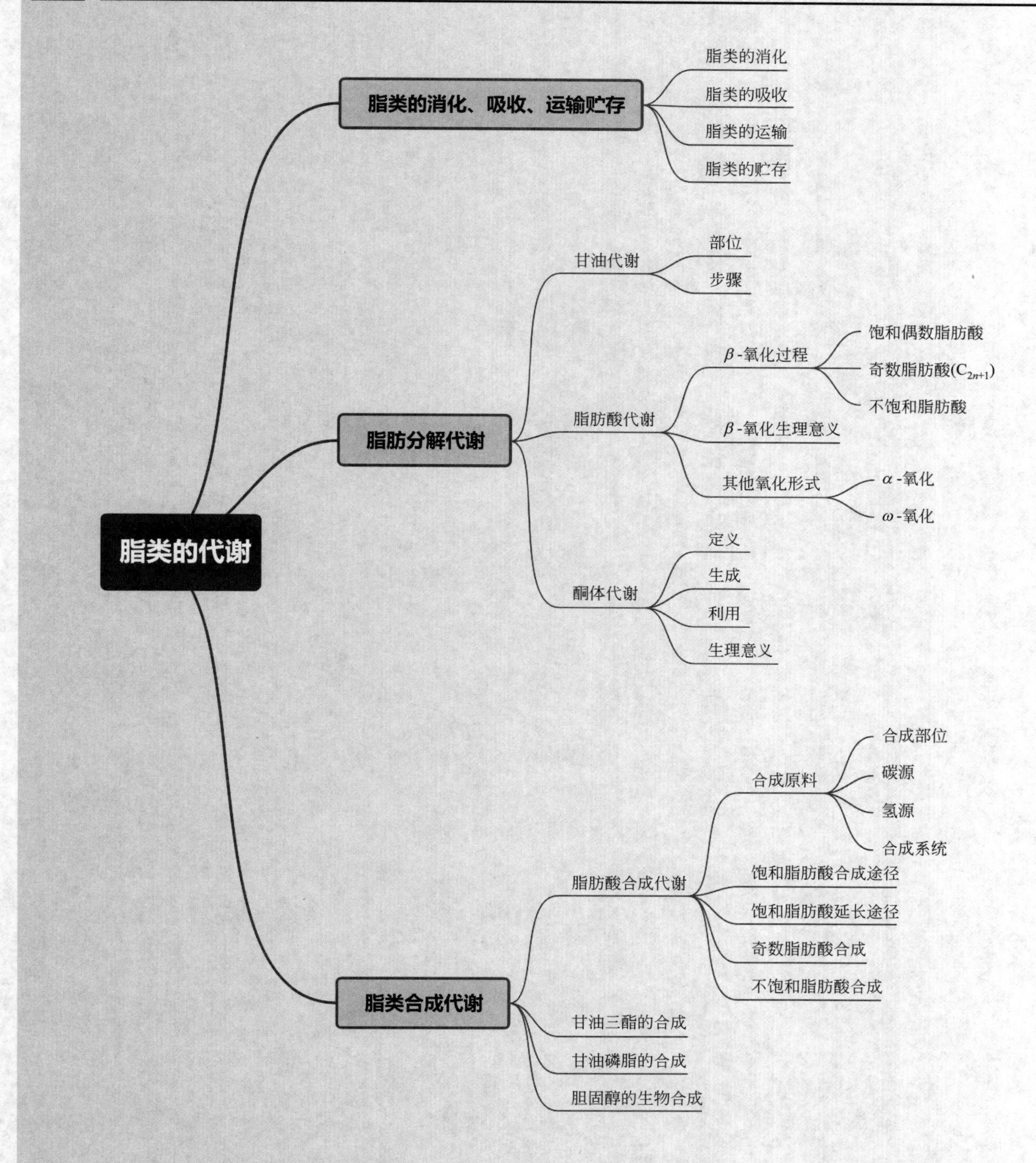
脂类的代谢
脂类的消化、吸收、运输贮存
脂类的消化
脂类的吸收
脂类的运输
脂类的贮存
脂肪分解代谢
甘油代谢
部位
步骤
脂肪酸代谢
β-氧化过程
饱和偶数脂肪酸
奇数脂肪酸(C_{2n+1})
不饱和脂肪酸
β-氧化生理意义
其他氧化形式
α-氧化
ω-氧化
酮体代谢
定义
生成
利用
生理意义
脂类合成代谢
脂肪酸合成代谢
合成原料
合成部位
碳源
氢源
合成系统
饱和脂肪酸合成途径
饱和脂肪酸延长途径
奇数脂肪酸合成
不饱和脂肪酸合成
甘油三酯的合成
甘油磷脂的合成
胆固醇的生物合成

第十章 蛋白质的分解代谢

○○ ——— ○○ ○ ○○ ———

学习目标

- ○ 了解机体蛋白质的各种作用。
- ○ 了解消化道不同部位的蛋白质消化、吸收原理。
- ○ 明确下列概念：氧化脱氨作用，转氨作用，联合脱氨作用，生糖或生酮氨基酸。
- ○ 掌握氨基酸分解产物的代谢途径：氨基氮的排泄及尿素循环。
- ○ 了解一碳化合物与氨基酸代谢的关系。

蛋白质的新陈代谢是一切生命活动的物质基础，如蛋白质参与组织细胞的生长、更新和修复，为生命活动提供能量以及为某些含氮物质的合成提供原料等，因此蛋白质在体内会不断经历合成、分解和转换。蛋白质的降解主要有三个目的：一是排除生物体中对细胞有害的异常蛋白质；二是分解累积过多的酶或调节蛋白，使细胞代谢得以有序进行；三是获得蛋白质更新所需的氨基酸。

人体内合成蛋白质的原料主要来源于食物蛋白质的消化吸收，蛋白质只有在消化道中被充分水解后才能被有效吸收。评定食物蛋白质的营养价值包括蛋白质的含量、蛋白质的消化率以及利用率等多项指标。

由于蛋白质的含氮量比较恒定，约为16%，因此测定食物的含氮量可以估算出所含蛋白质的量，即摄取蛋白质的量。蛋白质在体内消化吸收后分解代谢所产生的含氮物质主要由尿排出，未消化吸收的由粪便排出。测定尿与粪便等排泄物中的含氮量即可估算出排出蛋白质的量。蛋白质的吸收和排泄可用氮平衡来表述，有3种情况：①总氮平衡：摄入的氮量等于排出的氮量。反映正常成人的蛋白质合成、分解代谢处于动态平衡；②正氮平衡：摄入的氮量大于排出的氮量。部分摄入的氮用于合成体内蛋白质，如正在成长的儿童、孕妇或恢复期的患者；③负氮平衡：摄入的氮量小于排出的氮量。体内蛋白质的消耗增加，合成速度减慢，如饥饿或消耗性疾病患者。我国营养学会推荐成人每日蛋白质需要量为80g。

第一节 蛋白质的消化、吸收和腐败

蛋白质是高分子化合物，难以通过生物膜转运，并且具有很高的免疫抗原性，异体蛋白质进入人体会引起免疫学反应。因此食物蛋白质必须经过消化，水解成氨基酸及小肽后才能被人体吸收利用。

一、人体对蛋白质的消化

唾液中不含水解蛋白质的酶，故食物蛋白质的消化自胃中开始，但主要在小肠中进行。

（一）胃的消化作用

（1）胃泌素　蛋白质进入胃部，刺激胃黏膜细胞分泌胃泌素。胃泌素可以刺激胃腺壁细胞分泌盐酸，刺激主细胞分泌胃蛋白酶原。

（2）胃酸　胃液的酸（pH=1.5~2.5）作为防腐剂杀死细菌和其他外来细胞。在低 pH 条件下，可以促使球蛋白变性和松散，使多肽的肽键更易被酶促水解。此外，还起激活胃蛋白酶原的作用。

（3）胃蛋白酶原　胃蛋白酶原是无活性的，在胃酸激活下，从酶原多肽链的氨基末端切去 42 个氨基酸残基，产生有活性的胃蛋白酶。

（4）自身激活作用　胃蛋白酶本身又能激活胃蛋白酶原转变成胃蛋白酶。

（5）蛋白质水解作用　在胃蛋白酶作用下，蛋白质被水解成大小不一的肽片段混合物和少量氨基酸。

胃蛋白酶对乳中的酪蛋白有凝乳作用，这对哺乳期婴儿较为重要，因为乳液凝成块后在胃中停留时间延长，有利于充分消化。

（二）小肠的消化作用

食物在胃中停留时间较短，因此蛋白质在胃中消化很不完全。在小肠中，蛋白质及部分被消化的产物受胰腺及肠黏膜细胞分泌的多种蛋白酶及肽酶的共同作用，进一步水解为氨基酸。因此小肠是蛋白质消化的主要部位。

1. 胰泌素

在胃酸的酸性刺激下小肠分泌胰泌素。胰泌素可以刺激胰腺分泌碳酸氢盐进入小肠以中和胃酸，使 pH 升到 7。

2. 胰液蛋白酶原

胰腺外分泌细胞分泌的各种蛋白酶原有胰蛋白酶原、胰凝乳蛋白酶原、弹性蛋白酶原和羧肽酶原。无活性的胰蛋白酶原形式可以防止胰腺外分泌细胞受到破坏性的蛋白质水解作用的攻击；此外，胰脏中还存在胰蛋白酶抑制剂，可以保护胰脏，以免自身消化。

3. 无活性的胰液蛋白酶原进入十二指肠后被激活

（1）肠激酶的激活作用　小肠黏膜细胞分泌的肠激酶受到胆汁酸的激活后，可以使胰蛋白酶原转化成有活性的胰蛋白酶。

（2）胰蛋白酶的自我激活作用　胰蛋白酶可以催化自身酶原的活化。

（3）连续激活作用　胰蛋白酶可以激活胰凝乳蛋白酶原、弹性蛋白酶原和羧肽酶原，使它们转化成胰凝乳蛋白酶、弹性蛋白酶和羧肽酶。

图 10-1 是几种蛋白酶原进入十二指肠后被活化的示意图。

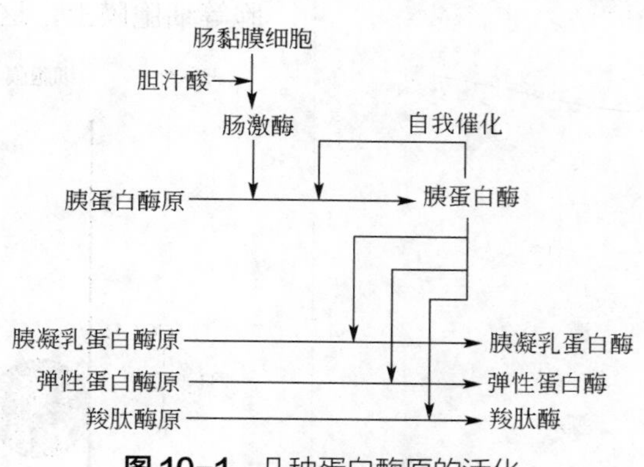

图 10-1 几种蛋白酶原的活化

4. 水解作用

蛋白质经过胰液蛋白酶的水解作用后所得到的产物仅小部分为氨基酸，大部分为寡肽 (2~6 肽)。

（三）小肠黏膜细胞的消化作用

肠黏膜细胞存在氨肽酶、羧肽酶和二肽酶，在这些寡肽酶的协同作用下，蛋白质最终被完全水解成氨基酸。

一般正常成年人，食物蛋白质的 95% 可被完全水解。对大多数动物性球状蛋白，人的胃肠道可将其完全水解。但一些纤维状蛋白，例如角蛋白，人体胃肠道只能部分水解。许多植物性蛋白质，例如谷类种子蛋白不能完全消化，因为部分蛋白质被纤维素包裹着，不易消化。

二、人体对氨基酸的吸收

食物蛋白质经消化生成的氨基酸及部分寡肽主要在小肠内被吸收。氨基酸的吸收是消耗能量的主动运输过程。

（一）载体对氨基酸吸收的转运

1. 转运机制

肠黏膜细胞膜上具有转运氨基酸的载体蛋白，能将氨基酸和 Na^+ 共转运入细胞，Na^+ 则借助钠泵再排出细胞外，并消耗 ATP。此过程与葡萄糖的吸收载体系统类似。

2. 氨基酸载体

由于氨基酸侧链结构的不同，主动转运氨基酸的载体也有差异。有四种类型的载体，中性氨基酸载体、碱性氨基酸载体、酸性氨基酸载体、亚氨基酸与甘氨酸载体。其中中性氨基酸载体是主要载体，其转运速度最快。

（二）γ- 谷氨酰基循环对氨基酸的转运

氨基酸吸收或向各组织、细胞内的转移是通过谷胱甘肽起作用的。这个循环分两个阶段，即首先是谷胱甘肽对氨基酸的转运，其次是谷胱甘肽的再合成（见图 10-2）。

（三）肽的吸收

肠黏膜细胞上还存在着吸收二肽或三肽的转运体系，这也是一个耗能的主动吸收过程。

上述氨基酸和寡肽的主动转运不仅存在于小肠黏膜细胞，类似的作用也存在于肾小管细胞、肌肉细

胞等细胞膜上，这对于细胞浓集氨基酸作用具有普遍意义。

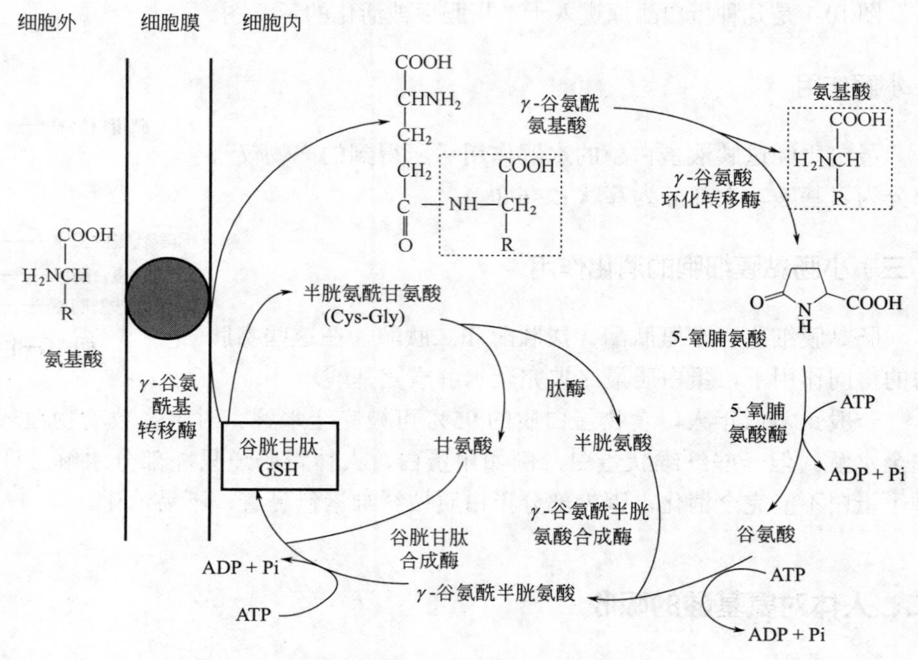

图 10-2 γ- 谷氨酰基循环

三、蛋白质的腐败

① 在消化过程中，有一小部分蛋白质不被消化，也有一小部分消化产物不被吸收。肠道细菌对这部分蛋白质及其消化产物所起的作用，称为腐败作用。

② 腐败作用是细菌本身的代谢过程，以无氧分解为主。

③ 腐败作用的大多数产物对人体有害，正常情况下，有害物质大部分随粪便排出，只有小部分被吸收，经肝的代谢转变而解毒，故不会发生中毒现象。

④ 腐败作用也可以产生少量的低级脂肪酸及维生素等可被机体利用。

第二节 氨基酸的分解代谢

细胞内蛋白质代谢是以氨基酸为中心的代谢。食物蛋白质经消化吸收的氨基酸（外源性氨基酸）与体内组织蛋白质分解产生的氨基酸（内源性氨基酸），其中还包括一部分体内合成的非必需氨基酸，总称为氨基酸代谢库，如图 10-3。

体内氨基酸的主要功能是合成蛋白质和多肽，此外还可以转变成某些其他含氮物质，如嘌呤、嘧啶、肾上腺素等。超过机体蛋白质合成所需的氨基酸—

剩余氨基酸不能贮存，也不能以氨基酸的形式直接排出（正常人尿中排出的氨基酸极少），只能参与氧化分解代谢，并提供能量。

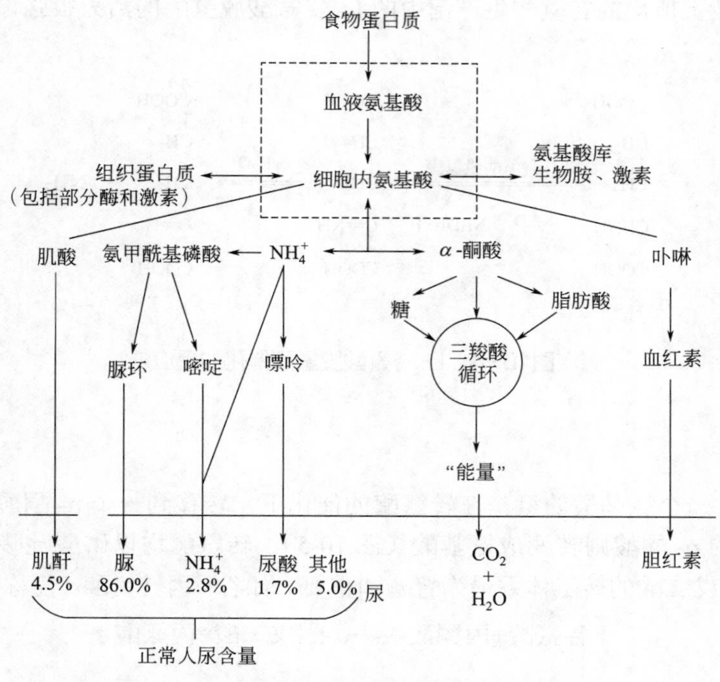

图 10-3　高等动物细胞内氨基酸的来源与去路

各种氨基酸具有共同的结构特点，故它们有共同的代谢途径：脱氨作用和脱羧作用。其中脱氨作用是主要的代谢方式，脱羧作用是次要的代谢方式。

一、氨基酸的脱氨作用

（一）氧化脱氨作用

$$RCHNH_2COOH+\frac{1}{2}O_2 \longrightarrow RCOCOOH+NH_3$$

① 氨基酸通过氨基酸氧化酶进行氧化脱氨作用，这一过程分两步：首先氨基酸在氨基酸氧化酶作用下，脱去一对氢原子，生成相应的亚氨基酸；然后亚氨基酸自发水解生成相应的 *α*- 酮酸，并释放出氨。

② 参与脱氨基反应的酶有三种，分别是 L- 氨基酸氧化酶、D- 氨基酸氧化酶和 L- 谷氨酸脱氢酶。其中 L- 氨基酸氧化酶可以 FMN 或 FAD 为辅基，而 D- 氨基酸氧化酶只能以 FAD 为辅基。

③ L- 氨基酸氧化酶虽然可催化 L- 氨基酸氧化脱氨，但在体内此酶分布不广，活性也不高。D- 氨基酸氧化酶在体内广泛存在，而且活性较强，但体内 D- 氨基酸含量较少。因此这两类酶在体内作用不大。D- 氨基酸氧化酶能使 D- 氨基酸氧化成 *α*- 酮酸，再重新还原氨基化而生成 L- 氨基酸，这可以消除体内 D- 氨基酸，防止非天然 D- 氨基酸进入肽链。在实验室中常用这两种酶来鉴别某种氨基酸的构型，也可以用来分解除去人工合成的消旋混合物中某一种不需要的光学构型。

在体内催化氨基酸氧化脱氨最重要的酶是 L- 谷氨酸脱氢酶。它在肝、肾、脑组织中广泛分布，活性也较强，能催化 L- 谷氨酸脱氢，生成 α- 酮戊二酸及氨（图 10-4 所示）。由于 L- 谷氨酸脱氢酶的反应能与转氨酶的反应相偶联，因此 L- 谷氨酸脱氢酶在体内氨基酸脱氨过程中起重要的作用。

④ 谷氨酸发酵工业上所用的谷氨酸生产菌中的 L- 谷氨酸脱氢酶的活力很强，有利于将糖代谢的中间产物 α- 酮戊二酸转化成谷氨酸。

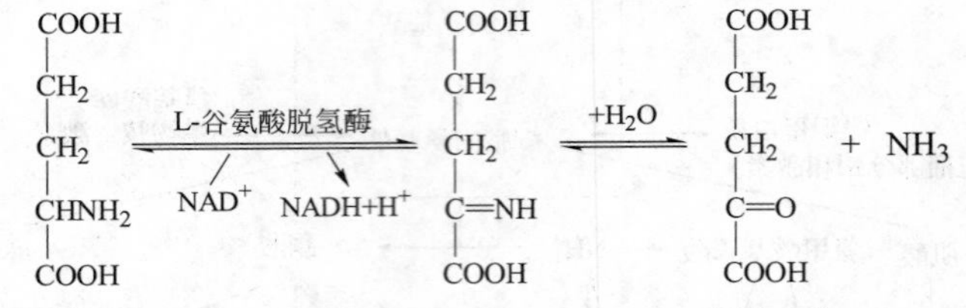

$$\underset{\text{L-谷氨酸}}{HOOC-CH_2-CH_2-CHNH_2-COOH} \xrightleftharpoons[NAD^+ \quad NADH+H^+]{\text{L-谷氨酸脱氢酶}} HOOC-CH_2-CH_2-C(=NH)-COOH \xrightleftharpoons{+H_2O} \underset{\alpha\text{-酮戊二酸}}{HOOC-CH_2-CH_2-C(=O)-COOH} + NH_3$$

图10-4　L-谷氨酸脱氢酶催化的反应

（二）转氨作用

转氨作用指的是，一个氨基酸的氨基在转氨酶的催化下，转移到一个 α- 酮酸分子上，氨基酸转变成 α- 酮酸，而接受氨基的 α- 酮酸则转变成氨基酸（图 10-5）。转氨酶均以磷酸吡哆醛为辅酶。各种转氨酶中以 L- 谷氨酸与 α- 酮戊二酸的转氨体系最为普遍和重要。如谷 - 丙转氨酶（简称 GPT）可催化的反应为：

谷氨酸+丙酮酸$\rightleftharpoons$$\alpha$-酮戊二酸+丙氨酸

$$\underset{\alpha\text{-氨基酸}}{R^1-CH(NH_2)-COOH} + \underset{\alpha\text{-酮酸}}{R^2-C(=O)-COOH} \xrightleftharpoons{\text{转氨酶}} \underset{\alpha\text{-酮酸}}{R^1-C(=O)-COOH} + \underset{\alpha\text{-氨基酸}}{R^2-CH(NH_2)-COOH}$$

图10-5　转氨反应

如谷 - 草转氨酶（简称 GOT）可催化的反应为：

谷氨酸+草酰乙酸$\rightleftharpoons$$\alpha$-酮戊二酸+天冬氨酸

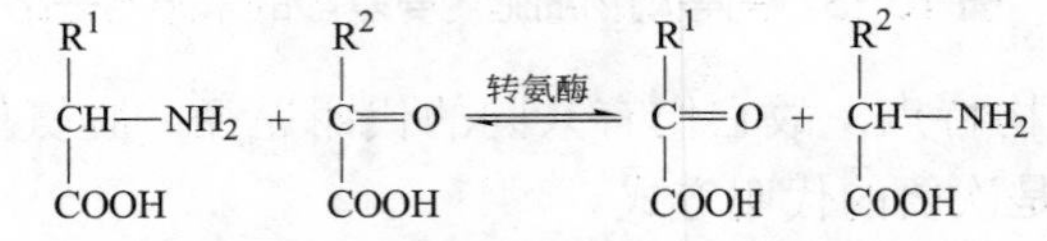

正常情况下，转氨酶存在于细胞内，由于它是蛋白质，不易透出细胞，血浆中的活性很低。但当组织细胞受到炎症性损害，细胞破损或细胞膜的通透性改变时，存在于细胞内的转氨酶即释放入血液，造成血清转氨酶活力明显升高。故临床上常用测定血清转氨酶活性作为诊断和了解肝脏、心肌等疾患的辅助手段。

转氨作用是氨基酸分解、合成及转变过程中的重要反应。多种氨基酸可以通过两种转氨酶偶联，进行连续转氨反应而参与分解代谢。转氨作用还可以将糖代谢产生的丙酮酸、α- 酮戊二酸、草酰乙酸转变为氨基酸，是沟通蛋白质和糖代谢的桥梁。

（三）联合脱氨作用

体内氨基酸的脱氨主要是通过联合脱氨作用进行的。而联合脱氨又可分为转氨偶联氧化脱氨和转氨偶联 AMP 循环脱氨两种方式，分别见图 10-6 和图 10-7。前者存在于肝、肾等组织中，后者主要发生在骨骼肌、心肌、肝脏和脑组织中。

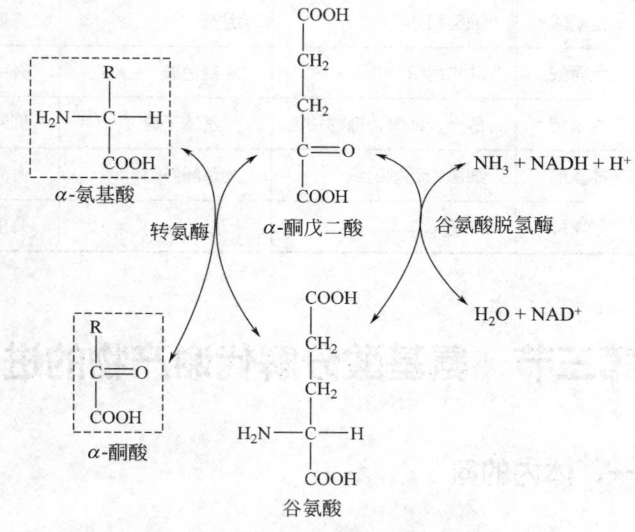

图 10-6　转氨偶联氧化脱氨

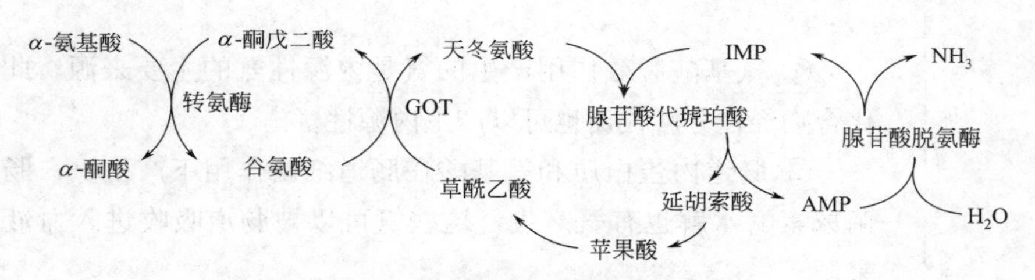

图 10-7　转氨偶联 AMP 循环脱氨

二、氨基酸的脱羧作用

$$RCHNH_2COOH \longrightarrow RCH_2NH_2 + CO_2$$

① 氨基酸在氨基酸脱羧酶催化下进行脱羧反应，排出 CO_2 形成胺。

② 氨基酸脱羧酶以磷酸吡哆醛为辅酶。

③ 脱羧作用是氨基酸分解的正常过程，但不是氨基酸分解的主要途径。

④ 微生物中脱羧酶的含量往往随培养基酸碱度的变化而变化。在含有氨基酸而又偏酸性的培养基中，脱羧酶含量往往增加，脱羧后产生碱性的胺。可以调节培养基的 pH 值，有利于微生物的生长，这是生物具有的自我调节能力。

⑤ 利用专一性较强的脱羧酶对特定的氨基酸可以做定量测定，通过瓦氏呼吸器测压法测定释放出的 CO_2 的量，可以推算出该氨基酸的量。例如谷氨酸发酵工业上目前利用谷氨酸脱羧酶来测定发酵过程中谷氨酸的量。

⑥ 某些氨基酸的脱羧产物具有很强的生理活性，如表 10-1。

表 10-1 某些具有重要生理活性的氨基酸脱羧产物

氨基酸	脱羧酶来源	脱羧产物	产物的生理、药理活性
组氨酸	细菌和动物组织	组氨	降低血压、扩张血管和促进胃液分泌
色氨酸	动物组织	5-羟色胺	升高血压
谷氨酸	酵母、细菌、植物和脑	γ-氨基丁酸	抑制中枢神经系统、抗焦虑
酪氨酸	细菌和动物组织	儿茶酚胺	升高血压
赖氨酸	细菌	尸胺	降低血压

第三节　氨基酸分解代谢产物的进一步代谢

一、体内的氨

（一）体内氨的来源

① 氨基酸脱氨作用产生的氨是内源性氨的主要来源。此外嘌呤、嘧啶类化合物经过分解代谢也可以产生内源性氨。

② 肠道内蛋白质和氨基酸在肠道细菌作用下产生氨，肠道尿素经肠道细菌尿素酶水解也有氨产生，这些氨可以被肠道吸收进入血液，是氨的外源性来源。

肠道 pH 偏碱性时，氨的吸收加强。临床上对高血氨病人采用弱酸性透析液做结肠透析，而禁止用碱性肥皂水灌肠，就是为了减少氨的吸收。

③ 谷氨酰胺在谷氨酰胺酶催化下水解成谷氨酸和氨，这部分氨分泌到肾小管腔中主要与尿中的 H^+ 结合成 NH_4^+，以铵盐的形式由尿排出体外，这对调节机体酸碱平衡起重要作用。

碱性尿妨碍肾小管中 NH_3 的分泌，此时氨被吸收进入血液成为血氨的另一个来源。因此临床上对因肝硬化而产生腹水的病人，不宜使用碱性利尿剂，以免血氨升高。

（二）氨的贮存

生物体内代谢产生的氨如果能贮存，可以避免氮源的浪费。对动物来说，由于容易获得氮源，所以贮存不是主要的。氨在植物中有比较明显的贮存需求。一些含蛋白质较丰富的植物种子（如大豆）在暗处发芽时，能源依靠蛋白质提供。

（三）氨的毒性

氨是毒性很强的化合物，特别是高等动物的脑对氨极为敏感，血液中 1% 的氨就可引起中枢神经系统中毒。其机理是：高浓度氨使三羧酸循环中间产物 α- 酮戊二酸转变成 L- 谷氨酸，使大脑内 α- 酮戊二酸大量减少，甚至缺乏，而导致三羧酸循环无法运转，ATP 生成受到严重的阻碍，引起脑功能受损。以上反应还使 NADPH 大量消耗，严重地影响需要还原力反应的正常进行。因此在动物体内游离氨形成后立即进行代谢，除极少量用以合成核苷酸、非必需氨基酸及某些含氮化合物外，绝大部分转化为无毒物质排出体外。

（四）氨的转运

氨是有毒物质。各组织中产生的氨如何以无毒性的方式经血液运输到肝合成尿素或运至肾以铵盐形式随尿排出现已阐明，氨在血液中主要是以丙氨酸及谷氨酰胺两种形式运输的。

1. 丙氨酸 - 葡萄糖循环

肌肉中的氨基酸经转氨基作用将氨基转给丙酮酸生成丙氨酸；丙氨酸经血液运到肝。在肝中，丙氨酸通过联合脱氨基作用，释放出氨，用于合成尿素。转氨基后生成的丙酮酸可经糖异生途径生成葡萄糖。葡萄糖由血液输送到肌组织，沿糖分解途径转变成丙酮酸，后者再接受氨基而生成丙氨酸。丙氨酸和葡萄糖反复地在肌肉和肝之间进行氨的转运，故将这一途径称为丙氨酸 - 葡萄糖循环 (alanine-glucose cycle)。通过这个循环，既可使肌肉中的氨以无毒的丙氨酸形式运输到肝，同时，肝又为肌肉提供了生成丙酮酸的葡萄糖。丙氨酸 - 葡萄糖循环见图 10-8。

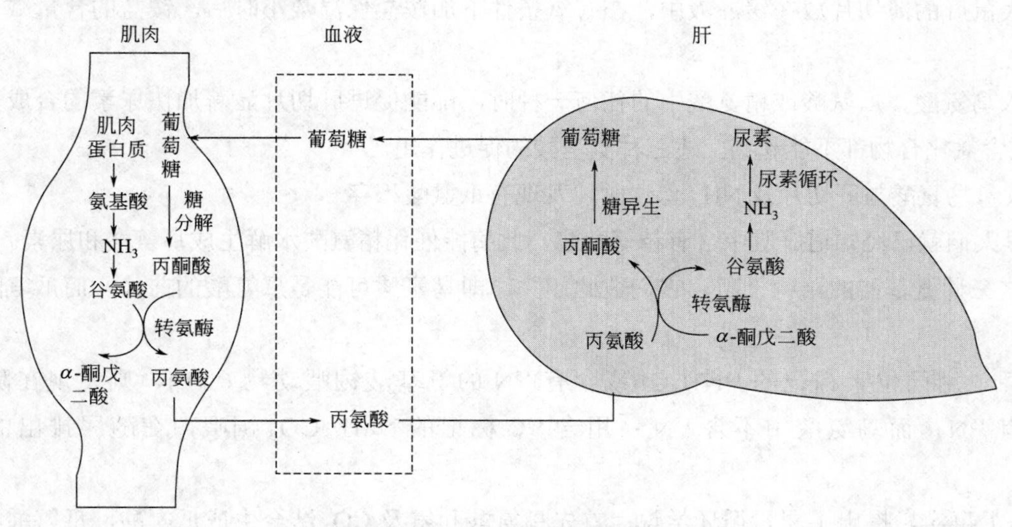

图 10-8　丙氨酸 - 葡萄糖循环

2. 谷氨酰胺的运氨作用

谷氨酰胺是另一种转运氨的形式，它主要从脑、肌肉等组织向肝或肾运氨。氨与谷氨酸在谷氨酰胺合成酶 (glutamine synthetase) 的催化下生成谷氨酰胺（图 10-9），并由血液输送到肝或肾，再经谷氨酰胺酶 (glutaminase) 水解成谷氨酸及氨。谷氨酰胺的合成与分解是由不同酶催化的不可逆反应，其合成需要 ATP 参与，并消耗能量。谷氨酰胺既是氨的解毒产物，也是氨的贮存及运输形式。

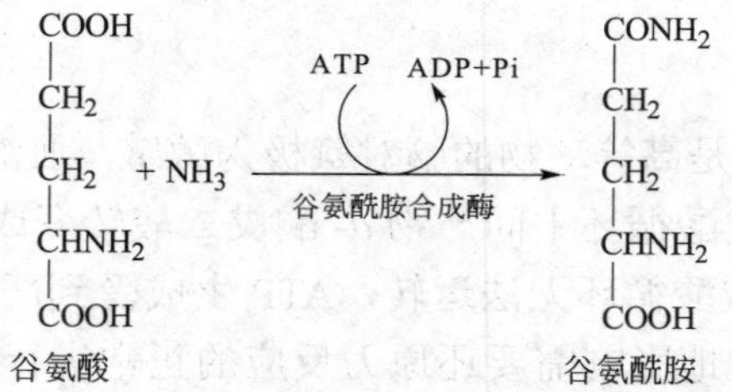

$$\begin{array}{c} COOH \\ | \\ CH_2 \\ | \\ CH_2 \\ | \\ CHNH_2 \\ | \\ COOH \end{array} + NH_3 \xrightarrow[\text{谷氨酰胺合成酶}]{ATP \quad ADP+Pi} \begin{array}{c} CONH_2 \\ | \\ CH_2 \\ | \\ CH_2 \\ | \\ CHNH_2 \\ | \\ COOH \end{array}$$

谷氨酸　　　　谷氨酰胺

图 10-9 谷氨酰胺的运氨作用

二、尿素循环

尿素循环主要存在于两栖动物和哺乳动物的肝细胞，目前在单细胞藻类植物硅藻中已发现存在尿素循环。实验结果表明，尿素主要在肝脏中合成，其他器官如肾脏、脑组织也能合成，但其量极微。正常成人尿素占排氨总量的 80% ～ 90%。体内氨的来源与去路保持动态平衡，使血氨浓度相对稳定。

（一）尿素循环实验依据

1932 年 Hans Krebs（克雷布斯）和 Kurt Henseleit（汉斯雷特）根据一系列实验，首次提出了鸟氨酸循环（ornithine cycle）学说，又称尿素循环（urea cycle）。这是最早发现的代谢循环，比三羧酸循环还要早发现 5 年。其实验依据如下。

① 将大鼠肝的薄切片放在缓冲液中，在有氧条件下加铵盐保温数小时后，铵盐的含量减少，而同时尿素增多。

② 加入鸟氨酸、瓜氨酸或精氨酸中的任何一种时，都能促进肝切片显著加快尿素的合成，而其他任何氨基酸或含氮化合物都不能起到上述三种氨基酸的促进作用。

③ 当大量鸟氨酸与肝切片及 NH_4^+ 保温时，发现有瓜氨酸积存。

④ 较早人们就已经知道肝脏中含有精氨酸酶，此酶能催化精氨酸水解生成鸟氨酸和尿素。

⑤ 从这三种氨基酸的结构推断，它们彼此相关，即鸟氨酸可能是瓜氨酸的前体，而瓜氨酸是精氨酸的前体。

⑥ 其后，用同位素标记的 $^{15}NH_4Cl$ 或含有 ^{15}N 的氨基酸饲喂动物（狗），则发现在随尿排出的尿素中含有 ^{15}N，而鸟氨酸中不含 ^{15}N；用含 ^{14}C 标记的 $NaH^{14}CO_3$ 饲喂，在随尿排出的尿素中也含有 ^{14}C。

基于以上事实，提出了尿素循环学说：首先鸟氨酸和氨及 CO_2 结合生成瓜氨酸，瓜氨酸再接受 1 分子氨而生成精氨酸，精氨酸进一步水解产生尿素，并重新生成鸟氨酸。在循环中鸟氨酸所起的作用与三羧酸循环中的草酰乙酸类似。

（二）尿素循环的详细步骤

研究表明，尿素循环（见图 10-10）的具体过程远比上述复杂，详细过程可分五步反应。

$$\underset{\text{精氨酸}}{NH_2-\underset{}{C}(=NH)-NH-(CH_2)_3-CHNH_2-COOH} + H_2O \xrightarrow{\text{精氨酸酶}} \underset{\text{尿素}}{NH_2-C(=O)-NH_2} + \underset{\text{鸟氨酸}}{NH_2-(CH_2)_3-HC(NH_2)-COOH}$$

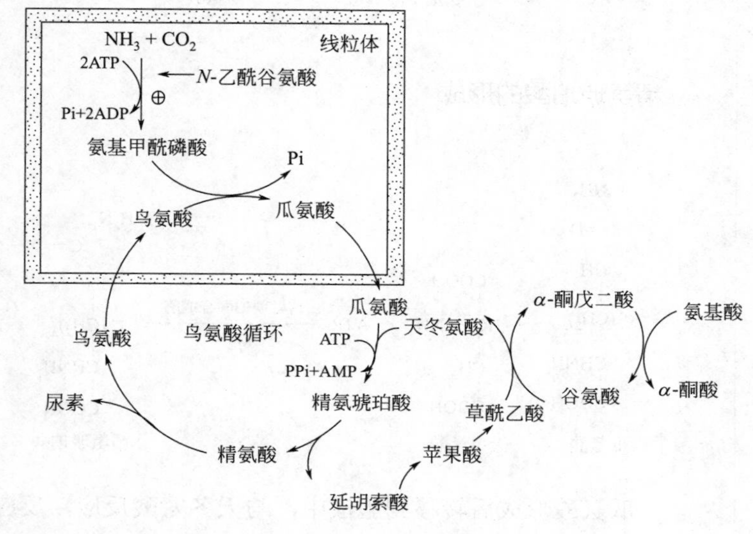

图 10-10　尿素循环

1. 氨甲酰磷酸的形成

$$NH_3 + CO_2 \xrightarrow[N\text{-乙酰谷氨酸，}Mg^{2+}]{2ATP,\ H_2O\ \ \text{氨甲酰磷酸合成酶 I}\ \ 2ADP,\ H_3PO_4} \underset{\text{氨甲酰磷酸}}{N_2H-C(=O)-O-P(=O)(OH)-OH}$$

肝细胞液中由各种氨基酸经转氨作用形成的谷氨酸，透过线粒体膜进入线粒体基质，在谷氨酸脱氢酶作用下形成游离氨，利用三羧酸循环在肝细胞线粒体中产生的 CO_2 和 ATP，在氨甲酰磷酸合成酶 I 催化下进行不可逆反应，同时需要 Mg^{2+}、*N*- 乙酰谷氨酸存在。反应需要消耗 2 个 ATP，形成的产物氨甲酰磷酸是一高能化合物，可作为氨甲基的供体。氨甲酰磷酸的合成是由无机氮合成有机氮的重要反应，是同化氮的重要途径，对植物、微生物来说还是保留氮的重要方式。

2. 瓜氨酸的形成

肝细胞液中的鸟氨酸转移到线粒体内，在鸟氨酸氨甲酰转移酶催化下进行不可逆反应，同时需要

Mg^{2+} 存在。

$$H_2N-\underset{\underset{O}{\parallel}}{C}-O-\underset{\underset{O}{\parallel}}{\overset{\overset{OH}{|}}{P}}-OH + NH_2(CH_2)_3CHNH_2COOH \xrightarrow[\text{生物素}]{\text{鸟氨酸氨甲酰转移酶}} NH_2-\underset{\underset{O}{\parallel}}{C}-NH(CH_2)_3CHNH_2COOH + H_3PO_4$$

氨基甲酰磷酸　鸟氨酸　瓜氨酸

3. 精氨琥珀酸的形成

$$NH_2-\underset{\underset{O}{\parallel}}{C}-NH(CH_2)_3CHNH_2COOH + HOOC-CH(NH_2)-CH_2-COOH + ATP \xrightarrow[Mg^{2+}]{\text{精氨琥珀酸合成酶}} H_2N-\underset{\underset{HN(CH_2)_3CHNH_2COOH}{|}}{C}=N-\underset{\underset{CH_2COOH}{|}}{\overset{\overset{COOH}{|}}{CH}} + AMP+PPi$$

瓜氨酸　天冬氨酸　精氨琥珀酸

瓜氨酸形成后转移到胞液中，与天冬氨酸反应，反应由精氨琥珀酸合成酶催化，需 Mg^{2+} 和 ATP 提供能量。天冬氨酸可以由草酰乙酸与谷氨酸经转氨作用产生，而谷氨酸的氨基可来自于体内多种氨基酸，故各种氨基酸的氨基都可以通过天冬氨酸的形式参与尿素合成。

4. 精氨琥珀酸的裂解

$$H_2N-\underset{\underset{HN(CH_2)_3CHNH_2COOH}{|}}{C}=N-\underset{\underset{CH_2COOH}{|}}{\overset{\overset{COOH}{|}}{CH}} \xrightarrow{\text{精氨琥珀酸裂合酶}} NH_2-\underset{\underset{NH(CH_2)_3CHNH_2COOH}{|}}{C}=NH + HOOC-CH=CH-COOH$$

精氨琥珀酸　精氨酸　延胡索酸

这是在胞液中由精氨琥珀酸裂合酶催化的分解反应。天冬氨酸中的氨基转移成为精氨酸的组分，碳骨架形成延胡索酸，而延胡索酸可以进入三羧酸循环变成草酰乙酸，与谷氨酸经转氨作用，又可重新生成天冬氨酸。由此通过延胡索酸和天冬氨酸，可使尿素循环和三羧酸循环联系起来。

5. 尿素的形成

尿素形成的反应是在胞液中由精氨酸酶催化的不可逆反应。生成的尿素作为代谢终产物排出体外。鸟氨酸由胞液转运到线粒体基质中，参与另一轮的尿素循环，尿素循环示意见图 10-10。

（三）尿素循环的生理意义

尿素循环的总反应方程式为：

$$NH_3 + HCO_3^- + \text{天冬氨酸} + 3ATP \longrightarrow \text{尿素} + \text{延胡索酸} + 2ADP + AMP + PPi + 2Pi$$

① 通过尿素循环，2 分子 NH_3 与 1 分子 CO_2 结合生成 1 分子尿素。尿素是中性、无毒、水溶性很强的物质，由血液运输至肾脏，从尿中排出。因此形成尿素不仅可以解除氨的毒性，还可以减少体内由三羧酸循环产生的 CO_2 溶于血液中所产生的酸性。

② 尿素形成过程的前两个步骤是在肝细胞的线粒体中完成的，这可以防止过量的游离氨积累于血液中而引起神经中毒；而后三个步骤都是在胞液中完成的，尿素形成后由血液带入肾脏随尿排出体外。由此可见尿素形成过程在机体的不同器官、组织以及细胞内的职能分工有利于生物体的自我保护。

③ 尿素分子中的两个氮原子，一个来自氨，另一个来自天冬氨酸，而天冬氨酸又可以由其他氨基酸通过转氨作用而产生。由此尿素分子中两个氮原子的来源虽然不同，但都直接或间接来自各种氨基酸。

④ 解除氨的毒性付出的代价就是需要消耗能量，在合成 1 分子尿素过程中共消耗了 4 个高能磷酸键。

肝脏是合成尿素的主要器官，而尿素的排出主要由肾脏承担。当肝脏功能受到损害时。必将影响尿素的合成，引起血氨的升高，临床上常用精氨酸作为促进尿素合成的药物。当肾脏功能发生障碍时，尿素和其他含氮物质的排泄将受到阻碍，血液中尿素发生积累，因此测定血液中尿素氮的含量可以作为检查肾功能的一项生化指标。同时尿素渗入肠道后被细菌脲酶作用又生成氨，也会引起血氨浓度的上升。临床上主要利用人工肾的透析作用清除血液中的含氮废物。

概念检查 10.1

○ 试从尿素循环的角度解释西瓜利尿的原因。

三、氨的其他去路

氨基酸脱下的氨，除了进尿素循环合成尿素、形成谷氨酰胺进行氨的转运和贮存外，还有一些可进入其他途径合成别的物质，如合成嘧啶化合物。合成氨甲酰磷酸的酶类有两种：一种分布于线粒体基质内，参与尿素循环；另一种分布在胞液中，合成的氨甲酰磷酸参与嘧啶核苷酸的生物合成，此时的氨供体是谷氨酰胺的酰胺基。

四、α- 酮酸的代谢

氨基酸脱去氨基后生成 α- 酮酸即氨基酸的碳骨架，可以有三条代谢途径。

（一）再合成氨基酸

α- 酮酸可经过还原氨基化作用或转氨作用生成新的非必需氨基酸。

体内氨基酸的脱氨基作用和氨基化作用，互为可逆反应。当体内氨基酸过剩时，脱氨基作用旺盛；在需要氨基酸时，还原氨基化作用又转而加强，将 α- 酮酸合成新的氨基酸，使反应处于动态平衡、相互协调统一的状态中。

（二）进入三羧酸循环，氧化成 CO_2 和水

生物体内 20 种氨基酸脱氨后生成的 α- 酮酸，可经过不同的酶系催化进行氧化分解。虽然氨基酸的氧化分解途径各异，但它们都集中形成了五种产物进入三羧酸循环，包括乙酰 -CoA，α- 酮戊二酸，琥珀酰 -CoA，延胡索酸和草酰乙酸，最后氧化分解生成 CO_2 和 H_2O。同时产生的 ATP 供给机体的各种需能过程（图 10-11）。

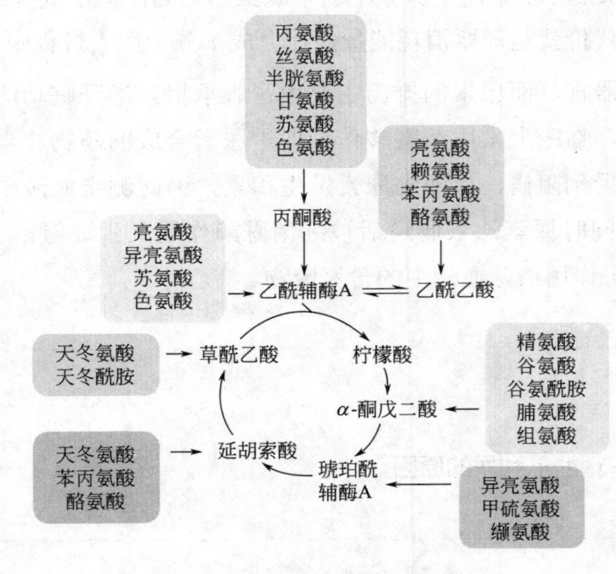

图 10-11 各种氨基酸的氧化情况

（三）转化成糖及脂肪

1. 转化条件

当体内不需要将 α- 酮酸再合成氨基酸，并且体内的能量供给充足时，α- 酮酸可以转化成糖和脂肪贮存起来。

2. 证明实验

用氨基酸饲喂患人工糖尿病的狗，大多数氨基酸可使尿葡萄糖增加，少数几种则使葡萄糖和酮体的排出量同时增加，而亮氨酸则只能使酮体增加。用同位素标记氨基酸的实验也证实了上述营养学研究的结果。

3. 生糖氨基酸、生酮氨基酸、生糖兼生酮氨基酸

① 某些氨基酸脱氨后生成的 *α*- 酮酸可转变为丙酮酸以及三羧酸循环的中间产物，经过糖异生作用转变为糖，称为生糖氨基酸。

② 某些氨基酸脱氨后生成的 *α*- 酮酸可转变为乙酰 -CoA 或乙酰乙酸，前者为酮体和脂肪酸合成的前体，后者本身就是酮体，称为生酮氨基酸。

③ 在体内既能生糖又能生酮的氨基酸称为生糖兼生酮氨基酸，它们既可按糖代谢途径又可按脂代谢途径进行代谢。20 种氨基酸中只有亮氨酸和赖氨酸属于严格生酮氨基酸；异亮氨酸、苯丙氨酸、酪氨酸、色氨酸、苏氨酸是生糖兼生酮氨基酸；其他 13 种属生糖氨基酸。

④ 必需氨基酸仅少部分是生糖氨基酸，这部分氨基酸转化成糖的过程是不可逆的。由此，机体可利用糖来合成体内某些氨基酸 (非必需氨基酸)，而不能合成体内的全部氨基酸。

⑤ 能生酮的氨基酸多数是必需氨基酸 (除了酪氨酸)，因为氨基酸转化成酮体的过程是不可逆的。

由此可见，脂肪很少或不能用来合成氨基酸。

概念检查 10.2

○ 哪两种氨基酸属于严格生酮氨基酸?

五、一碳单位的代谢

某些氨基酸在分解代谢过程中可以产生含有一个碳原子的基团（CO_2 除外），称为一碳单位。体内的一碳单位有：甲基（$—CH_3$）、甲烯基（或亚甲基，$—CH_2—$）、甲炔基（或次甲基，—CH =）、甲酰基（—CHO）及亚氨甲基（—CH=NH）等。一碳单位不能游离存在，常与四氢叶酸（FH_4）结合进行转运和参加代谢。

（一）一碳单位与四氢叶酸（FH_4）

FH_4 是一碳单位的载体，实际上 FH_4 就是一碳基团转移酶的辅酶。哺乳类动物体内，FH_4 可由叶酸经二氢叶酸还原酶的催化，通过两步还原反应生成。一碳单位通常结合在 FH_4 分子的 N^5，N^{10} 位上（见图 10-12）。

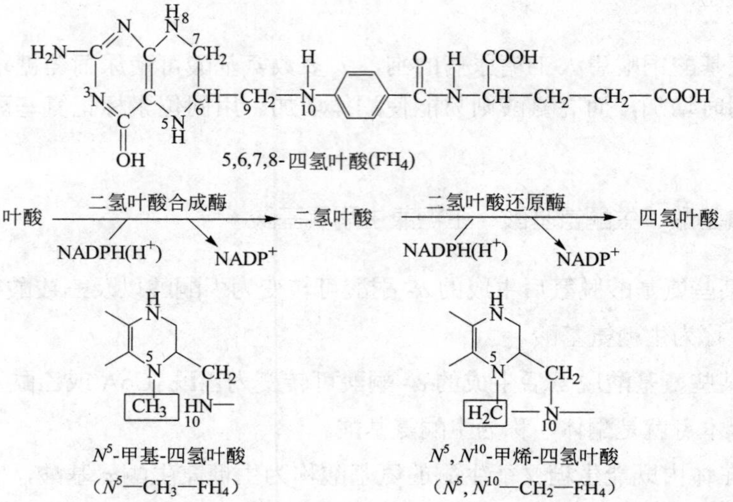

5,6,7,8-四氢叶酸(FH_4)

$$\text{叶酸} \xrightarrow[\text{NADPH(H}^+\text{)} \rightarrow \text{NADP}^+]{\text{二氢叶酸合成酶}} \text{二氢叶酸} \xrightarrow[\text{NADPH(H}^+\text{)} \rightarrow \text{NADP}^+]{\text{二氢叶酸还原酶}} \text{四氢叶酸}$$

N^5-甲基-四氢叶酸（$N^5—CH_3—FH_4$）

N^5, N^{10}-甲烯-四氢叶酸（$N^5, N^{10}—CH_2—FH_4$）

图 10-12　FH_4 结构及与一碳单位的结合部位

（二）一碳单位与氨基酸代谢

一碳单位主要来源于丝氨酸、甘氨酸、组氨酸及色氨酸（见图 10-13）。

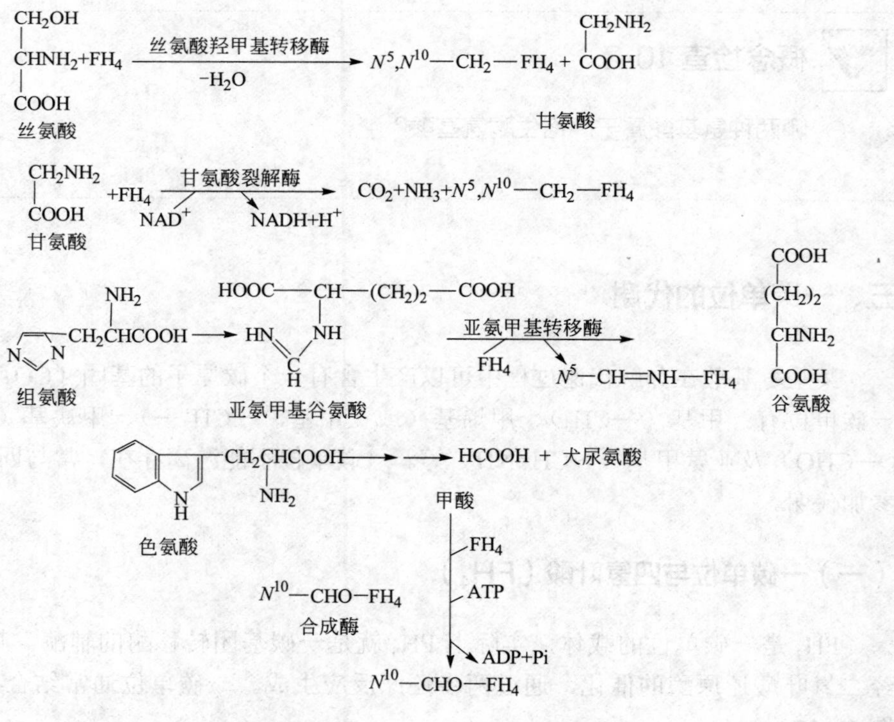

$$\underset{\text{丝氨酸}}{HOCH_2CH(NH_2)COOH} + FH_4 \xrightarrow[-H_2O]{\text{丝氨酸羟甲基转移酶}} N^5,N^{10}—CH_2—FH_4 + \underset{\text{甘氨酸}}{CH_2NH_2COOH}$$

$$\underset{\text{甘氨酸}}{CH_2NH_2COOH} + FH_4 \xrightarrow[NAD^+ \rightarrow NADH+H^+]{\text{甘氨酸裂解酶}} CO_2+NH_3+N^5,N^{10}—CH_2—FH_4$$

$$\text{组氨酸} \longrightarrow \underset{\text{亚氨甲基谷氨酸}}{HOOC—CH—(CH_2)_2—COOH} \xrightarrow[FH_4 \rightarrow N^5—CH{=}NH—FH_4]{\text{亚氨甲基转移酶}} \underset{\text{谷氨酸}}{HOOC(CH_2)_2CHNH_2COOH}$$

$$\text{色氨酸} \longrightarrow \longrightarrow HCOOH + \text{犬尿氨酸}$$

$$\text{甲酸} \xrightarrow[ATP \rightarrow ADP+Pi]{FH_4,\ N^{10}—CHO—FH_4\ \text{合成酶}} N^{10}—CHO—FH_4$$

图 10-13　一碳单位的氨基酸来源

（三）一碳单位的相互转变

各种不同形式一碳单位中碳原子的氧化状态不同，在适当条件下，它们可以通过氧化还原反应彼此转变（图 10-14）。但在这些反应中，N^5- 甲基四氢叶酸的生成基本是不可逆的。

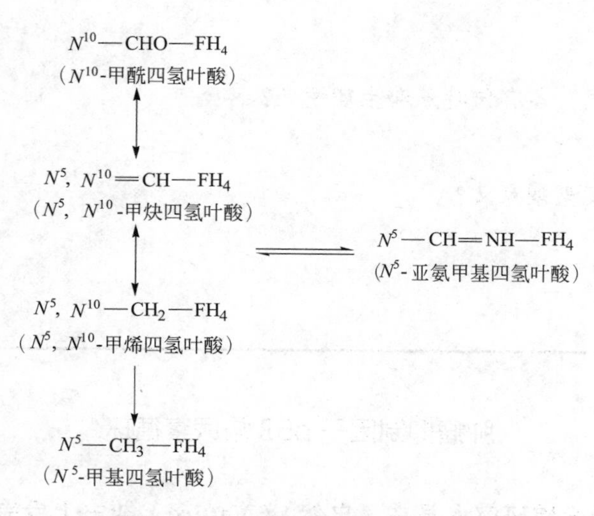

图 10-14　一碳单位的相互转变

（四）一碳单位的生理作用

一碳单位的主要生理作用是作为合成嘌呤及嘧啶的原料，故在核酸生物合成中占有重要地位。例如，N^{10}— CHO — FH_4 与 N^5，N^{10} ═ CH — FH_4 分别提供嘌呤合成时 C2 与 C8 的来源；N^5，N^{10} — CH_2 — FH_4 提供胸苷酸（dTMP）合成时甲基的来源（见核苷酸合成代谢）。由此可见，与乙酰辅酶 A（二碳化合物）在联系糖、脂、氨基酸代谢中所起的枢纽作用相类似，一碳单位将氨基酸与核酸代谢密切联系起来。一碳单位代谢的障碍可造成某些病理情况，例如巨幼红细胞贫血等。磺胺药及某些抗恶性肿瘤药（氨甲蝶呤等）也正是分别通过干扰细菌及恶性肿瘤细胞的叶酸、四氢叶酸合成，进一步影响一碳单位代谢与核酸合成而发挥其药理作用。

六、CO_2 的代谢

氨基酸脱羧后形成的 CO_2 大部分直接排出细胞外，小部分可通过丙酮酸羧化支路被固定，生成草酰乙酸或苹果酸。这些有机酸的生成对于三羧酸循环及通过三羧酸循环产生发酵产物又有促进作用。

七、胺的代谢

氨基酸脱羧后形成的胺可在胺氧化酶的催化下生成醛。醛在醛脱氢酶的催化下，加水脱氢生成有机酸。有机酸再经 β- 氧化作用，生成乙酰 CoA。乙酰 CoA 进入三羧酸循环，最后被氧化成 CO_2 和 H_2O。

习题

1. 体内氨基酸脱氨有哪些方式？各有何特点和生理意义？
2. 血氨有哪些来源和去路？
3. 说明尿素循环的主要过程及生理意义？
4. 何谓一碳基团？

科研实例

肿瘤抑制因子 p53 与尿素循环

2019 年，清华大学生命学院研究人员在《自然》（*Nature*）杂志上发表了题为《p53 regulation of ammonia metabolism through urea cycle controls polyamine biosynthesis》的研究论文，发现肿瘤细胞内介导氨代谢的尿素循环受到肿瘤抑制因子 p53 的调控，影响尿素循环代谢酶的表达和氨基酸的合成。

肿瘤细胞为了满足其快速增殖或存活的需要，会改变其一些重要的代谢途径，而异常改变的、高活性的代谢过程往往会伴随着氨的生成，包括蛋白质降解和含氮物质的合成代谢等。2019 年，清华大学生命学院研究人员在《自然》杂志上发表了题为《p53 regulation of ammonia metabolism through urea cycle controls polyamine biosynthesis》的研究论文，报道了肿瘤氨代谢异常的分子调控机制和功能。该研究工作发现肿瘤细胞内介导氨代谢的尿素循环受到肿瘤抑制因子 p53 的调控，该因子缺失或突变的肿瘤细胞或小鼠体内表现出高水平的尿素循环代谢酶的表达和氨基酸的合成。体内、体外的研究数据表明，p53 对尿素循环的抑制导致了氨的积累和肿瘤生长的抑制。

尿素循环相关代谢酶的表达和功能具有组织依赖的特性，而 p53 调控了该循环途径中一半以上的反应步骤，在一定程度上暗示了对于氨代谢的调控可能是 p53 影响肿瘤发生发展的重要因素。研究人员对氨累积抑制肿瘤的机制进行了更加深入地挖掘，发现多胺合成途径中的限速酶 ODC (ornithine decarboxylase）的活性与 p53 的表达，尿素循环的活性，以及氨累积呈现显著的负相关。p53 抑制尿素循环代谢途径导致的氨累积可直接下调 ODC 的 mRNA 翻译，进而使细胞内总体 ODC 的活性降低，使得多胺合成受阻，从而减慢肿瘤细胞的增殖。该研究工作首次将 p53 与氨代谢直接联系起来，揭示了氨的过度积累可以被 ODC 的蛋白质翻译过程所“感知”，具有调控多胺合成，从而影响肿瘤细胞增殖的生物学功能。

思维导图

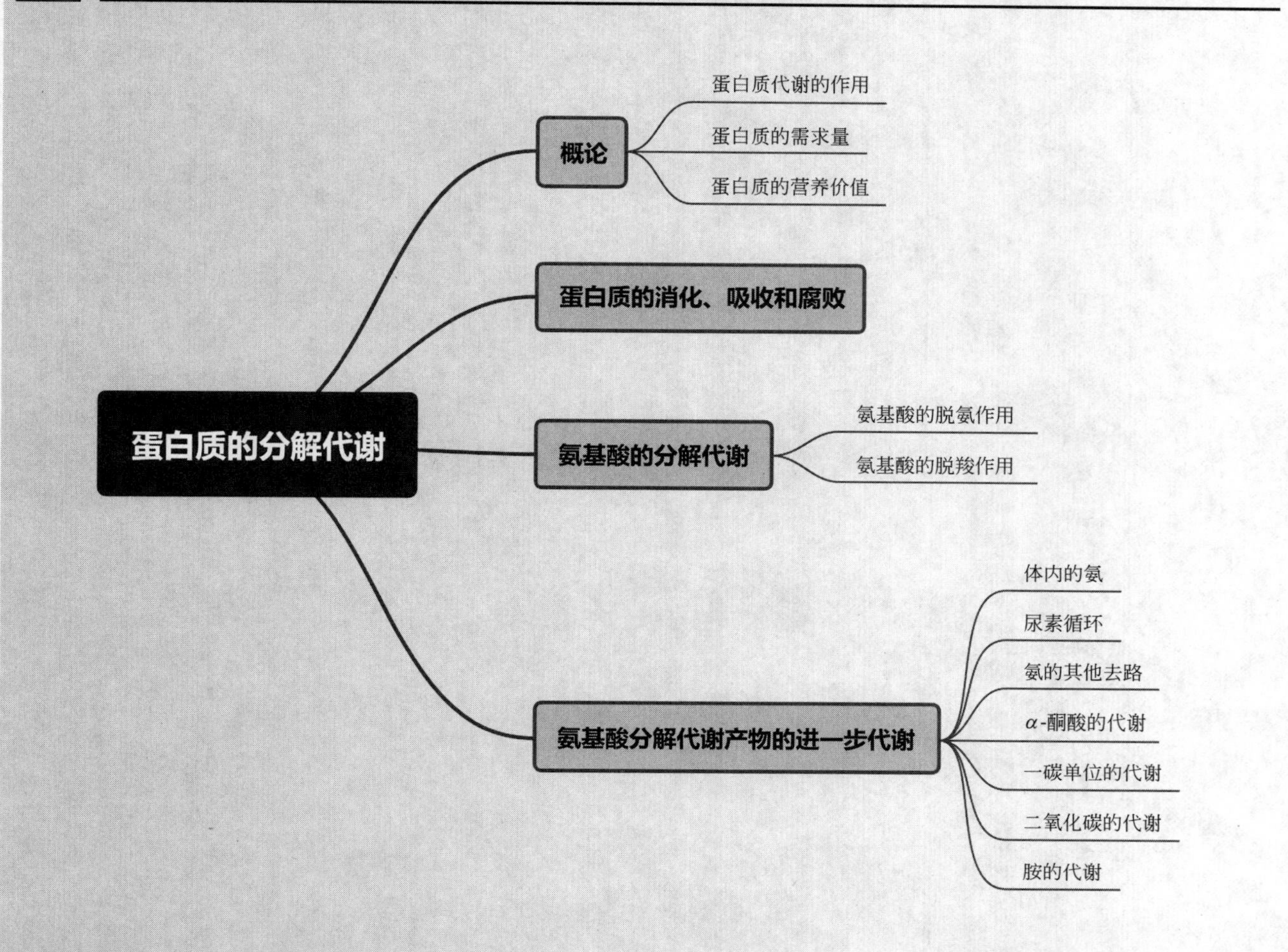
蛋白质的分解代谢
概论
蛋白质代谢的作用
蛋白质的需求量
蛋白质的营养价值
蛋白质的消化、吸收和腐败
氨基酸的分解代谢
氨基酸的脱氨作用
氨基酸的脱羧作用
氨基酸分解代谢产物的进一步代谢
体内的氨
尿素循环
氨的其他去路
α-酮酸的代谢
一碳单位的代谢
二氧化碳的代谢
胺的代谢

第十一章　核苷酸的代谢

○○ —— ○○ ○ ○○ ——

学习目标

- ○ 了解嘌呤和嘧啶核苷酸分解所需酶以及分解代谢产物。
- ○ 掌握嘌呤和嘧啶核苷酸从头合成的过程以及最初产物。
- ○ 掌握嘌呤和嘧啶核苷酸合成的补救途径。
- ○ 学会比较嘌呤核苷酸和嘧啶核苷酸合成途径的差异。
- ○ 了解核苷酸代谢紊乱性疾病。
- ○ 理解根据核苷酸的生物合成设计抗癌药的机理。

核苷酸的代谢过程在体内有重要地位，其代谢产物几乎参与所有的生物化学过程。它们是DNA和RNA的活性前体，其衍生物是许多生物合成中的活化中间产物，也是重要的代谢调节物。腺嘌呤核苷酸是生物体系中普遍通用的能量货币（如ATP）和辅酶或辅基的组分（如NAD^+、FAD和CoA）。

第一节　核苷酸的降解

食物中的核酸多与蛋白质结合为核蛋白，在胃中受胃酸作用，或在小肠中受蛋白酶作用，分解为核酸和蛋白质。核酸主要在十二指肠由胰核酸酶（pancreatic nucleases）和小肠磷酸二酯酶（phosphodiesterases）降解为单核苷酸。核苷酸由不同的碱基特异性核苷酸酶（nucleotidases）催化，水解为核苷和磷酸。核苷可直接被小肠黏膜吸收，或在核苷酶（nucleosidases）和核苷磷酸化酶（nucleoside phosphorylases）作用下，水解为碱基、戊糖或1-磷酸戊糖。碱基可进一步水解，核糖或磷酸核糖则可融入糖代谢。

一、嘌呤核苷酸的分解代谢

嘌呤核苷酸在核苷酸酶催化下脱去磷酸成为嘌呤核苷，嘌呤核苷在嘌呤核苷磷酸化酶（purine

nucleoside phosphorylase, PNP）的催化下转变为嘌呤。嘌呤核苷及嘌呤又可经水解、脱氨及氧化作用生成尿酸（图 11-1）。

哺乳动物中，腺苷和脱氧腺苷不能直接由 PNP 分解，而是在核苷和核苷酸水平上分别由腺苷脱氨酶（adenosine deaminase, ADA）和腺苷酸脱氨酶（AMP deaminase）催化脱氨生成次黄嘌呤核苷或次黄嘌呤核苷酸。它们再水解成次黄嘌呤，并在黄嘌呤氧化酶（xanthine oxidase）的催化下逐步氧化为黄嘌呤和尿酸（uric acid）。ADA 的遗传性缺乏，可选择性清除淋巴细胞，导致严重联合免疫缺陷病（severe combined immunodeficiency disease, SCID）。

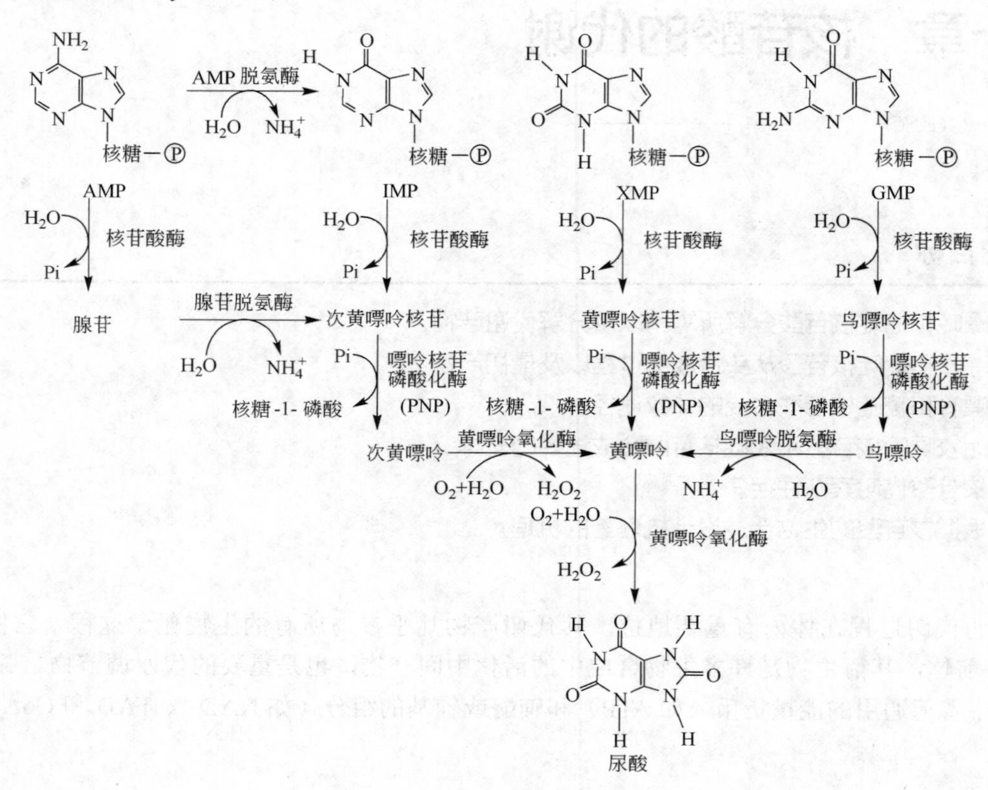

图 11-1　嘌呤核苷酸的分解代谢

二、嘧啶核苷酸的分解代谢

嘧啶核苷酸的分解代谢途径与嘌呤核苷酸相似。首先通过核苷酸酶及核苷磷酸化酶的作用，分别除去磷酸和核糖，产生的嘧啶碱再进一步分解。嘧啶的分解代谢主要在肝脏中进行。分解代谢过程中有脱氨基、氧化、还原及脱羧基等反应。

胞嘧啶脱氨基转变为尿嘧啶。尿嘧啶和胸腺嘧啶先在二氢嘧啶脱氢酶的催化下，由 NADPH + H^+供氢，分别还原为二氢尿嘧啶和二氢胸腺嘧啶。二氢嘧啶酶催化嘧啶环水解，分别生成嘧啶分解代谢的终产物——β- 丙氨酸（β-alanine）和 β- 氨基异丁酸（β-aminoiso- butyrate）。β- 丙氨酸和 β- 氨基异丁酸可通过转氨基和活化反应转变成丙二酸单酰 CoA（脂肪酸合成的前体）和甲基丙二酸单酰 CoA（可转变为琥珀酰 CoA，进入柠檬酸循环）。因此，在一定程度上，嘧啶核苷酸的分解代谢有利于细胞的能量代谢。嘧啶核苷酸分解代谢见图 11-2。

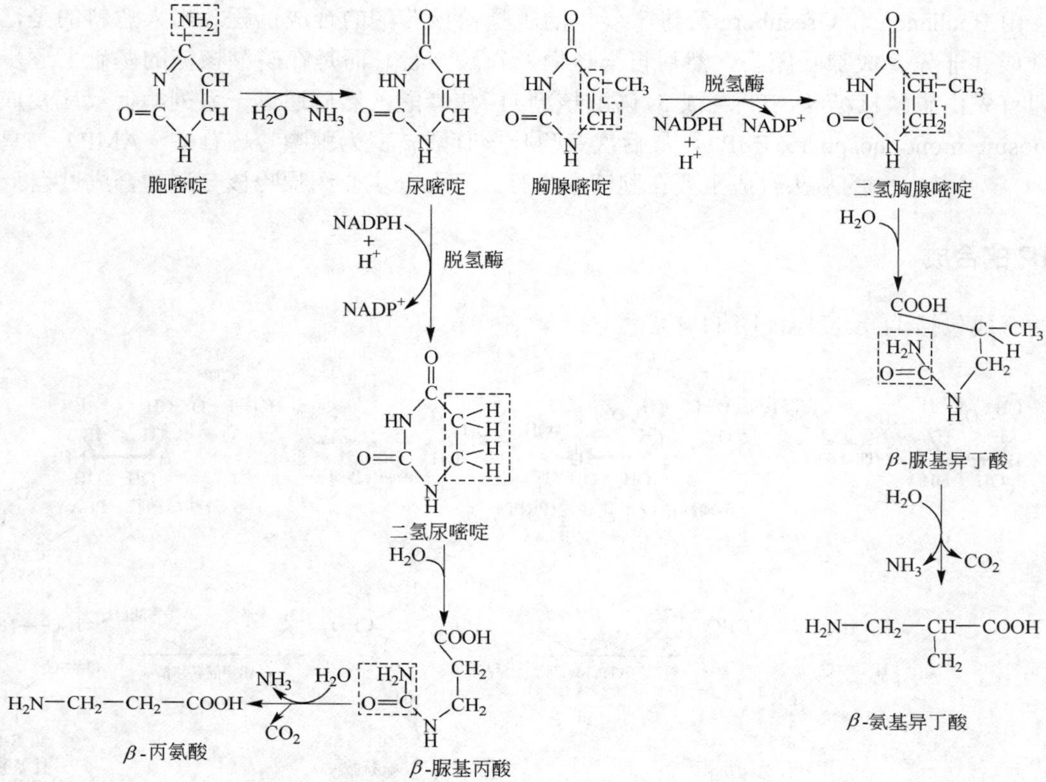

图 11-2　嘧啶核苷酸的分解代谢

第二节　嘌呤类核苷酸的生物合成

体内嘌呤核苷酸的合成有两条途径：①利用磷酸核糖、氨基酸、一碳单位及 CO_2 等简单物质为原料合成嘌呤核苷酸的过程，称为从头合成途径（denovo synthesis），是体内的主要合成途径；②利用体内游离嘌呤或嘌呤核苷，经简单反应过程生成嘌呤核苷酸的过程，称补救途径（salvage pathway）。在部分组织如脑、骨髓中只能通过此途径合成核苷酸。

一、嘌呤核苷酸的从头合成

早在 1948 年，J. Buchanan 等采用同位素示踪技术，以同位素标记的不同化合物喂养鸽子，并测定排出的尿酸中标记原子的位置，证实合成嘌呤的前体为：氨基酸（甘氨酸、天冬氨酸和谷氨酰胺）、CO_2 和一碳单位。具体各原子的来源如下：嘌呤环中的第 1 位 N 来自天冬氨酸的氨基氮；第 3 位及第 9 位 N 来自谷氨酰胺的酰胺氮；第 2 位及第 8 位 C 来自一碳基团；第 6 位 C 来自 CO_2；而第 4 位 C、第 5 位 C 及第 7 位 N 则来自甘氨酸，其中一碳基团也主要由氨基酸在体内分解时产生（图 11-3）。

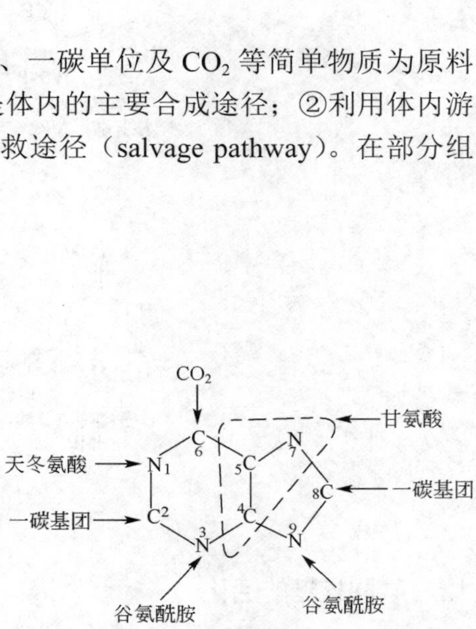

图 11-3　嘌呤环合成的原子来源

随后，由 Buchanan 和 Greenberg 等进一步搞清了嘌呤核苷酸的合成过程。出人意料的是，体内嘌呤核苷酸的合成并非先合成嘌呤碱基，然后再与核糖及磷酸结合，而是在磷酸核糖的基础上逐步合成嘌呤核苷酸，即首先由磷酸核糖和 ATP 合成 5- 磷酸核糖 -1- 焦磷酸，然后通过一系列酶促反应生成次黄嘌呤核苷酸（inosine monophosphate, IMP），最后次黄嘌呤核苷酸转变为腺嘌呤核苷酸（AMP）与鸟嘌呤核苷酸（GMP）。嘌呤核苷酸的从头合成主要在胞液中进行。下面分步介绍嘌呤核苷酸的合成过程。

（一）IMP 的合成

IMP 的合成包括 11 步反应（图 11-4）。

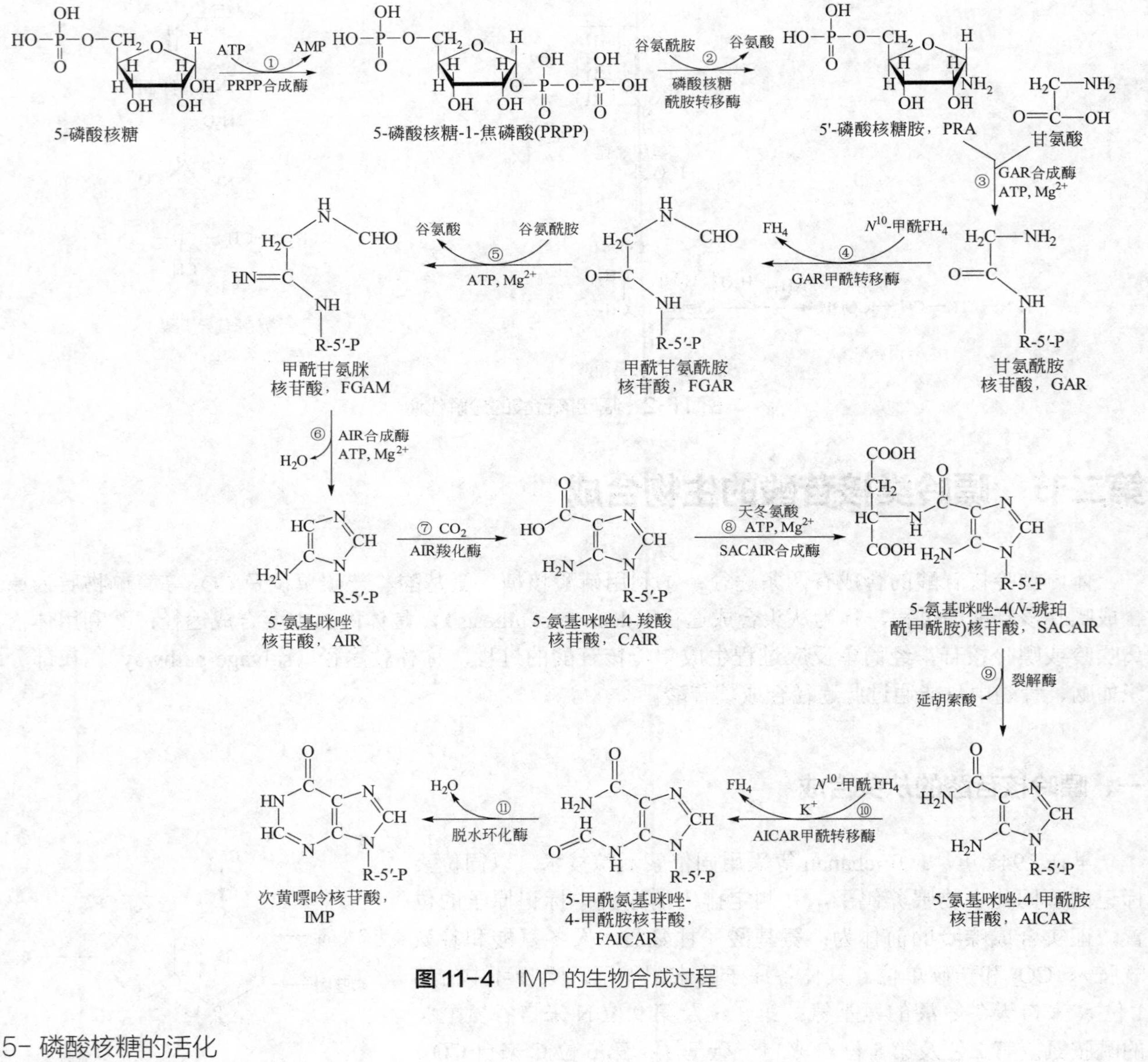

图 11-4 IMP 的生物合成过程

1.5- 磷酸核糖的活化

嘌呤核苷酸合成的起始物为 5- 磷酸核糖，是磷酸戊糖途径代谢产物。嘌呤核苷酸生物合成的第一步是由磷酸核糖焦磷酸激酶（ribose phosphate pyrophosphokinase）催化，与 ATP 反应生成 5- 磷酸核糖 -1-

焦磷酸（5-phosphoribosyl 1-pyrophosphate，PRPP）。此反应中 ATP 的焦磷酸根直接转移到 5- 磷酸核糖 C1 位上。PRPP 同时也是嘧啶核苷酸及组氨酸、色氨酸合成的前体。因此，磷酸戊糖焦磷酸激酶是多种生物合成过程的重要酶，此酶为一变构酶，受多种代谢产物的变构调节。如 PPi 和 2,3-DPG 为其变构激活剂。ADP 和 GDP 为变构抑制剂。

2. 获得嘌呤的 N9 原子

由磷酸核糖酰胺转移酶（amidophosphoribosyl transferase）催化，谷氨酰胺提供酰胺基取代 PRPP 的焦磷酸基团，形成 5′- 磷酸核糖胺（5′-phosphoribosylamine，PRA）。此步反应由焦磷酸的水解供能，是嘌呤合成的限速步骤。酰胺转移酶为限速酶，受嘌呤核苷酸的反馈抑制。

3. 获得嘌呤 C4、C5 和 N7 原子

由甘氨酰胺核苷酸合成酶（glycinamide ribotide synthetase）催化甘氨酸与 PRA 缩合，生成甘氨酰胺核苷酸（glycinamide ribotide, GAR）。由 ATP 水解供能。此步反应为可逆反应，是合成过程中唯一可同时获得多个原子的反应。

4. 获得嘌呤 C8 原子

GAR 的自由 *α*- 氨基甲酰化生成甲酰甘氨酰胺核苷酸（formylglycinamide ribotide, FGAR）。由 N^{10}- 甲酰 -FH_4 提供甲酰基。催化此反应的酶为 GAR 甲酰转移酶（GAR transformylase）。

5. 获得嘌呤的 N3 原子

第二个谷氨酰胺的酰氨基转移到正在生成的嘌呤环上，生成甲酰甘氨脒核苷酸（formylglycinamidine ribotide, FGAM）。此反应为耗能反应，由 ATP 水解供能。

6. 嘌呤咪唑环的形成

FGAM 经过耗能的分子内重排，环化生成 5- 氨基咪唑核苷酸（5-aminoimidazole ribotide, AIR）。

7. 获得嘌呤 C6 原子

C_6 原子由 CO_2 提供，由 AIR 羧化酶（AIR carboxylase）催化生成羧基氨基咪唑核苷酸（carboxyamino imidazole ribotide, CAIR）。

8. 获得 N1 原子

由天冬氨酸与 CAIR 缩合反应，生成 5- 氨基咪唑 -4-（*N*- 琥珀酰甲酰胺）核苷酸 [5- aminoimidazole-4-（*N*-succinylcarboxamide）ribotide, SACAIR]。此反应与步骤 3 相似，由 ATP 水解供能。

9. 去除延胡索酸

SACAIR 在裂解酶催化下脱去延胡索酸生成 5- 氨基咪唑 -4- 甲酰胺核苷酸（5-aminoimidazole-4-

carboxamide ribotide, AICAR)。步骤 8、步骤 9 这两步反应与尿素循环中精氨酸生成鸟氨酸的反应相似。

10. 获得 C2

嘌呤环的最后一个 C 原子由 N^{10}- 甲酰 -FH_4 提供，由 AICAR 甲酰转移酶催化 AICAR 甲酰化生成 5- 甲酰氨基咪唑 -4- 甲酰胺核苷酸（5-formaminoimidazole-4carboxyamide ribotide, FAICAR）。

11. 环化生成 IMP

FAICAR 脱水环化生成 IMP。与步骤 6 反应相反，此环化反应无需 ATP 供能。

（二）由 IMP 生成 AMP 和 GMP

上述反应生成的 IMP 并不堆积在细胞内，而是迅速转变为 AMP 和 GMP（图 11-5）。AMP 与 IMP 的差别仅是 6 位酮基被氨基取代，此反应由两步反应完成。

① 天冬氨酸的氨基与 IMP 相连生成腺苷酸代琥珀酸（adenylsuccinate），由腺苷酸代琥珀酸合成酶催化，GTP 水解供能。

② 在腺苷酸代琥珀酸裂解酶作用下脱去延胡索酸生成 AMP。

GMP 的生成也由两步反应完成。

① IMP 由 IMP 脱氢酶催化，以 NAD^+为受氢体，氧化生成黄嘌呤核苷酸（xanthosine monophosphate, XMP）。

② 谷氨酰胺提供酰胺基取代 XMP 中 C2 位上的氧生成 GMP，此反应由 GMP 合成酶催化，由 ATP 水解供能。

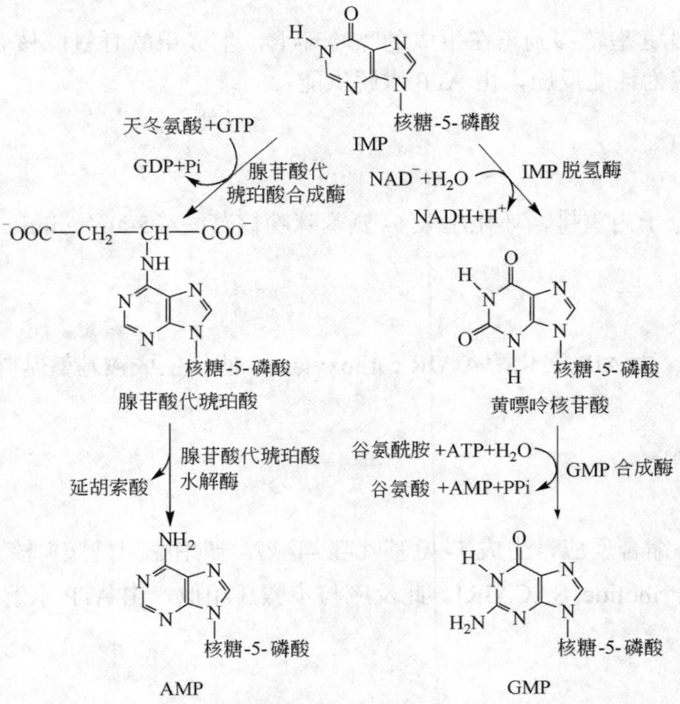

图 11-5 IMP 分别生成 AMP 和 GMP

（三）核苷单磷酸磷酸化生成核苷二磷酸和核苷三磷酸

要参与核酸的合成，一磷酸核苷必须先转变为二磷酸核苷再进一步转变为三磷酸核苷。二磷酸核苷由碱基特异的核苷一磷酸激酶（nucleoside monophosphate kinase）催化，由相应一磷酸核苷生成。例如腺苷激酶催化 AMP 磷酸化生成 ADP：

$$\text{AMP+ATP} \rightleftharpoons \text{2ADP}$$

同样，GDP 由鸟苷激酶催化生成：

$$\text{GMP+ATP} \rightleftharpoons \text{GDP+ADP}$$

核苷单磷酸激酶对底物中核糖或脱氧核糖无特异性。

核苷二磷酸转变为相应的核苷三磷酸由核苷二磷酸激酶（nucleoside diphosphate kinase）催化。例如：

$$\text{GDP+ATP} \rightleftharpoons \text{GTP+ADP}$$

二磷酸核苷激酶对底物的碱基及戊糖（核糖或脱氧核糖）均无特异性。

（四）嘌呤核苷酸从头合成的调节

IMP 途径的调节主要在合成的前两步反应，即 PRPP 和 5- 磷酸核糖胺的合成。核糖磷酸焦磷酸激酶受 ADP 和 GDP 的反馈抑制。磷酸核糖酰胺转移酶受到 ATP、ADP、AMP 及 GTP、GDP、GMP 的反馈抑制。ATP、ADP 和 AMP 结合酶的一个抑制位点，而 GTP、GDP 和 GMP 结合另一抑制位点，因此，IMP 的生成速率受腺嘌呤和鸟嘌呤核苷酸的独立和协同调节。此外，PRPP 可变构激活磷酸核糖酰胺转移酶（前馈激活）。

第二水平的调节作用于 IMP 向 AMP 和 GMP 的转变过程。GMP 反馈抑制 IMP 向 XMP 转变，AMP 则反馈抑制 IMP 转变为腺苷酸代琥珀酸，从而防止生成过多的 AMP 和 GMP。GTP 加速 IMP 向 AMP 转变，而 ATP 则可促进 GMP 的生成，这样使腺嘌呤核苷酸和鸟嘌呤核苷酸的水平保持相对平衡，以满足核酸合成的需要。嘌呤合成的调节见图 11-6。

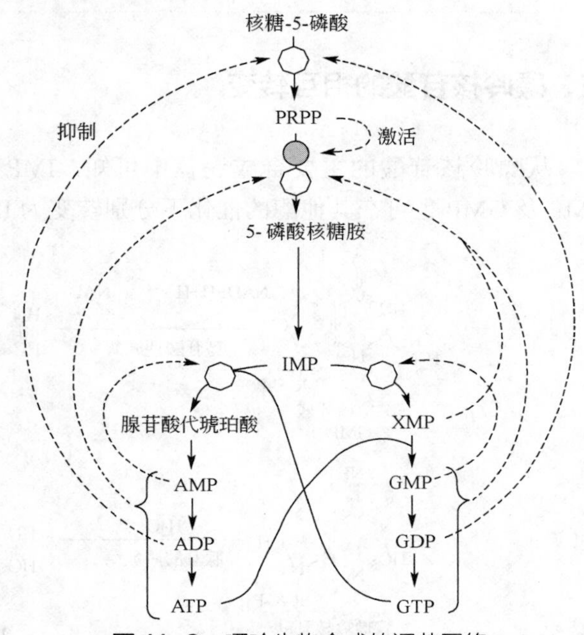

图 11-6　嘌呤生物合成的调节网络

二、嘌呤核苷酸的补救合成途径

细胞利用游离碱基或核苷重新合成相应核苷酸的过程称为补救合成（salvage pathway）。与从头合成不同，补救合成过程较简单，消耗能量亦较少。另外，从头合成途径在所有细胞中是相同的，而补救途径的特征和分布则各不相同。在哺乳动物细胞中，嘌呤大部分通过两种不同的酶进行补救：一种是腺嘌呤磷酸核糖转移酶（adenine phosphoribosyl transferase, APRT），催化腺苷酸的生成；另一种是次黄嘌呤 - 鸟嘌呤磷酸核糖移换酶（hypoxanthine guanine phosphoribosyl transferase，HGPRT），催化鸟苷酸、次黄嘌呤核苷酸及黄嘌呤核苷酸的生成。

腺嘌呤+PRPP ⇌（腺嘌呤磷酸核糖移换酶）腺苷酸+PPi

鸟嘌呤 / 次黄嘌呤 / 黄嘌呤 + PRPP ⇌（次黄嘌呤-鸟嘌呤磷酸核糖移换酶）鸟嘌呤核苷酸 / 次黄嘌呤核苷酸 / 黄嘌呤核苷酸 + PPi

从头合成途径约占体内嘌呤核苷酸合成总量的90%。当从头合成的通路受阻时（如使用抗代谢物的抗癌药或叶酸、维生素 B_{12} 缺乏），这条补救通路可以取代部分作用，但其合成嘌呤核苷酸的量仍赶不上生理需要，故体内嘌呤核苷酸的合成量减少。但某些缺乏净合成通路的组织，如人的白细胞和血小板，补救途径就具有重要的生理意义。

概念检查 11.1

○ 体内核苷酸的合成途径有哪些？

三、嘌呤核苷酸的相互转变

从嘌呤核苷酸的主要合成途径中可知，IMP 可转变为 AMP 及 GMP，而 AMP 及 GMP 也可在其他酶的催化下分别转变为 IMP。

鸟嘌呤核苷酸 GMP（$NADPH+H^+$ → $NADP^+$，鸟苷酸还原酶）→ 次黄嘌呤核苷酸 IMP + NH_3

腺嘌呤核苷酸 AMP（H_2O，腺苷酸脱氨酶）→ 次黄嘌呤核苷酸 IMP + NH_3

嘌呤核苷酸的互相转变可总结如下：

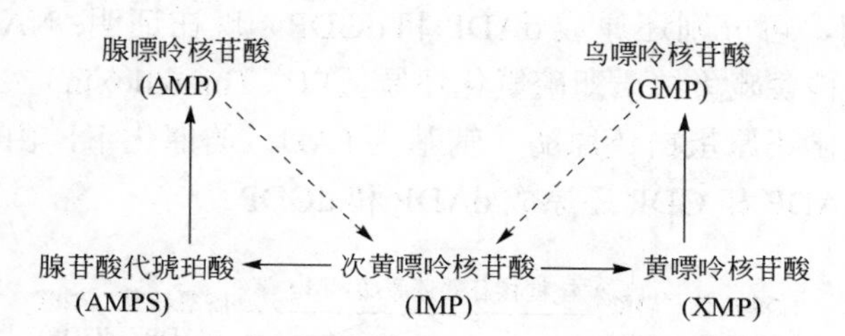

AMP 和 IMP 之间的相互转化称为嘌呤核苷酸循环（purine nucleotide cycle）。在骨骼肌和心肌组织的代谢中，嘌呤核苷酸循环具有重要作用。肌肉活动的增加需要三羧酸循环活性的提高以增加能量供应，这个过程通常是通过氨基酸在 L- 谷氨酸脱氢酶与转氨酶的联合脱氨作用下产生额外的柠檬酸循环中间物如 α- 酮戊二酸来补偿的。骨骼肌和心肌组织中 L- 谷氨酸脱氢酶的活性很低，但含丰富的腺苷酸脱氨酶（adenylate deaminase），能催化腺苷酸加水、脱氨生成次黄嘌呤核苷酸（IMP）。一种氨基酸经过两次转氨作用可将 α- 氨基转移至草酰乙酸生成天冬氨酸。天冬氨酸又可将此氨基转移到次黄嘌呤核苷酸上生成腺嘌呤核苷酸（通过中间化合物腺苷酸代琥珀酸），同时生成延胡索酸，延胡索酸又可以转变为草酰乙酸，从而补偿进入三羧酸循环（图 11-7）。

AMP 脱氨酶遗传缺陷患者（肌腺嘌呤脱氨酶缺乏症）易疲劳，而且运动后常出现痛性痉挛。

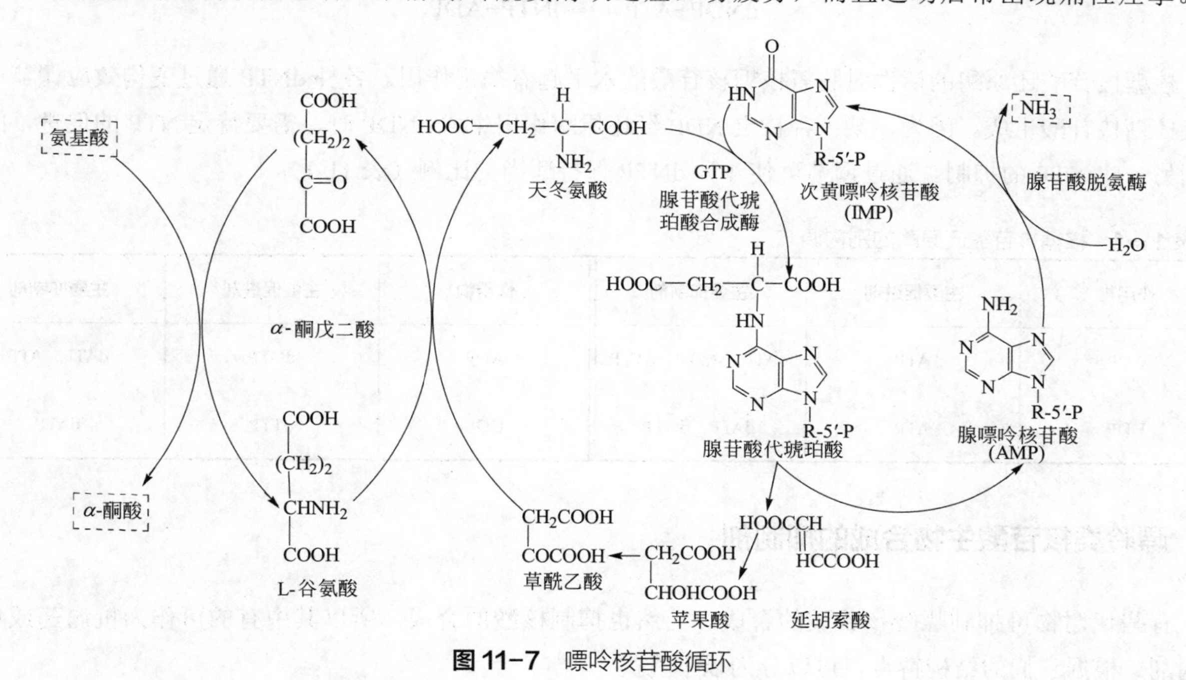

图 11-7 嘌呤核苷酸循环

四、嘌呤脱氧核糖核苷酸的生成

（一）NDP 脱氧生成 dNDP

嘌呤核苷酸中的核糖部分经过还原作用，即生成嘌呤脱氧核糖核苷酸，在哺乳动物和大肠杆菌中通常在二磷酸核苷水平上进行核糖的还原。ADP 和 GDP 在有还原型辅酶Ⅱ（NADPH）存在的反应体系中，受核糖核苷酸还原酶的作用，可分别还原成 dADP 和 dGDP。现在证明：NADPH 并不直接还原 ADP 或 GDP 中的核糖，而是通过一种含硫蛋白质即硫氧化还原蛋白（Thioredoxin），作为天然的还原剂。氧化型的硫氧化还原蛋白可在硫氧化还原蛋白还原酶（辅基为 FAD）的催化下，由 NADPH 供氢还原，然后还原型的硫氧化还原蛋白再使 ADP 和 GDP 还原成 dADP 和 dGDP。

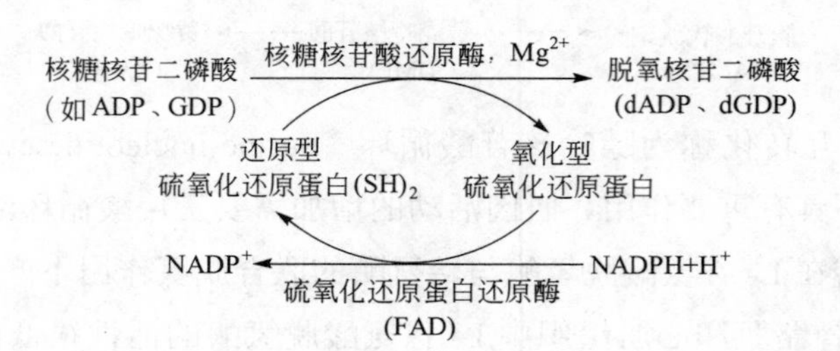

（二）dNDP 磷酸化生成 dNTP

产生 dNTP 的最后一步是相应的 dNDP 的磷酸化，反应由二磷酸核苷激酶（nucleoside diphosphate kinase）催化，与催化 NDP 磷酸化的反应相似。

$$dNDP+ATP \rightleftharpoons dNTP+ADP$$

核糖核苷酸还原酶的活性对脱氧核糖核苷酸的水平起着决定作用。各种 dNTP 通过变构效应调节不同脱氧核糖核苷酸生成。因为，某一种特定 NDP 经还原酶作用生成 dNDP 时，需要特定 NTP 的促进，同时受到另一些 NTP 的抑制。通过调节可使 4 种 dNTP 保持适当的比例（表 11-1）。

表 11-1　核糖核苷酸还原酶的别构调节

作用物	主要促进剂	主要抑制剂	作用物	主要促进剂	主要抑制剂
CDP	ATP	dATP、dGTP、dTTP	ADP	dGTP	dATP、ATP
UDP	ATP	dATP、dGTP	GDP	dTTP	dATP

五、嘌呤类核苷酸生物合成的抑制剂

有些代谢物可抑制嘌呤核苷酸的合成，当然也抑制核酸的合成，所以其中有的可作为抗癌药或免疫抑制剂。根据它们的结构特点，可以分为以下几类。

（1）氨基酸拮抗剂　谷氨酰胺拮抗剂有氮杂丝氨酸、6- 重氮 -5- 氧正亮氨酸；天冬氨酸的拮抗剂有 *N*- 甲酰羟氨乙酸。

（2）叶酸拮抗剂　氨基蝶呤（APT）及氨甲蝶呤（MTX）属此类。它们可抑制叶酸转变成四氢叶酸，从而抑制 N^{10}- 甲酰四氢叶酸的生成。

（3）嘌呤拮抗剂　重要的有 6- 巯基嘌呤、8- 氮杂鸟嘌呤、6- 巯基鸟嘌呤及硫唑嘌呤等。

六、嘌呤类核苷酸代谢紊乱性疾病

（一）痛风

痛风（gout）是一种以体内尿酸水平升高为特征的疾病，多见于成年男性，它最常见的表现是突然发作的痛苦的关节炎，最多见于大脚趾。当体内100mL血液中尿酸水平超过8mg时，几乎不溶的尿酸钠晶体即沉积于关节腔内引起痛风性关节炎。尿酸钠或尿酸也可在肾脏和输尿管中沉积为结石，导致肾损伤和尿道堵塞。

痛风最常见的原因是尿酸排泄减少，可能与饮食有关，也可能由代谢缺陷引起。临床上治疗痛风的特效药物是异嘌呤醇（Allopurinol），其结构与次黄嘌呤类似，仅后者第7位N和第8位C的位置对换，异嘌呤醇在体内可缓慢地氧化为黄嘌呤类似物——异黄嘌呤（oxipurinol），异嘌呤醇及异黄嘌呤都是黄嘌呤氧化酶的抑制物。黄嘌呤氧化酶催化由次黄嘌呤变为黄嘌呤以及由黄嘌呤变为尿酸的两步反应，所以异嘌呤醇可减少尿酸的生成，降低血和尿中的尿酸水平。并且异嘌呤醇也可在PRPP存在下转变成相应的核苷酸，这不但消耗了嘌呤核苷酸生成所必需的PRPP，并且异嘌呤醇核苷酸还可抑制PRPP-AT，使IMP合成减少。

（二）Lesch-Nyhan综合征

严重缺乏次黄嘌呤-鸟嘌呤磷酸核糖转移酶（HGPRT）产生自毁容貌综合征（Lesch-Nyhan syndrome）。这种先天性缺陷（男性多见）导致生成过多的尿酸和神经异常，例如痉挛、智力迟钝，以及高度侵略性和毁坏性行为，包括自残。血清中尿酸水平升高引起患者早年形成结石，日后再继之以痛风的症状。可以推测，由于HGPRT活性的缺乏导致PRPP的累积，而过多的PRPP激活了磷酸核糖酰胺转移酶（它催化IMP生物合成的第二步反应），因此大大加速了嘌呤核苷酸的合成，从而加速了其降解产物尿酸的生成，然而尿酸累积与神经异常相关的生理基础尚不清楚。

第三节 嘧啶类核苷酸的生物合成

嘧啶核苷酸合成也有两条途径，即从头合成和补救合成。

一、嘧啶核苷酸的从头合成

和嘌呤核苷酸从头合成的步骤不同，嘧啶核苷酸的合成是先合成嘧啶环，然后再与磷酸核糖相连接。同位素示踪证明，构成嘧啶环的N1、C4、C5及C6均由天冬氨酸提供，C3来源于CO_2，N_3来源于谷氨酰胺（图11-8）。PRPP既是嘌呤核苷酸合成中的核糖磷酸供体，也是嘧啶核苷酸合成中的核糖磷酸供体。

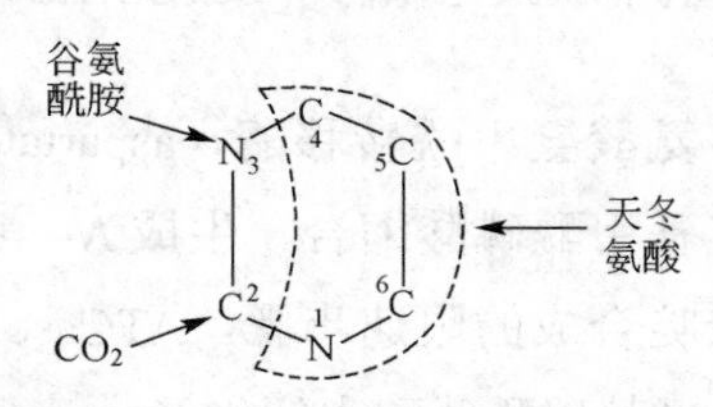

图11-8 嘧啶环合成的原料来源

第十一章

（一）UMP的合成

尿嘧啶核苷酸（UMP）的合成，由6步反应完成（图11-9）。

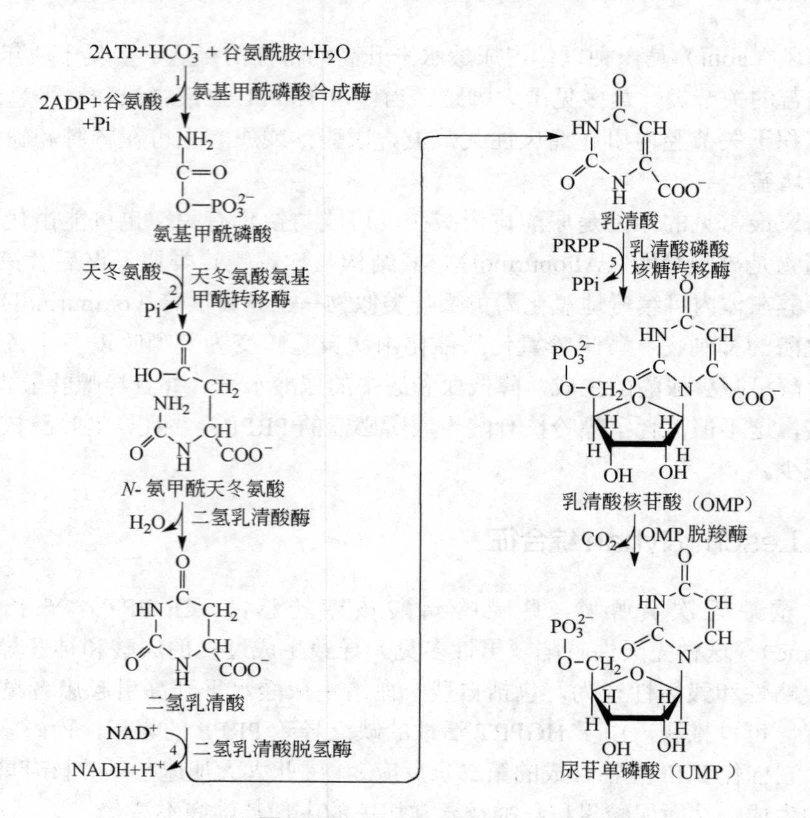

图11-9 UMP的生物合成

1. 合成氨基甲酰磷酸（carbamoyl phosphate）

嘧啶合成的第一步是生成氨基甲酰磷酸，由氨基甲酰磷酸合成酶Ⅱ（carbamoyl phosphate synthetase Ⅱ，CPS-Ⅱ）催化CO_2与谷氨酰胺缩合生成。氨基甲酰磷酸也是尿素合成的起始原料。但尿素合成中所需氨基甲酰磷酸是在肝线粒体中由CPS-Ⅰ催化合成，以NH_3为氮源；而嘧啶合成中的氨基甲酰磷酸在胞液中由CPS-Ⅱ催化生成，利用谷氨酰胺提供氮源。

2. 合成*N*-氨甲酰天冬氨酸（carbamoyl aspartate）

由天冬氨酸氨甲酰转移酶（aspartate transcarbamoylase，ATCase）催化天冬氨酸与氨基甲酰磷酸缩合，生成*N*-氨甲酰天冬氨酸（carbamoyl aspartate）。此反应为嘧啶合成的限速步骤。ATCase是限速酶，受产物的反馈抑制。不消耗ATP，由氨基甲酰磷酸水解供能。

谷氨酰胺 + CO_2 —(2ATP → 谷氨酸, 2ADP+Pi；氨基甲酰磷酸合成酶Ⅱ，(CPS-Ⅱ))→ 氨基甲酰磷酸 —(天冬氨酸 → Pi；天冬氨酸氨甲酰转移酶)→ N-氨甲酰天冬氨酸

3. 闭环生成二氢乳清酸（dihydroorotate）

由二氢乳清酸酶（dihydroorotase）催化 *N*- 氨甲酰天冬氨酸脱水、分子内重排形成具有嘧啶环的二氢乳清酸。

4. 二氢乳清酸被氧化生成乳清酸

由二氢乳清酸脱氢酶（dihydroorotate dehydrogenase）催化，二氢乳清酸氧化生成乳清酸（orotate）。此酶位于线粒体内膜的外侧面，需 FMN 和非血红素 Fe^{2+}。嘧啶合成中的其余 5 种酶均存在于胞液中。

5. 乳清酸获得磷酸核糖

由乳清酸磷酸核糖转移酶催化乳清酸与 PRPP 反应，生成乳清酸核苷酸（orotidine-5′- monophosphate，OMP）。这个反应由乳清酸磷酸核糖转移酶（也称乳清酸核苷酸焦磷酸酶）催化，由 PRPP 水解供能。

N-氨甲酰天冬氨酸 ⇌(二氢乳清酸酶；H_2O) 二氢乳清酸 ⇌(二氢乳清酸脱氢酶；NAD^+ → H^+ + NADH) 乳清酸

6.OMP 脱羧生成 UMP

由 OMP 脱羧酶（OMP decarboxylase）催化 OMP 脱羧生成 UMP。

乳清酸 —(PRPP → PPi；乳清酸磷酸核糖转移酶)→ 乳清酸核苷酸（OMP） —(H^+ → CO_2；乳清酸核苷酸脱羧酶)→ 尿苷酸（UMP）

Jones 等研究表明，在动物体内催化上述嘧啶合成的前三个酶，即 CPS-Ⅱ、天冬氨酸氨甲酰转移酶和二氢乳清酸酶，位于同一多肽链上，是一个多功能酶。与此相类似，反应 5 和反应 6 的酶（乳清酸磷酸核糖转移酶和 OMP 脱羧酶）也位于同一条多肽链上。这种机制能加速多步反应的总速度，同时防止细胞中其他酶的破坏。UMP 的合成总图见 11-9。

概念检查 11.2

○ 嘧啶环中的第三位氮原子来源于什么？

（二）UTP 和 CTP 的合成

三磷酸尿苷（UTP）的合成与三磷酸嘌呤核苷的合成相似。UMP 生成后，在磷酸激酶的催化下，可接受 ATP 的高能磷酸基团，生成 UDP 及 UTP。

$$UMP \xrightarrow{ATP \curvearrowright ADP} UDP \xrightarrow{ATP \curvearrowright ADP} UTP$$

这种转变方式也是体内从一磷酸核苷转变为二磷酸及三磷酸核苷的普遍方式，如以 N 代表嘌呤或嘧啶碱基，可表示为：

$$NMP + ATP \rightleftharpoons NDP + ADP$$
$$NDP + ATP \rightleftharpoons NTP + ADP$$

三磷酸胞苷（CTP）由 CTP 合成酶（CTP synthetase）催化 UTP 加氨生成。动物体内，氨基由谷氨酰胺提供，在细菌则直接由 NH_3 提供。此反应消耗 1 分子 ATP。

$$\text{三磷酸尿苷 (UTP)} + NH_3\ (\text{或谷氨酰胺}) + ATP \xrightarrow[\text{三磷酸胞苷合成酶}]{Mg^{2+}} \text{三磷酸胞苷 (CTP)} + ADP + Pi$$

（三）嘧啶核苷酸从头合成的调节

在细菌中，天冬氨酸氨基甲酰转移酶（ATCase）是嘧啶核苷酸从头合成的主要调节酶。在大肠杆菌中，ATCase 受 ATP 的变构激活，而 CTP 为其变构抑制剂。而在许多细菌中，UTP 是 ATCase 的主要变构抑制剂。

在动物细胞中，ATCase 不是调节酶。嘧啶核苷酸合成主要由 CPS-Ⅱ调控。UDP 和 UTP 抑制其活性，而 ATP 和 PRPP 为其激活剂。第二水平的调节是 OMP 脱羧酶，UMP 和 CMP 为其竞争抑制剂（图 11-10）。此外，OMP 产生的速率受其前体 PRPP 含量变化的影响。

二、嘧啶脱氧核糖核苷酸的合成

UDP 和 CDP 可经核糖核苷酸还原酶催化生成 dUDP 和 dCDP，需要 NADPH 及硫氧化还原蛋白的参与。

而 dCDP 可以进一步磷酸化生成 dCTP。

dTMP（胸腺嘧啶脱氧核糖核苷酸，简称脱氧胸苷酸）是由 dUMP 甲基化而合成。dTMP 一旦生成，就被磷酸化生成 dTTP。对于体内进行 dUTP 脱磷酸化和 dTMP 重新磷酸化这种“浪费”能量的反应过程，理由在于：细胞必须减少细胞内 dUTP 浓度以防止脱氧尿嘧啶掺入 DNA 中，因为合成 DNA 的酶系不能有效识别 dUTP 和 dTTP。

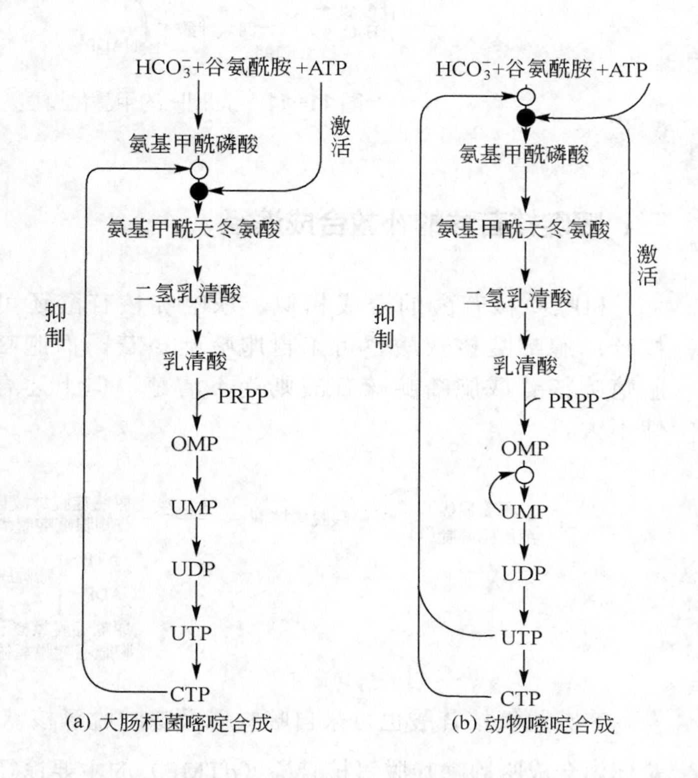

图 11-10　嘧啶生物合成的调节

体内有两条途径，使尿嘧啶核苷酸生成尿嘧啶脱氧核苷酸。

一条途径是由 dUDP 水解生成 dUMP；另外，体内也存在胞嘧啶脱氧核苷酸脱氨酶（dCMP 脱氨酶），可使 dCMP 加水脱氨而生成 dUMP。dCMP 脱氨酶除了在 DNA 合成旺盛的胸腺、再生肝和骨髓中较为丰富外，在其他组织的活性很低。

这两条 dUMP 的生成途径小结如下：

$$\text{UMP} \longrightarrow \text{UDP} \longrightarrow \text{dUDP} \longrightarrow \text{dUMP}$$

$$\text{UMP} \longrightarrow \text{UDP} \longrightarrow \text{UTP} \longrightarrow \text{CTP} \longrightarrow \text{CDP} \longrightarrow \text{dCMP} \xrightarrow{\text{dCMP脱氨酶}} \text{dUMP}$$

dUMP 的甲基化反应是在胸腺嘧啶核苷酸合成酶（thymidylate synthetase, TS）的催化下完成的，N^5，N^{10}- 甲烯基四氢叶酸作为甲基供体。N^5，N^{10}- 甲烯基四氢叶酸提供甲基后生成的二氢叶酸又可以再经二氢叶酸还原酶的作用，重新生成四氢叶酸（图 11-11）。

尿嘧啶脱氧核糖核苷酸(dUMP)
胸腺嘧啶核苷酸合成酶
N^5, N^{10}-甲烯基四氢叶酸
(N^5, N^{10}-CH_2-FH_4)
二氢叶酸(FH_2)
NADPH+H^+
$NADP^+$
四氢叶酸
甘氨酸
H_2O
丝氨酸
胸腺嘧啶脱氧核糖核苷酸(TMP)

图 11-11 dUMP 的甲基化过程

三、嘧啶核苷酸的补救合成途径

和嘌呤核苷酸的合成相似，尿嘧啶核苷酸还可来自尿嘧啶及尿嘧啶核苷；胞嘧啶核苷酸也可来自胞嘧啶核苷，而胞嘧啶能否在体内转变成胞嘧啶核苷或胞嘧啶核苷酸则尚不清楚，但上述合成途径在体内的重要性不大。

尿嘧啶(U)或胸腺嘧啶(T) +1-磷酸脱氧核糖 ⇌(磷酸化酶) 尿嘧啶脱氧核苷(UdR)或胸腺嘧啶脱氧核苷(TdR) + 磷酸

尿嘧啶脱氧核苷(UdR)或胸腺嘧啶脱氧核苷(TdR) →(嘧啶脱氧核苷激酶；ATP→ADP) 尿嘧啶脱氧核苷酶(dUMP)、胸腺嘧啶脱氧核苷酸(dTMP)

嘧啶脱氧核苷酸也可来自嘧啶碱及嘧啶脱氧核糖核苷。但上述过程也不是体内合成胸腺嘧啶脱氧核苷酸（dTMP）的主要途径，dTMP 的合成主要以尿嘧啶脱氧核苷酸（dUMP）为原料，需要四氢叶酸参与，故缺乏叶酸或使用叶酸拮抗剂后，可因体内 dTMP 合成障碍，影响 DNA 生成而导致巨幼红细胞贫血。体内虽能利用胸腺嘧啶脱氧核苷（TdR）合成 dTMP，但催化此反应的胸腺嘧啶核苷激酶在正常肝脏中的活性很低，仅在再生肝中的活性增高，这可能是体内胸腺嘧啶核苷酸合成的补充途径，有利于再生肝中 DNA 的合成。

四、嘧啶类核苷酸合成的抑制剂

与嘌呤核苷酸一样，嘧啶核苷酸的抗代谢物也是一些嘧啶、氨基酸和叶酸类似物。它们对代谢的影响及抗肿瘤作用与嘌呤核苷酸的抗代谢物相似。

① 嘧啶类似物：5- 氟尿嘧啶（5-FU）的结构与胸腺嘧啶相似，在体内转变成 F-dUMP（一磷酸脱氧核糖氟尿嘧啶核苷）及 FUTP（三磷酸氟尿嘧啶核苷）后才能发挥作用，是胸苷酸合成酶的抑制剂，使 TMP 合成受到阻断。FUTP 可以 FUMP 的形式掺入 RNA 分子，破坏 RNA 的结构与功能。

② 氨基酸类似物：氮杂丝氨酸类似谷氨酰胺，可以抑制 CTP 的生成。

③ 叶酸类似物：氨甲蝶呤干扰叶酸代谢，使 dUMP 不能利用一碳单位甲基化而生成 TMP，进而影响 DNA 合成。

④ 核苷类似物：阿糖胞苷和环胞苷也是重要的抗癌药物。阿糖胞苷能抑制 CDP 还原成 dCDP，影响 DNA 的合成。

常见的嘧啶核苷酸合成抑制剂结构和作用机理见图 11-12。

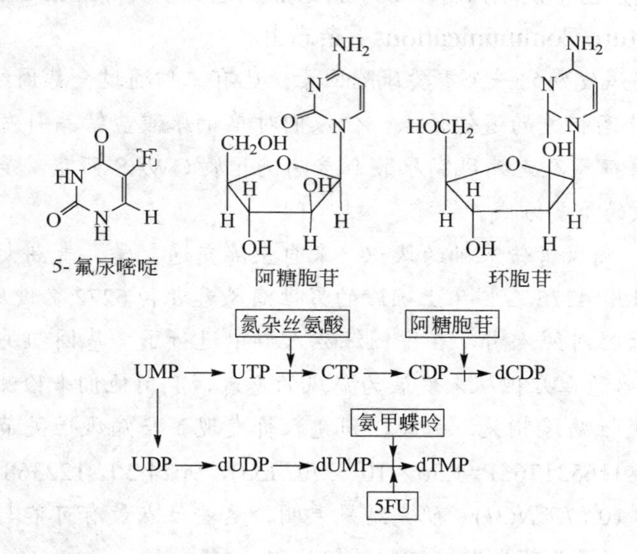

图 11-12 常见的嘧啶核苷酸合成抑制剂结构和作用机理

五、嘧啶核苷酸代谢紊乱性疾病——乳清酸尿症

乳清酸尿症是一种遗传性疾病，主要表现为尿中排出大量乳清酸、生长迟缓和重度贫血。是由催化嘧啶核苷酸从头合成反应 5 和反应 6 的双功能酶的缺陷所致。临床用尿嘧啶或胞嘧啶治疗。尿嘧啶经磷酸化可生成 UMP，抑制 CPS- Ⅱ活性，从而抑制嘧啶核苷酸的从头合成。

习题

1. 核苷酸分解代谢产物是什么？
2. 什么是痛风？它与核苷酸代谢有何关系？如何治疗？
3. 嘌呤核苷酸的从头生物合成过程中，首先是合成嘌呤碱基还是磷酸核糖？什么是 PRPP ？

4. 嘧啶核苷酸生物合成途径的反馈抑制是由于控制了哪种酶的活性？
5. 什么是嘌呤核苷酸和嘧啶核苷酸的补救合成途径？
6.5- 氟尿嘧啶的抗癌作用机理是什么？

科研实例

血清尿酸水平与痛风

2015 年，来自上海交通大学、青岛大学与山东省痛风病临床医学中心等机构的研究人员，采用全基因组关联研究（GWAS）鉴别出了汉族人群中 3 个新的痛风性关节炎（gout arthritis）风险位点，研究结果发布在《自然通讯》（Nature Communications）杂志上。

血清尿酸水平升高是痛风发病的一个重要风险因素。已有工作通过全基因组关联研究（GWAS）鉴别出了一系列与血尿酸水平升高相关的遗传位点，但人们对单钠尿酸盐结晶引发炎症反应的遗传病因学的认识还是有限的。对大组群痛风及无痛风高尿酸血症病例开展 GWAS 研究，是探索从高尿酸血症至炎性痛风控制病情过程遗传位点的重要方式。

2015 年，为了深入对于痛风遗传基础的认识，来自上海交通大学、青岛大学与山东省痛风病临床医学中心等机构的研究人员采用 4275 名临床上确诊的男性痛风患者和 6272 名健康男性对照人群，以及 215 名女性患者及 541 位健康女性对照人群，在中国汉族人群中进行了全基因组关联研究。此外，该研究还招募了 1644 名长期罹患高尿酸血症但从未发展为痛风的患者，利用他们来检测新的遗传位点是与血尿酸水平升高相关，或是仅与炎性痛风相关。由此，研究人员发现了与痛风性关节炎显著相关的 3 个新的易感位点，分别是 17q23.2 (rs11653176, $P=1.36\times10^{-13}$, *BCAS3*)，9p24.2 (rs12236871, $P=1.48\times10^{10}$, *RFX3*) 和 11p15.5 (rs179785, $P=1.28\times10^{8}$, *KCNQ1*)。研究结果表明，这些位点最有可能与高尿酸血症进展至炎性痛风相关，加深了人们对有关痛风关节炎发病机制的新认识。

思维导图

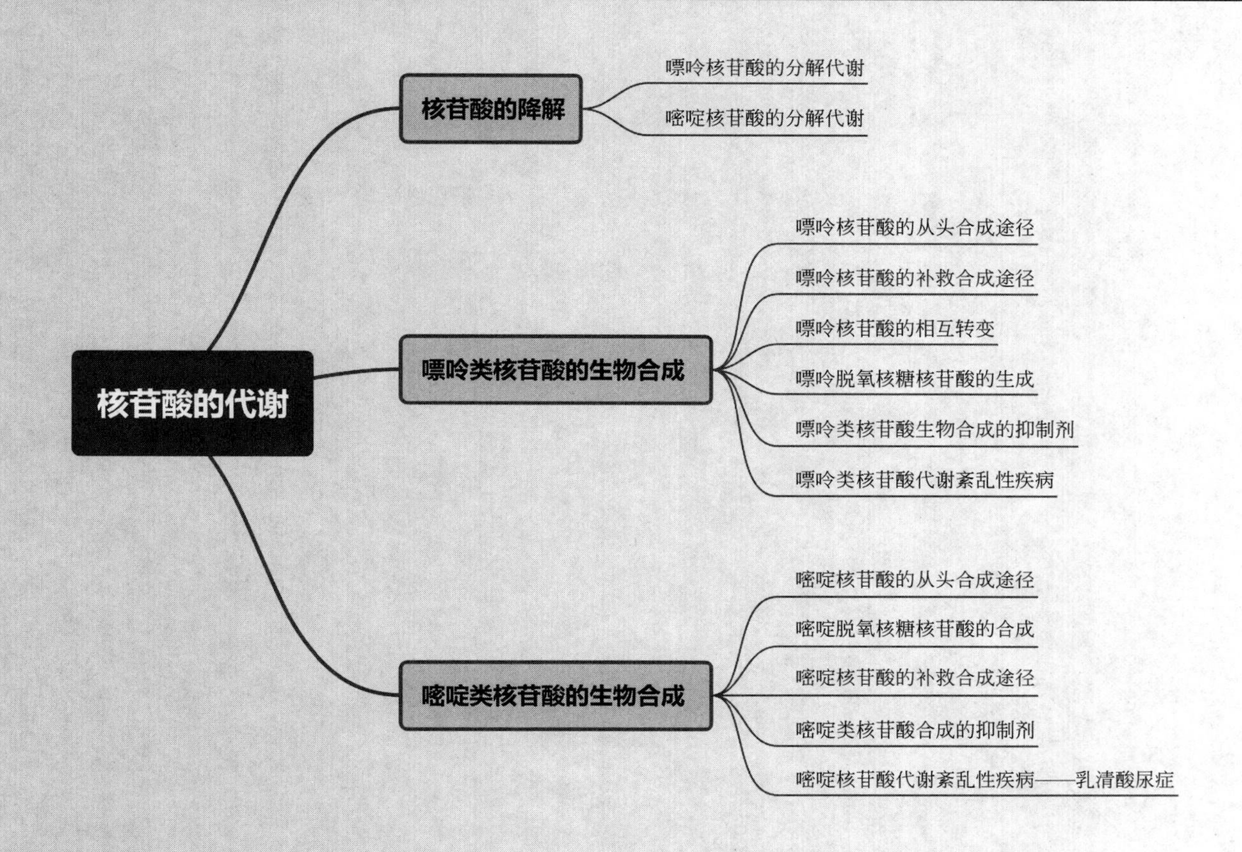
核苷酸的代谢
核苷酸的降解
嘌呤核苷酸的分解代谢
嘧啶核苷酸的分解代谢
嘌呤类核苷酸的生物合成
嘌呤核苷酸的从头合成途径
嘌呤核苷酸的补救合成途径
嘌呤核苷酸的相互转变
嘌呤脱氧核糖核苷酸的生成
嘌呤类核苷酸生物合成的抑制剂
嘌呤类核苷酸代谢紊乱性疾病
嘧啶类核苷酸的生物合成
嘧啶核苷酸的从头合成途径
嘧啶脱氧核糖核苷酸的合成
嘧啶核苷酸的补救合成途径
嘧啶类核苷酸合成的抑制剂
嘧啶核苷酸代谢紊乱性疾病——乳清酸尿症

第十二章　核酸的生物合成

学习目标

通过本章的学习，你需要掌握以下内容。

- 指出 DNA 复制的 6 种一般特征。
- 理解并简要描述证明 DNA 半保留复制方式的实验设计。
- 列出 5 种以上参与 DNA 复制的蛋白质元件。
- 说出 DNA 复制具有高度忠实性的原因。
- 理解什么是反转录过程。
- 说出 DNA 损伤修复的几种常见机制。
- 指出 5 个以上 DNA 复制与转录的不同点。
- 简要描述原核生物中的转录过程。
- 简要描述真核生物中三种 RNA 的转录后加工方式。

核酸的生物合成主要包括 DNA 的复制和 DNA 转录为 RNA，另外 RNA 也可以通过逆转录合成互补 DNA，RNA 还可以以自身单链为模板指导互补链的聚合。核酸的生物合成途径占据了中心法则（参见第五章图 5-1）的主要内容。

不论是体内还是体外，核酸生物合成的一般规则主要有以下三点。

① Watson-Crick 碱基互补的原则。绝大多数细胞 DNA 和 RNA 的合成，都是以预先存在的 DNA 或 RNA 链为模板，四种 5′- 核糖（或脱氧核糖）核苷三磷酸（即 NTP 或 dNTP）为原料，遵从 Watson-Crick 碱基互补配对原则合成新链。若以 DNA 为模板，需要先解链以暴露出双螺旋内部的碱基。

② 由特异性的聚合酶催化。DNA 聚合酶催化以 DNA 为模板合成 DNA（复制），而 RNA 聚合酶催化以 DNA 为模板合成 RNA（转录），逆转录酶催化以 RNA 为模板合成 DNA（逆转录）。

③ 核酸链的合成方向总是 5′→ 3′。这是由核酸聚合酶的催化特点决定的。核酸合成需要耗能，这一过程被贮存于 NTP（或 dNTP）中的能量所驱动。

第一节　DNA 的生物合成

DNA 是遗传信息的主要载体。DNA 从亲代到子代的复制（replication）具有高度保真性，从而保证了遗传信息的忠实传递。在一些病毒中，DNA 也可以从 RNA 反转录而得到。因此本节内容主要包括 DNA 的复制、反转录、DNA 的损伤与修复。

一、DNA 的复制

（一）基因组 DNA 复制的一般特征

除了核酸生物合成的一般规则，不同生物体的基因组 DNA 复制过程中比较突出的共同特征还有：① 半保留复制；② 需要复制起点；③ 双向复制；④ 半不连续复制；⑤ 需要引物；⑥ 高度忠实性。

1. 半保留复制（semi-conservative replication）

在沃森和克里克提出的 DNA 双螺旋结构模型中，一个没有解决的重要问题是：DNA 复制过程究竟是全保留的，还是半保留的，或者是弥散式的 (dispersive replication)。也就是说，两条新合成的 DNA 链和两条原来的复制模板链，是分别相结合恢复原来的 DNA 双螺旋，并产生 1 个新的 DNA 双螺旋（全保留式）；还是新老搭配，由 1 条母代 DNA 链和 1 条子代 DNA 链配对产生子代双螺旋 DNA（半保留式）；或者母代 DNA 链被分成许多片段散布于子代 DNA 中（弥散式）（图 12-1）。下列实验为解决这一问题做出了突出贡献。

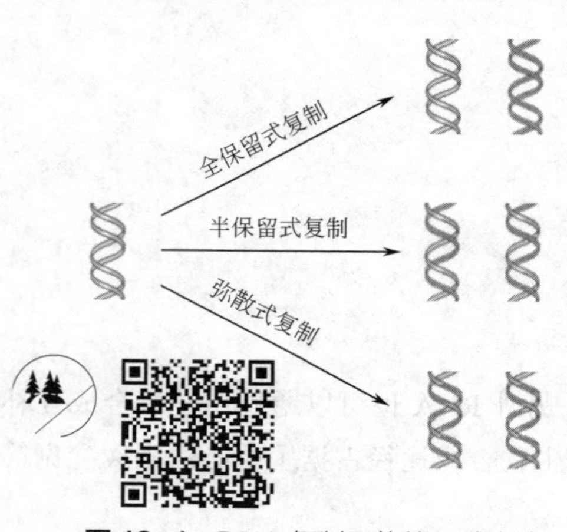

图 12-1　DNA 复制可能的三种方式

1958 年 Meselson（梅塞尔森）和 Stahl（斯塔尔）研究了大肠杆菌（*Escherichia coli*）DNA 复制过程，他们首次证明，每个新合成的 DNA 双螺旋中含有 1 条母代 DNA 链和 1 条新合成的链，即 DNA 复制为半保留式。他们使用 1 种特殊的细菌培养液，其中氯化铵的氮原子是同位素 ^{15}N。大肠杆菌在这种重氮介质中连续培养 15 代以后，它们的 DNA 中的氮原子将完全被 ^{15}N 取代，其密度比通常的含 ^{14}N 的 DNA 高约 1%。将不同密度的 DNA 在氯化铯密度梯度离心后，通过 260nm 波长的紫外吸收扫描可以检测到位于离心管不同位置的区带，密度高的靠下，而密度低的靠上。他们接下来将这些细胞再转移到轻氮（^{14}N）介质中，并提取经过一次复制的大肠杆菌 DNA，发现其密度介于轻重 DNA 之间，提示全保留式复制是不可能的。接着，他们提取了经过两次复制的 DNA，发现一半为中间密度 DNA，另一半为轻 DNA，这一结果排除了弥散式 DNA 复制的可能，符合半保留复制的特点。随着在轻氮介质中大肠杆菌培养代数的增加，轻 DNA 区带的比例越来越大，而中间密度区带越来越少，从而证明 DNA 复制是半保留式的（图 12-2）。

1957 年 Taylor（泰勒）等发现，真核生物染色体的复制也是半保留式的。他们让百合花根细胞在含有同位素 ^{3}H 标记的脱氧胸苷（^{3}HdT）培养液中生长，若干小时后再转入正常培养液中继续生长，然后利用放射自显影法检测处于细胞第 1 个有丝分裂中期的染色体，发现所有的染色体中的两个姐妹染色单体都被 ^{3}HdT 所标记，而在第 2 个有丝分裂中期染色体中只有 1 个姐妹染色单体是标记的，另一个为非标记的，这个实验结果只能用染色体半保留复制来解释。在第 1 个细胞分裂中期，虽然两个姐妹染色单体均被标记，但每个单体的 DNA 双螺旋结构中只有 1 条链被标记，而另 1 条链未标记。所以，到了第 2 个细胞分裂中期，才会出现 1 个染色单体为非标记的，而另 1 个单体为标记的，但其中只有 1 条 DNA 链被标记。

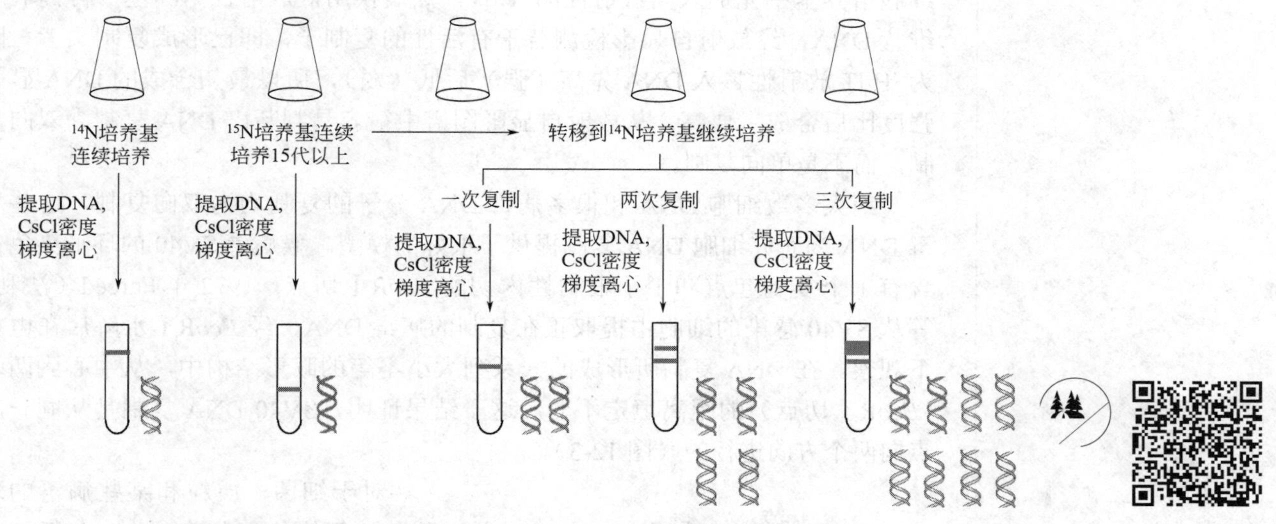

图 12-2 Meselson 和 Stahl 证明 DNA 复制为半保留式的实验

2. 需要复制起点

所谓复制起点（origin），一般指的是 DNA 复制所必需的一段特殊的 DNA 序列。细菌染色体、质粒和一些病毒的环形 DNA 分子通常有比较明显的复制起点。酵母也有特异的复制起点，在细胞 S 期染色体复制时起重要作用。至于哺乳动物染色体的复制起点，迄今仍难于在分子水平阐明其特征。

在大肠杆菌中，oriC（约 245bp）片段是决定和控制其染色体复制的唯一片段。大肠杆菌的 oriC 由两种类型重复序列组成，一是 3 个连续的 13bp 序列，其中富含 A 和 T；二是反向重复出现 4 次的 9bp 序列。后者对于起始 DNA 复制十分重要。此外，在 oriC 附近还有 1 个 AT 含量相对较高的片段，有利于双螺旋 DNA 局部解旋并暴露两条复制模板链。在细菌中，oriC 片段序列十分保守。

像其他真核生物一样，酵母染色体含有多个复制起点，例如酿酒酵母（*Saccharomyces cerevisiae*）的 16 条染色体中约有 400 个复制起点。酵母复制起点名叫自主复制序列（autonomously replicating sequences,ARS），它是质粒在酵母细胞中复制所必需的，也是酵母人工染色体（YAC）必不可少的序列。

在病毒 SV40 染色体中有 1 个长约 400bp 的无核小体区，其中含有 1 个长 65bp 的复制起点，它足以启动病毒 DNA 在动物细胞中及体外的复制。这个复制启动点中有三个片段对于复制起始必不可少。

尽管 *E.coli*、酵母和 SV40 病毒染色体复制起点的 DNA 序列完全不同，但它们具有的共性可能代表了很多复制起点的一般特征。首先，它们都由多个独特的短重复序列组成。其次，这些短重复序列被多亚基的复制起点结合蛋白所识别，它对于在复制起点组装复制酶具有关键作用。再次，复制起点附近一般有一个富 AT 序列，以利于双螺旋 DNA 解旋或解链，并产生单链 DNA 复制模板。

原核生物 DNA 基因组为一个复制子（replicon），它是 1 个独立复制单位，包括复制起点和终点。真核生物染色体为多复制子（multi-replicon）。复制启动后，起始区域的双链 DNA 发生解链，形成复制叉（replication fork）结构，随着复制的进行向下游移动。子链 DNA 的合成，在解旋的两条母链所形成的复制叉及其附近进行。

3. 双向复制

在DNA半保留复制过程中，复制叉的走向是单向还是双向呢？1968年Huberman（休伯曼）等首次用实验证明了DNA的双向复制。他们在哺乳动物细胞培养基中先加入高放射性的^{3}HdT，然后换用低放射性培养基，再提取纤维状DNA，经放射自显影检测若干有活性的复制子，即已形成复制叉者。因为^{3}HdT放射性掺入DNA先高（强）后低（弱），所以最初合成的DNA显影强度比后合成者要高，从放射自显影图谱中很容易判断出DNA复制为双向复制，而不是单向复制。

绝大多数细胞DNA和很多病毒DNA分子的复制均为双向复制，这些病毒DNA为研究细胞DNA复制提供了很好的模型。猴病毒SV40的环形染色体含有1个复制起点和1个限制性内切酶*Eco*RⅠ切点。1972年Fareed（法利）等从SV40感染的细胞中提取正在复制的病毒DNA，经*Eco*RⅠ水解后在电镜下观察。在DNA复制所形成的一系列大小不等的眼形结构中，从中心到两端（*Eco*RⅠ切点）的距离恒定不变。这一结果证明，SV40 DNA复制是从同一起点向两个方向进行的（图12-3）。

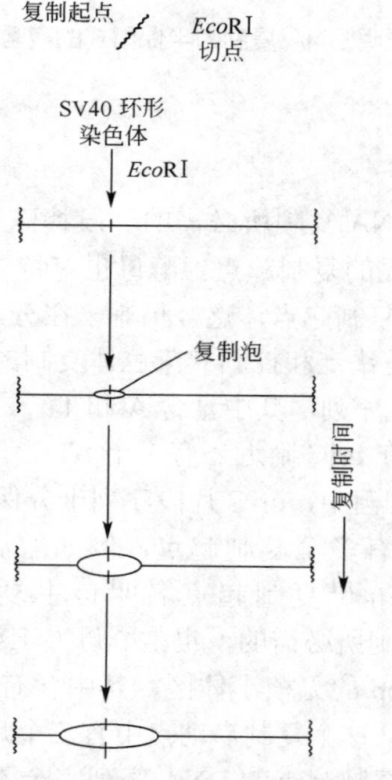

图12-3　证明DNA双向复制的实验

从SV40感染的细胞中提取病毒DNA，以*Eco*RⅠ水解后在电镜下观察，可以发现若干长度不等的复制泡，但其中心到两端的距离恒定，提示DNA链的合成从同一起点向两个方向进行

对于细菌、质粒和某些病毒的环形小染色体的复制来说，1个复制起点常常就够了，产生的两个复制叉在和起点相对的位点汇合后即完成复制。而真核生物的线性长染色体往往含有多个起点，1个起点产生的两个复制叉向两个方向推进，直到遭遇邻近复制起点形成的前进中的复制叉。因此根据染色体的长度和复制速度，不难算出DNA复制一轮所需要的时间。大肠杆菌环形染色体长约5×10^6bp，原核生物平均DNA复制速度约为6×10^4bp/min，若按单复制子、双向复制计算，完成一轮复制需要约40min。然而在营养丰富的条件下，在前一轮复制没有完全结束时往往复制起点就可以启动下一轮复制，因此将一轮所需的平均时间降至20min。人染色体基因组长度为3×10^9 bp，复制速度约为2000bp/min，在多复制子、双向复制情况下完成一轮复制需要6～8h。

4. 半不连续复制

因为DNA双螺旋的两条链是反平行的，而DNA合成的方向只能是 5′→3′，所以在 DNA 复制时，1 条链的合成方向和复制叉的前进方向相同，可以连续复制，这条链叫做前导链（leading strand）；而另一条链的合成方向和复制叉的前进方向正好相反，不能连续复制，只能分成几个片段合成，故称之为后随链（lagging strand）。DNA 的这种复制方式为半不连续复制（semi-discontinuous replication）。

后随链片段也叫冈崎片段（Okazaki fragment），是为了纪念证明 DNA 复制的半不连续性特征的日本科学家冈崎而命名。在细菌和噬菌体中它的长度一般为 1000～2000 个核苷酸，但在真核细胞中只有 100～200 个核苷酸。1958 年，冈崎通过脉冲追踪（pulse and chase）实验，使用含有同位素 ^3H 标记的脱氧胸苷（^3HdT）培养液处理大肠杆菌很短的时间（数秒钟），再转入无标记的正常培养液中继续生长允许 DNA 复制（数分钟），最后抽提 DNA，超速离心分离大小不同的 DNA 片段，通过放射自显影技术检测条带的位置（图 12-4）。结果显示，最初的放射性同位素信号同时出现在长片段和短片段中，证实了 DNA 复制的半不连续性。冈崎片段在合成后再被连接起来。

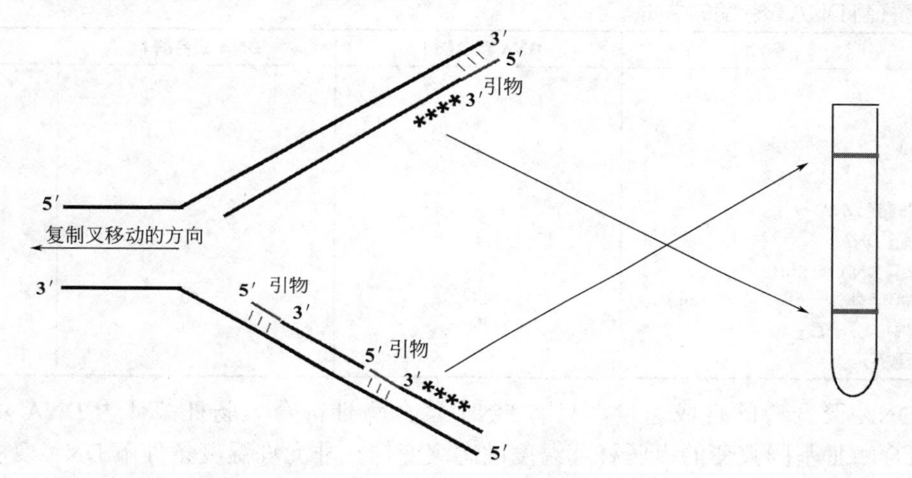

图 12-4　冈崎脉冲追踪实验结果对应的 DNA 片段

5. 需要引物

DNA 链不能从头合成。在 DNA 复制开始时必须先合成一小段 RNA 作为引物（primer），从它的 3′-羟基开始合成 DNA 链，这一过程叫做引发（priming）。待 DNA 链或片段合成结束，再将引物切除。

6. 高度的忠实性

与转录等过程相比，DNA 复制的精确度极高，差错率很低，以保证物种在维持遗传保守性的同时，还要通过变异不断进化。细胞内存在一系列校对和纠错机制来保证复制的忠实性，将在后面提到。

（二）参与 DNA 复制的主要酶和蛋白质

1.DNA 聚合酶

DNA 聚合酶又叫依赖 DNA 的 DNA 聚合酶（DNA-dependent DNA polymerase, DdDP）。大肠杆菌有 5 种 DNA 聚合酶（DNA 聚合酶Ⅰ，DNA 聚合酶Ⅱ，DNA 聚合酶Ⅲ，DNA 聚合酶Ⅳ，DNA 聚合酶Ⅴ），其中主要的 3 种（Ⅰ，Ⅱ，Ⅲ）分别发现于 1955 年、1970 年和 1971 年（表 12-1）。Kornberg（科恩伯格）

发现的 DNA 聚合酶Ⅰ其分子为单一多肽链（110kda）。枯草杆菌蛋白酶可以将它水解为一大一小两个片段：片段（76kDa）具有 3′→5′ 核酸外切酶和 DNA 聚合酶活性，叫做 Klenow 片段，它对于核酸技术十分有用；而小片段具有 5′→3′ 核酸外切酶活性。人们发现，DNA 聚合酶Ⅰ的链延伸速度并不快，并且其发生变异的突变株的 DNA 复制正常，因此 DNA 聚合酶Ⅰ不是参与大肠杆菌 DNA 复制中的主要聚合酶。DNA 聚合酶Ⅰ的主要功能是去除 RNA 引物，这与其 5′→3′ 核酸外切酶活性相对应；DNA 聚合酶Ⅰ也是填补缺口（gap filling）的重要的酶，包括冈崎片段之间的缺口以及 DNA 损伤修复时遇到的缺口。

在 DNA 损伤造成复制叉运动停止时，许多参与 DNA 损伤修复的基因被激活，其中就有编码 DNA 聚合酶Ⅱ的基因。DNA 聚合酶Ⅱ兼有 3′→5′ 外切酶和 DNA 聚合酶活性。它可以利用受到损伤（如发生嘧啶共价交联）的 DNA 链作为模板，指导合成 DNA 并填补缺口，但不能修复上述损伤。换言之，DNA 聚合酶Ⅱ能够在 DNA 的两条链在同一部位都发生损伤时进行 DNA 修复。

表 12-1　大肠杆菌 DNA 聚合酶的性质

	DNA 聚合酶Ⅰ	DNA 聚合酶Ⅱ	DNA 聚合酶Ⅲ
聚合方向：5′→3′	+	+	+
外切酶活性：3′→5′	+	+	+
5′→3′	+	−	−
合成自：			
原来的双螺旋 DNA	−	−	−
引发的单链 DNA	+	−	−
引发的单链 DNA 加 SSB	+	−	+
链延伸速度（体外）/（核苷酸 /min）	600	150	30000
每个细胞中的分子数	400	100	10 ~ 20
突变是否致死	−	−	+

比较 3 种 DNA 聚合酶的合成速度，只有 DNA 聚合酶Ⅲ符合大肠杆菌体内 DNA 复制的要求（表 12-1）。DNA 聚合酶Ⅲ基因突变的大肠杆菌温度敏感突变株在非允许温度条件下 DNA 复制停止，说明其在 DNA 复制中是主要的 DNA 聚合酶。DNA 聚合酶Ⅲ的全酶（holoenzyme）分子质量高达 900kDa，比 DNA 聚合酶Ⅰ几乎大 1 个数量级。全酶呈不对称二聚体结构，由 10 种不同功能的亚基分别组成核心酶、滑动钳（sliding clamp）以及钳载复合物（表 12-2）。核心酶由 α、ε、θ 和 τ 亚基组成，每种亚基都有两个，形成两个催化合成 DNA 的活性中心。α 亚基具有 DNA 聚合酶活性，ε 亚基具有 3′→5′ 外切酶活性，θ 亚基可能起核心酶的组装作用。每个滑动钳由 2 个 β 亚基组成，形成中空环状结构，用于将全酶固定在 DNA 模板上，以防止掉落从而提高进行性。其余 5 种亚基组成钳载复合物。

表 12-2　大肠杆菌 DNA 聚合酶Ⅲ的亚基组成

	组成	亚基	功能
全酶	核心酶	α	DNA 聚合酶活性
		β	有 3′→5′ 外切酶活性
		θ	核心酶的组装
		τ	全酶装配到 DNA
	滑动钳	β	将全酶固定的 DNA 模板
	钳载复合物	γ	滑动钳装载
		δ	滑动钳装载
		δ′	滑动钳装载
		χ	滑动钳装载
		ψ	滑动钳装载

真核生物目前发现有15种以上的DNA聚合酶，最早发现的有5种（α，β，γ，δ，ε），其中DNA聚合酶α、δ、ε参与核基因组复制（表12-3）。真核生物的DNA聚合酶本身没有滑动钳结构，而相对应地，分裂细胞核抗原（PCNA）可以作为聚合酶的辅助蛋白组成滑动钳，提高进行性。

表12-3　真核生物DNA聚合酶的性质

真核生物	α	β	γ	δ	ε
聚合方向：5′→3′	+	+	+	+	+
外切酶活性：3′→5′	−	−	+	+	+
合成自：					
RNA引物	+	−	−	+	?
DNA引物	+	+	+	+	+
结合DNA引发酶	+	−	−	−	−
对四环双帖（又叫蚜肠霉素，细胞DNA合成抑制剂）的敏感性	+	−	−	+	+
在细胞的位置					
核	+	+	−	+	+
线粒体	−	−	+	−	−

2. 其他参与DNA复制的酶和蛋白质

DNA复制过程中，在复制叉至少有20种不同的酶和蛋白质因子参与复制过程。由于DNA双螺旋中的两条链缠结在一起，要拷贝每一条链都必须将双螺旋DNA解旋(unwinding)，并释放或吸收由此产生的扭力。这一过程的完成需要特异的解旋酶（helicase）和拓扑异构酶（topoisomerase），后者可以切割DNA，使DNA旋转并释放张力，再重新连接。单链结合蛋白SSB（single strand binding protein）负责与解旋的DNA单链结合，保护并防止再次形成双螺旋。子链DNA的合成需要由引发酶（primase）先合成一小段（约15个核苷酸）RNA引物，再由DNA聚合酶在引物的3′羟基位置继续延伸合成。在新链延伸结束后由专门的酶将引物切除，在原核生物中为DNA聚合酶Ⅰ或核糖核酸酶H（RNase H），在真核生物中为RNaseH Ⅰ和翼式内切酶1（FEN1）。引物切除后冈崎片段间的空缺由DNA聚合酶和DNA连接酶填补并连接。

端粒酶是真核生物特有的。与细菌环状的基因组结构不同，真核生物的染色体结构为线状。在DNA复制过程中，最末端的引物被切除后是无法被填补的，因此每复制一次，染色体都会变短一些。为了防止染色体两端的有效序列丢失，真核生物的染色体末端存在具有大量重复序列的端粒DNA，以抵抗因复制带来的缩短消耗。而在一些特殊的细胞类型中，如生殖细胞、肿瘤细胞和干细胞，拥有端粒酶可以延长端粒序列，从而提升细胞的分裂传代能力。

（三）DNA复制的忠实性

细胞内DNA复制的一个突出特点是具有高度的忠实性（fidelity），差错率只有10^{-9}，即复制10亿个碱基对才产生1个错误。仅仅用碱基互补原则加以解释是远远不够的。DNA双螺旋微小的几何改变就可造成G和T之间形成两对氢键，从而导致子代DNA突变。另外，DNA的4种碱基瞬间出现互变异构的概率是10^{-4}～10^{-5}，例如C的互变异构型(tautomeric form)可以和A配对。因此DNA复制的高度忠实性有赖于多种因素，包括RNA引物的作用，DNA聚合酶的自我校正功能，几种校正和修复系统，以及DNA本身的结构特征（T取代U）等。

1.RNA 引物和 DNA 聚合酶的自我校正

在 DNA 复制过程中，所有的细菌 DNA 聚合酶和动物细胞的大多数 DNA 聚合酶（γ、δ 和 ε）都具有校正功能。校正功能依赖 3′→5′核酸外切酶活性，如果前一个核苷酸的 3′-羟基连上了和模板链错配的碱基，DNA 聚合酶就会立即停止前进，并利用 3′→5′核酸外切酶活性将错配的核苷酸切除。正是因为 DNA 聚合酶具有“自我校正”功能，所以在开始催化合成之前必须有正确的碱基配对存在于 3′端，这也是引物存在的必要性。

为什么在 DNA 复制中要使用需要清除的 RNA 作为引物，而不使用可以不必消除的 DNA 为引物呢？原因在于自我校正功能和从头合成能力的不兼容性。自我校正功能的执行依赖 3′末端的核苷酸作为判断依据，因此能够从头合成的核酸聚合酶就不可能自我校正。引物必须从头合成，因此不可避免地会存在较大的差错率。即使引物所占的比例只有全部核酸的 5%，也会造成基因突变大大增加。而 RNA 引物要比 DNA 引物有利得多，因为 RNA 核苷酸序列本身自动成为必须被清除的“坏拷贝”的标志。

为什么 DNA 聚合酶的合成方向只能是 5′→3′？其原因也和复制的忠实性有关。在 DNA 复制中，如果 DNA 聚合酶按 3′→5′方向合成 DNA，那么能量供给只能依靠 5′端 3 个磷酸基团的两个（焦磷酸基团）释放并水解。这样一来，在聚合反应中错配的核苷酸就不能简单地一切了之，因为由此而产生的 5′端将失去两个磷酸基团，从而造成 DNA 合成立即终止。因此，对于随时校正在 DNA 复制中出现的错配而言，把 dNTP 加到引物链的 3′端要比加在 5′端方便多了。

2. 错配校正系统

在研究一种突变率异常高的 *E.coli* 突变株时，人们发现了错配校正系统（mismatch proofreading system），或错配修复系统，它可以消除因核酸外切酶校正缺陷所产生的复制错误。详细内容将在后面提到。

概念检查 12.1

○ DNA 聚合酶 3′→5′核酸外切酶活性的作用是什么？

二、反转录

1970 年 Temin 等在致癌 RNA 病毒中发现了一种特殊的 DNA 聚合酶，该酶以 RNA 为模板，根据碱基配对原则（其中 U 与 A 配对），按照 RNA 的核苷酸顺序合成互补链 DNA（complementary DNA, cDNA）。这一过程与一般遗传信息流转录的方向相反，故称为反转录或逆转录，催化此过程的 DNA 聚合酶叫做反转录酶（reverse transcriptase）。后来发现反转录酶不仅普遍存在于 RNA 病毒中，哺乳动物的胚胎细胞和正在分裂的淋巴细胞中也有反转录酶。

大多数反转录酶都是多功能酶，除了依赖 RNA 的 DNA 聚合酶（RNA-dependent DNA polymerase, RdDP）活性，还包括核糖核酸酶 H（RNase H）活性以及依赖 DNA 的 DNA 聚合酶活性。有些反转录酶还有 DNA 内切酶活性，这可能与病毒基因整合到宿主细胞染色体 DNA 中有关。以病毒的反转录过程为例，反转录酶以 dNTP 为底物，以 RNA 为模板，tRNA（主要是色氨酸 tRNA）为引物，从 tRNA 3′-OH 末端开始按 5′→ 3′方向通过磷酸二酯键将 dNTP 聚合成一条与 RNA 模板互补的 DNA 单链，这条 DNA 单链叫做 cDNA，它与 RNA 模板形成 RNA-DNA 杂交体。随后又在反转录酶的作用下，水解掉 RNA 链，再以 cDNA 为模板合成第二条 DNA 链。

携带反转录酶的病毒又称为反转录病毒，它侵入宿主细胞后先以病毒 RNA 为模板靠反转录酶催化合成 DNA，随后这种 DNA 环化并整合到宿主细胞的染色体 DNA 中去，以原病毒 (provirus) 的形式在宿主细胞中一代代传递下去。

反转录酶的发现对于遗传工程技术起了很大的推动作用，目前它已成为一种重要的工具酶。检测组织细胞中 mRNA 表达水平的荧光定量 PCR 技术，以及转录组测序的文库构建过程，都离不开体外的反转录过程。

三、DNA 的损伤与修复

细胞内的 DNA 可能因物理或化学因素而受到损伤，例如射线辐射、化学诱变剂和受热等。此外，DNA 复制产生的误差也可能造成 DNA 损伤。如果这些损伤留在 DNA 中得不到修复，体细胞就可能丧失功能，而生殖细胞中的 DNA 损伤可能危及下一代的存活。因此在各种类型的细胞中修复 DNA 的损伤十分重要，甚至生死攸关。

（一）DNA 损伤与突变的表现类型

1. 碱基丢失

在每个人的细胞基因组中，每天因热或酸破坏糖苷键而丢失的嘌呤碱基多达 5000 ～ 10000 个，而胞嘧啶自动脱氨基变成尿嘧啶并被糖苷酶除去者每日也要有上百个，水解也能造成嘧啶碱基丢失。

2. 碱基改变

水解造成的碱基脱氨基作用，是 DNA 中另一种最常见的非酶促自发性化学变化，它可以改变碱基配对。紫外线和放射性射线等电离辐射可能造成 DNA 链中相邻的两个嘧啶碱基之间发生共价交联，形成嘧啶二聚体，使该位点丧失了复制模板作用。*S*- 腺苷甲硫氨酸的甲基化作用，乙基甲磺酸等烷基化作用，以及细胞中的多种代谢产物（如氧）都可能对碱基造成损伤，改变其正常功能。

3. 核苷酸插入或缺失

在 DNA 复制或重组时，具有扁平分子结构的嵌入剂（如溴化乙锭和吖啶）可以造成 DNA 的核苷酸增加或减少。

4.DNA 链断裂

电离辐射或某些化学试剂，如博来霉素（Bleomycin）可以使磷酸二酯键断裂。此外，自由基（free radicals）也能造成 DNA 断裂，产生 3′- 脱氧核酸片段。断裂分为单链断裂和双链断裂。

5.DNA 链间共价交联

具有两个功能基团的烷化剂，如丝裂霉素（Mitomycin），可以使两条 DNA 链之间发生共价交联。

（二）DNA 损伤的几种修复机制

DNA 损伤若无法及时修复，可能会导致基因突变、细胞死亡或是癌症的产生。DNA 损伤修复机制可分为三大类：直接修复，切除修复和复制后修复，其中切除修复最为普遍。

1. 直接修复（direct repair）

（1）通过 DNA 聚合酶校正修复 前面已经提到，多数 DNA 聚合酶都具有 3′→ 5′外切酶活性，可对复制中错误掺入的碱基进行校正，使得 DNA 复制中实际的差错率大大减少。大肠杆菌 DNA 聚合酶Ⅲ的 3′→ 5′外切酶活性是 ε 亚基承担的，若编码这个亚基的基因发生突变，那么就会失去校正的功能。

（2）光复活反应（photoreactivation）直接修复损伤的另一个例子是对由紫外线照射诱发的胸苷二聚体的修复。催化光复活反应的酶叫做光裂合酶（photolyase），存在于多种生物中。此酶可被 350 ～ 450mm 波长的蓝光和近紫外光激活，剪切嘧啶二聚体。

（3）烷基化碱基的修复 烷基转移酶（alkyltransferases）可以将 G 的 O^6 位上的甲基转移到酶蛋白活性中心的 Cys 残基侧链上。当转移完成后，酶就失去了活性，因此是“自杀”式的。

2. 切除修复（excision repair）

切除修复主要包括两种方式：碱基切除修复和核苷酸切除修复。核苷酸切除修复通路和碱基切除修复通路修复的 DNA 损伤只涉及 DNA 双螺旋中的一条链，通过“切—补”模式，DNA 损伤被切除，形成的单链缺口以完整无误的互补链为模板填补。

（1）碱基切除修复 参与碱基切除修复的有一组 DNA 糖苷酶（glycosylases），它们特异识别 DNA 中发生改变的碱基，并水解除去之，形成无碱基位点（AP site）。例如尿嘧啶 DNA 糖苷酶专门识别并切除 DNA 中出现的尿嘧啶。接着 AP 核酸内切酶迅速识别这个无碱基位点，在其 5′端切断磷酸二酯键。接着 DNA 聚合酶以互补链为模板，合成正确的 1 个（短修补途径）或一小段核苷酸（长修补途径）来修补缺口。被取代的 AP 位点或包含 AP 位点在内的小段核苷酸被外切酶切除，最后切口由 DNA 连接酶连接 [图 12-5（a）]。

（2）核苷酸切除修复 核苷酸切除修复是体内识别 DNA 损伤种类最多的修复通路，主要修复可影响碱基配对而扭曲双螺旋结构的 DNA 损伤，如苯并芘、紫外线对 DNA 的损伤，以及可阻断基因转录和复制的 DNA 损伤。当出现这种 DNA 损伤时，一个大型多酶复合物负责搜寻在 DNA 双螺旋结构中发生的变形，而不是识别某种特殊的碱基改变。一旦发现了变形的损伤部位，这个复合物就在它的两侧切断 DNA 链，然后解旋酶将包括损伤部位在内的 DNA 片段去除。真核生物中切除片段的长度大于原核生物。最后由 DNA 聚合酶和连接酶修补缺口［图 12-5（b）]。

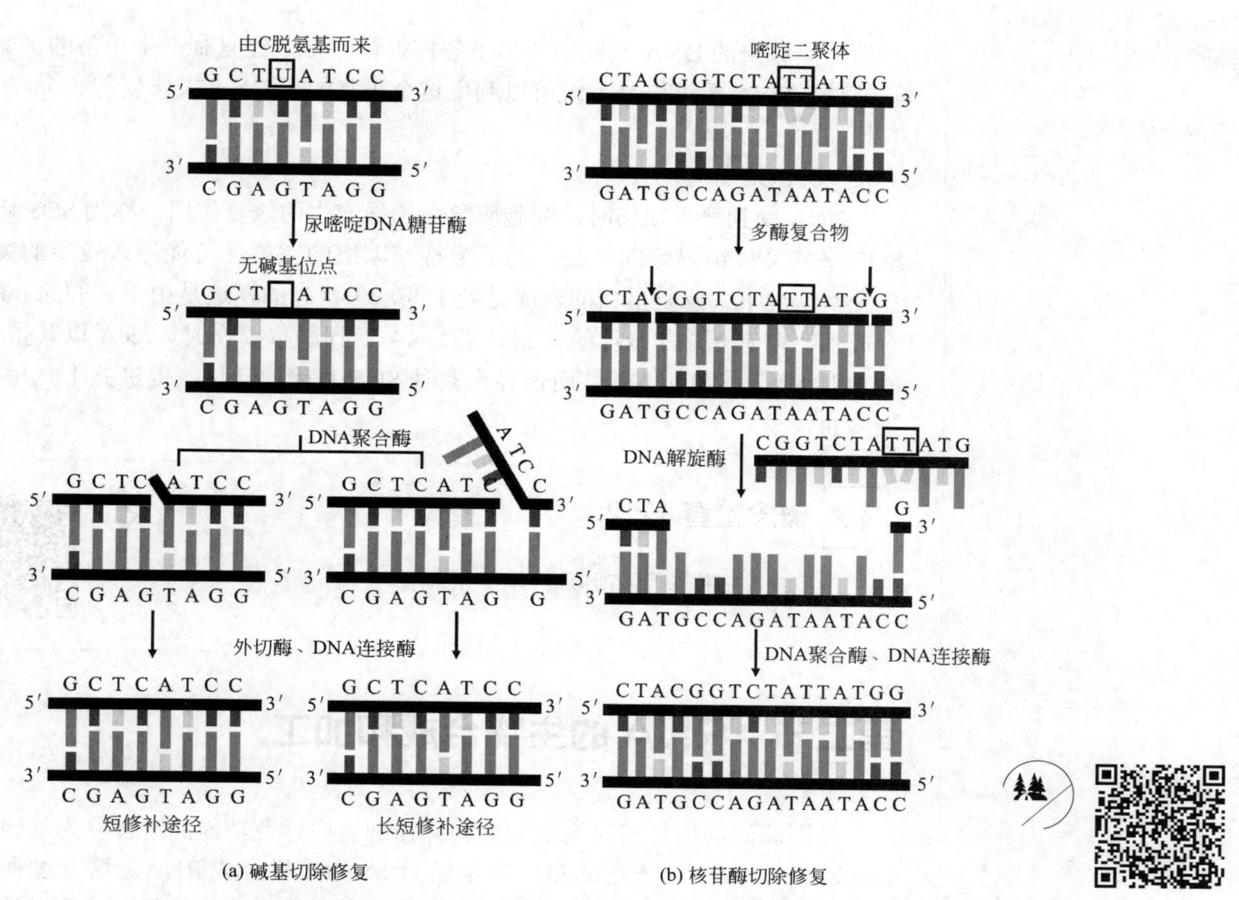

图12-5 DNA切除修复的两种主要方式

3. 复制后修复（post-replication repair）

DNA复制完成后的检查修复机制称为复制后修复，主要包括错配修复、同源重组修复和SOS修复机制。

（1）错配修复（mismatch repair）

错配修复机制能识别错配的碱基，并能辨别模板链和新合成链，然后切除新合成链中错误配对的碱基，进行修复合成。错配校正系统必须区分和切除存在于新合成的DNA链（而不是模板链）中错配的核苷酸，才能有效地校正复制错误。大肠杆菌使用的机制是利用dam基因编码的甲基化酶（methylase），可以将DNA所有的GATC序列中的A在N^6位甲基化，但是新合成的DNA链中的A要晚一些时候才被甲基化。正是这一时间差为区别新DNA链和模板链提供了基础。

（2）同源重组修复（homologous recombinational repair）

大多数的动物细胞属于双倍体，遗传信息在另一条同源染色体上存在备份。在一系列参与同源重组的蛋白质帮助下，损伤的DNA分子在同源染色体处获得所需的修复信息来完成自身的修复，具有较高的准确性。同源重组的机制目前主要依靠Holiday模型、单链断裂模型和双链断裂模型来解释。

除了同源染色体，同源重组修复的信息还可以从姐妹染色单体或子代DNA中获得。例如大肠杆菌的DNA双链中的1条链存在嘧啶二聚体未及修复，复制时这个损伤部位不能成为复制模板，复制体被迫跳过这个部位，然后重新开始复制。这样，子DNA中的一条链含有嘧啶二聚体，而另一条链则出现较长的

缺口。但原来的DNA双链中的另1条模板链正常，经复制产生正常的子DNA互补链，DNA重组修复系统可以利用这个正常的子DNA来修复前一个双链均有损伤的子DNA。

（3）SOS修复

DNA受到严重损伤时，细胞应急而诱导产生的修复作用，称为SOS修复。SOS修复又称错误倾向修复，为了维持基因组的完整性可能导入较多的突变。在正常情况下，修复蛋白的合成是处于低水平状态的，这是由于它们的mRNA合成受到阻遏蛋白LexA的抑制。当DNA受到严重损伤时，recA以其蛋白酶的功能水解破坏LexA，从而诱导十几种SOS基因的活化，促进此十几种修复蛋白的合成。

概念检查 12.2

○ DNA损伤修复有哪几种常见机制？

第二节 RNA的生物合成和加工

基因编码的信息转化为细胞结构并在细胞中行使功能的过程称为基因表达（gene expression）。表达的第一步是以DNA为模板合成RNA，这一过程称为转录（transcription）。转录是RNA生物合成的主要方式。转录也是酶促的核苷酸聚合过程，所需的酶叫做依赖DNA的RNA聚合酶（DNA-dependent RNA polymerase, DdRP）。转录产生初级转录物为RNA前体（RNA precursor），它们必须经过加工过程变为成熟的RNA，才能表现其生物活性。

与DNA复制类似，转录过程中多核苷酸链的合成的方向也是从5′→3′，遵从Watson-Crick碱基互补配对原则。但是由于复制和转录的目的不同，转录又具有其特点：①对于一个基因组来说，转录只发生在一部分基因位点，而且每个基因的转录都受到相对独立的控制；②转录是不对称的，只以双链DNA的一条链作为模板，转录产物是RNA单链；③转录时不需要引物，而且RNA链的合成是连续的；④转录依靠RNA聚合酶而不是DNA聚合酶，原料为NTP而不是dNTP；⑤细胞内的基因转录过程，包括启动子的识别和转录起始到延伸的调节都受到严格的调控。

一、RNA聚合酶

由转录而产生的RNA分子有不同类型，其中有：①携带蛋白质合成信息的mRNA分子；② rRNA分子；③ tRNA分子；④其他具有结构或催化作用的RNA分子（miRNA、lncRNA等）。这些RNA分子的合成需要RNA聚合酶的催化。细菌只有一种 RNA 聚合酶催化各种类型的 RNA 合成，而真核细胞却是由不同的 RNA 聚合酶催化合成不同类型的 RNA 分子。

RNA 聚合酶是参与转录过程最重要的酶，与 DNA 聚合酶相比，明显的特征是具有从头合成能力，但是无 3′→5′核酸外切酶活性，即无自我校正功能。这样带来的结果是，转录过程不需要引物，但是忠实性远低于 DNA 复制（差错率 10^{-4} ～ 10^{-5}）。尽管如此，这个错误率还是可以容忍的，因为细胞的每个基因要转录合成许多 RNA，中间只有少量是错误的，而且有时 RNA 碱基发生一个错误并不影响它指导合成的蛋白质的氨基酸序列。即使差错影响到蛋白质的功能，将错误的 RNA 和蛋白质降解即可，此差错并不遗传给后代。

除此之外，RNA 聚合酶本身就有促进 DNA 双螺旋解链的能力，因此不需要解旋酶的辅助。在转录的起始阶段，RNA 聚合酶会在原地多次催化无效转录（abortive transcription）。RNA 聚合酶催化的链延长反应通式为（需要 DNA 模板和 Mg^{2+}）：

$$(RNA)_n + NTP \longrightarrow (RNA)_{n+1} + Ppi$$

（一）原核生物的 RNA 聚合酶

原核细胞中的 RNA，包括 mRNA、rRNA 和 tRNA，都由一种 DNA 指导下的 RNA 聚合酶催化合成。以大肠杆菌为例，RNA 聚合酶全酶（holoenzyme）由五种亚基组成（表 12-4）。其中 $\alpha_2\beta\beta'\omega$ 组成核心酶（core enzyme），再与 σ 因子组成全酶。σ 因子与启动子识别有关，大肠杆菌有 7 种不同的 σ 因子，负责不同条件下的基因转录。RNA 聚合酶的三维结构呈蟹钳状，有利于其在 DNA 模板上的固定。

表 12-4　大肠杆菌 RNA 聚合酶的亚基组成及功能

亚基	大小 /kDa	数目	功能
α	36.5	2	核心酶的组装，转录起始，与调节蛋白作用
β	151	1	转录的起始与延伸
β'	155	1	与 DNA 的特异性结合
ω	11	1	促进核心酶的组装
σ	70	1	识别启动子

σ 因子的发现也为启动子序列的鉴定提供了技术基础。把 σ 因子与待转录的 DNA 结合，然后用胰脱氧核糖核酸酶（pancreatic deoxyribonuclease）降解 DNA。启动子和蛋白质 σ 因子结合，因而被保护不被降解。因此，当其他暴露部分的 DNA 完全被降解后，启动子和 σ 因子结合的复合物便可以被分离出来，再把 DNA 的启动子部分与 σ 因子分离，启动子部分便可以进行 DNA 碱基序列分析。

（二）真核生物的 RNA 聚合酶

真核细胞的细胞核中有三种 RNA 聚合酶：RNA 聚合酶Ⅰ、RNA 聚合酶Ⅱ和 RNA 聚合酶Ⅲ，它们分别催化合成不同类型的 RNA（表 12-5）。一个哺乳动物细胞约有 2000 个聚合酶Ⅲ，各有约 40000 个聚合酶Ⅰ和Ⅱ。它们的数目分别受细胞的生长速度控制。三种聚合酶在三维结构上与细菌的 RNA 聚合酶十分相似（蟹钳状），但是亚基数量（2 个大亚基 +12 ～ 15 个小亚基）显著多于细菌的 RNA 聚合酶。除此之外，细菌的 RNA 聚合酶全酶直接和启动子结合，而真核细胞的 RNA 聚合酶却必须在 DNA 上存在附加的蛋白质因子时才能与之结合。

真核生物的 RNA 聚合酶Ⅱ在其最大亚基的羧基端有一个重要的结构，称为 C 端结构域（carboxyl-terminal domain, CTD）。CTD 的特点是含有多拷贝数的七肽重复序列 YSPTSPS，不同物种中的拷贝数不同。七肽重复序列富含羟基氨基酸，其磷酸化水平对于转录起始到延伸的切换非常重要。

表 12-5　大肠杆菌 RNA 聚合酶的亚基组成及功能

RNA 聚合酶类型	功能
RNA 聚合酶Ⅰ	rRNA 的合成（5S rRNA 除外）
RNA 聚合酶Ⅱ	mRNA、绝大多数 miRNA、lncRNA、具有帽子结构的 snRNA 和 snoRNA 的合成
RNA 聚合酶Ⅲ	小分子 RNA，包括 tRNA、5S rRNA、无帽子结构的 snRNA 和 snoRNA、7SL RNA、7SK RNA 等的合成

（三）抑制转录的抗生素

抗生素是低等生物或高等生物（一般是植物）的代谢物质，它能以很低的浓度专一地抑制某些生命过程。利福平（Rifampicin）和链霉素（streptolydigin）是抑制细菌基因转录的抗生素。二者的作用对象都是细菌的 RNA 聚合酶。利福平能以非常低的浓度（10^{-7} ～ 10^{-8}mol/L）抑制革兰阳性细菌的生长，它的抑制作用在于抑制 RNA 的转录起始，但是不抑制延伸过程。链霉素主要通过阻止 RNA 聚合酶在催化过程中的构象变化而抑制转录延伸。

真核生物的三种 RNA 聚合酶对 α- 鹅膏蕈碱（*α*-amanitin，从某些有毒蘑菇中提取的一种环状寡肽类抗生素）具有不同的抑制敏感性，例如 RNA 聚合酶Ⅱ最敏感，其次是 RNA 聚合酶Ⅲ，而 RNA 聚合酶Ⅰ最不敏感。对 α- 鹅膏蕈碱的敏感性实验也可以帮助判断某一种特定类型的 RNA 是由哪一种 RNA 聚合酶催化合成。

放线菌素 D（Actinomycin D）是另一种可以同时抑制真核和原核生物中基因转录的抗生素。放线菌素 D 能插入双链 DNA 的两条链之间，与 DNA 中的 -GpC- 碱基序列紧密结合，使 DNA 不能作为 RNA 合成的模板而阻止转录。

概念检查 12.3

○ 抑制原核与真核生物转录的抗生素分别有哪些？

二、转录的过程

转录是在 DNA 模板的指令下进行的，通常只是在一条 DNA 链的某个特殊区域进行转录。在 DNA 双链中，把含有编码信息的链称为正义链，而另一条作为转录模板的链称为反义链。转录起始位点定义为 +1，其上游碱基顺序以负号表示（–1,–2,⋯），而其下游碱基序列以正号表示（+1,+2,⋯）。转录从 DNA 模板的一个特殊位置——启动子处开始，分三个阶段进行：起始、延长和终止。由 DNA 基因指导，从起始到终止合成的一条完整的 RNA 链称为一个转录本（transcript）。

（一）原核生物的转录过程

大肠杆菌的启动子约长 40bp，其中在转录起始位点前的 10 个碱基对中有 7 个碱基对作为一个识别区域（–10 区），转录起始位点前约 35 个碱基对处又有另一个识别区域（–35 区）（图 12-6）。在转录的起始阶段，RNA 聚合酶全酶通过随机结合 - 滑动扫描的机制识别启动子，接着 RNA 聚合酶全酶与启动子形成封闭复合物，随着 DNA 发生解链变成开放复合物。RNA 聚合酶不需要引物，可以从头合成，但是在起始阶段可能发生数轮的无效转录，合成并释放 3-8nt 的无效转录产物。随着 σ 因子的解离，启动子清空事件发生，转录从起始阶段进入延伸阶段。RNA 聚合酶沿着 DNA 模板链移动，按 5′→3′方向合成 RNA。转录区间的 DNA 双链解螺旋，而转录完的区间 DNA 又恢复双螺旋结构（见图 12-7）。转录的过程是连续的，转录时延长的最大速度是每秒钟 50 个核苷酸。

−50 −40 −30 −20 −10 +1 +10

5 —— AGGCACCCCAGGCTTTACACTTTATGCTTCCGGGTCG TATGTTG TGTGGAATTGTGAGCGG —— 3′

3 —— TCCGTGGGGTCCGAAATGTGAAATACGAAGGCCGAGC ATACAAC ACACCTTAACACTCGCC —— 5′ DNA

富含GC的区域 富含AT的区域 pppAUUGUGAGCGG —— 3′ RNA

图 12-6 大肠杆菌基因组中一个启动子的 DNA 碱基序列

这个启动子有两个 σ 的识别区域。一个是在 RNA 转录前 35 个碱基对前后的一段富含 G-C 和富含 A-T 相邻的序列，另一个是在转录前 10 个碱基对附近的一个区域（图中方框划出的区域）。RNA 的转录从 +1 开始

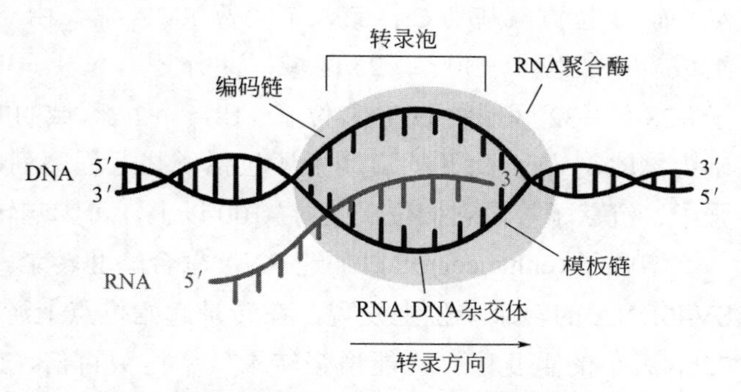

图 12-7 RNA 聚合酶作用示意图

转录的终止也是和起始一样被严格调控的。细菌的转录终止分为不依赖 ρ 因子的转录终止和依赖 ρ 因子的转录终止两种机制。不依赖 ρ 因子的转录终止是细菌使用的主要方式，只依赖转录物本身在 3′端自发形成的终止子（terminator）结构。终止子结构由 3′端的一串 U 序列以及其上游富含 GC 的茎环结构组成（图 12-8）。依赖 ρ 因子的转录终止在细菌中较为少见，而在噬菌体中较为普遍。ρ 因子结合并协助识别 3′端终止子结构（也存在茎环结构，但是无多聚 U），通过解链酶活性强行拆开 DNA/RNA 杂交螺旋以终止转录。

C
U C
U G
G·C
A·U
C·G
C·G
G·C
C·G
C·G
G·C
—UAAUCCCACAG AUUUU-OH
5′ 3′

图 12-8 大肠杆菌的 trp mRNA 转录本 3′- 末端区域形成的发卡结构

（二）真核生物的转录过程

与原核生物的转录过程相比，真核生物的基因转录存在几点明显的不同：①真核生物的基因转录是高度选择的过程，以哺乳

动物为例，它们的细胞中只有约 1% 的 DNA 序列在转录合成有功能的 RNA 序列；②真核细胞具有细胞核和核小体结构，在转录开始前和结束后需要额外增加核小体临时解体、RNA 运输等步骤；③真核细胞中的转录起始需要非常多的转录因子参与。真核 RNA 聚合酶的催化速度为平均每秒 30 个核苷酸。

1. 真核生物的 3 种 RNA 聚合酶都有各自的启动子和转录因子

（1）RNA 聚合酶Ⅰ的启动子　RNA 聚合酶Ⅰ存在于核仁中，其功能是转录除 5S rRNA 以外的各种 rRNA。它所识别的启动子跨越上下游区，包括两部分序列组成：从 -31 ～ +6 区称近启动子，与基因的基础转录有关；-187 ～ -107 区称为远程启动子，是有效转录必需的。每种生物都有特定的转录因子与 RNA 聚合酶Ⅰ结合，促进酶与启动子结合形成转录起始复合物，开始启动 RNA 的转录。

（2）RNA 聚合酶Ⅱ的启动子　RNA 聚合酶Ⅱ存在于核质中，负责蛋白质基因、绝大多数 miRNA、lncRNA 以及部分 snRNA、snoRNA 基因的转录。它的启动子位于起始点上游，属于上游启动子。核心启动子由若干个元件组成：第一个为 Inr，包含转录起始位点（+1）在内的若干序列，通常 +1 位点碱基为 A，而 -1 位点碱基为 C；第二个叫做 TATA 盒，由一段富含 AT 碱基对的序列组成，一般位于 -30 ～ -25 区域；此外还有位于 -37 ～ -32 区域的 BRE，位于 +28 ～ +32 区域的 DPE 和位于 +18 ～ +27 区域的 MTE。在核心启动子的基础上，RNA 聚合酶Ⅱ的启动子还包括一些远程序列，包括上游调控元件、增强子、沉默子等，它们位于上游 –100 以上，可影响转录的效率。

增强子 (enhancer) 可以加速 RNA 聚合酶Ⅱ转录。增强子于 1980 年首次在 SV40DNA 的转录单位上发现，在转录起始位点上游 100 ～ 250bp 间，有两段 72bp 大小的重复序列，能增强转录效率达数百倍，此后在真核生物基因中也找到该序列。增强子所处的位置比较自由，它可以在转录起始点的上游，也可能在转录起始点下游，甚至可插入在基因的内含子中；其与转录起始点的距离可在 –50 ～ +50kb 之间。增强子序列无方向性，其颠倒或重复排列都有效。某些增强子具有组织专一性，对特定细胞中的基因才有此作用。关于增强子的作用机制，目前普遍接受的是环出模型（looping-out model）。该模型指出，位于增强子和启动子之间的序列会以环的形式吐出来，与增强子结合的激活蛋白通过辅助激活蛋白与基础转录因子和 RNA 聚合酶相互作用，从而促进基因的转录。

RNA 聚合酶Ⅱ所需要的基础转录因子相对较多，包括 TFⅡA、TFⅡB、TFⅡD、TFⅡE、TFⅡF、TFⅡH、TFⅡS、TFⅡJ 和转录延伸因子等。其中 TFⅡD 是一个大的蛋白质复合体，能与核心启动子的 TATA 盒结合。

（3）RNA 聚合酶Ⅲ的启动子　RNA 聚合酶Ⅲ存在于核质中，负责催化 tRNA、5S rRNA 等小分子 RNA 的转录。RNA 聚合酶Ⅲ的启动子分为上游启动子和内部启动子。7SK RNA、7SL RNA 和 U6 snRNA 等使用外部启动子，而 tRNA 和 5S rRNA 使用内部启动子。以 tRNA 的内部启动子为例，位于 +1 位点下游，由 A 盒（+9 ～ +20）、B 盒（+53 ～ +63）组成（图 12-9）。

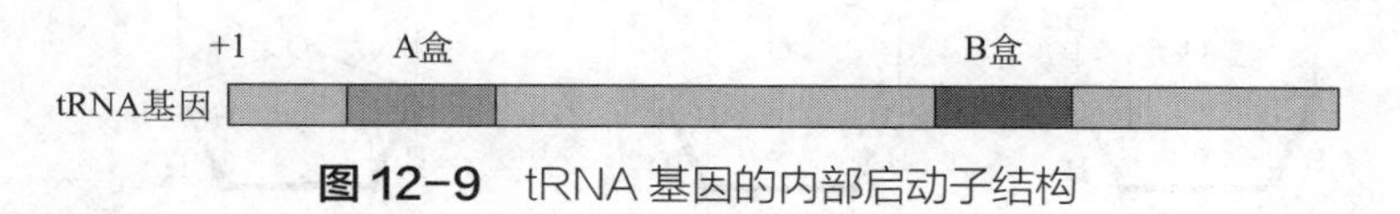

图 12-9　tRNA 基因的内部启动子结构

RNA 聚合酶Ⅲ识别不同的启动子是依赖于共同的转录因子 TF Ⅲ A、TF Ⅲ B 和 TF Ⅲ C，其中 TF Ⅲ A 只有 5S rRNA 的转录需要。

2. 转录因子与真核细胞的启动子形成稳定的复合体

真核细胞的 RNA 聚合酶不能识别启动子。当启动子的 DNA 顺序上结合有一个或多个特异的 DNA 结合蛋白时，才是有功能的启动子，才能被聚合酶所识别。这些特异的 DNA 结合蛋白叫做转录因子（transcription factor, TF），是转录启动所必需的。三种不同的聚合酶分别识别不同的启动子，各自需要不同的转录因子。转录因子可分为基础转录因子和特异性转录因子，前者是真核细胞中所有基因转录过程中所必需的，后者则帮助某一特定基因开始转录。体外实验显示，转录因子与启动子形成相对稳定的转录复合体，选择性地吸引聚合酶到达启动子。不同的转录因子结合于转录起始点有关部位。

（三）新生 RNA 链的加工

许多 RNA 在转录之后还需经切割和修饰，才能形成具有生理活性的 RNA 分子。接下来我们就原核和真核生物中新生 RNA 链的不同加工过程进行介绍。

1. 原核生物中新生 RNA 链的加工

（1）剪切和修剪　原核细胞中的 tRNA 分子和 rRNA 分子是在同一转录本上转录下来的，然后由新生的 RNA 链经剪切和修剪形成。例如大肠杆菌中的三种 rRNA 分子和一个 tRNA 分子就是由一个初始转录的 RNA 长链切割而成，这条初始 RNA 长链中包括一些空白区间（图 12-10）。还有一些 RNA 的转录本中含有几种不同的 tRNA 或几个相同的 rRNA 的拷贝。专一的核酸酶切割并修剪这些 rRNA 和 tRNA 的前体。原核生物的 tRNA 基因往往自带 3′端的 CCA 序列，只有少数不携带的需要在修剪后添加。原核 mRNA 与 rRNA 以及 tRNA 不同，它们很少被修剪，往往在转录后直接指导蛋白质的合成。但也有极少数细菌和噬菌体中存在有内含子的 mRNA，需要经过剪接步骤才能成熟。

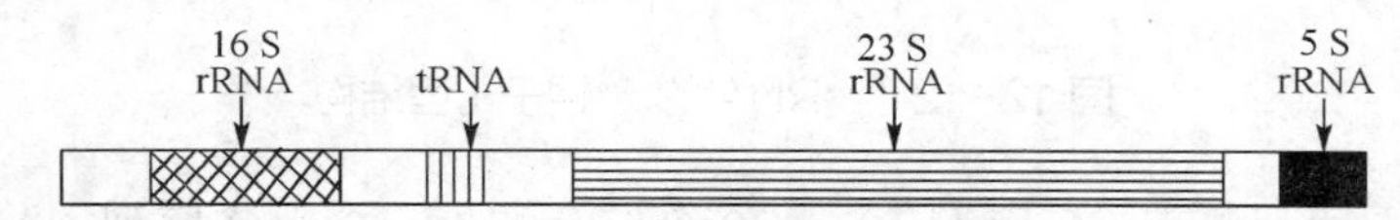

图 12-10　大肠杆菌中一个含有三种 rRNA 和一个 tRNA 的初始转录本图中空白的区间为切割时裂解去的空白序列区

（2）核苷酸的修饰　原核 rRNA 的修饰形式主要为核糖 2′-OH 的甲基化和假尿苷（Ψ），而 tRNA 的碱基修饰则非常频繁，种类近百，常见的有 TΨC 序列。一个成熟的 tRNA 分子约有 10% 的核苷酸存在修饰。RNA 的修饰由特定的修饰酶催化完成（图 12-11）。

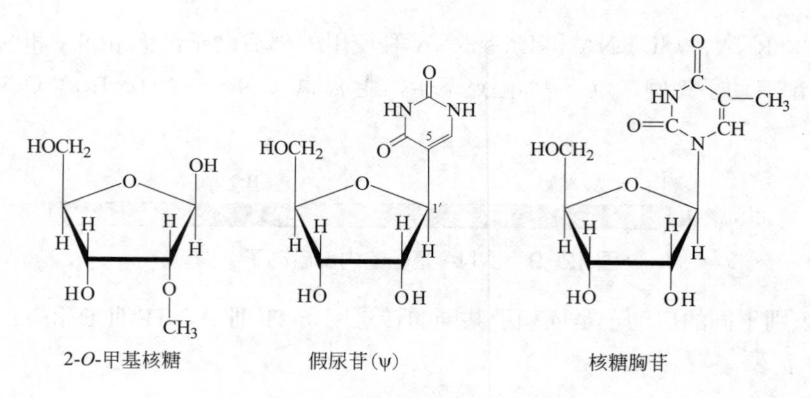

图 12-11 原核 rRNA 和 tRNA 中常见的修饰形式

2. 真核生物中新生 RNA 链的加工

（1）mRNA 前体的加工 RNA 聚合酶Ⅱ的初级转录产物叫做核不均一 RNA（heterogeneous nuclear RNA, hnRNA），长度变化从 2 ～ 14kb 不等。初级转录物 hnRNA 必须经过加工，形成成熟的 mRNA，才允许离开细胞核进入细胞质中。加工过程主要包括 5′端加帽（capping）、3′端加尾（tailing）、剪接（splicing）、编辑（editing）和内部修饰。

当新生的 RNA 合成约 30 个核苷酸时，5′端会被加上一个 7- 甲基鸟苷酸（m^7G）的帽子结构，与 5′端的第一个碱基以 5′,5′- 三磷酸酯键相连。不同真核生物的 mRNA 具有各种类型的帽子结构，一般来说，单细胞真核生物的帽子为 0 型帽结构：m^7GpppNp…3′；一般真核生物的帽子为 Ⅰ 型帽结构：m^7GpppNmpN…3′（图 12-12），脊椎动物的帽子为Ⅱ型帽结构：m^7GpppNmpNmpN…3′。其中 m 代表在第一个和第二个被转录的核苷酸上发生的 2′- 核糖羟基甲基化。5′帽子结构可以提高 mRNA 分子的稳定性，同时在蛋白质翻译过程中对促进 mRNA 分子与核糖体小亚基的结合是必需的。另外帽子结构对于 mRNA 从细胞核到细胞质的运输，以及内含子剪接反应都有一定的帮助。

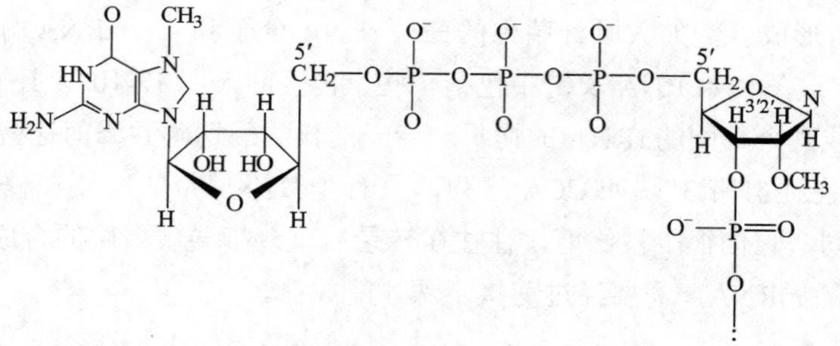

图 12-12 mRNA 的 5′帽子 Ⅰ 型结构

3′端加尾的信号位于切割位点 GC 上游 10 ～ 30 个核苷酸处，含保守序列 AAUAAA。切割后，一种多聚 A 聚合酶在切端加上 100 ～ 250 个腺苷酸残基，叫做多聚 A 尾（poly A tail）。至此，初级转录产物的合成完成。同时 RNA 聚合酶Ⅱ还继续转录直到出现转录终止信号，但是继续转录的链是无用的，随后被降解（图 12-13）。多聚 A 尾巴的功能包括提高 mRNA 分子的稳定性，在翻译过程中与帽子结构相互作用提高翻译效率，影响最后一个内含子的剪接，创造终止密码子，促进 mRNA 的运输等。

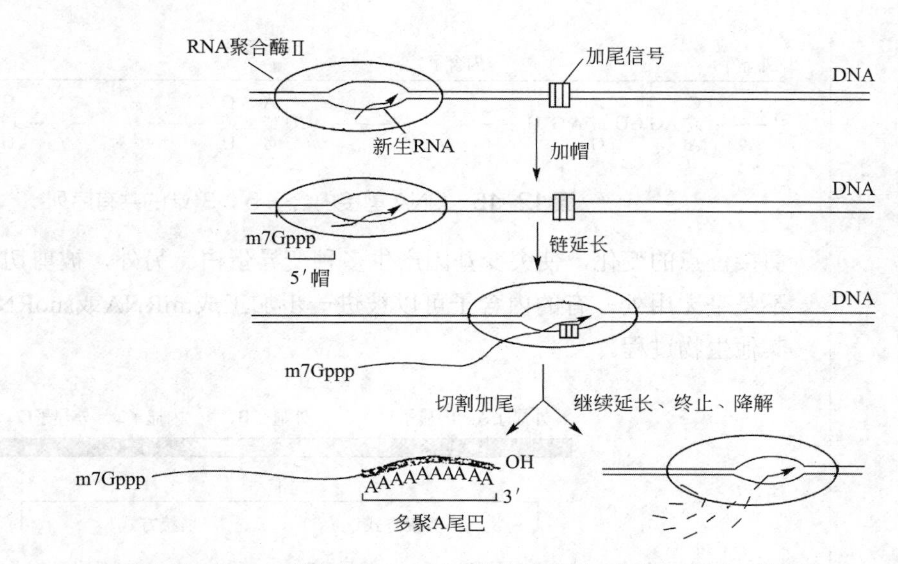

图 12-13　5′端加帽（capping）与 3′端加尾（tailing）的过程

与原核生物不同，真核生物基因的开放阅读框中往往插入一些与编码氨基酸无关的序列，称为内含子（intron）；对应地，与编码氨基酸有关的序列称为外显子 (exon)。在基因结构中含有内含子的基因叫做断裂基因（split gene），不同基因所含的内含子数目不等。真核细胞断裂基因由 Phillip Sharp 和 Richard Roberts 发现于 1977 年。他们将单链 mRNA 与含有编码此 mRNA 基因序列杂交形成 RNA-DNA 双链，无法与 mRNA 互补配对的 DNA 在电镜下显示出突环结构，而每个突环代表基因序列中的一个内含子（图 12-14）。内含子大小不等，从 80 ～ 1000bp 或更大。

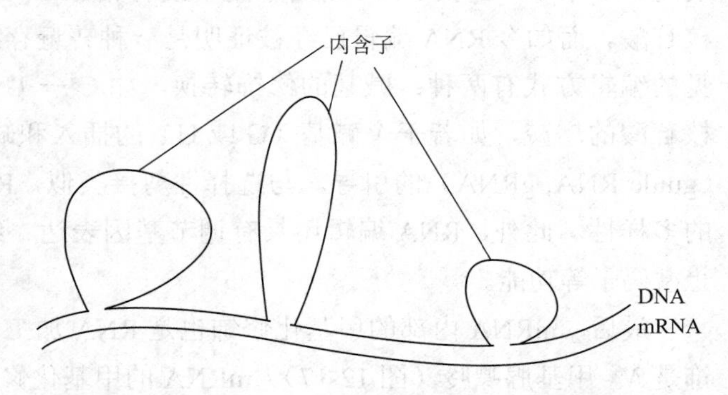

图 12-14　mRNA-DNA 杂交双链形成的突环结构

RNA 加工要从 RNA 分子中间切去内含子。当切去内含子后，其两侧的外显子连接起来，叫做 RNA 剪接，只有经过 RNA 剪接的 RNA 才能输入细胞质中发挥功能。对于绝大多数内含子来说，“GU-AG”规则是保守的剪接信号，即 5′剪接点总以 GU 开头，而 3′剪接点总以 AG 结尾。除此之外，内含子内部存在分支点（branch point）序列，里面有一个保守的 A（图 12-15）。RNA 前体的剪接需要许多核小 RNA（snRNA）的参与，它们与特殊的蛋白质结合形成 snRNP。剪接必须非常精确，只要其中有一个核苷酸的错误，就能使读框改变而因此改变遗传信息。

内含子的选择性剪接可以赋予同一 RNA 编码不同蛋白质的能力，为基因组的编码系统增加灵活性和多样性（图 12-16）。以 β- 地中海贫血为例，这是人类的一种遗传性疾病，患者红细胞的血红蛋白含量降低。通过 DNA 顺序分析发现，该病有 50 种以上的突变体，而其中大部分是由剪接类型的改变造成的。

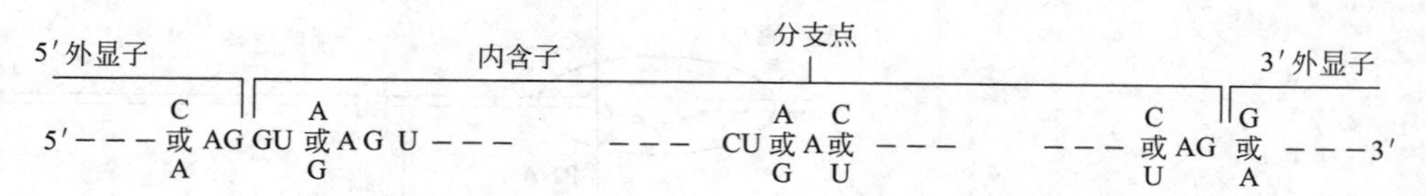

图 12-15 RNA 剪接内含子 5′、3′端的共有序列

剪接位点的变化，使突变基因产生多种变异蛋白。另外，被剪切掉的内含子并不是毫无用处。有的内含子可以被进一步加工成miRNA或snoRNA，参与调控其他生物过程。

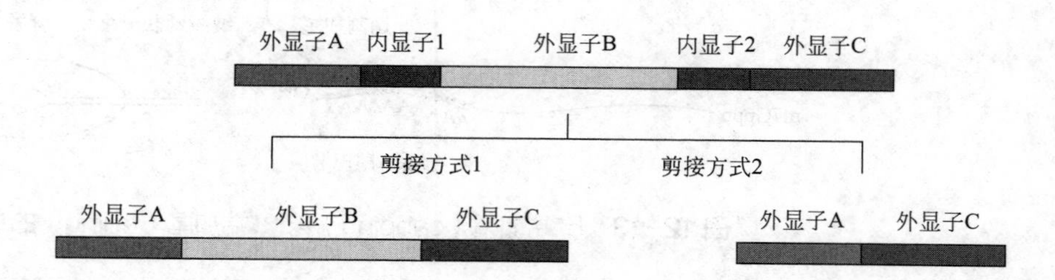

图 12-16 内含子选择性剪接示例

RNA 编辑（editing）是修饰 RNA 的一种重要机制。1986 年荷兰科学家 R. Benme（本姆）等首先报道了这一重要的真核基因转录后加工的特殊方式。他们在研究原生动物锥虫线粒体细胞色素氧化酶的第二个亚基成熟的 mRNA 中发现有 4 个 U，而其 DNA 编码序列中没有相应 T，这显然是转录后加进去的核苷酸。而如今 RNA 编辑已经被证明是一种普遍存在的转录后加工形式，常见的编辑方式有两种：碱基的修饰转换，如 C → U 的编辑和 A → I 的编辑；核苷酸的增减，如若干个碱基（G 或 U）的插入和缺失。后者需要指导 RNA（guide RNA, gRNA）的引导。与选择性剪接类似，RNA 编辑也可以提高编码的多样性。此外，RNA 编辑还具有调节基因表达、纠正突变、创造起始或终止密码子等功能。

最后，mRNA 内部的甲基化修饰也是 RNA 加工的一个方面。最常见的修饰是 N^6- 甲基腺嘌呤（图 12-17）。mRNA 的甲基化修饰可能影响其翻译效率和稳定性。

图 12-17 N^6- 甲基腺嘌呤

（2）rRNA 前体的加工　真核生物的 rRNA 基因（5S rRNA 除外）是以多顺反子的形式转录的，因此与原核生物类似，也需要经过剪切、修剪和核苷酸修饰三个方面的加工。修饰形式同样为核糖 2′-OH 的甲基化和假尿苷。

（3）tRNA 前体的加工　真核生物的 tRNA 以单顺反子形式转录，但是仍然需要通过剪切、修饰、编辑加工成为成熟的 tRNA。少数 tRNA 存在内含子，需要经过剪接。真核生物的 tRNA 基因不携带 CCA 序列，因此需要在加工的过程中添加。真核生物的 tRNA 也存在大量修饰。

三、RNA 指导下的 RNA 生物合成

在某些以 RNA 为基因组成分的病毒中，RNA 也可通过复制合成出与自身相同的分子。当它们感染宿主细胞后，可以利用依赖 RNA 的 RNA 聚合酶（RNA-dependent RNA polymerase, RdRP）或称 RNA 复制酶来合成病毒 RNA。

与 DNA 复制与转录类似，RNA 指导的 RNA 复制方向也总是 5′→3′。绝大多数情况下属于从头合成，不需要引物，因此具有较高的差错率。RdRP 主要由病毒基因组编码，但是有的亚基也可能是宿主基因组的编码产物。RNA 复制的场所大多数情况下在细胞质，少数情况在细胞核。

习题

1. 原核生物 DNA 复制主要有哪些重要的酶参与？
2.DNA 复制的忠实性是怎样实现的？
3. 简述 RNA 生物合成方式。简述真核与原核生物 RNA 聚合酶的异同。
4. 生物体为何允许转录有较大的误差？

科研实例

基因编辑技术

Crispr-Cas9 是近年来应用最为广泛的基因编辑技术。该技术通过 gRNA 将核酸内切酶 Cas9 带到对应的基因组位点进行切割，再通过同源重组或非同源末端连接的方式实现目标序列的突变、敲除或插入。

将一段外源的 DNA 序列插入目标基因组，构建转基因菌株，是基因工程研究中常用的技术。传统的方法通过同源重组或随机插入的方式导入，需要抗性基因或营养缺陷型菌株作为筛选标记。同一个菌株中可用的筛选标记往往是有限的，因此传统方法对于多基因的多位点导入具有局限性。

CRISPR 技术是近年来应用最广泛的基因编辑工具。CRISPR（Clustered Regularly Interspaced Short Palindromic Repeats）是原核生物基因组内的一段重复序列，来源于病毒基因组的整合。为了将外来入侵基因切除，细菌进化出 CRISPR-Cas9 系统，把外来的基因破坏掉。如图 12-18 所示，CRISPR-Cas9 系统的工作原理如下: Cas9 是一种核酸内切酶，在 sgRNA（small guide RNA）的引导下切割特定的位点，造成 DNA 双链断裂。PAM 序列对于 Cas9/sgRNA 复合体的结合非常重要，而 sgRNA 的序列设计则决定了 Cas9 切割的位点。在造成 DNA 双链断裂后，酵母等单倍体细胞采取非同源末端连接（NHEJ）的修复方式，往往带来非 3 的整数倍核苷酸的增减，从而造成基因的移框突变，导致目标蛋白质的功能丧失。也

可以人为导入带有切点前后同源臂的目标序列，依靠同源重组修复实现外源 DNA 的插入。由于未得到修复的细胞是无法生长的，CRISPR-Cas9 系统实现的基因的敲除或插入阳性率非常高，不需要消耗筛选标记。因此，使用 CRISPR-Cas9 系统可以实现基因组的超多位点改造，只要能设计出合适的 sgRNA。目前已经有许多生物信息学工具可以帮助设计 sgRNA 序列。

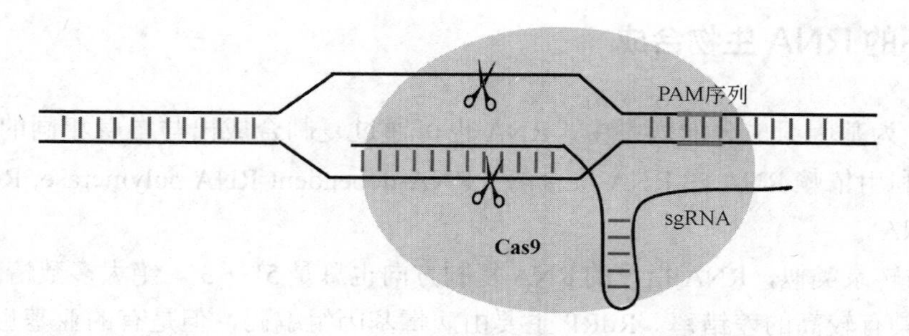

图 12-18 CRISPR-Cas 系统的工作原理

CRISPR 技术最早于 20 世纪 90 年代初发现，自 2012 年以来获得越来越广泛的应用。与 TALEN 系统相比，CRISPR 技术表现得更为有效且经济。除了作为基因敲除或插入的工具，CRISPR 技术在人类细胞中的建立为药物靶点筛选提供了技术性的突破。2014 年张峰等通过慢病毒载体构建 CRISPR-Cas9 敲除（GeCKO）文库，筛选出多个涉及药物维罗非尼耐药性的基因。

由于许多疾病是由遗传性的基因突变引起的，CRISPR 技术从原理上可以纠正导致疾病的基因突变。但是由于人类是多细胞多器官生物，而每个细胞中的基因编辑是独立事件，因此往往需要在胚胎阶段就开始诱导编辑的发生。目前的基因编辑技术无法保证 100% 的成功率和准确性，而胚胎基因组一旦被改写便只能伴随一生甚至传递给后代，因此 CRISPR 技术在人类疾病治疗中的应用存在较大的伦理争议。2020 年《中华人民共和国刑法修正案（十一）》在第三百三十六条后增加了“将基因编辑、克隆的人类胚胎植入人体或者动物体内，或者将基因编辑、克隆的动物胚胎植入人体内，情节严重的，处三年以下有期徒刑或者拘役，并处罚金；情节特别严重的，处三年以上七年以下有期徒刑，并处罚金。”2021 年，《最高人民法院 最高人民检察院关于执行〈中华人民共和国刑法〉确定罪名的补充规定（七）》规定了非法植入基因编辑、克隆胚胎罪罪名。

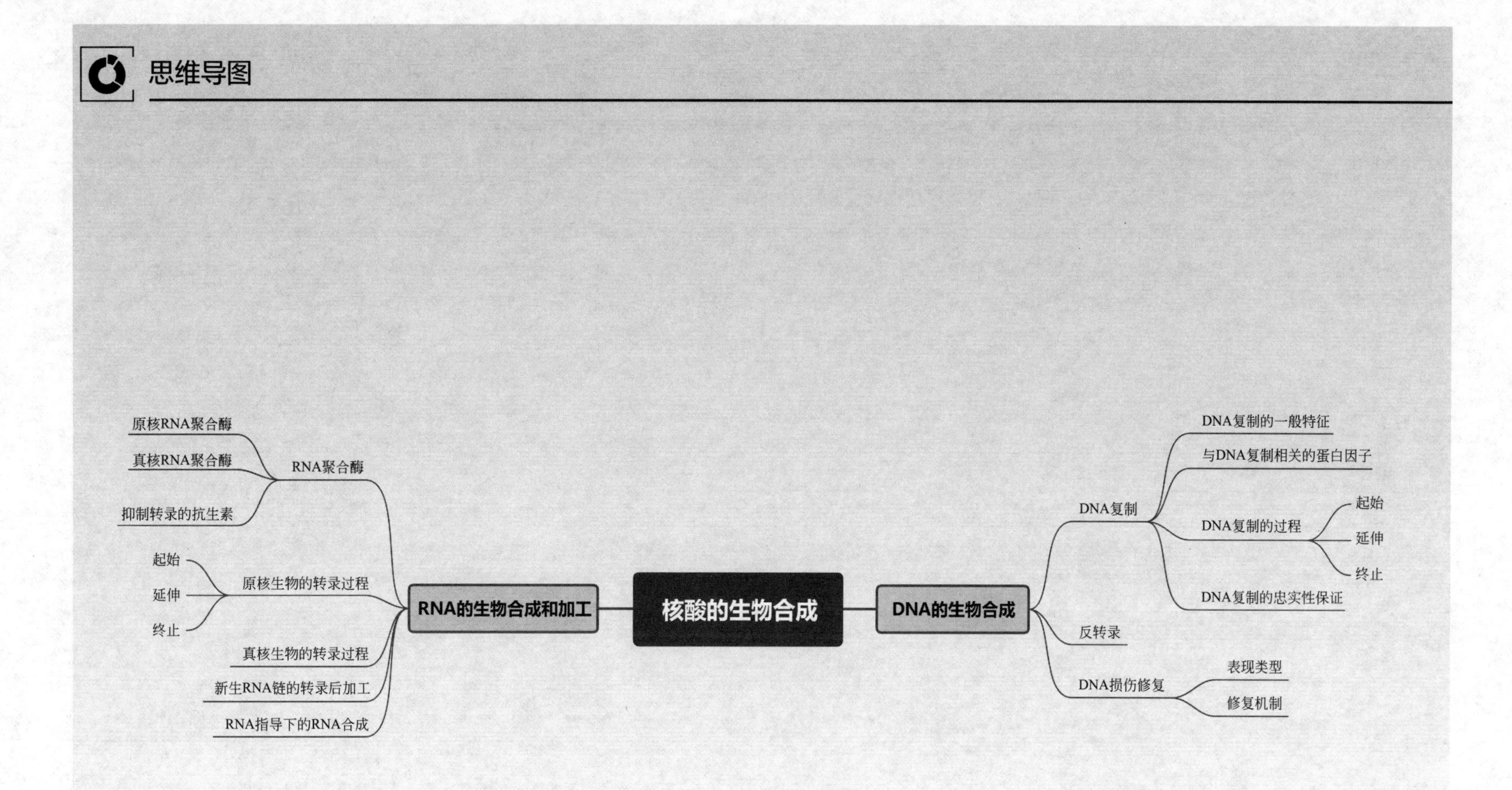
思维导图
核酸的生物合成
RNA的生物合成和加工
RNA聚合酶
原核RNA聚合酶
真核RNA聚合酶
抑制转录的抗生素
原核生物的转录过程
起始
延伸
终止
真核生物的转录过程
新生RNA链的转录后加工
RNA指导下的RNA合成
DNA的生物合成
DNA复制
DNA复制的一般特征
与DNA复制相关的蛋白因子
DNA复制的过程
起始
延伸
终止
DNA复制的忠实性保证
反转录
DNA损伤修复
表现类型
修复机制

第十三章　蛋白质的生物合成

学习目标

通过本章的学习，你需要掌握以下内容。

○ 掌握与翻译相关的三种 RNA 及其特征。
○ 指出核糖体的组成成分和与功能相关的几个重要位点。
○ 理解并简要描述遗传密码的破译过程。
○ 列出遗传密码的 5 个重要特性。
○ 掌握并简要描述原核生物中蛋白质翻译的四个步骤。
○ 理解真核生物中蛋白质翻译过程与原核生物的不同点。
○ 列举出蛋白质翻译后加工的 3 种形式。
○ 理解蛋白质分选运输的过程和必要性。
○ 掌握蛋白质翻译过程的重要抑制剂和作用机理。

蛋白质的生物合成，是生物体内将 mRNA 上的核苷酸序列转换为氨基酸序列，合成蛋白质的过程，也称为翻译（translation）。在中心法则中，翻译位于转录的下游，是基因表达的最后一步。蛋白质的翻译需要多种蛋白质和 RNA 分子的参与，是一个复杂并且精准调控的过程。在翻译结束后，蛋白质往往还需要经历翻译后修饰和定向分拣的过程，才可以顺利执行其功能。

第一节　翻译相关的生物大分子和遗传密码

一、与翻译相关的三种 RNA

（一）mRNA

信使 RNA 简称 mRNA，是 DNA 的转录产物，起着传递遗传信息的作用。mRNA 是蛋白质翻译的模板。关于 mRNA 结构的详细描述见第五章。

（二）rRNA

核糖体 RNA 简称 rRNA，是核糖体的组成成分之一。原核生物的核糖体中含有 3 种不同的 rRNA，而真核生物的核糖体含有 4 种，具体在后面“核糖体”段落展开。细菌的 16S rRNA 具有高度的保守性，其序列对比常被用作各种病原菌的检测和鉴定。

（三）tRNA

转运 RNA 简称 tRNA，是将 mRNA 上的遗传密码信息解读成氨基酸序列信息的重要接头分子。tRNA 的三级结构为倒“L”形，一头的 CCA 手臂结合氨基酸，另一头的反密码子环与 mRNA 上的密码子通过互补配对而识别。细胞中的 tRNA 种类远多于氨基酸种类，例如 tRNA 分子在细菌中有 30 ～ 40 种，高等生物细胞中约有 50 种。因此一种氨基酸可能由几种序列不同的 tRNA 来运载，这些 tRNA 称为同工 tRNA（isoacceptor tRNA）。

将氨基酸连接到 tRNA 的 CCA 手臂上形成氨酰 -tRNA 的过程，称为氨基酸的活化。活化反应由氨酰 -tRNA 合成酶（aaRS）催化，分为两步（图 13-1）：首先氨基酸与 ATP 反应生产氨酰 AMP 和焦磷酸，其次氨酰 AMP 与 tRNA 反应生产氨酰 -tRNA 和 AMP。焦磷酸的水解驱动反应进行。

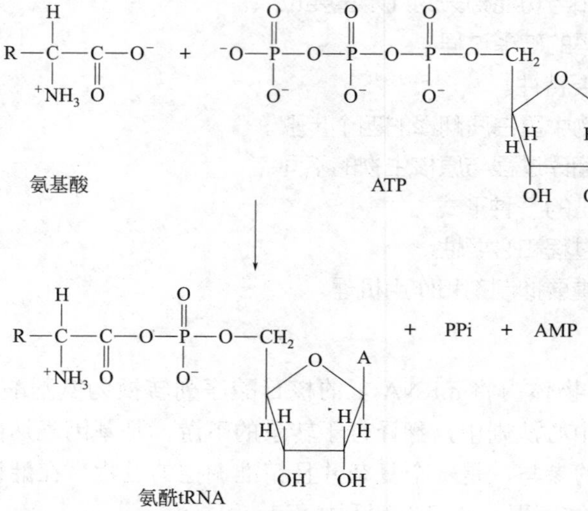

氨基酸 + ATP

→

氨酰tRNA + PPi + AMP

图 13-1 氨基酸活化反应

氨基酸活化过程对于蛋白质翻译准确与否非常重要。举例来说，如果丙氨酸被连接到了携带识别甘氨酸反密码子的 tRNA 上，那它在后续翻译过程中将直接被带去识别甘氨酸的密码子，然后被当作甘氨酸加入到多肽链中。核糖体只在乎密码子与反密码子的配对是否正确，并不会检查 tRNA 携带的氨基酸正确与否。那么氨酰 -tRNA 合成酶就成为了一个重要的校对场所，它如何识别并连接正确的氨基酸和 tRNA 呢？一般来说，氨酰 -tRNA 合成酶根据 tRNA 的个性来识别正确的 tRNA。不同 tRNA 的结构和序列特征都可以成为它的个性，例如 $tRNA^{Ala}$ 的个性是一个重要的 G3:U70 碱基对。而氨酰 -tRNA 合成酶对于氨基酸的识别采取“双筛”机制，首先依靠 R 基团的差异排除一部分氨基酸，再通过校对机制水解错误的氨酰 AMP。

二、核糖体是合成蛋白质的机器

核糖体是存在于细胞液内的微小颗粒，它们是合成蛋白质的“车床”。细菌细胞内的核糖体都是游离分散的，在高等动物的细胞内除游离存在的以外，还有与含脂蛋白丰富的一层膜结合在一起的，组成糙面内质网。核糖体由蛋白质和 rRNA 组成。

核糖体由大小两个亚基组成。原核生物的核糖体大亚基大小为 50S，小亚基大小为 30S，合并起来成为一个完整的 70S 核糖体。其中 S 是表示沉降速度的单位，大分子物质在高速离心时的沉降速度主要由分子量所决定，但也和分子的形状有关。50S 核糖体亚基的分子量约为 1.8×10^6，30S 核糖体亚基的分子量约为 0.9×10^6。核糖体的两个亚基的结合或解离与 Mg^{2+} 浓度密切有关，当 Mg^{2+} 浓度增加时，30S 和 50S 两个亚基趋向于结合；当 Mg^{2+} 浓度减小时则趋向于解离。真核生物的核糖体由 40S 和 60S 两个亚基组成，合并起来成为一个 80S 核糖体。核糖体的每个亚基又由多种蛋白质和 rRNA 共同组成，以大肠杆菌的核糖体为例，30S 亚基是由一条 16S rRNA 和 21 种不同的蛋白质所组成；50S 亚基是由一条 5S RNA 和一条 23S RNA，以及 34 种不同的蛋白质所组成。原核细胞与真核细胞核糖体的具体组成见表 5-5。核糖体的各组分对于其正常执行功能而言缺一不可，正如团队与个人的关系。

核糖体的功能是以其与 tRNA 的相互作用为中心的。图 13-2 表示了核糖体上 3 个重要的 tRNA 结合位点，它们在蛋白质合成过程中起特定的作用：

① A 位点（A site），也称为受体部位，是接受氨酰 -tRNA 进入的部位。

② P 位点（P site），是肽酰 tRNA 和起始氨酰 -tRNA 的结合部位。

③ E 位点（E site），也称退出位点，是空载 tRNA 从核糖体退出的地方。

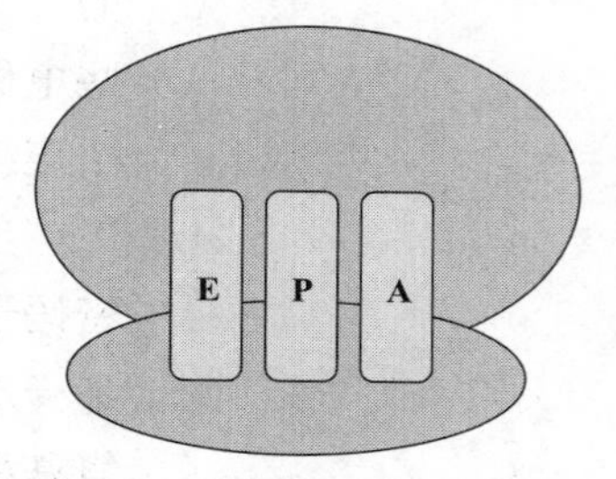

图 13-2　核糖体上 3 个重要的 tRNA 结合位点

除了这三个 tRNA 结合位点，核糖体上还拥有其余几个重要的功能部位，包括：

① 肽酰转移酶活性部位，位于大亚基，催化肽键形成。

② mRNA 结合部位，位于小亚基。

③ 多肽链离开通道，位于大亚基，允许新生肽链的离开。

④ 翻译因子结合部位。

核糖体的大小亚基在蛋白质翻译的时候组装成完整核糖体，翻译结束则又解离为两个单独的亚基，不断循环。在电子显微镜下可以观察到细胞内存在几个核糖体串联在一起工作的结构，这个结构称为多聚核糖体（polysome）。多聚核糖体最早在旺盛合成血红蛋白的家兔网织红细胞中观察到。用核糖核酸酶处理，多聚核糖体的结构被破坏，游离出单个核糖体。可见多聚核糖体是正在进行翻译的几个核糖体与 mRNA 联系在一起的结构，家兔网织红细胞中的多聚核糖体是由 5 ～ 6 个核糖体组成，在细菌中则由 4 ～ 20 个核糖体组成，在个别例子中也有多到 100 个核糖体组成（例如与细菌色氨酸合成酶有关的多聚核糖体）。在蛋白质合成开始时，核糖体与 mRNA 的起始密码子结合，然后沿着 mRNA 移动，根据 mRNA 上所携带的信息，连续接受各种氨酰 -tRNA，构成尚未完成的肽链。当这一核糖体移动到一定距离后，第二个核糖体又可以和这条 mRNA 的起始密码子结合，重复接肽的过程。因此在同一条 mRNA 上同时存在着几个或几十个核糖体，同时进行蛋白质的合成，形成多聚核糖体的结构。通过这种方式合成蛋白质，对生物体而言是合乎经济原则的，因为在这里一条 mRNA 的信息可以同时用来合成若干蛋白质分子。细胞内 mRNA 的含量只有 RNA 总量的 2% 左右，如果蛋白质合成不是通过这种方式的话，恐怕细胞中 mRNA 的含量将远远超过这一数值。

生物体内蛋白质的合成无疑都是通过转录和翻译进行的，但还有某些小肽并不是这样合成的，在合成过程中无需核糖体、mRNA、tRNA 参与；研究得比较深入的有短杆菌肽和短杆菌酪肽的生物合成，在合成过程中只不过有两种或三种酶和 ATP 参与。

 概念检查 13.1

○ 核糖体有哪些重要的功能性部位？

三、遗传密码

对于生物体来说，DNA 都是由四种脱氧核苷酸组成的，这四种脱氧核苷酸又以不同的排列组合方式出现，就像一篇由电码写成的文章，而每一种生物的“文章”都不相同。DNA 在转录的过程中，通过碱基互补配对的方式将这些电码精确传递给了 mRNA，而在 mRNA 的开放阅读框中，每一个电码（几个连续的核苷酸）都表示一个氨基酸。

当我们还不知道这些电码如何代表氨基酸时，我们把这种电码称为密码或密码子（codon）。生物的遗传密码究竟是由几个核苷酸组成的呢？我们需要思考一个问题：RNA 中存在四种核苷酸，怎样排列组合时才足以代表 20 种标准氨基酸呢？如果每一种核苷酸代表一种氨基酸，那么只能代表四种氨基酸，这显然是不可能的；如果每两个核苷酸代表一种氨基酸，可以排出 $4^2=16$ 种式样，也只能代表 16 种氨基酸；如果由三个核苷酸来表示一种氨基酸，就可以有 $4^3=64$ 种不同的式样，足以代表 20 种标准氨基酸；如果由四个或以上核苷酸来表示，那当然就更加富余了。理论上从足够并且经济的角度，用三个核苷酸来代表一个氨基酸是最合适的。事实上根据大量的实验结果，生物体的遗传密码确实是由三个核苷酸所组成的。

（一）遗传密码的组成

三联体的密码子形式首先在噬菌体 T4 的溶菌酶突变型的研究中得到证实。用一种吖啶类化合物原黄素处理 T4，可以得到一类突变型（用“－”表示，即 DNA 分子内缺失一个核苷酸），这类突变型再经原黄素处理后，可以得到表型回复为野生型的品系。吖啶类化合物的作用是嵌入 DNA 分子内，从而使 DNA 分子变形而影响复制，造成新合成的 DNA 链上核苷酸的增加或缺失。但许多回复子并不是在原先发生突变的位点上发生回复突变，而是在另一位点上又发生了一次突变，这一突变抑制了或者说抵消了原来突变的表型（用“+”

表示，即 DNA 分子上增加了一个核苷酸）。通过杂交重组，可以把各个“-”或各个“+”两突变位点组合起来，组合后的品系及表型见表 13-1 所示。

表 13-1　噬菌体 T4 的“+”“-”突变型和它们的表型

类别	基因型	表型	说明
Ⅰ	+ 或 -	突变型	单个位点
Ⅱ	++ 或 - -	突变型	同一类型中的双突变
Ⅲ	++++ 或 - - - - +++++ 或 - - - - -	突变型	同一类型中四个或五个突变组合在一起
Ⅳ	+ -	正常	不同类型的两个突变组合在一起
Ⅴ	+++ 或 ++++++ - - - 或 - - - - - -	正常	同一类型中三个突变组合在一起，或三的倍数突变组合在一起

可以看到，所有表型正常的品系，核苷酸缺失或增加的总量都是 3 的倍数（表 13-1，Ⅳ和Ⅴ）。如果不为 3 的倍数，则出现突变型（表 13-1，Ⅰ、Ⅱ和Ⅲ）。必须假设密码子是三联体才能完满地解释以上这些实验结果。后续对突变型与正常表型的溶酶体蛋白进行氨基酸序列分析显示，如果核苷酸缺失或增加的总量不是 3 的倍数，则从核苷酸缺失或增加的位置以后的氨基酸全部都是错误的；如果核苷酸缺失或增加的总量是 3 的倍数，则只有这些缺失或增加位点之间的氨基酸错误，其他区域的不受影响（图 13-3）。

T4溶菌酶正常序列

核苷酸序列 ...CAA AGA GCA CAA GGT GAT GTA ATG GGT ATT CCA ACT GAA AAA...

氨基酸序列 ... Q R A R G D V M G I P T E K...

缺失一个核苷酸

核苷酸序列 ...CAA AGA GCAC AAG GTG ATG TAA TG GGT ATT CCA ACT GAA AAA...

氨基酸序列 ... Q R H K V M *

同时增加和缺失各一个核苷酸

核苷酸序列 ...CAA AGA GCAC AAG AGT GAT GTA ATG GGT ATT CCA ACT GAA AAA...

氨基酸序列 ... Q R H K S D V M G I P T E K...

图 13-3　T4 溶菌酶突变位点与氨基酸序列变化

遗传学上把这种由于密码子移位而造成的突变称为移码突变。缺失（或增加）一个或两个核苷酸会造成缺失（或增加）部位以后的全部氨基酸误译。若同时缺失（或增加）三个核苷酸（或三个的倍数）时，则大部分氨基酸可获得校正。只要发生变化的 mRNA 部位之间的距离不太远，且又不影响所翻译的酶或蛋白质的活性中心，一般可以恢复为正常的表型。

（二）遗传密码的破译

遗传密码被证实是三联体密码，那具体的三核苷酸序列与氨基酸的编码关系是怎样的呢？揭示这一规律的过程即为遗传密码的破译。

生物化学方法

在最早期，科学家通过人工合成的一个简单的多聚核苷酸代替天然的mRNA，观察这样结构的RNA可以指导合成怎样的多肽，就可以推测氨基酸的密码。例如合成一个多聚尿嘧啶核苷酸（polyU）作为mRNA进行体外翻译实验，分别对20种氨基酸进行同位素标记，观察哪一种氨基酸可以掺入到蛋白质中。结果发现只有标记苯丙氨酸时，生成的多肽链才表现出放射性，说明苯丙氨酸的密码子与几个U连在一起的序列有关。此外又人工合成了多聚A和多聚C，证明有赖氨酸、脯氨酸的掺入。随着核酸人工合成技术的进展，一些相对复杂的序列得以合成，例如多聚CU（CUCUCUCUCU…）可以得到亮氨酸和丝氨酸相间隔的多肽，说明CUC和UCU密码子编码这两种氨基酸。

上述方法仍然无法彻底解码64种密码子。三联体结合试验，又叫核糖体结合技术（图13-4），是直接用三核苷酸作为模板研究遗传密码的方法。用一个人工合成的三核苷酸代替mRNA，在含有核糖体和氨酰-tRNA的缓冲系统中，核糖体便和三核苷酸以及识别它的氨酰-tRNA结合，形成三联体。例如当三核苷酸为UUU时，则只有苯丙氨酰-tRNA可以结合到核糖体上。用硝酸纤维制成的滤膜过滤，三联体由于体积较大，被保留在滤膜上，未结合的氨酰-tRNA则被洗脱。对于任一种三核苷酸，设立20个反应体系，每个体系用同位素标记一种氨酰-tRNA。测定哪个体系的反应物在滤膜上具有放射性，就可知道和核糖体上的三核苷酸结合的是哪一种氨酰-tRNA。

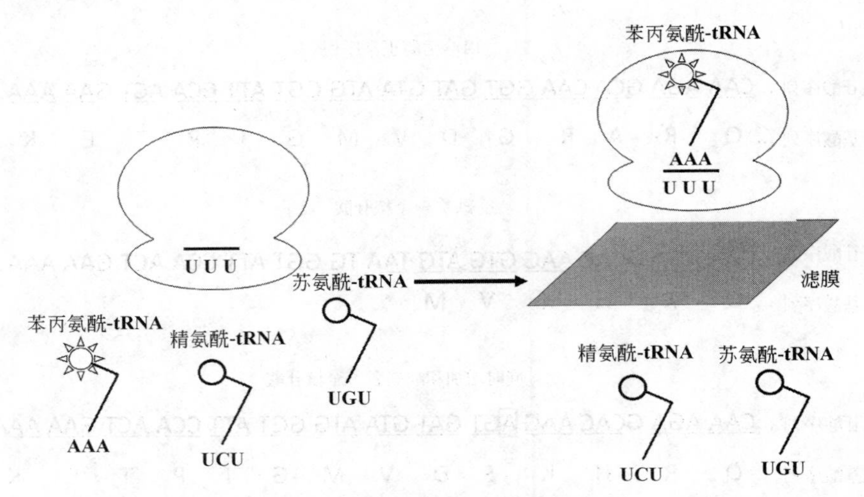

图13-4 三联体结合试验示意图

通过这种方法可以解析所有64种密码子与氨基酸的对应关系（表13-2）。有一些氨基酸没有对应的密码子，例如羟脯氨酸，因为它是在多肽形成之后通过进一步修饰生成的。遗传密码表中有三个密码子称为终止密码子（即UAA、UGA和UAG），它们不代表任何一种氨基酸，而是在多肽合成中起着终止的作用。其余61个密码子中，有些密码子编码的是同一种氨基酸，例如UUU和UUC都是编码苯丙氨酸，称为同义密码子。

表 13-2　遗传密码表

5′端的残基	中间的碱基				3′端的碱基
	U	C	A	G	
U	苯丙氨酸 苯丙氨酸 亮氨酸 亮氨酸	丝氨酸 丝氨酸 丝氨酸 丝氨酸	酪氨酸 酪氨酸 终止 终止	半胱氨酸 半胱氨酸 终止 色氨酸	U C A G
C	亮氨酸 亮氨酸 亮氨酸 亮氨酸	脯氨酸 脯氨酸 脯氨酸 脯氨酸	组氨酸 组氨酸 谷氨酰胺 谷氨酰胺	精氨酸 精氨酸 精氨酸 精氨酸	U C A G
A	异亮氨酸 异亮氨酸 异亮氨酸 甲硫氨酸（原核起译时为甲酰甲硫氨酸）	苏氨酸 苏氨酸 苏氨酸 苏氨酸	天冬酰胺 天冬酰胺 赖氨酸 赖氨酸	丝氨酸 丝氨酸 精氨酸 精氨酸	U C A G
G	缬氨酸 缬氨酸 缬氨酸 缬氨酸	丙氨酸 丙氨酸 丙氨酸 丙氨酸	天冬氨酸 天冬氨酸 谷氨酸 谷氨酸	甘氨酸 甘氨酸 甘氨酸 甘氨酸	U C A G

（三）密码子的特性

1. 密码子的方向性

密码子的阅读方向与 mRNA 的合成方向或者与 mRNA 编码方向一致，即从 5′→3′。例如 5′-UUG-3′与 5′-GUU-3′是不能等同的，前者代表亮氨酸，后者代表缬氨酸。

2. 密码子的简并与“兼职”

密码子共有 64 个，除了 3 个终止密码子 UAA、UAG 和 UGA 外，余下的 61 个为氨基酸密码子，编码 20 种标准氨基酸。这样导致一些氨基酸的对应密码子不止一种，因此就出现了“简并（degeneracy）”现象，即同一种氨基酸可以由两种或两种以上的密码子所编码。事实上，除了色氨酸和甲硫氨酸，其他 18 种氨基酸都由两种或以上的同义密码子编码。同义密码子几乎都有一个共同的特点，即这些密码子前面两个碱基是相同的，区别仅在于第三个碱基不同。可见前面两个碱基在决定所编码的氨基酸方面作用更大。

另一方面，有些密码子是“兼职”的，即一个密码子有两种作用。例如 AUG，它既是起始密码子，又是编码甲硫氨酸的密码子。另外，在有些生物体中，表达缬氨酸的 GUG 也可作为起始密码子。3 个终止密码子中的两个 UGA 和 UAG 也是兼职的，除了作为终止密码子，还可以在特定的情况下编码含硒半胱氨酸和吡咯赖氨酸。

3. 摆动规则

在翻译期间，tRNA 分子的反密码子环上的三联体核苷酸序列（即反密码子，anticodon）与 mRNA 上的密码子互补配对。在互补配对的过程中，密码子的前两个碱基严格遵守 Waston-Crick 配对规则，而第三个碱基则具有一定的自由度，称为摆动规则（wobble principle）。表 13-3 展示了摆动规则的配对情况，

例如密码子的第三个碱基如果是U，而反密码子的第一个碱基是A、G、I都可以与其配对。其中稀有碱基I(次黄嘌呤)经常出现在tRNA反密码子序列中，由腺嘌呤A脱氨基产生。

表13-3　摆动规则

密码子的第三个碱基	反密码子的第一个碱基
U	A、G、I
G	C、U
C	G、I
A	U、I

4. 密码子的通用性

密码子的通用性表现在，从病毒、原核细胞到真核细胞，使用的都是同一套氨基酸编码系统。然而在一些细胞器基因组中存在例外，例如对人、牛、酵母菌中线粒体基因组的研究发现，它们的遗传密码系统与核基因组并不相同，这可能与细胞器的内共生起源有关。内共生理论认为，线粒体和叶绿体是一些能自由生活的细菌在进化最早期与真核细胞祖先形成共生关系后保留的遗迹，因此保留了独立的遗传密码系统。

5. 密码子是不重叠的、无标点的

在一条mRNA链上，三个连续的核苷酸决定一个氨基酸。翻译过程中，核糖体顺着开放阅读框5′→3′的方向一个接一个地阅读，前后两个密码子之间没有共用的核苷酸。密码子的不重叠性也在实验中得以验证，从来没有发现过一次突变造成同一条肽链中两个邻接的氨基酸同时发生改变，也就是说从来没有由于一个核苷酸的改变而带来邻接的两个氨基酸的变化，所以认为密码子是不重叠的。

6. 密码子的使用频率

大多数氨基酸都由2个或以上的同义密码子所编码，那么这些同义密码子的使用频率是否相同呢？实验证明，同义密码子的使用不是随机的，并且不同物种对各个同义密码子的偏好性（codon bias）不同。例如在大肠杆菌K12基因组中，编码苏氨酸的4个同义密码子，使用频率最高的是ACC，使用频率最低的是ACA；而在酿酒酵母基因组中，使用频率最高的是ACU，最低的是ACG。不同物种密码子的使用频率可以参见网站http://www.kazusa.or.jp/codon/。进一步研究显示，密码子使用频率与对应tRNA的丰度呈正比关系。使用频率高的密码子，识别它的tRNA往往具有较高的丰度，以实现更好的翻译效率。

第二节　蛋白质合成过程

蛋白质的生物合成从 N 端开始向 C 端延伸，可以分为氨基酸的活化、起始、延伸和终止四个阶段。

一、原核细胞蛋白质合成过程

原核细胞的蛋白质合成相对比真核细胞简单，这里以大肠杆菌为例，介绍原核细胞中蛋白质合成的四个阶段。

（一）氨基酸的活化

在上一节中介绍过，氨基酸在加入多肽链之前必须先活化，与对应的 tRNA 连接生成氨酰 -tRNA。在细菌中识别起始密码子的起始氨酰 -tRNA 为甲酰甲硫氨酰 -tRNA（ fMet-$tRNA_f^{met}$ ），携带甲酰化的甲硫氨酸。fMet-$tRNA_f^{met}$ 的形成分为两步：第一步与其他识别非起始 AUG 密码子的 tRNA 一样，在甲硫氨酰 -tRNA 合成酶的催化下生成 Met-$tRNA_f^{met}$；第二步在甲酰化酶的催化下，N^{10}- 甲酰四氢叶酸为甲酰基供体，生成 fMet-$tRNA_f^{met}$。起始 tRNA 具有独特的个性，这导致其可以发生第二步甲酰化反应而普通的 $tRNA^{Met}$ 不行。当多肽链合成结束，N 端的甲酰基可在酶的作用下被水解切去，成为以甲硫氨酸为 N 末端的多肽；在另一些情况下，甲酰甲硫氨酸（或连同几个氨基酸）被一起水解切去，成为不以甲硫氨酸为 N 末端的多肽。

（二）起始

蛋白质翻译的起始阶段主要包括起始密码子的识别和起始复合物的形成，需要 3 种起始因子的帮助。

1. 起始密码子的识别

在细菌中，绝大多数情况下起始密码子使用 AUG，而在极少数情况下 GUG、CUG 和 UUG 也可以作为起始密码子。需要注意的是，在原核生物中不论起始密码子是否为 AUG，编码的都是甲硫氨酸，而不是遗传密码表中对应的氨基酸。

细菌中起始密码子识别的机制是 SD 序列（Shine-Dalgarno sequence）与反 SD 序列的互补配对（图 13-5）。SD 序列位于 mRNA 上起始密码子上游约 7 个碱基的区域，是一段 5 ～ 6 个碱基组成的富含嘌呤的高度保守序列（AGGAGG），而反 SD 序列位于核糖体小亚基中的 16S rRNA 上，富含嘧啶，可与 SD 序列互补配对。SD 序列与反 SD 序列的互补配对，使得 mRNA 结合到核糖体的小亚基上，并且在空间位置上起始密码子正好摆放到核糖体的 P 位点，等待起始氨酰 -tRNA 的结合。

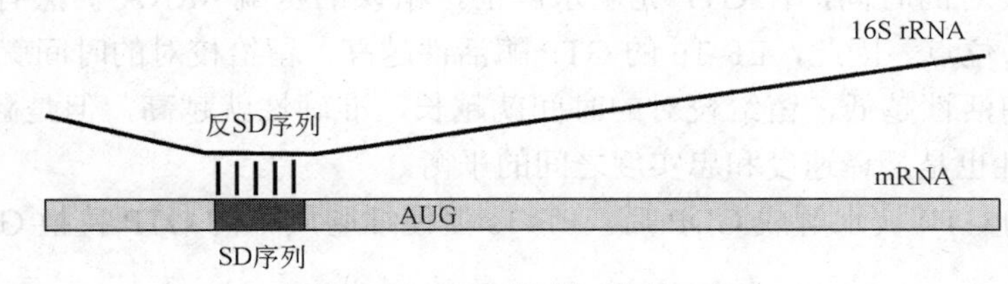

图 13-5　SD 序列与反 SD 序列

2. 起始复合物的形成

翻译起始复合物是由核糖体、起始氨酰 -tRNA 和 mRNA 组成的三元复合物。在起始复合物形成的过程中，需要 3 种翻译起始因子 IF1、IF2、IF3 的参与，它们各自的功能见表 13-4。在 IF1 的协助下，IF3 与核糖体的小亚基结合，大小亚基解离。接着 mRNA 通过 SD 序列与 30S 小亚基结合，起始密码子定位到 P 位点。在 IF2 和 GTP 的协助下，fMet-tRNA$_f^{met}$ 进入 P 位点，反密码子与起始密码子互补配对，形成 30S 起始复合物。接着在 IF2 的刺激下，50S 大亚基结合上来，IF1 和 IF3 释放。大亚基激活 IF2 的 GTP 酶活性，水解 GTP 导致 IF2 的释放，从而形成 70S 三元起始复合物（图 13-6a）。

表 13-4 原核生物的翻译起始因子

蛋白质因子	分子质量 /kDa	功能
起始因子		
IF1	9	协助 IF3 的作用
IF2	100	在 GTP 存在下促使起始 fMet-tRNA$_f^{met}$ 与核糖体小亚基的 P 位点结合
IF3	22	促进核糖体大小亚基解离、促进 mRNA 结合于核糖体小亚基

（三）延伸

在 70S 起始复合物形成以后，翻译进入延伸阶段。这个过程包括进位、转肽、移位三个步骤（图 13-6b），每加入一个氨基酸完成一个循环。延伸阶段需要 3 种翻译延伸因子 EF-Tu、EF-Ts、EF-G 的参与，它们各自的功能见表 13-5。

表 13-5 原核生物的翻译延伸因子

蛋白质因子	分子质量 /kDa	功 能
延伸因子		
EF-Tu	43	在 GTP 存在下促进氨酰 -tRNA 进入核糖体 A 位点
EF-Ts	30	促使 EF-Tu-GDP 置换为 EF-Tu-GTP
EF-G	77	促进核糖体移位，反应需 GTP

1. 进位

EF-Tu 帮助氨酰 -tRNA 进入 A 位点，这个过程需要 GTP 的参与。只有当正确的氨酰 -tRNA 进入 A 位点，与 A 位点的密码子互补配对，EF-Tu 的 GTP 酶活性才被激活，水解 GTP 成 GDP 和 Pi。GTP 的水解促使 EF-Tu 释放，而氨酰 -tRNA 则留在 A 位点进行下一步转肽。

合适的 GTP 酶活性对于 EF-Tu 非常重要。GTP 水解的时间恰好是允许 tRNA 上的反密码子与 A 位点的密码子相互作用而校对的时间，在 GTP 完全水解前，错误的氨酰 -tRNA 仍然有机会离开，而在 GTP 水解后，便只能留在 A 位点。因此，EF-Tu 的 GTP 酶活性越高，留给校对的时间就越短，出错率就越高；反之，EF-Tu 的 GTP 酶活性越低，留给校对的时间就越长，准确性就越高，但是翻译的速度也越慢。因此，合适的 GTP 酶活性也是翻译速度和忠实度之间的平衡。

当 EF-Tu 所结合的 GTP 被水解成 GDP 后，EF-Ts 促使细胞质中的 GTP 替换 GDP，从而实现 EF-Tu-GTP 的再生。

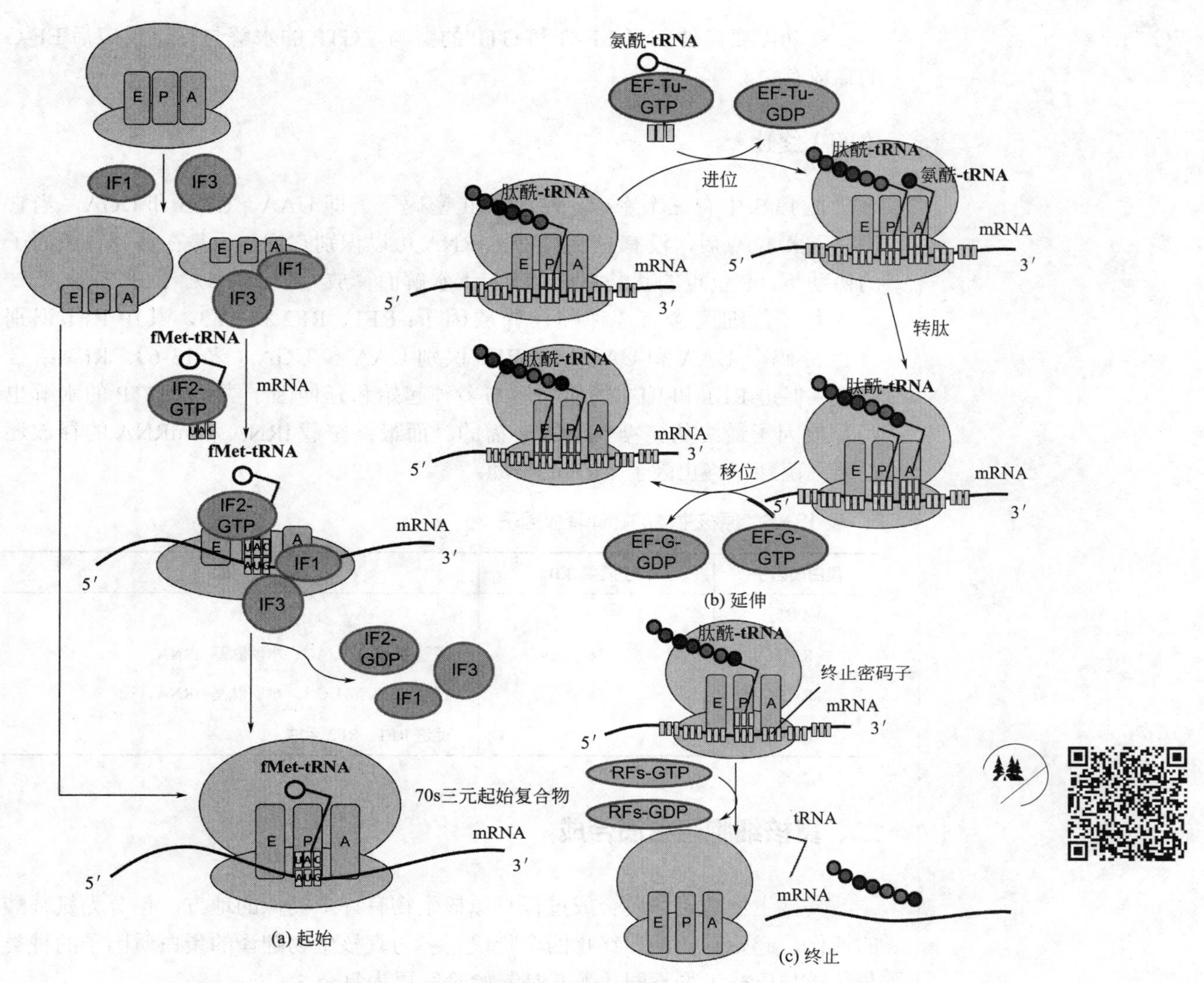

图 13-6　原核细胞蛋白质生物合成过程

2. 转肽

当正确的氨酰 -tRNA 进入 A 位点后，紧接着发生转肽反应。在肽酰转移酶的催化下，P 位点上肽酰 tRNA（或起始氨酰 -tRNA）的肽酰基（或氨酰基）被转到 A 位点上氨酰 -tRNA 的游离氨基上，形成肽键。肽酰转移酶是一种核酶，由核糖体大亚基中的 23S rRNA 承担，转肽反应不需要 GTP 或 ATP 的参与。

转肽完成后，P 位点的 tRNA 成为空载 tRNA，A 位点的 tRNA 则成为具有 n+1 个氨基酸的肽酰 -tRNA，n 为已发生的转肽反应次数。

3. 移位

移位是核糖体与 mRNA 之间的相对移动。核糖体从 mRNA 的 5′ 向 3′ 方向移动三个核苷酸的距离，空载 tRNA 从 P 位点移动到 E 位点，原先 E 位点的空载 tRNA 释放。肽酰 tRNA 从 A 位点移动到 P 位点，而 A 位点空出，为下一轮延伸循环做好准备。

移动需要延伸因子 EF-G 和 GTP 的参与，GTP 的水解与移位反应后 EF-G 的释放有关。

（四）终止

表 13-3 中有三个密码子称为终止密码子，即 UAA、UAG 和 UGA。当它们进入 A 位点后，没有对应的氨酰 tRNA 可以识别它们，于是在翻译释放因子的协助下，P 位点的肽酰基从 tRNA 上水解而释放（图 13-6c）。

大多数细菌含有 3 种翻译释放因子：RF1、RF2 和 RF3，其中 RF1 识别终止密码子 UAA 和 UAG，而 RF2 识别 UAA 和 UGA（表 13-6）。RF3 结合 GTP，促进 RF1 和 RF2 的作用。与多种起始和延伸因子类似，GTP 的水解也是释放因子最终从核糖体解离必需的。而最终空载 tRNA 和 mRNA 的释放还需要细菌翻译终止因子 RRF 的帮助。

表 13-6 原核生物的翻译释放因子

蛋白质因子	分子质量 /kDa	功 能
释放因子		
RF1	36	识别 UAA 和 UAG，水解肽基 -tRNA，
RF2	68	识别 UAA 或 UGA，水解肽基 -tRNA，
RF3	46	促进 RF1、RF2 活性

二、真核细胞蛋白质合成

真核生物的蛋白质合成过程与原核生物有许多类似的地方，也分为氨基酸的活化、起始、延伸和终止四个阶段。参与真核生物翻译的蛋白质因子的种类与数量与原核生物不同，尤其是起始阶段更为复杂。

（一）氨基酸的活化

真核生物的氨基酸活化过程与原核生物类似，起始 tRNA 仍然携带甲硫氨酸，但是不进行甲酰化。

（二）起始

真核生物的翻译起始因子种类非常多，表 13-7 列举了几种主要的起始因子和对应的功能。首先，eIF2-GTP 与起始氨酰 -tRNA（met-$tRNA_i$）结合，形成 eIF2-GTP-met-$tRNA_i$ 三元复合物，接着该三元复合物与被 eIF3 激活的核糖体小亚基结合形成 43S 前起始复合物。同时，eIF4 类的起始因子同时与 mRNA 的帽子结构和多聚 A 尾巴结合蛋白（PABP）结合，将 mRNA 环化。mRNA 的环化可以提高翻译效率：一轮翻译结束后位于 mRNA 尾部的核糖体可以非常容易地再次找到 mRNA 的 5′端核糖体结合位点，开启下一轮翻译。

环化的mRNA与43S前起始复合物结合，真核生物寻找起始密码子的机制与原核生物不同。真核生物采用"扫描-发现"机制，当核糖体与mRNA的5′端结合后，由5′端向3′端扫描，直到发现AUG为止。绝大多数情况下翻译从扫描发现的第一个AUG开始，但是少数情况下如果第一个AUG位于不好的环境例如强二级结构中，则会跳过继续扫描直到发现第二个AUG。随后，在eIF5等的协助下大亚基加入，起始因子逐渐释放，形成80S起始复合物。

表13-7 真核生物的起始因子

起始因子	分子质量 /kDa	已知功能
eIF1	15	促进起始复合物的形成
eIF2	122	结合GTP与起始氨酰-tRNA（met-$tRNA_i$）
eIF3	550	促进核糖体解离，加速43S起始复合物的形成
eIF4A	50	环化mRNA，促进mRNA与40S亚基的结合，促进mRNA解链
eIF4B	80	
eIF4E	25	
eIF4G	154	
eIF5	23	促进eIF2的GTP酶活性

概念检查 13.2

○ 真核与原核生物翻译起始阶段，识别起始密码子的机制有何不同？

（三）延伸和终止

真核生物的翻译延伸和终止反应与原核生物类似。其中延伸因子eEF1代替了EF-Tu和EF-Ts，eEF2代替了EF-G；释放因子eRF1代替了RF-1和RF-2，可以识别三种终止密码子，而eRF3代替了RF3。

第三节 蛋白质的翻译后加工和分选运输

在原核生物和真核生物中，许多蛋白质在翻译完成后都需要进一步加工才能形成有活性和功能的形式。一些蛋白质需要定位到特定亚细胞空间中，因此还需要经历分选运输的过程。

一、翻译后加工

蛋白质翻译后加工的主要包括多肽链的修剪、剪接和个别氨基酸的修饰。

（一）多肽链的修剪

有的蛋白质在合成结束后，除切去信号肽外，还需切去过长的末端肽段或内部的连接肽等，才能成熟为有功能的蛋白质。以胰岛素为例，刚合成好的蛋白多肽称为前胰岛素原，切除信号肽后成为胰岛素原，再切除连接肽 C 就成熟为有功能的胰岛素。

另外，刚合成好的多肽 N 端总是甲硫氨酸（真核）或甲酰甲硫氨酸（原核）。很多情况下 N 端一个或若干个氨基酸会被切除，有时肽链尚未合成完毕，N 端甲硫氨酸就已切除。通常，原核生物新生肽链 N 端的甲酰基被脱甲酰基酶水解。

（二）多肽链的剪接

与 mRNA 的内含子剪接类似，有一些含有内含肽的蛋白质需要将内含肽切除，两端的外显肽连接，才能成为有功能的蛋白质。蛋白质的剪接现象由 1990 年 Kane（凯恩）等首次发现：啤酒酵母细胞的基因 TFP1 表达产生两种蛋白，一个是液泡 H^+-ATPase 的催化亚基（69kDa），另一个蛋白分子质量 50kDa。通过实验证明，50kDa 的蛋白质是被剪切下来的内含肽，而 69kDa 则是 N 端和 C 端的蛋白质外显肽连接而成的。蛋白质剪接的发现使人们对中心法则有了更新的了解，即成熟的蛋白质序列不一定和成熟的 mRNA 序列完全对应。

（三）个别氨基酸的修饰

1. 磷酸化

磷酸化修饰主要发生于丝氨酸、苏氨酸及酪氨酸这三种含有羟基的氨基酸残基。一般将蛋白质磷酸化的酶称为激酶，去磷酸化的酶称为磷酸酶。蛋白质的磷酸化位点和程度与其功能活性、稳定性密切相关。

2. 乙酰化和甲基化

乙酰化修饰主要发生在 N 末端的 α- 氨基和赖氨酸的 ε- 氨基上（组蛋白等），而甲基化作用发生于 α- 氨基、ε- 氨基、精氨酸胍基以及 C 末端的 α- 羧基和侧链羧基上（组蛋白、肌肉蛋白、细胞色素 C、脑蛋白）。以组蛋白为例，不同位点的乙酰化和甲基化修饰对于调控基因转录的活跃性非常重要。

3. 糖基化

糖基化作用可发生于天冬酰胺的酰氨基（*N*- 糖苷键连接方式），也可以 *O*- 糖苷键连接方式修饰于丝氨酸和苏氨酸。真核生物中大多数蛋白质都是糖基化的，糖基化对蛋白质的分拣投送、正确折叠、调节蛋白质在体内的活性和半衰期等方面都具有重要作用。

4. 泛素化

泛素化修饰是蛋白质降解的标记。泛素（ubiquitin）是一种小分子多肽，由序列高度保守的 76 个氨基酸组成。泛素化修饰通过泛素羧基末端甘氨酸蛋白质 α- 氨基或赖氨酸的 ε- 氨基共价连接，贴上泛素化标签的蛋白质分子随后会被降解。

此外目前发现蛋白质中存在的修饰形式还有羟基化、羧基化、核苷酸化、脂酰基化、异戊二烯化、酰胺化、ADP 核糖基化、硫酸化等多种形式。

概念检查 13.3

○ 常见的蛋白质翻译后修饰形式有哪些？列举出 5 种。

二、蛋白质的分选运输

不同的蛋白质需要到达各自的亚细胞结构中发挥功能，这在真核细胞中尤为常见，例如参与三羧酸循环的酶需要进入线粒体基质，组蛋白需要进入细胞核。原核生物虽然没有复杂的细胞器结构，但是胞外蛋白的分泌也是不可缺少的运输过程。

蛋白质的分选运输由其携带的“信号肽”指导。“信号肽”类似邮政编码，不同的信号肽序列指导蛋白质被运输到不同的目的地。真核细胞常见的信号肽类型有 SRP 信号、内质网驻留信号、高尔基体驻留信号、溶酶体定位信号、线粒体定位信号、叶绿体定位信号、核定位信号（NLS）等。蛋白质的分选运输可以与翻译同时进行，也可以在翻译结束后进行，取决于携带的定位信号的不同。

（一）共翻译定向

在真核细胞中，分泌蛋白、膜蛋白、内质网和高尔基体驻留蛋白、溶酶体蛋白采用的是共翻译定向形式。这些蛋白的 N 端都带有 SRP（signal recognition particle）信号肽。随着翻译的进行，SRP 信号肽从核糖体表面探出，被 SRP 识别并结合，暂停新生肽延伸。SRP 是由一分子 7SL RNA 和 6 种多肽组成的核蛋白颗粒，可与内质网膜上的 SRP 受体结合，将翻译暂停的多肽链带到内质网表面。随后 SRP 解离，多肽链合成继续，内质网表面的移位子打开，多肽链进入内质网腔，而 SRP 信号随后被切除（图 13-7）。进入内质网腔后蛋白质的默认运输途径是进入高尔基体然后分泌到胞外，如果具有额外的定位信号如溶酶体定位或高尔基体驻留，则定位到对应的细胞器中。

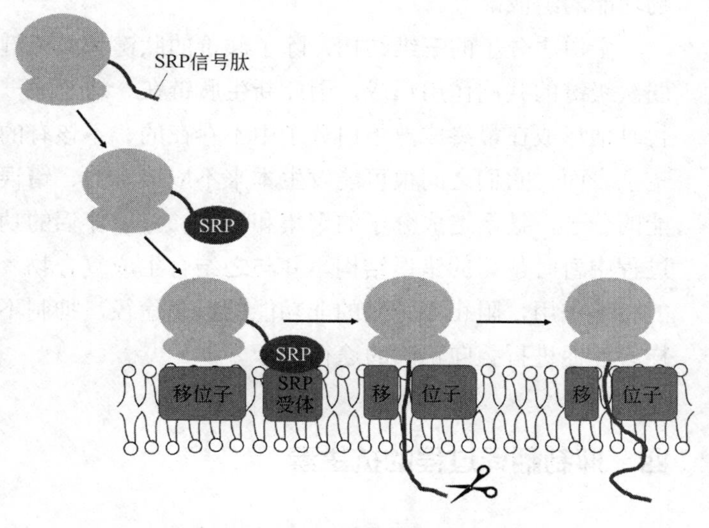

图 13-7　SRP 信号肽假说

（二）翻译后定向

线粒体、叶绿体、细胞核和过氧化物酶体中的蛋白质采取翻译后定向的方式，指导蛋白质具体去向的仍然是信号肽序列。核定位信号往往位于多肽链的内部，而其他定位信号多位于N端或C端。对于结构较为复杂的细胞器，如线粒体和叶绿体，多肽链上的次级信号序列决定其定位到哪个具体的结构位置。

与细胞核定位的过程不同，蛋白质越过线粒体膜的时候需要处于伸展或部分折叠的状态，这就离不开分子伴侣蛋白的帮助。HSP70等可以和还在核糖体上继续延伸的新生肽结合，防止其过早和过多地折叠而保持在能够进行越膜的状态。

（三）细菌中蛋白质的定向与分拣

细菌的蛋白质由细胞质中的核糖体合成。由于细菌不含有复杂的细胞器结构，定位到细胞质中的蛋白质不需要信号肽，而膜蛋白和分泌蛋白需要在相应的信号肽指引下完成运输。

三、多肽链的折叠和分子伴侣

多肽链从核糖体表面离开后便开始寻找正确的折叠构象，而许多蛋白质的正确折叠离不开分子伴侣。1987年Ellis（埃利斯）正式在*Nature*杂志上提出了分子伴侣的概念，1993年又对此概念做了更为正确的修正。分子伴侣现定义为：它是一类相互之间没有关系的蛋白质，它们的功能是帮助含多肽结构的其他物质在体内进行正确非共价的组装，其本身并不是组装完成后发挥正常生物功能的组成部分。

蛋白质分子的三维结构，除了共价的肽键和二硫键，还靠大量极其复杂的弱次级键的共同作用形成。因此新生肽链在一边合成一边折叠的过程中有可能暂时地形成在最终成熟蛋白分子中不存在的、不该有的结构。它们常常有一些疏水表面，它们之间很可能发生本来不应该有的、错误的相互作用而形成非功能的分子，甚至造成分子的聚集和沉淀。分子伴侣的功能是识别新生肽链折叠过程中暂时暴露的错误结构，并与之结合生成复合物，从而防止过早的或错误的相互作用，阻止不正确的非功能的折叠途径，抑制不可逆的聚合物产生，这样必然促进折叠向正确的途径进行。

四、抑制翻译过程的抗生素

抑制细菌蛋白质翻译的抗生素有链霉素、四环素、红霉素、林可霉素、氯霉素等。链霉素能与核糖体 30S 亚基上的蛋白质 S12 结合，抑制翻译起始；氯霉素能与核糖体 50S 亚基结合，抑制其转肽酶活性；四环素与核糖体 30S 亚基结合，阻止氨酰 -tRNA 的结合。这些抗生素通过抑制蛋白质的合成而抑制细菌的生长，除了作为医疗领域常用的药物，也被用在农业上防治植物病害。

抑制真核生物蛋白质翻译的抗生素有白喉毒素、蓖麻毒素、放线菌酮、茴香毒素等。其中白喉毒素来源于白喉杆菌的一种溶原性噬菌体，催化翻译延伸因子 eEF2 的 ADP- 核糖基化而使其失活。蓖麻毒素的作用靶点是核糖体 28S rRNA 的 A_{4324}，将其切下后导致核糖体失活。茴香毒素和放线菌酮抑制翻译的移位步骤。

此外，嘌呤霉素虽然不是临床上应用的一种抗生素，但是在蛋白质合成的研究中有一定意义。嘌呤霉素的结构和氨酰 -tRNA 一端的结构非常相似（图 13-8），很容易和核糖体的 A 位结合。肽基转移酶也能催化肽基转移到嘌呤霉素分子上的反应，但肽基 - 嘌呤霉素和核糖体的结合不牢固，容易脱下形成长短不一的未完成肽基 - 嘌呤霉素，从而阻断蛋白质的合成过程。因此嘌呤毒素既能抑制细菌又能抑制真核生物的蛋白质合成。

研究蛋白质合成的抑制剂，为临床应用提供理论依据，具有重大实践意义。抗生素的作用机制和抗药性机制研究对于合理使用抗生素、设计半合成新抗生素以及新抗生素的筛选等都有积极的意义。倘若某些抗生素同时抑制真核、原核两大类生物的蛋白质合成（如嘌呤霉素等），显然是临床不可取的。

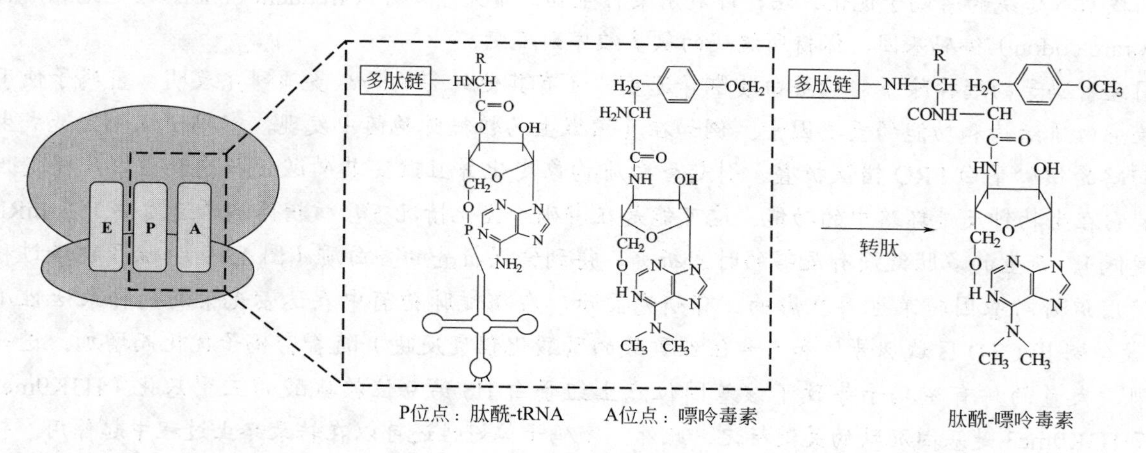

图 13-8　嘌呤霉素的作用机制

习题

1. 遗传密码有何特点？
2. 起始 tRNA 和延伸 tRNA 有什么区别？
3. 真核生物与原核生物在蛋白质生物合成起始阶段有何不同？
4. 何谓密码子的摇摆性？有何生物学意义？
5. 简述多肽合成的正确性是如何保证的？

科研实例

同义密码子的替换会影响蛋白质的结构和功能吗?

长久以来认为同义密码子的替换只影响蛋白质的翻译速度，不影响蛋白质的结构与功能，因为它不改变蛋白质的氨基酸序列。然而近年来多项研究工作显示，基因的密码子偏好对于调控其转录、共翻译折叠和蛋白质的功能都有重要的影响。

所有生物的核基因组都使用一套通用的密码子系统来编码20种氨基酸。由于密码子个数（61个编码密码子+3个终止密码子）远多于氨基酸种数，绝大多数氨基酸（甲硫氨酸Met和色氨酸Trp除外）都由2～6个同义密码子编码。这些同义密码子在不同物种中的使用频率不同，称为密码子偏好性（codon usage bias或CUB）。CUB在目前已知所有的基因组中都可以观察到，而不同物种对同义密码子的选择有不同的偏好。

密码子的使用频率往往和编码对应反密码子的tRNA基因拷贝数、tRNA的表达量成正相关。表达量较高的基因中多使用常见密码子，这也被认为是自然选择的结果，可以让高度表达的基因更快速和有效地翻译。所以密码子优化（codon optimization）也已经成为人们想要高效表达某些内源或外源性蛋白质时常用的技术。传统的密码子优化方法，即利用某种生物的常见密码子（frequent codon），避免利用稀有密码子（rare codon）编码基因，保持所编码的氨基酸序列不变。

同义密码子的选择除了影响蛋白质翻译速度，还有其他的影响吗？多项研究表明，密码子使用偏好是影响蛋白质结构和功能的重要因素。例如在真核微生物粗糙脉孢菌中发现，密码子优化会造成生物钟控制回路的核心蛋白FRQ错误折叠，引起蛋白质构象变化并且改变其磷酸化状态和蛋白质稳定性，从而影响它在生物钟反馈环路中的功能。这可能是在密码子优化情况下，核糖体翻译速度快（在mRNA链上密度低），新生的多肽链没有足够的时间折叠，得到错误折叠的蛋白质（图13-9）。除了翻译过程，密码子使用偏好对基因转录也存在影响。有研究显示，在粗糙脉孢菌中表达萤光素酶的转录活性（通过RNA聚合酶Ⅱ CTD区域2号位和5号位丝氨酸的磷酸化程度反映）随着密码子优化而增加。进一步研究发现，大量的稀有密码子导致了该基因位点上组蛋白H3第9位赖氨酸的三甲基化（H3K9me3）修饰，而H3K9me3是基因沉默的关键标记。此外，密码子偏好性还可以在转录终止过程中起作用。转录终止信号由多聚腺嘌呤加尾信号（PAS）以及附近富含A/U的序列组成。在哺乳动物中PAS的典型序列为AAUAAA序列，但真菌中该信号保守性较差，从而致使大量富含A/U的密码子的区域易于在阅读框内提前终止转录。

密码子偏好对于基因转录和蛋白质结构功能的影响，为传统的密码子优化方法带来了新的挑战。如何在选择同义密码子的同时考虑多个层面的影响，是研发新一代密码子优化策略的思路。

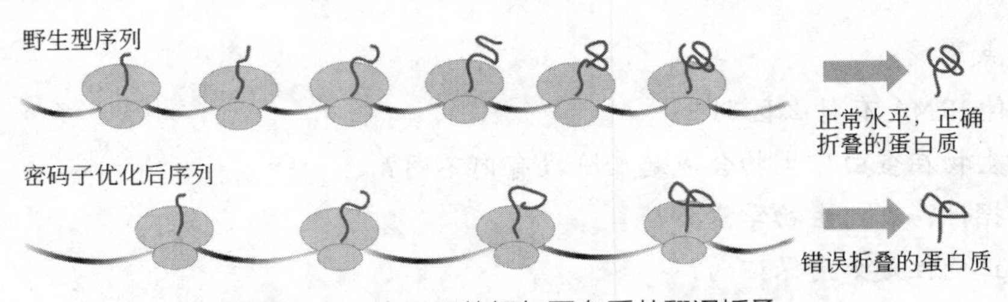

图13-9 密码子偏好与蛋白质共翻译折叠

思维导图

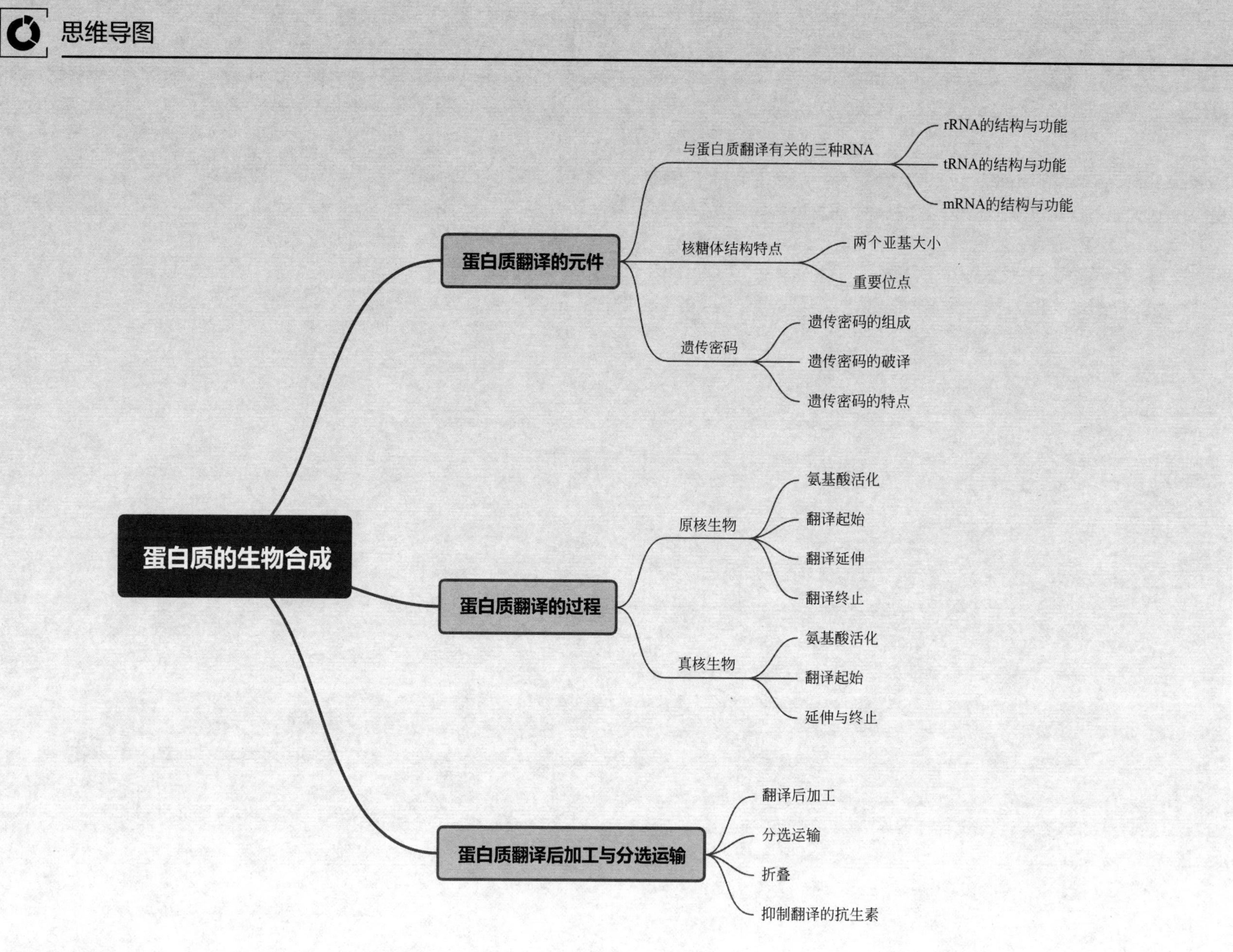

蛋白质的生物合成
蛋白质翻译的元件
与蛋白质翻译有关的三种RNA
rRNA的结构与功能
tRNA的结构与功能
mRNA的结构与功能
核糖体结构特点
两个亚基大小
重要位点
遗传密码
遗传密码的组成
遗传密码的破译
遗传密码的特点
蛋白质翻译的过程
原核生物
氨基酸活化
翻译起始
翻译延伸
翻译终止
真核生物
氨基酸活化
翻译起始
延伸与终止
蛋白质翻译后加工与分选运输
翻译后加工
分选运输
折叠
抑制翻译的抗生素

第十四章　代谢调节综述

学习目标

- ○ 掌握细胞水平的代谢调节方式。
- ○ 了解生物体内酶水平的几种调节方式。
- ○ 掌握激素水平的代谢调节方式。
- ○ 掌握神经水平的代谢调节方式。
- ○ 阐述原核生物基因表达调控的操纵子模型（乳糖操纵子和色氨酸操纵子）的工作机制及特点。
- ○ 理解肾上腺激素对血糖水平的调控机制。
- ○ 理解常见代谢途径之间的相互作用与影响。

代谢调节是研究生物体的生命物质相互制约、彼此协调及控制规律的科学。它的主要任务是揭示各调节类型的分子基础，并阐明调节过程与生理变化的机制。其目的是利用代谢调节的原理和规律改造生物，设计产品，防止疾病，为健康及工农业生产服务。

对生物而言，代谢调节是生物在长期演化过程中逐步形成的一种适应能力。进化程度越高，其代谢调节机构也越复杂。单细胞生物通过细胞内代谢物浓度的改变，影响酶活力和酶量以调节某些酶促反应的速度，即细胞水平的代谢调节，也是最原始的调节方式。随着多细胞生物以及内分泌腺的出现，生物可通过激素影响细胞内代谢物的浓度，进而通过影响某些酶的催化能力或含量，控制代谢反应的速度，称为激素水平的调节。高等动物不但有完整的内分泌系统，也有功能复杂的神经系统。中枢神经可通过神经递质直接影响效应器（靶器官），或通过影响相应激素的分泌对整体代谢进行综合调节。上述三个水平上的代谢调节作用——细胞水平的代谢调节、激素水平的代谢调节和整体水平的代谢调节在高等动物和人体内都存在，而细胞水平的代谢调节则是各种调节方式的基础。

第一节　细胞水平的代谢调节

细胞水平的代谢调节主要通过细胞内功能区的分隔控制，酶活力以及酶量的调节来实现。

一、细胞结构对代谢调节的分隔控制（区域化）

原核细胞无明显的细胞器，其细胞膜上和细胞质中存在各种代谢所需要的酶。而酶在真核细胞中是隔离分布的，即酶分布的区域化。各生物代谢途径的酶系集中并隔离于具有一定结构的亚细胞区域，或存在于胞液的可溶性部分，这有利于物质代谢的调节。表 14-1 是真核细胞内某些酶区域化分布的情况。

表 14-1　真核细胞内部分酶的区域化分布

酶或酶系	所在区域	酶或酶系	所在区域
糖酵解酶系	胞液	蛋白质合成酶系	胞液与糙面内质网
三羧酸循环酶系	线粒体	DNA 聚合酶	细胞核
磷酸戊糖途径酶系	胞液	RNA 聚合酶	细胞核
脂肪酸 β- 氧化酶系	线粒体	水解酶类	溶酶体
脂肪酸合成酶系	胞液	过氧化氢酶	过氧化物酶体
尿素合成酶系	线粒体和胞液	糖异生所需酶	线粒体和胞液

糖酵解、磷酸己糖旁路和脂肪酸合成在胞液中进行；而脂肪酸 β- 氧化、三羧酸循环和氧化磷酸化在线粒体内实现。有些过程如糖异生和尿素合成则依赖于在两个区域中（胞液和线粒体）发生的反应的相互作用。某些分子的代谢命运取决于它们是存在于胞液内，还是线粒体内。例如，运入线粒体的脂肪酸被迅速降解，而胞液内的脂肪酸则被脂化或运出。

二、酶活力的调节

酶活力的调节主要分为非共价修饰调节和共价修饰调节。

（一）酶活力的非共价修饰调节

酶的活力可由内在因素（如底物浓度、辅因子、温度、pH、离子强度等）直接调节或由某些其他因素（代谢产物或小分子调节物）间接调节，通过快速的非共价结合实现，时间为毫秒级。

多数生物代谢途径中，代谢速度的改变主要取决于某些酶的数量和活力，因此基本上代谢途径中的不可逆反应位点常是潜在的控制部位。代谢途径中的第一个不可逆反应通常是重要的控制要素。催化关键步骤的酶（常被称为限速酶或调节酶）往往是别构调节的。一些物质与这类酶分子上的非催化部位（别构部位）相结合，使酶蛋白分子发生构象改变，并改变酶活力的现象称为酶的别构调节。如脂肪酸生物合成中的乙酰 CoA 羧化酶可被柠檬酸及异柠檬酸别构激活，而长链脂酰 CoA 则别构抑制其活性。别构调节作用使这些酶能够察觉代谢链上各物质的变化水平，进而整合这种信息，实现全局代谢的协调。

能使酶发生变构作用的物质称为别构效应物，引起酶活力增高的别构效应物称为别构激活剂，反之则称为别构抑制剂。例如糖氧化分解的终产物 ATP 可以别构抑制磷酸果糖激酶，导致 6- 磷酸果糖和 6- 磷酸葡萄糖的堆积；后者又可别构抑制己糖激酶，从而减少葡萄糖的氧化。体内 ATP 增多时可抑制 6- 磷酸葡萄糖的分解，而 6- 磷酸葡萄糖在细胞内的堆积可以别构激活糖原合成酶，进而增加糖原的合成。表 14-2 中列举了某些物质代谢途径中的调节酶及其效应物。

表 14-2 代谢途径中几种重要的调节酶及其效应物

代谢途径	调节酶	别构激活剂	别构抑制剂
糖原分解	糖原磷酸化酶	AMP	ATP
糖酵解	己糖激酶	1, 6- 二磷酸果糖	6- 磷酸葡萄糖
	磷酸果糖激酶	AMP、ADP、2, 6- 二磷酸果糖	ATP、柠檬酸、NADH
	丙酮酸激酶	1, 6- 二磷酸果糖	ATP、乙酰 CoA、Ala
糖异生	丙酮酸羧化酶	乙酰 CoA、ATP	ADP
	果糖 -1, 6- 二磷酸酶	ATP、柠檬酸、3- 磷酸甘油酸	AMP
糖的有氧氧化	柠檬酸合成酶	AMP	ATP，长链脂酰 CoA NADH、琥珀酰 CoA
	α- 酮戊二酸脱氢酶		琥珀酰 CoA、NADH、ATP
	异柠檬酸脱氢酶	ADP、AMP	ATP、NADH
糖原合成	糖原合成酶	6- 磷酸葡萄糖	
脂肪酸合成	乙酰 CoA 羧化酶	柠檬酸、异柠檬酸	长链脂酰 CoA
氨基酸代谢	谷氨酸脱氢酶	ADP	ATP、NADH

（二）酶活力的共价修饰调节

酶蛋白在另一种酶的催化下，以共价结合的方式接上或脱去某种特殊的化学基团，从而引起酶活力改变的过程，称为酶的共价修饰调节。共价修饰包括不可逆共价修饰和可逆共价修饰两种方式。消化道中的蛋白酶原，通过蛋白酶的限制性水解转变成有活力的蛋白酶，即为不可逆共价修饰。而糖原磷酸化酶是典型的可逆共价修饰的例子。生物体分泌的肾上腺素与细胞表面受体结合后，活化偶联的腺苷酸环化酶，催化 ATP 分解为 cAMP 和焦磷酸。cAMP 活化蛋白激酶后，该蛋白激酶则可通过磷酸化激活磷酸化酶激酶，后者再激活糖原磷酸化酶，使糖原分解。即无活力的磷酸化酶 b 在磷酸化酶 b 激酶的催化下，接受 ATP 分子上的磷酸基团转变为有活力的磷酸化酶 a；磷酸化酶 a 在磷酸酶的催化脱磷酸作用下，可转变为无活力的磷酸化酶 b（图 14-1）。

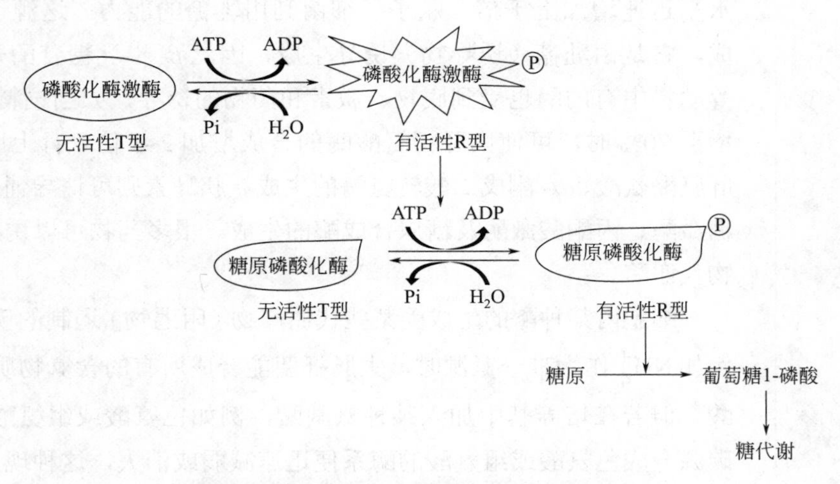

图 14-1 糖原磷酸化酶的可逆共价修饰调节

表 14-3 列举了一些酶促共价化学修饰对酶活力调节的实例。

表 14-3 酶促共价化学修饰对酶活力的调节

酶	反应类型	修饰前后酶活力的变化
磷酸化酶	磷酸化 / 去磷酸化	增加 / 降低
磷酸化酶 b 激酶	磷酸化 / 去磷酸化	增加 / 降低
糖原合成酶	磷酸化 / 去磷酸化	降低 / 增加
丙酮酸脱氢酶	磷酸化 / 去磷酸化	增加 / 降低
激素敏感的脂肪酸	磷酸化 / 去磷酸化	增加 / 降低
谷氨酰胺合成酶	腺苷酰化 / 去腺苷化	降低 / 增加

共价修饰调节的意义在于，物质代谢途径中关键酶的共价修饰是级联放大的最终阶段，因此，代谢过程可由非常小的触发信号启动或关闭，如上所述的肾上腺素刺激糖原分解的作用可以说明这一观点。

三、酶量的调节

机体除了可通过酶活力的改变调节代谢之外，还可以通过改变酶的生物合成或降解速度以控制酶的含量来进行调节。这种调节开始与终止的速度较缓慢，一般需经数小时才能完成。

（一）酶的生物合成

酶的生物合成受诱导物或阻遏物的调节，某些物质（诱导物）能促进细胞内酶的生物合成，这种作用叫做酶的诱导作用。例如大肠杆菌以葡萄糖或甘油作为碳源时，每个细胞中的 β- 半乳糖苷酶不足五个分子，因此此时将碳源切换为乳糖后，细菌一开始并不能利用乳糖。但是 1~2h 后 β- 半乳糖苷酶的表达水平迅速增加上千倍，赋予了细菌利用乳糖的能力。这源于新的酶分子的合成，它是由乳糖（诱导物）诱导生成，因此 β- 半乳糖苷酶是种诱导酶。在高等动物中有的酶也受到底物、激素和药物的诱导，如当饲料中的酪蛋白从 8% 增至 70% 时，可使鼠肝精氨酸酶的合成增加 2~3 倍。肾上腺皮质激素能诱导肝脏酪氨酸、α- 酮戊二酸转氨酶的生成。胰岛素则可诱导葡萄糖激酶、磷酸果糖激酶、丙酮酸激酶及糖原合成酶的生成。很多药物可以诱导肝脏产生一些药物代谢酶。

细胞内某种酶的生成受某些代谢产物（阻遏物）遏制的现象则为阻遏作用。例如 NH_4^+ 作为唯一氮源时，大肠杆菌能合成所有的含氮物质，包括 20 种氨基酸。但若在培养基中加入某种氨基酸，例如色氨酸或组氨酸，则利用 NH_4^+ 和碳源合成色氨酸或组氨酸的酶系便迅速减弱或消失，这种现象就是酶合成的阻遏作用。这里色氨酸或组氨酸则称为辅阻遏物。在高等动物中，β- 羟基 -β- 甲基戊二酰 CoA 还原酶是胆固醇生物合成途径中的关键酶，它的生成受到胆固醇的阻遏，故食物中外源性的胆固醇可抑制内源性胆固醇的合成，有利于维持体内胆固醇水平的稳定。

1961 年 Monod 和 Jacob 等根据酶合成的诱导和阻遏现象，提出了关于酶的诱导和阻遏与基因关系的操纵子学说。按此学说，DNA 分子上分布着一个调节基因的表达盒和一个操纵子结构，操纵子的结构中含启动子、操纵基因（也叫操作子）和结构基因，如图 14-2。

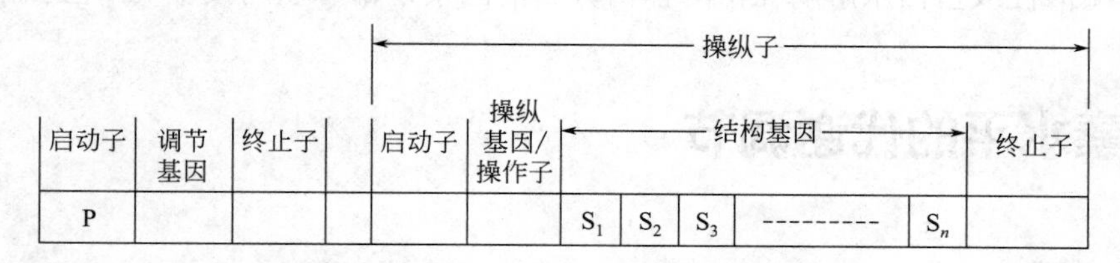

图 14-2　操纵子单位组成及其相关基因

调节基因编码的调节蛋白，可与操纵基因结合进而控制结构基因的表达，调节蛋白可以是激活蛋白也可以是阻遏蛋白。相应地，与操纵基因结合后可分别激活或阻遏结构基因的表达。调节蛋白与操纵基因的结合能力受到环境条件的控制，如一些小分子诱导物或阻遏物。若调节蛋白为阻遏蛋白时，诱导物（通常的诱导物常是酶的底物）与阻遏蛋白结合，引发后者构象变化，使阻遏蛋白从操纵基因上脱落，结构基因的转录开启（图 14-3a）；而阻遏物则通常是代谢的终产物，当其与阻遏蛋白结合后，可使后者更为牢固地结合在操纵基因上，抑制了结构基因的转录（图 14-3b）。操纵子是细菌和古菌基因表达调控最重要的形式，而高等动物体内酶生成的调节机制还要复杂得多。

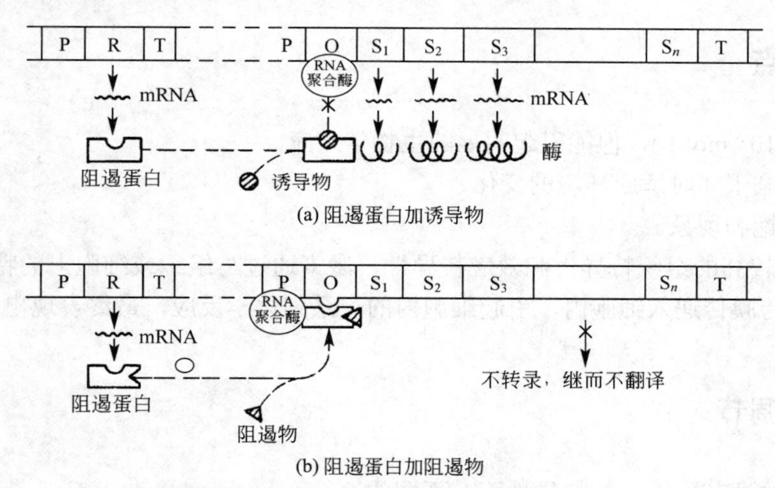

图 14-3　调节蛋白为阻遏蛋白的情况下操纵子的调控作用

P 为启动子，R 为调节基因，T 为终止子，O 为操纵基因，

S_1, S_2…S_n 分别表示不同的结构基因

此外，激素以及药物对酶的合成亦具有诱导作用。如糖皮质激素能诱导一些氨基酸分解代谢中起始反应的催化酶以及糖异生途径中关键酶的合成，胰岛素则能诱导糖酵解和脂肪酸合成途径中关键酶的合成。很多药物和毒物可以促进肝细胞微粒体中加氧酶或其他药物代谢酶的诱导合成，从而催化药物本身或其他药物的氧化失活，在防止药物或毒物的累积和中毒中，具有重要意义。但另一方面，机体也会因此出现耐药现象。如长期服用苯巴比妥的患者，则可能因其诱导生成过多的加氧酶使药效降低；氨甲蝶呤对肿瘤的治疗中，也常因诱导叶酸还原酶的合成导致疗效不佳。

（二）酶的降解

细胞内酶的含量也可通过改变酶分子的降解速度进行调节。例如，饥饿状态下乙酰 CoA 羧化酶水平的降低，是生成量减少和降解加速两种机制共同作用的结果。而苯巴比妥等药物不仅可以诱导生成过多的加氧酶，还可减弱细胞色素 b_5 及 NADPH- 细胞色素 P450 还原酶的降解，导致长期服用病人药效的降低。凡能改变蛋白水解酶活性或蛋白水解酶在溶酶体内分布的因素，都可以间接影响酶蛋白的降解速度。

第二节　激素水平的代谢调节

一、激素的化学本质

激素（hormone）是一类非营养的、微量就能起作用的、在细胞间传递信息的化学物质。激素的分泌方式有内分泌、神经分泌、旁分泌、自分泌。

根据化学本质，激素可分为四大类：氨基酸及其衍生物类激素，它们基本上是酪氨酸的代谢产物，如甲状腺激素、肾上腺素；肽类或蛋白质激素，如胰岛素、胰高血糖素、脑下垂体前叶及后叶激素、下丘脑激素、甲状旁腺激素、降钙素、胃肠激素等；固醇类激素，如由肾上腺皮质和性腺分泌的肾上腺皮质激素、性激素等；脂肪酸衍生物类激素，如前列腺素。

二、激素的作用特点

① 浓度很低 ($\leq 10^{-8}$ mol/L)，但能引起明显的生物学效应。

② 半衰期短，有利于随时适应环境的变化。

③ 激素的作用有饱和现象。

④ 激素的作用有较高的组织特异性和效应特异性，激素通过与组织或细胞上的特异受体 (receptor) 的识别及结合，将信号跨膜传递入细胞内，引起细胞内的一系列化学反应，最终表现出相应的生物学效应。

三、激素对代谢的调节

激素对物质代谢的调节因受体的特异性而有不同的途径。

细胞中有两类不同的激素受体，一类分布于细胞质膜表面，一般是蛋白质激素、多肽类激素、儿茶酚胺类激素（肾上腺素、去甲肾上腺素）的受体。根据“第二信使”假说，激素与靶细胞膜上的受体结合后，引起细胞内第二信使（如 cAMP）的生成，第二信使再引起细胞内某些化学物质浓度的改变，或引起某些酶发生变构作用来调节代谢，表现出生物效应。在这种调节中，激素称为“第一信使”（primary messenger），cAMP 等称为“第二信使”（secondary messenger）。

另外一类激素受体是分布于细胞内的，一般是类固醇激素以及甲状腺激素的受体。这类激素（一般分子量较小，平均 300 左右，且是脂溶性的，较易进入细胞；而多肽激素分子量都较大，平均 10000 左右，多为水溶性，比较不易进入细胞）通过细胞膜进入细胞后，与相应受体结合。根据激素类型的不同，细胞内部受体进一步分为细胞质受体和细胞核受体。激素 - 受体复合物与基因组 DNA 的一定部位结合，开启或抑制相应基因的转录活性，表现出相应生物性状。两类激素作用机理见图 14-4。

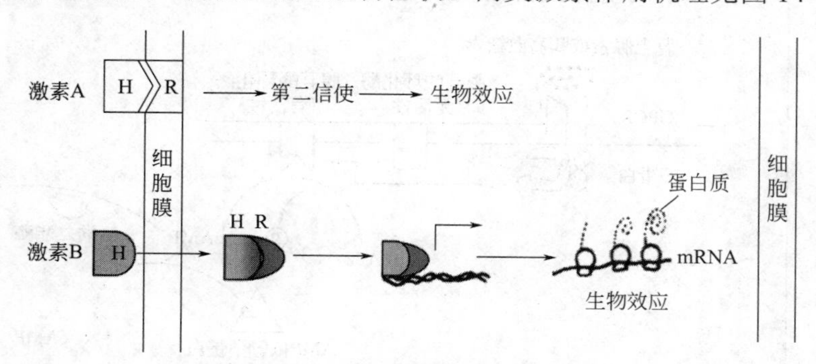

图 14-4 两类激素作用机理简图

激素与受体的结合是非共价的双分子反应，具有专一性、高亲和性、可逆性和可饱和性。结合作用主要取决于二者的构象，可通过氢键、离子键、疏水键或范德华力等次级键结合成复合物。当去除这些作用力后，二者可分开，一般提高激素浓度或增加受体数目都可以增加生物效应。

（一）激素与细胞膜上的受体结合

多见于多肽类激素，其调节一般通过三个环节实现：激素首先作用于细胞膜上的相应受体，然后激素 - 受体复合物激活下游的酶（效应器），催化第二信使的生成；随后第二信使激活蛋白激酶系统，通过级联磷酸化作用激活相应的酶，活化的酶则通过引发相应的化学反应或作用于基因系统发挥作用。接下来介绍两种细胞膜受体系统：与 G 蛋白偶联的受体系统和酶受体系统。

1. 与 G 蛋白偶联的受体系统

G 蛋白指鸟苷酸结合蛋白，又可分为异源三聚体 G 蛋白和小 G 蛋白。二者都具有结合鸟苷酸的能力，结合 GTP 时被激活，结合 GDP 后则失活。两种结合状态随着 GTP 的水解以及 GDP/GTP 的替换相互转变。与 G 蛋白偶联的受体称为 GPCR（G protein coupled receptor），激活后可以充当促进 GDP/GTP 交换的鸟苷酸交换因子（GEF）。另一种 GTP 酶激活蛋白（GAP）可以激活 G 蛋白的 GTP 酶活性，从而催化 GTP 缓慢水解，而使 G 蛋白失活。以肾上腺素和促性腺激素释放激素（GnRH）为例，介绍两种由 G 蛋白介导的信号转导通路。

（1）与 G 蛋白偶联的腺苷酸环化酶系统

肾上腺素首先与细胞膜上 GPCR 结合。GPCR 是一种 7 次跨膜受体，与肾上腺素结合后发生构象变化，充当GEF促使与之结合的三聚体G蛋白α亚基上的GDP被GTP取代而激活。被激活的G_{α}离开β、γ 亚基，激活位于细胞膜内侧的效应器——腺苷酸环化酶（AC）。活化的 AC 可以 ATP 为底物合成 cAMP 以作为第二信使。cAMP 随后通过别构作用激活蛋白激酶 A（PKA），而活化的 PKA 磷酸化自身底物，将信号传递下去，最终引发糖原分解的生物学效应。图 14-5 展示了肾上腺素或胰高血糖素是如何一步步传递信号，最终促进糖原分解的。

第二信使 cAMP 的浓度除与腺苷酸环化酶的活性有关外，还与一种特异的磷酸二酯酶（phosphodiesterase）的活性有关。后者可水解 cAMP 的 3- 磷酸酯键，使 cAMP 转变为 5′-AMP。因此，当细胞内磷酸二酯酶活性较高时，cAMP 浓度降低，许多的生物代谢活性亦降低。咖啡碱、茶碱等物质对磷酸二酯酶有抑制作用，因而可提高细胞内 cAMP 的浓度，从而提高激素作用的持续时间。这也是喝咖啡

和茶令人精神振奋的机制之一。

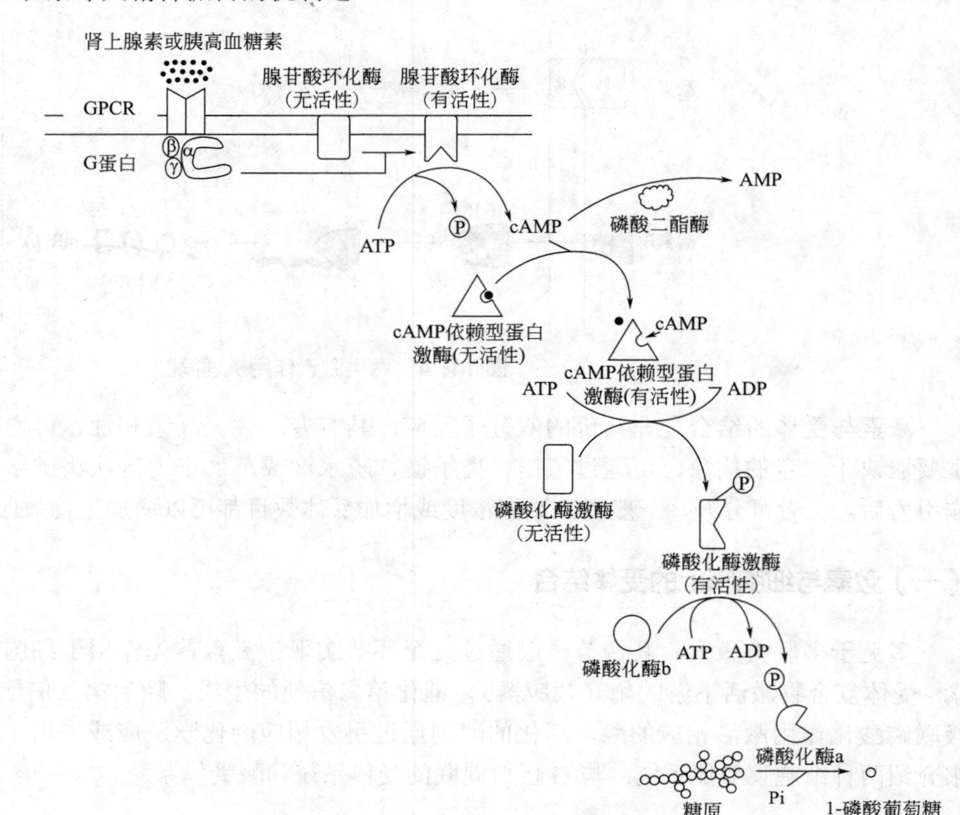

图 14-5　激素调节糖原分解的反应

激素的信号转导是一个高效的生物放大系统，被称为级联放大效应（cascade effect）。一分子胰高血糖素或肾上腺素与腺苷酸环化酶作用可激活 1000 个分子的磷酸化酶，降解糖原产生几千万个葡萄糖分子。通过这种多酶的连续激活，可使微弱的原始信号（如肾上腺素浓度为 10^{-5} ～ 10^{-7}mmol/L）引发强烈的效应（产生的葡萄糖浓度可达 5mmol/L），整个过程放大 6 ～ 8 个数量级。

（2）与 G 蛋白偶联的磷酸肌醇系统

GnRH 与它对应的 GPCR 结合，激活 G 蛋白的过程与肾上腺素类似，但是该通路对应的 G 蛋白激活的下游效应器不再是 AC，而是磷脂酶 C（PLC）。PLC 被激活后，催化位于细胞膜内侧的 4,5- 二磷酸磷脂酰肌醇（PIP_2）磷酸解为 1,4,5- 三磷酸肌醇（IP_3）和二酰甘油（DG）（图 14-6）。IP_3 可打开内质网膜上的门控 Ca^{2+} 通道，Ca^{2+} 从内质网释放到胞质中。作为第二信使的 Ca^{2+} 与 DG 一起，激活蛋白激酶 C（PKC），PKC 催化多种底物蛋白发生级联磷酸化修饰，包括转运蛋白、细胞骨架蛋白和代谢限速酶等，从而引起 GnRH 的生物学效应。

2. 酶受体系统

酶受体系统主要包括受体鸟苷酸环化酶系统、受体酪氨酸蛋白激酶系统等，受体本身具有潜在的酶活性，受激素的结合而激活。胰岛素和许多生长因子通过这种系统发挥作用。

4,5-二磷酸磷脂酰肌醇　$\xrightarrow{H_2O}$　1,4,5-三磷酸肌醇 + 二酰甘油

PLC

图 14-6　PLC 催化的水解反应

概念检查 14.1

○ 请简述肾上腺素通过 G 蛋白偶联的腺苷酸环化酶系统作用的信号转导机制。

（二）激素通过细胞内受体的作用

脂溶性激素的受体通常位于细胞内，因此这类激素需要进入细胞后与受体结合才能发挥作用。以孕酮为例讲述其信号转导机制。

孕酮的受体是一个位于细胞质的二聚体，由 PGR-A、PGR-B 两个亚基组成，每个亚基可以结合一分子激素，激素与受体结合后转移到核内。染色质的重组实验表明，激素 - 受体复合物可与染色质上的特定部位结合，但两个亚基的结合部位不同，PGR-B 亚基与染色质上称为 AP3 非组蛋白的接受位点（accept site）结合后，PGR-A 亚基即游离出来与染色质上的效应位点（effect site）结合。效应位点可能是染色质上的特定区域的组蛋白。PGR-A 亚基与效应位点的特异结合可使 DNA 双螺旋结构的稳定性下降，从而解开螺旋，促进 RNA 聚合酶的结合，使基因得以表达（图 14-7），如白细胞主要组织相容性抗原 (HLA)-G 基因。由上述机制看来，受体的 PGR-A 亚基起着催化作用，相当于催化亚基，而 PGR-B 亚基相当于结合亚基。PGR-A 亚基不能与完整的染色质结合，只有 PGR-B 亚基与接受位点结合后，PGR-A 亚基才能与染色质结合。

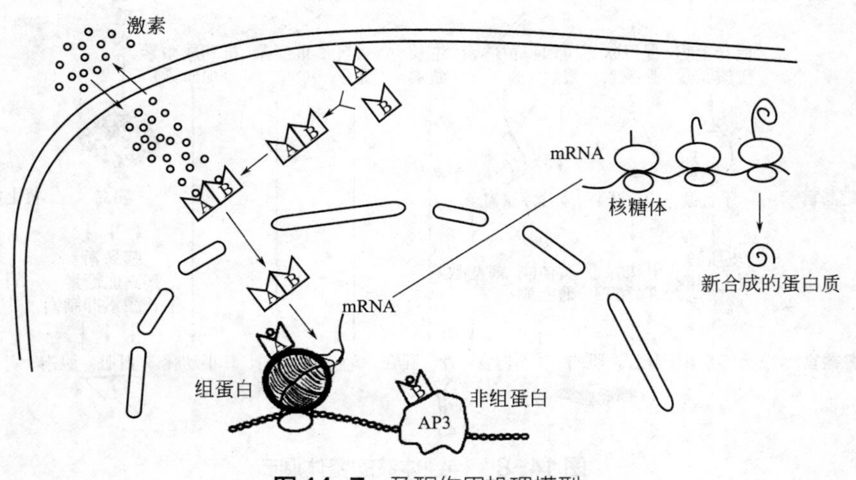

图 14-7　孕酮作用机理模型

第三节　神经水平的调节

高等动物及人体的形态和功能都很复杂，它们新陈代谢的调节机制有中枢神经系统的控制。神经系统既能直接影响代谢活动，又能通过影响内分泌腺分泌激素而间接控制新陈代谢，属于整体水平的调节。

与激素调节相比，神经系统的作用时间短而快，激素的作用则缓慢而持久；激素的调节往往是局部性的，而神经系统的调节则具有整体性，协调全部代谢途径。激素多由内分泌腺分泌，而内分泌腺的活性由神经系统控制，因此，激素调节离不开神经系统的作用。

神经系统对内分泌腺活动的控制有两种形式：一种是直接的，一种是间接的。例如，电刺激家兔交感神经可使肝糖原磷酸化酶活力在30s内显著上升，这是由于肾上腺髓质受中枢交感神经的直接支配，分泌肾上腺素所致。再如，脂肪组织中分布的交感神经通过直接调控去甲肾上腺素的释放激活脂肪酶，从而促进游离脂肪酸的产生。丘脑下部的损伤可引起肥胖症，在实验动物中，摘除了大脑两半球的实验动物，其肝中的脂肪含量增加，这都是中枢神经系统直接调节物质代谢的例子。但更为重要的是中枢神经系统可以通过下丘脑分泌下丘脑促激素释放因子，影响脑下垂体分泌激素来调节其他内分泌腺的活动和组织代谢。例如甲状腺、性腺及肾上腺皮质分别受垂体前叶分泌的促甲状腺素、促性腺激素及促肾上腺皮质激素的刺激而分泌甲状腺素、性激素和肾上腺皮质激素。可见，垂体和丘脑的活动也都是受中枢神经系统控制的（图14-8）。

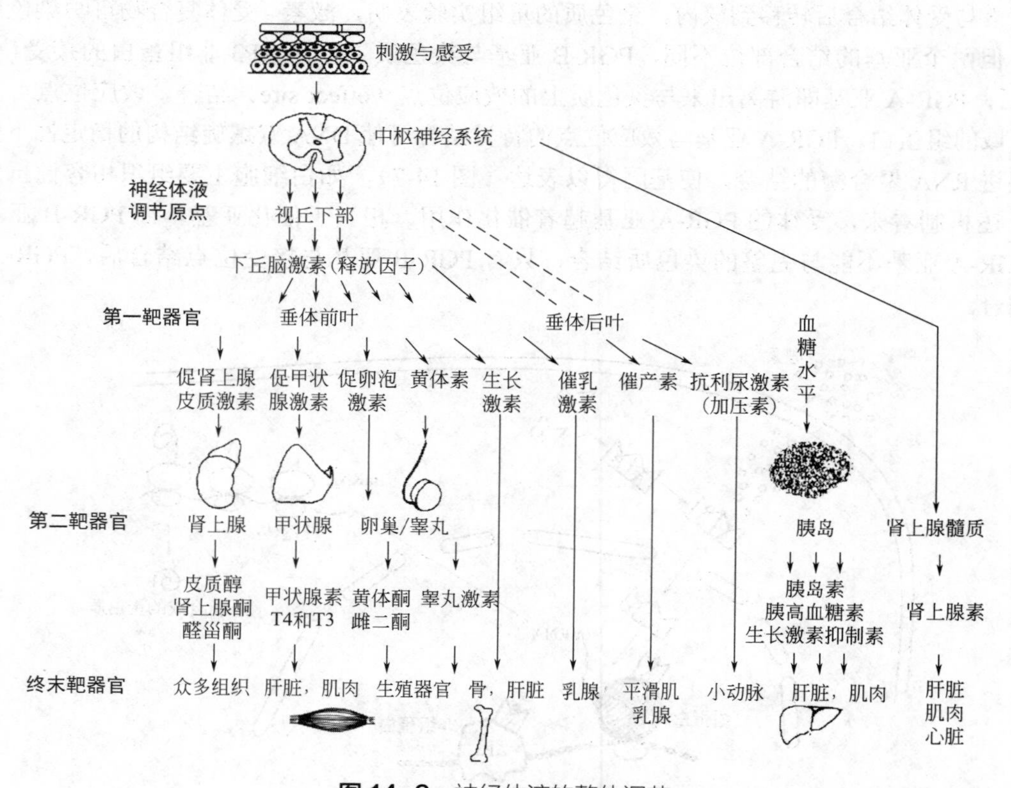

图14-8　神经体液的整体调节

神经系统对物质代谢的整体调节现以应激为例进行说明。应激（stress）是机体受到强烈刺激（如剧痛、创伤、出血、烧伤、冷冻、中毒、急性感染、情绪紧张及强力活动等）时所引起的“紧张状态”，其特征是交感神经兴奋，肾上腺皮质激素、胰高血糖素和生长激素的分泌增加，同时伴有胰岛素分泌减少。虽然不同原因引起的应激状态在代谢改变上不尽相同，但一般都有以下特点。

1. 血糖水平升高

应激时，交感神经兴奋，引起：①肾上腺素和胰高血糖素分泌增加，激活糖原磷酸化酶而抑制糖原合成酶活性，从而促进肝糖原分解而抑制糖原合成，是血糖升高的直接原因；②肾上腺皮质激素和胰高血糖素使糖异生作用增强，亦使血糖增高；③肾上腺皮质激素和生长激素使周围组织对糖的利用降低。上述因素使血糖维持在较高的水平，对保证大脑能量的供应具有特殊意义。

2. 脂肪分解加强

肾上腺素和胰高血糖素分泌增多，激活甘油三酯脂肪酶（激素敏感性酶），脂肪分解增强，使血中游离脂肪酸升高，为心肌、骨骼肌等组织能量的主要来源。

3. 蛋白质分解增强

应激时肾上腺素和肾上腺皮质激素分泌增加，使蛋白质分解增强，尿素合成和排泄增加，出现负氮平衡。

从上述代谢变化可知，应激时糖、脂肪和蛋白质代谢变化的共同特点是分解代谢增强，合成代谢减弱，血中分解代谢的产物葡萄糖、氨基酸、游离脂肪酸、甘油、乳酸、酮体和尿素等的含量增加，使代谢适应环境变化，维持机体代谢平衡。

概念检查 14.2

○ 生物体的代谢调节分为哪三个水平?

第四节　细胞内物质代谢途径的相互影响

一、主要代谢途径和调控位点

生物细胞内的代谢途径主要有以下六种方式。

（一）糖酵解

在胞液中进行的糖酵解途径，使 1 分子葡萄糖产生 2 分子丙酮酸，同时伴有 2 分子 ATP 和 2 分子 NADH 生成。由于细胞中 $NADH/NAD^+$ 库的总量是有限的，NAD^+ 需要得到再生才能使糖酵解途径不断

进行。无氧情况下，在高活性骨骼肌中，这种再生伴随丙酮酸转变为乳酸，实现 NAD^+ 的再生。有氧情况下，NADH 上的电子经过电子传递链最终传递至 O_2，由此实现 NAD^+ 的再生。糖酵解的意义，一是产生 ATP，二是为生物合成提供碳骨架。糖酵解中的磷酸果糖激酶（PFK-1）是最重要的调控位点，它受 2, 6- 二磷酸果糖（F-2,6-BP）和 AMP 激活，受高浓度 ATP 和柠檬酸抑制。

（二）三羧酸循环和氧化磷酸化

这是在线粒体内发生的糖、氨基酸和脂肪酸等燃料分子完全氧化的共同途径。多数燃料分子以乙酰 CoA 进入循环。一分子乙酰基完全氧化产生 1 分子 GTP、3 分子 NADH 和 1 分子 $FADH_2$，这些还原型辅酶通过电子传递链将电子传递至 O_2，最终产生 10 分子 ATP。过量 ATP 会降低循环中的柠檬酸合成酶、异柠檬酸脱氢酶和 α- 酮戊二酸脱氢酶的活性。三羧酸循环也为生物合成提供重要的中间产物，如琥珀酰 CoA 可用于卟啉的合成，柠檬酸可用于脂肪酸的合成，α- 酮戊二酸接受氨基后转化为谷氨酸。

（三）磷酸己糖旁路

这个在胞液中进行的系列反应分成两段，第一阶段是 6- 磷酸葡萄糖的氧化脱羧，可产生还原性生物分子合成所需的 NADPH 和核苷酸生物合成所需的 5- 磷酸核糖。反应过程产生 2 个 NADPH。6- 磷酸葡萄糖的脱氢是反应的关键步骤，$NADP^+$ 的水平影响此反应。第二阶段是非氧化的戊糖磷酸化过程。

（四）糖异生

在肝和肾中，可由非糖前体如乳酸、甘油和氨基酸等合成葡萄糖。这个途径的关键进入点是丙酮酸，它在线粒体中可羧化成草酰乙酸，然后穿梭至胞液中分解成磷酸烯醇式丙酮酸。后者基本沿着糖酵解途径的逆过程转化，但需通过两步不可逆的水解反应最终生成糖。糖异生与糖酵解的调控总是相反的，抑制糖酵解的物质如柠檬酸可激活糖异生途径，而激活糖酵解的物质如 F-2,6-BP 和 AMP 可抑制糖异生。

（五）糖原的合成和降解

糖原作为一种可动用的燃料库，对血糖水平的调节非常重要。在血糖降低时，糖原磷酸化酶催化糖原裂解产生 G-1-P，并迅速转变为 G-6-P 进一步代谢。血糖升高时，葡萄糖与 UTP 生成 UDPG 从而被活化，糖原合成酶催化 UDPG 上的葡萄糖转移至延伸的葡萄糖残基末端。糖原的分解与合成通过相应激素的级联放大被有效调控。当糖原合成酶被抑制时糖原磷酸化酶则被激活，反之亦然。在此，磷酸化和非共价的别构相互作用共同调节这些酶的活性。

（六）脂肪酸的合成与降解

胞液中，脂肪酸的合成是在结合于酰基载体蛋白上的脂肪酸链上持续加入二碳单位进行的。活性中间体丙二酰 CoA 是乙酰 CoA 羧化形成的。源于线粒体的乙酰基转变为柠檬酸并通过柠檬酸 - 苹果酸穿梭体系进入胞液。在胞液中，柠檬酸又断裂成乙酰 CoA。此外，胞液中的柠檬酸能激活脂肪酸合成过程中的关键酶——乙酰 CoA 羧化酶的活性。当 ATP 与乙酰 CoA 丰富时，柠檬酸水平增加，这就加速了脂肪酸的生物合成。而脂肪酸的降解与合成无论在区域上还是在途径上都不同。肉碱作为脂肪酸的载体，将其转运入线粒体，在线粒体基质，脂肪酸通过 *β*- 氧化被降解为乙酰 CoA。在草酰乙酸含量充足时，乙酰 CoA 进入三羧酸循环。*β*- 氧化中形成的 NADH 和 $FADH_2$ 也可通过电子传递链将电子传递至 O_2，在生成 ATP 的同时促进 NAD^+ 和 FAD 的再生，使得三羧酸循环和 *β*- 氧化能继续进行。因此，脂肪酸降解的速度也是与机体对 ATP 的需求偶联的。脂肪酸合成的前体丙二酰 CoA 可通过抑制肉碱脂酰转移酶 I 的活性阻止脂肪酸向线粒体的迁移，从而抑制脂肪酸降解。

二、物质代谢的关键交叉位点

（一）6- 磷酸葡萄糖（G-6-P）

细胞内的葡萄糖可快速磷酸化为 G-6-P（见图 14-9），后者或转变为糖原贮存，或降解为丙酮酸，或转化为 5- 磷酸核糖。当 G-6-P 和 ATP 充裕时，就形成糖原。反之，当生物合成需要 ATP 或碳骨架时，G-6-P 就流向分解途径。G-6-P 流向磷酸己糖旁路，可为还原性生物合成提供 NADPH 或为核苷酸生物合成提供 5- 磷酸核糖。G-6-P 来自消化系统，也可以通过糖原降解形成，还可由丙酮酸和生糖氨基酸通过糖异生途径生成。

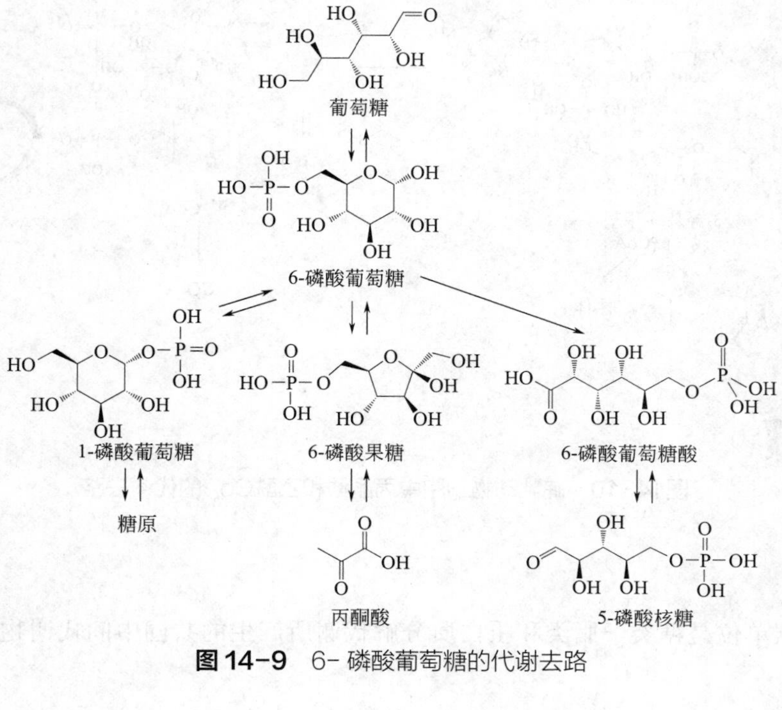

葡萄糖
6-磷酸葡萄糖
1-磷酸葡萄糖
6-磷酸果糖
6-磷酸葡萄糖酸
糖原
丙酮酸
5-磷酸核糖

图 14-9　6- 磷酸葡萄糖的代谢去路

（二）丙酮酸

丙酮酸是物质代谢另一个主要的交叉点。丙酮酸主要是由G-6-P、丙氨酸和乳酸衍生而来（见图14-10）。丙酮酸可由乳酸脱氢酶催化还原为乳酸，同时生成NAD^+。这个反应使活性组织（如收缩的肌肉）在缺氧时也可以让糖酵解顺利进行。活性组织中形成的乳酸在其他组织中可被氧化为丙酮酸，这种内部转化可将部分代谢负担从活性肌肉转移至其他组织。丙酮酸在胞液中的另一个可逆反应是通过转氨作用生成丙氨酸。另外，有几种氨基酸也可通过转氨代谢生成丙酮酸。所以，转氨作用是氨基酸代谢与糖代谢的主要连接点。丙酮酸的第三个去路是在线粒体内羧化成草酰乙酸，这是糖异生的第一步。这一步反应和之后草酰乙酸转化为磷酸烯醇式丙酮酸的反应都是不可逆反应。丙酮酸羧化是三羧酸循环中间产物的重要补充，当三羧酸循环速率因缺乏草酰乙酸而减慢时，乙酰CoA能激活丙酮酸羧化酶以增强草酰乙酸的合成。丙酮酸的第四条去路是氧化脱羧生成乙酰CoA。线粒体内的这个不可逆反应是代谢的最关键反应：它将源于糖类和氨基酸的碳原子送入三羧酸循环途径氧化或供脂类合成。催化这个不可逆反应的是丙酮酸脱氢酶系，此酶系被别构作用和共价修饰等多重方式严格调节。如果体内需要ATP或二碳单位来合成脂类，丙酮酸能迅速转化为乙酰CoA。

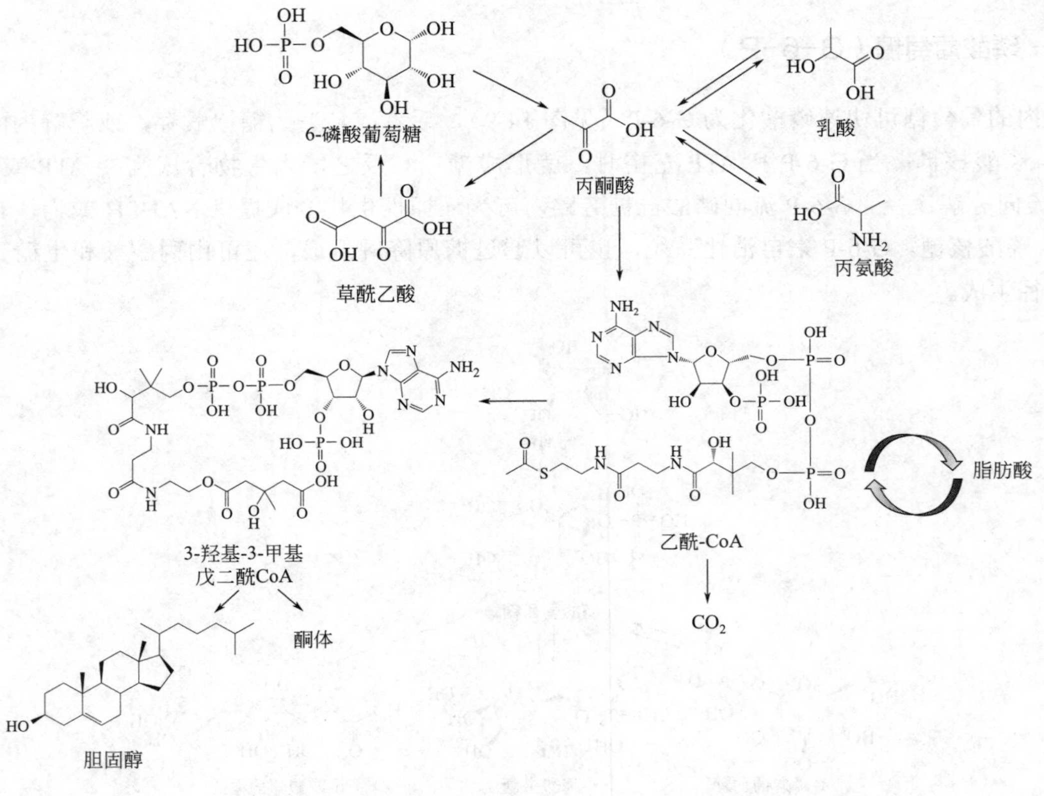

6-磷酸葡萄糖　丙酮酸　乳酸　丙氨酸　草酰乙酸　乙酰-CoA　CO_2　脂肪酸　3-羟基-3-甲基戊二酰CoA　酮体　胆固醇

图14-10　哺乳动物细胞中丙酮酸和乙酰CoA的代谢去路

（三）乙酰-CoA

这个活化的二碳单位是糖类、脂类和蛋白质分解代谢所产生的共同中间代谢物。和代谢中的许多分子不同，乙酰 -CoA 的去路是受限的。乙酰基可通过三羧酸循环完全氧化成 CO_2。此外，3- 羟基 -3 甲基 - 戊二酰 CoA（图 14-10）可由 3 分子乙酰 CoA 形成。这个 6 碳单位是胆固醇和酮体的前体。乙酰 -CoA 的第三条去路是以柠檬酸形式输出至胞液以供脂肪酸或酮体合成之需。

三、物质代谢的相互影响

由于糖、脂和蛋白质的分解代谢有共同的通路，在能量代谢上，它们可相互补充、物尽其用，保证机体足够的能量供应，所以当食物中某一物质的补充占优势时，常能抑制或节约其他供能物质的降解。如当脂肪酸的分解代谢旺盛时，生成的 ATP 增多，可变构抑制糖分解代谢的主要限速酶——磷酸果糖激酶，从而抑制糖的分解。当糖的供应充分时，可抑制蛋白质及脂肪的分解。从能量代谢的角度看，体内的供能物质以糖及脂类为主，以节约蛋白质，因为体内蛋白质不仅是构成组织细胞的主要结构成分，还体现生命现象的各种复杂功能。若机体以蛋白质为主要的供能物质，则会因大量分解时产生过多的含氮废物而加重肝脏及肾脏的负担。

四、物质代谢之间的相互联系与转变

三羧酸循环不仅是糖、脂类及蛋白质分解代谢的最终共同通路，也是这三种物质代谢联系与互变的枢纽。三羧酸循环的许多中间产物可以转变为糖、脂类和氨基酸，通过这些中枢性的中间产物，可以沟通和联系多条不同的代谢途径。例如，机体内糖补充过多时，代谢产生的柠檬酸增多，可变构激活乙酰 CoA 羧化酶，从而使乙酰 CoA 羧化为丙二酰 CoA，以合成脂肪贮存起来；糖分解产生的某些中间产物可氨基化为一些非必需氨基酸，以补充和节约蛋白质的消耗；氨基酸不仅可代谢转变为糖或酮体，还参与一碳单位的生成，以及嘌呤、嘧啶核苷酸的合成等。

习题

1. 代谢调节的方式有哪些？其相互关系如何？
2. 简述酶的变构调节与化学修饰调节的异同。
3. 简述 CoA 在代谢中的作用。

科研实例

肥胖发生过程中的信号调节

生物体肥胖的发生、发展、对葡萄糖的不耐受、胰岛素抵抗等代谢异常与 NLRP3 炎症小体的过度活化密切相关。NLRP3 炎症小体的活化受丝氨酸蛋白激酶家族成员 Stk24 表达水平的调控。Stk24 敲除的实

验小鼠体内NLRP3炎症小体的活化增强，在高脂饮食的诱导下，容易发生严重的葡萄糖不耐受、胰岛素抵抗等一系列肥胖代谢综合征；若抑制NLRP3炎症小体的活化，同样对Stk24敲除的实验小鼠进行高脂饮食诱导，肥胖代谢综合征则不会发生。

肥胖是遗传、环境及生活方式等多种因素相互作用所导致的慢性疾病，是全球都面临的一个严重性问题。肥胖也是以脂肪组织的扩张和慢性炎症为特点的代谢性疾病，其是导致Ⅱ型糖尿病、代谢调节综合征、高血压、心脑血管疾病的重要危险因素。脂肪组织中的巨噬细胞（ATM）是炎症介质的主要来源。NLRP3炎症小体是一种高分子量蛋白质复合物，由NLRP3、ASC和caspase-1组成，可活化炎症因子IL-1β和IL-18，引起肥胖相关的胰岛素抵抗和Ⅱ型糖尿病，而NLRP3炎症小体的活化受到Ste20蛋白家族成员Stk24的调节。

哺乳动物细胞内的丝氨酸蛋白激酶Ste20家族主要参与激活促分裂原活化蛋白激酶的级联反应，在细胞极性的形成、细胞增殖、转化与迁移等生理过程中发挥着重要作用。Stk24作为Ste20蛋白家族的成员之一，被发现在肥胖以及肥胖伴随的Ⅱ型糖尿病患者脂肪组织的吞噬细胞（ATM）中表达量显著降低。脂肪组织的ATM细胞中Stk24的表达量与BMI值，血清中的葡萄糖、胆固醇和甘油三酯浓度均呈现出负相关性。通过在Stk24缺失的小鼠中进行高脂饮食诱导，发现Stk24缺失的小鼠脂肪组织中NLRP3炎症小体活化的显著增强，并呈现出严重的葡萄糖不耐受、胰岛素抵抗，脂肪细胞体积增大以及肝脏中脂滴形成的增强。若抑制炎症小体NLRP3的形成或活性是否可以控制肥胖的加重、胰岛素抵抗和Ⅱ型糖尿病的发生？实验发现，在使用NLRP3形成的抑制剂预处理后，Stk24缺失后的高脂饮食诱导的确不再明显引起肥胖相关的代谢综合征。可见，Stk24可以通过抑制ATM中炎症小体NLRP3的活化调控肥胖诱导的代谢综合征。而长期的高糖，高脂饮食的毒性则可以影响Stk24分子的表观遗传学进而抑制Stk24的表达，导致肥胖的发生及相关代谢综合征的发生。该研究通过分析各相关因子之间的调控关系，解析了肥胖形成及其相关代谢综合征发生的可能分子机制，为临床肥胖及相应代谢综合征的治疗和药物开发提供了新的靶点。

思维导图

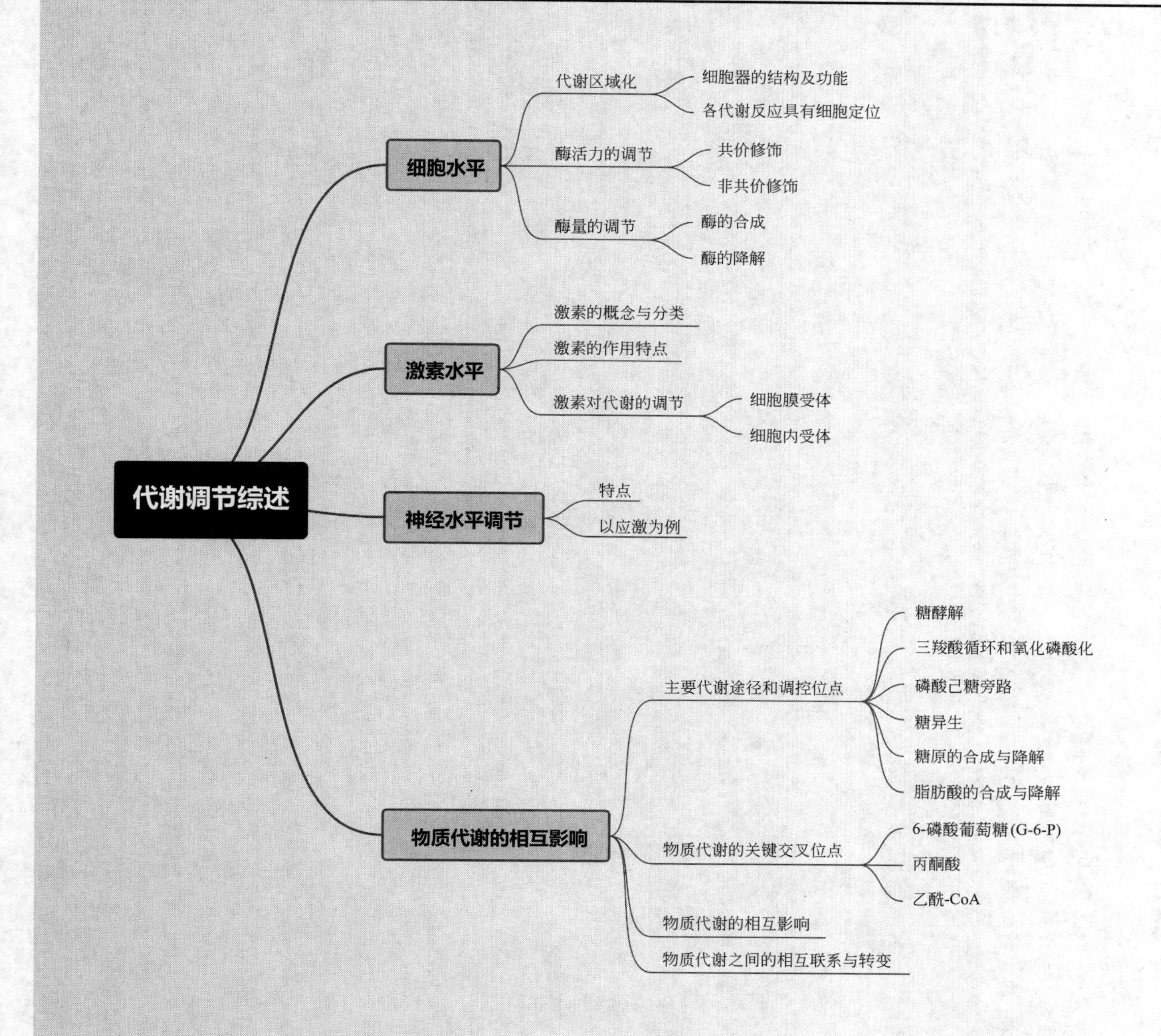
代谢调节综述
细胞水平
代谢区域化
细胞器的结构及功能
各代谢反应具有细胞定位
酶活力的调节
共价修饰
非共价修饰
酶量的调节
酶的合成
酶的降解
激素水平
激素的概念与分类
激素的作用特点
激素对代谢的调节
细胞膜受体
细胞内受体
神经水平调节
特点
以应激为例
物质代谢的相互影响
主要代谢途径和调控位点
糖酵解
三羧酸循环和氧化磷酸化
磷酸己糖旁路
糖异生
糖原的合成与降解
脂肪酸的合成与降解
物质代谢的关键交叉位点
6-磷酸葡萄糖(G-6-P)
丙酮酸
乙酰-CoA
物质代谢的相互影响
物质代谢之间的相互联系与转变

参考文献

[1] Adams M, Celniker S, Holt R, et al. The genome sequence of *Drosophila melanogaster*. *Science*, 2000, 287(5461):21 85-95.

[2] Andaloussi S, Mäger I, Breakefield O X, et al. Extracellular vesicles: biology and emerging therapeutic opportunities. Natural Reviews Drug Discovery, 2013, 12: 347-357.

[3] Arabidopsis Genome Initiative. Analysis of the genome sequence of the flowering plant *Arabidopsis thaliana*. Nature, 2000, 408(6814):796-815.

[4] Bult C, White O, Olsen G, et al. Complete genome sequence of the methanogenic archaeon, Methanococcus jannaschii. Science, 1996, 273(5278):1058-73.

[5] *C. elegans* Sequencing Consortium. Genome sequence of the nematode *C. elegans*: a platform for investigating biology. Science, 1998, 282(5396):2012-8.

[6] do Nascimento N, Dos Santos A, Chu Y, Guimaraes A., Pagliaro A., Messick J. Genome Sequence of Mycoplasma parvum (Formerly Eperythrozoon parvum), a Diminutive Hemoplasma of the Pig. Genome Announcements, 2013, 1(6):e00986-13.

[7] Li C, Li Z, Shi Y, et al. Genome-wide association analysis identifies three new risk loci for gout arthritis in Han Chinese, Nature Communication, 2015, 6: 7041.

[8] Efremov R, Sazanov L. Respiratory complex I: ‘steam engine’ of the cell. Nature, 2011, 21(4): 532-540.

[9] Goldstein J L, Anderson R G W, Brown M S. Coated pits, coated vesicles, and receptor-mediated endocytosis. Nature, 1979, 279: 679-685.

[10] Heidelberg J, Eisen J, Nelson W, Clayton R, Gwinn M, Dodson R, et al. DNA sequence of both chromosomes of the cholera pathogen Vibrio cholerae. Nature, 2000, 406(6795): 477-483.

[11] Heim R, Prasher D C, Tsien R Y. Wavelength mutations and posttranslational autoxidation of green fluorescent protein. Proceedings of the National Academy of Sciences of the United States of America, 1994, 91(26): 12501-12504

[12] Iglesias C, Floridia E, Sartages M, et al. The MST3/STK24 kinase mediates impaired fasting blood glucose after a high-fat diet. Diabetologia, 2017, 60(12): 2453-2462.

[13] Klenk H, Clayton R, Tomb J, et al. The complete genome sequence of the hyperthermophilic, sulphate-reducing archaeon Archaeoglobus fulgidus." Nature, 1997, 390(6658):364-370.

[14] Kroger M, Wahl R. Compilation of DNA sequences of Escherichia coli K12: description of the interactive databases ECD and ECDC. Nucleic Acids Research, 1998, 26(1):46-49.

[15] Li L, Mao Y, Zhao L, et al. p53 regulation of ammonia metabolism through urea cycle controls polyamine biosynthesis. *Nature*, 2019, 567 (7747): 253-256.

[16] Luca A, Gamiz-Hernandeza A, Kaila V. Symmetry-related proton transfer pathways in respiratory complex I. Proceedings of the National Academy of Sciences of the United States of America, 2017, 114(31): E6314-E6321.

[17] Bollong M, Lee G, Coukos J, et al. A metabolite-derived protein modification integrates glycolysis with KEAP1–NRF2 signalling. Nature, 2018, 562: 600-604.

[18] Murakami T, Ono A. HIV-1 entry: Duels between Env and host antiviral transmembrane proteins on the surface of virus particles. *Current opinion in virology*, 2021, 50: 59-68.

[19] Ning Y, Kang Z, Xing J, et al. Ebola virus mucin-like glycoprotein (Emuc) induces remarkable acute inflammation and tissue injury: evidence for Emuc pathogenicity *in vivo*. *Protein and Cell*, 2018, 9: 389-393.

[20] Qin Q, Shou J, Li M, et al. Stk24 protects against obesity-associated metabolic disorders by disrupting the NLRP3 inflammasome. *Cell Reports*, 2011, 35(8):109161.

[21] Raposo, G, Stoorvogel, W. Extracellular vesicles: exosomes, microvesicles, and friends. *Journal of Cell Biology*, 2013, 200(4): 373-383.

[22] Rheinheimer J, de Souza B, Cardoso N, et al. Current role of the NLRP3 inflammasome on obesity and insulin resistance: A systematic review. *Metabolism*, 2017, 74:1-9.

[23] Shalem O, Sanjana N, Hartenian E, et al. Genome-scale CRISPR-Cas9 knockout screening in human cells. *Science*, 2014, 343(6166):84-87.

[24] Shcherbo D, Merzlyak E, Chepurnykh T, et al. Bright far-red fluorescent protein for whole-body imaging. *Nature Methods*, 2007, 4(9): 741-746.

[25] Shimomura O, Johnson F, Saiga Y. Extraction, purification and properties of aequorin, a bioluminescent protein from the luminous hydromedusan, Aequorea. *Journal of Cellular and Comparative Physiology*, 1962, 59: 223-239.

[26] Shimomura O, Johnson F, Morise H. Mechanism of the luminescent intramolecular reaction of aequorin. *Biochemistry*, 1974, 13(16): 3278-3286.

[27] Shimomura O. Structure of the chromophore of Aequorea green fluorescent protein. *FEBS Letters*, 1979, 104: 220-222.

[28] Stover C, Pham X, Erwin A, et al. Complete genome sequence of Pseudomonas aeruginosa PA01, an opportunistic pathogen. *Nature*, 2000, 406: 959-964.

[29] Théry C, Zitvogel L, Amigorena S. Exosomes: composition, biogenesis and function. *Nature Reviews Immunology*, 2002, 2: 569-579.

[30] Vandanmagsar B, Youm Y, Ravussin A, et al. The NLRP3 inflammasome instigates obesity-Induced inflammation and insulin resistance. *Nature Medicine*, 2011, 17(2): 179-188.

[31] Watson J, Crick F. Molecular structure of nucleic acids. *Nature*, 1953, 171(4356): 737-738.

[32] Wei W, Mccusker J, Hyman R, et al. Genome sequencing and comparative analysis of saccharomyces cerevisiae strain yjm789. *Proceedings of the National Academy of Sciences of the United States of America*, 2007, 104(31), 12825-12830.

[33] Zacharias D, Violin J, Newton A, et al. Partitioning of lipid-modified monomeric GFPs into membrane microdomains of live cells. *Science*, 2002, 296(5569): 913-916.

[34] Kourembanas S. Exosomes: vehicles of intercellular signaling, biomarkers, and vectors of cell therapy. *Annual Review of Physiology*, 2015, 77: 13-27.

[35] Zhou M, Guo J, Cha J, et al. Non-optimal codon usage affects expression, structure and function of clock protein FRQ. *Nature*, 2013, 495(7439):111-115.

[36] Zhou M, Wang T, Fu J, et al. Non-optimal codon usage influences protein structure in intrinsically disordered regions. *Molecular Microbiology*, 2016, 97(5): 974-987.

[37] Zhou Z, Dang Y, Zhou M, et al. Codon usage is an important determinant of gene expression levels largely through its effects on transcription. Proceedings of the National Academy of Sciences of the United States of America, 2016, 113(41):E6117-E6125.

[38] Zhou Z, Dang Y, Zhou M, et al. Codon usage biases co-evolve with transcription termination machinery to suppress premature cleavage and polyadenylation. Elife, 2018, 7:e33569.

[39] 杨荣武. 生物化学原理. 3版. 北京：高等教育出版社，2018.

[40] 杨荣武. 基础生物化学原理. 北京：高等教育出版社，2021.

[41] 王希成. 生物化学. 北京：清华大学出版社，2001.

[42] 朱圣庚，徐长法. 生物化学. 4版. 北京：高等教育出版社，2017.

[43] 丁明孝，王喜忠，张传茂，陈建国. 细胞生物学. 5版. 北京：高等教育出版社，2020.

[44] David L. Nelson, Michael M. Cox. Lehninger Principles of Biochemistry 8th Edition. New York: W. H. Freeman and company, 2021.

[45] 国家药典委员会，2020. 中华人民共和国药典（2020年版），北京：中国医药科技出版社.